WINFRIED LAMPERT · ULRICH SOMMER

하천 · 호수 생태학

Limnoecology: The Ecology of Lakes and Streams

김백호 · 김용재 · 황순진

BIOSCIENCE (주)바이오사이언스출판

이 도서의 국립중앙도서관 출판예정도서목록(CIP)은 서지정보유통지원시스템 홈페이지(http://seoji.nl.go.kr)와 국가자료공동목록시스템(http://www.nl.go.kr/kolisnet)에서 이용하실 수 있습니다.
(CIP제어번호 : CIP2019030537)

하천·호수 생태학

인 쇄: **2019년 9월 2일**
발 행: **2019년 9월 6일**

저 자: Winfried Lampert, Ulrich Sommer
역 자: 김백호 · 김용재 · 황순진
발행인: 문 정 구
발행처: (주)바이오사이언스출판
본 사: **14040 경기도 안양시 동안구 전파로 117**
서울 사무소: **06569 서울특별시 서초구 도구로 115, 1층(방배동)**
전 화: (02)581-4057~8
팩 스: (02)581-4059
이메일: inquiry@biosciencepub.com
홈페이지: http://www.biobooks.co.kr
ISBN: 978-89-6824-091-1
등록번호: 제22-3079호

값: 25,000원

(주)바이오사이언스출판

Preface

저자 서문

담수는 오직 지구 표면의 일부분만을 차지한다. 그럼에도 불구하고, 식수, 관개업, 어업, 수경재배, 관광업은 논쟁할 필요도 없이 중요하다. 육수 과학의 일종인 육수학은 호수와 강을 위한 관리체제의 과학적이며 기초적인 기능을 담당한다. 그러나 육수학은 이보다 더 중요한 역할을 가지고 있다. 심지어 초기 육수학자들은 육수학이 생태학과 중요한 연관성을 가지고 있다고 믿었다. 이러한 지속적인 믿음은 "소우주로서 호수"(Forbes 1877)와 "조류학자를 위한 요각류학"(Hutchinson 1951)"의 논문에서 더욱 두각을 나타냈다. 특히, 호수는 각 유기체 사이, 각 유기체와 환경 사이에서 벌어진 생태학적 상호작용이란 아름다운 작품들이 행해지는 작은 소극장과 같이 여겨졌고, 또한 호수는 다른 지역보다도 훨씬 연구하기 적합한 지역이었다. 호수는 다른 생태계 지역보다 경계가 분명하고 표본조사 및 현장 실험이 상대적으로 편리했기 때문에 하나의 극장 기능을 톡톡히 보여주었다. 육수학에서부터 생태학을 포함한 모든 과학 영역으로의 지속적인 정보 교류는 현재까지 이어졌으며, 이는 먹이사슬 및 영양단계 연쇄효과와 같이 굉장히 추상적인 개념을 다루기 위해 사용된 정량적 샘플을 이용한 방법론에서 시작되었다. 육수학에서 가장 저명한 학자 중 한 명인 G.E Hutchinson은 현대에서 쓰이는 개체군과 군집 생태학의 기초의 대부분을 발전시킨 사람이다. 이와는 반대로 육수학은 이론-생태학 영역에 주로 결과물에 치우치고, 현장 및 실험 생태학과는 거리가 멀었다. 물론, 육수학에 있어 몇 가지 중요한 방법론적 발전을 기여한 해양생태학은 이 경우에 해당되지 않는다. 다른 모든 생태학 분야에 존재하는 하위의 학문보다, 육수학은 이론 생태학과 실험적 결과 사이의 차이를 좁히려 노력해왔다. 물론, "소우주로서의 호수"란 개념은 "생태학의 통합"을 내포한다. 이는 하나의 원리와 법칙이 담수와 해양 그리고 육생 군집에도 똑같이 적용된다는 것이라 가정할 수 있다.

얼마 전 우리 저자들은 독일 학생들에게 육수학과 생태학 간의 밀접한 관계를 설명해줄만한 교과서가 필요하다는 것을 느꼈다. 이 책의 개념을 명확히 하기 위해 우린 "limnoecology"란 새로운 개념을 만들었고, 또한 "생태학의 통합"이란 개념은 이 책을 만드는 데 있어 도움을 주었다. 그리고 이 책은 개체, 개체군, 연결-개체군, 군집, 생태계와 같이 필수 개념부터 복잡한 개념까지 다루고 있는 생태학 교과서를 참고로 하여 만들었다. 우린 생물학적 현상을 설명하기 위해 또 다른 육수학적 맥락보다 다윈의 진화론적 접근을 생태학과 접목하였다. 그래서 생물체들의 적응을 유발시키는 비생물적 요소를 설명을 위해 물리, 화학, 지질학적 개념들의 비중을 줄였다. 이 책은 처음엔 독일에서 출판되었지만, 다른 나라에서도 이 책에 대한 놀랄만한 수요를 확인하였다. 폴란드판 번역본 초판 이후 옥스포드 대학 출판부에서도 영어판(James F. Haney)을 출판하였다. 그러나 지난 10년간 빠른 속도로 발전한 일반생물학뿐만 아니라 새로운 방법과 주제들 또한 생태학과 육수학에 도입하였다. 예를 들어 개체군 생태학은 비배양성 박테리아 검증을 위해 분자-유전학적인 도구를 이용하는 등 그 중요성을 증가시키고 있다. 또한 동위원소는 먹이 그물과 탄소 순환에 대한 연구를 위해 사용되고 있다. 기후변화와 종다양성과 같이 국제적인 화제들은 연구에서 중점적인 요소가 되어가고, 그러한 화제들은 결국 정치적인 영역으로 포함되었다. 장기적인 자료들은 인류가 발생시킨 스트레스에 대한 생태계 반응 분석에 큰 도움을 되고 있다. 따라서 이 책은 최신화가 계속적으로 필요하다. 이 책의 일반적인 접근은 바뀌지 않겠지만 새로운 결과와 문헌 그리고 10년 전에는 사용되지 않았던 새로운 생각과 방법들을 추가하였다. 우리는 오래된 책의 향상과 새로운 주제를 제안한 학생들과 동료들에게 매우 감사한다. 또한 이 책을 더욱 발전시키기 위해 계속적으로 피드백 받기를 희망한다.

2007. 2

Winfried Lampert, Ulrich Sommer

Preface

역자 서문

우리나라는 삼면이 바다로 둘러싸인 전형적인 반도국가로서 99,200 km^2의 좁은 면적으로 이루어져 있다. 그러나 내륙에는 소양호, 대청호, 충주호 같은 다목적댐, 크고 작은 농업용수용 18,000여 개의 저수지, 그리고 한강, 낙동강, 금강, 영산강 등 대형 하천을 포함한 61개 국가하천, 3771개 지방하천 및 25,000개 소하천 등 많은 담수역을 가지고 있다. 과거에는 우리나라를 "육수학의 불모지"로 여기는 외국 학자들이 많았지만 오늘날에는 세계적으로 우수한 육수생태학자들이 다양한 분야에서 활발하게 활동 중이다.

> 육수생태학은 육지의 크고 작은 호소와 하천, 그리고 하천과 해양이 만나는 전이지역(예, 하구)에 서식하는 생물, 환경 및 각 요소들 간의 상호관계에 대하여 연구하는 과학의 하나로서 인문, 사회, 경제, 지질, 역사, 항공, 통계학 등 다양한 영역의 학문들이 융합된 종합과학이다.

국내 육수생태학자들은 주로 대학, 연구소, 정부, 지자체, 회사 등 다양한 기관에서 활동하고 있으며 관심있는 사람들이 점차 증가하고 있다. 다만 아쉽게도 생물의 크기가 크고 다루기 용이한 어류나 수서 곤충에 대해서는 관심이 높은 반면, 현미경적 크기의 세균이나 원생생물(예, 플랑크톤)에 대해서는 빈약한 편이다. 물론 후자가 연구에 있어서 많은 시간과 노력을 요구하기 때문에 비전문가나 일반인들이 쉽게 접근하기 어렵다는 점이 없진 않지만 이러한 여건은 다른 나라에서도 크게 다르지 않다.

지금까지 국내 육수생태학 관련 서적으로는 1964년 강수원 교수의 담수생물학(上野益三 著), 1984년 엄규백 박사의 한국육수학65년사(藝樵 정영호박사 회갑기념논총), 1996년 최청일 교수의 한국생물과학협회 50년사(한국육수학회), 2003년 김용재 교수 等의 담수생물학(Maitland 著), 2006년 주기재 교수 等의 수서생태학(Barnes 著) 등이 있다. 그 이후로 10년이 지나도록 새로운 연구나 자료를 소개하지 못하는 것은 국내 연구자들의 노력이 부족한 점도 있겠으나 국내 담수역이 대부분 인공적으로 조성된 댐과 단조로운 형태를 갖는 하천으로 생물군과 서식환경의 다양성이 낮고, 역사적으로도 육수생태학 연구에 대한 역사가 짧아 장기간 누적된 연구 자료를 갖지 못한 점도 부인할 수 없다.

이 책의 원저자 Sommer와 Lampert는 수생태계 생산자(식물플랑크톤), 소비자(동물플랑크톤, 곤충, 어류), 환경(수질, 토양), 이들 상호 간의 관계(clear-water phase, kairomone, cyclomorphogenesis, biomanipulation 등)에 관하여 오랫동안 많은 논문을 저술해 온 저명한 육수생태학자로서 국내에도 이들의 영향을 받은 학자들이 활동 중이다. 특히 원저는 내용의 상당부분을 생물상호 간의 관계에 대한 경쟁모델, 포식자의 섭식압과 피식자의 방어에 대한 기전, 생산자와 소비자 간의 관계를 통한 수질변화(예, 투명도), 개체군들의 생존전략 및 진화, 많은 실내, 외 실험결과를 주제별로 명확하게 정리하였다. 뿐만 아니라 과거의 많은 육수학 또는 수서생태학 저서들이 방대한 분량은 물론 수리, 수문 및 화학적 반응에 치우친 것과는 분명하게 차별화하였고, 수중생물의 경쟁, 형태변화, 성장모델 등에 대한 많은 실험결과들을 체계적으로 나열하였다. 이 책에 대하여 많은 세계적인 육수생태학자들은 앞다퉈 논평을 하였는데 공통적으로 "가장 기초적이고 생태학적 원리나 사고를 설명해주는 육수생태학의 입문서이자 최고의 교재"라고 극찬하였다.

역자들은 원저의 제목(Limnoecology-The Ecology of Lakes and Streams)에 대한 적합한 우리말 명칭으로 국내 관련전문가들의 의견을 수렴하여 "하천·호수 생태학"으로 결정하였다. 뿐만 아니라 번역 및 출판 과정 동안, 가능하면 원저의 의미를 훼손하지 않도록 최선을 다하였으며, 원저가 가지고 있는 저자의 의도를 여과없이 전달하고자 편집자들과 많은 시간 동안 정성을 다해 편집하였다. 앞으로도 전문가들의 충고와 제언을 과감하게 수용하고, 국내 연구자들의 좋은 자료를 추가하여 새롭게 거듭날 계획을 가지고 있다.

끝으로 원저의 번역을 흔쾌히 허락해 주신 (주)바이오사이언스출판 문정구 대표님, 장명옥 실장님 그리고 직원 여러분께 깊은 감사를 드립니다.

2019년 7월, 왕십리에서

대표역자

역자 소개

김백호 한양대학교 생명과학과 교수
이학박사, 환경생물학

김용재 대진대학교 생명과학과 교수
이학박사, 수서생태학

황순진 건국대학교 환경보건과학과 교수
이학박사, 육수학

Contents

차 례

Chapter 8 생태 관점 327

Chapter 9 결론 393

CHAPTER 1

생태학과 진화

1.1 자연선택

이 책에서 다루고 있는 생태학적 접근 노력들은 모두 '생태학이란 무엇인가?'에 대한 해답을 제공하는 것이다. 여기에서 현대 생태학의 중심인 진화적 개념에 중점을 두는 Krebs(1985)의 주장처럼 '생태학은 생물의 개체수와 분포를 결정하는 상호작용을 과학적으로 연구하는 학문'이라고 정의한다.

모든 생물은 그들의 생물 및 무생물 환경과 상호 작용하며, 따라서 **무생물적 요소**(물리·화학적)와 **생물적 요소**(다른 생명체의 활동)에 영향을 받는다. 일반적으로 모든 생물은 **적응된** 환경에서만 생존할 수 있다. 이러한 적응은 진화의 결과물이며, 자연선택은 진화의 원동력이다(Darwin 1859).

진화가 일어나기 위한 전제조건으로는 다음과 같은 내용들을 포함한다.

- 개체군 내의 개체들은 모두 똑같지 않다. 그들은 아주 조금이라도 형태, 크기, 먹이섭식 능력, 또는 번식 능력이 다르다.
- 이와 같은 변이는 극히 일부분일지라도 유전된다. 개체는 그들의 부모로부터 유전자를 나누어 가지며 그들의 유전자는 다음 세대에 전달된다.
- 각 개체군이 어떤 제한도 받지 않는다면, 지구의 모든 장소에서 서식할 수 있는 잠재력을 갖는다. 이것은 자원 제한과 경쟁으로 연결된다. 실제 개체군은 무한정 증가하지 못한다. 각 세대의 많은 후손들은 그들의 생식 연령이 되기 전에 죽는다. 평형조건에서 한 자손은 그 부모를 대체한다.
- 모든 부모가 그들 자손에 의해 대체되지 않는다. 특정 부모의 자손이 생존할 수 있는 확률은 그 자손들이 다른 부모의 자손과 비교해서 환경조건에 얼마나 잘 대처하는가에 달려있다. 자손의 성공을 책임질 수 있는 형질이 다음 세대로 전달될 때, 이와 같은 형질을 가진 개체군은 증가할 것이다.

- 특정 부모의 자손이 다음 세대에 살아남을 수 있는 가능성은 자손의 형질이 특별한 환경조건에 얼마나 적합한가에 크게 의존한다.
- 주어진 환경에서 성공적인 개체들은 일반적으로 다른 환경에서는 낮은 적응을 보일 수 있다.

자연선택의 결과가 유전된다는 것은 진화의 전제조건이다. 자연선택은 표현형에 작용하며, 개체의 유전체를 변화시키지는 않는다. 자연선택은 개체군의 유전자 풀의 조성을 변화시키며, 이것은 세대를 거듭하면서 개체군의 특성이 바뀌는 원인이 된다. 집단 유전학은 개체의 일부 특성과 유전자 수준에서 그러한 변화를 연구한다. 하지만 우리는 짧은 관찰 시간과 변화가 느리게 일어나는 특성때문에 변화를 현재의 개체군에서 관찰하기는 어렵다. 현재 관찰 가능한 개체군의 분포와 존재는 이전의 자연선택의 결과이다.

진화와 생태학은 위에서 언급한 바와 같이 밀접하게 연결되어 있다. 자연선택은 개체군이 생물적 요인과 무생물적 요인과의 상호작용을 한 결과물이다. 이러한 상호작용은 생태학자들이 연구하는 기본적인 요소들이다. **생태학은 자연선택을 일으키는 영향력들을 연구하는 학문이다.** 진화 생물학의 많은 새로운 개념들이 최초의 생태학의 발전을 자극하였기 때문에, 현대 생태학과 진화 생물학이 그렇게 밀접하게 연결되어 있다는 것이 놀랍지 않다.

1.2 적합성

자연선택의 본질은 개체가 다양한 수의 생식 가능한 자손을 생산함에 있다. 분자수준에서 개체군 내의 특정 유전자가 다른 속도로 복사 됨을 의미한다. **적합성**은 한 유전자형이 장기적으로 성공한 척도이다. 긴 시간 동안 가장 많은 수의 자손을 생산하는 개체가 가장 높은 적합성을 가진다. 환경 조건은 보통 최대한의 생식을 허용하지 않기 때문에 적합성은 항상 상대적인 척도이다. 적합성을 고려할 때는 항상 같은 환경 속에서 살아가는 개체들 간에 비교를 해야 한다. 가장 많이 살아남는 자손을 갖는 개체가 전체 개체군의 유전자의 합인 유선사 풀에 가장 큰 기여를 한다. 이 개체의 표현형적 특징이 전체 개체군에서 증가할 것이며, 이것은 **상대적 적합성**이 가장 높음을 나타낸다.

적합성의 두 구성 요소는 **생식잠재력**과 **생존**이다. 가장 많은 자손을 갖고 있는 개체라고 하여도 항상 가장 높은 적합성을 갖고 있는 것은 아니다. 얼마나 많은 자손이 살아남는지 파악하는 것이 필수적이다. 한 종에서 높은 적합성을 갖는 방법은 수 많은 자손을 생산하거나, 자손에게 특별한 관리를 하는 것이다. 예를 들어, 잉어는 자신들이 돌 볼 수 없는 수 만개의 작은 알들을 낳는다. 반면 큰가시고기는 적은 수의 큰 알들을 낳고 수컷이 둥지를 보호한다. 입 속에서 새끼들을 양육하는 시클리드류(Cichlid)는 그들의 입 속에서 새끼에게 안전한 숨을 곳을 제공하지만, 적은 수의 자손만을 기를 수 있다. 이들 3종의 어류는 모두 다른 방식으로 적합성을 달성한다.

먹이 혹은 특정 화학물질과 같은 특별한 자원의 가용성 정도에 의해 생물의 생식 능력은 종종 제한을 받는다. 개체가 더 큰 적합성을 얻는 생리적 메커니즘은 먹이를 더 많이 얻거나 다른 개체보다 더 잘 이용하는 것으로 이루어진다. 더 높은 생존력은 특수한 몸의 형태적 구조와 행동을 필요로 한다. 예를 들어, 몸의 내부 또는 외부 저장고 뿐만 아니라 휴면기를 통해 사망률을 감소시킬 수 있다. 포식을 피하는 방법으로는 보호용 껍질, 다른 방어 메커니즘(예: 고약한 맛), 회피 등이 있다.

적합성을 높일 수 있는 많은 방법들이 있다. 집단의 가장 성공적인 표현형 특성은 적합성을 극대화하는 데 기여한다. 개체는 자연에서 가능한 최대의 적합성을 달성하지 못하기 때문에 **최적화**라는 용어가 적합하다. 개체는 자연 선택을 통한 최적화의 결과로 환경 조건에 적응하게 된다. 다음과 같은 몇 가지 이유때문에 종은 완벽하게 적응할 수 없다.

- **선택은 표현형에 작용한다.** 유전자형과 표현형 간에는 돌연변이와 유전자 간 상호교환으로 인해 완벽한 상관관계가 존재하지 않는다. 다소 다른 조건에 적응된 개체의 다른 개체군으로부터의 유입은 유전자 풀에 유전자가 끊임없이 유입되도록 한다. 더 작은 개체군은 무작위적 힘에 의해 영향을 받아 **유전자부동**(genetic drift)을 일으킬 가능성이 가장 높다. 단일 개체군이 적합성에 영향을 줄 수 있는 모든 유전적 조합을 가지고 있지 않기 때문에, 선택은 존재하는 표현형에만 영향을 미친다. 선택은 절대적으로 가장 좋은 유전자형보다는 존재하는 유전자형 중에서 가장 적합한 유전자형으로 표현된다.
- **환경에서 물리, 화학적 및 생물적 요인은 일정하지 않다.** 장, 단기적 기후 변화는 끊임없이 새로운 적응을 요구한다. 지질적 사건은 새로운 서식지를 만들고, 생명체 자체도 환경 조건을 변화시킨다. 역사적으로 접근할 수 없었던 서식지에서 우연히 개체의 이동은 이미 존재하는 생물적 환경을 변화시킨다.
- **생물체는 끊임없이 타협해야 한다.** 개체의 존재는 조건이 최적이라는 결론을 내릴 근거는 될 수 없다. 예를 들어, 호수의 깊은 차가운 물 속에 사는 동물이 반드시 찬물을 필요로 하지 않는다. 그들 중 일부는 더 높은 온도에서 훨씬 더 많은 자손을 생산할 수 있지만 포식자로부터 방어할 수가 없기 때문에 따뜻한 표층수에서 살 수 없다.
- **적응에는 종종 '비용'이 요구된다.** 생명체가 방어와 같은 특정한 형태적 적응에 투

자하는 에너지는 생명체의 다른 부분에서 부족함을 유발할 수 있다. 하나의 선택압에 대한 적응은 다른 선택 인자에 대한 적응을 방해 할 수 있다. 예를 들어, 조류가 커다란 군체을 형성하면 동물플랑크톤에 의해 먹히지 않을 수 있지만, 군집의 가장 안쪽에 있는 세포는 적절한 이산화탄소와 영양염류를 받지 못할 수 있다.

- **적응에는 구조적 및 생리적 제한이 있다.** 예를 들어 생물체는 무한히 크거나 작아질 수 없다. 마찬가지로 영양염류 흡수율과 섭식율은 무한정 증가 할 수 없다.
- **생물 간의 생물적 관계는 군비경쟁과 유사하다.** 껍질로 스스로를 보호하는 피식자는 포식자가 껍질을 가장 잘 뚫을 수 있는 형태를 갖도록 유도하는 선택압을 준다. 예를 들어 포식자는 더 강력한 턱을 갖도록 진화한다. 이것은 결과적으로 피식자에게 더 강한 껍질을 갖도록 큰 선택압을 만든다. 더 많은 변화를 위한 유전적 잠재력이 존재하는 한, 포식자와 먹이는 지속적으로 변화하지만 결코 최적의 적응에 도달하지 못한다.

마지막 요점은 무생물적 및 생물적 요인에 대한 적응에 차이가 있음을 시사한다. 생물이 무생물적 환경을 변화시키더라도, 환경의 변화가 결과적으로 긍정적인 적응임을 뜻하지 않는다. 무생물적 요인에 대한 적응은 일방적인 과정이다. 생물적 요인에 대한 적응은 양면적인 과정이다. 이러한 이유로, 종들은 상호 진화하는 진화과정에서 상호작용하고 파트너가 된다. 특정 서식지에서 모든 생물체는 동일한 무생물적 요인에 노출되어 있다. 예를 들어, 북극의 호수에 있는 물은 그 곳에 사는 모든 생물에게 차갑다. 차가운 온도에 대한 적합성을 증가시키는 생리적 반응의 수가 제한되어 있기 때문에, 진화하는 생물은 더 유사해 지는 경향이 있다. 반면 생물적 요인은 모든 생물체에서 동일하지 않다. 일부 개체나 그룹안의 개체 간에는 긴밀한 상호작용이 있지만, 다른 개체 간에는 약간의 상호작용만 있거나 없을 수도 있다. 따라서 다양한 개체는 차이를 유지하는 효과가 있는 다른 생물학적 선택요인에 노출된다. 충분히 높은 적합성을 가진 개체만이 군집의 일부로 자리 매김할 수 있다. 어떤 종이 발생하고 그들이 어떻게 상호작용하는 지와 같은 군집의 구조는 개체가 얼마나 조건에 잘 적응하는가에 달려 있다. 즉, 무생물적 요인이 프레임을 만들지만, 생물적 요인은 프레임 속의 그림이다라는 것을 의미한다(단원 8.7.1).

1.3 근인적 요인과 궁극적 요인

생태학은 서술적 과학에서 설명적 과학으로 변화하고 있다. 적합성의 관점에서 생태학의 대부분의 측면을 보는 방향으로 변화가 있었다. 생태학자들은 생물체가 환경에 **어떻게** 적응하는지 그리고 **왜** 그들이 특정한 적응력을 가지는지를 조사하는 데 새로운 관심을 두고 있다. 이것은 적응가치가 무엇인지를 묻는 것이다.

다음과 같은 사례가 그 차이를 분명하게 구분하는 데 도움이 될 것이다. 일부 플랑크톤 장구꼴 요각류(cyclopoid copepods)는 생활사 동안 더 이상 발달하지 않는 휴면기 또는 휴식기를 가지고 있다. 이 휴면은 종종 여름에 발생한다. 성충 요각류는 봄에 번식한다. 그들의 유충(nauplii)과 첫 유생단계(copepodite)는 성장하지만, 네 번째 유생 단계는 성장을 중단하고 침전물 속에 자신을 묻어 여름을 보낸다. 그들은 늦가을에 다시 나타나 성장을 완성한다. Splindler(1971)는 낮 길이가 휴면기 시작을 결정한다는 것을 실험으로 증명했다. 이것은 무엇이 행동을 제어하는가를 설명하는 것이지 왜 그 행동이 발달했는가를 설명하지 않는다. 어떤 이들은 긴 광주기가 적합성에 불이익을 초래한다고 예상하지 않는다. 반면에, 휴면기에 들어 가지 않는 요각류는 여름 동안 여러 세대의 자손을 낳을 수 있어 적합성이 증가한다. 광주기는 **근인적 요인**이며, 이는 개체의 즉각적인 반응을 결정하는 환경요인이다. 또한, 하나 이상의 눈에 띄지 않는 인자가 있어야만 휴면기를 취하는 것이 적합성에 긍정적 요인인지를 나타낼 수 있다. 진화적인 반응은 **궁극적 요소**에 의해 결정된다. 자연선택은 궁극적 요인을 제거하도록 작용하기 때문에 궁극적 요인을 인식하는 것이 쉬운 것은 아니다. 궁극적 요인이 개체군에서 작동하고 있음을 나타내는 역사적인 증거가 있는 경우는 거의 없다. 일반적으로 우리는 단지 적응의 최종 결과에 접근하는 단계를 관찰한다.

그럼에도 불구하고 궁극적 요인을 찾는 것은 생태학자의 가장 중요한 과제 중의 하나다. 생태학자는 궁극적 요인이 중요한가를 검증하기 위한 가설을 세워야 한다. 이러한 가설은 다음과 같이 나타날 수 있다.

- 요각류는 생리적 한계 때문에 여름철의 높은 온도를 견딜 수 없다.
- 식물플랑크톤을 먹이로 하는 유충 단계는 약한 경쟁자이며, 조류를 먹는 다른 동물플랑크톤이 있는 여름에는 경쟁에서 뒤처진다.
- 요각류는 어류에게 쉽게 잡아 먹히며, 호수에서 어류가 풍부하고 가장 활발한 기간을 피한다.
- 이 행동은 요각류가 여름에 말라버리는 작은 수체에서 살았던 시절의 역사적인 유물이다.

이 가설들 중 일부는 실험적으로 검증 될 수 있고 다른 여러 호수의 개체군을 비교하여 다른 가설을 검정할 수도 있다. 일반적으로 제시된 궁극적 요인을 타당한 것으로 입증하기 보다는 배제 할 수 있다(단원 2.1 참조). 예를 들어, 첫 번째 가설은 짧은 광주기와 높은 수온에서 요각류가 배양 될 수 있다면 쉽게 폐기 될 수 있다(단원 6.8.2). 가능한 가설을 추가적으로 제외하는 방법을 이용하면 이상적으로 궁극적 요인이 하나만 남을 때까지 가설의 수를 줄일 수 있다. 매우 많은 새로운 가설이 생길 수 있기 때문에 이것 조차도 최종 증명은 아니다.

그러나 생물이 환경변화에 어떻게 반응할 것인지 예측할 수 있기 때문에, 궁극적 요인을 이해하는 것은 중요하다. 또한 고려해야 할 요인의 수를 줄이고 모든 생물체에 적용되는 보다 일반적인 원칙을 유도하는 데 도움이 될 수 있다. 궁극적 요인은 단일 개체군 이상에 도미노 효과와 같은 영향을 줄 수 있다. 휴면기의 예로 돌아가서, 성체 장구꼴 요각류는 다른 소형 동물플랑크톤을 섭식하는 포식자이다. 요각류가 여름 동안 휴면기에 들어서면, 소형 동물플랑크톤을 더 이상 위협하지 않기 때문에, 소형 동물플랑크톤은 그들이 섭식하는 특정 조류를 억제하기에 충분한 개체군을 발달시킬 수 있다. 자연선택은 단일 개체군(이 경우 요각류)의 표현형을 직접 변경하지만 다른 개체군과 군집을 간접적으로 영향을 준다. 한 개체군의 특성 변화는 그들이 상호작용하는 생물체의 환경을 변화시킨다.

생태학은 개체, 개체군, 군집 및 생태계부터 생물권에 이르는 다양한 수준에서 통합된다. 각 수준에서 복잡성이 증가함에 따라 적절한 설명을 찾을 수 있는 능력이 부족해 진다(Krebs 1985). 비슷한 측면에서 우리는 지구 기후변화가 진화 생물학의 이론에 미치는 영향에 관해 예측할 수 없다. 그러나 이러한 질문은 종이나 개체보다는 녹색식물과 같은 대규모 집단을 다루고 반응과 변화를 측정하기 위한 특별한 방법이 필요하기 때문에 필수적이지 않을 수도 있다. 그럼에도 불구하고 진화론은 통합의 가장 높은 수준에 관련되어 있다. 왜냐하면 대기는 생물체와 환경의 상호작용의 결과이며, 산소를 생산하는 식물이 진화 한 후에 현재 상태를 형성하였기 때문이다.

현재 생태학의 발전은 우리가 군집 단계에서 진화적 적응에 관한 일반적인 원칙을 진보시킬 것이라는 것을 시사한다. 군집에는 다양성, 안정성, 종 구조, 계층적 구분 및 재생 가능성과 같은 복잡성으로 인해 발생하는 고유한 기능이 있다. 개체의 DNA와는 달리, 군집의 통합된 기능의 유전을 위한 분자적 기반은 없다. 궁극적으로 군집의 특징은 개체의 상호작용에서 비롯 된다. 생태학에서 가장 어려운 과제 중 하나는 다양성과 같은 더 높은 수준의 특성을 조절하는 원칙을 개체의 특성에서 유도하는 것이다.

CHAPTER 2

생태학 연구 방법

2.1 가설검증

생태학은 다른 모든 과학과 같이 방법론적 규칙의 레퍼토리로 운영된다. 생태학이 서술적 자연사 연구에서 실험과학으로 옮겨감에 따라 연구 및 접근 방법도 변화한다.

과학의 초기 **발전** 단계는 일반적으로 개별 관찰에 대한 설명으로 시작한다. **분류**의 다음 단계에서 목적은 다수의 관측을 **조직화**하는 것이다. 호수 유형학은 20 세기 초반에 발전된 육수학의 **분류 단계**를 나타낸다(단원 8.5.4 참조). 분류 단계에서는 원인-영향 관계보다는 개념 정의에 관한 논의가 자주 발생한다. 생태학은 이제 인과관계에 따른 예측에 초점을 맞춘 **과학 법칙**의 단계에 도달했다.

예측법칙은 정확성에 대한 검증을 요구하는 반면, 분류 체계는 진실 또는 거짓보다는 실용적 혹은 비실용적 측면에 촛점이 있다. 덜 엄격한 추론과는 달리, 진실성에 대한 과학적 탐구의 기준을 정의하는 것은 철학의 하위 분야인 과학 철학의 목표다. 거의 모든 철학 분야와 같이, 과학의 정의와 과학적 방법에 관해 학자들 사이에는 한 가지로의 의견 일치는 없다. 자연과학에서 널리 받아 들여지는 Karl Popper는 두 가지 근본적인 예측 방법을 제안하였다.

- **연역법**(Deduction), 일반적인 설명이나 법칙에서 특정 예측을 유도하는 것.
- **귀납법**(Induction), 다수의 개별 관찰에서 일반적인 법칙으로의 추론, 아직 관찰되지 않은 유사한 경우에 대해서도 유효해야 한다.

가능한 모든 개별 사례를 검정할 수 없기 때문에, 귀납적 추론을 통해 파생된 진술을 입증하는 것은 결론적으로 가능하지 않다. 그러나 관찰을 반박하는 한 건의 사례만으로도 위조 또는 반증하는 것은 가능하다. 과학적 진술의 본질적인 특징은 그 왜곡 가능성이다. 가설은 반박될 수 있도록 공식화 되어야 한다. 반박할 수 없는 진술은 지식의 발전에 기여하지 않는다.

글상자 2.1 가설 검증의 예

- **관측:** 봄에는 많은 호수에서 식물플랑크톤이 최대로 증식한 후에 초식동물플랑크톤의 최대 증식이 뒤따른다. 동물플랑크톤이 가장 많을 때 식물플랑크톤의 생물량은 매우 감소한다.('청수단계', 단원 6.4.1)
- **상관관계:** 식물플랑크톤 생물량의 시간적 변화는 (식물플랑크톤 곡선의 미분; dB/dt) 동물플랑크톤의 밀도와 음의 상관관계가 있다.
- **가설:** 동물플랑크톤의 섭식은 청수단계로 이어진다.
- **대립가설:** 영양염 결핍은 식물플랑크톤의 감소를 초래한다.
- **현장 자료 검사를 통한 검정:**
  1. 단위 생물량 당 식물플랑크톤의 생산 속도는 생물량이 붕괴하는 동안 매우 높기 때문에 영양염 제한을 배제할 수 있다.
  2. 동물플랑크톤의 섭식율이 식물플랑크톤의 성장률 보다 높다.
- **결론:** 대립가설은 반박된 반면 초기가설은 반증되지 않았다.
- **현장실험에 의한 검정:**
  1. 영양염을 첨가한 메조코즘에서 동물플랑크톤의 무한정 증식은 청수단계로 이어진다(단원 2.4).
  2. 동물플랑크톤이 어류의 섭식 또는 플랑크톤 채집망으로 제거되어 조절되었을 때, 영양염의 첨가 여부에 관계없이 청수단계는 없다.
- **결론:** 대립가설은 반박되며, 초기가설은 반증되지 않았다.

포퍼(Popper)의 백조 예는 반박의 원리를 삽화로 보여준다. 호주에서 검은 백조가 발견되기 전 '모든 백조는 흰색이다'가 타당한 가설이었고, 모순된 관찰에 의해 반박될 수 있었다. '모든 백조가 색을 띄고 있다'는 말은 반박할 수 없지만, 정보가 전혀 없기 때문에 의미가 없는 것이다.

우발적 사건은 생태학에서 너무 중요하여 매우 엄격한 반박 규칙을 적용하는 것은 합리적이지 못하다. 반박 가능한 가설은 사건 발생 확률 또는 기대값의 신뢰 한계를 포함하도록 공식화할 수 있다. 그러한 **확률론적 가설**에 대해서 한번의 관찰에 의해서가 아니라 충분히 많은 관찰을 통해서 반박할 수 있다.

과학적 이론은 **가설**과 **공리**로 구성된 논리적 복합체다. 공리는 진화론에 대한 다윈의 이론인 적자생존 원리와 같은 결정적인 서술이다. 공리는 직접적인 관찰이나 실험을 통해 반증될 수 없다. 공리는 역사적 검증과정에 지배를 받으며, 이를 통해 공리에 기초한 이론들이 검증된다.

이론에 대한 경험적 검증은 **가설-귀납법**을 따른다. 이 방법에서 이론에시 반박 가능한 가설이 파생되고 관찰이나 실험에 의해 검증된다. 현상을 설명하기 위해 두 가지 이론이 종종 대립된다. 과학자는 이론을 검토하고, 모순된 가설을 도출하고, 옳은 것을 결정해야 한다. 육수학(liminology)으로부터 얻은 사례는 글상자 2.1에 있다. 이 과정은 부분적으로 전통때문에, 부분적으로는 이용 가능한 방법과 이론적 틀이 복잡한 상호작용 체계를 다루기에는 여전히 부적절하기 때문에 생태학에서 천천히 자리를 잡아가고 있다.

2.2 관찰과 기록

자연을 관찰하고, 현장자료를 수집하고 기록하며, 그들을 체계적으로 분석하는 것은 초기 생태학에서 중요한 특징이었다. 자연의 균형에 대한 개념은 생태학자가 현장자료의 해석에 대해 귀납적 추리를 적용하였다. 초기 이론의 발달에 중요했으며, 비록 오늘날 생태학이 더 많은 실험적 접근으로 옮겨가지만, 현장자료 수집은 여전히 중요하다. 현장자료는 가설 검정과 환경 모니터링을 하게 해 주기 때문이다. 귀납적 추리를 통해 통찰을 획득하려는 희망으로, 생태학자들이 가능한 많은 자료를 수집해야 한다고 한동안 널리 수용되었던 개념은 더 이상의 통용되지 않는다.

담수 생태학자들이 수집한 현장자료는 보통 온도, 물의 밀도, 유속, 광 세기 등의 물리적 요인과 화학물질의 농도와 생물종 조성과 밀도를 포함한다. 생태학자들은 크기가 상당히 다른 생물을 비교하는 문제를 피하기 위해 **생물량**, 즉 개체의 부피를 조사한다. 한 마리의 큰 어류는 수 천마리의 미세조류보다 환경에 더 큰 영향을 미치기 때문에 개체수는 거의 의미가 없다. 생태학자들은 절대적인 수 또는 생물량보다 **농도** 또는 **밀도**를 이용한다. 예를 들어, 호수에서 총 개체수보다는 리터당 또는 m^2 당 물벼룩 개체수가 특별한 호수에서 사건보다는 일반적인 과정을 설명하는 데 더 유용하다.

그들의 환경에서 화학물질과 생물의 분포는 일정하지 않다. 생물의 밀도는 물리적으로 균일한 서식처 내에서 일지라도, 공간적으로 변화하며, **패치**(patchy)를 이룬다. 서식처의 총 개체수 동태조사는 거의 불가능하다. 그러므로 초기의 정량 생태학은 대표 시료 확보의 문제와 연관된 통계적 문제에 부딪혔다. 이상적인 표본 설계가 있음에도 채집 오류(Sampling error)로 발생하는 변이때문에 심각한 한계가 있다. 생태학자들은 단일성, 부족함, 풍부, 매우 풍부와 대량과 같이 그룹을 나누는 빈도의 평가로 생물을 나누는 것은 더 효율성이 있고 충분하다고 종종 결론을 내린다. 가능한 이런 단순화된 시스템은 피해야 된다. 왜냐하면 그것은 뚜렷하고 기대하던 생물을 과대평과하는 결과를 통해 주관적 오류를 포함할 수도 있기 때문이다.

농도, 밀도와 생물량은 시간에 따라 변한다. 채집 빈도와 연구 기간의 길이가 이들 변화의 **시간범위**에 적절한지가 중요하다. 호수에서 식물플랑크톤 종 조성은 수 주 이내에 완전히 변한다. 그러므로 일 년에 한 번 채집한 것에 기초한 그들의 변화를 기술하는 것은 합리적이 못하다. 1주 또는 2주에 한 번씩 채집된 시료는 식물플랑크톤 종 조성의 계절적 변화를 설명하는 데 필요하다. 관찰은 반복되는 변화가 일정한 패턴을 나타내는 지를 결정하기 위해 수 년간 진행되어야 한다.

재정과 인력이 제한되기 때문에, 생태학자들은 채집빈도와 시료로부터 얻은 해상도에 관해 타협점을 찾아야 한다. 예를 들어, 각 종의 빈도를 결정할지 또는 분류학적 또는 기능적 **그룹 범주**로 종들을 함께 묶는 것이 가능한 지를 결정해야 한다.

종을 그룹으로 묶는 것은 일을 줄일 뿐만 아니라 너무 상세한 분석으로 분명하지 않는 패턴을 확인하는데 도움을 준다. 예를 들어, 어떤 호수에서 돌말류가 계절 초기에 우점 식물플랑크톤이라는 것을 예측할 수 있지만, 어떤 돌말류의 종이 우점할 것이라고 하기는 어렵다.

순전히 서술적인 연구의 심각한 한계 중에 하나는 적절한 통계적 검정이 거의 없다는 것이다. 농도와 생물량의 계절변화는 생장과 손실의 결과다. 이와 비슷하게, 개체군의 밀도 변화율은 출생, 이입, 이출과 사망률에 영향을 받는다. 많은 의문점에 대해, 과정은 화학물질의 농도와 생물의 밀도 또는 생물량과 같은 경험적 측정보다 더 중요하다. 생장과 손실은 동시에 일어난다. 그러므로 속도(rate)는 연중 다른 시기에 이루어진 고정적 측정으로부터 유도될 수 없다. 현장측정은 조절을 요구하지만, 그들은 실험적인 것 보다는 더 서술적인 것을 고려하고 있다.

2.3 현장자료의 상관성

원인과 결과를 지배하는 법칙을 만들기 위한 기록과 관찰로부터 진전은 종종 의심되는 독립 및 종속 변수간의 관계를 찾기 위한 시도와 함께 시작된다. 생물적 변수의 변화는 일반적으로 무생물 환경이나 다른 생물적 변수의 기능으로 보고 있다. 첫 번째 경우의 예는 온도(무생물적 요인)에 기초한 종(생물적 변수)의 분포를 설명하기 위한 시도이다. 생물변수의 경우에, 포식자의 분포는 피식자의 분포와 연관된다.

수학적 방법과 널리 사용되는 컴퓨터의 이용과 통계 패키지는 눈에 의한 자료분석을 대체시켜준다. 그러나 많은 기본적인 문제는 객관성을 높이더라도 변하지 않고 남아있다. **상관성 분석**은 수치적 관계로 나타내기 위해 사용할 수 있지만 기능적 관계는 아니다. **원인-결과**의 관계는 이미 가설로서 공식화되었다. 예를 들어, 물의 pH가 식물플랑크톤의 광합성률과 양의 관계가 있다면, 더 높은 pH가 광합성을 촉진하거나 또는 광합성이 pH를 증가시킨다고 결론을 내릴 수 없다. 광합성이 수산기 이온(OH^-)을 방출함으로써 pH를 증가시켰다는 가설을 공식화하였다면, 상관성 분석은 검증으로서 사용될 수 있다.

인과관계는 두 변수가 실제 고려된 적이 없는 세 번째 변수에 의존적이라면 오해의 소지가 있다. 보통의 실수는 인과관계가 시계열의 경향성에 기반하고 있다고 결론을 내리는 것이다. 이런 명백한 상관관계의 예는 사람의 출생률과 유럽 부유한 국가의 주식수가 동시에 감소하는 것이다.

상호의존적 변수의 반응 지연은 현장자료의 상관성 분석의 이용에 있어 또 다른 문제를 보여준다. 개체군의 증가와 감소는 이들 변화의 원인으로 나타난다. 그러므로 생물 수의 변화는 현재의 조건보다 오히려 과거의 조건과 더 밀접한 관계가 있다. 교차-상관분석의 통계 방법은 이런 현상을 고려해야 하며, 시간지연을 결정하는데 사용될 수 있다. 그러나 그러한 검정은 빈번하고 오랜 시간의 측정을 요구한다.

다중상관(multiple correlation)과 같은 일률적인 통계 검정은 많은 변수들 간의 관계를 찾는데 사용된다. 그러나 이들 검정을 위해 요구되는 가정으로서는 어렵다. 그러므로 수학적 분석은 나타나는 인과관계 해결의 수단으로서 실험적 조절의 이용을 대체할 수는 없다.

2.4 실험실과 현장실험

실험은 갈리레오 시대 이래로 자연과학의 고전적 방법이다. 실험은 가설의 반증과 대립가설들 사이를 결정해야 하는데 있어 순수과학보다는 더 적절하다. 경쟁하는 가설 간에 해결할 수 있는 중요한 실험은 과학을 위해 기여하며 상당히 중요시되고 있다. 불행하게도, 그들은 비교적 부족하다. 모든 실험이 가설을 검정할 목적으로 수행되지 않는다. 많은 실험은 종의 최대 생장률과 같은 계산에 사용될 수 있는 단순히 새로운 측정값을 제공한다. 그들은 검정될 기본 공식을 반증하기 위한 내재된 잠재력을 가지고 있거나 또는 실험은 가설 검증을 유도하는 더 광범위한 프로그램의 한 부분일 수 있다. 불행하게도 많은 생태학적 실험은 이론적 체제 없이 수행되며, 단순히 조절의 효과를 찾는 재미를 위해 수행되었다.

고전적 실험 체계는 하나를 제외한 모든 요인들을 일정하게 유지하는 것이다. 그래서 변경된 요인의 효과가 조사될 수 있다. 이런 실험은 자연에서보다는 실험실에서 대부분 쉽게 수행된다. 유전적으로 동일한 생물 수 즉 개체들 또는 클론을 이용한 실험실 실험은 공인된 생리학적 방법이다. 그들은 역시 생태학에서 매우 중요하다. 왜냐하면 생물의 적합도 또는 생화학적 과정에서 그것의 역할이 생리학적 조건과 능력에 의존하기 때문이다. 4장에서 언급된 대부분의 결과는 이런 형태의 실험으로부터 가져온 것이다.

일부 연구자들은 개체군 또는 군집 수준에서 과정을 조사하기 위한 이런 방법을 사용한다. 인위적으로 조성된 군집을 이용하는 실험을 마이크로코즘(microcosm)이라 한다(그림 2.1a). 2개 또는 그 이상의 개체군을 용기에 넣고 실험적으로 조절을 한다. 마이크로코즘은 물질의 첨가, 폐기물의 제거, 생물의 채집이라는 측면에서 개방 또는 폐쇄 시스템이다. 용기에 생물을 이입시키는 것은 보통 배제된다. Gause의 초기 경쟁 실험은 이들 실험의 원형(prototype)이다(단원 6.1.1 참조).

마이크로코즘 실험의 주요한 비판은 생물이 자연스럽지 않은 인공의 작은 공간에 들어있어야 한다는 것이다. 경쟁과 포식과 같은 생물적 상호작용은 자연상태에서 보다 과장되는 것으로 추정된다. 그것은 이입, 이출과 회피 메커니즘이 없기 때문이다.

그림 2.1 크기가 다른 규모의 생태학적 실험: (a) 실험실에서 여러 크기의 마이크로코즘. (b) Schösee호(독일 Hostein)에서 메조코즘 실험. 이들 플라스틱 백은 직경이 1 m이며 깊이는 3 m이고 물을 약 2 m^3를 담을 수 있다(Max Planck Society 사진). (c) 호수가 나누어진 실험, Neuglobsow에서 시행됨(독일, Brandenburg). 호수는 퇴적층에 고정시킨 플라스틱 커튼으로 4구획으로 나누어졌다. 각 구획은 각각 다르게 처리를 하였다(Scheffler 사진).

마이크로코즘 실험의 목적이 경쟁과 같은 생태적 과정을 조절하는 규칙을 연구하기 위한 것이기 때문에 이러한 비판은 오해이다. 자연에서 얼마나 중요한 과정이 있는지를 결정하는 것이 당면한 목적이 아니다. 예를 들어, 마이크로코즘 실험은 생물 밀도에 있어 계절 변화 패턴이 경쟁 또는 포식에 의해 발생되는 것을 보여줄 수 있다. 물론 같은 패턴을 유도할 수 있는 대립적 메커니즘이 배제될 수 있을 때 믿을만한 지표가 된다.

마이크로코즘의 크기 제한은 작은 플랑크톤, 부착 미생물 그리고 작은 곤충을 위해 이상적으로 만들어지지만 어류와 같은 더 큰 생물을 포함하는 과정의 연구에는 가치는 거의 없다. 마이크로코즘의 이점은 몇 가지 유사한 시스템의 통계적 비교를 위해 사용될 수 있다는 것이다. 작은 마이크로코즘에서 확대(blow up)하는 과정은 메조코즘으로 조사될 수 있다(그림 2.1b). 이들은 투명한 플라스틱 시트와 같은 인공적인 장벽으로 분리된 자연환경의 구획이다. 이들 메조코즘(호수 연구에서 limnocorrals으로 불림)은 일부 군집 또는 개체군을 **포함**(*enclosure*)하거나 **배제**(*exclosure*)하는데 사용된다. 실험 연못은 비슷한 실험을 위해 사용된다. 메조코즘과 연못은 온도, 빛과 바람조건의 자연 변화에 노출시키므로 이상적인 제어 실험을 위해 필요로 하는 변수의 불변성은 없다. 이들 조건의 변화에 불구하고, 조작 효과는 비조작(비조절)과 조작(조절) 메즈코즘을 비교함으로써 알 수 있다. 같은 종류의 유사한 실험들은 무작위 효과(random effect)를 배제할 필요가 있다. 이런 유형의 실험은 영양염첨가 또는 특정 생물의 첨가 혹은 제거를 포함한다.

비싸고 복잡하기 때문에 육수학에서 플랑크톤 타워(plankton tower)와 같은 더 세밀하게 조절된 메조코즘 형(Lampert and Loose 1992)은 거의 없으며, 이들 10 m 높이의 금속 원기둥은 온도 경사를 조절하는 가열과 쿨링 요소를 가지고 있다. 빛과 바람조건과 화학적 요인의 분포를 조절함으로써, 이들 타워는 마이크로코즘과 같은 정도의 실험조절을 한다.

생태계 조절은 규모가 가장 크지만, 최소한으로 조절되는 생태 실험의 방식이다. 작은 호수와 연못은 고립된 시스템이기 때문에 생태계 조절 실험에 적절하다. 어류 개체군 동태와 같이 큰 공간을 요구하는 과정은 이런 실험 방식에서 조사될 수 있지만, 마이크로코즘이나 메조코즘에서는 안된다. 다시 말해 플랑크톤과 미생물 개체군의 직접적인 조절은 가능하지 않다. 생태계 조작은 특징적으로영양염과 산과 같은 화학물질 첨가 또는 어류 종의 도입을 포함한다. 메조코즘과는 대조적으로 조작 효과를 비교하기 위한 진정한 대조군은 없다. 이전의 어떤 조절도 같거나 비슷하지 않으며, 엄격한 의미에서 비조절 시스템이 대조군으로 간주될 수 있다. 조절 전과 후의 많은 기간(연간) 또는 많은 비조절 호수를 조절된 호수와 비교하는 것이 더 좋다. 그래서 비조절 시스템에서 무작위적 변동을 확인할 수 있다. 생태계 조절의 조절된 양상을 개선시키기 위한 시도에서 호수는 대조플라스틱 커튼을 이용해 2개 또는 그 이상의 소단위로 나누어진다(그림 2.1c). 각 호수의 소단위는 조작되거나 또는 조절을 유지할 수 있다. 이런 접근이 잘 알려진 예에서 Schindler(1980)는 온타리오의 실험호수지역(ELA)의 227번 호수에서 인이 제한 영양염이라고 증명하였다.

육수학적 실험에서 근본적인 문제는 생물과 물리적 과정이 축소될 수 없다는 것이다. 실험이 크면 클수록, 더욱 현실적이며 거의 자연상태가 되어 많은 종류의 생물들이 포함될 수 있다. 동시에 더 큰 크기는 조절과 반복을 희생할 수밖에 없음을 의미한다. 실험 조건의 완전한 조절은 마이크로코즘에서 메조코즘으로 바꿀 때 포기된다. 메조코즘에서 생태계 조절로 바꿈에 따라 조절과 비조절 시스템에서 실험 조건이 동일하다고 가정할 수 없다. 현장성의 확보는 반복과 정확성을 희생함으로써 만들어진다.

2.5 수학모델

수학적 용어로 표현된 관계를 수학 모델이라 한다. 모델은 시스템의 여러 구성인자 간의 상호작용을 설명하는 간단한 수학 공식이거나 연결된 공식들의 체계이다. 구성인자의 수와 복잡성이 증가하면, 수학 모델은 분석적으로 해결하기가 더 어렵다. 이런 측면에서, 시뮬레이션은 가정된 수치와 같은 매개변수를 제공함으로써 특별한 조건을 해결하는 데 사용된다. 충분한 횟수로 시뮬레이션이 시행된 후에, 연구자는 개체군의 공존을 가능하도록 하는 조건과 같은 특별한 결과가 가능한 조건의 범위를 결정할 수 있다. 결정론적 시뮬레이션 모델은 각 매개변수를 위한 특정값을 사용하는 반면에, 확률론적 모델은 제공된 평균값 정도에서 변이성을 이용한다.

처음에는, 각 경우에 연구자가 특별한 입력변수를 조작하고 결과를 기다리기 때문에 시뮬레이션은 실험과 매우 비슷해 보인다. 시뮬레이션은 실제 실험의 시, 공간적, 기술적 제한이 없는 유리함이 있다. 시뮬레이션과 실험간에는 근본적 차이가 있다. 왜냐하면 시뮬레이션은 상당히 추론적이며 그 결과는 공식과 매개변수에 의존하기 때문이다. 그러므로 시뮬레이션은 실증적인 사실의 예측을 검정할 수 없다. 그러나 그들은 객관적이지 않은 그들 자신의 가정에 대한 결과를 보여줄 수 있다. 이것의 인상적인 예시는 예측불가능한 시간과정이 완전히 결정론적 공식으로부터 만들어질 수 있음을 증명하는 결정론적 혼돈의 발견이다(May 1974). 시뮬레이션과 실험간의 비교는 가설 검정에서 가치가 있다. 실험과 시뮬레이션간의 불일치에 대한 몇 가지 이유는 다음과 같다.

- 시뮬레이션된 과정은 존재하지 않거나 또는 고려되지 않았던 과정에 의해 가려진다.
- 시뮬레이션에서 사용된 하나 또는 여러 개의 공식은 비현실적이다.
- 입력 변수와 관련되는 가정은 정확하지 않다.

특히 복잡한 모델에 있어 위의 마지막 관점을 고려할 때 유의해야 한다. 왜냐하면 매개변수값을 충분히 조절함으로써 원하는 결과를 획득할 수 있기 때문에 이런 경우에 모델이 현실과의 일치 혹은 불일치는 거의 중요하지 않다. 입력값의 작은 변화에 대한 반응으로 큰 변화를 나타내는 모델은 의심스럽다. 왜냐하면 대부분의 생태학적 측정값은 넓은 오차 경계를 가지고 있기 때문이다.

2.6 과학의 방향을 유도하는 방법

과학적 진보는 자주 새로운 방법론적 발전으로 자극을 받는다. 관련 없는 과학분야로부터 채택된 새로운 기법은 돌파구를 유도하고 어떤 분야와 새로운 파라다임에 있어 강한 활동을 끌어낸다. 예를 들어, 정량적인 식물플랑크톤 연구가 H. Utermöhl이 조류 세포를 계수하기 위해 도립현미경 사용을 제시한 1930년대 초기에 가능해 졌다. 이것은 환경변수 예를 들어 영양염에 대한 식물플랑크톤 풍부도와 종조성과 관련된 식물플랑크톤 연구의 새로운 시대가 시작된 것이다. 이 방법은 여전히 사용되고 있으며, Utermöhl(1958)의 세밀한 기술은 지금도 빈번하게 인용되고 있다.

2차대전 후 방사성 동위원소의 이용 특히 ^{32}P, ^{14}C와 삼중수소와 같은 방사성 동위원소의 이용은 미생물의 흡수율, 전환율 뿐만 아니라 영양염 농도를 측정할 수 있게 하였다. 이것은 영양염 동태와 생산력 연구의 붐을 일으켰다. 방사성 동위원소를 측정하는 기법이 시간이 지남으로써 더 민감하고 더 안전해 졌지만 일차생산과 박테리아 생산을 측정하는 기본방법은 여전히 같다(글상자 4.3). 위성영상기법은 원격탐사로 넓은 범위의 모니터링을 위한 문을 열었다. 다른 최근의 예는 먹이망 연구의 전성기이다. 그것은 안정 동위원소 측정 기법이 가능해졌기 때문이다(글상자 7.1).

생물학의 많은 분야와 같이, 생태학은 분자생물학적 기법을 도입함으로써 일대 변혁이 일어났다. 이 과정은 여전히 진행 중이며, 더욱 더 중요하게 될 것이다. 생태적 문제를 연구하기 위해 분자적 방법을 사용하는 분자생태학(molecular ecology)이라 불리는 분야가 이미 존재한다. DNA구조와 DNA산물(유전체학, 단백질유전정보학)에 대한 생태과정에서 생물의 가능한 역할을 나타내는 유전자를 확인하기 위해 사용될 수 있고 유전자 발현에 대한 측정은 그것의 활동에 대한 통찰력을 줄수 있다. 유전자조작생물은 생물리포터(bioreporter)로 이용하기 위해 구성된 것으로서 환경특성을 나타낸다(예, 철 이용성).

지금까지 진화생태학에서 분자유전기법의 가장 중요한 적용은 분자마크를 이용하는 것이다(Avise 2004). 미량의 DNA를 증폭시키기는 중합효소연쇄반응(PCR)을 개발함으로써, 분자유전자료가 다양한 분야에서 통합(개체군 유전학, 계통학, 종 동정, 표현형과 유전형 다양성, 친족 및 부모확인, 교잡, 확산과 유전자 이동, 종 분화 등등)되었다. 다양한 종류의 DNA의 제한된 부분의 염기서열을 결정하거나 또는 유전형 동정을 위한 바코드와 같은 DNA 단편 패턴(확장된 단편길이의 다형현상, 미세위성)을 생산하기 위해 개발되었다. 일반 원리는 개체(개체군 유전학) 또는 분류군(계통학)이던지 생물간의 유전적 상호관계를 평가하기 위해 DNA 또는 DNA산물(RNA, 단백질)의 유사성을 비교하는 것이다. 이 분야의 기술발전은 매우 빠르다. 응용의 예들은 여러 책에서 소개되었다(예, Moya and Font 2004). 다음 장들에서 여러가지 예들을 소개할 것이다.

CHAPTER 3

수서 서식처의 특징

3.1 물분자의 구조

3.1.1 분자결합

물의 독특한 분자구조는 많은 수서 서식처 특성의 기초가 된다. 수소원자는 약 105°의 각도로 결합을 하며, 물 분자의 강한 양극성을 나타내도록 한다. 이 양극성은 궁극적으로 물 분자를 다른 물 분자와 결합하도록 하고, 많은 물질을 용해하고, 생화학적 과정을 유도한다.

물 분자는 다른 물 분자와 비교적 약한 수소결합을 하며, 물 분자의 결합체, 즉 **클러스터**라고 하는 덩어리를 형성한다. 클러스터의 중요한 특징은 그들이 동적구조로 되어 있고, 다른 물 분자와 항상 결합을 형성하며 깨어진다. 그러므로 하나의 클러스터 내의 물 분자수는 단순히 통계적으로 기술된 것이다. 온도가 높아지면 각 클러스터의 평균 물 분자 수는 감소한다. 예를 들어 약 0℃에서 클러스터에 평균 65개 물분자가 있지만, 100℃에서는 12개가 있다. 물 구조는 결빙될 때 극적으로 변화된다. 분자들은 격자상으로 배열하며 그 안에 4개의 수소원자가 각 산소원자 주변에 4면체로 둘러싼다.

물은 물 분자의 결합과 배열로 독특한 특징을 나타낸다. 4℃에서 밀도가 가장 높다. 순수한 물의 표면장력은 수은을 제외한 다른 어떤 액체보다 더 높으며, 조류와 곤충을 포함하는 군집이 물 위, 물 속 또는 물 표면 아래에 서식할 수 있게 한다. 물의 높은 점성은 생물의 운동에 중요하다. 또한 물의 비열, 융해열, 증발열과 끓는점이 특히 높다. 분자결합이 약한 물이 약 −80℃에서 끓는다면 지구상에 액체상의 물은 없을 것이며, 단지 수증기만 존재할 것이다.

3.1.2 밀도의 비정상성

얼음 속의 물 분자는 결정체로서 넓게 분포하고 있다. 그러므로 얼음은 비교적 낮은 밀도를 가진다. 얼음이 녹으면 분자들은 밀집하게 되고, 물의 밀도가 더 높아진다. 0℃에서 얼음과 액체상의 물 사이의 밀도 차이는 8.5%이고, 얼음이 물 표면으로 떠 오르게 된다. 온도가 0℃ 이상으로 증가하면, 클러스터 크기는 감소함으로써 밀도는 증가한다. 그 이유는 더 작은 클러스터들이 보다 더 높은 밀도로 뭉치기 때문이다. 동시에 열팽창이 증가하면 밀도감소를 유도한다. 4℃에서 열팽창 효과는 없어지고 밀도가 증가하여, 이때 **최대밀도**가 된다. 4℃ 이상에서 열팽창 효과가 가장 커지며, 온도가 증가하면 밀도는 계속 감소하게 된다. 가장 낮은 온도보다 4℃에서 최대밀도를 나타내는 이런 특성을 물의 **밀도 비정상성**(density anomaly)이라고 한다. 비정상성이 없다면 가장 차가운 물은 겨울에 바닥으로 가라앉으며, 결국 호수 전체가 단단하게 결빙된다. 온도의 비정상성 때문에 4℃ 물은 호수 바닥 주변에 모이게 되고, 호수는 표면에서부터 결빙된다. 표면을 덮고 있는 얼음으로 인해 호수는 더 이상 결빙되지 않는다. 매우 혹독한 겨울에도 깊은 호수의 물은 수생생물이 항상 이용할 수 있다. 일반적으로 내륙의 호수에서 무시될 정도이지만 물의 밀도가 최대인 온도는 염분과 정수압에 의해 낮아진다. 남극의 혹독한 조건에서 많은 호수들은 영구 결빙되어 있지만 얼음 밑의 수중생물들은 서식하고 있다. 수백만 년 이전의 액체상의 물이 수백 미터 얼음 밑에서 확인되었다. 매 10 bar(10^6 Pa)의 기압마다, 최대 밀도를 보이는 물의 온도는 0.1℃씩 감소한다. 독일 Constance 호수 처럼 250 m의 수심을 갖는 호수의 경우, 바닥의 수온은 약 3.8℃이다.

3.1.3 온도 특성

물의 비열은 높다. 15℃에서 1 kg의 물을 1℃ 높이는데 4.186 kJ이 필요하다. 이것은 매우 높은 값이며, 암모니아가스(5.15)와 액체수소(14.23)만이 이값을 초과한다. 물은 열 손실이 매우 느리며, 많은 열을 저장할 수 있다. 결과적으로 큰 호수는 기후변화의 완충역할을 하며, 수온은 계절적으로 천천히 변화된다. 이와 같은 효과는 수생생물의 삶에 내우 중요한 결과를 기져온다.

물의 열전도는 다른 액체보다 더 높지만, 물을 통한 열전도는 매우 느리게 진행되며, 열전도도는 0.569 $W\,m^{-1}K^{-1}$이다. 이것은 전도도가 물 1 cm^3를 1℃ 높이는데 0.00569 $J\,cm^{-1}K^{-1}s^{-1}$을 의미한다. 그러므로 호수에서 분자확산을 통한 열 전달은 무시될 수 있다. 결과적으로 강한 빛이 비춰지는 표면수 등에서 열은 흡수되고, 실제로 열은 그곳에 머무른다. 그러나 이것은 실제로 일어나지 않는다(그림 3.5). 바람과 물의 흐름은 와류확산으로 열을 전달하지만, 단지 그것의 전달력이 미치는 깊이까지만 가능하다. 이러한 물리적 과정은 호수에서 특징적인 열 경사를 생성하고(단원 3.2.2), 또한 역으로 화학적 경사와 생물 분포에 영향을 미친다(단원 3.3).

3.1.4 표면효과

물 분자 결합은 표면 경계면에서 매우 뚜렷하다. 대기와 물의 경계면은 생물 서식처일 뿐만 아니라 그들 분포의 장벽이 된다. 이것은 표면장력 때문에 가능하며, 수은을 제외한 어떠한 다른 액체보다 물의 표면장력이 더 높다. 온도와 오염물질은 물의 표면장력에 크게 영향을 미친다. 많은 생물이 물 표면 위를 걷거나 또는 부착하는 것은 표면의 얇은 막(필름)을 이용하기 때문이다.

물 분자는 다른 분자를 끌어당길 뿐만 아니라(응집력), 물 표면을 끌어당긴다(부착력). 부착력은 표면의 화학적 성질에 따라 결정된다. 응집력이 부착력보다 더 작으면, 표면을 **친수성**이라 한다. 물이 제거된 친수성 표면은 젖게 된다. 물 분자간의 응집력은 표면 응집력보다 더 크며, 그 물질을 **소수성**이라 한다. 이것의 표면은 쉽게 젖지 않는다. 소수성 표면에 부착한 물은 각각의 물방울을 만든다. 많은 생물들은 (예, 물방개) 물리적 아가미로 기능을 하는 소수성 표면을 가지고 있다(단원 4.2.2).

3.1.5 점성

물 분자 간의 상호인력은 물의 흐름에 대한 저항으로 작용한다. 이러한 **역학적 점성**(때로 줄여서 점성이라고 함)은 물의 내부마찰(internal friction) 때문이다. 유수 또는 물속에서 이동하는 물체는 이와 같은 시럽상태를 극복해야 한다. 이러한 현상은 꿀과 같은 점성이 높은 액체를 부을 때 명확하게 증명된다. 물은 다른 액체보다 비교적 점성이 낮다. 비록 담수에서 점성에 대한 용존물질의 영향은 무시되지만, 점성은 온도와 용존물질에 의해 영향을 받는다.

역학적 점성의 단위는 파스칼초(Pa s = 1 kg $m^{-1}s^{-1}$)이며, 그리스어로 μ로 표현한다. 이것은 1 kg의 물체를 1초에 1 m 이동시키는 힘이다. 물의 점성은 온도가 높아지면 감소한다. 20 °C에서 물의 역학적 점성은 약 1×10^{-3} Pas이며, 0 °C에서 1.8×10^{-3} Pa s이다. 따라서 따뜻한 물은 차가운 물보다 더욱 액상상태이다. **운동점성**(kinematic viscosity, ν)은 여러 가지 계산을 위해 사용된다. 역학적 점성을 액체 밀도(δ)로 나누어 유도한다; $\nu = \mu/\delta$, 단위는 $kg\,m^{-1}/kg\,m^{-3} = m^{-2}s^{-1}$이다. 역학적점성과 운동점성간의 관계는 일부가 분명하지는 않다. 역학적 점성은 액상의 물체가 옆에 있는 물체를 얼마나 강하게 끌어당겨지는가를 나타낸다. 밀도는 액상의 물체의 밀집 정도로 표현되며, 운동라인(관성)이 연속되는 경향을 나타낸다. 이 둘간의 관계는 액체의 불규칙한 유속에 저항하는 능력의 측정차이다.

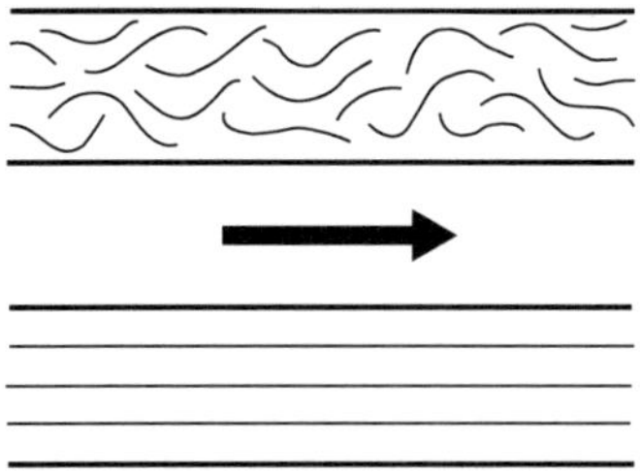

그림 3.1 파이프에서 물의 와류와 층류. 유선은 물 운동의 경로를 나타낸 것이다.

점성과 물의 흐름과 같은 다른 연관된 현상은 수생생물, 열과 물질의 분포, 수동적 침강과 능동적 유영, 여과에 의한 먹이의 수집과 흐르는 물속에 서식하는 것 등을 조절하는데 근본적 영향을 미친다. 물은 **와류**와 **층류**로 운동을 한다(그림 3.1). 물속에서 작은 입자들이 평행하게 이동하는 것을 층류라고 하며, 평행 **유선형**으로 보인다. 와류는 유선형을 불규칙한 상태로 흐르도록 하는 것이다. 전체 수체는 한 방향으로 운동하지만, 개별 물 입자는 불규칙한 경로를 가진다. 예를 들어, 만약 유속이 증가하면, 흐르는 물은 층류에서 와류상태로 갑자기 변할 수 있다. 이것은 물마개가 열릴 때 설명될 수 있다. 마개를 떠나는 물 흐름이 얇으면(느린흐름), 잔잔하게 흐른다(층류). 물마개를 크게 열면 흐름이 증가하고 물을 튀기기 시작하여 와류가 된다.

층류는 점성의 결과이며, 서로 가까이에 끌어당겨진 물 분자들이 동시에 이동한다. 와류에서 관성력은 분자의 인력보다 더 중요하다. 당신이 물 속에서 배의 방향응 움직이면, 물 덩어리가 관성때문에 연속적으로 움직이므로 이들이 얼마나 많이 부딪히는지 알 수 있다. 물의 움직임은 내부마찰(점성) 때문에 빠르게 느려지고, 잠시 후에 나타났던 와류의 흔적은 없어진다. 흐름의 유형은 점성도와 항력에 크게 영향을 받는다. 내부마찰과 점성도 간의 관계는 무차원의 **레이놀드 상수**(*Reynolds number*, *Re*)로 나타낸다.

$$\frac{\text{관성}}{\text{점성도}} = Re = \frac{\delta U l}{\mu}$$

U는 속도(ms^{-1})로서 물과 물체가 각각 다른 방향으로 이동하는 상대적 거리이다. 물이 정지 물체를 통과하던지 또는 물체가 정지한 물 속에서 이동하는 것은 중요하지 않다.

l은 물이 흐르는 관의 직경 또는 흐르는 방향의 관의 길이(m)이다. 밀도(δ)는 점성(μ)이 운동점성(ν)으로 바뀐다면 없어진다.

$$Re = \frac{Ul}{\nu}$$

레이놀드 수(Reynold number)가 작아질 때, 점성력이 우세해진다. 그들이 커지면, 관성력은 더욱 영향력이 커진다. 층류의 레이놀드 수는 작은 반면에 와류는 크다. 레이놀드 수는 일차적으로 운동속도(U)와 길이(l)에 의해 결정된다. 왜냐하면 물의 운동점성은 매우 작은 범주 내에서 변화되기 때문이다(약 1×10^{-6} $m^{-2}s^{-1}$). 더 높은 속도와 더 큰 물체는 더 큰 레이놀드 수를 생성한다. 특성길이는 물체의 길이와 형태에 의존하기 때문에 결정하기 어렵다. 이러한 부정확도는 생태학에서 거의 의미가 없다. 자연에서 레이놀드 수 범위가 너무 넓기 때문에, 대체로 몇 가지 수로 단순하게 주어진다. 예를 들면 다음과 같다.

	Re
대형유영고래	10^9
하천성 송어	10^5
회피성 동물플랑크톤	10^2
유영 섬모충	10^{-1}
동물플랑크톤의 여과 소극모	10^{-3}

매우 작은 생물은 점성환경에서 생활하고, 대형 생물은 와류환경에서 서식한다. 레이놀드 수가 1보다 작을 때 와류는 무시될 수 있다. 조류나 박테리아와 같은 매우 작은 생물은 항상 층류에 둘러싸여 있다(그림 3.2a). 조류 세포는 와류체 내에서 수송되지만, 인접환경에 층류가 있다. 이것은 중요한 결과를 나타낸다. 층류 속에 있는 물체는 매우 느리게 이동하는 물의 층에 포위된다. 이러한 **경계층**은 항상 물체를 동반하는 물 분자를 포함한다. 경계층의 두께는 유속이 증가하고 물체가 커지면 증가한다. 생물이 경계로부터 물 분자를 제거하면, 확산에 의해 주변 물로부터 대체될 수 있다. 이 과정은 매우 느리다. 경계층 내의 농도 경사는 영양염 결핍이 확산에 의해 얼마나 빠르게 대체되는지를 결정한다. 세포는 균질하게 분포하는 영양

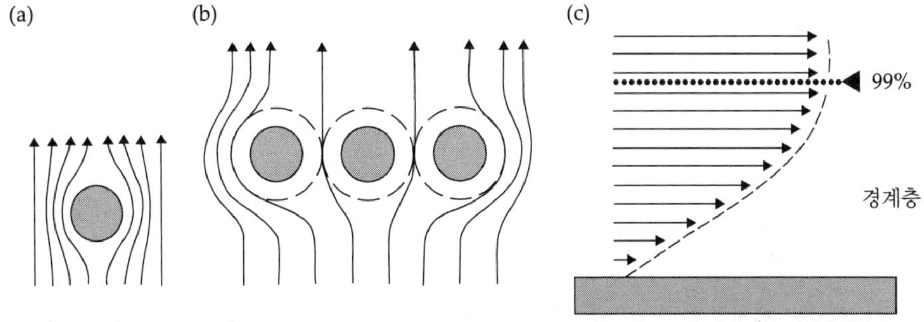

그림 3.2 매우 낮은 레이놀드 수에서 흐름. (a) 작은 입자(예, 침강하는 조류) 주변의 층류. (b) 여과장치를 통한 흐름의 횡단면. 실린더 주변 경계층은 실선으로 표시. 압력은 물이 여과지 구멍을 통해 흐르도록 하는데 필요하다. 충분한 압력이 없으면 물은 여과지 주변으로 흐른다. (c) 물이 고정된 표면(예, 바위)을 흐를 때 Prandtl 경계층을 형성. 화살표의 길이는 유속을 의미함. 돌의 표면에서는 유속이 0이다.

염 매질 속에서 유영함으로써 이득을 볼 수 없다. 왜냐하면 세포는 영양결핍 경계층에서 영양염을 취하기 때문이다. 확산은 경계층 내로 더 많은 영양염을 공급하기 위한 유일한 방법이며, 궁극적으로 세포 흡수율을 제한하는 요인이다. 위치변화를 하는 생물체가 유리한 것은 경계층과 환경간의 가파른 농도경사가 있는 곳에서 더 높은 영양염 농도 지역에 있게 되기 때문이다.

호수의 혼합표층을 통해 천천히 침강하는 조류 세포는 침강을 하지 않는 세포보다 더 수월하게 영양염을 흡수할 수 있다는 상식적인 주장은 단지 그것이 대형조류 세포라면 적절하다. 확산이 가장 우세한 과정이다. 왜냐하면 층류가 침강하는 세포주변에서 지배적이기 때문이다. 반지름이 10 μm인 돌말이 약 10 μm s^{-1} (85 cm/일)속도로 침강하면(단원 4.26, 침강속도계산법), 세포표면을 통해 영양염 확산이 약 10% 증가한다. 침강이 더 느린 녹조류 또는 반지름이 5 μm인 돌말은 영양염 흡수(< 1%)가 거의 향상되지 않는다. 매우 작은 세포는 활발하게 운동하는 것이 더욱 중요하다. 예를 들어 100 μm s^{-1}로 유영속도가 증가하면 영양염 확산속도는 1 μm인 편모류는 5%, 5 μm인 편모류는 30% 그리고 10 μm인 편모류는 약 50% 증가시킨다.

작은 세포체가 밀착된 경계층은 서로 영향을 미칠 수 있다. 예를 들어, 원통 시스템으로 보여지는 매우 미세한 여과구조를 가진 여과성 생물 주변의 경계층은 겹쳐질 수 있다(그림 3.2B). 이런 여과기가 많은 구멍을 가지고 있지만, 적절한 압력이 없으면 물은 여과기를 통과하지 못한다.

물이 편평한 표면 위를 흐를 때에도 경계층은 생성된다. 표면 바로 위의 유속은 0이며, 표면에서 거리가 멀어질 수록 최대속도로 증가한다. 유속이 감소하는 고정된 표면 주변의 경계층이 Prandtl **경계층**이다. 그것의 정확한 두께는 정확하게 결정할 수 없는 데, 그것은 표면에서 멀어질수록 유속이 계속 증가하기 때문이다. 그것의 두께는 유속이 물체로부터 떨어져 그 속도의 99%에 도달하는 고정된(attached) 표면으로부터의 거리로 정의된다. 흐름이 표면으로부터 멀수록 경계층의 두께는 더 두꺼워진다. 동시에 표면과 직각상태에서 속도 경사는 더 낮아진다(그림 3.2C). 흐름에 접하는 가장자리로부터 거리가 멀수록 경계층은 더 두꺼워 진다. 경계층 두께(σ)는 다음과 같이 더 정확하게 계산할 수 있다.

$$\sigma = \sqrt[5]{\frac{x\mu}{\delta U}}$$

두께는 일차적으로 물이 흐르는 표면으로부터 거리(x)와 유속(U)에 의해 결정되며, 운동점성(μ/δ)은 큰 변화가 없다. 하천의 암반 주변 경계층은 수 mm까지 확장될 수 있다. 위치 x(Re_x)에서 레이놀드 수에 특성 거리가 있는 것처럼 x를 처리함으로써 다음과 같이 공식을 얻을 수 있다.

$$\mathrm{Re}_x = \frac{Ux}{\nu}, \quad \frac{\delta}{x} = \sqrt[5]{\frac{1}{\mathrm{Re}_x}}$$

경계층의 상대 두께(δ/x)는 레이놀드 수에 의해 결정된다.

Prandtl 경계층은 하천생물에게 특히 중요한데 그 이유는 생물이 큰 물살을 피할수 있게 해주기 때문이다. 하천의 돌 표면에서 생장하는 조류 메트는 그들이 너무 두꺼워지지 않는 한 경계층에 남아있다. 많은 하천성 동물은 경계층 내에 유지할 수 있도록 적응된 형태와 행동적 특성을 가지고 있다. 예를 들어, 돌 표면에 서식하고 있는 조류를 섭식하는 많은 곤충의 유충은 납작한 모양을 가진다. 유속이 빠른 하천에서 정수의 얇은 층을 이용하기 위해 돌에 단단히 밀착을 한다. 비행기 날개의 익형(에어호일)과 같이, 동물의 등 위를 흐르는 물은 외부로 끌어당겨지기에, 납작한 곤충은 실제로 돌 표면에 대해 힘을주지 못한다. 이러한 동물은 돌을 붙잡을 수 있는 발톱과 흡착기와 같은 방책이 필요하다.

하천의 동물은 때로는 절충이 필요하다. 예를 들어, 정교한 겉아가미가 없는 강도래 유충은 산소 교환이 잘되는 유속이 빠른 물속의 돌에서 훨씬 유리하다. 그러나 이들은 더 큰 와류에 노출된다. 여과성 섭식자 먹파리 유충은 물 속에 떠 다니는 먹이 입자를 섭식하기 위해 여과 부속지를 흐르는 물 속에 유지해야 하지만 반면에, 특수한 갈퀴와 부착 실크를 이용하여 그들 위치를 고정시켜야 한다. 납작한 형태라고 해서 항상 경계층에 적응하였다고 할 수 없다. 예를 들어, 와충류는 돌 밑이나 갈라진 틈에서 서식한다. 상당히 납작하지만, 다른 동물은 유선형 체형으로 저항을 감소시킴으로써 빠른 유속이 있는 서식처에 살수 있다(단원 4.2.5).

3.1.6 용매로서 물

물은 절연상수가 높은데($\varepsilon = 80$, 20℃), 그것은 비대칭적 물 분자 구조 때문이다. 물은 양극성 결합을 분해 또는 분리시킴으로써 좋은 용매가 된다. 가스와 이온의 용해 및 전파는 수생생물에게 매우 중요한 환경요인이다.

용존가스

수중의 가스는 대기에서 공급되거나 또는 생물의 대사활동으로 공급된다. 물에 녹아있는 가장 중요한 가스와 그 기원은 표 3.1에 정리되었다. 확산평형은 특정 가스와 물 사이에서 생성된다. 용해되는 가스의 양은 특정가스의 압력에 대한 용해도 상수와 Henry의 법칙에 따른 압력에 의해 결정된다.

$$C_\mathrm{s} = K_\mathrm{s} P_\mathrm{t}$$

표 3.1 수중에서 가장 중요한 용존가스

가스	화학기호	기원
산소	O_2	대기, 광합성
질소	N_2	대기, 박테리아 활동
이산화탄소	CO_2	대기, 호흡
황화수소	H_2S	박테리아 활동
메탄	CH_4	박테리아 활동

C_s는 주어진 조건에서 녹는 가스 량, K_s는 주어진 온도에서 용해도 계수, 그리고 P_t는 분압(즉, 대기 표준상태에서 산소분압은 0.21).

물은 평형 용해도를 통해 함유할 수 있는 가스 량을 포함하는데 그것을 **포화상태**라 한다. 그러나 평형조건은 자연에서 거의 없다. 호수에서 가스의 소비와 생성율은 대기와 가스교환율을 초과하며, 과포화가 되거나 결핍 상태가 된다. 평형조건의 결과도 농도 백분율로서 표현되는 가스 농도를 상대포화도라 한다. 가스의 상대포화도는 농도가 변화되지 않더라도, 조건변화 때문에 변화될 수 있다. 포화농도는 압력, 온도와 염분농도에 의해 결정되며, 염분농도는 담수에서 무시될 수 있다. 예를 들어, 표준기압과 20℃에서 수중의 산소포화도는 9.09 mgl^{-1} (100%)이다. 수온이 햇빛을 받아 22℃로 증가하면, 22℃에서 포화 값이 8.74 mgl^{-1}이기 때문에, 상대포화도는 104%가 된다. 대기압도 포화농도에 영향을 미친다. 해수면 수준에서 포화도 100%에 해당하는 가스농도는 2500 m 고도에 있는 호수에서 포화도는 135%이다.

가스는 높은 정수압때문에 깊은 호수에서 잘 용해된다. 확산이 매우 느리기 때문에, 대부분의 대기 가스는 수표면에서 교환되고 다른 곳으로 수송된다. 예를 들어, 가을 순환동안 수체는 표면으로 이동하고, 대기와 교환하며, 바람의 작용으로 호수 바닥으로 이동한다. 그러므로 정수압의 효과는 보통 무시되며, 상대포화도는 수표면에 대해서만 계산된다. 가스가 박테리아 활동이 있는 깊은 곳에서 생성되면, 큰 압력 때문에 많은 양이 용해될 것이다. 이러한 효과에 대한 인상적인 설명은 독일 Black Forest에 있는 댐 보수를 위해 30 m로 낮춘 Schluchsee호수에서 보여진다. 호수에 갑작스러운 많은 가스 거품은 정수압이 1/2로 감소한 결과로 빌생하였으며, 이것으로 인해 퇴적층에 가스(질소, 메탄, 이산화탄소)가 크게 과포화 되었다. 남은 호수물에 밀집된 어류 개체군은 퇴적물에서 거품이 발생됨으로써 사멸되었고, 유해 가스는 용존산소를 제거하는 샴페인 거품과 같이 호수 바깥으로 터져 나왔다. 심수층의 압력때문에 마그마원으로부터 축적된 많은 량의 이산화탄소가 카메룬, Nyos 분화호에서 갑자기 방출됨으로써 큰 재난이 1986에 발생하였다. 공기보다 더 무거운 가스는 지표근처 아래로 퍼졌다. 이 결과 호수 반경 10 km내의 사람 1700명과 소 3000마리가 죽었다(Kling *et al.* 1987).

탄산염-중탄산염-이산화탄소 평형

이산화탄소는 Henry의 법칙에 따르지 않기 때문에, 용존가스 중에 특별한 위치에 있다. 이산화탄소는 생각보다 물 속에 훨씬 더 많다. 그것은 화학적 형태 뿐만 아니라 유리가스로 존재하기 때문이다. 이산화탄소가 물에 녹을 때, 작은 비율(1% 이하)이 탄산으로 수화된다;

$$H_2O + CO_2 \leftrightharpoons H_2CO_3$$

일부 탄산은 중탄산염과 수소이온으로 해리된다;

$$H_2O + CO_2 \leftrightharpoons HCO_3^- + H^+$$

이것은 pH를 감소시킨다. 2차 해리단계는 또 다른 수소이온을 유리시킨다;

$$HCO_3^- \leftrightharpoons CO_3^{2-} + H^+$$

탄산염의 해리정도는 pH에 의해 결정된다(그림 3.3). pH 8에서 거의 대부분이 중탄산 이온으로 존재한다. pH가 알칼리로 변한다면, 점점 더 탄산염으로 평형이 동을 한다. pH가 낮아지면, 유리 이산화탄소와 탄산이 우세해 진다. 이러한 pH와의 관계는 대부분의 수생식물이 광합성에서 이산화탄소와 중탄산염을 이용하기 때문에 매우 중요하다(단원 4.3.6 참조).

대부분의 자연호수에서 탄산은 알칼리 토금속과 알칼리 금속물질이 결합하여 비용해성 염류를 형성한다. 이것은 평형을 교환시켜, 새로운 이산화탄소를 물 속으로 확산시키며, 결과적으로 예상보다 더 많은 용존이산화탄소 양이 존재한다. 칼슘이온과 칼슘-탄산 평형은 특히 담수에서 중요하다.

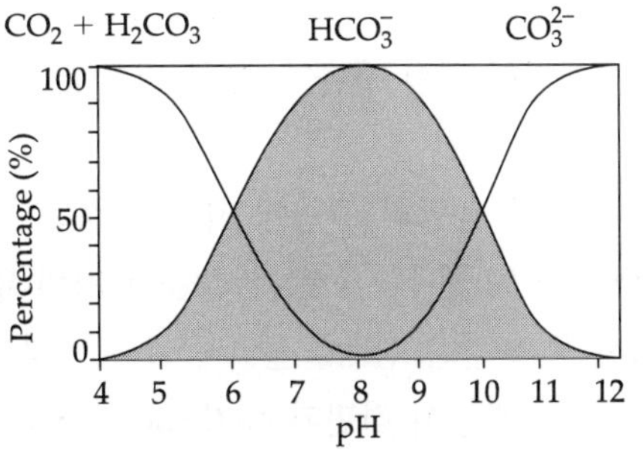

그림 3.3 여러 가지 pH에서 이산화탄소 유형의 상대비율

$$Ca(HCO_3)_2 \rightleftharpoons CaCO_3 + H_2CO_3$$

중탄산칼슘 (용해도 높음) 탄산칼슘 (용해도 낮음) 탄산

이와 같은 평형으로 인해 항상 적은 량의 탄산이 존재한다. 만약 탄산이 생물과정을 통해 제거된다면, 예를 들어, 중탄산염은 탄산염으로 변화되어 낮은 용해도 때문에 침전된다. 칼슘이 풍부한 호수에서 이산화탄소가 높은 광합성으로 제거될 때, 수생생물은 비용해성 탄산칼슘 껍질 층을 형성한다. 많은 호수에서 물은 결정들 때문에 탁하게 보인다. Croatia의 Plitwicz호수에서 생물에 의한 칼슘제거로 볼 만한 예가 있다. 오랜 시간 동안 수서 이끼류는 3~50m 높이의 탄산칼슘 둑을 만들었으며, 16개 호수에 댐이 만들어졌고, 다른 호수로 이어졌다.

이산화탄소가 시스템에 공급되면, 수생생물의 호흡으로 이산화탄소가 완전 소모될 때까지 탄산염이 중탄산염으로 변화된다. 예를 들어, 생물활동이 평형상태를 초과하도록 이산화탄소를 생산하면, 산성화될 것이고, 물 공급 파이프를 부식시키기 때문에, 우리는 이것을 공격적인 탄산이라 한다.

탄산염-중탄산염-이산화탄소 평형은 즉, pH변화없이 H^+ 또는 OH^-이온을 받아들이는 능력인 호수의 **완충능**에 일차적 책임이 있다. 알칼리도는 산이 기여한 완충능의 척도이다. 비록 다른 이온들도 완충능에 기여하지만, 탄산염-중탄산염-이산화탄소 평형이 대부분의 수계에서 주요한 역할을 한다. 수소이온(H^+)이 물에 공급되면, 탄산염(CO_3^-)과 반응하여 중탄산염(HCO_3^-)을 형성한다. 그러므로 그들은 시스템에서 사라지고 pH는 안정 상태로 남는다. OH^-이온이 공급될 때 반대 현상이 발생한다. 물 속에 더 많은 칼슘이 있으면, 더 많은 탄산 결합을 하고, pH 변화없이 H^+ 또는 OH^-이온이 공급될 수 있다. 칼슘이 부족한 호수는 완충능이 약하고 보통 약산성이 된다. 이런 호수에서 높은 광합성율은 이산화탄소를 소모함으로써 pH 9 정도로 증가시키고, 만약 식물이 중탄산염을 이용한다면, pH 11까지로도 증가시킨다. 이로인해 완충능이 약한 호수에서 pH는 매우 급격한 일변화를 나타낸다. 칼슘이 풍부한 호수에서 pH는 7~8 정도이다. 이산화탄소가 물에서 제거되면, 평형은 물 속으로 중탄산염에서 이산화탄소를 방출함으로써, 비용해성 탄산칼슘으로 이동한다(단원 4.3.6). 모든 이산화탄소가 소모될 때까지 pH는 일정한 상태로 유지된다. 평형상태 회복의 시간지연이 있기 때문에, 높은 광합성 활동은 결국 pH 변화를 유도한다.

호수의 완충능은 호수와 유역의 지질에 따라 결정된다. 규산암반 지역의 호수(즉, 스칸디나비아, 미국 북동부, 캐나다 동부)는 칼슘이 거의 없어 완충능이 부족하다. 산성비로 황산과 질산 등과 같은 산성물질의 공급은 이와 같은 자연 산성호수에서 빠르게 pH를 감소시킨다. 칼슘이 결핍된 늪지(bog)는 pH 4.5 정도이며, 부식산 때문에 중성호수보다 약 1000배 산성화되어 있다. 화산활동은 극단적으로 pH를 낮

추는데, 예를 들어, 엘사바로드의 화산호수는 분기공에서 생성된 황산 때문에 pH 2 정도이다. 자연 알칼리 호수의 예는 pH 9 이상이며, 탄산나트륨(Na_2CO_3)이 탄산칼슘($CaCO_3$)으로 변화되는 소다호수 등이 있다. 이들 대부분의 호수는 방류구가 없는 폐쇄호이며, 건조지역에 위치하고 있다. 잘 알려진 호수는 케냐의 Nakuru 호수(Vareschi와 Jacobs 1985), 워싱톤의 Soap호수(Edmondson 1991)이다.

이온과 극성분자

물에서 가장 중요한 음이온은 풍부성 측면에서 CO_3^{2-}와 HCO_3^-이다. 황산염(SO_4^{2-}), 염소(Cl^-)와 질산(NO_3^-)은 다소 덜 풍부하다. 양이온 중에 칼슘(Ca^{2+})은 가장 많고, 마그네슘(Mg^{2+}), 나트륨(Na^+)과 칼륨(K^+)이 그 다음으로 풍부하다. 강우로 호수에 들어오는 것을 제외한 이들 이온들은 암석의 풍화작용으로 공급된다. NaCl과 Na_2CO_3와 같은 가장 잘 용해되는 염류는 지질시대에 용해되었고 현재 바다에서 일차적으로 발견되고 있다. 탄산칼슘 등과 같이 다소 덜 용해되는 염류는 침식으로 공급된다. 호수와 해양의 염류 조성은 기본적으로 다르다.

가장 풍부한 이온들이라 하더라도 생물학적으로 가장 중요하지는 않다. 필수 영양염과 같은 많은 이온들은 매우 결핍되기 때문에 생물학적으로 중요하며, 생물 생산에서 제한요인으로 작용할 수 있다. 인, 규소, 질산, 암모니아와 철은 호수 생산성을 제한하는 이온들의 예이다.

무기이온과 더불어 극성 유기분자는 생물활동으로 생성되며, 물 속에 녹아있다. 호수에 용존무기물질을 만드는 물질은 죽은 유기물질의 분해와 대사산물이다. 보통 호수에 알 수 없는 많은 **용존유기물질**(DOM)이 있으며, 간단히 **총용존유기탄소**(DOC)라고 한다. DOC는 매년 시기와 호수에 따라 매우 다양하다. 용존유기물질은 미생물에게 중요한 에너지원을 제공하지만, 대부분의 DOC는 매우 느리게 분해된다. 이와 같은 **내화**(저항)물질은 DOC가 **화학변화를 일으키기** 쉽거나 또는 빠르게 변형된 부위가 소모된 후의 물질로서 잔존물질이라 한다. DOC는 유입과 유출이 일정한 동적 풀이다. 용존탄소의 느린 분해는 호수의 탄소순환에 대한 안정화 시켜주는 효과를 이 풀에 제공해 준다. 세포외효소와 신호 화학물질과 같은 적은 량의 용존유기복합물질은 자연 수체에 중요한 조절효과를 가지게 한다.

3.2 수직적 경사

3.2.1 광

지구에서 대부분 이용 가능한 에너지는 태양 광으로부터 온다. 지구 표면에 도달하는 총 복사광은 직사광과 분산 천공광으로 구성되어 있다. 이와 같은 지구 광선은 대기에서 일부 단파장이 흡수되었기 때문에, 300~3000 nm의 파장으로 구성되어 있다. 그것은 3가지 범주로 나눌 수 있으며, 각 파장은 다음과 같이 다른 효과를 나타낸다.

- 300~380nm: 자외선; 생물에 손상 효과
- 380~750nm: 가시광선. **광합성유효광선**(PAR; 400~700nm)
- 750~3000nm: 원적외선; 열 생산

광선이 호수에 도달할 때, 적은 양은 반사되고 흡수되고 남은 나머지 광은 물을 투과하여 흡수된다. 반사된 광의 비율은 태양의 입사각도, 파장과 물의 표면파도조건에 따라 결정된다. 예를 들어, 중부 유럽에서 직사광의 약 3%는 여름에 반사되고 겨울에 14%가 반사된다. 그리고 분산천공광의 약 6%는 반사된다. 강한 파도가 작용할 때, 반사는 30~40%로 증가한다.

호수에 광이 위로부터 들어오기 때문에, 항상 물을 통과함으로써 흡수되고, 모든 호수에 수직적 광 경사가 생성되어 호수의 생물과 생산성에 큰 영향을 미친다. 호수 내로 투과하는 광은 산란되고, 열로서 흡수되거나 또는 다른 에너지원으로 변형된다. 예를 들어, 광합성에서 탄소를 환원시킴으로써 저장된다. 수층에 따라 광유지 정도를 **광소멸**(light extinction)이라 하며, 광이 전달되는 양을 **광투과**(light transmission)이라 한다.

광 소멸의 개념은 순수한 용매에 평행하게 광을 조사하여 단색광의 감소에 적용되는 것이다(Lambert-Beer 법칙). 분명하게 이들 조건은 빛이 다색광이고 부유입자가 빛을 흡수하고 산란하는 호수의 물 속에서 충족되지 않는다. 광 세기의 감소는 광의 흡수와 회절 때문이며, 이것을 **수직적 광감소**(vertical light attenuation)라 한다. 그것은 Lambert-Beer법칙에 준해 수학적으로 근사치를 산출할 수 있다.

광 세기는 호수의 물을 통해 전달될 때 직선상으로 감소하지 않지만, 오히려 각각의 깊이에 따라 광의 고정 비율은 일정하게 남아있다. 광은 깊이에 따라 지수적 감소를 한다.

$$E_d(z) = E_d(0)e^{-k_d . z}$$

$$k_d = \frac{\ln E_d(0) - \ln E_d(z)}{z}$$

E_d와 $E_d(z)$는 표면과 깊이 z에서 광 세기이며, k_d는 **광감소계수**이다. 더 높은 k_d는 광이 더 빠르게 흡수되는 것이고 물 속에서 수직적 광 경사는 더 가팔라진다(그림 3.4). k_d는 수중광전지로 두 깊이에서 측정된 광 세기를 이용해 계산할 수 있다(글상자 3.1).

물을 통과하는 각 파장은 감소계수가 다르다. 다른 깊이에서 다른 파장의 광을 흡수하는 것은 깊이에 따라 색이 변하기 때문이다. 적색광은 순수한 물에서 대부분

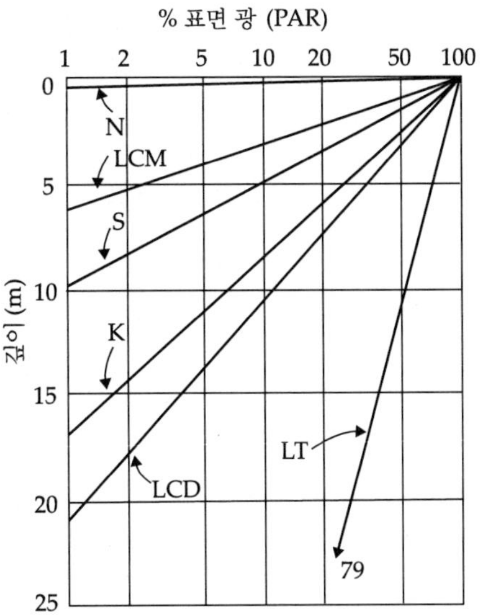

그림 3.4 다른 호수에서 깊이에 따른 광합성유효광의 감소(PAR 400~700 nm). N: Nakuru호수(케냐); 1972년 평균 값(k_d = 17.1 m^{-1})(Vareschi, 1982). LCM과 LCD: 5월과 12월의 Costance호수(k_d = 0.768 m^{-1}과 0.219 m^{-1})(Tilzer *et al*. 1982). S: 독일, Holstein의 7월의 Schöhsee호수(k_d = 0.461 m^{-1}). K: 독일 Bavaria의 Königsee호수, 1979년 평균값(k_d = 0.271 m^{-1})(Siebeck, 1982). LT: 미국 캘리포니아의 Tahoe호수, 1970년 부영양화 이전(k_d = 0.058m^{-1})(Tilzer *et al*. 1975).

빠르게 흡수되고, 청색광은 투과가 가장 크다. 순수한 물에서 적색광(720 nm)의 약 65%는 가장 낮은 깊이(k_d = 1.05 m^{-1})에서 흡수된다. 반대로 청색광(475 nm)의 약 0.5%가 같은 깊이에서 흡수된다(k_d = 0.005 m^{-1}). 예를 들어, 다이버는 수 m보다 더 깊은 수심에서 적색을 보지 못한다.

용존물질과 입자는 호수의 광 투과에 대해 역시 매우 중요하다. 조류는 최대흡수를 더 긴 녹색파장으로 변경하고 용존 부식물질은 더 짧은 황색 파장으로 바꾼

글상자 3.1 광: 측정 단위

광은 에너지 또는 몰광양자(mol quanta)로 표현된다. 광양자의 에너지 함량이 파장에 따라 다르기 때문에 이 단위는 직접 전환될 수 없다. 일반적으로 사용되는 단위는 다음과 같다.

- **광 에너지**: 1 J = 1 Ws = 0.2388 cal
- **에너지 밀도**: 1 Wm^{-2} = 1 J $s^{-1}m^{-2}$
- **광양자 유동 밀도**: mol $m^{-2}s^{-1}$ 또는 μE $m^{-2}s^{-1}$
- **PAR의 근사값(400~750 nm)**: 1 μE $m^{-2}s^{-1}$ = 0.2–0.25 W m^{-2}

비록 유용한 측정단위도 아니고 육수학 연구에서 사용하지 않지만, 경우에 따라 더 오래된 용어인 광도는 여전히 단위 lux (lx)를 사용하고 있다.

- 1 W m^{-2} = 약 95 lx(태양고도 10°), 약 120 lx(태양고도 50°), 그리고 약 140 lx(짙은 구름상태).

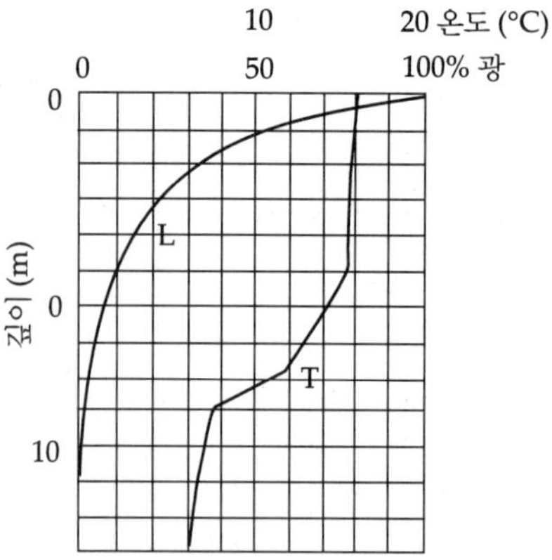

그림 3.5 호수(독일, Holstein의 Schöhsee호수, 1973년 7월)에서 광(L)과 온도(T)의 깊이 별 분포. 표면에서부터 깊이에 따라 광이 연속으로 감소하고 있다. 온도는 와류(소용돌이 확산)때문에 표수층에서 일정하다.

다. 광 세기와 광의 스펙트럼 조성은 깊이에 따라 변화된다. 400~700nm 범위 내에서 기능을 나타내기 때문에 이것은 광합성을 위해 매우 중요하다.

그림 3.4는 호수에서 조류와 탁도 농도에 따라 PAR의 수직 전달을 비교한 것이다. 광 곡선은 반대수 그래프로 표시할 때 직선상이며, 이것은 광이 깊이에 따라 지수적으로 흡수되기 때문이다(그림 3.5). 하나의 극단적인 곡선은 케냐의 Nakuru호수에서 나타났다. 그것은 남조류인 *Spirulina*의 밀도가 매우 높아 탁도도 높았으며, 홍학의 큰 개체군이 이 조건을 유지시켜 주었기 때문이다. 다른 극단적인 것은 캘리포니아 Yahoe에서 예외적으로 깨끗하였다. 하나는 광의 1%를 이용할 수 있는 깊이를 그래프로부터 읽을 수 있다. 이 깊이는 대충 **진광층** 정도의 더 낮은 경계로서 이용되었으며, 그 부분은 광합성으로 양의 에너지 균형을 유지한다(단원 4.3.5). 이 깊이는 5월과 12월에 Constance호수의 곡선을 설명한 것으로서, 극적으로 변화되며, 매년 시기에 따라 달라진다. 광 세기를 각 깊이에서 실제 측정하거나, 또 하나는 호수 내에서 표준 흰 원반(secchi disk)을 볼 수 있는 깊이를 결정함으로써 호수 물의 투명도를 산출할 수 있다(글상자 3.2).

호수는 색깔이 다양하다. **물 색깔**은 물 표면에서 반사된 광의 스펙트럼 범위로 결정되며(즉, 하늘 색) 광이 투과된 후에 물에 남아있는 광의 색깔이다. 일부 광은 물 분자와 입자에 의해 산란된다. 산란은 광 에너지를 직접적으로 감소시키지 않지만, 광에 의해 이동 거리를 증가시킨다. 그러므로 흡수된 광 량을 증가시킨다. 산란은 역시 선택적이며, 파장에 영향을 받는다. 광의 단파장은 장파장의 광보다 더 많이 산란된다. 순수한 물은 청색으로 보이는 데, 그것은 청색광이 더욱 강하게 산란되고 가장 투과가 크기 때문이다. 엽록소 농도와 부식물질은 녹색과 갈색이다. 탁도는 색깔을 변화시키지 않지만, 색 강도를 감소시킨다.

글상자 3.2 투명도

Secchi disk는 secchi **투명도** 또는 물 속의 최대 볼 수 있는 깊이(때로는 secchi **깊이**)를 결정하는 간단한 도구이다. secchi 투명도는 직경 20 cm인 흰 원반이 물표면에서 관찰자의 시야에서 보이지 않는 물의 깊이이다. 그것은 광이 원반에 전달되고 되돌아 오는 거리의 절반이다. secchi 투명도는 호수에서 광 조건의 빠른 측정을 위해 사용되며, 비교적 신뢰할 수 있다. 원반과 환경, 광의 조건, 관찰자의 시력 그리고 원반의 직경과 반사 정도간의 대조와 같이 영향을 미치는 많은 요인이 있지만 유용하게 사용된다. 다른 관찰자들의 평형 측정은 놀랄울 정도로 비슷하다. 다른 호수에 대한 일부 전형적인 시계 깊이는 다음과 같다.

- 매우 깨끗한 분화호수(미국) 40 m
- 여러 계절의 Constance 호수 1.5~12 m
- 여름에 Schöhsee호수(독일) 5 m
- 여름에 영양염이 풍부한 독일 북부지역의 호수들 <1 m
- 잉어연못 20 cm
- Nakuru호수(케냐) 5~10 cm

얼음으로 덮여있는 호수는 광 특성이 크게 변화된다. 투명한 얼음은 증류수의 광학적 특성을 나타내며, 많은 조류는 얼음 밑에서 생장한다. 공기 거품과 얼음 위를 덮은 눈은 광 투과에 크게 영향을 미친다. 20 cm 이상 덮고 있는 마른 눈은 입사광의 99%를 흡수하고 반사함으로 얼음 밑에서 심각한 광합성 제한이 일어난다.

3.2.2 온도

호수로 들어오는 대부분의 광 중에 장파장은 표면 근처에서 흡수되며 열로 전환된다. 분자 확산이 무시되기 때문에(단원 3.1.3), 열은 광이 흡수된 곳에 남아있는 것으로 가정함으로써, 온도는 광과 같이 깊이에 따라 지수적으로 감소할 것으로 예상된다. 이것은 어떤 일도 발생하지 않았다, 그러나(단원 3.5) 이것에 대한 이유는 물의 밀도이상과 바람의 효과이다.

물은 4℃에서 밀도가 가장 높기 때문에, 이 온도보다 차가워 지거나 따뜻해지면 가벼워 진다. 낮은 밀도의 물은 높은 밀도의 물보다 위로 뜬다. 4℃에서 0℃까지의 물은 밀도 차이가 0.13g l^{-1}이고, 4℃와 20℃ 사이의 밀도 차이는 1.77g l^{-1}이다. 밀도 차이는 온도가 높아짐으로써 더 커지고, 24와 25℃ 사이의 밀도는 4와 5℃ 사이의 밀도 차이만큼 크며 30배 정도이다. 호수와 환경간의 열 교환은 물 표면을 통해 일어난다. 호수는 태양광에 의해 따뜻해지고 방사냉각(즉 밤에)과 증발로 차가워진다. 물 표면을 냉각시키면 밀도가 더 높아지기 때문에 더 높은 밀도를 만날 때까지 침강한다. 온대지역의 위도에서 표면수가 4℃로 차가워지는 시기는 봄과 가을이다. 그러므로 충분한 수심을 가진 호수의 깊은 물의 온도는 약 4℃이다. 예외 중의 하나는 높은 고도에 있는 호수로서 극단적으로 차갑다. 열대지역 호수에서 표면수는 결

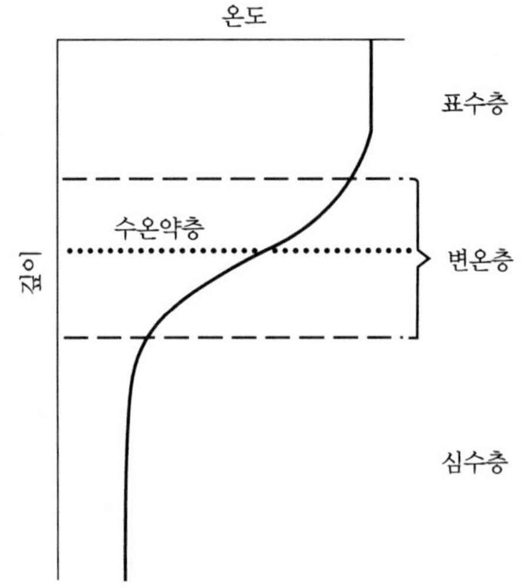

그림 3.6 온대지역에서 전형적인 여름 온도분포

코 4℃ 이하로 감소하지 않으며, 그러므로 깊은 물의 온도는 더 높고, 항상 결빙되는 극지방의 호수에서 온도는 더 차가워 진다.

바람은 수표면에서 와류와 흐름을 일으키고 얕은 물을 혼합시킨다. 가장 따뜻한 물이 표면 근처에 뜰 때, 바람은 차가운 물 밑에 있는 것과 같이 물을 쉽게 혼합시키지 못한다. 물의 위층과 아래층 사이의 밀도 차이에 비례하는 것으로 바람 효과에 저항을 형성한다. 잘 혼합된 층은 여름에 생성되며, 바람의 힘과 더 따뜻한 물의 부상이 같은 깊이까지 확장된다.

안정도(두 수체의 혼합에 대한 저항)는 깊고, 찬물에서 얕고, 따듯한 물에 이르기 까지 증가한다. 그것은 온도에 대한 밀도 변화가 낮은 온도에서보다 높은 온도에서 더 크기 때문이다. 바람이 표면에 도달하고, 그 힘은 깊이가 깊어 질수록 소멸되며, 혼합된 표면수와 더 차가운 물 사이의 비교적 예리한 경계를 형성한다. 이것은 **성층화**된 호수의 온도 분포를 생성하며, 따뜻한 **표수층**(epilimnion)과 차가운 **심수층**(hypolimnion)의 두 층으로 수체를 분리한다(그림 3.6). **변온층**(metalimnion)으로 알려진 가장 큰 온도변화가 있는 구역은 이들 두층으로 분리된다. 변온층은 쉽게 한정되지 않는다. Birge(1897)의 원래의 정의에 따르면, 변온층의 더 위층과 더 아래층의 경계에서 온도는 최소한 1℃ m^{-1}의 차이가 있다. 상대온도 변화가 가장 큰 깊이에서 가상의 수직면을 그려보면 두 층으로 호수가 나누어진다(Hutchinson 1957). 이 가상의 수직면을 수온약층(thermocline)이라 하며, **변온층**, **수온약층**과 **변화층**(sprungschicht)은 동의어로 사용된다.

봄에 표수층의 온도가 4℃ 정도일 때, 두 층들 사이의 밀도차이는 거의 사라진다. 이 시기에 강한 바람이 불면 호수 바닥까지 충분히 혼합되며, **봄 순환**(spring circulation)이 시작된다. 그때 호수는 **등온상태**(homothermic)가 되며, 표수층과 심수층의 온도가 같아진다. 광량이 증가하면 표수층은 따뜻해지며 호수는 성층이 시작된다. 첫 번째 성층화는 너무 약하기 때문에, 약한 바람에 성층이 파괴된다. 그러나 잠시 후에 안정된 표수층이 발달된다. 그 때 호수는 **여름 성층화** 시기가 된다. 성층화는 여름 동안 안정성이 증가한다. 변온층과 수온약층은 여름 내내 깊어지며, 가을까지 지속된다(그림 3.7). 가을 동안 표층수는 차가워지고 표면 물 밀도는 증가하며, 침강(온도전류)하기 시작한다. 바람으로 유도된 혼합이 일정 깊이까지 침투하면, 전류로 유도된 혼합이 밀도가 같은 깊이까지 침투한다. 그러므로 가장 깊은 수온약층은 가장 높은 수온과는 일치하지 않는다. 예를 들어, Constance호수에서 수온약층은 가을에 가장 깊다.

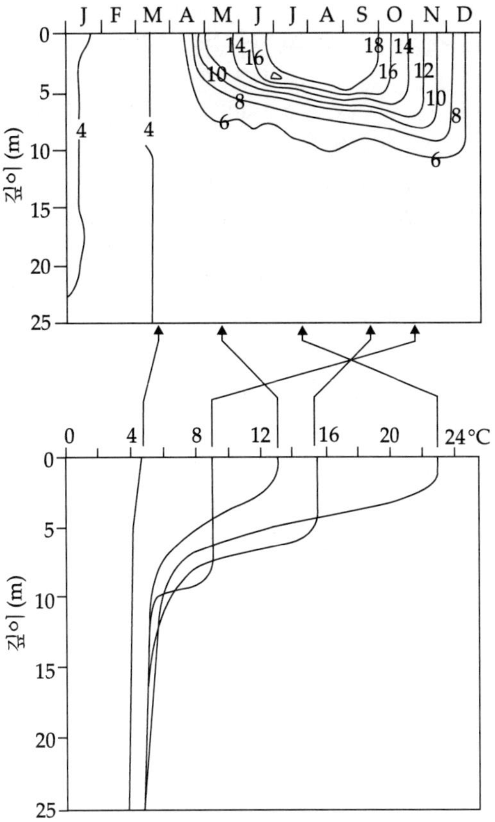

그림 3.7 1986년 Plußsee호수에서 온도 조건. 위: 등온 상태, 아래: 5일간의 자료로 온도분포(Krambeck의 자료)

늦가을에 표층수는 더 차가워지고 바람은 다시 호수를 완전히 혼합시킨다. **가을 순환**(fall circulation)으로 호수는 연중 두 번째 등온상태가 된다. 얼음으로 덮여있는 호수는 더 차가워져 역성층 또는 **겨울 성층화**로 발달되며, 표층에 떠 있는 얼음 바로 밑의 물 밀도는 낮아지고, 심수층은 더 따뜻해지고 약 4℃로서 밀도가 더 높아진다. 표수층은 발달할 수 없는데 그것은 덮고 있는 얼음이 바람 스트레스로 부터 보호해 주기 때문이다.

온대지역의 연간변화에서 형성되는 성층화와 순환 사이의 이와 같은 변화는 열대지역 얕은 호수에서 발생한다. 매우 작은 온도 차이는 따뜻한 열대호수에서 안정된 온도 성층현상을 유지할 수 있다. 그것은 온도변화에 대한 상대밀도 차이가 높은 온도에서 가장 크기 때문이다. 이들 호수는 표면의 물이 가열됨으로써 낮 동안 성층을 형성하고, 밤에 표면수가 차가워 짐으로써 바람에 의해 성층은 파괴된다(그림 3.8)

온도 성층화와 열 교환은 태양광과 바람에 따라 결정된다. 기후, 호수의 크기와 바람 노출 그리고 경우에 따라 물의 유입은 순환 유형을 결정하는 중요한 요소이다. 바람은 작고 나무로 막혀있는 연못과 바람 방향과 평행하게 길이가 긴 호수를 혼합시킬 수 없다. 호수는 순환 패턴의 정도와 빈도에 따라 나눌 수 있다(글상자 3.3)

글상자 3.3 호수에서 순환 패턴

- **무순환 호수**(amictic lake)는 영구적으로 결빙되어 있어 결코 순환하지 않는다.
- **부분순환 호수**(meromictic lake)는 단지 부분적으로 혼합된다. 심수층은 용존물질로 인한 높은 물의 밀도 또는 바람의 효과로부터 방어되기 때문에 결코 혼합되지 않는다.
- **전순환 호수**(Holomictic lake)는 전체적으로 혼합되며 순환의 빈도에 따라 다음과 같이 나누어 진다.
  - **빈순환 호수**(oligomictic lake)는 매년 혼합되지 않는다. 이들 호수는 보통 크고 큰 열량의 저장능력이 있으며 그들이 완전히 혼합을 하던 하지 않던 특정 기후조건에 의존한다.
  - **단순환 호수**(monomictic lake)는 여름이던 또는 겨울이던지 간에 단지 매년 한번 혼합된다.
  - **냉단순환 호수**(cold monomictic lake)는 극지역에서 발견된다. 얼음이 녹지만 온도가 4°C 이상 올라가지 않으며 여름에 순환한다.
  - **온단순환 호수**(warm monomictic lake)는 겨울에 혼합된다. 온도가 4°C로 내려갈 때, 결코 결빙되지 않는다. 예는 Constance호수이며, 결빙은 평균 33년 이상 걸리는데 그것은 호수가 크기 때문이다.
  - **복순환 호수**(dimictic lake)는 일년에 2회(봄과 가을) 혼합된다. 온대지역에서 가장 보편적인 호수 유형이다.
  - **다순환 호수**(polymictic lake)는 빈번하게 혼합되며, 때로는 매일 혼합된다. 이들은 대부분 얕은 호수이며, 열대나 온대지역에서 강풍에 노출된 호수이다.

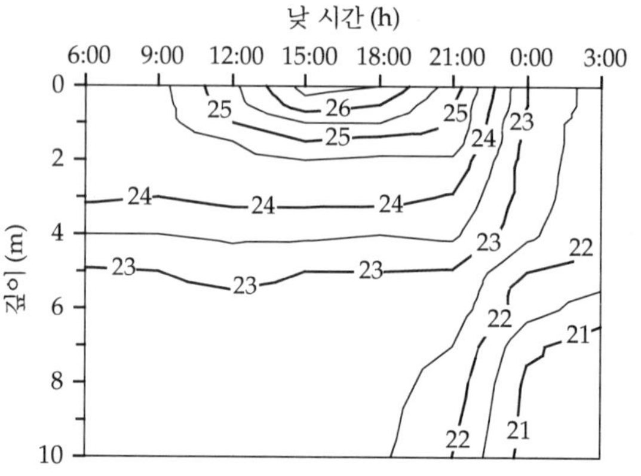

그림 3.8 브라질의 얕은 열대호수에서 일 순환 패턴. 낮 동안 온도성층화, 밤 동안 혼합으로 등온을 나타냄 (Barbosa and Tundisi 1989).

표수층은 혼합층이라 하는데, 그것은 등온상태의 수체를 의미한다. 문헌상에서 표수층의 제한 범위는 24시간 동안 표면에서 측정된 가장 낮은 온도의 깊이까지의 범위를 의미하며, 이것은 여름 밤에 냉각된 수체가 그 깊이까지 침강하기 때문이다. 그러나 상당히 민감한 온도계로 조사하면 표수층이 특히 조용한 날에 완전히 등온상태가 아닌 것을 나타낸다. 호안과 개방수간의 매우 약한 온도차이는 온도 성층화에서 생성되는 밀도 흐름으로 나타나는 결과이며, 그것은 수생생물의 분포에 매우 중요하다(그림 3.9).

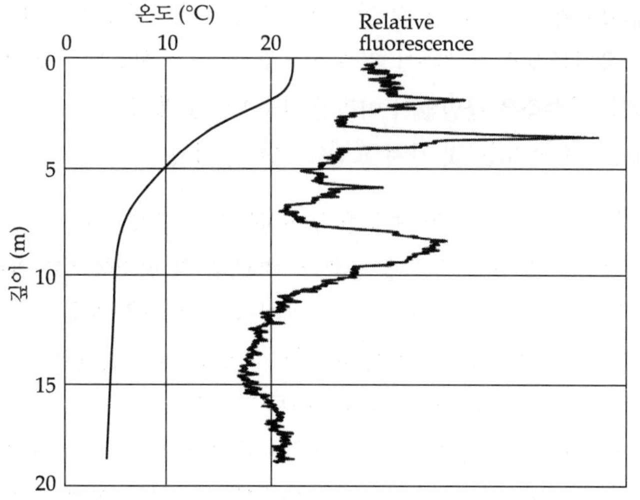

그림 3.9 혼합대가 실제 등형이 아님을 보여주는 생물의 수직분포. 형광은 색소(즉, 엽록소)에 의해 발생된다. Plußsee호수(Holstein, 독일), 1987년 7월 9일(자료: Baker and Watras)

3.3 기타 수직 경사

3.3.1 산소

대부분의 생물은 대사활동을 위해 산소를 요구한다. 적절한 산소공급은 공기 호흡을 하는 생물에게 결코 문제가 되지 않지만, 수서 환경에서 충분한 산소는 항상 이용가능한 것은 아니다. 수중에 산소를 공급하는 것은 대기와의 교환이나 녹색식물과 남세균(남조류)의 광합성으로 이루어진다. 산소는 단지 위층의 물로 들어오고, 광합성은 광 의존성이며 대기 교환은 물 표면에서 일어나기 때문이다.

광합성은 유기물을 생산하고 산소를 방출한다(단원 4.3.5). 반면에 호기성 호흡은 유기물질을 소비하고 산소를 이용한다. 산소 생산은 보통 광이 있는 조건에서 우세하며, 산소 소비는 암상태에서 일어난다. 호수는 이들 과정을 기반으로 두 지역으로 나누어진다. 광이 있는 **영양생성층**(trophogenic zone)은 유기물질이 합성되고 산소가 생성되는 곳이고, **영양분해층**(tropholytic zone)은 유기물질이 분해되고 산소가 소비되는 곳이다.

영양생성층은 때로 표수층과 부합한다. 많은 유기물질은 표수층에서 생성되고 결국 심수층으로 침전된다. 그러나 생성된 산소는 표수층에 남아 있게 된다. 산소 생성과 산소소비 사이로 뚜렷하게 분리된다. 대기로부터 산소를 공급하고 대기로 빠져나가는 것은 물이 과포화될 때, 그리고 표면수가 바람에 의해 혼합될 때 일어난다. 이것은 순환시기 동안 전 수체에 산소를 공급하는 것이다. 정체기 동안 단지 표수층은 대기와 가스를 교환할 수 있으며 심수층은 대기와 교환하지 못한다. 심수층에 침강한 유기물질을 분해하기 위해 이용할 수 있는 산소는 순환 시기 동안 공급되어야 한다. 심수층은 끊임없이 이러한 산소공급을 제거한다.

심수층에서 산소 농도는 몇 가지 요인에 의해 결정된다.

- 순환 패턴은 얼마나 자주 산소공급을 갱신하는지를 결정한다.
- 산소공급 크기는 심수층 부피에 순환 곧 바로 후의 산소농도를 곱하여 산출할 수 있다. 수심이 깊은 호수는 같은 면적에서 수심이 얕은 호수보다 심수층이 더 크다. 깊은 호수는 더 많은 산소를 저장할 수 있고 산소 균형에 더 호의적일 수 있는 영양생성대에 대한 영양분해대의 비를 가진다.
- 바닥으로 침전한 분해가능한 물질의 량은 표수층에서 생산기능이 있다. 낮은 생산성의 호수에서 대부분의 유기물질은 바닥에 도달하기 전에 분해되고 그곳에서 산소를 이용할 수 없다.
- 분해율은 온도에 의해 영향을 받는다. 온대 호수의 4℃보다 열대호수의 25℃에서 훨씬 더 빠르게 분해가 일어난다. 열대지역의 복순환호수에서 매일 온도순환하는 동안 산소손실은 따뜻한 물에서 낮은 산소용해도 때문에 증가한다.

생산성(productivity)과 **형태계측**(morphometry)은 호수의 산소균형에 중요한 결정인자이다. 같은 생성 기원을 가진 호수에서 큰 심수층으로 되어 있는 호수는 용존산소농도에 거의 영향을 주지 않고 유기물을 분해하지만, 얕은 호수는 완전히 산소를 잃게 된다. 호수 바닥에 침전되어 부분적으로 분해된 유기물질은 유기물질이 풍부한 침전물이 된다. 이들 침전물과 접하고 있는 수층은 산소를 잃게 되는 데 그것은 침전물 내에서 분해가 연속적으로 일어나기 때문이다. 심수층에서 산소 손실은 정체기부터 시작되지만, 매우 생산적인 호수에서 얼음 밑의 물에서 산소 손실이 상당히 일어난다. 정체기간이 길면 길수록 깊은 물 속에서 산소 손실은 더 많아진다.

호수에서 산소의 수직 변화의 연간 순환은 순환 패턴과 밀접한 관계가 있다(그림 3.10). 모든 호수는 일정한 산소분포를 한다(그림 3.11). 생산성이 낮은 깊은 **전순환** 호수는 여름 내내 유지되며 봄 순환 후 즉시 같은 산소 변화 그래프를 나타낸다. 따뜻한 물 속에서 더 낮은 포화가 제한되기 때문에 비록 절대산소농도가 표면수에서 어느 정도 감소하겠지만, 이들 호수에서 물은 표층에서 바닥까지 포화된다(단원 3.1.4). 이와 같은 산소 분포는 **등사형 곡선**(orthograde curve)이라 한다. 산소농도가 심수층에서 0으로 감소하는 생산적인 호수에서 산소곡선을 **경사형**(clinograde)이라 고라 한다. 경사형 산소곡선은 변온층 주변에서 최소와 최대로 생성된다. 예를 들어 박테리아의 높은 생산성은 가파른 밀도 경사를 유지하는 죽은 유기물질의 축적을 유도한다. 이것은 변온층 산소 최소화 또는 **음의 계량형 곡선**(negative heterograde curve)을 유도한다. 조용하고 광이 있는 주간에 생산적인 호수는 표수층에 산소가

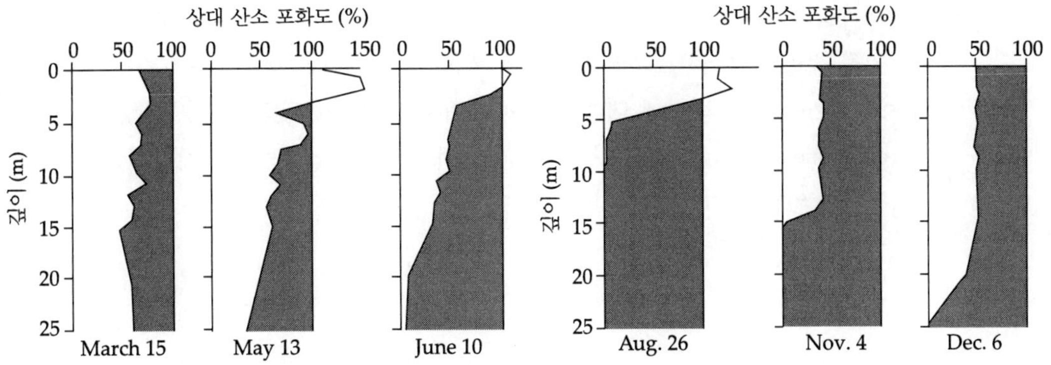

그림 3.10 1986년 부영양 호수에서 용존산소(상대포화도)의 분포(Plußsee호, Holstein, 독일). 짙은부분의 면적은 포화지역을 나타낸 것이다. 해빙 후에 호수는 혼합되어 균일하게 되었지만 이미 산소는 결핍되었다. 심수층에서 산소농도는 여름 정체기 동안 계속 감소한 반면에 표수층에서 산소포화가 발생하였다. 가을에 산소는 다시 한번 더 표면으로부터 혼합되었다(자료: Krambeck).

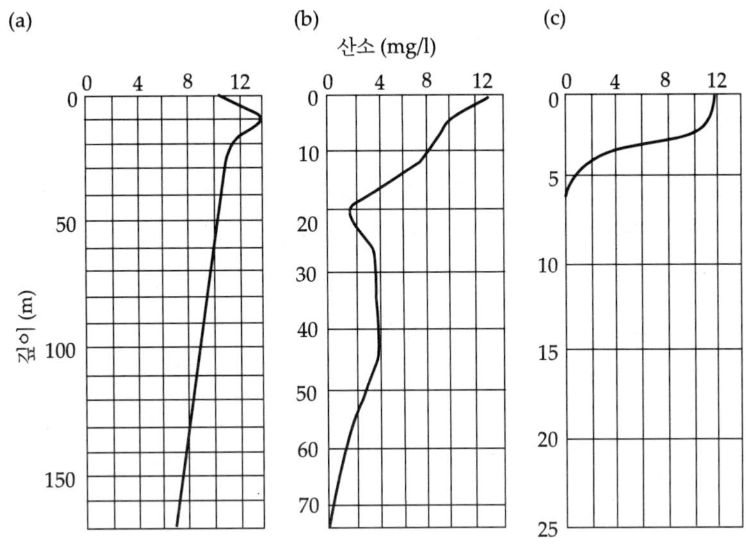

그림 3.11 여름 정체기 동안 전형적인 산소 농도 변화 그래프. (a) 빈영양 Königsee호수(1980년 7월 5일)는 거의 등사형 산소곡선상태이다(Siebeck 1982). (b) 깊고, 부영양 Biel호수(스위스; 1976년 10월 11일)는 음의 계량형 곡선이다(Tschumi 1977). (c) 부영양, 바람으로부터 보호받는 Plußsee호수(독일 Holstein, 1989년 9월 4일)는 급한 경사형 곡선이다(자료: Krambeck)

과포화 된다. 더 깊은 표수층에서 혼합이 없다면 대량의 산소가 대기로 빠져나가는 것을 억제함으로써, 산소농도는 최대로 되거나 또는 **양의 계량형 곡선**(positive heterograde curve)을 유도한다.

호수에서 산소의 수직 분포는 담수 생물에 대한 가장 중요한 무생물적 요인중의 하나이다. 호수에서 수생생물은 넓은 범위의 호기적 조건에 대한 많은 적응을 통해 진화한다. 예를 들어, 심수층에서 산소부족은 일부 종의 수직분포를 제한한다. 그러나 다른 종은 무산소에 대해 내성을 가질 수 있음으로써(**혐기적 생물**), 이러한 혐기적 지역은 포식자로부터 은신처를 제공해 준다. 많은 생물들은 호기적 조건에서 포식할 수 있는 변화에 대해 적응한 생활환을 가진다. **절대혐기적 미생물**(obligatory anaerobic microorganism)은 무산소지역에서 살 수 있다. 호수의 수생생물군집조성은 산소조건에 상당히 영향을 받는다.

3.3.2 pH

호수에서 생물활동의 수직적 차이는 pH의 수직적 경사를 유도하고 일시적 변화를 일으킨다. pH에 영향을 미치는 3가지 주요 과정은 광합성, 호흡과 질소동화이다. pH에 대한 광합성과 호흡의 효과는 탄산염-중탄산염-이산화탄소 평형에 의존적이다(단원 3.1.6). 광합성의 단순한 공식은 다음과 같다. **용존평형무기탄소**(DIC) 생성은 이산화탄소나 중탄염에 영향을 받는다.

$$6CO_2 + 6H_2O \rightleftharpoons C_6H_{12}O_6 + 6O_2$$

$$6HCO_3^- + 6H_2O \rightleftharpoons C_6H_{12}O_6 + 6O_2$$

광합성 동안 이산화탄소를 흡수할 때 사용된 수소이온은 없으며, 반면에 중탄산염 이온이 광합성에 이용될 때 1개의 탄소원자당 1개의 수소이온이 이용된다. 호흡은 역순이다. 그 결과는 pH가 6.3이하일 때와 이산화탄소가 우세할 때이다(그림 3.3). 호흡과 광합성은 pH에 거의 영향을 미치지 않는다. 더 높은 pH에서 다른 형태의 무기탄소는 이용할 수 있으며, 광합성과 호흡은 수소이온의 흡수와 방출을 변경한다. 수소이온의 교환은 물의 알칼리 또는 산성 중화능력에 먼저 영향을 미친다. 수소이온을 첨가하거나 제거하면 pH에 영향을 미치고 완충능에 영향을 미친다. pH의 수직경사는 성층화된 호수에서 생성되며(보통 표수층에서 더 높다) 초기 pH와 완충능에 영향을 받는다.

수생생물의 질소동화는 역시 호수의 pH에 영향을 받는다. 암모늄이온(NH_4^+)이 질소원으로 이용되면, 수소이온의 당량수는 전하균형을 유지하기 위해 방출해야 한다. 질산(NO_3^-)이 동화될 때, 수소이온 당량수는 제거되어야 한다. 이것은 다른 이온을 흡수하기 위해 일반적으로 적용되지만, 그러나 이들은 정량적으로 중요하지 않다. 질소동화가 탄소동화만큼 중요하지 않기 때문에, pH에 대한 효과는 낮은 pH에서 더 현저하다. 중탄산염의 역할이 없기 때문에 광합성이 pH에 영향을 미치지 않는다.

3.3.3 산화환원 포텐셜

물에서 많은 화학적 및 생화학적 변화는 **산화환원반응** 때문이거나 또는 전자의 전

표 3.2 생물에 중요한 원소의 산화수준과 보통 나타나는 예들

원소	산화수준	예
탄소	C (+IV)	CO_2, HCO_3^+, CO_3^{2-}
	C (0)	C, CH_2O
	C (−IV)	CH_4
질소	N (+V)	NO_3^-
	N (+III)	NO_2^+
	N (0)	N_2
	N (−III)	NH_3, NH_4^+, $-NH_2$
황	S (+VI)	SO_4^{2-}
	S (−II)	H_2S
철	Fe (+III)	Fe^{3+}
	Fe (+II)	Fe^{2+}

달반응 때문이다. **전자 공여체**는 환원인자라고 하며 **전자 수용체**는 산화인자라고 한다. 산화환원반응에서 전자전달은 원환원제(original reducing agent)를 산화제로 변화시키고, 원산화제(original oxidizing agent)를 환원인자로 변화시킨다. 반응의 방향과 속도는 방출되는 에너지량에 영향을 받는다. 더 많은 평형식이 산화 쪽으로 이동하면, 더 많은 음전자는 환원 포테셜이 된다.

$$\text{Red} \leftrightharpoons \text{Ox} + e^-$$

광합성과 호흡은 역시 산화환원반응이라 한다.

광합성에서 이산화탄소는 원산화제이며 물은 원환원제이다. 탄소의 산화수준은 광합성 동안 감소하며(+IV에서 0), 결과적으로 최종 전자수용체는 환원된 유기복합물과 산소이다. 생물에 중요한 다른 원소도 산화환원변화를 나타낸다(N, S, Fe, 그러나 P는 아님). 생물에 중요한 원소의 산화수준은 표 3.2와 같다.

용매에서 유리전자는 산화환원 시스템에 위치하는 전극에 의해 포획된다. 포텐셜은 용매의 산화환원 포텐셜(Eh)이라고 하는 산화 또는 환원능력과 일치하는 전극을 유도한다. 산화환원 포텐셜은 볼트로 표현하며 표준수소전극으로 측정한다. Eh는 하나의 pH단위 증가를 위해 0.058 V에서 감소하기 때문에 산화환원 포텐셜은 pH 7(E_7)에서 표준화된다.

산소는 특히 산화환원 포텐셜에서 중요하다. 산소는 다음과 같이 물을 용해한다.

$$H_2O \leftrightharpoons \tfrac{1}{2}O_2 + 2H^+ + 2e^-$$

물의 이론적 산화환원 포텐셜은 pH 7에서 산소를 포화시키며 25℃는 0.8 V이다. 산화환원 포텐셜은 산소농도 그 자체에서 변화에 대해 매우 둔감하다. 예를 들

표 3.3 산화환원 쌍에서 환원

산화환원 쌍	산화환원 포텐셜, E_7 (V)	상응 O_2 농도(mg l^{-1})
$NO_3^- - NO_2^-$	0.45~0.40	4.0
$NO_2^- - NH_3$	0.40~0.35	0.4
$Fe^{3+} - Fe^{2+}$	0.30~0.20	0.1
$SO_4^- - S^{2-}$	0.10 - 0.06	0.0

어 산소농도가 99% 감소하면 약 0.03 V로 E_7을 감소시키며, 산소 감소와 연관된 물질이 환원 증가도 없다.

0.8 V의 이론적 E_7값은 화학평행의 이상적인 조건이며, 모든 산화환원 반응이 가역적이 된다. 이런 조건은 자연에서 일어나지 않는다. 산소가 풍부한 표수층에서 산화환원 포텐셜은 0.4와 0.6 V 사이이며, 이것은 화학적 평행조절이 느리고 광합성이 화학적 조절에 대해 작동하기 때문이다. 그러므로 혐기적인 심수층 호수는 산환환원 포텐셜이 심한 수직적 경사를 나타낸다. 환원 철이온(Fe^{2+})과 유기물질은 혐기적 지역에서 산화환원 포텐셜을 감소시킨다. 침전물과 물 경계에서 Eh가 보통 빠르게 변화하며, 침전물 값은 −0.2 V에 도달하고 위에 있는 물은 0 V 이하로 좀처럼 감소하지 않는다.

산화환원 포텐셜이 원소의 용해도에 크게 영향을 미치기 때문에, 심수층에서 그것의 계절적 변화가 있으며, 침전물-물과의 인접면에서 호수의 영양염 순환에 특히 중요하다. 예를 들어, 철은 인산염 이용도에 중요한 역할을 한다(단원 8.3.5). 더 낮은 산소농도와 산화환원 포텐셜의 감소 결과 산화환원 쌍에서 일련의 환원을 유도한다(표 3.3).

철은 0.3 V의 E_7 이상에서 Fe^{3+}로서 필수적으로 비용해성이지만, 산화환원이 이 수준 이하로 감소함으로써 철은 용해성 Fe^{3+}로 변화된다. 그러므로 침전물에 결합하고 있는 인산염을 다시 용해할 수 있다. 산화환원 포텐셜이 훨씬 더 감소하면, 황산염은 아황산염으로 변화되며, 용액을 침강시키는 비용해성 염은 철 황화물을 형성하기 위해 철을 결합시킨다. 산소농도가 감소하고 환원물질을 만듦으로써, 빈번하게 조류 생장을 제한하는 대부분의 원소인 인산염은 먼저 용해되고, 그때 침강한다.

환원물질은 순수 화학반응에서 산소에 의해 산화될 수 있지만, 자연에서 반응은 호흡, 질화작용과 황과 철의 박테리아 산화작용과 같은 생물 과정에 의해 가속화된다.

3.3.4 부분혼합

일부 호수는 연중 어느 시기에도 결코 완전히 혼합되지 않는다. 이런 호수를 **부분혼**

합(meromictic)이라 한다. 혼합이 일어나지 않는 깊이를 **정체층**(monimolimnion)이라 하며, 표층수는 기후에 따라 순환함으로 **혼합층**(mixolimnion)이라한다. 강한 화학적 수직경사 또는 **화학약층**(chemolimnion)은 2구역으로 나누어 진다.

부분혼합은 호수의 깊은 수심에서 매우 무거운 용존물질이 존재할 때 발달하며 그것의 밀도는 표층수가 냉각되어도 평행을 나타낼 수 없다. 염분농도가 10 mg l^{-1}로 증가하면 5℃에서 4℃로 온도가 감소할 때 밀도 증가와 같다. 심수층에 높은 염분농도의 깨끗한 호수에서 정체층은 표수층이 4℃로 냉각될 때에도 혼합없이 약 4℃로 태양광에 의해 따뜻해 질것이다.

부분혼합의 다른 유형은 정체층에서 염분의 기원이 구별된다. **용천기원 부분혼합**(crenogenic meromixis)은 깊은 용천수에서 생성되며, **외부기원 부분혼합**(ectogenic meromixis)은 연안호수에서 해수로 가끔 전달된다. 그리고 **생물기원 부분혼합**(biogenic meromixis)은 깊은 물에서 분해로 방출되는 무기물과 침전물에서 방출되는 무기물로 생성된다. 정상적으로 여름 정체기 동안 분해산물의 축적은 가을 또는 겨울의 순환을 충분히 억제하지 못한다. 그러나 매우 깊고 비교적 표면적인 작은 호수에서 가을과 겨울에 충분하지 않는 냉각과 바람은 완전한 순환을 시키지 못한다. 이러한 일이 반복된다면, 용존물질은 영구 부분혼합호수를 형성하도록 높고 충분한 농도를 축적시킬 것이다. Tanganyika호수와 Malawi호수와 같은 매우 깊은 대부분의 적도지역 호수는 부분혼합 유형의 호수이다.

부분혼합 호수는 혐기적 심수층으로 되어 있는 부영양, 전순환호수와 같이 수직적 화학경사와 같은 유형으로으로 되어 있다. 비생산적 부분혼합 호수도 혐기적 정체층을 이루며, 이것은 장기간 분해유기물질이 축적되었기 때문이다. 수온약층의 안정성은 비교할 수 있는 전순환 호수보다 산소와 다른 연관된 물질들이 더 가파른 수직적 화학경사를 형성했기 때문이다.

3.4 유수

3.4.1 흐름

흐름(flow)은 호수와 하천을 구별할 수 있는 일차적인 요소이다. 하천에서 일정한 혼합은 광을 제외한 모든 인자의 수직적 경사를 제거한다. 하천의 한 방향 흐름은 중요하다. 안전한 구조로 자신을 부착할 수 없는 작은 생물은 하류로 수송될 것이고, 우연히 그들의 원래 위치로 되돌아 갈 수 있는 가능성은 없다. 호수의 특성을 가진 플랑크톤은 하천에 존재할 수 없다. 하천성 플랑크톤은, 플랑크톤 개체군의 번식율보다 씻겨나갈 비율(세척율)이 더 낮은 호수와 같은 만과 저류지역으로 되어 있는 크고 흐름이 느린 하천에서 발견된다. 이들 하천지역은 플랑크톤이 계속 공급된다(Reynold *et al.* 1991).

이동성이 없는 생물에 대한 직류는 조류에 대한 영양염과 동물에게 먹이입자(단원 4.3.1 참조)와 같은 자원이 즉각 이용되지 않으면 손실된다. 그것은 다시 되돌아 올 수 없는 자원이기 때문이다. 즉 다시 말해, 새로운 자원은 상류로부터 같은 비율로 계속 공급된다. 하천의 어떤 지점에서 유입물질과 유출물질간에 평형을 유지한다.

흐름은 매우 강력한 선택요인으로서 하천 생물이 적응해야 하는 것이다. 예를 들어 그들은 물의 전단력(shear force)을 부착하고 경계층을 이용하고(단원 3.1.5) 그리고 동시에 물의 흐름으로부터 충분한 영양염을 흡수할 수 있도록 견뎌낼 수 있어야 한다. 변동이 심한 물의 흐름은 하천에서 다른 강한 선택압(selective force)이 있다. 매우 **높은 수위**(홍수)는 하천바닥을 기계적으로 교란시킬 수 있고 개체군에 대해 재앙일 수 있다. 하천 바닥의 구조는 하류로 굴러내려 가는 자갈과 돌로 빠르게 변화되고 생물 서식처를 파괴한다.

하천 흐름은 하천 바닥 구조에 영향을 미치고 생물 군집화에 영향을 미친다. 물은 크기와 무게에 따른 여러 종류의 입자를 이동시키다. 유속이 빠르면 가장 큰 입자를 수송한다. 유속이 빠른 하천에서 바닥은 매우 거친 돌로 구성되어 있지만, 유속이 느린 조용한 서식처의 바닥은 모래나 미사(silt) 퇴적물로 구성되어 있다. 바닥형에 대한 유속의 영향은 표 3.4와 같이 대략 나눌 수 있다.

보통 산지 상류수는 높은 유속을 나타낸다. 비록 큰 하천의 유속이 높지만 이것은 맞는 현상이다. 하천 유속은 경사와 바닥의 평탄 정도에 다라 결정되지만, 하천의 횡단면적에 의해 영향을 받는다. 높은 산간지역에서 경사는 가파르지만, 하천은 작은 경향이 있다. 저지대에서 유속이 최소로 감소하지만, 많은 량(횡단면적)의 유수가 있다. 독일의 Rhine과 같은 큰 강은 경사가 거의 없지만 유속이 빠르다. 퇴적물 수송의 효과를 거의 볼 수 없지만, 이것은 Rhine강둑이 만들어졌기 때문이다. 만약 수중 청음기를 수중에 설치하면, 바닥을 이동하는 자갈 소리를 들을 수 있을 것이다.

표 3.4 바닥유형에 대한 유속의 효과

유속(cm s^{-1})	수체의 바닥 특성
3~20	미사
20~40	미세모래
40~60	거친모래-작은자갈
60~120	작은 주먹 크기의 돌
120~200	더 큰 돌

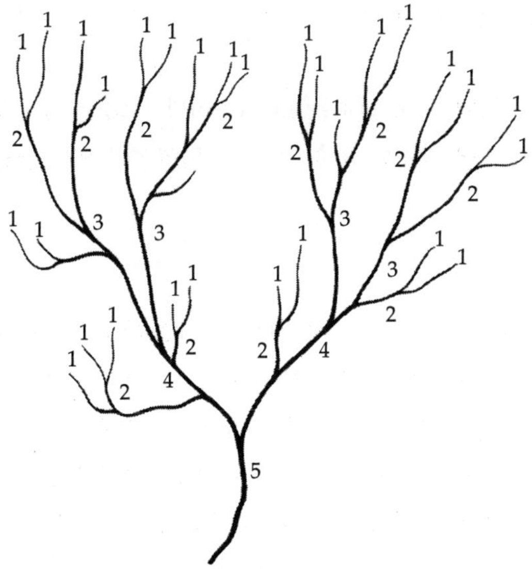

그림 3.12 하천 시스템의 계급. 숫자는 하천 차수.

하천에서 수압조건은 하천 형태에 의해 결정된다. 형태는 그것의 위치와 지류에 따라 변하기 때문에, 하천의 위치 또는 지류의 계급인 차수로 하천을 설명하는데 도움을 준다. 두 개의 2차 하천이 만나면 3차 하천이 된다(그림 3.12). 세계에서 가장 큰 강은 11~12차 하천을 가진다. 하천 차수가 길이, 크기와 유역면적에 대한 어떠한 것을 의미하는 것이 아니지만, 일반화하는데 일관성이 있다. 예를 들어, 더 낮은 차수로 이동할 때, 하천은 3~4배 정도 되고 각각의 길이는 평균 1/2보다 작으며 유역면적은 1/4이 된다(Hynes 1970).

3.4.2 온도

큰 와류와 연속적인 혼합 때문에, 하천은 호수에서 발견되는 것과 비교할 수 있는 온도 성층화를 생성하지 않는다. 대신에, 하천은 수원지에서 하구까지 종적 온도경사를 나타낸다. 용천수의 온도는 매우 일정하다. 용천지역의 온도는 유역의 연간 평균온도에 의해 결정되고 연간 섭씨의 10분의 수℃ 정도로 변화된다. 독일 북부 지역에서 이 온도는 보통 8℃ 정도이다. 이것은 여름에 하류로 가면 온도가 점차 증가하고 겨울에 수원지로 이동하면 온도가 감소한 결과이다. 그러나 위의 이들 온도변화는 온도가 매일 변화되기 때문이며, 그 크기는 하천 크기에 이해 결정된다. 물 부피가 작은 소하천은 태양광에 의해 빠르게 데워지며, 정오에 가장 높은 온도에 도달하고 늦은 밤에 온도가 가장 낮아질 때까지 냉각된다. 작은 하천은 여름에 6℃ 또는 그 이상 변할 수 있지만(Hynes 1970), 큰 열용량을 가진 큰 강은 매일 온도는 최소로 변화된다. 열대지역 하천에서 온도변화는 온대지역 하천보다 보통 훨씬 더 크다.

여름에 호수를 관류하는 하천수는 더 따뜻하다. 그것은 호수로 유입되는 더 차가운 하천수가 침강하며 따뜻한 표층수로 대체되어 하천으로 방류되기 때문이다.

3.4.3 산소

깨끗한 산지 하천의 산소농도는 거의 100% 상대포화를 나타내는 데, 그것은 대기와 물 사이의 일정한 가스교환이 일어나며 와류로 촉진하기 때문이다. 하류로 이동할수록 특이적 산소변화 패턴을 나타낸다. 용천수는 오랜 시간 동안 지하에 있었기 때문에 산소농도가 낮다. 이와 같은 산소부족은 유속이 빠른 상류 하천에서 대기 산소를 공급함으로 곧바로 극복될 수 있다. 중간차수의 하천에서 산소생산과 소비 과정은 더욱 주목할만 한데, 그것은 대기와 가스교환 지연 때문이다. 예를 들어, 부착조류와 유근수생생물은 낮 동안에 산소를 생산하고 산소는 잎 쇄설물과 같은 유기물의 분해로 소모된다. 이것은 매일 산소농도의 변동을 유도하는데, 광합성으로 인해 오후에 산소농도가 가장 높고, 야간에 산소농도가 가장 낮아진다. 이와 같은 일 변화는 일차적으로 생물조건에 의해 영향을 받는다. 야간에 차가워지고 낮에 따뜻해지는 온도와 같은 물리적 변동은 가스 농도에 대한 반대 효과를 나타내기 때문이다. 물리적 요인들은, 산소가 야간에 대기로부터 획득하고 낮 동안에 초과 과포화된 산소는 대기로 손실되기 때문에, 이러한 예로서 여전히 중요하기는 하다.

대기 교환의 상대적 중요성은 하구에 접근할수록 감소하는데, 수표면 밑의 큰 부피는 대기와의 접촉이 감소하기 때문이다. 유기물질의 부하와 산소 고갈은 하천 차수가 높아지면 증가한다. 그러나 유속이 느리고 댐이 있는 지역에서 부유성 조류는 번성하게 되고 산소의 과포화를 유도한다. 식물플랑크톤에 의한 광합성은 댐이 없는 하천의 표면수 아래에서는 중요하지 않다. 그것은 조류가 광합성을 할 수 없는 어두운 깊이로 항상 침강되도록 하기 때문이다. 이런 하천은 항상 산소부족이 나타난다. 이와 같은 효과는 더 많은 유기물이 포함된 폐수가 모이고 더 많은 산소 소비가 일어나는 이들 강에서 크게 나타난다. Rhine강은 이러한 현상의 좋은 예가 된다. Rhine강이 1970년대에 심하게 오염되었을 때 강의 산소농도는 빈번하게 3 mg l^{-1}이하로 감소하였고, 어류 개체군에 위협적이었다. 하수처리장 건설로 분해 가능한 물질 부하는 상당히 감소하였다. 결과적으로 1982년과 1987년사이에 Rhine강에서 측정된 가장 낮은 산소농도는 5.33 mg l^{-1}이었다. 1990년 이후 산소 농도는 결코 6 mg l^{-1}이하로 감소되지 않았으며, 연어를 위한 최소 농도를 유지하였다.

3.5 수환경 변화 예측

앞의 장에서 논의된 물의 물리화학적 특성은 특정 서식처의 수체를 만든다. 물은 환경에서 많은 변동에 대한 완충작용을 하여 더욱 일정하고 예측 가능한 생활조건을 만들어 준다. 예를 들어, 여름에 건조한 고지대 서식처의 지표 온도는 낮과 밤 사이에 쉽게 30℃까지 차이가 나타나지만, 호수의 표수층에서 그 범위는 2℃를 거의 초과하지 않는다.

그러므로 수생생물은 물리적 요인보다 생물적 요인에 반응하는 적응적 진화를 하였다. 이것은 생물들의 상호작용을 연구하기에 특히 유용한 수서시스템을 만들었다. 다음 장은 이들 상호작용에 중점을 두고 있다.

미래 조건에 대한 예측은 진화를 위한 적응이 중요하다. 이러한 예측은 수서시스템에서 높지만, 하천에서 홍수와 같은 사건으로 제한된다. 호수는 예측 패턴과 현상의 연구를 위해 특히 매우 적합하다.

- 그들은 비교적 잘 정의된 시스템이다. **생태계**는 경관을 인위적으로 나눈 것으로, 즉 호수와 함께 육지-수계의 경계는 많은 생물로 구성되어 있으며, 기능적 경계는 육상과 수서식식처로 나누어진다. 호수는 주변 육지에 영향을 많이 받고 많은 물을 교환함에도 불구하고, 비교적 독립된 시스템이다.
- 호수는 무생물적 요인을 고려하여도 극단적인 서식처는 없다. 예를 들어, 결코 물을 저장하지 않는 것은 육상 서식처에 있어 제한요인이 된다. 온도는 결코 1℃ 이하로 감소하지 않고 30℃를 초과하지 않는다. 호수들은 화학적 특성이 다르지만, 산-스트레스 호수와 같은 예외적인 경우에 극단적인 수준까지 도달한다.
- 무생물적 요소는 육상 시스템보다 시·공간적으로 더욱 예측 가능하다. 물의 높은 열용량은 온도변화를 감소시키다. 호수에서 최대수온은 기후변화에 대한 반응으로 변화를 나타내지만, 호수 온도의 계절변화는 느리고, 그리고 일간 변화는 작다. 호수는 예측 가능한 온도 수직경사를 나타내며, 광은 생산과 소비과정을 조절한다. 심수층에서 혐기적 조건은 극단적이지만, 그들은 천천히 그리고 예측 가능하게 생성된다. 호수는 일반적으로 연중과 그 다음에도 혐기적 심수층을 생성하지 않는다.
- 호수는 많은 수생생물이 넓게 분포하지만, 섬 특성을 가지고 있다. 밀도 의존적 과정은 생물들의 상호작용에 중요하며, 그것은 개체군이 너무 밀집될 때 출현할 수 있는 종은 거의 없기 때문이다.

이것은 호수가 변화하지 않는다는 것을 의미하는 것은 아니다. 그들의 현상은 매년 변할 수 있다. 특별한 조류 종의 대발생은 매년 일어나지 않으며, 조류의 종

조성은 역시 변하지만, 우리는 이런 변화가 무생물적 요인의 변화의 직접적인 결과가 아님을 가정할 수 있다. 육상서식처와 비교해서 물은 생물적 상호작용으로 가득 찬 환경조건의 비교적 일정한 체계(framework)를 유지한다. 이것은 무작위한 변화에 의한 변화를 배제함으로써 생태학자들에게 더 쉽게 해주며, 관찰된 변화가 원인이 되는 자연법칙을 발견하기 쉽게 해준다.

복습문제

1. 수생생물의 이동에 따른 레이놀드 수를 계산하시오(물의 점성도 $\mu = 1 \times 10^{-3}$ Pa s로 가정). (a) 편모조류가 1 mh^{-1} 속도로 5 μm 유영; (b) 직경 50 μm인 돌말이 1 md^{-1}로 침강; (c) 작은 어류가 1 ms^{-1} 속도로 10 cm 유영; (d) 대형어류가 3 ms^{-1} 속도로 1 m 유영.

2. 1, 5, 10 cm의 거리(x)에 대한 유속 작용으로서 Prandtl의 경계층 두께를 표시하시오.

3. 경수는 연수보다 칼슘과 마그네슘 농도가 더 높다. 호수 유형에서 용존무기탄소의 더 높은 농도를 예측하시오. 그리고 그 이유를 설명하시오.
($DIC = CO_2 + H_2CO_3 + HCO_3^- + CO_3^{2-}$)

4. 식물플랑크톤 광합성에 대한 보상 깊이가 측정된 표면 강도의 약 1% 깊이와 같다고 일반적으로 가정을 한다. 3, 10, 30 m의 보상깊이인 호수의 수직적 소멸계수를 계산하시오.

5. 호수의 유형과 연중 계절에서 심수층 산소 고갈을 예측하시오.

6. 아프리카 Tanhanyika 호수는 수심이 약 1,400 m이다. 빈영양호수이며 혐기적 심수층을 가지고 있다. 그것은 어떻게 가능한가?

CHAPTER 4

서식처에서 개체

생물의 생태적 요구와 이런 요구를 충족시키도록 그들에게 가능하게 하는 적응은 개체의 특성이다. 선택의 주요단위는 게놈 전달자로서의 개체이다. 생리생태학은 개체의 능력이 어떻게 그들의 적응에 영향을 미치는가를 연구하는 것이다. 개체는 모든 경우에 대해 잘 정돈된 기본 단위는 따로 없다. 예를 들어, 군체 형성 원생생물이나 갈대와 같은 식물은 근경으로 연결되어 있다.

최소한의 크기는 생리적 활성과 개체의 특성을 측정하는데 요구된다. 윤충류, 원생동물, 미세조류와 박테리아와 같은 1 mm 보다 더 작은 생물에 대한 이와 같은 측정은 많은 개체로 조성된 실험 개체군을 구성하도록 배양을 한다. 이상적으로 군체 배양은 변이를 최소화하지만, 유전적 일치는 클론을 추출 후 곧바로 사용된다면 보장될 수 있으며 그래서 돌연변이는 분명하지 않다. 그러나 개체 변이는 실험 개체군을 확인하는 측정결과와 일치하지 않을 수 있다.

미생물의 생리적 능력의 측정은 개체군 수준에 적용될 때 의미 있는 단위 내로서 측정된다. 개체군의 생장률은 각 개체의 운동을 관찰하는 것보다 작은 생물의 이주운동과 더불어 개체군의 분포를 분석함으로써 보통 평가되어지는 예들이다. 그러므로 불가피하게도 이 장에서 사용된 개념들은 더 적절하게 개체군을 다룬 다른 장에 포함되어 있다.

4.1 개체 요구

4.1.1 내성의 범위와 최적성

내성의 특이적 범위와 온도, pH, 하천 유속과 자원 이용도와 같은 환경요인에 대한 최적 범위를 생물에 적용하는 것은 관례적이다. 대사율, 개체 생장률과 개체군 생장률과 같은 환경요인의 경사에 대한 반응을 설명하는 것이 단봉형 곡선이다. 이 곡선의 최고점은 특별한 환경요인에 대한 **최적 조건**으로서 설명된다. 선이 0 수준을 교차하는 두 지점이 **최소**와 **최대**이며, 이들 간의 거리가 **내성의 범위**이다. 곡선의 형태를 **반응규격**(reaction norm)이라 한다(Stearns 1989). 내성의 범위가 넓은 종은 **광서성**(euryecious)이라고 하며, 내성의 범위가 좁은 종은 **협서성**(stenocious)이라 한다. 최적 곡선은 모든 환경요인에 대한 생물의 반응을 설명하지 않다: 포화곡선은 자원에 대한 반응으로 적용되고(단원 4.3) 독성물질에 대한 최적은 0이다.

생리적 및 생태적 최적과 내성의 범위 사이에서 차이가 만들어진다. 전자는 개체 생물 또는 순수배양으로 실험에 의해 결정될 수 있는 생리적 기능과 연관된다. 후자는 자연에서 생물의 분포로부터 추론되며 그러므로 경쟁 및 포식과 같은 생물적 상호작용의 효과를 포함한다(단원 6). 이들 접근은 총체적으로 어느 것도 적절한 것은 없다. 종에 대한 내성의 제한과 최적범위는 개체가 만나는 실제 환경조건에 대한 각각의 활동의 관계를 조사함으로써 결정된다. 같은 환경요인에 대한 생물의 여러 활동의 반응은 동일하지 않다. 예를 들어, 유영활동과 생식에 대한 최적 온도는 다르다.

보통 극단적인 조건에 대한 단기간에 내성을 가질 수 있다. 특별한 요인에 대한 치사범위는 내성의 범위를 가장 넓게 정의하고 있다. 에너지와 물질비용을 커버하기 위해 충분한 먹이를 가지는 종의 범위는 더 좁으며, 성공적으로 생식할 수 있는 종의 조건 범위는 더욱 제한된다. 이들 내성범위의 세가지는 생존, 영양과 생식이며, 개체 생물의 생리적 특성에 의해 결정된다. 그들은 다른 개체들과 상호작용을 포함하지 않기 때문에, 이들은 내성과 최적 범위의 생리적 범주이다.

그들의 대사 활동을 통해, 생물은 그들 자신의 환경을 변화시키고 다른 생물의 환경의 부분이 된다(단원 6). 비록 조건이 생식을 위한 생리적 내성범위 내에 있지만, 포식자, 기생자와 경쟁자들은 주어진 서식처에서 안정된 개체군을 형성하기 위해 종들을 방어할 것이다. 분포 역사와 지리적 장벽과 같은 개체군 제한 요인들이 배제될 때에도, 종의 분포가 생리적 내성 범위로 예측될 수 있는 것보다 상당히 더 제한된다. 생물적 상호작용은 생리적 최적조건을 떠나 개체군 분포 최대조건으로 이동시킬 수 있다. 예를 들어, 생리적 최적조건이 거의 20℃이지만 많은 수생동물은 차고 깊은 물에서 산다. 그것은 호수에서 따뜻하고 얕은 지역에서 포식자의 위협 때문이다.

4.1.2 지위(niche)

생태적 지위(ecological niche)는 내성범위와 연관시켜 사용된 개념이다. 그것의 의미는 Grinell(1917)에 의해 소개된 이후 많은 변화가 있었다. 현대의 정의는 Hutchinson

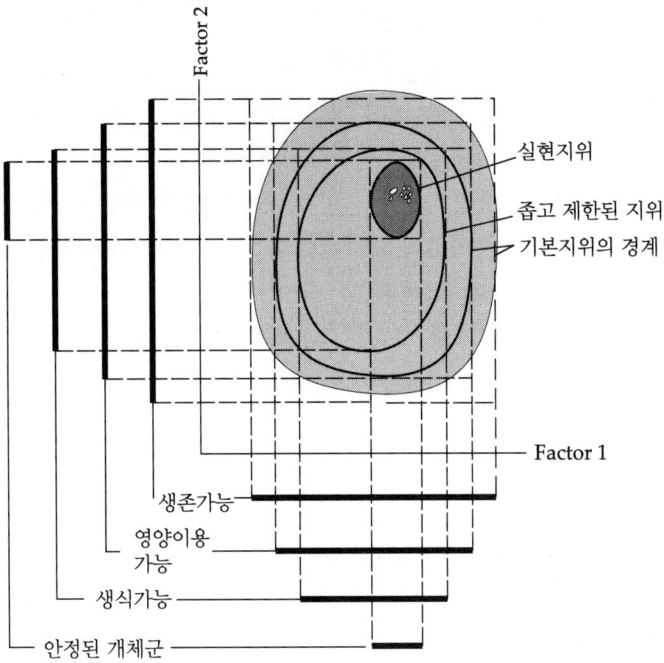

그림 4.1 2가지 환경요인에 대한 Hutchison지위와 내성 구역의 비교

(1958)의 생각으로 되돌아 가보자. 그는 생물이 단일요인보다는 많은 환경요인에 대해 최적 범위를 가지는 것으로 설명하였다. 각 환경요인은 가상적 다차원 좌표시스템의 축과 일치한다. 지위는 이 좌표 시스템에서 *n*차원의 **초공간**(hypervolume)이다. 그림 4.1은 이런 접근을 이용하는 두 지위 차원을 설명하는 것이다. 도표 표시와 같은 제한 때문에, 하나의 부가적인 차원의 최대가 이런 도표에 포함되어 있다. Hutchinson은 **기본지위**와 **실현지위**를 구별하였는데 그것은 생리적 그리고 생태적 내성범위가 유사하다. 기본지위는 생물적 상호작용의 효과가 발생될 수 없는 종 내의 초공간이다. 실현지위는 경쟁과 포식에 의해 종을 유도하는 제한된 지위이다. 동일한 차이는 생리적 내성범위가 형성될 때 기본지위에 적용된다. 이 개념은 이종간 경쟁을 다루는 장에서 다시 다룰 것이다(단원 6.1).

4.1.3 환경변화에 대한 적응으로서 행동과 생활주기

생물의 환경은 일정하지 않다. 예를 들어 연중내내 매 시간 변화된다. 또한 종의 생활환경 내에서 환경압과 생물 내성이 변할 수 있다. 유년기는 성체와는 다른 지위를 가질 수 있다. 종의 생활환경을 구분할 필요가 있으므로 특별한 생활단계의 내성범위는 그것의 환경조건에 적응한다.

저항 **휴면기** 또는 휴면단계의 발달은 유해하거나 또는 치사조건의 주기적 출현에 대한 생활환경의 가장 단순한 적응형태이다. 많은 수생생물은 가을에 줄기와 잎을 떨어뜨리고 퇴적물 속에 영구 근경으로 월동을 한다. 곤충은 가을에 산란으로 월동을 하고 봄에 부화를 한다. 그들은 유충과 번데기 같은 휴면기로 나쁜 조건을 견뎌낼 수 있다. 휴면기는 플랑크톤에서 흔히 있는 일이다. 예를 들어, 녹조류의 접합자, 남조류의 휴면포자, 물벼룩의 내구란(그림 5.19)과 요각류와 윤충류의 휴면알 등이 있다(Gyllström and Hansson 2004).

여러 환경의 변화는 휴면기의 시작을 유도한다. 몇 가지 예를 들면 수온, 낮의 길이변화 또는 가용 영양염의 감소 등이다. 영양염 감소는 성장기 마지막에 휴면기

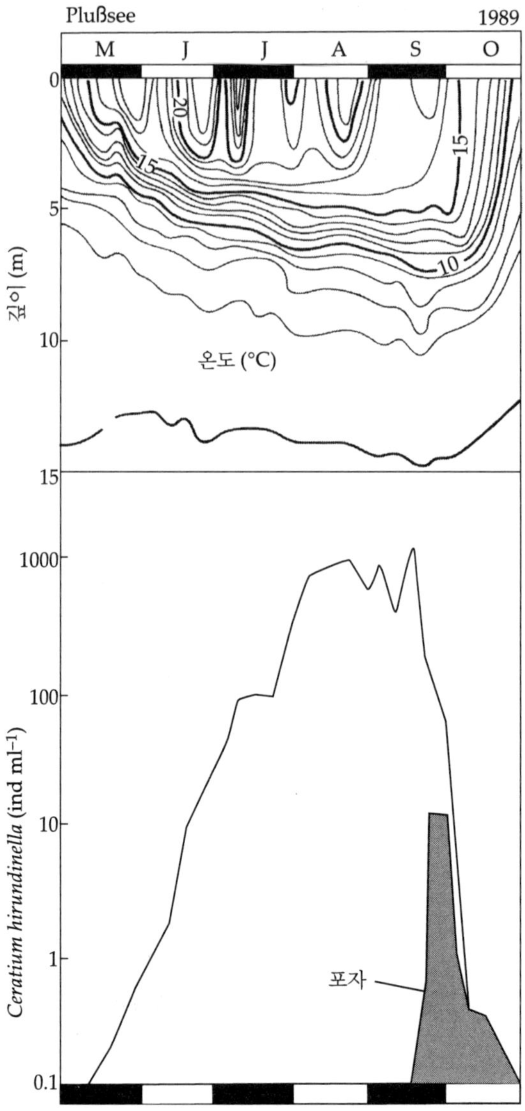

그림 4.2 와편모조류인 *Cenratium hirundinella*의 외인적 조절 포자형성. Plußsee호수(독일, Holstein)에서 포자의 총 농도(영양세포와 포자)와 밀도(검은 부분), 온도 성층화 비교.

유도를 위한 분명한 신호로 작용한다(와편모조 *Ceratium hirundinella*, 그림 4.2). 그것을 보통 **외인적 조절 포자형성**(exogenous controlled encystment)이라 부른다. 반대로 황갈색조류(*Chrysophytes*)는 전체적으로 개체군 밀도에 의해 조절되어 휴면포자를 형성하는데 이를, **내생적 조절 포자형성**(endogenous controlled encystment)이라고 한다. 황갈색조류는 최대 영양세포 밀도 시기에 최대 휴면기를 생성한다.

실현지위는 항상 기본지위보다 더 작다. 그것은 그들 주변의 생물적 및 무생물적 요인들이 변할 때 이동성 종에게 상당한 적응성을 주어지기 때문이다. 이런 종은 불리한 조건을 적극적으로 피하고 유리한 조건을 적극적으로 찾음으로써 환경 조건의 공간적 이질성을 유리하게 받아들일 수 있다. 그러므로 종들은 이와 같은 방법으로 실현지위를 변경할 수 있다. 예를 들어, 호수의 산소농도가 심수층에서 감소할 때, 많은 생물들은 그들의 실현지위를 더 낮은 한계까지 낮추게 된다. 그들은 온도의 내성의 범위가 초과되지 않는 범위에 있는 호안 근처의 얕은 물로 이동함으로써 생존할 수 있다. 이런 종이 호수가 혼합되고 산소가 다시 공급된 후에 왜 얕은 지역에 머물지 않고 오히려 깊은 물 속으로 되돌아 가는지 흥미롭다. 아마도 그들은 낮은 최적의 온도 때문에 깊은 물 속으로 되돌아간다. 또한 그 종은 포식자들이 존재하는 얕은 물에서 높은 치사율을 피하기 위해 깊은 물 속으로 이동한다. 이것은 더 쉽게 설명된다. 예를 들어, 제브라 조개를 잡아먹는 다이빙 오리는 수 미터를 다이빙할 수 있고(Hamilton *et al.* 1994), 치사 요인은 얕은 물에 한정되어 있다.

군체성 편모 녹조류인 *Volvox*는 아프리카의 Cahora Bassa 저수지에서 **수직이주**를 함으로써 매일 실현지위가 변함을 보여준다. 유광대의 상층은 영양염이 결핍되지만, 광합성을 위한 광량은 충분하다. 깊은 물 속에서 세포 생장에 필수적인 인산염은 축적되지만, 높은 탁도 때문에, 광은 부족하다. 이런 문제를 해결하기 위해, *Volvox*는 아침에 표층으로 이동하고 저녁에 아래로 이동한다. 대부분의 *Volvox* 개체군은 표수층에 빛이 없는 야간에 인산염이 풍부한 저수지 바닥으로 이동한다(Sommer and Gliwicz 1986).

휴면포자의 생성이나 행동변화에 영향을 미치는 최종요인은 무생물적 요인보다 생물간의 상호작용임을 알 수 있다(단원 1.3). 생활주기와 행동의 적응은 실현지위를 변경하며 그 예들은 다음 장에서 다룬다. 이들 적응은 먹이를 수집하고 포식자를 피하기 위해 동물들에게 능력을 향상시켜준다.

4.2 무생물적 요인

4.2.1 온도

일반적으로 수생생물은 육상생물보다 더 좁은 온도의 변동폭을 가지고 있다. 끓은 점에 가까운 온천을 제외한 대부분의 호수는 0~35℃ 범위이지만, 일부 대개 단일 호수에서는 온도 변화폭이 더 작다. 온도는 항상 육상보다 수서 생태계에서 더 천천히 변한다. 수생생물은 결빙을 극복하기 어렵다. 따라서 온도의 치사한계는 육상 시스템보다 수서 생태계에서 덜 중요하다.

열 내성은 온천에 서식하는 생물의 분포를 결정하는 가장 중요한 요인이다. 호열성 박테리아는 90℃ 이상, 호열성 남세균은 75℃ 이상, 진핵생물은 최대 50℃에서 견딜 수 있다. 지열로 가열된 물을 제외하고, 열저항이 중요한 경우도 드물게 있다. 돌말 *Asterionella formosa*는 25℃ 이상의 온도에서 생존할 수 없기 때문에 열대호수에서는 출현하지 않는다.

더 높은 온도에서 종의 부재가 반드시 온도에 의해 제한된다는 것을 의미하지는 않는다. 온도와 상관성이 있는 다른 요인들이 온도 의존성이라고 잘못 제시될 가능성이 있다. 예를 들어, 더 따뜻한 물은 산소가 부족하기 때문에 종이 따뜻한 지역에 서식할 수 없을 것이다. 다른 예는 표수층이 더 차가워 질 때 조류의 빈곤은 더 차가워 진 물과 연관되는 혼합 깊이가 더 깊어짐으로써 발생될 수 있다. 결과적으로 광합성을 위한 높은 광 조건에 조류를 짧은 시간 동안 노출시키면, 조류 생장과 개체군 크기는 제한된다. 온도의 간접 효과는 종의 경쟁우위로 변경된다(단원 6.1).

내성의 범위가 넓고 편평한 최적온도 곡선에 있는 종은 **광온성**(eurytherms)이고, 온도의 범위가 좁고 가파른 최적 곡선을 가지는 종은 **협온성**(stenotherms)이다. 자연에서 그들의 분포를 기반으로 하여, 생물은 고온이거나 저온 협온성으로 분류된다. 이런 명칭이 항상 의미 있는 것도 아니며 때로는 타당한 것을 생리적 시험으로 설명된다.

일부 수생동물은 높은 고온에서 살 수 없으며 여름에 그들에게 충분히 산소가 공급되면, 차가운 깊이까지 내려간다. 예를 들어, 윤충류 *Filinia hofmanni*는 10℃ 이상의 온도에서 생존할 수 없다. 담수 보리새우 *Mysis relicta*는 빙하기 잔존생물(relict)로서 분포한다. 최근 대륙빙하는 10~15000년 전에 후퇴하고 기후는 따뜻해졌으며, *Mysis*는 어느 정도 차가운 산지호수, 심수층이 생성되는 깊은 호수와 북극의 위도에 있는 호수에서 생존할 수 있다. 북미에 *Mysis relicta*의 분포는 14℃ 이하의 온도에서 생존할 수 있음을 보여주었다. 이런 현상은 *Mysis*가 더 높은 고온에 내성이 있다는 것을 보여주는 것으로 실험으로 증명하였다. 그러나 대부분 몇시간만 생존하였다. 이와 유사하게 열대종이 최저온도에서 생존하고 생식할 수 있다는

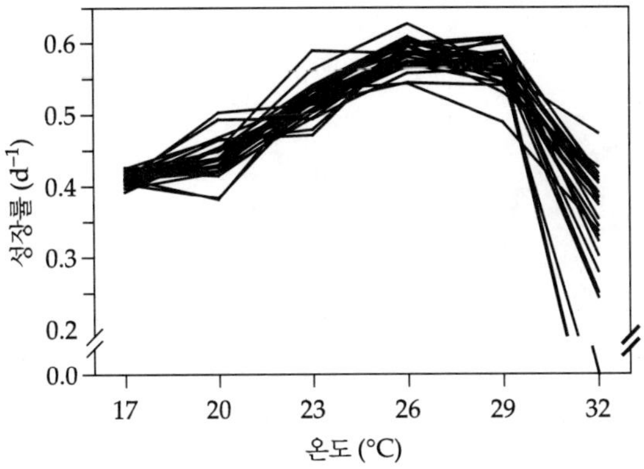

그림 4.3 매년 다른 시기에 독일 북부지역의 같은 연못에서 채집한 *Daphnia magna*의 개체 클론의 온도반응범위. 유충생장률은 적합도에 대한 좋은 사례(Mitchell *et al*. 2004).

것도 보여주기도 하였다.

활동률은 최적온도 이상에서 감소하기 시작한다. 섭식과 같은 생물학적으로 중요한 활동은 여러가지 생화학반응에 영향을 받는다. 대부분의 효소는 제한 온도범위 내에서 안정하다. 각 개체의 반응이 다른 Q_{10} 값을 가진다면, 생리적 과정은 최적 온도 범위 바깥에서 불균형상태가 될 수 있다(Hochachka and Somero 1984). 온도와 생물활동간의 관계는 단봉곡선(한개의 꼭지점을 가진)으로 잘 설명된다(그림 4.3). 최대 이상에서 활동은 최적 이하의 온도에서 활동률 증가보다 보통 더 빠른 감소를 나타낸다. 그림 4.3은 물벼룩 *Daphnia magna*의 개체들(클론)이 최적범위에서 오히려 비슷한 반응패턴을 보인다. 그러나 클론들간의 변이성은 스트레스 저항에 개체차이를 나타내는 극단적인 온도(>29℃)에서 증가한다. 내성의 개념은 생물적 상호작용이 포함될 때 종의 성공으로 간단히 정의된다(단원 6). 개체군 생장률과 같은 적합계수(단원 5.2.3)는 단순히 생물의 생존을 다루는 내성곡선보다 더 강력한 예측 기구이다. *Daphnia*의 적합에 대한 좋은 대안요인으로서, 온도에 대한 생장률 반응규격은 기본지위의 일차원(온도)을 반영한다(그림 4.1).

생장률은 많은 생리과정의 종합적 결과이다. 반응패턴은 호흡과 먹이 섭취와 같은 개체요소를 위해 조성된 것이다(그림 4.4a). 섭식을 위한 *Daphnia*의 온도반응 패턴과 생장간의 유사함을 나타내었다. 알의 발생시기와 세대교번 시기와 같은 생물시기는 생리과정이 가속됨으로써 더 짧으며 온도최적에서 최소로 된다. 그러나 이런 최적온도는 온도범위를 벗어나며 그 생물은 실제로 자연에서 발견된다; 예를 들어 그것은 동물플랑크톤의 난 발생 시기이다(그림 4.4b) 즉 다시 말해, 빛 제한 광합성과 같은 일부 과정은 넓은 범위의 온도구간에서도 영향을 주지 않지만, 광포화 광합성은 온도에 민감하다. 빛 제한 광합성의 단계를 제한하는 비율은 온도-민감성 광화학반응이며, 광포화 하에서 속도 제한단계는 광-민감성 효소반응이다(Geider *et al*.

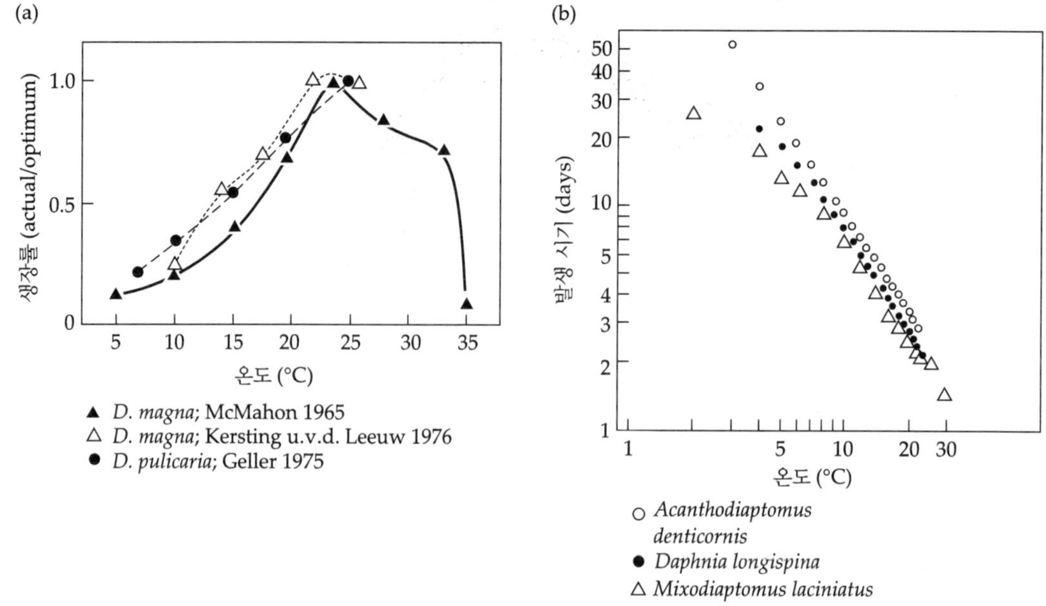

그림 4.4 온도의 생리적 효과: (a) 온도와 관련하여 *Daphnia* 몇 종의 최대 소화률(먹이 포화상태)(Lampert 1987b). (b) 온도 관련하여 동물플랑크톤 몇 종의 난 발생 시기(Bottrell 1975).

1977, Geider and McIntyre 2002). 수생생물을 이용한 실험적 증거는 부족하지만, 일부는 지지하며(Anning *et al.* 2001), 일부는 반론도 있다(Li and Morris 1982).

종 생태에 대한 온도의 직접적인 효과는 과장된 적이 있다. 와충강 편형동물의 대상분포는 이런 좋은 예를 보여준다. 하천 수로를 따라 종의 특이적 대체를 한다. *Crenobia alpina*는 상류에 서식하고 *Polycelis*속의 종은 중류와 하류에 서식한다. 오랫 동안 온도가 종의 분포에 영향을 미친다는 증거로 인용되어 있으며, 그것은 온도가 하류로 갈수록 증가하기 때문이다(단원 3.4.2). 최대 온도 내성범위의 차이는 여러 종들의 실험에서 설명되고 있다. 치사온도는 *Crenobia alpina*가 12℃, *Polycelis felina*가 16℃로서 영국 하천의 하류에서 나타난 것이며, 다른 *Polycelis*는 26℃였다. 최근 종의 먹이와 이주 실험은 경쟁과 생물간의 상호작용(단원 6)과 같은 생물적 요인이 이들 종의 분포에 영향을 미침을 보여준다. 온도 내성의 차이는 *C. alpina*가 왜 하류에 서식하지 못하고, *Polycelis*가 상류지역까지 침입 못하는지를 설명해준다(Reynoldson 1983).

4.2.2 산소

보통의 수서환경에서 산소농도는 일정하지 않다(단원 3.3.1). 산소부족과 혐기적 조건은 부영양 호수의 깊은 물과 유기오염이 심한 하천에서 나타난다. 지하수와 용천

수도 때때로 산소가 부족하다. 산소 과포화는 영양염이 풍부한 수계에서 낮에 광합성율이 높을 때 발생되며, 광이 높고 바람이 없는 날에 산소 포화도가 200% 또는 그 이상이 된다. 과포화는 수생동물에게 문제가 될 수 있다. 예를 들어, 가스 거품은 동물플랑크톤의 등껍질에 달라 붙어 표면으로 떠오르게 하며 표면막(film)에 부착시킨다. 종종 매우 생산성이 높은 연못에서 치어가 가스거품을 삼켜 해를 입을 수 있다. 그러나 산소 공급이 결핍되어 발생된 문제는 훨씬 더 많다.

몇 가지 특별한 미생물을 제외한(단원 4.3.10), 종속영양 생물은 호흡에서 전자수용체에 어느 정도의 산소를 공급할 필요가 있다. 수생생물은 산소농도가 제한되거나 농도가 변화되는 문제를 해결하기 위해 많은 형태적, 생화학적 그리고 행동적 적응을 한다(Dejours 1975, Prosser 1986). 일부 생물은 물 속에서 살지만 대기산소를 이용한다. 다른 생물은 용존산소 노출기에 생존을 위해 무산소증(anoxibiosis)을 이용한다.

산소와 이산화탄소의 세포교환은 가스가 경계면을 통한 확산으로 이루어진다. 가스 교환율은 이용 가능한 표면적에 의해 결정된다. 작은 생물은 그들의 부피보다 표면적이 더 크며(표면적은 반지름의 제곱으로 증가하며 부피는 반지름의 세제곱으로 증가한다), 그들의 산소 흡수능력은 증가한다. 그러므로 원생생물과 작은 후생동물은 그들의 체표면을 이용하여 가스교환을 한다.

이런 간단한 용해는 대부분 크기가 큰 후생동물과 단단한 외피를 가진 다른 동물에게 적절하지 않다; 표면적이 큰 아가미와 같은 전문적인 가스교환 표피를 가지고 있다. 이들은 보통 얇고, 수많은 가닥으로 갈라져 있고 혈림프로 가득차 있는 피부돌기들이 있다. 그들은 어류와 지각류와 같이 섬세하고 체강 내에서 보호를 받는다. 하루살이와 같이 곤충유충은 겉아가미를 가지고 있고 그것은 기관계로 얇은 막이 돌출되어 있다. 반면에 육상곤충은 전체가 속아가미를 가지고 있다.

산소 결핍대가 있는 산소 경사는 물 속에서 가스 교환이 일어나는 표면근체에까지 형성된다. 경계층을 통한 확산은 작은 생물에게 적당한 산소를 공급한다. 아가미가 기능을 하려면 주변환경이 개선되어야 한다. 하루살이 유충은 아가미를 물 속으로 이동시켜야 하고, 어류와 지각류는 물을 아가미로 통과시켜야 한다. 날도래(Caddis fly) 유충과 깔따구류 유충은 몸을 리듬 운동으로 물의 흐름을 유도한다. 일부 곤충은 유수에 서식하는 것이 더 수월하다. 그들은 물과 함께 가스교환을 하기 위해 물의 흐름을 이용하다(단원 4.2.5).

일부 곤충은 대기의 산소 호흡을 하기 위해 표면으로 이동한다. 파리류 **꽃등애**(*Eristalomyia*)의 길고 끝이 가는 꼬리 유충(rat-tailed larvae)은 이러한 호흡 유형에 잘 적응하고 있다. 그들은 유기 쇄적물을 분해하면서 살아가고 있는 데 물 표면으로 15 cm 정도 쭉 내밀고 있는 호흡관을 통해 산소를 흡수한다. 물거미 *Argyroneta*는 수중의 망 속에 공기를 저장한다. 유폐류 수생 달팽이 *Planorbis*와 *Lymnea*는 물 표면으로 올라 올 때마다, 전체 체표 또는 폐로 호흡한다.

일부 수생 딱정벌레는 물리적 아가미(physical gill)를 이용하여 공기를 이동시킬 수 있다. 곤충이 기관계로 공급되는 이런 공기로 호흡을 함으로써 산소농도를 감소시키고 이산화탄소 농도를 증가시킨다. 거품 속에서 더 높아진 이산화탄소 부분압은 주변의 물 속으로 가스를 상당히 많은 양을 확산시킨다. 그리고 산소는 낮은 부분압에 대한 반응으로 물 방울 속으로 확산된다. 보통 이런 물리적 아가미는 보호되지 않으며 동물이 물 속으로 이동할 때 압박을 받는다. 질소가스가 물 속으로 확산됨으로써(Henry 법칙), 공기방울의 크기는 작아진다. 물리적 아가미는 곤충이 신선한 공기를 공급받기 위해서 되돌아와야 하는 단지 제한된 기간 동안 작동한다. 복부 밑으로 이동시키는 공기방울은 송장헤엄치개 *Anisops*에게 부여된 기능이다. 송장헤엄치개, 포식벌레는 물 밑으로 이동하며 중간 위치까지 부상한다. *Anisop*s는 빠른 유영자로서, 물의 확산으로 물방울로부터 충분한 산소를 공급받을 수 없다. 대신 이 벌레는 매우 높은 친화성을 가진 헤모글로빈을 가지고 있다. 헤모글로빈은 부분압이 206에서 4.3 kPa로 감소할 때가지 물방울로부터 산소를 끌어낸다. 송장헤엄치개는 잠수할 때, 물 방울은 중립부상에 필요한 것보다 17% 더 크다. 부분압이 4.3 kPa에 도달할 때까지 물 방울로부터 산소를 호흡에 이용한다. 물 방울이 16%까지 줄어들고 벌레는 중립부력을 한다. 벌레가 헤모글로빈에 저장된 산소로 호흡함으로써 이 물 방울은 그 부피가 더 이상 변하지 않고, 중립부력은 유지된다. *Anisops*가 4분 정도 호흡할 수 있도록 헤모글로빈 내에 산소는 충분히 저장된다. 완벽한 잠수는 8분정도 할 수 있다(Matthews and Seymour 2006). 어떤 곤충은 그들의 흉갑(pastron)인 아랫부분에 나 있는 소수성 털 사이에 작은 공기 공급 장치를 가지고 있다. 그 공기는 미세한 털 사이를 통과할 수 없다. 그것은 물의 표면장력 때문이고, 빈번하게 바뀔 필요가 없는 물리적 아가미에 공급되는 물 방울은 압착되지 않는다.

일부 수생동물은 매우 낮은 산소농도의 서식처에서 살고 있는 동물에게 주어지는 산소에 대한 높은 친화성이 있는 헤모글로빈을 가지고 있다. 물벼룩 *Daphnia*의 일부 종은 낮은 산소농도의 물 속에 있을 때, 헤모글로빈을 합성한다. 여름에 부영양 호수의 수온약층보다 더 깊은 수역(그림 3.10)과 같은 산소 결핍조건에 서식하는 동물은 분홍색으로서 헤모글로빈 때문이라는 것을 쉽게 알 수 있다. 그들은 저산소농도에 내성이 없는 포식자로부터 피할 수 있는 호수의 이러한 수역을 이용할 수 있다.

종이 산소농도에 대한 반응으로서 그들의 대사율을 어떻게 조절하느냐에 따라 그들의 분포에 영향을 미칠 수 있다. 동물은 2가지 방법으로 산소농도 변화에 반응한다(그림 4.5). *Conformer*는 외부산소농도에 의존적인 호흡률을 나타낸다. 그러므로 그들의 대사율은 산소농도 감소와 함께 감소한다(그림 4.5; 지각류의 물벼룩 *Simocephalus vetulus*의 예). 조절자는 산소농도의 넓은 범위 이상으로 일정한 호흡률

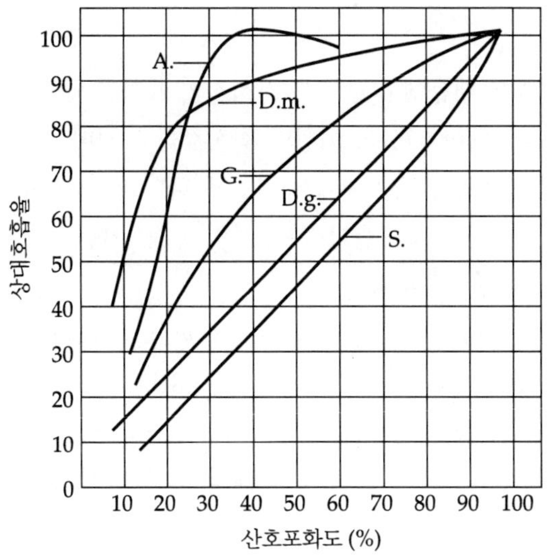

그림 4.5 산소농도 감소에 따른 수생동물의 호흡률 조절. A. *Ancyclus fluviatilis*; Dm, *Daphnia magna*; Dg, *Daphnia galeata mendotae*; G, *Gammarus fossarum*; S, *Simocephalus vetulus*(Lampert 1984).

을 유지할 수 있다. 더 산소 제한하에서 조절은 부적절하다. 그림 4.5에서 설명된 하천성 삿갓조개류 *Ancylus fluviatilis*는 그것의 환기운동을 증가시킴으로써 산소농도의 감소에 대해 보상을 한다. 그림 4.5는 일부 종이 호흡조절의 중간형이라는 것을 보여주고 있다.

이것이 비록 에너지학적으로 비효율적이지만 무호흡증은 산소가 없는 시기에 살 수 있도록 일부 생물에 주어진다(단원 4.3.10). 젖산, 아미노산, 숙신산과 에탄올 등을 포함한 혐기적 대사의 최종 산물은 동물이 호기적 호흡으로 되돌아 온 후에 산소 부채를 갚기 위해 분해를 한다. 깊은 호수 서식자는 그들의 무산소증이 있는 것으로 잘 알려져 있다(단원 7.5.2). 2가지 중요한 예는 붉은 깔따구 유충 *Chironomus*와 실지렁이과 빈모류 *Tubifex*이다. 이들처럼 바닥에 서식하는 동물은 산소 없이 수 주 동안 생존할 수 있다. 요각류는 그들이 휴면기를 겪을 때 혐기적 퇴적물 속에 그들을 묻는다. 동물은 비활동적이며, 대사율은 무산소 상태 동안 매우 감소한다. 유령 유충 *Chaoborus*는 호기적 대사와 혐기적 대사 사이를 전환하는 흥미로운 예이다. 그들은 혐기적인 심수층과 바닥 퇴적물에서 낮 시간을 보내는 일변화를 하고 무산소증을 겪는다. 밤에 그들은 섭식을 하기위해 호기적인 수표면으로 이동하며 그들의 호흡 채무를 되 갚는다(그림 7.12a~e). 혐기적 대사를 하는 이런 능력은 어류에 의한 포식을 피하기 위해 깔따구류(털모기 일종, *Chaoborus*)에게 주어진다(단원 6.8.4).

4.2.3 pH

물의 많은 화학적 영향 때문에 pH의 직, 간접적인 효과를 구별한다는 것은 쉽지 않다. 수생생물은 pH에 대한 내성의 범위와 최적값을 가지며, 여러가지 간접적인 효과도 있다. 효소는 특이적 pH값 내에서 기능을 나타내며 세포의 원형질이 일정하게 유지될 수 있도록 pH를 요구한다. 수환경의 최적 pH를 벗어나면 날수록 이 과정에 대한 더 많은 비용을 치룬다.

pH의 내부 조절은 완전하지 않다. 남세균 *Coccochloris peniocystis*는 비록 효소 RuBPcarboxylase의 최적 pH 범위가 7.5~7.8로서 좁지만, 주변의 수환경 pH 7~10 범위에서 최대광합성 활동을 유지할 수 있다. 외부 pH가 5.25로 감소되면, 세포는 내부 pH를 6.6으로 감소시켜 조절할 수 있으며 광합성은 완전히 멈춘다(Coleman and Coleman 1981).

대기오염물질(**산성비**)에 의해 약하게 완충된 물의 **산성화** 문제는 매우 심각하며(단원 8.6.3) 수생생물에 대한 산성 스트레스의 효과에 대한 많은 연구가 이루어지고 있다. 어류 혈액 pH의 적은 감소는 산소 수송에 대한 헤모글로빈의 활동을 감소시킨다. 저서성 양서류 *Gamnmarus lacustris*에 대한 pH 5.5 이하는 몇 일 내에 죽게 되고, 지각류 *Daphnia magna*의 생존률은 pH 4.5에서 현저히 감소한다(그림 4.6). 이런 생리적 효과는 세포막을 통한 이온수송에 대한 pH의 영향 때문이다.

pH의 가장 중요한 간접적인 효과는 칼슘-탄산 평형, 암모늄 이온 해리와 **알루미늄**과 같은 금속이온의 용해에 대한 효과와 관계가 있다(단원 3.1.6). 낮은 pH는 금속이온의 용해와 종 형성에 강한 효과를 나타내며, 그것은 매우 강한 독성을 나타낸다. 철, 구리, 아연, 니켈, 납과 카드뮴의 용해는 pH 감소를 증가시키고, 바나듐과 수은은 산성조건에서 낮은 용해도를 나타낸다. 알루미늄은 자연수의 산성화 문제에 중요한 측면이 있다. 그러므로 호수와 하천의 유역에서 무제한 이용 가능하다.

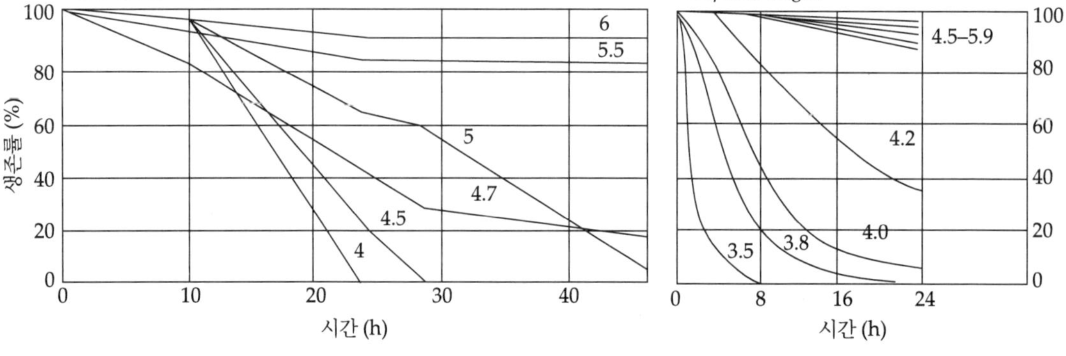

그림 4.6 물의 pH에 대한 *Gammarus lacustris*(Borgström and Hendrey 1976)와 *Daphnia magna*(Parent and Cheetham 1980)의 생존률

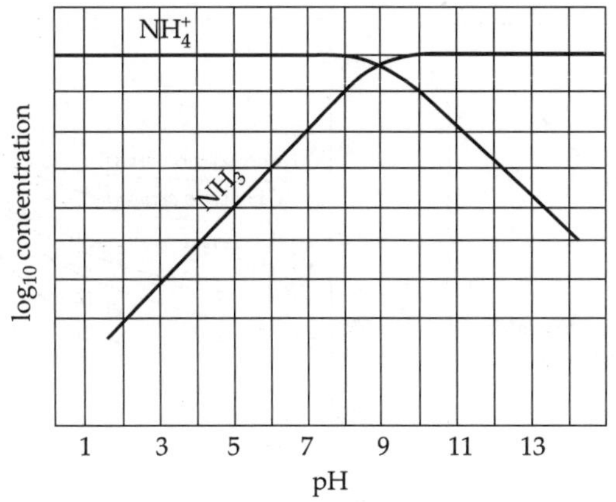

그림 4.7 일정한 총 암모늄 농도에서 암모늄과 암모니아의 분리에 대한 pH의 효과. 농도의 등급은 상대적이며, 절대값은 가용 총 암모늄 량에 의존된다. 각 등급은 규모의 순으로 나타낸 것이다(Morel 1983).

아래는 규산암의 풍화로 생성된 화학물질과 알루미늄 이온 방출을 기술한 것이다.

$$Al_2Si_2O_5(OH)_4 + 6H^+ \rightleftharpoons 2Al^{3+} + 2H_4SiO_4 + H_2O$$

$$Al(OH)_3 + H^+ \rightleftharpoons Al(OH)_2^+ + H_2O$$

$$Al(OH)_2^+ + H^+ \rightleftharpoons Al(OH)^{2+} + H_2O$$

$$Al(OH)^{2+} + H^+ \rightleftharpoons Al^{3+} + H_2O$$

Al^{3+}은 독성이 있지만, 비교적 흔치 않는 것이다. 산성비로 수소이온 수가 증가하면 알루미늄의 풍화를 촉진시키고 화학평형을 Al^{3+}로 변화시킨다(Overrein *et al.* 1980). 산성화된 물에서 종이 감소하는 것은 산성 스트레스와 알루미늄 독성의 복합적인 영향 때문이다.

수생동물에 대한 높은 pH의 중요한 영향은 무해한 **암모늄** 이온(NH_4^+)과 해리되지 않고 독성이 있는 **암모니아**(NH_3)간의 변화에 연관되어 있다. 암모니아 해리는 pH에 의해 조절된다. pH 8 이하에서 암모늄이 대부분이지만 pH 10.5 이상에서 암모니아가 대부분을 차지한다(그림 4.7). 완충이 약하고 영양염이 풍부한 호수에서 광합성으로 생성되는 높은 총 암모늄 농도와 높은 pH 조건은 어류를 갑자기 모두 죽게 한다. 그것은 임계 pH가 초과되고 암모니아 농도가 높아지기 때문이다.

4.2.4 기타 이온들

염수와 담수간의 경계는 수생생물의 가장 중요한 제한요인 중의 하나다. 종수가 낮은 지점은 하구나 전이대 근방의 염도가 0.5~0.7 ‰ 사이에서 나타난다.

총 용존염류 농도의 삼투효과는 일차적인 중요한 요인이다. 해양에서 원생생물과

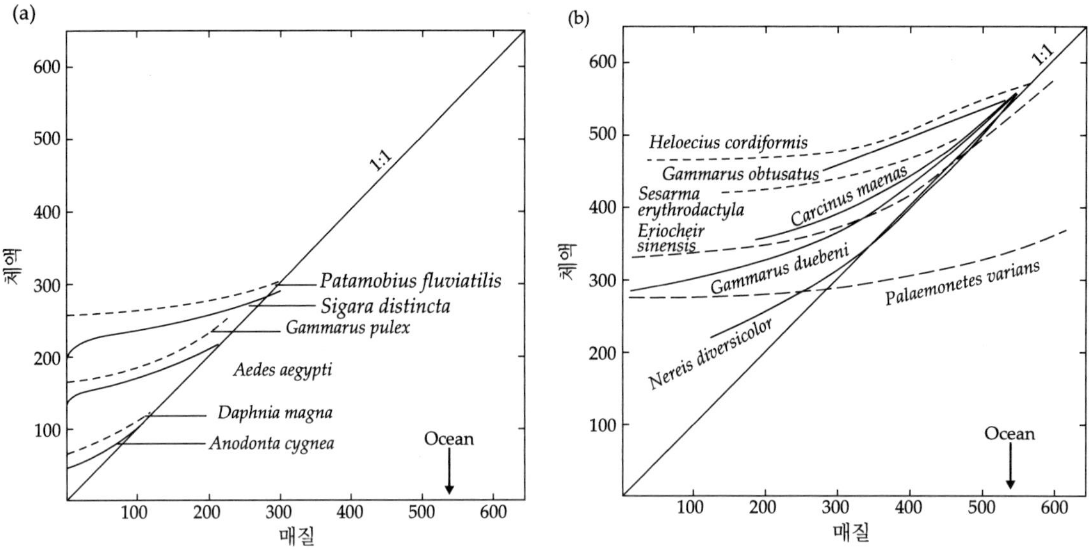

그림 4.8 담수(a)와 기수(b)에서 무척추동물의 체액과 외부 매질의 이온농도($mmol^{-1}$) 간의 관계(Beadke 1943).

대부분의 무척추동물은 해수와 등장상태에 있다. 그것은 삼투압이 세포 내부와 외부가 같다는 것이다. 해양에서 염분농도가 거의 변화되지 않기 때문에 삼투조절이 거의 필요 없다. 원형질과 체액의 삼투 값은 주변 물의 염도의 작은 변화에 대해 조정하는 것이다, 즉 그들은 **변삼투성**(poikilosmotic)이다. 삼투조절이 없다는 것은 **이온조절**이 없다는 것이다. 생물은 일부 이온을 저장하고 다른 이온은 제거한다. 그것은 이온강도를 일정상태로 유지하기 위한 것이다.

변삼투성 생물은 염도가 크게 변하면 내성을 가질 수 없다. 이러한 변화는 강물이 해양으로 흘러 들어가는 기수역에서 보통 발생한다. 담수의 삼투 값은 너무 낮아 등장액 생물은 살 수 없다. 기수와 담수 서식처는 삼투조절이 가능한 생물이 서식할 수 있다. 새우 *Palaemonetes varians*와 같은 일부 동물은 고장액과 저장액 환경에서 그들의 체액을 일정하게 삼투압을 유지할 수 있는 완전한 **항상삼투압**(homoiosmotic) 생물이다. 체내의 삼투압을 물 속 압력보다 항상 더 높게 유지시켜야만 하는 고장액 조절은 기수와 담수 생물에게 가장 보편적이다(그림 4.8a, b). 삼투능력은 종간에 큰 차이가 있다. 담수성 가재 *Potamobius fluviatilis*는 주변 물과 함께 완전한 염 균형을 유지한다. 반면에 기수성 다모류 *Nereis diversicolar*는 필수적으로 변삼투성이다.

담수에서 염호와 같은 높은 염도의 서식처로 이동하는 종은 주변 물과 비교해서 그들 몸 내부는 낮은 삼투압을 가지고 있다. 미국의 Great Salt Lake와 같은 염호에서 바다새우 *Artemia salina*가 가장 효율적이고 가장 보편적인 저장액 조절을 한다. 염수새우는 염분농도가 포화상태인 염전에서도 살 수 있다.

고장액 조절은 많은 물의 침투와 이온의 손실에 대해 작용하는 것이고, 반면에

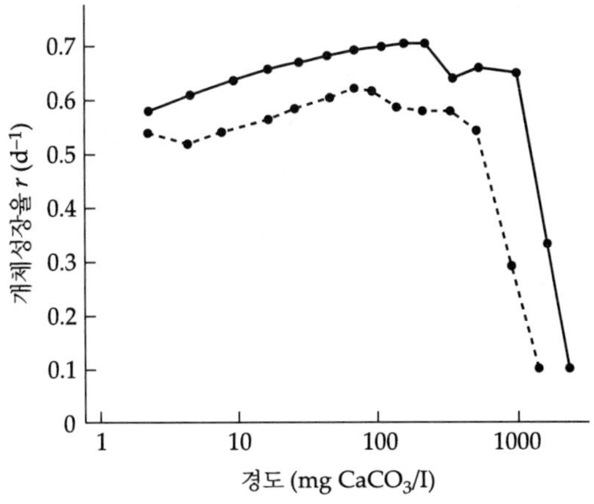

그림 4.9 지각류 *Daphnia magna*(실선)와 *Ceriodaphnia dubia*(점선)의 개체군 생장률과 물의 경도와의 관계(Cowgill and Milazzo 1990).

저장액 생물은 물의 손실을 최소화하고 이온을 배출해야 한다. 생물은 능동적 흡수를 하고 물과 이온을 제거한다. 그것은 호삼투성 원생생물의 세포막, 아가미와 장상피와 같이 환경과 교환하는 표면은 비투과성이 될 수 없기 때문이다.

에너지는 이온 경사에 대한 이온교환 조절을 위해 사용된다. 이런 에너지는 생장과 생식과 같은 다른 기능을 위해 생물들이 사용하기 때문이다. 종이 그곳에서 생존할 수 있지만 최적 이온 농도 바깥에서 출현하는 종은 적합도를 감소시킨다. 그림 4.9는 칼슘이온 농도에 의해 결정되는 물의 경도에 대한 반응 규격을 정하기 위한 적합 한도의 이용, 개체군 생장률을 설명하는 것이다.

칼슘은 담수에서 보통 우점 양이온이며 탄산염과 중탄산염은 우점 음이온이다. 연구자들은 종의 출현과 더 높은 분류군을 수중의 칼슘 농도와 연관시켰다. 비록 상관성이 나타나지만, 설명되지 않는 유연의 관계도 있다. 큰 점액성 초를 가진 지각류 *Halopedium gibberum*은 칼슘이온 농도가 낮은 호수에서 출현하는 잘 알려진 종이다. 다른 동물플랑크톤은 칼슘 농도가 높은 호수에 제한된다. 그것은 몸 구성을 위해 더 높은 농도의 칼슘을 요구하기 때문이다. 예를 들어, 물벼룩 *Daphnia* 종은 체중의 2.5~7.7%가 칼슘으로 되어 있다. 반면에 *Holopedium*은 단지 0.3%만 포함되어 있다(Jeziorski and Yan 2006). 결과적으로 물벼룩 종류는 산성호수에서 가장 먼저 사라진다(단원 4.2.3). 물의 이산화탄소 흡수능 감소와 완충능 감소와 같이, 저 농도 칼슘의 간접적인 효과가 더 중요하다.

칼슘의 다른 중요한 특성은 **부식물질**(humic substance)과 복합물질을 형성할 수 있으며, 그 물질은 침강한다. 소택지(bog) 등은 외부 생성 용존물질을 상당히 많은 량을 공급받지만, 칼슘이 풍부한 물은 비교적 깨끗하다. 반면에 부식물질이 풍부하고 칼슘이 부족한 호수는 전형적으로 갈색을 띤다. 부식물질에 의한 채색은 광의 수직적 감소를 증가시켜 환경을 변화시키고(단원 3.2.1), 장파장에 대한 광 분포를 변화시킨다. 부식질 호수는 깨끗한 호수와 비교해서 더 얕은 혼합 깊이를 가진다. 그것은 열을 생산하는 광을 더 많이 흡수하기 때문이다. 또한 용존부식물질은 다른 금속이온과 복합물질을 형성함으로써 미량원소의 이용도와 독성이온의 독성 효과에 영향을 미친다.

연체동물과 가재 등은 칼슘으로 된 껍데기 또는 껍질을 만들기 때문에 칼슘의 영향을 직접적으로 받는 생물이라는 것을 알 수 있다. 사실 칼슘이 부족한 호수보다 칼슘이 풍부한 호수에 절지동물의 지각류(단각류: amphipods), 등각류(isopods), 십각류(decapods), 홍합류(mussels)와 달팽이(snail) 등의 종들이 많이 살고 있다. 칼슘 농도가 낮은 물 속에 살고 있는 달팽이의 얇은 껍질은 칼슘이 풍부한 물 속에 살고 있는 같은 종보다 더 쉽게 깨진다(Broderson and Madsen 2003). 칼슘이 부족한 물에 서식하는 달팽이의 풍부성이 더 낮은 것은 가재나 어류의 포식에 취약한 껍질을 만드는 등의 간접적인 영향 때문일 것이다(Rundle *et al.* 2004). 칼슘은 달팽이 자신을 방어하도록 하기 위한 능력을 제한한다.

탈피 후에 담수 가재 *Cambarus affinis*는 새로운 외골격을 완전히 튼튼하게 하기 위해 새로운 칼슘이 풍부한 물(1.7 μmol $Ca l^{-1}$) 속에 32일간 노출을 필요로 한다. 0.5 μmol $Ca l^{-1}$인 물에서, 외골격은 종이와 같이 얇고 연하며 발톱조차도 튼튼하지 못하다. 먹이로 공급되는 칼슘은 튼튼한 외골격을 만들도록 물을 통해 공급되는 칼슘을 대체할 수 없다. 결국 연수(칼슘 부족)에 서식하는 동물은 심하게 칼슘화되어 있다. 하천성 진주조개 *Margaritifera margaritifera*는 보통 연수성 하천에서 발견되지만, 매우 두꺼운 껍질을 가지고 있다. 1세기 이상 살고 있는 이런 홍합은 매우 느리게 성장하고, 오랜 기간 동안 껍질을 만든다. *M. margaritifera*가 칼슘 균형을 유지하는 것이 어려운 것은 오래된 껍질 부분이 부식되기 때문이며, 그것은 이런 홍합의 알려져 있는 특징이다.

4.2.5 물 흐름

하천성 생물은 그들이 적응하고 있는 서식처로부터 하류로 이동될 수 있는 위험성에 직면해 있다. 그들은 이런 것을 회피하기 위해 형태와 행동적 적응으로 진화한다. 하천 흐름은 일정하지 않다(Lancaster and Hildrew 1993). 돌과 식물이 바닥을 구성하고 있는 하천의 장애물은 물의 이동이 없는 정수역(dead water region)을 형성한다. 절지동물의 지각류(단각류 *Gammarus*)와 수생 쥐며느리(aquatic pill bug; *Asellus aquaticus*)와 같은 생물은 부착을 하기 위한 특별한 장치가 없으며, 이러한 정수역을 이용한다. 빠른 유속의 하천에 서식하는 어류는 유영에 이용되는 에너지를 줄이기 위해 이들 지수역을 이용한다.

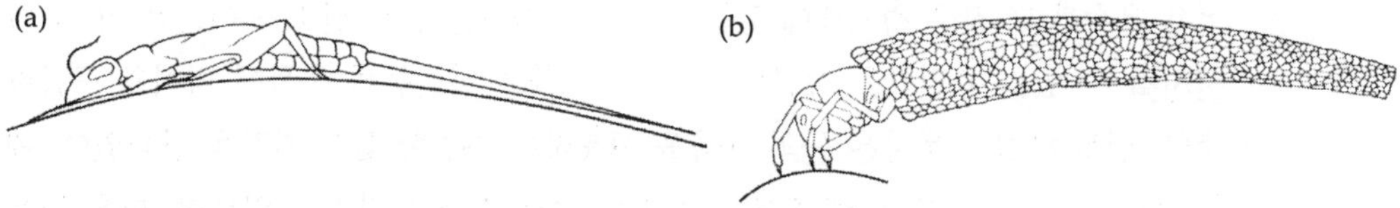

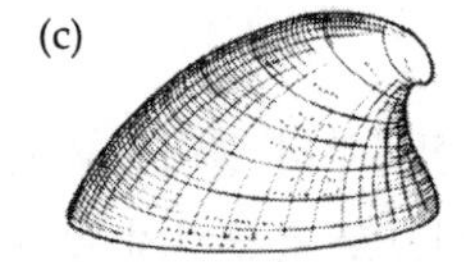

그림 4.10 유수에 적응한 하천성 동물: (a) 하루살이 *Rhithrogena* (약 10 mm)의 매우 평편한 유충. (b) 유선형 가재 *Neothremma*의 유충(약 10 mm). (c) 하천성 삿갓조개 *Ancyclus fluviatilis*.

하천성 조류는 경계층 내의 암반 위에 얇은 막을 형성한다(단원 3.1.5). 물 흐름에 대한 저항성이 없이 흔들리게 하는 유연한 줄기를 형성한다. 이런 조류는 기질에 부착하거나 또는 조류의 광합성으로 퇴적된 탄산칼슘 층으로 바위에 부착시킨다. 1 m s^{-1}의 유속인 산간 하천에서, 경계층은 수 mm 두께이다. 암반 표면을 섭식하는 동물은 편평하고 유선형이며(그림 4.10) 4 mm 높이 이상은 거의 없다. 그들은 유속에 따른 압력이 변화됨에 따라 기질에 압착시킬 수 있다(Ambühl 1959). 단각류(질지동물의 지각류)는 측면으로 편평하며 기질에 대한 측면으로의 흐름에 맞서 유영을 한다.

하천 흐름에 대한 적응을 포함한 수리역학은 먼저 본 것보다 더 복잡하다는 것을 최근 연구들은 설명하고 있다. 새로운 레이즈 도플러 풍속 측정으로 하천성 생물 주변의 유동장을 정확하게 측정할 수 있다(그림 4.11). 이는 유동장이 어떻게 흐름 조건, 동물의 크기(레이놀드 수)와 기질 위의 그것의 위에 따라 변화하는지를 설명가능하게 한다. 동물 뒤에 나타나는 정수공간은 흐름에 대한 동물의 저항이 결정된다. 하천성 삿갓조개 *Ancylus fluviatilis*는 최적의 유선형을 가지는 것이 인상적이다(그림 4.10c). 흐름 측정은 삿갓조개가 앞쪽이나 뒤쪽 모두 동일한 물 저항을 가지는 것을 나타낸다(Statzner and Holm 1989). 일부 삿갓조개 유충은 자갈에 따라 무게를 줄이고 반대로 저항이 증가함에 따라 무게를 증가시킨다는 가정이 틀렸다는 것이 연구를 통해 증명하였다.

하천 생물의 모양은 다른 요인들 간에 분명히 타협한 결과물이다. 물 저항, 마찰과 부상은 씻겨 내려가는 생물을 방어하기 위해 최소화되어야 한다. 즉 다시 말해,

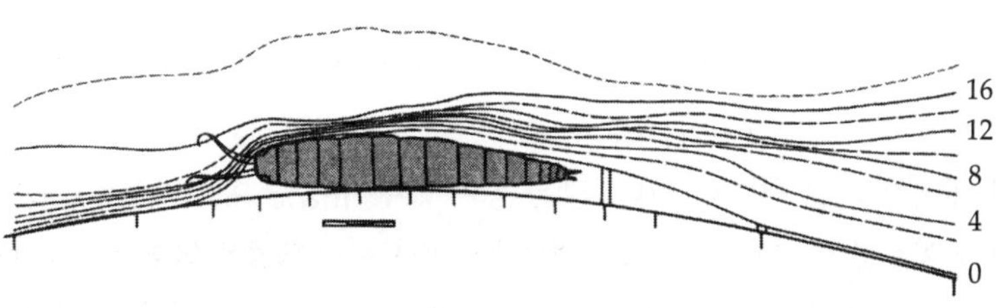

그림 4.11 암반에 측면으로 부착한 단각류 *Gammarus* 주변의 동일 유속의 선들. 흐름은 좌측으로부터 나옴. 동물 뒤쪽의 지수역을 표시함(Statzner and Holm 1989).

높은 유속과 더 작은 경계층에 있는 생물은 아가미를 통해 산소와 이온을 더 잘 확산시킬 수 있는 유리함을 제공한다. 흐르는 물은 비운동성 동물에 먹이를 공급해준다. 일부 하천성 동물은 물의 흐름을 이용하는 특별한 섭식 기작을 만들었다. 예를 들어, 일부 생물은 흐름 속에서 특별한 여과 기구를 가지고 있으며, 다른 것은 물 속의 그물을 회전시킨다(그림 4.25a, b).

단원 3.1.5에 언급한 것과 같이, 물체 위를 흐르는 물은 기질로부터 떨어져 가는 생물을 끌어당기는 승강기 역할을 한다. 그것은 편평한 형태만으로 충분하지 않다. 생물은 갈고리와 흡착 컵과 같은 부착 기구를 가지고 있다. *Ancylus fluviatilis*의 발은 흡착 컵과 같이 작용한다. 또한 망상의 날개를 가진 유충(Blepharocereidae)은 각각의 체절에 복부 흡반을 가지고 있으며, 그러므로 빠른 유속의 지역과 경쟁자와 포식자가 없는 폭포와 같은 곳에 서식할 수 있다.

많은 소형종과 대형종의 유충시기에는 하천 바닥의 모래와 자갈의 작은 틈에 서식한다. 어떤 종이 하천에서 하류로 이동할 때 분명한 경계는 없다. 지하수가 흐를 수 있는 하천 퇴적물 내의 개방 시스템이 있으며 이것은 지하수와 연결되고 하천과 평행하게 흐른다. 지하수 시스템으로 되어 있는 이런 지역은 수 cm에서 수 m까지 수직으로 그 범위를 가지며 이런 하천의 구조를 **하상간극**(*hyporheic* 또는 *hyporheic interstitial*) 시스템이라 한다. 하상간극 서식처에서 물의 흐름은 구멍의 크기에 의해 결정되며, 미세 모래 내에서 흐름은 가장 느리다. 하상간극에 살고 있는 종은 높은 유속으로부터 보호를 받지만, 유수로부터 새로운 산소 공급을 받아야 할 것이다. 많은 종의 초기 단계는 하천 바닥으로 깊게 침투할 수 있음으로써 홍수 동안 이동 퇴적물로부터 위협을 받지 않는다. 홍수가 지나 간 후에, 이들 동물은 하천 바닥에서 서식하기 위해 표면으로 되돌아 온다.

빠른 유속에 적응한 하천성 생물은 때로는 제거되고 하류의 새로운 장소로 이송된다. 생물이 하류로 떠 내려갈 때, 그들을 **하천이동**(stream drift)이라 한다. 물 속에 망을 설치함으로써, 단위 시간에 단위 면적당 또는 단위 부피당 생물의 하천 이동률을 측정할 수 있다. 하천이동은 일 주기성이 있으며, 가장 많은 개체수는 일몰 또는 일몰 후 짧은 시간에 잡히며 가장 적은 개체수는 낮 동안 잡힌다. 이동 시작은 광의 강도와 광의 상대 변화에 따라 조절된다(Haney *et al.* 1983).

이동이 저녁에 증가하는 것은 그들이 섭식할 수 있는 곳인 암반 밑에서 암반 표면으로 동물의 이동과 연관된다. 암반의 상부에서 발견되는 종은 야간에 더 활발하게 활동한다(Cowan and Peckarsky 1994). 이런 높은 야행성 활동은 동물이 하류로 훑어서 내려갈 가능성이 더 크다. 많은 종이 매우 유능한 유영자이고 그들 자신을 기질에서 이동할 때까지 활발하게 내보내기 때문이다(**행동적 이동**; behavioral drift). 이런 이동 운동은 높은 포식 지역으로부터 피식 거리를 멀게 해주고 더 좋은 먹이 자원이 있는 서식처에 자리잡도록 해준다. 이런 효과는 하천에서 많은 무척추동물 포식자가 야간에 더 활발하게 활동하며, 암반으로부터 그들의 피식자가 나오게 하는 여러 사실이 복합되어 있는 것이다.

하천의 흐름이 한 방향이고 모든 하천 생물이 어느 시간에 이동하기 때문에 하천의 개체군이 점차 하류로 이동하게 되고 결국 상류에는 생물이 사라질 것이라고 예측된다. 그러나 이동으로 손실에 대한 보상기작이 있음으로써, 이러한 일은 일어나지 않는다. 첫 번째 많은 수생동물은 양의 **주류성**(rheotactic)이 었으며, 그것은 그들이 물 흐르는 방향의 역으로 이동하는, 즉 상류방향으로 이동하는 경향이 있는 것을 의미한다. 때로는 흐름이 강하지 않는 하천 둑을 따라 상류로 이동하는 절지동물 지각류(단각류; *Gammaridae*) 무리를 관찰할 수 있다.

또한 많은 하천 생물은 수중에서 생활주기 중에 단지 일부분만 보내는 곤충도 있다. 많은 이들 종은 상류로 보상비행하며, 그들은 상류에 알을 낳는다. 부하 후에 유충단계에서 점차 하류로 이동하며, 다시 적절한 서식처를 점유한다. 이런 성체 곤충이 어떻게 상류방향으로 비행 방향을 잡는지 분명하지 않다. 이런 행동은 초과 산란을 하고 유충 개체군이 밀도의존적 요인으로 조절되는 종들은 필요하지 않다. 이런 경우에, 성체의 비행 방향은 무작일 수 있으며, 그것은 하류 개체군을 유지시킬 수 있도록 상류에 충분히 많은 알을 낳기 때문이다(Anholt 1995). 성체 곤충이 상류와 하류 비행사이의 균형을 평가할 수 있는 새로운 기법이 개발되었다. MacNeale *et al.*(2005)은 쭉 뻗은 하천에서 안정성 동위원소 ^{15}N(글상자 7.1)를 이용하여 많은 수의 강도래 *Leuctra*에 표식하였다. 성체로 부하되고 분산된 후에, 그들은 채집되었고 ^{15}N 존재여부를 위해 분석되었다. 대부분 표시된 강도래는 상류에서 채집되었다. 그들은 평균 211 m를 이동하였다. 개체군의 실제 이동은 상류에서 126 m였다.

이동은 하천 생물에게 불리한 점으로만 보여지지 않는다. 그것은 새롭고 더 좋은 서식처를 찾는 종에게 주어지는 중요한 군집화 기작이고 공간과 먹이에 대한 경쟁을 감소시킬 수 있기 때문이다(단원 5.8).

4.2.6 물의 밀도

침강과 부유

중력과 부유는 물 속의 입자가 침강할지 또는 부유할지를 결정한다. 중력이 변하지 않음으로써, 입자의 밀도 특성은 특히 중요하다. 대부분의 생물은 물보다 밀도가 더 높다. 모든 생물체는 물로 구성되어 있지만, 탄수화물(약 1.5 g ml^{-1}), 단백질(약 1.3 g ml^{-1})과 핵산(약 1.5 g ml^{-1}) 등과 같은 다른 요소들은 더 무겁다. 미량원소들인 다중인산과립(polyphosphate granules)(약 2.5 g ml^{-1})과 돌말 피각(약 2.6 g ml^{-1})은 더 무겁다. 지질(약 0.86gml^{-1})과 남세균의 가스주머니(약 0.12 g ml^{-1})는 물의 밀도보다 다소 낮은 것이 특징이다. 대부분 개방대 생물은 무거운 미량원소가 부족하며 밀도는 1.02~1.05 g ml^{-1}이다. 반면에 규소로 껍질을 형성하고 있는 돌말류는 1.3 g ml^{-1} 이상의 밀도로 되어 있다.

대부분 수생생물은 물 속으로 가라 앉는다. 단지 일부 생물은 물보다도 특이적 중력을 감소시키는 특성이 있다. 침강하는 입자 주변의 흐름은 층류이며 레이놀드 수는 작다(단원 3.1.5). 이런 조건하에서 입자의 침강속도는 낙하구에 대한 Stokes의 법칙을 수정한 Ostwald의 법칙을 이용하여 계산할 수 있으며, 비구형물체의 저항형성 효과에 대한 침강률을 적용하면 된다.

$$V_s = \tfrac{2}{9} g r^2 (q' - q) \mu^{-1} \phi^{-1}$$

V_s는 침강속도(ms^{-1}); g는 지구중력 가속도(9.8 ms^{-1}); r는 등가체적인 구형의 반지름; q는 침강입자의 밀도(kg m^{-3}); q'는 매질의 평형밀도(kg m^{-3}); μ는 매질의 동적 점성도(kg $m^{-1}s^{-1}$); ϕv는 저항(무차원; 구형일 때 그것은 1; 대부분의 다른 물체는 > 1; 수직적으로 방향을 잡은 신장형은 < 1).

이 공식은 식물플랑크톤의 침강률을 잘 설명해 준다. 그것은 식물플랑크톤이 작은 레이놀드 수를 가지고 있기 때문이다. 담수에 출현하는 가장 큰 돌말류 *Stephanodiscus astrea*($r = 25\ \mu m$, $v = 0.1\ \mu m\ s^{-1}$)는 레이놀드 수가 약 0.001이며, Stokes 공식으로부터 나오는 편차는 무시할 수 있다. Stokes법칙으로부터 나오는 편차는 동물플랑크톤과 같이 $Re > 1$로서 중요하다(Reynolds 1984). 비교적 대형 플랑크톤은 부유상태를 유지하기 위해 활발한 유영을 해야 한다.

침강은 부유성 플랑크톤에 대해 강한 선택압을 부과한다. 광합성 생물은 그들 자신을 진광층에 유지시켜야 하며, 이들 플랑크톤을 섭식하는 종속영양 생물은 먹이가 있는 곳에 머물러야 한다. Stokes공식은 침강속도를 줄이는 방향으로 진화하도록 매개변수를 수정할 수 있음을 나타내며, 그 매개변수는 입자의 반지름, 부유물질 입자의 밀도와 그것의 저항형성 등이 있다. 입자 크기는 반지름이 공식에서 제곱이 되기 때문에 가장 민감한 매개변수다. 부유생물은 보통 크기가 매우 작다(식물플랑크톤은 보통 < 1 mm, 동물플랑크톤은 < 1 cm임).

밀도의 작은 변화는 큰 효과를 나타낸다. 그것은 매질과 생물 사이의 차이가 작기 때문이다(밀도초과 $q' - q$). 밀도가 1.2 g ml^{-1}인 돌말류는 녹조류 세포(1.04 g ml^{-1})보다 15% 더 무겁다. 그러나 두 종류의 세포 크기와 저항형성이 같다면, 돌말류는 5배 빠르게 침강한다. 생물은 지질과 가스와 같은 물질을 저장하고 **점액성 물질**을 분비하거나 **젤라틴 초**를 만듦으로써 평균 세포 밀도를 더 감소시킬 수 있다. 점액성 물질은 젤이며 주로 물로 구성되어 있고, 친수성 다당류로 망을 만들어 연결하고 있다. 초가 원형질보다 더 높은 비율의 물로 구성되어 있다. 그러므로 그들은 전 생물체의 밀도를 줄일 수 있다. 식물플랑크톤은 특히 큰 점액성 초를 가지고 있다. 초는 허용치 내에서 침강속도를 줄일 수 있는 데 그것은 점액성 물질의 밀도가 물보다 작기 때문이다. 또한 초는 생물의 크기를 증가시키며, 결국 제곱함수와 같이 불균형적으로 침강속도를 증가시킨다. 이런 관점에서 크기의 증가 효과는 초의 제동효과와 같게 될 것이다.

대형생물이 만든 초가 침강률을 감소시키기 위한 궁극적 원인인 것 같지는 않다. 지각류 *Holopedium gibberum*과 같은 동물플랑크톤과 군체성 윤충류 *Concochilus unicornis*는 젤라틴 초를 만든다. *Holopedium*의 침강률은 초가 있을 때 약 50% 감소한다. 젤라틴 생성 비용(Stenson 1987)과 포식자-피식자의 상호작용에 있어 그것의 유리함에 관련된 최근의 증거는 투명한 캡슐이 보호 기작이 된다는 것을 설명하고 있다(단원 6.5.5). 이것은 점액성 물질로 둘러싸인 조류 군체에게는 실제로 작용하고 있다.

구형에서 변화된 형태는 형상저항(form resistance)을 증가시켜 침강속도를 감소시키는 결과를 가져온다. 예를 들어 폭보다 4배가 긴 신장형은 형상저항이 약 1.3이 된다. 길고, 바늘모양인 돌말류 *Synedra acus*는 길이 대 폭의 비가 15:1이고 형상저항은 4이다.

복잡한 군체는 저항을 훨씬 더 증가시킨다. 각 개체가 막대형 세포로 된 돌말류 *Asterionella formosa*는 형상저항이 2.5이며, 별 모양의 군체를 형성한 *Asterionella*는 형상저항이 3.9이다(모든 값은 Reynold 1984를 참조한 것임). 중복되는 경계층은 세포 주변의 층류로부터 생성되며 레이놀드 수는 낮다(단원 3.1.5). 그러므로 군체는 개체와 같이 활동할 수 있다(낙하산 효과; parachute effect). 크기가 증가하는 군체는 점액성 물질의 증가와 같은 문제에 직면하게 된다. 입자의 직경이 증가하면, $V_{s'}$을 증가시키며 결국 입자의 효과는 형상효과를 초과하게 된다.

대형 군체의 **선택적 잇점**은 형상저항을 증가시키지 않는다. 부유생물은 형상저상을 증가시킴으로써 침강을 줄이는 적응이라고 과학자들은 설명하고 있다. 가시는 일반적으로 부유 부속기(flotation appendages)라고 한다. 포식으로부터 보호하는 것이 적응이며 이것이 최근에 많은 예로서 분명하게 되었다(단원 6.4.2). 그리고 그들을 **방어기작**(defense mechanism)이라 한다. 이런 변화가 생물 요소에 자리잡고 있음을 생태학자들은 강조하고 있다.

침강율의 대부분은 대형조류를 측정해 왔다. 대형 돌말류의 침강률은 1 m/일의 범위이며, 물먼지말류 *Staurastrum cingulum*은 수십 cm/일이고, 작은 돌말류는 수 cm/일이다. 편모류의 유영속도는 크기가 비슷한 조류 침강률의 약 10배정도이다. 편모성 식물플랑크톤은 침강으로 인한 손실은 거의 없다.

일부 남세균은 **가스주머니**(gas vacuoles)로 그들의 밀도를 조절한다. 그것은 물보다 가볍게 하고 부유할 수 있도록 한다. 이들 남세균은 가스주머니를 대사로 조절함으로써 수체 내에서 상하 수직이동을 할 수 있다(Walsby 1994). 광합성 산물인 탄수화물은 세포 내 초과중량을 조절하도록 한다. 남세균은 광합성 산물인 글리코겐을 저장한다. 많은 양의 글리코겐(밀도 1.5 $g\,ml^{-1}$)은 물 표면의 높은 광도에서 생성되며, 밸러스로서 작용하고 세포를 더 무겁게 한다. 동시에 글리코겐의 부피가 증가하기 때문에, 세포 내부 압력은 증가하고 가스주머니가 파괴된다. 세포는 침강하여 광 제한이 되는 깊이까지 이동한다. 이 글리코겐은 세포대사를 위해 이용되고 세포는 더 가벼워지고 다시 위로 이동한다. 광 의존성 광합성은 바람이 없는 동안 매일 상하 수직이동을 시킨다(Reynolds *et al.* 1987). 담수에서 가장 대형인 식물플랑크톤은 가스주머니를 가진 남세균을 포함한다(대형 군체, *Microcystis*). 크기는 침강과 같이 부유에도 같은 효과를 나타낸다. 예를 들어, 기포로 부상하는 대형 입자는 더 작은 입자보다 상승속도가 더 높다. 그러므로 부유하는 세포가 뭉칠 때, 그들은 호수 표면으로 더 빠르게 이동할 수 있도록 큰 군체를 형성한다.

부유조절을 할 수 있는 가장 잘 알려진 동물플랑크톤은 유령벌레 깔따구류 일종(*Chaoborus*)이다. *Chaoborus*는 기관계와 연결된 2쌍의 수축성 유영 부레로 미세하게 밀도를 조절할 수 있다. 보통 이들 유충은 수평으로 부유하고, 먹이를 기다린다. 그러나 그들은 확실한 낮과 밤의 수직이동을 할 수 있다(그림 7.12a~ e).

Stokes공식으로 계산된 침강속도(v_s)는 흐름이 없는 물에서 유효하다. 그러나 표수층에서 많은 와류가 있고 침전을 감소시킨다. 입자가 침강하려 하지만, 혼합은 입자를 부유하게 한다. 침강에 따른 실제 개체군 손실 범위는 혼합깊이(표수층의 크기, z)와 침강속도(v_s) 사이의 관계에 영향을 받는다(그림 4.12). 와류가 없을 때, 시간간격 t' 내에서 모든 개체군은 v_s/t' 거리로 침강하다. 만약 모든 개체 N_0는 표수층 내에서 균질하게 분포한다면, 시간간격 마지막에, $N_0 v_s t'/z$ 개체는 표수층 아래로 침강하고 $N_0(1-v_s t'/z)$ 개체는 표수층에서 유지된다. 표수층이 와류 혼합되면, 남아있는 개체들은 표수층에 다시 분포하게 된다. 표수층은 $v_s t'$가 z보다 더 작은 만큼 오랫동안 완전히 고갈되지 않을 것이다.

장기간 동안 어느 정도 침강손실이 일어나는지 평가한 것을 설명하기 위해 두

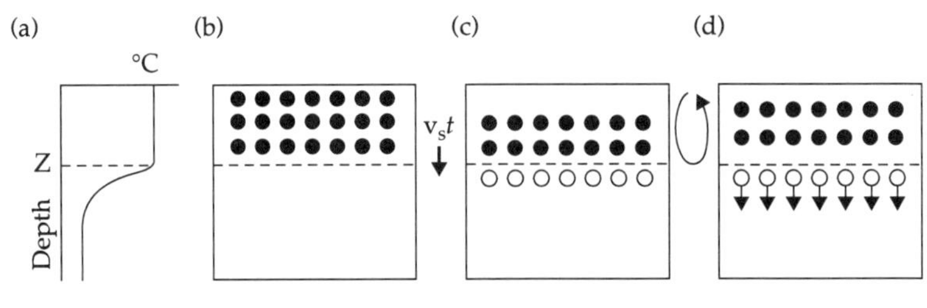

그림 4.12 혼합 표수층에서 침강 손실에 대한 침강속도(v_s)와 혼합깊이(z)의 효과: (a) 온도 성층화. (b) 물의 흐름이 없는 시기 t'에 입자의 분포. (c) 물의 흐름이 없는 마지막 시기 t'에 입자의 분포. 모든 입자는 거리 vst'을 이동한다. 입자의 1/3(개방된 원형)은 혼합층 아래로 가라앉는다. (d) 마지막 시기 t'에 혼합에 따른 입자의 분포. 혼합층 아래의 입자는 재부상하지 않으며 계속 침강한다.

가지의 예를 사용하였다.

- 흐름이 없는 시기 동안 혼합 사이의 시간간격이 1일(t')이며, 야간에 냉각으로 대류 혼합이 일어난다. 침강보다 생식이 없고 다른 손실이 없다면, t 시간인 현재 개체 수(N_t)는 다음과 같다.

  $$Nt = N_0(1-v_s t/z)t$$

  t는 일수이다.
- 바람 효과가 있고 따뜻한 날이 거의 없을 때, 혼합은 연속적으로 일어난다. 즉 시간 간격 t'는 0이 될 경향이 있고 하루에 혼합 횟수는 무한하다. 이런 경우는 Reynolds(1984)의 공식을 이용하여 계산할 수 있다.

  $$\frac{dN}{dt} = N(v_s/z) \text{ 또는 } N_t = N_0 e^{-v_t/z}$$

자연에서 실제 침강 손실은 두 극단적인 것 사이에 놓여 있다. 두 가지 상황에서 손실은 증가계수 v_s/z와 함께 증가한다. 2 m의 혼합깊이 상태에서 침강속도가 1 m/일인 돌말류는 단일혼합모델에 의하면 원 개체군의 일 일당 50%손실률을 나타내고 연속와류모델에 의하면 약 39.4%/일의 손실률을 나타낸다. 10 m의 혼합깊이에서 손실은 각각 10%/일과 9.5%/일이다.

유영

부유하는 것과 활발하게 유영하는 것을 분명하게 나누기는 어렵다. 그것은 관찰 범위의 문제다. 많은 식물플랑크톤과 동물플랑크톤은 활발하게 유영할 수 있지만, 우리는 그들을 플랑크톤이라 한다. 그들의 유영 운동은 수체에서 침강하는 것을 방어해 주지만, 물 흐름으로 수평적 이송은 피할 수 없다. 결국 동물플랑크톤은 확실한 수직 및 수평 이동을 할 수 있다. 수생생물의 여러 그룹은 물 속에서 운동을 추진할 수 있는 여러 가지 수단을 개발하였는데 그것은 편모류와 섬모류의 편모운동, 곤충과 지각류의 노와 같은 부속지 그리고 일반적인 수리역학모델로서 설명할 수 없는 어류의 특별한 유영운동 등이 있다. 물과 비교해서 이동 능력은 레이놀드 수에 크게 연관되며(단원 3.1.5), 생물의 크기와 형태에 영향을 받는다. 다른 법칙은 와류 환경에 있는 대형 생물보다 층류환경에 있는 매우 작은 생물에 적용된다. 이것은 Vogel(1994)에 의해 명확하게 요약 정리되었다.

활발한 유영은 **에너지** 비용이 요구된다. 그것은 생식과 같은 다른 용도로 이용할 수 없다(Koch and Wieser 1983). 에너지 량은 환경조건과 **유영활동**과 연관된다. 농어 *Perca fluviatilis*와 같은 많은 담수어류는 0.5~0.8 ms^{-1}의 평균 유속으로 이동한다. 대서양 연어 *Salmo salar*는 산란기 동안 6 ms^{-1}의 속도로 유영한다. 이런 유영 활동은 많은 에너지 비용을 지불한다. 느리게 유영하는 어류(0.8~1.0 몸의 길이·s^{-1})는 휴식기와 비교해서 대사율(호흡)이 2배 정도이다. 이것은 4.1 몸의 길이·s^{-1}로 유영하는 태평양 연어 *Oncorhynchus nerka*의 호흡에 비해 8배 증가한다. 그러나 이와 같은 비율은 단지 약 1시간 정도 유지할 수 있다(Brett 1965).

침강손실을 보완하기 위해 유영하는 동물플랑크톤과 같은 작은 생물을 대상으로 비교할 수 있는 측정값은 거의 없다. 그러나 요각류의 유영 에너지 비용(대사로 사용된 총 에너지의 1% 이하)은 무시할 수 있음을 수리역학적 및 Alcaraz and Strickler (1988)의 실험으로 설명해 준다. 이것은 작고 편모운동을 하는 부유성 원생생물에게도 적용된다(Crawford 1992). 이동은 상당한 간접 비용이 들지만, 낮과 밤의 수직이동을 하는 1~2 mm 크기인 요각류 *Daphnia*가 장거리 유영을 하더라도 생장에 대한 직접 효과가 거의 없고 유영 비용도 없기 때문에 무시된다(Dawidowicz and Loose 1992).

4.2.7 표면장력

물의 높은 표면장력은 **표면 얇은 막**(표면필름)을 만드는데 그것은 **수표생물**(neuston)이라고 하는 특별한 생물 그룹의 중요한 서식처가 된다(단원 3.1.4). 표면필름은 표생생물의 기계적 부착지점을 제공하고 유기물질을 수집하는 표면을 제공한다. 유기액체는 물보다 표면장력이 더 낮으며, 가스-물 경계층에 그들을 축적시킬 수 있다. 유사하게 이 경계층은 대기에서 이송되는 입자와 에어로졸에서 이송된 유기물질을 포획하는 작용을 한다. 표면 필름에 수집된 물질들은 표층수에 용해된 물질보다 특히 UV와 같은 더 높은 광에 노출된다. 이런 화학반응은 표층수와 화학적으로 다른 물 표면 서식처를 만든다. 이것은 박테리아가 이용할 수 있는 작은 유기분자의 이용도를 더 높일 수 있고 박테리아의 밀도를 더 높이는 중요한 작용을 한다. 이것은 박테리아를 섭식하는 생물에게 더 좋은 환경을 만들어 준다.

표면 필름은 소수성 표면으로서 입자의 침투를 막아주는 기계적 장벽으로 작용한다. 높은 밀도를 가진 작은 입자는 물 표면의 윗부분에 분포한다(수표상생물 *epineuston*). 유사하게 표면 필름 아랫부분에 부착하고 있는 생물은 **표하생물**(hyponeuston)이라 한다. 표면 필름 위에 살고 있는 생물은 전신이 소수성이거나 또는 표면 필름에 부착하기 위해 일부가 소수성 구조여야 한다.

표생 박테리아, 조류와 원생동물은 보통 전신이 소수성이다. 그러나 일부 표생조류는 유영 삿갓(*Nautococcus mammilatus*)에 매달려 있거나 또는 *Chromulina rosanoffii*의 소수성인 점액성 자루 위에 위치하고 있다. 고등식물과 같이 단세포성 표상생물은 증산에 의해 물이 간극이동을 한다. 점액성 자루 내에 위치하고 있는 근족충류는 표면 필름으로 침투한다. 이들 소기관들은 물을 모으고, 그것은 대기로 나와 있는 세포체에 의해 분비된다.

일부 거미와 곤충은 높은 밀도를 가지고 있지만, 표면 필름으로 지지되는 가장 큰 생물이다. 가장 잘 알려진 소금쟁이 *Gerris*의 다리 털과 몸의 아래쪽이 소수성으로 되어 있다.

4.3 자원

4.3.1 자원이란 무엇인가?

모든 생물은 섭식을 하며, 그들의 기초대사, 새로운 몸 구성물질 생성과 생식을 유지하기 위해 환경으로부터 에너지와 물질을 이용해야 한다. 부가적으로 많은 생물은 다른 소모할 수 있는 환경요인(화석 생물을 위한 공간, 둥지)을 요구한다. 모든 소모 가능한 환경요인을 자원이라 한다. 이들 자원 중에 하나 또는 더 많은 것의 부족은 생장률을 감소시키고, 굶어서 죽을 수 있다. 자원은 소모된다. 이것은 생리적 비율과 생장(온도, 물의 흐름, 환경 내의 독성물질 등)을 제한하는 다른 요인들과 구별된다. 자원의 소비는 환경에서 그들의 풍부도를 감소시키고 생물과 환경간의 상호작용을 포함한다. 생물이 자원을 소비함으로써 각각의 다른 생물과 경쟁하는 것과 같이 이것은 중요한 특징이다. 광과 열(온도)은 그 원리를 설명하는 중요한 예이다. 둘 모두 태양으로부터 생성되고, 수체에서 수직적 경사를 형성한다(그림 3.5). 온도는 수 중의 생물 대사과정에 영향을 미친다. 그러나 생물은 물의 열 함유량을 줄이지 않는다 그들은 대사활성과 광 흡수를 통해 오히려 온도를 증가시킨다. 생물이 따뜻한 지점에 모여있다면 그들은 열에 대한 경쟁은 없지만 열 공간에 대한 경쟁을 한다. 더 높은 수층에 있는 광영양 생물은 광을 흡수하고 더 깊은 층에서 광이 완전히 흡수될 때가지 더 낮은 층에서 그들에게 음지를 만든다. 그러므로 광은 자원이지만 열은 아니다.

생물은 에너지원의 종류, 그들의 전자 공여체와 그들의 탄소원에 따라 기본 영양염을 나눌 수 있다. 광(광영양생물; *phototrophic*) 또는 에너지발생 화학반응으로부터 에너지(화학영양생물; *chemotrophic*)는 에너지 원으로 이용될 수 있다; 무기물질(쇄설영양 생물; *lithotrophic*) 또는 또는 유기물질(유기영양생물; *organotrophic*)은 전자 공여체로서 사용될 수 있다. 이산화탄소(독립영양생물) 또는 유기물질(종속영양생물)은 탄소원으로 이용될 수 있다. 종속영양생물 내에서 용존탄소복합물(박테리아, 균류)을 이용하는 것도 있으며, 입자 먹이(동물)를 소비하는 것도 있다. **혼합영양**(mixotrophic)은 자가영양 또는 종속영양으로부터 몸 물질을 형성할 수 있고, 자가영양과 종

표 4.1 생물의 영양형과 에너지 획득과 생체 합성에 이용되는 일차자원

	Energy source	Carbon source	Electron donor	Electron acceptor
자가영양생물				
식물, 남세균	Light	CO_2	H_2O	CO_2
유색소 황세균	Light	CO_2	H_2S	CO_2
황 유리 홍색세균	Light	CO_2	H_2O	CO_2
화학쇄설영양생물				
무색 황세균	S*	CO_2	S*	O_2
	S*	CO_2	S*	NO_3
질화세균	NH_4	CO_2	NH_4	O_2
	NO_2	CO_2	NO_2	O_2
철 산화 세균	Fe^{2+}	CO_2	Fe^{2+}	O_2
메탄세균	H_2	CO_2	H_2	O_2
	H_2	CO_2	H_2	NO_3
화학쇄설영양생물				
데술포비브리오	H_2	DOC	H_2	SO_4
화학유기종속영양생물				
동물	POC	POC	POC	O_2
호기성 박테리아, 균류	DOC	DOC	DOC	O_2
탈질세균	DOC	DOC	DOC	NO_3
탈황세균		DOC	DOC	SO_4

DOC, 용존유기탄소; POC, 입자성유기탄소.
* H_2S, S, 또는 S_2O_3.

속영양 사이의 전이형이다. **자가영양생물**은 이산화탄소로부터 탄소요구물질을 획득하게 되지만 몇 가지 유기물질(비타민)을 합성할 수 없으며, 종속영양에 의해 섭취된다(표 4.1).

4.3.2 자원소비 (기능적 반응)

생물의 자원 소비율은 자원 이용가능성과 생물 자신의 이용능력에 연관된다. 자원이 매우 풍부하지만, 생물은 자원 소비율을 제한 받는다. 동물은 자리잡고, 사냥하고, 처리하고 그들 먹이를 먹을 수 있는 시간이 요구된다. 먹이 밀도 증가는 자리잡고 먹이를 사냥할 수 있는 시간을 줄일 수 있지만, 처리하고 각 먹이의 종류를 먹을 수 있는 시간을 줄일 수 없다. 미생물은 그들 세포벽에 제한된 수송시스템을 가지고 있으므로 단위 시간당 세포 내로 수송할 수 있는 용존물질의 량이 제한된다. 모든 수송 시스템이 최대속도로 작동할 때, 자원 농도가 훨씬 증가하더라도 개체당 소비율을 증가시키지 못한다. 그것을 **포화**(saturation)라 한다. 이런 점에서 자원은 종 특이적 **최대소비율**, v_{max},에서 소비하며, 그것은 여러 외부 한계조건(온도)에 연관

된다. 포화 이하의 자원 농도에서 소비제한은 최대속도로 진행될 수 없는 데, 그것은 동물이 충분한 먹이를 만날 수 없기 때문이다. 또한 용존물질의 효소적 수송은 수송될 물질이 부족하기 때문에 더 빠르게 수행될 수 없다. 그러므로 소비율은 자원 이용도에 의해 제한된다. 즉 자원의 농도와 이용도와 부족한 공급에서 자원을 획득할 수 있는 소비자의 능력에 따라 결정된다.

자원 가용성에 대한 특이적 소비율의 의존(v, 개체당 소비율 또는 단위 생체량당 소비율)은 **포화곡선**으로 설명된다. 이들 곡선은 낮은 농도에서 직선상 또는 거의 직선상으로 증가한다. 이런 증가(초기 경사)는 제한 자원(친화도)을 사용하기 위한 능력으로 정의된다. 자원 제한 과정에 대한 여러 모델들 사이의 중요한 차이는 상부제한(v_{max})이 비대칭적으로 접근하던지 또는 제한에서 포화까지 급격한 변화를 나타낸다는 것이다. 가장 일반적인 비대칭적 모델은 직각 쌍곡선으로 문헌에서 다른 이름으로 나타내고 있다. 원래의 설명은 Michaelis-Menten식이며, 기질이용에 대한 효소 동역학을 설명하는 것이다. 급격한 전이에 대한 가장 널리 사용된 모델(직선모델; rectilinear model)은 Blackman 모델이며, 제한 지역에서 소비율과 자원농도 간에 직선관계임을 가정한 것이다(글상자 4.1).

글상자 4.1 소비율(기능반응)에 대한 자원 효과 모델

Michaelis-Menten 모델

$$v = v_{max}S/(S + k_t)s$$

v는 소비율(무게/시간), S는 자원농도 또는 이용도(무게/부피), v_{max}는 소비율의 포화값, k_t는 반포화값, 즉 자원농도 $v = \frac{1}{2}v_{max}$. 자원 흡수가 최소농도를 요구하면, 역치값(k_0)은 도입되어야 한다. 이 경우에 $S-k_0$는 S로 대치된다. 최대 소비율의 1/2은 $S = k_0 + k_t$에 도달한다. 자원이 결핍될 때 Michaelis-Menten곡선에서 중요한 초기 증가는 v_{max}/k_t이다.

Blackman 모델

$$v = S\alpha,\ S < S_k$$
$$v = v_{max},\ S > S_k$$
$$\alpha = v_{max}/S_k$$

S_k는 포화농도이며, α는 초기 증가이다. 역치값은 Blackman 모델로 도입될 수 있다.

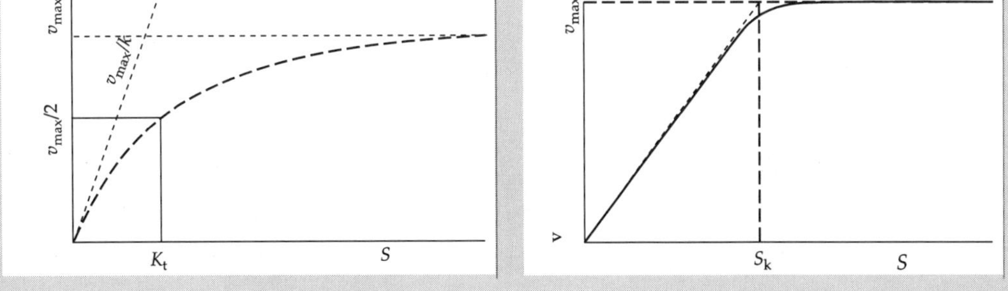

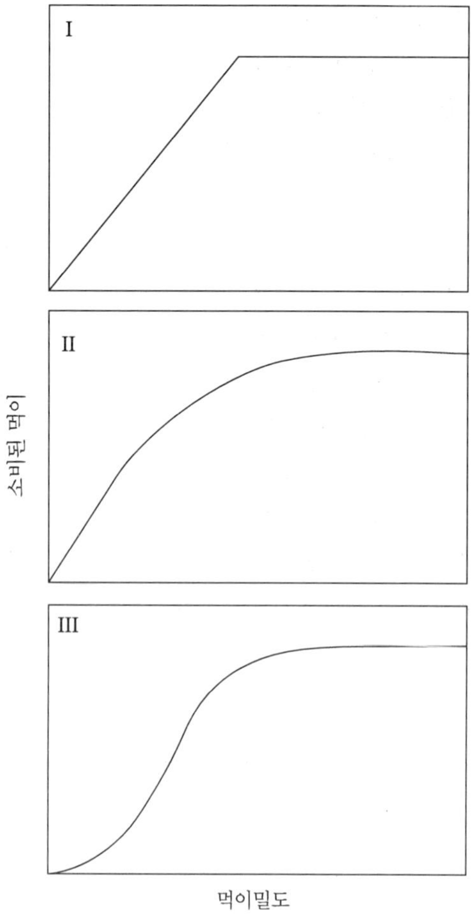

그림 4.13 포식자의 섭식율과 피식 밀도간의 관계를 설명하는 모델. 기능적 반응 곡선은 I-III유형이 있다(Holling 1959).

Michaelis-Menten과 Blackman kinetics는 작은 단위(용존 분자 또는 소비자 크기와 비교해서 작은 입자)를 나타내는 균질하게 분포하는 자원과 생물에 대해 개발된 것이다. 이런 조건에 대해 시간은 개체 자원을 소화시키는데 필요하며 단위는 무시될 수 있다. 이것은 포식동물에 대해 적용되지 않는다. 먹이가 포식자의 크기에 비해 큰 경향이 있기 때문이다. 이런 경우에 소비율은 먹이를 소비하기 위한 포식자에게 걸리는 시간 길이와 연관되며, 얼마나 많은 먹이가 단위 시간당 잡을 수 있는가와 연관된다. 포식자는 먹이를 먹는 동안 다른 먹이를 볼 수 없다. 그러므로 찾는 시간에 부가해서 **처리시간**이 역시 중요하다.

Holling(1959)은 포식자에 대한 **기능반응**의 3가 유형을 기술하였다(그림 4.13). 그의 유형 I 곡선은 처리 시간이 매우 짧은 경우에 적용되며, Blackman 모델도 비슷하다. 그것은 유형 I곡선이 여과성 피식자에 적용될 수 있다는 가정에 대한 이론적 이유이다(Jeschke *et al.* 2004). 유형 II는 비교적 긴 처리시간이 소요되는 포식자를 설명하는 것이다. 그것은 Michaelis-Menten공식과 일치한다. 반포화계수(k_t)는 최대 소비율 v_{max}와 특이적 소비율(F)로 대치된다. 먹이농도의 기능으로서 소비율(v)은

$$v(S) = v_{max}S/(v_{max}/F + S)$$

F는 포식자가 단위시간당 찾을 수 있는 공간을 나타낸다. Holling의 유형 II 모델은 많은 포식-포식관계에서 사용될 수 있다. 그 예는 다음과 같다. 윤충류 *Asplanchna*는 다른 윤충류를 섭식, 유령벌레 유충 깔따구류 일종(*Chaoborus*)은 작은 동물플랑크톤을 섭식하며, 송장헤엄치개 *Notonecta*는 물벼룩 *Daphnia*를 선택적 섭식을 한다. Holling의 유형 III 모델은 S자형이다. 단위시간당 먹히는 피식 수는 피식밀도와 함께 증가하며, 그 때 정체기에 도달한다. 이런 반응유형은 포식자가 오랜 시간 학습을 하고 얼마나 먹이를 잘 잡을 수 있는가를 예상할 수 있을 것이고, 피식종의 밀도 증가로 크게 자극을 받게 되며 그것을 선택적으로 섭식하게 된다. 또한 매우 낮은 먹이 밀도가 되면, 포식자를 위한 복귀는 수렵으로 소모된 에

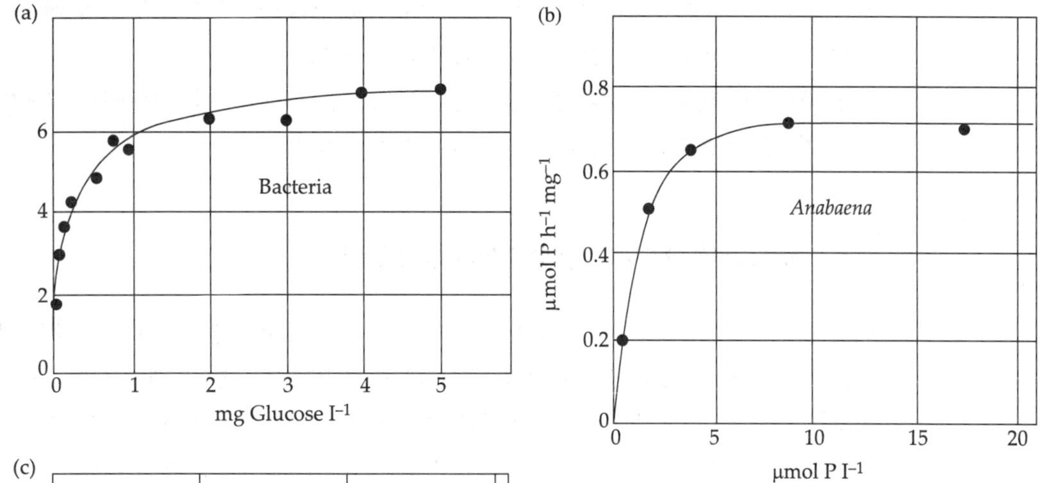

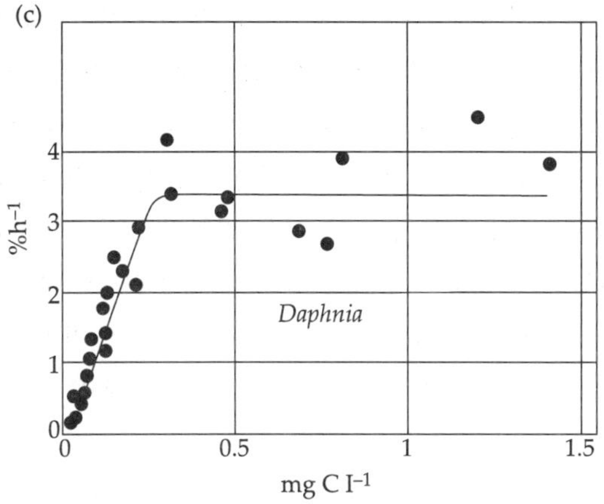

그림 4.14 박테리아, 식물플랑크톤과 동물플랑크톤 농도에 대한 특이적 소비율: (a) Erken호수(스웨덴)에서 박테리아 자연군집에 의한 방사선 동위원소로 표기된 글루코즈의 흡수율(Wright and Hobbie 1966), (b) 남조류 *Anabaena variabilis*에 의한 특이적인 흡수율(Healey 1973), (c) *Scenedesmus*에 대한 *Daphnia*의 특이적 섭식율(생물량/시간, Lampert and Muck 1985).

너지보다 더 낮다. 비록 유형 III의 기능적 반응은 어류(Townsend and Risebrow 1982)와 가재 유충(Ivanov 2004)에서 입증된 적이 있지만, 담수에 대한 보고는 거의 없다. 어류는 저서동물과 같은 비교적 크고, 부족한 종류를 섭식하며, 오랫동안 먹이를 찾는다. 그러나 그들의 처리 시간은 비교적 빠른 데 그것은 먹이를 간단히 삼키기 때문이다. Ivlev(1961)가 어류를 이용해 개발한 고전 포화모델은 다음과 같다.

$$v = v_{max}(1 - e^{-\delta})$$

상수 δ는 곡선에서 가파른 증가를 나타낸다.

수학적으로 제한-포화모델을 설명하는 많은 다른 방법들이 있다(Jassby and Platt 1976). 실제 자료는 너무 큰 매개변수가 있기 때문에 가장 적합한 모델을 선택하는 것은 어렵다(Mullin *et al*. 1975). 결국 널리 인정받는 컨벤션이 개발되었다: 박테리아와 조류에 대한 수중의 그것의 농도에 대한 영양염 흡수 의존성은 Michaelis-Menten 공식으로 설명된다. Blackman 모델은 여과섭식성 동물플랑크톤의 섭식율과 먹이농도간의 관계를 설명하는데 사용된다(그림 4.14a~c). 다른 모델이 자료의 설명을 더 잘 해주지만, 잠재적 경쟁 생물의 비교 생리학에서 이들 공식의 매개변수의 중요성은 이들 컨벤션에 대한 강력한 논거가 된다.

모델을 단일화하기 위해, 소비율은 v(또는 v_{max})로서 정의된다. 문헌에서 사용된 다른 기호는 소화율이 $I(I_{max})$이며 포식률이 $P(P_{max})$이다.

4.3.3 자원(수리적 반응)에 의한 풍부성과 생장 조절

이전 단원에서 우리는 자원에 의한 제한의 개념을 사용하였다. 그 개념은 여러 의미를 가지고 있다. 원래 J.v. Liebig는 식물화학적 영양에 대한 문제를 다룬 첫 번째 과학자로서, 그 문제는 필수 영양염의 부족으로 발생되는 농장에서 수확 제한에 대한 것이다; 제한된 크기는 주로 단위 면적당 또는 단위 공간당 생물량 또는 개체수와 같은 고정 매개변수다. 필수원소는 서식처에서 이룰 수 있는 생물량이나 개체군 밀도에 대한 상한이 될 수 있다는 것을 나타내는데 유익하다. 그것은 생물량 조성원소는 일부 제한 내에서 다양할 수 있으며 서식처에서 이용 가능한 원소 량의 100% 이상을 이용할 수 없다. 생물량 내에 있는 원소는 거의 변화가 없는 하나의 다른 원소에 대한 화학론적 관계가 있다. 이런 화학론(최소요인)에 관련하여 이용 가능한 원소는 수확량 크기를 결정해야 한다(Liebig의 최소량 법칙). 최소요인의 이용 가능성이 증가할 때, 다른 자원이 최소 요인으로 되는 점까지 생물량 수확은 증가할 것이다.

최소량의 법칙은 자원이 교체되거나 **상호교환**되지 않는다는 것이다. 이것은 필수원소에 대한 의심할 바 없는 사실이다. 그것은 그들의 생화학적 기능에서 다른 하나와 교체될 수 없기 때문이다(즉, 핵산 속의 인은 다른 원소와 대체될 수 없다). 특별한 생물이 합성할 수 없는 화학적 복합물이 있다. 그들의 구성비는 다르지만 같은 필수원소를 포함하고 있을 때 자원은 대체될 수 있다.

생장과정은 소비활동과 생물량 발생 사이에 있다. 소비율과 최대 생물량 모두 자원이 제한된다면, 생장의 중간과정 역시 자원이 제한된다. 소비된 자원은 저장풀에 먼저 저장할 것이다. 그것은 나중에 생장 과정에 사용하기 위한 것이다. 이것은 생장과 자원의 소비간에 일시적 분리가 된다. 그러므로 자원농도가 일시적으로 변할 때, 생장률은 초기 조건을 반영할 것이다.

자원 제한 생장의 반응속도론을 분석하면, 개체 생장과 개체군 생장간에 분명히 구별된다. 미생물은 일반적으로 그들 몸 크기가 2배가 된 후에 분열한다. 그러므로 개체수(개체군 생장) 증가를 이용한 그들의 생장제한을 연구할 수 있다.

단위 시간당 개체의 생식활동은 **특이생장률**(specific growth rate)로 나타낸다. 각 개체가 일정 시간 내에 2배가 되면, x2배로 된 후에 그것은 2^x개체가 된다. 개체수는 일정시간 후에 기하학적 증가를 한다; 각 개체의 생식 활동이 일정한 상태이지만 단위 시간당 개체의 순 증가는 점점 더 커진다. 큰 개체군 내에서 개체는 같은 시간(동시간)에 모두 분열하지 않는다. 그러나 분열은 시간이 흘러가면서 무작위로 분열한다. 이런 개체군에서 개체수가 순차적 기하학적 변화보다는 연속적으로 지수적 증가를 한다.

$$N_2 = N_1 e^{\mu(t_2 - t_1)}$$

N_1, N_2는 시간 1과 2일 때 개체수이고, t_1은 시간 간격 시작이며, t_2는 시간 간격 끝이다. 그리고 μ는 d^{-1} 또는 h^{-1}일 때 특이생장률이다. 특이생장률 0는 생식이 없는 것을 의미한다. ln 2(약 0.69) d^{-1}의 특이생장률은 하루에 한배가 되었음을 의미한다. 생물 손실이 없다고 가정하면, μ는 개체수의 변화로부터 계산할 수 있다.

$$\mu = \frac{dN}{dt}\frac{1}{N} = \frac{\ln N_2 - \ln N_1}{t_2 - t_1}$$

생물량은 계산에서 개체수 대신에 사용되었다.

자원-제한 생장의 동역학은 자원 소비 동역학에서 사용된 것과 같이 포화 곡선으로 설명된다. 자원소비와 생장이 2배가 되지 않으면, 생장률은 환경에서 가용자원농도와 직접 연관된다. **Monod 공식**은 Michaelis-Menten식과 수학적으로 같은데 보통 이런 생장에 적용된다(글상자 4.2). 소비와 생장이 일시적으로 2배가 된다면(즉, 조류의 인 제한 생장) 생장률이 생물 내(세포 할당량 *cell quota*)의 자원량과 연관되거나 또는 자원의 일정한 공급에 대한 실험적 공급은 이루어져야만 한다(연속배양장치, 글상자 4.2).

자연 시스템에서 2가지 극단적인 환경에 대한 이상적 모델을 나타내는 것으로, 배양 과정의 두 가지 형태는 현탁액(박테리아, 부유성 조류(식물플랑크톤), 일부 동물플랑크톤) 속에 배양될 수 있는 생물의 자원 제한 생장의 동역학을 조사하기 위해 사용되었다. 정치배양(비연속배양 *batch culture*)은 자유 서식처(부유성 조류, 생장기의 시작에서)의 폭발적인 점유와 일치한다. 연속배양(물질환경조절장치 *chemostat*)은 **안정상태평형**과 비교할 수이다. 그것은 생물 생산과 제거, 자원의 소비와 공급이 다른 요인(여름 동안 플랑크톤 군집)과 균형을 이루고 있는 상태이다.

4.3.4 비대체자원과 대체자원

이전 모델에서 우리는 소비율, 생장률과 최대 생물량은 단일 자원에 의해 제한된다는 것을 추정했다. 대부분의 생물은 실제로 한 종류의 자원보다 더 많이 소비한다. 이것은 한 종류의 자원에 의한 제한 범위가 다른 자원의 이용도에 의해 영향을 받는지에 대해 의문을 제기하였다. 이런 관점에서 동물과 독립영양생물간의 중요한

글상자 4.2 정치와 연속배양

정치배양(비연속배양)

정치배양은 더 이상 배지를 첨가하지 않고, 알려진 배지에 작은 생물로 구성되어 있다. 간단한 적응기(유도기; lag phase) 이후에 생물 수는 지수적으로 증가하며, 자원이 제한될 때까지 계속 최대 생장률을 나타낸다. 실제 최소요인을 완전히 소모할 정도로 생물 개체군이 증가함으로써, 가용 자원의 농도는 감소한다. 제한 자원의 흡수는 더 이상 생장을 할 수 없게 한다. 만약 계속 생식을 한다면, 각 생물에 함유된 자원량(미생물의 세포 할당량이라고 함)은 감소한다. 세포 할당량이 최소값에 도달할 때까지 생장률은 감소된다. 그것은 더 이상 생장을 할 수 없다는 것이다(정체기; *stationary phase*). 생장률은 세포 할당량의 기능으로서 나타낼 수 있다(Droop 1983).

$$\mu = \mu_{max}(1 - q_0/q)$$

μ는 생장률(d^{-1}), μ_{max}는 최대 생장률(자원 포화상태)(d^{-1}), q는 세포 할당량(pg $cell^{-1}$ 또는 $\mu g\ mg^{-1}$ 생물량); q_0는 생장을 위한 최소 세포 할당량임.

생물 밀도가 높으면 가용 자원을 더 많이 분배해야 한다. 생장률 감소는 개체군 밀도의 기능으로서 생각할 수 있다. 개체군 밀도가 더 높으면 생장률은 더 낮아진다(**생장의 밀도 의존적 조절**). 이런 관계는 **지수적 생장 기능**으로 나타낸다(단원 5.2.4). 생장률과 개체군 밀도간의 음의 되먹임(negative feedback)은 절대 개체군 밀도보다 개체군이 얼마나 최대밀도에 가까운가에 의해 결정된다.

$$\mu = \mu_{max}(K - N/K)$$

그러므로 만약 $N = K$이면 $\mu = 0$, $N \ll K$이면 $\mu = \mu_{max}$.

지수적 생장곡선은 생장률을 제한하는 기작을 나타내는 것은 아니며 제한요인에 대한 지식을 요구하지 않는다. 유해 대사물질의 분비와 같이 자원보다 다른 요인들은 생장률에 밀도의존적 감소를 일으킬 수 있다. 중요한 요인으로 알려져 있는 제한 영양염을 지수 및 Droop공식에 적용할 수 있다.

$$K = S_{tot}/q_0$$

S_{tot}는 일일 제한 영양염의 총 농도(용해되어 생물에 포함 되어있는 것).

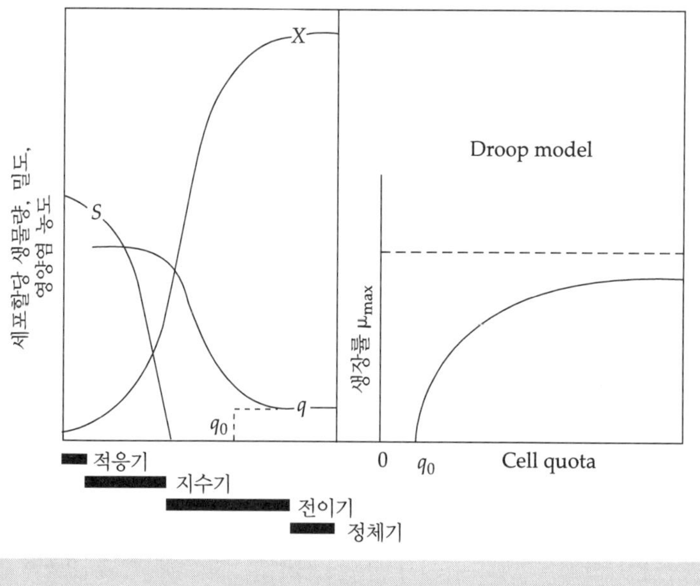

(계속)

글상자 4.2 계속

연속배양(chemostat)

물질환경조절장치는 새로운 영양 배지가 일정한 속도(F_t, 부피 d^{-1})로 유입될 수 있도록 한 용기이다. 동시에 생물을 포함한 같은 량의 현탁액이 유출을 통해 제거되는 것이다. 희석률(D; 유속/배양 부피; d^{-1})은 **생물제거율**(치사율)과 같다. 생물량은 D보다 생장률을 더 높게 하는 자원이용 시간만큼 증가한다. 생물이 증가하는 것과 같이 그들은 제한 자원을 소모하며, 생장률을 감소시킨다. 생장률이 희석률을 감소시키면, 시스템은 안정상태가 된다. 이것이 자가조절 상태이다. 생물 밀도가 평형값를 초과하면, 자원농도가 평형값 이하로 감소할 것이다. 이것은 생장률이 희석률보다 더 작게하며 개체군 밀도를 감소시킨다. 자가조절 기작은 생물 밀도가 평형 이하로 된다면 반대방향으로 반응한다. 안정상태에서 생장에 대한 자원제한은 Monod(1950)식으로 설명할 수 있으며, 그것은 Michaelis-Menten식과 비슷하다.

$$\mu = \mu_{max}S/(S + K_s)$$

μ_{max}는 최대 생장률(d^{-1})이고, k_s는 반포화 상수(무게/부피)이다. S는 용매에 남아있는 제한 영양염 농도이다. 자원농도에 대한 역치값(k_0)이 있다면, S는 $S-k_0$로 교체되어야 한다. 평형조건은 $\mu = D$이다. 평형 생물량 또는 생물밀도(X)는 세포 할당량에 상응하는 소비된 제한 자원량과 생장률로 산출된다.

$$X = (S_0 - S)/q$$

S_0는 생물이 소비하기 이전에 매질의 자원농도이다(유입).

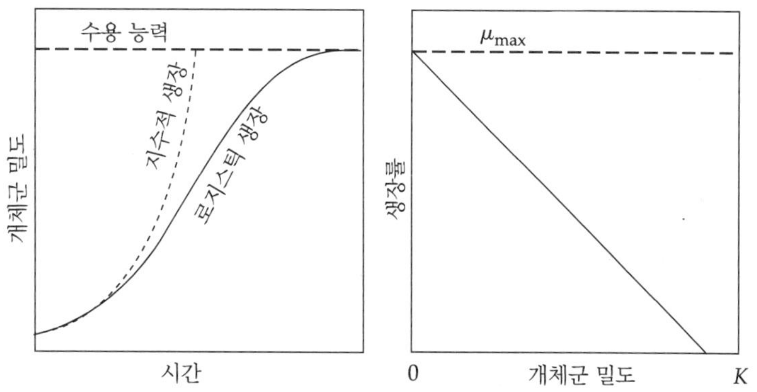

차이가 있다. 동물의 영양은 통합특성(package character)이 있다. 즉 먹이의 일부분(먹이로서 피식자와 식물)은 에너지원으로 그리고 탄수화물, 단백질, 지질, 비타민과 필수원소 등의 원료로 이용된다. 대체통합물질이 다소 덜 선호하는 구성물이거나 또는 포획하기가 더 어렵지만, 이런 통합특성은 일반적으로 다른 것과 대체될 수 있다. 쥐를 잡지 못한 고양이는 통조림으로 된 고양이 먹이를 먹을 수 있다. 그러나 동물이 총 먹이량에 제한 받지 않지만, 오히려 개체 구성성분(즉, 탄수화물, 지질, 단백질, 극단적은 경우에 아미노산 등)에 의해 제한 받을 가능성이 있다.

독립영양생물은 다른 상황에 있다. 그들의 자원(빛, 필수원소)은 각각 분리되어 나타나며, 복합통합물질로 소비될 수 없다. 에너지와 여러 필수원소는 상호교환할 수 없다. 원소의 생화학적 기능은 다른 원소로 대체될 수 없다(단원 4.3.3). 이런 자원을 **필수원소**라 한다. 독립영양생물을 위해 단지 대체 가능한 자원은 탄소원으로 이산화탄소와 중탄산염 또는 질소원으로서 질산염과 암모늄과 같은 원소를 포함하는 복합물들이다.

박테리아는 이런 관점에서 식물과 동물사이의 중간 위치에 있다. 즉 다시 말해, 수 많은 유기복합물은 에너지와 탄소원으로 대체될 수 있고, 일부는 통합특성을 가지고 있다. 그것은 그들이 몇 가지 영양원소(탄소와 질소원으로서 아미노산)를 포함하고 있기 때문이다. 다시 말해, 많은 박테리아는 무기이온 흡수로 질소와 인 흡수를 위한 수요를 충족시켜 줄 수 있다. 즉, 그들은 질소 또는 인 독립영양일 수 있으나 반면에 탄소 종속영양이다. 소비자 자신이 합성할 수 없는 필수 유기물질(예, 비타민)은 대체될 수 없다.

필수와 완전히 대체가능 자원의 기본적 2가지 유형에 더 해, 자원들 사이의 가설적인 상호작용이 가능한 다른 유형이 있다. 그것의 실제 증거는 거의 없다(Tilman 1982). 자원제한의 이론은 기계적 경쟁모델을 이해하기 위한 중요한 전제조건이다(단원 6.1.3).

4.3.5 광

광합성에서 에너지원으로 광의 이용은 무기물질을 유기물로 전환하는 가장 중요한 과정이다(**일차생산**). 식물 생리학 교재에서 잘 다루고 있기 때문에 우리는 광합성의 상세한 내용을 다루지 않을 것이다. 광합성은 다음 공식에 따라 간단한 수식으로 설명하고 있다.

$$6CO_2 + 6H_2O \rightarrow C_6H_{12}O_6 + 6O_2 - 2802\ \mathrm{kJ}$$

황세균은 광합성에서 전자와 수소이온 공여체로서 물이 사용되는 대신에 황화수소(H_2S)를 이용한다. 따라서 황은 산소가 위치하는 곳에서 생성된다. 이 과정은 엄격히 혐기적이다.

광합성은 산소 방출이나 이산화탄소 사용중에 측정될 수 있는 공식으로부터 보여줄 수 있다. 물 속에서 변화하는 산소는 비교적 쉽게 측정될 수 있으나, 이산화탄소의 작은 감소를 측정하기는 어렵다. 그것은 보편적으로 호수의 물에 존재하는 결합탄소(탄산염-중탄산염 시스템)는 많이 공급되기 때문이다. 결합이산화탄소를 유기물질(탄소고정)에서 측정하기 위한 더욱 정교한 방법이 있다(^{14}C, 글상자 4.3).

광합성률을 제한시킬 수 있는 두 가지 자원은 에너지원(광)과 무기물질(이산화탄소, 적-황세균을 위한 황화수소)이다. 널리 확신을 주는 것과 반대로, 광은 경계조건이 없다. 광의 수직적 감소는 생물에게 영향을 미치기 때문에, 그것은 실제 소비 가능

글상자 4.3 광합성률 측정

산소법

이 방법에서 시료(부유성 조류 현탁액, 대형식물의 잎 등)는 명병과 암병에서 배양되고 산소농도는 배양 초기에서 측정되고 배양 후에 측정된다. 명병에서 용존산소가 증가하는 것은 순광합성(광합성-호흡)과 일치하며 단지 호흡은 암병에서 발생한다. 총 광합성률은 명병과 암병에서 최종 농도 차이로 계산된다.

두 가지 가정은 때로 타당하지 않을 수 있다. 첫 번째는 부주의하게 막은 병에서 종속영양생물(동물플랑크톤)의 호흡률은 무시될 수 있다. 두 번째는 명병과 암병에서 호흡률은 같을 수 있다. 후자의 가정은 광의존성 광호흡이 암병보다 더 높은 호흡률이 발생하는 높은 광 세기에서 타당하지 않다. 산소법의 가장 큰 제한은 낮은 민감성이다. 그것은 보통의 용존산소(약 0.1 mg $O_2 l^{-1}$) 측정방법의 정확성에 영향을 받기 때문이다. 그 방법은 높은 일차생산이 있는 영양염이 풍부한 호수에서 유용하다.

^{14}C 방법

이 방법은 생물이 이용할 수 있는 자연의 CO_2에 적은 량의 방사선 동위원소 $^{14}CO_2$를 첨가한다. 생물량에 방사선의 흡수량(여과될 수 있는 입자성 물질로 한정됨)이 측정된다. ^{14}C의 방사선 물질(보통 중탄염과 같은)은 명병과 암병에 첨가하고 2~4시간 *in situ*에서 배양한다. 배양 후에 여과막에 남아있는 입자의 방사물질이 측정된다. 생물이 ^{12}C보다 방사선 ^{14}C를 더 천천히 광합성에서 이용한다(보정계수 1.05).

$$\frac{^{14}\text{C 흡수}}{\text{이용가능}^{14}\text{C}} \times 1.05 = \frac{^{12}\text{C 흡수}}{\text{이용가능}^{12}\text{C}}$$

여기에 사용된 암병은 호흡을 측정하지 않지만, 물리적 흡수와 ^{14}C의 암고정을 위한 기본값을 제공한다. 이용 가능한 ^{12}C량은 화학적(알칼리와 pH로부터)으로 결정되어야 한다. 광합성으로 생성된 유기물질(예, glycolate) 중에 일부는 배양 동안 분비되는 데, 그것은 물을 산성화시키고 이산화탄소 거품을 일으킴으로써 측정될 수 있다. 용액에 남아 있는 방사물질은 새로 생성된 용존 유기물질로 측정한다.

^{14}C 방법이 총 또는 순 광합성을 측정하는 데 상당히 논란이 되고 있다. 이것은 새로 생성된 광합성 물질 중에 얼마나 많은 량이 배양 동안 호흡에 사용되는가에 달려있다. 총 광합성에서 ^{14}C의 흡수량을 측정한다. 그것은 표기되지 않은 조류가 ^{12}C 호흡할 수 있기 때문이다. 시간과 함께 조류의 ^{14}C 함량이 증가함으로써, 호흡에서 증가하고 있는 이산화탄소의 탄소는 ^{14}C이다. ^{14}C 흡수량은 동위원소 평형이 된 후에 순 광합성률로 측정한다(모든 조류의 구성성분은 표식은 일정함). 일반적인 사용된 배양시간에, 총 광합성과 순 광합성 사이의 확실치 않는 일부 값은 측정된다. 다른 중요한 제한은 완전한 암상태(호흡)에서 음의 광합성률을 측정할 수 있는 방법이 없다는 것이다. 그것의 제한에도 불구하고, ^{14}C 방법은 산소법보다 더 널리 사용되고 있다. 그것은 방사선량이 증가함으로써 상당히 증가될 수 있는 민감도 때문이다.

광합성률 측정

생산 생물학 연구에서, 일차 생산율이라고 하는 광합성률은 물 시료의 부피와 관련이 있거나 또는 호수의 표면적과 연관된다. 일일 변화율에 대한 단시간(2~4시간)동안 측정된 비율의 일반화는 광합성률과 광 세기간의 관계에 대한 전제를 요구한다. 이것은 광합성의 수직분포, 광의 수직경사의 측정을 필요로 하고, 하루 동안 입사 광의 변화의 측정을 필요로 한다. 일일 생산을 계산하기 위한 여러 모델(예, Talling 1957)은 식물플랑크톤이 수직적으로 일정한 분포한다는 것을 가정하게 되는 데, 만약 수체가 측정된 수직분포에 대해 더 낮은 경계에서 혼합된다면 그것은 진실이 된다. Wetzel and Likens(2000)는 일차 생산성을 측정하기 위한 방법을 상세하게 설명하였다.

그림은 단위 물 부피당 광합성 활동의 수직분포를 나타낸 것이며, 표면 근처에서 억제되고, 수심이 얕은 곳에서 최대 광합성을 나타내며 수체 깊이가 더 깊어

(계속)

글상자 4.3 계속

지면 광합성률은 감소한다. 광합성은 다른 깊이에 유지되고 있는 명/암 병으로 측정할 수 있다. 광합성 탐지 가능한 구역이 유광층이다. 호수의 단위 면적당 광합성률은 $P_{max} \times \frac{1}{2}Z_{eu}$로서 근사값을 낼 수 있다. Z_{eu}는 유광층의 깊이다.

단위 생물량당 광합성 활동(특정광합성률)은 생물의 생리와 관련있다. 탄소와 엽록소는 생물량 측정으로서 보통 선택된다. 총 유기생물량에 있어 탄소는 비교적 일정한 비율(약 45~50%)로 되어 있다. 반면에 엽록소 농도는 더 변화가 크며 낮은 광에 적응할 때 증가한다. 탄소 특이적 및 엽록소 특이적 광합성률은 다른 것에 대해 항상 비례하지 않는다.

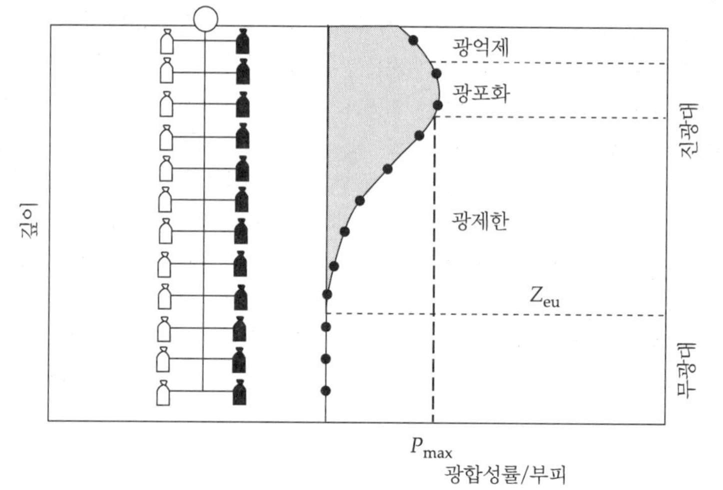

한 자원이다(단원 3.2.1, 4.3.1). 예를 들어 Tilzer (1983)는 Constance호수에서 봄과 여름 동안 광이 70% 전달된 깊이에서 식물플랑크톤 생물량이 최대였으며, 그것은 식물플랑크톤의 엽록소 때문이라고 설명하였다. 식물플랑크톤 생물량이 최소(약 0.3 μg Chl l^{-1})인 계절에, 식물플랑크톤이 풍부한 호수에서 수직적 광 감소계수는 약 0.25 m^{-1}인 반면에, 생물량이 최대(약 30 μg Chl l^{-1})인 시기에 계수는 약 0.75 m^{-1}이다(그림 3.4).

광 제한에 적응하지 못한 광합성률은 수정된 Blackman모델로 설명된다(글상자 4.1). 그 차이는 광합성률이 일정 광 세기 이상에서 감소한다는 것이다(그림 4.15). 문헌에서 이것을 **P-I 곡선**이라 한다(*P*는 광합성률, *I*는 광 세기). 이 곡선의 모든 매개변수는 식물플랑크톤 종과 생리적 조건(광 적응)에 의해 영향을 받는다. 부유성 조류는 이것과 관련하여 연구되었으며 그 예들이 여기서 이용된다. 기본 원리는 저서성 조류(부착조류)와 고등수생식물(대형식물)을 적용한다.

P-I 곡선에서 증가하는 부분은 광합성 과정(총 광합성)을 고려한다면 0에서 시작

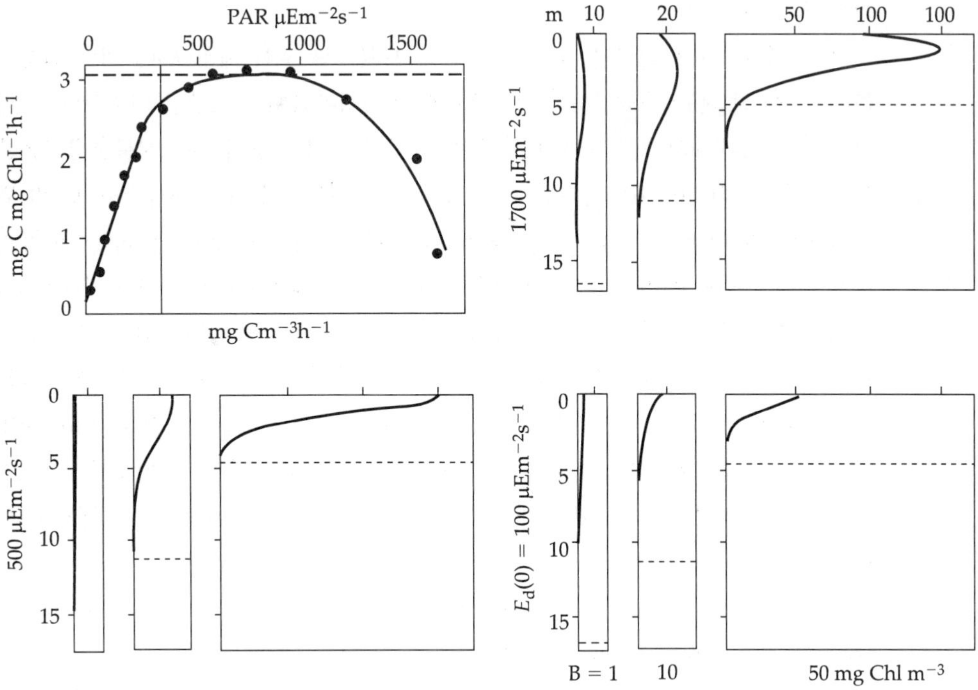

그림 4.15 광합성 수직 분포에 대한 입사광 세기와 조류 생물량의 효과. 위: 극단적으로 높은 광 적응 *P-I* 곡선(I_k 약 300 $\mu Em^{-2}s^{-1}$)은 Constance호수에서 조사되었다. 아래: 3가지 다른 표면 광 세기 $E_d(0)$와 3가지 다른 조류 농도(엽록소 농도)에서 부피 특이 광합성률(mg $Cm^{-3}h^{-1}$)의 수직 분포. 실선은 보상 깊이, 종래 정의된 것으로 1% $E_d(0)$임. 광 감소에 대한 모든 가정은 Constance호수 자료 이용(Tilzer 자료 참조).

된다. 그러나 그곳은 호흡으로 손실이 있으며, 그것은 유기탄소와 산소를 이용한다. 이들 손실이 바닥상태(순광합성)에 도달할 때, 전체 곡선은 감소방향으로 변한다. 호흡이 광에 의해 영향을 받지 않는다는 가정이 전적으로 옳은 것은 아니지만(Reynolds 1984), 그 가정은 대부분의 실제 목적에 대해 적절하다. *X*축과 순광합성 곡선의 교차점은 총 광합성이 호흡 손실에 대한 충분한 보상이 되는 광 세기이다. 이런 보상점은 생장도 손실도 없다. 호수에서 수직적 광 경사에서 이것은 특별한 **보상 깊이**와 일치한다. 보상 깊이 위의 층은 **유광층**(euphotic zone)이고, 보상 깊이 아래 층은 **무광층**(aphotic zone)이다. 경험 법칙(rule of thumb)과 같이 식물플랑크톤을 위한 보상 깊이는 표면 광 세기의 약 1% 정도이다. 그림 4.15는 *P-I* 곡선 반응에 따라 광합성의 수직 분포가 어떻게 다른 표면 광 세기와 생물량과 함께 변화되는 가를 보여주고 있다(글상자 4.3).

P-I 곡선에서 초기 증가는 광합성에서 낮은 광 이용성이 특히 중요하다. 부유성 조류는 2~37 mg C(mg Chl)$^{-1}$E^{-1}m^{-2}의 범위이며, 대부분은 6~18 mg C(mg Chl)$^{-1}$ E^{-1}m^{-2} 범위이다(Reynolds 1984). 광합성의 광 제한 범위 내에서, 광합성률은 온도와 관련 없는 광화학과정에 의해 배타적으로 결정된다(단원 4.2.1). *P-I* 곡선에서 증

가는 온도 독립적이다.

P-I 곡선의 광 제한에서 광 포화로의 전이대는 광 포화 세기(I_k)에 의해 결정된다. I_k 값은 식물플랑크톤, 저서 미세조류와 대형식물간의 시스템상 비슷하다. 그러나 이들 그룹내에서 저광성과 고광성 종 사이의 차이는 분명하다. 식물플랑크톤은 광합성유효광이 20~300 $\mu Em^{-2}s^{-1}$의 범위이고 대부분은 60~100 $\mu Em^{-2}s^{-1}$의 범위이다(Harris 1978). 단단한 기질표면에 서식하는 저서성 미세조류(periphyton)의 I_k 값은 약 17~400 $\mu Em^{-2}s^{-1}$의 범위이다(Gausch and Sabater 1998, Vadeboncoeur and Lodge 2000). 종들간의 차이는 분류군들간의 차이보다 분명하다(Necchi 2004). 침수대형식물의 I_k 값은 식물플랑크톤과 같이 넓은 제한 범위를 나타낸다. Menendz and Sanchez(1998)는 고등식물 *Potamogeton pectinatus*의 I_k값은 200~400 $\mu Em^{-2}s^{-1}$의 범위와 대형 녹조류 *Chara hispida*의 I_k값은 100~300 $\mu Em^{-2}s^{-1}$의 범위로서 두 종 모두 계절 변화가 크다고 하였다. 이들 높은 요구와는 반대로 대형식물 여러 종(*Egeria densa*, *Hydrilla verticillata*, *Potamogeton lucens*, *P. schweinfurthii*)은 최대 광합성률의 절반인 10 $\mu Em^{-2}s^{-1}$보다 낮은 값을 요구한다(Michaelis-Menten 식의 반포화 상수는 I_k,대신 적용, Kahara and Vermaat 2003).

온대호수에서 조사된 광 포화 조건에 대한 가장 높은 특이 광합성률은 약 7.5 mg C(mg Chl)$^{-1}$h^{-1}이고 열대호수에서 12 mg C(mg Chl)$^{-1}$h^{-1}이다. 광-포화 광합성률은 온도 의존적이다. 최적 온도 이하에서 Q_{10}은 약 1.8~2.5이다. 광 포화 광합성률이 온도 의존적이나, *P-I* 곡선 초기부분은 온도 비의존적이고(단원 4.2.1), I_k 값은 간접적으로 온도 의존적이다.

광합성률이 감소하기 시작하는 높은 광 세기(약 200~1000 $\mu Em^{-2}s^{-1}$)에서 Blackman모델이 적용되지 않는다(그림 4.15). **광억제**는 UV와 호흡의 증가로 엽록체의 광화학적 손상이 일어나기 때문이다.

식물은 낮은 광 세기에서 생리적 적응을 할 수 있다. 광 적응은 다른 광 세기에서 배양된 식물플랑크톤의 *P-I* 곡선을 비교함으로써 검정할 수 있다. 광 적응은 두 가지 다른 유형이 있다(Jørgensen 1969).

- ***Chlorella*형 광적응**: 낮은 광 적응한 세포들이 더 높은 광합성률을 나타냄으로써 엽록소 농도는 증가한다.
- ***Cyclotella*형 광적응**: *P-I* 곡선의 초기 경사가 증가함으로써 광합성 기구의 구조 조정을 한 것이다(Jørgensen 1969).

낮은 광 세기에 대한 적응 능력은 순간 반응과는 달리, 광에 대한 장기간 반응이 Blackman모델의 선형증가를 나타내지 않는다는 것을 의미하며 Michaelis-Menten 모델이 더 잘 설명해 준다(그림 4.16). 그러므로 *P-I* 곡선은 광 조건에 대해 즉각적인 반응을 나타낸다. 반면에 물 속의 광 조건과 다른 종의 출현 간의 장기 관

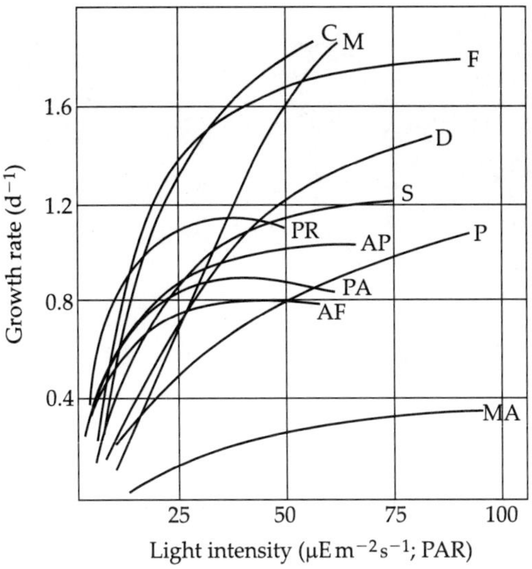

그림 4.16 일정한 광과 20°C에서 부유성 조류의 생장률에 대한 광 세기의 효과: C. *Coelastrum microporum*; M. *Monoraphidium minutum*; F. *Fragilaria bidens*; D. *Dictyosphaerium pulchellum*; LR. *Limnothrix redeki*; AP. *Aphanizomenon flows-aquae*; P. *Pediastrum boryanum*; PA. *Planktothrix agardhii*; PR. *Planktothrix rubescens*; AF. *Anabaena flos-aquae*; MA. *Microcystis aeruginosa*(Reynolds 1989).

계는 광 적응 모델로 설명된다.

대부분 수생 조류와 식물의 *P-I* 곡선의 매개변수는 청명한 여름($I_{d(0)}$ = 2000 μE $m^{-2}s^{-1}$)에 호수에서 광 억제를 의미한다. 플랑크톤이 적당히 서식하는 호수에서 적당한 광을 요구(I_k = c.100 $\mu Em^{-2}s^{-1}$)하는 조류의 광 포화는 맑은 날 약 6 m 깊이에서 생성된다.

표면의 광세기가 적당할 때, 대부분의 식물플랑크톤은 최적(포화) 광의 깊이에 분포하는 것을 예상할 수 있다. 그러나 조류가 성층화된 특정 깊이에서 항상 남아 있을 가능성은 없다. 풍속이 약 3 ms^{-1}에서 편모조류의 성층화 패턴은 파괴될 수 있다. 식물플랑크톤은 혼합층의 평균 광세기와 같은 광세기에 수동적으로 노출된다. 그러나 조용한 시기 동안 밀접한 관계가 있는 종들로 분명한 수직적 분리가 일어난다(그림 3.9). 예를 들어, 편모조 *Rhodomonas minuta*는 표면 광 세기의 50% 깊이에 성층분포를 한다. 그러나 *Rhodomonas lens*는 약 10% 깊이에 분포한다(Sommer 1982). 생장률에 대한 광 효과 연구는 두 종에 대한 최적 광조건에 가깝게 있다는 것을 나타낸다.

조류의 낮은 광적응종은 안정한 수온약층인 중간층과 그 종에 대한 보상점 이하가 아닌 이들 층의 광세기에서 매우 분명하게 최대로 발생할 수 있다. 이들 중에 가장 잘 알려진 예는 붉은 색소를 가진 남세균 *Planktothrix*와 *Limnothrix*(이전에

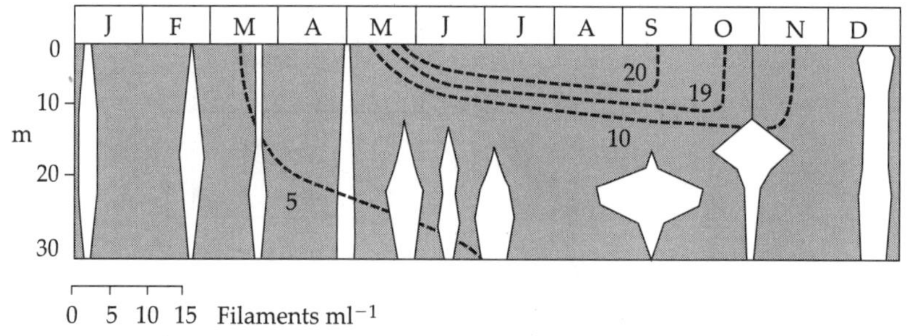

그림 4.17 Wörthesee호수(오스트리아)에서 *Planktothrix rubescens*의 수직 분포와 5, 10, 19와 20°C의 등온선(Findenegg 1943).

Oscillatoria)이다. *Planktothrix rubescens*는 중유럽의 온도 성층 호수로서 적당한 영양염이 있는 곳에서 층상분포를 하고(그림 4.17). *P. agardhii* var. *isothrix*도 스칸디나비아 비슷한 호수에서 층상분포를 한다. 암적색조류(burgundy red algae) *Planktothrix rubescens*는 Zürich호수의 부영양화 초기단계에서 대발생을 하였다. 표수층에 조류 밀도가 증가하고 투명도가 감소함으로써, 이들 개체군은 부영양 증가와 함께 사라졌다. *P. rubescens*는 폐수처리장에서 조류밀도를 감소시키고 물의 투명도를 증가시킨 후에 다시 나타났다. 약 10 $\mu Em^{-2}s^{-1}$의 I_k와 약 130 $\mu Em^{-2}s^{-1}$에서 광 억제로(Mur and Bejsdorf 1978), 이들 붉은 색소를 가진 *Planktothrix*와 *Limnothrix* 종은 실제 음지 식물이라 할 수 있다.

광 조건은 침수 대형식물의 깊이 별 분포의 최대 제한을 한다. 예를 들어, Maristo (Hutchinson 1975)는 핀란드 27개 호수에서 수심에 따른 대형식물 생장 범위와 secchi 투명도간의 직선관계를 밝혔다. 이들 호수 중에 17개에서 수생 이끼류 *Fontinalis antipyretica*와 *Drapanocladus sendtneri*는 가장 깊은 곳에 분포하는 개체군이다. 깊은 수심에 서식하는 대형식물은 Titicaca 호수(Peru/Bolivia)와 매우 깨끗한 Tahoe호수(미국)에서 보고되었다(Huchinson 1975). Titicaca호수에서 현화식물 *Potamogeton strictus*는 11 m 깊이에서 출현하였고, 이끼류 *Hygrohypnum*은 29 m 깊이에서 출현하였다. 대형식물이 부족한 Tahoe호수에서 현화식물은 6.5 m 깊이까지 서식하였지만, *Chara globularis*와 수서 이끼류는 75 m 깊이에서 발견되었다. 현화식물은 일반적으로 평균 표면 광세기의 2% 이하에서 출현하지 않는다.

대형식물은 특이적 깊이 대상분포를 나타낸다(Hutchinson 1975). 광, 수압 그리고 바닥 퇴적물내의 깊이 관련한 변화는 대형식물의 수직분포를 결정하는 중요한 인자이다. 잎이 표면에 도달하면, 수중의 광도는 정수식물(예, *Phragmites, Typa*)과 부엽식물(예, *Nymphaea*)에는 중요하지 않다. 이들 식물에 대한 최대 깊이는 깊이에서 수압을 견딜 수 있는 통기조직(aerenchyma)의 능력에 의해 결정된다. 그러나 침수식물은 그들의 광요구에 따라 분포한다. Spence and Chrystal(1970)은 먼저 높은 광세기에

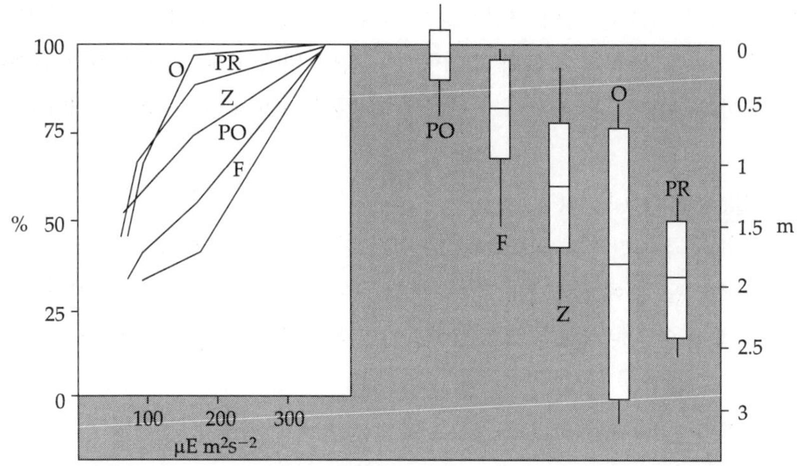

그림 4.18 왼쪽: 높은 광에 적응한 여러 *Potamogeton*종 잎의 상대 광합성 능(350 μE m^{-2}s^{-1}에서 광합성 비율)에 대한 광의 효과: O, *P. obtusifolius*; PR, *P. praelongus*; Z, *P. zizii*; PO, *P. polygonifolius; F. P.filiformis*. 오른쪽: 스코틀랜드 호수에서 *Potamogeton*의 5종의 수직 분포(Spence and Chrystal 1970; 광 값은 다시 계산되었음).

적응 시킨 후 낮은 광 조건에서 *Potamogeton*의 5종에 대한 광합성 능을 측정하였다. 낮은 광에서 가장 높은 광합성률을 나타내는 종이 호수의 가장 깊은 호수에서 출현하였다(그림 4.18).

광합성 박테리아(Chlorobiaceae, Chromaticaceae, Rhodospirullaceae)는 혐기적인 심수층이 있고 황화수소를 생성되는 호수에서 식물플랑크톤 분포대 아래에서 출현하며 광은 황화수소 분포지역까지 침투한다. 이들 박테리아는 광 요구를 하며 낮은 광 요구형 식물플랑크톤과 비교할 수 있다. 예를 들어 홍색세균의 I_k는 25~70 μE m^{-2}s^{-1}이며, 황세균은 보통 홍색세균 아래층에 분포하며, I_k는 20~25 μE m^{-2}s^{-1}이다(Pfennig 1978). 이들 황세균은 그들 위 층에 분포하는 식물플랑크톤에 의해 약간 흡수된 파장에서 광합성을 위한 최적 스펙트름을 가진다. 녹색황세균은 700~760 nm, 홍세균은 > 800 nm이다.

4.3.6 무기탄소

용존무기탄소(DIC)는 이산화탄소, 중탄산염과 탄산염과 같이 3가지 다른 형이 있다. 각 종류의 풍부성은 pH에 의해 결정된다(단원 3.3.2). 모든 식물은 이산화탄소를 이용할 수 있다. 이것의 공급이 고갈되었을 때, pH는 9까지 증가하며 효소 carbonic anhydrase를 생산하는 식물은 중탄산염을 이용하여 광합성을 계속할 수 있으며, 그것은 단지 용존무기탄소형이 그 pH에서 존재하기 때문이다. 만약 중탄산염이 소모되어 공급이 중단될 때, pH는 11까지 증가할 것이다.

이산화탄소의 소비는 특히 대형식물이 밀집되어 있을 때 문제가 될 수 있으며, 그것은 가스가 매우 느리게 확산되고 대형식물 바닥 내에서 물 교환이 거의 일어나지 않기 때문이다. 이런 것을 처리하기 위해 수생생물은 4가지 다른 전략을 개발하였다.

- 기생 잎(aerial leaf) 형성(정수식물)
- 퇴적물의 공극수(간극수; interstitial)로 이산화탄소 이용(*Lobelia*, *Littorella*).
- 일부 육상식물 중에 CAM과 같이 광합성 광반응의 일시적 분리. 이것은 다른 생물이 호흡으로 방출되는 밤에 이산화탄소 고정이 가능하다(*Hydrilla*, *Isotes*, *Lobelia*).
- 중탄산염의 이용(*Myriophyllum, Elodea*).

이런 적응을 하지 못한 식물은 수중에서 낮은 농도의 이산화탄소를 효율적으로 이용 가능하다. 이것은 광합성으로 탄소 손실을 호흡을 통해 보상이 필요한 최소 이산화탄소 농도인 이산화탄소 보상점에 의해 이런 식물에서 알 수 있다. 절대 이산화탄소 이용식물은 공극수와 간극수 중에서 탄소원을 선택하지 못하기 때문에 이산화탄소 보상점이 2~12 μmol l^{-1}인 반면에 이산화탄소 원을 선택할 수 있는 식물은 60~110 μmol l^{-1}이다(Sand-Jensen 1987).

중탄산염을 이용하는 식물은 이산화탄소를 동화하는 것을 선호하고 그것이 존재하면 중탄산염의 흡수가 억제될 것이다. 총 DIC량이 일정하고, pH가 변하면, DIC형은 변화되고, 중탄산염 이용 식물의 광합성률은 pH 7을 초과함으로써 감소한다(Sand-Jensen 1987; 그림 4.19). 즉 다시 말해 중탄산염을 이용하는 식물은 pH 11에서 계속 광합성을 할 수 있다. 그러나 이산화탄소 이용 식물은 약 pH 9에서만 광합성을 할 수 있다.

4.3.7 미량영양염

일반적인 광합성 공식을 구성하는 요소인 탄소, 산소와 수소 외에, 여러가지 다양한 필수영양요소들이 식물체를 구성한다. 영양물질들은 유기물의 0.1% 이상으로 구성되어 대량으로 요구되는 것(질소, 인, 황, 칼륨, 마그네슘, 칼슘, 나트륨, 염소)과 훨씬 더 적은 량을 요구하는 **미량요소**(철, 망간, 구리, 아연, 붕소, 규소, 몰리브데늄, 바나듐, 코발트와 다른 여러 원소)로 나누어 진다. 규소는 돌말류와 일부 황색조류에게 주된 요소이다. 이들 모든 원소는 물 속의 용존 영양염 풀에서 흡수된다. 이론적으로 이들 원소 중의 일부는 필수이며 제한 자원이 된다. 그러나 대부분의 호수에서 그들 중의 많은 것은 거의 항상 초과하며(예, 마그네슘, 칼슘, 칼륨, 나트륨, 황, 염소), 따라서 제한 영양염의 스펙트럼은 질소와 인, 일부 미량원소와 돌말류와 황색조류의 규소

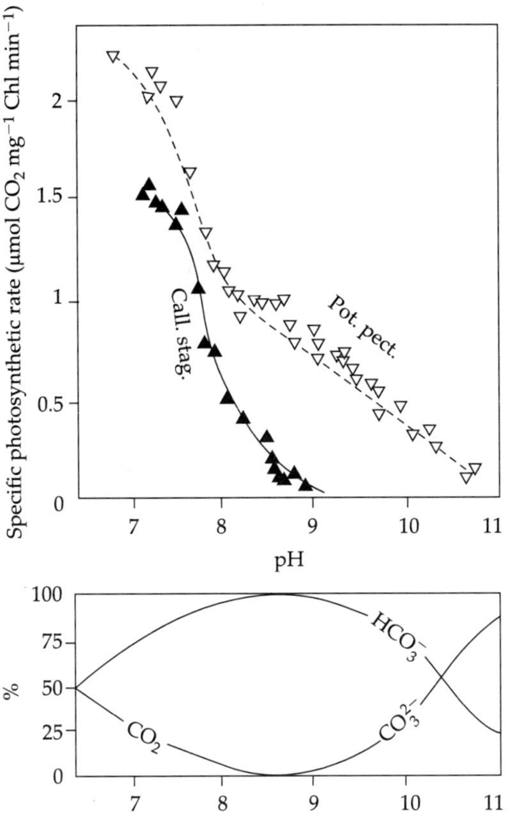

그림 4.19 위: *Potamogeton pectinalis* (Pot. Pect.)에 의한 특이 광합성률에 대한 pH 효과. 그것은 HCO_3^-를 이용한다. *Callitriche stagnalis*는 DIC농도 5 mmol^{-1}에서 이산화탄소를 이용한다(Sand-Jensen 1987). 아래: pH의 기능으로서 DIC 종류의 분포.

에 대해 한정될 수 있다. 생장기 동안 수중의 용존 제한 영양염은 검출 한계 이하의 농도로 감소할 수 있다.

영양염이 생물의 구성물질로 결합되기 전에, 그들은 환경으로부터 먼저 없어진다. 단지 용존 형태는 가용 영양염 풀에서 조성된다. 보통 잠재적 제한 영양염은 극단적으로 낮은 농도에서 흡수되며 농도 경사와 반대로 생물막을 가로질러 수송된다. 이것은 이온의 능동수송을 위해 에너지 비용을 요구하며, 효소가 촉매한다. 흡수율은 영양염 농도에 의존되며 Michaelis-Menten식으로 설명된다(단원 4.3.2). 이 공식의 매개변수(V_{max}, k_t)는 일정하지 않으며 생물의 영양상태에 의존된다. 고도로 영양 제한 생물은 최대 흡수율로 증가되는 데 그것은 증가된 영양염 농도의 단기펄스를 이용할 수 있다.

많은 생태학적 문제를 해결하기 위해, 영양염 흡수율보다 생장률에 대한 영양염 제한 효과를 연구하는데 관심이 많다. 식물플랑크톤의 정치배양은 Monod 모델을 위한 가치 있는 역동적 자료를 얻을 수 있다(글상자 4.2). 20℃에서 용존 인산염의 k_s값은 *Synedra filiformis*가 0.003 μmoll^{-1}이고, *Volvox globator*는 1.83 μmoll^{-1}이다(Tilman *et al.* 1982). 익상 돌말류와 황색편모조는 보통 낮은 k_s 값(< 0.20 μmol

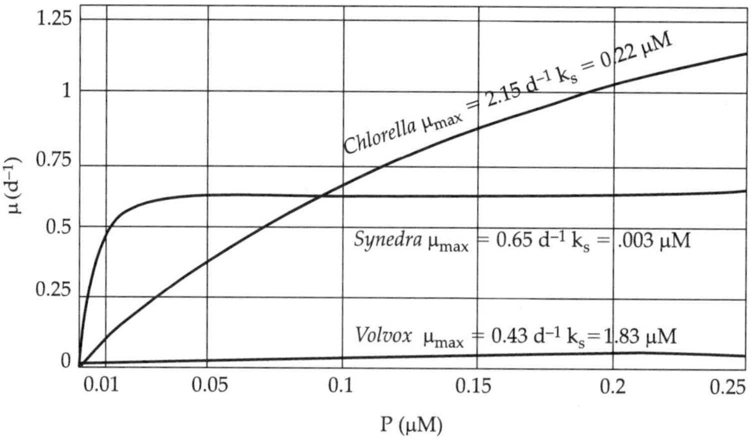

그림 4.20 20°C에서 인삼염 제한 하에서 선택된 식물플랑크톤의 생장 변화. *Chlorella minutissima*(높은 $\mu_{max'}$, 중간 $k_{s'}$; Tilman *et al*. 1982); *Volvox globator*(낮은 $\mu_{max'}$, 높은 $k_{s'}$; Tilman *et al*. 1982)

l^{-1})을 가진다. 조류 생물량이 낮을 때 연중 내내 인이 결핍된 호수에서 용존인의 농도는 0.05 μmol l^{-1} 이상이다. 따라서 인 제한은 생물에 의한 인산염 소비 때문에 발생된다. 그림 4.20은 3가지 조류의 극단적인 3가지 인 제한 생장 변화를 보여 주는 것이다. *Synedra filiformis*는 낮은 인 농도에 대한 적응의 단적인 경우이다. *Chlorella minutissima*는 높은 농도에 대한 적응의 예이다. *Volvox globator*는 모든 인 농도에서 낮은 생장률을 나타내는 예이다.

호수에서는 인 제한이 지배적이기 때문에 질소 제한 생장에 대한 k_s 값은 해양 식물플랑크톤보다 담수 식물플랑크톤에서 덜 일어나는 편이다. 세포의 높은 요구는 인보다 질소에 대해 훨씬 더 높은 k_s 값을 만든다. 남세균 *Planktothrix agardhii*는 20°C에서 질소의 k_s 값이 1.2 μmol l^{-1}이고 암모늄은 1.1 μmol l^{-1}인 반면에 인은 0.03 μmol l^{-1}이다(Ahlgren 1978, Zevenboom 1980). Plußsee호수에서 여러 자연 식물플랑크톤 개체군의 암모늄 제한 생장에 대한 k_s 값은 0.29~1.01 μmol l^{-1} 범위이다(Sommer 1991).

일부 남세균은 질소고정의 질소원으로서 질소분자(N_2)를 이용할 수 있다. 반면에 진핵성 조류와 모든 고등식물은 질산이나 암모늄(종종 urea)에 의존한다. 질소고정에 필요한 효소 nitrogenase는 부산소 환경에서 활성을 보인다. 개방역 남세균(Nostacaceae과)은 **이질세포**(heterocyst)라고 하는 전문화된 세포를 형성함으로써 질소고정 부위를 만들며, 그것은 용존유기물질을 배출한다. 부착박테리아는 용존유기물질을 호흡에 이용하고 이질세포 주변에 산소결핍환경을 생성한다. Nostocaceae과 여러 종들은 질소고정효소 활성량에 비례해서 이질세포를 생성한다. 질소고정을 위한 이질세포의 생성과 유지는 에너지를 요구하며 결합된 질소원이 결핍되었을 때 단지 유익하다. 즉 다시 말해 대기에 질소고정생물을 위해 고갈되지 않고 공급되는 질소분자가 존재한다(Paerl 1988).

20℃에서 돌말류의 규소제한 생장에 대한 k_s값은 0.88 μmol l^{-1}(*Stephanodiscus minutus*)와 19.7 μmol l^{-1}(*Synedra filiformis*) 범위이다. 후자가 극단적으로 높다는 것은 계절적으로 혼합되는 동안 규소가 제한될 수 있다는 것을 의미한다(많은 호수는 70 μmol l^{-1} Si 이하이다). 이들 돌말류는 규소에 대한 k_s 값이 더 높고 인에 대한 k_s 값이 더 낮은데 흥미로운 현상이다. (많은 익상 돌말류 특히 *Synedra*와 *Asterionella*), 반면에 규소에 대한 k_s 값이 낮고 인에 대한 k_s 값이 비교적 높은 돌말류는 *Cyclotella*와 *Stephanodiscus*이다. 영양염 흡수능의 차이를 거래(trade offs)라 하며, 그것은 다른 경쟁적 결과이고 식물플랑크톤 구성요소의 차이이며 호수의 영양상태(인 농도)와 규소 이용성에 의존된 결과이다.

현장 자료에 대한 Monod 공식의 적용은 특히 인과 질소에 대한 심각한 오류결과를 유도할 수 있다. 많은 식물플랑크톤은 단기간데 높은 영양염을 저장할 수 있으며, 영양염 농도가 계속 감소하는 기간 동안 Monod 공식으로 예측 가능한 것보다 더 높은 생장률을 나타낸다. 이 경우에 생장률은 Droop 공식에 따라 세포 내에 영양염 농도의 함수이다(글상자 4.2). 보통 인에 대한 세포의 최소 **영양염 지수**(q_0)는 약 0.0014 mol P/mol C이다(Sommer 1988a). 극단적인 수치는 0.02 mol P/mol C(*Microcystis aeruginosa*)와 0.0002 mol P/mol C(*Asterionella formosa*)이다. 질소의 대표값은 0.02 mol N/mol C이다. 질소도 인도 제한받지 않는 식물플랑크톤은 화학량적인 C:N:P비가 106:16:1(*Redfield*비)이다(Goldman *et al.* 1979). 비록 일부 종은 예외이지만, 플랑크톤 생물량에 대한 화학량적인 조성은 영양상태의 믿을 만한 지표가 된다(Sommer 1990). 두 영양염 중의 하나가 Redfield 관계에서 예측한 것보다 분명하게 더 적은 농도가 생물량을 구성하고 있다면, 생물량의 대부분을 구성하는 종에 대해 영양염이 제한되고 있다는 확실한 개연성을 보여준다.

Droop 모델은 식물플랑크톤 생물량이 매우 변화가 심한 화학량을 보여준다. 즉, 인의 최소 세포 한도량이 최대생장률로 생장하는 조류의 인 함량보다 10분의 1배 정도 존재한다. 이것은 훨씬 더 생리적 안정을 나타내는 동물의 화학량과 대조적이다. 동물플랑크톤의 종간 C:N:P비의 차이는 종 내의 생리적 변이보다 크다. *Daphnia* spp.와 다른 지각류는 가장 인이 풍부한 담수 플랑크톤(C:N:P = 약 90:14:1)이며 성체 요각류는 특히 인이 결핍된다(C:N:P = 약 220:38:1; Andersen and Hessen 1991, Sterner and Elser 2002). 질소 농도는 생물량 내의 단백질 함량에 의해 결정되고, 인 농도는 생체 인의 가장 큰 단일 풀(pool)인 rRNA에 많은 량이 필요하다. *Daphnia*와 같이 빠른 생장을 하는 동물은 다른 유사한 종류이지만 생장이 느린 동물보다 RNA 함량이 더 높다(Elser *et al.* 2003). 만약 먹이가 풍부하지만 특별한 영양염 농도가 매우 부족하다면, 동물 화학량의 불가변성은 미량 영양염에 의한 초식동물의 잠재적 생장 제한을 의미한다. 초식동물의 미량 영양염의 제한은 실험에서 쉽게 유도할 수 있지만(Sommer 1992), 먹이 질의 다른 측면과 비교해서 *in situ*에서 그것의 빈도와 중요성은 여전히 논란의 문제로 남아있다(단원 4.3.11).

대부분의 다른 **대량 영양염**(칼슘, 마그네슘, 칼륨, 나트륨, 황, 염소)은 제한되지 않으며, 그들은 초과 존재하기 때문이다. 그러나 **미량 영양염**의 제한에 대한 예가 있으며, 그 하나는 철로서 중성과 알칼리성 물에서 Fe^{3+}의 낮은 용해성(약 10^{-8}~10^{-14} mol l^{-1}) 때문이다. 즉 다시 말해, 정상적으로 일부 철은 용존 유기물질(일차적으로 부식산)과 결합되어 있는 복합체로부터 방출된다. 특히 남세균과 같은 일부 조류는 복잡한 복합물(*siderochrome*)을 분비하여 철 복합체를 흡수하며 다른 종에 의해 사용될 수 없다(Simpson and Neilands 1976).

철은 연구자의 관심을 가지게 하였으며, 그것은 해양의 일부 지역에서 영양염 제한으로 발견되었기 때문이다. 또한 철은 대형 호수의 호안 지역에서도 식물플랑크톤 생산성을 제한할 수 있다. Superior호수 연구에서 식물플랑크톤 생장은 인에 의해 제한되지만, 철 공급이 제한되더라도, 적은 량의 인이 공급될 때 식물플랑크톤의 생장률은 0.1 d^{-1}로 증가한다(Sterner *et al.* 2004). Erie호수(Twiss *et al.* 2000)와 스웨덴의 Erken호수(Hyenstrand *et al.* 1999)에 철 공급은 특히 남세균과 같은 식물플랑크톤의 생장이 촉진되었다. 그러므로 철은 여름 성층조건에서 제한요인으로 작용한다.

식물프랑크톤에 대한 철 효과를 연구하는 것은 초무균분석 기술이 요구되므로 쾌 어렵다. 금속이 포함되어 있는 채수기로 물을 채집하는 것은 미량의 철이 물을 오염시킬 수 있다. 철이 제거된 채수기와 여과기가 필요하다. 부가적으로 철 농도의 화학적 분석은 측정된 철이 식물플랑크톤을 위해 실제 생물학적으로 가용한 지에 대해 말하기 어렵다. 그러므로 현대 분자 기법은 생물 가용 철 농도를 지표하는 **바이오리포터**(*bioreporter*)를 제작하는데 사용된다. 예를 들어 피코플랑크톤 남세균 *Synechococcus*는 철이 결핍된 조건에서 유전적으로 조작을 하여 빛을 발산시키도록 한다(Durham *et al.* 2003).

4.3.8 무기에너지원

에너지를 스스로 만드는 독립영양세균은 빛보다 발열반응으로 부터 생합성에 필요한 에너지를 얻는다(표 4.1). 이런 **화학무기독립영양**(chemolithoautotrophic) 세균들은 화학무기 에너지원, 무기전자 공여체와 탄소원으로서 이산화탄소를 사용한다. 일부 세균들은 호수의 영양염 순환에 매우 중요하다. 화학무기영양 박테리아는 퇴적물-물 경계층과 같이 호기-혐기층 사이의 경계층과 혐기적 깊인 수온약층에 종종 서식한다. 혐기적인 물은 경계층에서 환원 복합물을 일정하게 공급한다.

박테리아의 질화작용에서 질소가 풍부한 유기물질의 호기적 및 혐기적 분해로 발생되는 암모늄을 아질산으로 먼저 산화시키고 그 다음에 질산으로 산화시킨다. 이들 두 가지 반응은 두 가지 속(genus) 화학무기 독립영양 박테리아에 의해 수행된다.

- *Nitrosomonas*:
  $NH_4^+ + \frac{3}{2}O_2 \longrightarrow NO_2^- + 2H^+ + H_2O$, 276 kJ/mol 에너지 획득

- *Nitrobacter*:
  $NO_2^- + \frac{1}{2}O_2 \longrightarrow NO_3^-$, 75 kJ/mol 에너지 획득

무산소상태에서 새로 발견된 질산에 의한 암모늄의 혐기적 산화(anammox)는 에너지 획득의 화학무기 독립영양 경로에 작용할 수 있다(Strous *et al*. 1999).

$$5NH_4^+ + 3NO_3^- \longrightarrow 4N_2 + 9H_2O + 2H^+$$

편모성 박테리아 *Thiobacillus* 속은 환원형 황화합물을 산화시킴으로써 에너지를 획득한다. 대부분 종들은 다양한 황화합물을 이용한다. 많은 종은 절대 화학무기 독립영양자이지만, 일부는 유기탄소원을 이용할 수 있다. 황 산화반응의 예는 다음과 같다.

$$H_2S + \frac{1}{2}O_2 \longrightarrow S + H_2O$$
$$S^2 + H_2O + \frac{3}{2}O_2 \longrightarrow SO_4^{2-} + 2H^+$$
$$S_2O_3 + H_2O + 2O_2 \longrightarrow 2SO_4^{2-} + 2H^+$$

혐기적 환경에서 출현하는 *Thiobacillus denitroficans*는 산화인자로서 산소 대신에 질산을 사용한다(단원 4.3.9).

철-산화 박테리아(*Ferrobacillus*, *Galionella*, *Leptothrix*)는 환원 제1철(ferrous iron; Fe^{2+})을 제2철(ferric iron; Fe^{3+})로 산화시킨다.

$$4Fe^{2+} + 4H^+ + O_2 \longrightarrow 4Fe^{3+} + 2H_2O$$

대부분의 산화철은 침강된다. 박테리아 덩어리가 산화 망간으로 껍질을 형성하는 것과 같이 보이는 뚜렷하고 복잡한 구조는 망간(Mn^{2+})의 산화와 침강의 결과이다. 이 결과는 박테리아가 산화과정을 촉매하였고, 그것을 *Metallogenium*이라 한다. 박테리아가 *Metallogenium*과 같은 구조를 형성하는 증거가 있지만(Miyajima 1992), 그들을 배양으로 획득하기는 어렵다. 그러므로 *Metallogenium*이 실제 생물인지 아닌지에 대한 논란이 있다.

산수소(oxyhydrogen) 가스 박테리아(예, *Alcaligenes eutrophus*)는 기능상으로 독립영양자이다. 그들은 원소 수소의 산화로부터 에너지를 획득하며 이산화탄소로부터

세포의 탄소를 획득할 수 있다:

$$6H_2 + 2O_2 + CO_2 \longrightarrow CH_2O + 5H_2O$$

이들 박테리아는 대체로 잘 성장하며, 때로는 유기탄소원이 공급되면 더욱 잘 성장하기도 한다.

4.3.9 혐기적 호흡에서 전자 수용체

혐기적 종속영양 박테리아는 탄소와 에너지원으로서 DOC를 이용한다. 그러나 호흡에서 최종 전자 수용체로서 산소를 사용할 수 없다. 혐기적 호흡은 유기물질을 산화시키기 위해 산소 대신 산소 풍부한 화합물(질산염, 황산염)을 이용한다. 이런 경우에 최종 전자수용체로 사용된 복합물은 제한요인의 특징을 나타낸다.

질산염 호흡에서 질산염은 암모늄(질산염 암모늄화)으로 또는 질소(탈질작용)로 여러 환원 단계를 거치면서 변화된다. 유기물질은 동시에 이산화탄소와 물로 산화된다. 여기에서 획득한 에너지는 호기적 호흡에 비해 약 10% 이하이다. 질산염의 환원단계는 다음과 같다.

$$NO_3^- \rightarrow NO_2^- \rightarrow NO \begin{cases} \nearrow NH_2OH \rightarrow NH_3 \\ \searrow N_2O \rightarrow N_2 \end{cases}$$

탈질작용은 특히 호수의 질소순환에 중요하다. 그것은 진핵생물에 의해 사용될 수 있는 결합 질소의 손실을 일으키기 때문이다.

황산염 호흡(탈황작용)은 황산염을 황화수소로 환원시키는 것이다.

$$8(H) + SO_4^{2-} \rightarrow H_2S + 2H_2O + 2OH^-$$

질산염 호흡과는 다르게 유기복합물은 완전히 산화되지 않으며 아세트산(acetic acid)이 최종 산물로 생산된다. 만약 황산염 호흡을 하는 박테리아는 수소화효소(hydrogenase)(예, *Desulfovibrio*)를 함유하고 있다면, 그들은 산소수 박테리아 경로를 따를 수 있으며, 에너지원으로서 유기물질 대신에 수소를 산화시킨다. 이런 박테리아를 **화학무기종속영양생물**(chemolithoheterotrophs)라 한다.

이들 특별한 화학반응은 호수에서 혐기적 심수층으로 된 박테리아들의 특이적 성층화를 일으킨다(그림 4.21). 다양한 영양타입의 박테리아들은 실제 다른 박테리아에 의존되며, 그것은 그들이 질소와 황을 여러 형태로 변형시키기 때문이다.

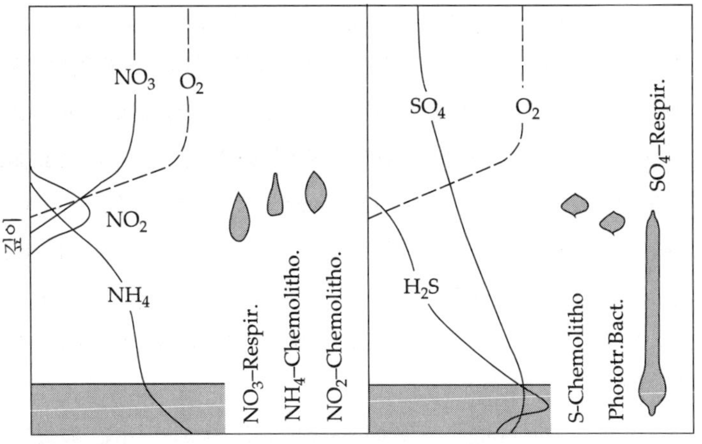

그림 4.21 혐기적 심수층이 있는 호수에서 질산염 호흡 종속영양 박테리아, 아질산염을사용하고 암모늄을 산화하는 화학무기독립영양 박테리아, 황세균과 황 호흡박테리아의 수직분포에 대한 O_2, NO_2, NO_3, NH_4^+와 SO_4^+의 수직분포의 관계.

4.3.10 용존유기물질

종속영양 호기성 박테리아의 이용

호수에서 대부분의 유기물질은 용존형이다. 부식산이 거의 없는 깨끗한 호수에서 용존유기탄소(DOC) 농도는 2~25 mg l^{-1} 범위이며 호수의 영양상태에 따라 증가한다. 이들 호수에서 용존과 입자성 유기탄소(POC)의 비는 보통 6:1~10:1이다(Wetzel 2001). 부식 호수에서 DOC 농도는 더 높아진다. DOC원은 생물에 의한 분비, 세포분해(자가분해; *autolysis*)와 사체의 미생물 분해 그리고 자체생성물질원을 포함한다. 용존유기탄소는 비록 원생생물과 색소 혼합영양 조류에 의해 사용되지만, 수생박테리아에 대한 에너지와 탄소원으로 매우 중요하다. 생물에 의해 이용되는 용존유기물질은 대체가능 자원이지만 다른 영양적 가치를 가진다.

DOC는 양적 질적 구성을 완벽하게 설명할 수 없는 다양한 물질의 혼합체이다. 그것은 초여과를 통한 분자 크기로 분획화 또는 겔 크레마토그래피로 일반적인 특성을 밝힐 수 있다(단당류, 유리아미노산 등). 이들은 DOC의 작은 단편으로 구성된다. 퇴적물이 있는 개방수와 조간대에서 아미노산은 매우 낮은 농도로 분포한다(보통 $< 10\ \mu g\, l^{-1}$이고 부영양 호수에서 단기간 $50\ \mu g\, l^{-1}$ 이상임). 단당류, 올리고당과 단순 유기산의 농도는 항상 $10\ \mu g\ l^{-1}$이하이다. 용존 다당류는 더 높은 농도로 존재한다. 박테리아는 DOC가 가장 쉽게 분해되는 부분을 매우 빠르게 분해한다. 이런 이유로, DOC의 주요 구성성분은 수중 부식물질로서 그것은 풀브산(fulvic acid), 부식산(humic acid)과 humins, 자체생성과 외부기원 식물체 분해 잔유물이다. 이런 부식물질은 박테리아가 이용할 수 없다고 하더라도, 생분해가 어려운 물질이다(Geller 1985).

Michaelis-Menten 공식에 의거하여 DOC의 흡수 kinetics를 설명할 수 있다(그림 4.14). 흡수율의 반포화상수는 자연 농도로서 같은 범위 내에 있다. Wright and Hobbie(1966)는 Erken호수(스웨덴 동부)에서 개방지역 박테리아는 포도당에 대해 k_s 값이 2~3 $\mu g\,l^{-1}$이고 아세트산염에 대한 k_s 값이 8~15 $\mu g\,l^{-1}$이다. Plußsee호수(독일 Holstein)의 더 많은 포괄적인 연구에서 Overbeck(1975)는 포도당에 대한 k_s 값이 3.8~47 $\mu g\,l^{-1}$의 범위임을 밝혔다. Constance호수에서 아미노산의 반포화상수는 2.65~44 $\mu g\,l^{-1}$의 범위로 계절적 변화가 컸다(Simon 1985). 입자성 탄소원의 순 흡수는 새로 생산된 생물량과 같다. 그러므로 생장(k_s)에 대한 반포화상수를 예측하기 위한 k_t 값을 사용 가능하다.

수중에서 소중합체물질(oligomeric substance)과 그 농도에 대한 k_t 값들의 비교는 개방지역 박테리아의 생장률이 탄소제한이라고 제시하였다. 즉 다시 말해, 소중합체물질은 대체가능한 자원이며 최소량의 법칙에 적용되지 않는다. 수생 박테리아가 탄소제한을 받는 정도는 쉽게 산정할 수 없다. 그것은 이용할 수 있는 DOC의 량도 정확한 조성도 모르며 Michaelis-Menten 공식은 몇 가지 물질에 대해 결정된다.

방사선 동위원소로 표식된 소중합체인 포도당의 흡수는 **박테리아 생산성**을 결정하는 방법으로 이용된다(Sorokin and Kadota 1972). 이 방법은 $^{14}C\text{-}CO_2$를 이용하여 광합성을 측정하는 피상적인 아날로그 방법이다. 수중에 도입한 ^{14}C-중탄산염은 pH에 따라 이산화탄소, 중탄산염과 탄산염의 단편으로 재빨리 변화된다. 반면에 많은 대체 가능한 자원중의 하나인 ^{14}C-포도당이 표식된 것이다. 총 흡수율은 두 가지 엄격한 가정 중에 하나가 충족된다면 산정될 수 있다. 첫 번째 가정은 다른 모든 대체 가능한 자원이 같은 효율성으로 흡수되고 그들의 총 농도가 결정될 수 있는 경우이며, 또한 두 번째 가정은 만약 포도당이 박테리아에 의해 흡수된 유일한 기질이라면 이다. 이들 두 가정 중 어느 것도 호수에서 충족시키지 못한다. 포도당 흡수율은 박테리아 활동의 대략적인 지표이며 때로 **종속영양적 포텐셜**(heterotrophic potential)이라 한다.

이러한 어려움을 피하기 위해, 최근의 접근은 단지 적은 량이 요구되는 탄소원을 사용하는 것이고 흡수되는 양을 새로운 생물량 형성과 직접 연관시키는 것이다. 이런 유형의 가장 널리 사용된 기질은 ^3H-labeled thyamine으로 DNA nucleotide이다(Furhman and Azam 1980). 이 때, 광합성을 측정하기 위한 ^{14}C와 산소법의 상태를 인식하는 박테리아 생산성을 판단할 방법은 없다.

Thyamine 방법으로부터 특이 생장률은 0.69 d^{-1}보다 더 크지 않다(Güde 1986). 이것은 작은 생물들의 최대 생장률에 대한 기대보다 훨씬 더 낮다(단원 5.2). 자연 박테리아 개체군은 주요한 방법론적 오차가 없다는 가정하에 기질 제한을 받는다고 결론을 내렸다. 1 μm 크기의 구멍으로 된 여과막을 통과한 호수 물은 박테리아를 통과시키지만, 박테리아 포식자(원생생물과 동물플랑크톤)는 통과되지 않았다. *In situ*에서 여과물질을 배양한 후에 포식자가 없는 상태에서 박테리아의 생장률은 형광현미경에서 박테리아 수를 계수함으로써 측정할 수 있다. 이 방법을 사용한 Güde(1986)는 박테리아 생장률이 thyamine 방법과 잘 일치함을 밝혔다.

혐기성박테리아의 DOC 이용

절대 또는 조건적 혐기박테리아는 부영양 호수의 바닥층과 심수층의 무산소 환경과 부분순환(meromictic) 호수의 정체층(monimolimnion)에서 발효를 통해 에너지를 획득할 수 있다. 이 과정은 중합체가 단당류, 아미노산과 지방산과 같은 단량체 유기분자로 가수분해 되는 산환환원 반응을 포함한다. 이런 단량체는 한 부분은 환원되고 다른 한 부분은 산화되어 나누어 진다. 산화의 최종 산물은 이산화탄소이며 환원의 최종산물은 알코올, 유기산이거나 또는 매우 환원된 가스(수소, 메탄, 황화수소)이다. 암모늄은 아미노산 발효의 최종산물이다. 비교적 발효로부터 에너지는 거의 획득되지 않으며, 호기적 호흡이나 질산염 호흡과 비교된다. 포도당이 산화적으로 호흡될 때, 에너지는 2802 kJ mol^{-1}을 생성한다. 에탄올 발효는 67 kJ mol^{-1}을 방출하고 젖산 발효는 111 kJ mol^{-1}을 생성된다. 그러므로 유기물질의 발효는 단지 무산소 환경에서 중요하다.

메탄생성과 산화

메탄(CH_4)은 혐기적 분해의 최종 산물이고 호기성 박테리아의 자원인 유기물질의 예이다. 메탄 생성 원핵생물을 **메탄생성 박테리아**(metanogenic bacteria)라고 한다. 그러나 그것은 정확하지 않다. 그들은 고세균(Archaea) 영역에 속하며, 그들은 계통학적으로 진성박테리아(eubacteria)와 다르며 식물과 동물과도 다르다(Woese *et al*. 1990). 메탄생성 고세균은 엄격히 혐기성이다. 그들 모두는 메탄을 최종산물로 생성하지만, 그들은 많은 분류학적 그룹에 속한다. 그들은 다른 기질을 사용할 수 있지만, 단지 하나의 탄소 복합물이나 아세트산염은 최종 전자 수용체로서 이용할 수 있다. 가장 중요한 변형은 다음과 같다.

$$4H_2 + CO_2 \longrightarrow CH_4 + 2H_2O$$
$$CH_3COO^- + H_2O \longrightarrow CH_4 + HCO_3^-$$

자연에서 생성된 메탄의 2/3는 아세트염 경로로 진행된다(Vogels *et al*. 1988). 작은 유기복합물에 의존하는 메탄생성세균은 전적으로 기질을 제공하는 다른 혐기적 미생물에 의존된다. 수소 + 이산화탄소 경로는 밀접한 연관관계를 가지고 살아가는 수소-생성 박테리아와 수소-소비 메탄생성세균간의 상호작용에 의존한다. 메탄생성세균에 의한 수소의 소비는 중요하다. 그것은 수소의 축적이 수소 생산자의 생장을 억제하기 때문이다. 전자 수용체로서 질산염과 황산염을 이용하는 혐기성 박테리아(단원 4.3.9)는 유기 기질 또는 소수를 위해 메탄생성세균과 경쟁을 한다. 특히, 퇴적물 속에서 높은 황산염은 황산염 환원균이 선호하고 메탄생성을 억제한다. 무산소 물과 퇴적물에서 메탄 생산은 탄소순환의 중요한 구성요소이며 온실가스로서 지구 기후에 영향을 미친다(단원 8.7.2).

메탄-산화(methanotrophs) 박테리아는 호기성 박테리아이며 탄소원과 전자 수용체로 메탄생성 박테리아에 의해 생성된 메탄을 사용한다. 그들은 역시 종속영양 박테리아로서 단일 탄소 복합물(메탄, 메탄올, 메틸아민, 포르말린, 포름산)을 전문적으로 이용한다. 그러므로 이를 **메틸로영양 박테리아**라 한다. 메탄산화 공식은 다음과 같이 요약을 하였다.

$$5CH_4 + 8O_2 \rightarrow 2(CH_2O) + 3CO_3 + 8H_2O$$

화학무기영양 박테리아와 같은 메탄-산화 박테리아는 호기와 혐기층 사이의 경계에 주로 출현한다. 그들은 전자 수용체로서 산소를 이용하지만 또한 메탄을 요구하기 때문이다(그림 4.22). 대부분의 메탄은 퇴적물에서 생성된다. 거품(분출; ebullition)으로 퇴적물 표면을 통해 배출될 수 있고 대기로 빠져나간다. 그러나 더 큰 부분은 심수층으로 확산된다. 용존 메탄은 혐기적/호기적 전이층에서 빠르게 산화되며, 메탄은 표수층에서 발견되지 않는다. 이것은 메탄의 특이적 수직분포를 하게 되는데 여름에 산소의 수직분포 변화에 의존된다.

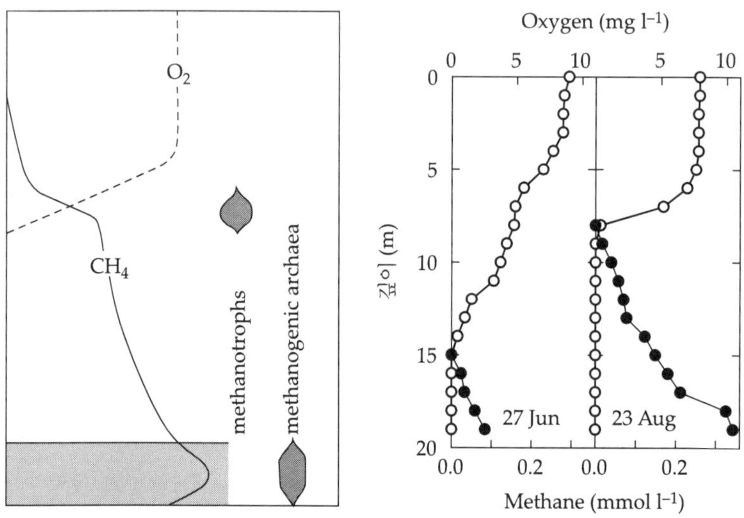

그림 4.22 왼쪽: 혐기적 심수층이 있는 호수에서 산소와 메탄 분포에 관련한 메탄–생성 고세균과 메탄-산화 박테리아의 수직분포. 오른쪽: Onondasga호수에서 산소(투명 원)와 메탄(검정 원)의 수직분포(Matthes *et al*. 2006).

최근 **혐기적 메탄 산화**에 대한 많은 연구를 통해 결과들이 발표되고 있다. 무산소 조건에서 메탄의 산화는 바다의 메탄 배출구에서 관찰되었다. 그 기작은 **영양공생**(syntrophic)관계를 형성하는 고세균과 황산염-환원 박테리아의 **협력군**(consortium)에서 이종간 전자전달에 기반으로 한다. 고세균 군은 분명히 메탄을 산화하고 황산염 환원균을 위한 환원 복합물을 제공한다(Valentin 2002). 담수에서 이 과정의 연관성에 대해 거의 알려진 바 없지만, 담수 퇴적물에 황산염 농도가 낮기 때문에 크게 중요하지 않다.

고등생물

진핵생물에 의한 용존유기물질의 이용은 작은 생물에 한정된다. 호수에서 많은 DOC량은 고등생물이 용존유기물질을 직접 흡수하는지를 연구자들이 검정하였다. 이 주제에 대해 많은 관심은 Pütter(1911)에 의해 촉발되었으며, 그는 *Daphnia*가 수중에서 오래 살 수 있고 유리 입자를 여과한다는 것을 발견하였다. 이들 동물이 용존유기물질을 직접 흡수한다고 주장하였다. 나중에 그가 규조토 여과기를 이용하여 박테리아를 충분히 제거할 정도로 미세하지 않았기 때문에 이 가설이 실수의 기초가 되었다는 것을 조심스러운 검정을 통해 증명하였다. 수중에 서식하는 *Daphnia*는 0.2 μm 여과막을 통과하고 5일동안 굶기면 그들 무게의 약 50%가 손실된다. Pütter실험에서 DOC는 박테리아에 의해 먼저 흡수되고, 그 다음으로 *Daphnia*는 박테리아를 여과함으로써 DOC를 간접적으로 이용한다.

^{14}C로 표식된 유기화합물을 이용하여, 직접 동물이 DOC를 흡수하는 것을 측정 가능하게 되었다. 방사선으로 표식된 순수 복합물(설탕, 아미노산)과 조류 세포 가수분해 생성물을 분석하였다. 이 실험은 동물이 흡수한 DOC량(일차적으로 장을 통해)은 입자성 먹이를 흡수하고 동화한 탄소의 량과 비교해서 무시할 정도이다. 많은 DOC량은 비교적 DOC 농도가 높게 분포하는 퇴적물속에 살고 있는 연체동물에 의해 흡수된다. 그러나 이들 동물은 DOC를 그들 에너지 요구를 충족시킬 정도로 충분히 동화하지 못한다. DOC의 직접 흡수는 담수환경보다 해양에서 더 중요하다.

4.3.11 입자성 유기물질

입자성 유기물질(POM) 또는 **입자성 유기탄소**(POC)는 생물이나 사체에 존재한다. 비생물 입자성 물질을 **쇄설물**(detritus)이라 한다. 쇄설물은 호수 내에서 생성(**내부기원물질**; autochthonous)되거나 잎 잔유물과 같은 호수 외부에서 유입(**외부기원물질**; allchothonous)될 수 있다. 이들 두 기원물질은 분명하게 구별되지 않는다. 그러나 안정성 동위원소(^{13}C)를 이용하는 새로운 방법은 쇄설입자의 기원을 밝히는 데 도움이 될 수 있다(글상자 7.1). 생물이 죽은 후에 곧바로 분해되고 종속영양 미생물(박테리아와 균류)에 의해 집단화된다. 이들 작은 입자성 유기물질은 비록 그들이 생물체의 일부분을 구성하고 있더라도 쇄설물이라 할 수 있다. 쇄설물은 용존유기물질 형태이며 여러 조건에서 변동된다. 이것은 특히 담수와 해수가 혼합되는 기수에서 중요하다.

수서 생태계에서 쇄설물 량은 생물체 량보다 더 많다. 하천에서 POC는 거의 대부분이 쇄설물이며, 호수에서 조류의 현존량 때문에 생물체의 비율이 더 높다. 호수의 개방지역에서 POC조성은 매우 크게 변화할 수 있다. 조류의 대발생 동안 생물체의 많은 양이 있지만, 조류 개체군이 죽거나 또는 동물플랑크톤의 섭식으로 제거됨으로써 쇄설물로 빠르게 변할 수 있다. 생산성이 높은 호수에서 퇴적물은 얇은 쇄설물 층으로 덮이게 되며, 얕은 호수에서 이 층은 폭풍이 있으면 다시 부유하게 된다.

생물의 먹이원으로서 쇄설물을 정량화하기는 어렵다. 쇄설물은 보통 영양가치가 낮다. 그것은 고등생물과 미생물의 섭식활동의 산물이기 때문이다. 즉 다시 말해, 쇄설물 내에서 서식하는 박테리아와 균류는 높은 영양 함량을 가질 수 있다. 생물은 자신의 이익을 위해 쇄설물을 소모하는지 또는 그것에 부착하고 있는 미생물을 섭취하는지를 쉽게 알 수 없다. 많은 생물은 살아있는 먹이와 함께 쇄설물을 섭취하는 것을 피할 수 없다. 그것은 쇄설물이 매우 풍부하게 존재하기 때문이다. 그것은 특히 산간 하천에 살고 있는 생물인 부착생물에 대한 영양의 원료가 된다. 가을에 유입되는 잎 잔유물이 이들 생물들이 섭취하는 중요한 탄소원이기 때문이다. 물속으로 떨어지는 잎에 미생물들이 빠르게 군집화하지만, 죽은 유기물질은의 분해는 쇄설물 섭취 동물에 의해 촉진된다(Gessner 1999). 큰 잎들을 작은 입자로 썰어먹는 이들 쇄설자는 잎 무게의 50% 이상을 소비한다(Hieber and Gessner 2002).

매우 특별한 입자는 해양과 호수에서 발견된다. 이들 입자들은 편리한 채집기와 여과방법으로 수집하면 너무 쉽게 부셔짐으로써 그들을 간과하게 된다. 크고 매우 풍부하지만(Constance호수에서 50/L이상), 그들은 잠수부에게 눈송이 같이 보였다. 그것을 호수의 눈(lake snow)이라 하였다. 분석을 하기 위해 잠수부에게 각 송이의 개체들을 채집하도록 하였다. 호수의 눈은 용존유기물질로부터 형성된 투명**세포외중합체**(transparent exopolymer: TEP)로 구성되어 있다. TEP 물질은 조류, 쇄설물 또는 동물플랑크톤의 탈피껍질(허물; *exuviae*)에 결합되어 있고 이들 입자성 물질을 응집시키는 것은 접착제(glue)이다. 이들 응집체의 표면은 유기물질을 이용하기 위해 **세포외효소**(exoenzyme)를 분비하여 박테리아로 빽빽하게 덮고 있고, 미생물 활동이 활발한 송이를 생성되었다(Grossart and Simon 1998).

입자 구조

POM의 크기는 다양하다. 가장 작은 종속영양생물들이 사용할 수 있는 가장작은 입자는 0.2~0.5 μm이다. 이런 작은 입자의 박테리아는 크기가 수 μm인 종속영양

편모생물의 먹이가 될 수 있다. 여과섭식 동물은 편모생물을 섭취하고, 가장 작은 입자가 먹을 수 있는 입자로 더 커진다. 즉 다시 말해, 어떤 생물은 큰 입자를 작은 입자로 생성하며, 다른 동물들이 이용 가능하도록 해준다. 이런 쇄설자는 특히 저서성 군집에 중요하다. 예를 들어 나방 단각류(gammarid amphipod)는 가을에 물 속에 떨어진 잎을 섬세한 골격으로 변형시킨다. 잎을 써는 것은 입자의 표면적을 증가시킨다. 그러므로 그들은 더 쉽게 군집화하고 미생물에 의해 분해된다.

모든 **입자 섭식자**는 그들의 섭식구조와 연관성을 보여주는 여러 크기를 섭식하도록 적응해 있다. 많은 생물은 선택적이며, 특이적인 먹이를 감지하거나 수집하도록 특별한 여과장치를 가지고 있다(단원 6.4와 6.5). POM의 크기 구조는 입자성 섭식자의 자원을 설명하는 중요한 매개변수다. 생물은 입자 크기의 발생에 의존한다. 하천에서 특별한 섭식자는 하류로 이동함으로써 큰 입자에서 작은 입자로 입자크기의 변동 구배를 이용한다(단원 7.6.2). 미세여과섭식자는 정수에서 풍부하며 그곳의 작은 입자는 천천히 침강함으로써 더 풍부하다(단원 4.2.6).

최근에 그들의 크기 구조에 따라 POC와 엽록소와 같은 응집 매개변수를 특징 짓는 것이 더욱 보편적이다. 이것은 일정 크기의 구멍(nuclepore 여과지, < 10 μm) 또는 나일론 망(Nitex > 10 μm)이 있는 여과 막을 사용함으로 가능해진다. 특정 크기의 범주 내에 있는 입자 단편을 측정할 수 있다(그림 4.23). 자동 **입자계수기**는 고해상도로 입자크기를 빠르게 분석하게 해준다. 전기장이 설치된 모세관을 통해 물을 끌어들여 이들을 측정 가능하다. 모세관을 통과한 각 입자는 전기장을 변경시키며, 자극을 주어 기록하게 한다. 어떤 시스템은 입자에 의해 광 조사 차단을 기반으로 만들어 졌다. 자극의 크기는 입자의 크기와 관계 있으며, 계수된 입자는 크기에 따라 분류된다(그림 4.24). 이런 계수는 입자의 부피를 계산할 수 있지만, 형태는 구별할

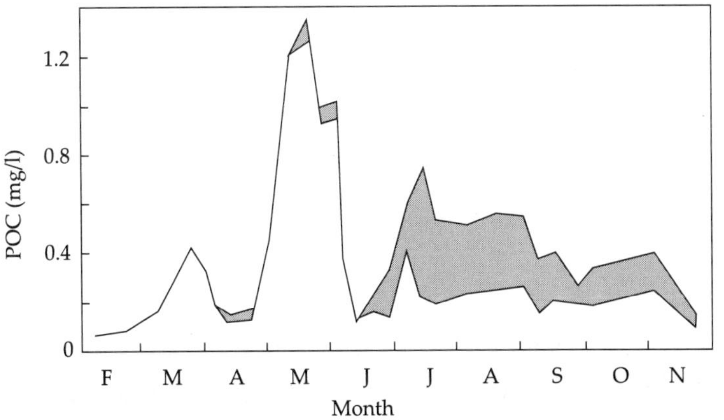

그림 4.23 Constance호수에서 입자성 유기탄소 단편 크기의 계절적 변화. 곡선의 흰 부분은 단편 < 35 μm; 검정색 부분은 단편이 35~250 μm를 나타낸다(Schober 1980).

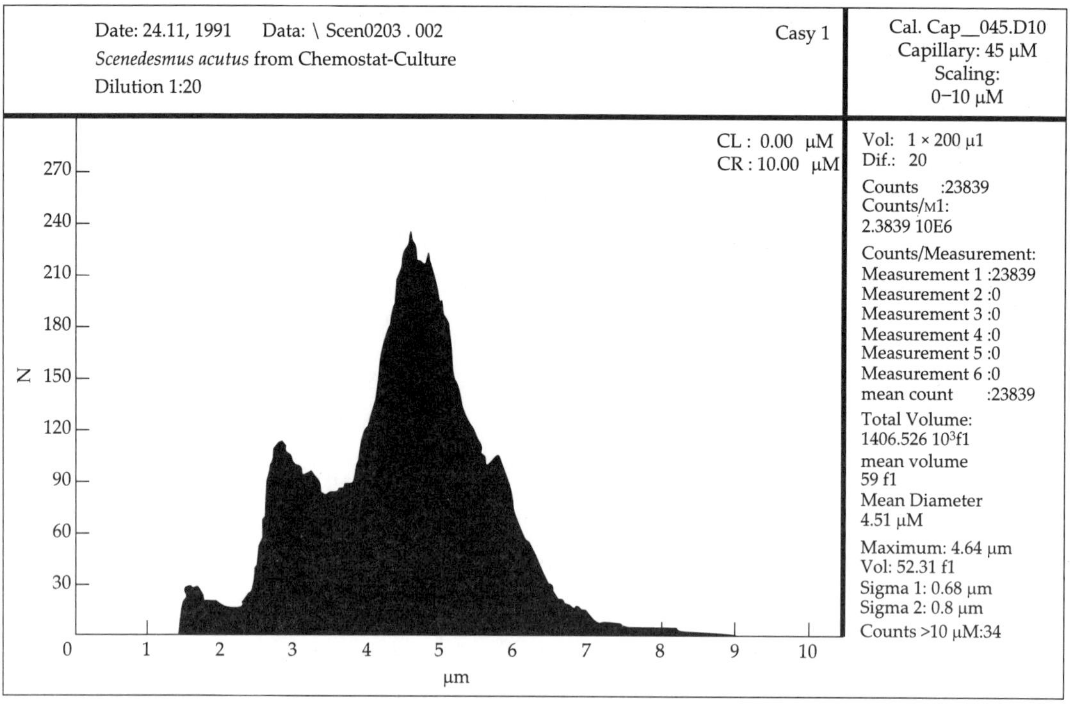

그림 4.24 자동 입자 계수기로 계수한 배양된 조류 입자성 유기물질의 크기에 따른 분포.

수 없다. 입자 크기의 분류는 같은 부피인 구형의 지름인 **등가구직경**(equivalent spherical diameter: ESD)으로 표기되었다. 현대의 레이저를 기반으로 한 광학세포계수기(optical flow cytometer)는 입자 수와 크기를 측정할 뿐만 아니라 색소와 형광을 이용하여 그들 종류를 분류할 수 있다. 이것은 살아있는 조류와 쇄설물을 구별하여 입자의 질에 대해 부가적인 정보를 제공한다.

입자의 현미경 분석은 역시 자동화되었다. 컴퓨터는 디지털 비데오 영상을 이용하여 입자의 크기와 수를 분석할 수 있으며, 역시 조류 종류를 인지하고 계수할 수 있다. 종 동정은 종이 적은 혼합물에서 크기, 형태 또는 형광 성질의 종간 차이로 가능하게 한다. 형광법은 남세균과 조류를 구별할 때 사용된다. 그러나 이것은 상세한 분석과 분류학적 동정을 위해 입자의 형태적 지식과 사람의 눈을 대신할 수 없다.

섭식유형

입자성 유기물질을 흡수하는 많은 기작들이 있다. 원생동물은 세포의 액포 속에 전체 먹이 입자를 둘러싼다. 고등생물은 그들이 입자를 삼키기 전에 입자를 농축시키고 파괴시킨다.

육식성(carnivore; meat eater), **초식성**(herbivore; plant eater)와 **쇄설성**(detrivore;

detritus eater)과 같은 섭식 범주는 유기물질을 섭식하는 유형에 기초를 두고 있다. 엄격하게 말해서, 초식성은 나뭇잎 섭식자를 의미하며 정확하게 대부분의 수생동물에게 사용할 수 없다. 그러나 조류 섭식 동물에 대해 잘 표현된 것이다. 이들 섭식 범주에는 분명한 경계는 없다. 많은 생물은 **잡식성**(omnivores)이다. 그들은 식물과 동물을 모두 섭식한다는 것이다. 예를 들어 칼라누스목 요각류(calanoid copepods)는 조류와 작은 무척추동물을 모두 섭식한다. 장구 요각류(cyclopoid copepods)는 유충 단계에서 초식성이고 성체일 때 육식성이지만 일부 조류도 섭식한다(Adrian and Frost 1993). 여과섭식자는 살아있는 조류와 쇄설물을 구별하지 못하기 때문에 그들의 섭식형 분류가 어렵다. 식물플랑크톤을 섭식하는 초식성은 고등식물을 섭식하는 초식성보다 육식성을 생리학적으로 구별되지 않는다. 그것은 식물플랑크톤의 생화학적 조성이 고등식물의 생체보다 동물 생체와 더 비슷하다. 식물플랑크톤은 질소와 단백질 함량이 더 높고 고등식물보다 셀룰로스와 목질소(lignin)와 같은 구조 중합체 함량이 더 낮다.

더 확실한 분류는 먹이 수집형에 따른다. **포식자**(predator)는 먹이를 찾고 포획한다(단원 6.5.1). **수집자**(collector)는 역시 찾지만, 그들의 먹이는 도망이나 방어를 시도하지 않는다. 그들 저서성 군집의 많은 동물은 부착 조류와 미생물을 뜯어 섭식한다. 이들 동물을 긁어먹는 **섭식자**(scraper)라 한다. 그들의 구기부는 기질을 긁고 입자를 모을 수 있도록 상당히 특수화되어 있다(Arens 1989). 많은 곤충의 유충과 달팽이는 치설을 가지고 있는 긁어먹는 섭식자이다. 이전에 다룬 쇄설자는 저서 서식처에서 출현한다. 그들은 그들 자신보다 더 큰 입자를 섭식한다. 지각류, 등각류와 날도래와 같은 곤충의 유충은 하천에서 잎이 쌓여 있는 내부 또는 위에서 살면서 잎의 초기 분해에 중요한 역할을 한다.

미세 퇴적물 속에 사는 동물은 수집자이거나 또는 **퇴적물 섭식자**(sediment feeder)이다. 깔따구(chironomid) 유충은 진흙 속에 만들어진 굴속에서 살며 그들의 굴을 둘러싸고 있는 퇴적물 표면에서 유기물을 수집한다. 실지렁이(tubificid)는 그들의 앞쪽 끝부분을 굴에 고정시키고, 그들의 뒤쪽 끝부분을 이용하여 물 속에서 물결을 일으킨다. 그들은 수 센티미터 깊이에서 퇴적물을 섭취하고, 유기물을 동화하며, 그리고 퇴적물 표면에 그들의 배설물을 배출한다. 이것은 생물교란이라고 하며 퇴적물을 혼합시킨다.

먹이 입자가 수중에 뜬다면, 그들이 먹히기 전에 농축된다. 저서와 개방지역의 많은 생물은 **여과 섭식자**(filter-feeder)이다. 여과섭식을 위해 물의 흐름은 동물에게 입자를 전달한다. 여과 섭식자는 물의 흐름이 있는 곳을 이용하거나 또는 물의 흐름을 스스로 일으킨다. 하천 생물은 물 흐름 속에 그들의 여과장치를 간단히 고정시킨다. 이런 것은 생물 종류에 따라 여러 가지 방법이 있다. 흑파리 유충(*Simulidae*)은 그들 머리 표면에 여과장치를 가지고 있다. 그들은 복부를 기질에 부착하고 물 흐름 속

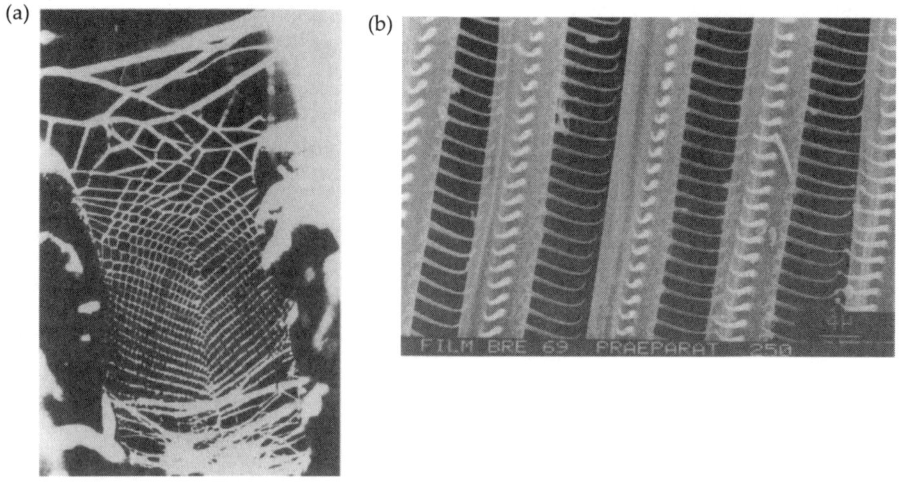

그림 4.25 미세 입자를 수집하기 위해 사용되는 수생동물의 여과장치. (a) 돌 사이에 설치되어 있는 날도래 유충 *Hydropsyche*의 망과 망을 통해 물을 이동시킴으로써 입자가 여과됨. 높이는 약 10 mm(Schreiber의 사진). (b) 물벼룩 *Daphnia*의 여과 방에 3쌍의 가슴 부속지의 미세구조. 지지구조로부터 나와 있는 여과 소모극은 끝 부분이 갈고리모양으로 되어 있다. 전자현미경 사진에서 보여진 인접 소모극의 갈고리모양이 펴진 상태. Scale bar = 4 μm(Brendelberger의 사진)

에 그들의 여과 안테나를 고정시킨다. 유충은 입자 농도에 따라 다르지만 매 시간마다 여과장치를 폐쇄시키고, 입자를 섭식한다. 집이 없는 날도래 *Hydropsyche*는 바위 사이에 부착시킨 미세 망을 만든다(그림 4.25a). 물 흐름은 입자를 망으로 수송하고 유충은 그것을 섭식한다. 많은 유기물 부하가 있는 하천에서 줄날도래 *Hydropsyche*는 매우 풍부하며, 전체 하천 바닥에는 그들의 망으로 덮여있다. 정수에서 여과 섭식 동물은 자신 스스로 흐름을 만든다. 조개류는 그들 아가미를 교차하도록 많은 물을 펌프하며, 먹이 입자를 걸러낸다. 많은 동물플랑크톤은 여과 섭식자이다. 지각류의 가슴 부속지는 3번째와 4번째 부속지의 여과 표면을 통해 물을 통과시켜 복잡한 흡입압력 펌프를 만든다(그림 4.25b). 윤충류와 요각류는 역시 여과 섭식자이다. 그들은 물 흐름 속에서 입자 각각을 포획하지만, 물로부터 작은 입자를 제거함으로 그들은 실제 여과자는 아니다.

다른 여과자의 유체역학은 매우 복잡하며, 정확한 기작은 이해하기 어렵다. 대부분의 경우에, 물만을 순수하게 여과시키는 경우는 아니다. 이것은 여과 구조에서 발생하는 매우 작은 레이놀드 수로는 어렵기 때문이다(단원 3.1.5). 여과장치의 망(mesh)은 보통 매우 작으며(수 μm), 일부 지각류는 망의 폭이 1 μm보다 더 작다. 경계층이 겹침으로써 충분한 압력하에서 물은 여과기를 통과할 수 있다(그림 3.2). 지각류가 그들의 여과 방을 폐쇄하기 때문에 과 압력을 만들 수 있다. 그러나 고배율, 느린 동작의 비디오는 입자가 농축되기 전에 여과 막에 부착되지 않음을 증명

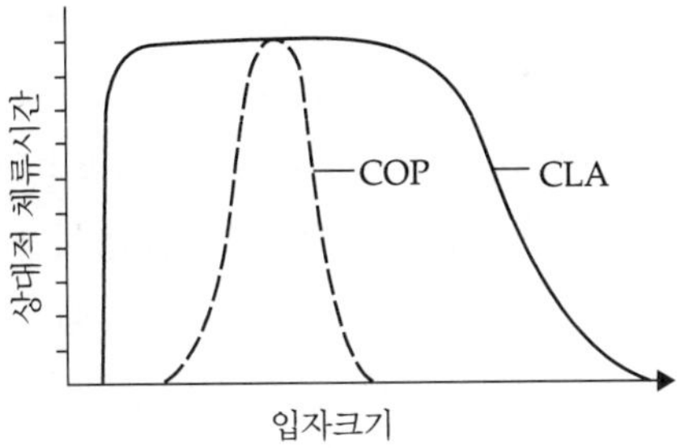

그림 4.26 물을 여과하는 지각류(CLA)와 활발하게 입자를 선택하는 요각류(COP)에 의한 입자 선택을 비교하는 모델(Gliwicz 1980).

하였다. 흑파리(*Stimuliide*)와 다른 곤충의 유충은 여과장치를 개방하고 섭식 표면으로 이동하는 물의 압력을 이용한다. 전하와 같은 다른 장치는 여과기에 입자를 부착시키도록 한다(Rubenstein and Koehl 1977).

여과장치의 유형은 여과되어 있는 입자의 유형을 결정하며 따라서 여과섭식자들에 의해 조류들의 소멸이 결정된다(단원 6.4.2). 그림 4.26은 물벼룩 *Daphnia*와 맵시검물벼룩(calanoid copepods)가 공존함으로써 물에서 제거되는 입자 크기 스펙트럼을 그래프로 비교하였다. 스펙트럼의 차이는 이들 동물플랑크톤의 여과장치에 의해 설명된다. *Daphnia*는 여과법을 사용하며, 이것의 더 작은 스펙트럼이 여과망 크기에 의해 결정된다. 망보다 더 작은 입자는 여과기를 통과한다(Brendelberger 1991). 너무 크기 때문에 여과 방으로 들어가지 못하는 것을 제외한, 모든 더 큰 입자는 유지된다. 위쪽으로의 크기 제한은 급격하게 한정되지 않으며, 그것은 입자의 형태와 크기에 의해 결정된다. 요각류는 훨씬 더 선택적이다. 그것의 여과장치는 더 작고 방으로 둘러 싸여있지 않다. 요각류는 수동적 거름장치보다는 입자를 포획하기 위한 향상된 여과장치를 가지고 있다. 요각류의 구기부는 물의 흐름을 일으킨다. 요각류가 접근하는 조류 세포를 인지할 때, 이차 턱 방향으로 세포를 이동시키기 위해 물 흐름을 변경시키고 세포를 포획한다(Koehl and Strickler 1981). 입자 스펙트럼은 요각류가 각각의 입자를 어떻게 다루느냐에 달려있고 망의 크기는 관계없다. 요각류는 각 입자를 먹을 수 있는지를 검정할 수 있고 먹을 것인지 또는 버릴 것인지를 결정한다(DeMott 1988).

영양가와 에너지 함량

수중의 POM 유형은 단순한 **영양적 가치**로 설명하기에는 너무 변화가 심하다. POM의 영양가는 특정 소비자에 한정된다. 중요한 영양적 특성은 쉽게 다룰 수 있고(크기와 형태), 소화 가능하고, 에너지량, 필수 영양염을 함유해야 한다. POM은 대체될 수 있는 자원이기 때문에, 더 많은 량이 더 낮은 영양가에 대해 보상할 수 있다. 이것은 항상 그런 경우는 없다. 그러므로 우리는 동물의 에너지와 대사는 먹이 입자의 양과 질에 의해 결정된다고 가정할 뿐이다.

조류의 **생화학적 조성**과 영양가는 환경조건에 의해 결정된다. 낮은 N:C 또는 P:C비 때문에 질소 또는 인 제한상태에서 자란 조류를 동물플랑크톤이 섭식함으로써 그들의 생장은 억제될 수 있다. 표층수에서 조류의 영양염 농도는 큰 일 변화를 나타낸다. 주간에 먹이의 저장물질은 높은 농도의 탄수화물이고, 야간 저장물질은 지질이며 호흡을 통해 아침에 손실된다. 인이 동물플랑크톤을 제한자원으로 작용하는지에 대해 최근 논란이 되고 있다. 물에서 영양염 농도의 변화는 조류의 미량요소 농도의 큰 변화를 일으킨다(세포 할당량, 글상자 4.2). 예를 들어 인 제한 조건에서 조류 세포는 매우 낮은 인을 함유하고 있다. 즉 다시 말해, 동물플랑크톤은 오히려 일정한 C:N:P비를 유지한다(Hessen and Lyche 1991). 인의 이용성은 그들의 생장을 제한할 수 있다는 것이다. 그러므로 조류가 탄소와 질소를 풍부하게 공급할지라도, 인이 결핍된 조류는 동물플랑크톤을 위한 낮은 영양가를 가지고 있다. 사실 물벼룩 *Daphnia*는 인이 결핍된 조류와 함께 배양할 때 생장이 느리다(Sterner 1993). 인 부족은 먹이질에 대한 간접적인 효과를 나타낸다. 예를 들어 인-결핍 조류는 소화하기 어렵거나(Van Donk and Hessen 1993) 또는 동물플랑크톤이 합성할 수 없는 불포화지방산이 상당히 부족하다(보통 PUFAs; polyunsaturated fatty acids라 함). 일부 식물플랑크톤은 동물플랑크톤의 먹이로 부적합하며(예, 남세균), PUFAs가 없다. 특히 중요한 것은 18개의 긴 사슬로 된 지방산이거나 또는 더 많은 탄소원자가 있으며 2개의 이중결합보다 더 많다. 그러므로 그들은 대사와 생장을 조절 분자의 전구물질이고, 그리고 생물막 구성요소이기 때문이다. 만약 동물이 PUFAs를 합성할 수 없다면, 그들은 그들 먹이로부터 획득해야 한다. 즉, PUFAs는 필수자원이 된다. 조류량이 많은 실험에서 20개 탄소원자와 5개 이중결합을 하고 있는 **에이코사펜타엔산**(eicosapentaenoic acid: EPA)과 PUFA가 있음을 확인하였으며, *Daphnia*의 제한요인으로 작용하는 것을 확인하였다(Von Elert 2002). 일부 녹조류는 EPA를 함유하지 않는다. *Daphnia*가 다른 PUFAs로부터 적은 량의 EPA를 합성하지만, 녹조류를 이용 가능할 때 최적 생장을 위해서는 부족하다. 먹이에 다른 조류(예, 돌말류, 황색조류)를 포함하는 것은 먹이의 영양가를 개선시켜준다. 호수의 부유물질(seston)에서 PUFAs의 이용도는 계절적 변화를 나타내며, 영양조건과 식물플랑크톤 조성에 영향을 받는다. 현장에서 물벼룩 *Daphnia*의 생장률은 부유물질(seston)에 포함된 EPA량과 밀접한 관계가 있다(Müller-Navarra 1995). 영양화학량과 필수지방산은 소비자 생장에 영향을 미치지만(Becker and Boersma 2005) 그러나 먹이원의 실제 영양가는 섭취율, 소화율과 억제생화학적 구성성분에 의해 결정된다. 화학량 이론은 초식동물에 대한 식물방어 이론과 통합시킬 필요가 있다(DeMott and Tessier 2002).

유기물질은 종속영양 생물에게 에너지와 필수원소를 제공한다. 그러므로 에너지량은 먹이 질을 특징짓는 데 사용된다. 에너지량은 열량계에서 연소가로 측정된다. 그러나 모든 연소된 열을 동물이 이용할 수 있는 것은 아니다. 예를 들어, 키틴과 셀룰로즈는 일부 고도로 특수화된 생물들만이 이용할 수 있다. 수중에서 유기입자의 에너지량은 상당히 변화된다. 조류에서 측정된 값은 10~20 kJ g^{-1} dry · wt이다. 많은 변화는 다른 회분량에 의해 생성된다. 입자성 물질의 유기물량을 측정하기 위해 550℃에서 수 시간 동안 전처리한 시료를 먼저 연소시킨다. 남아있는 회분의 무게는 회분이 없는 건조된 무게(유기물질)를 얻기 위해 건조중량으로부터 뺀다. 규소껍질로 된 돌말류와 같이 미량원소 함량이 높은 입자는 회분의 비율이 높으며(> 30%), 편모류는 회분의 함량이 매우 낮다(< 5%). 이것은 돌말류가 단위 건조무게 당 에너지량이 낮다는 것이고 편모류는 에너지량이 높다는 것이다.

만약 에너지량이 유기물질이나 또는 탄소량과 관련이 있다면, 그 값은 훨씬 더 의미가 있다. 에너지량과 입자의 유기 또는 탄소량과 높은 상관성이 있으며, 호수에서 POM은 평균 23.5 kJ g^{-1}의 에너지량을 가지고 있다. 변화는 유기물질의 생화학적 조성의 차이로 발생된다. 유기물질 내에 탄수화물, 단백질과 지방(지질)의 비율을 알고 있다면, 더 정확한 에너지량은 평가될 수 있다.

- 탄수화물: 17.2 kJ g^{-1}
- 단백질: 23.7 kJ g^{-1}
- 지질: 39.6 kJ g^{-1}

지질이 비교적 높은 탄소량(80%)을 함유하고, 탄수화물과 단백질은 낮은 탄소량(40%)을 함유하고 있기 때문에, 탄소량과 에너지량은 높은 상관이 있음을 위의 목록에서 알 수 있다. 동물 기원 입자는 더 많은 지방을 함유하기 때문에 비교적 높은 에너지량을 가지고 있다.

에너지량은 POM의 영양가중의 하나이다. 앞에서 논의된 PUFAs의 중요성에 더해, 필수 아미노산과 비타민은 제한요인일 수 있다. 자연에서 동물은 보통 여러 먹이를 섭취한다. 그러므로 어떤 하나의 먹이형의 결핍을 피할 수 있다. 예를 들어, 쇄설물 섭식자의 먹이는 죽은 유기물 위에서 서식하는 박테리아와 균류이다.

혼합영양

많은 편모류는 독립영양과 종속영양으로 살 수 있다. 그들은 광합성도 하고 유기물질을 섭취하며 입자를 삼킨다(식세포작용; phagocytosis). 일부 색소를 가진 편모류는 암 상태에서 용존유기물로 생장할 수 있지만 광이 있을 때에는 광합성을 할 수 있다는 것이 잘 알려져 있다. 최근에 입자를 삼킬 수 있는 능력이 있는 색소가 있는 편모류가 많은 관심을 받게 되었다. 그것은 무색소 편모류와 섬모류와 함께 있는 이들 생물이 박테리아의 풍부성을 조절할 수 있기 때문이다. 광합성과 입자 물질로부터 영양을 획득하는 이런 혼합성을 **혼합영양**이라 한다(Sanders and Porter 1988). 에너지원들 사이의 연결은 낮은 광 상태에서 독립영양 조류와 박테리아의 밀도가 낮을 때 종속영양 편모류보다 경쟁적으로 유리함을 혼합영양 편모류에게 주어진다(Palsson and Daniel 2004).

입자의 흡수는 편모류, 와편모조류, 은편모조류, 황색조류와 편모성 녹조류의 여러 그룹에서 관찰되었다. 가장 잘 알려진 예는 황색조류의 *Dinobryon*, *Ochromonas*와 *Chromulina*, 와편모조강의 *Gymnodinium*과 *Peridinopsis*, 그리고 은편모조강의 *Cryptomonas* 등이다. 혼합영양은 이들 그룹에서 일차적으로 출현하며 무색소성이며 순수한 종속영양적인 많은 대표적인 종류인 것이 분명하다.

원생동물과 같이 많은 혼합영양 편모류는 세포로 입자를 가져갈 수 있는 위족을 포함한 여러 장치를 가지고 있다. 편모류는 시간당 70개체의 박테리아를 삼킬 수 있으며, 호수에서 흡수율은 $5 \times 10^3 - 10 \times 10^4$ 박테리아 $ml^{-1} \cdot h^{-1}$이다. 편모류의 혼합영양 섭식은 박테리아 개체군 동태에 대한 중요한 영향을 미친다(Bird and Kalff 1993).

편모류 생장에 대한 식세포작용의 영향은 다르다. 일부 종은 종속영양 원으로부터 에너지 요구의 많은 부분을 획득할 수 있으며, 다른 것은 일차적으로 독립영양적이다. 입자의 흡수는 이들의 공급이 부족할 때, 질소와 인의 공급원과 비타민의 공급원으로 중요할 수 있다(Stibor and Sommer 2003). 일부 편모성 종은 먹이 입자 섭식을 요구하며 그러므로 박테리아가 부족하면(무균상태) 배양을 할 수 없는 것이 분명하다.

4.4 에너지 이용

4.4.1 순생산과 총생산

생산은 무기물과 유기생물질을 이용하여 새로운 생체물질을 만드는 것으로 정의된다(동화과정). 합성에 필요한 에너지는 광합성 또는 화학합성 또는 작은 분자물질을 산화시키거나 분해하여 생성된다(이화과정). 생물은 기계적인 활동을 위해 부가적인 에너지가 필요하며, 온혈동물의 경우 체온유지를 위한 부가 에너지가 요구된다. 이런 에너지 요구는 이화반응으로 충족시킨다. 이화작용은 생물의 대사에서 손실과정이다. 그것은 질량이 감소하기 때문이다. 생물 대사활동으로부터 오는 채내 손실과 다른 생물에 의한 섭식과 기계적 손상으로 인한 체외 손실간의 차이를 구별하는 것은 중요하다. 생물량의 일시적 변화는 체외 손실을 제외함에 조차도 동시에 동화와 이화반응이 일어나는 순수한 결과이다. **총생산**의 개념은 이화적 손실을 제외한 잠재 생장이라 하며 현실적인 것은 아니다. 반대로 **순생산**은 총생산과 이화적 손실 간의 차이로 설명된다. 즉 그것은 외부손실과 무관하게 무게에서 관찰된 변화이다. 비록 외부 손실을 실험적으로 제외 가능하지만, 이것은 자연에서 대략 불가능하다.

4.4.2 광합성의 에너지론

모든 에너지가 전환되는 경우로서, 광합성에서 에너지 부분은 이용 가능한 형태로 전환되는 것이다(열역학2법칙). 광 에너지의 이용은 양자 포획의 생산계수(yield coefficient of quanta capture; ϕv_{max})로 설명할 수 있다. 그것은 흡수된 광양자의 몰당 고정된 탄소 몰량으로 정의 된다. 양자생산계수는 *P-I* 곡선의 광 제한부분에서 상수(ϕv_{max})이다(단원 4.3.5). 곡선의 광포화 부분에서 양자생산계수는 상호 광 세기와 함께 감소한다. 그것은 광 세기가 증가하더라도 광합성률이 일정한 상태를 유지하기 때문이다. 식물플랑크톤의 ϕv_{max} 값이 0.03~0.09의 범위였다(Tilzer 1984a). 탄소 1 mol당 468 kJ과 550 nm 파장인 광합성유용광(PAR)의 1 mol당 218 kJ의 열해당량(caloric equivalent)으로 가정하면, 에너지 이용 효율은 6.3~19.3%로 작용한다. 생물물리적 제한을 기반으로 한 최대 양자생산은 0.125이며, 그것은 26.8%의 에너지 효율과 일치한다.

호수의 단위 표면적당 총 광합성의 에너지 생산을 위해, 광 에너지 이용은 상당히 감소한다(글상자 4.3). 많은 식물플랑크톤은 광 포화 또는 광 세기의 억제가 되는 물의 층에 위치한다. 총 광합성의 많은 부분은 ϕv_{max}값이 도달하지 않는 광 조건에서 생긴다. 영양염 제한은 이용 가능한 광 에너지의 최대이용을 방해한다. 또한 생산계수는 엽록소에 흡수된 광에 관계한다. 자연수에서 광 손실은 용존물질, 부유물질와 광합성 색소의 불활성 분해 산물 때문이다. Constance호수에서 식물플랑크톤의 엽록소는 호수로 투과하는 광에너지의 6%(최소 생물량)와 50%(최대 생물량)사이를 흡수한다. 광 이용 효율성은 0.16~1.65%의 범위로 계절적 변화를 나타내며, 그것은 최대 생산가능량 정도이다. 이들 값은 대부분의 다른 호수에서 측정한 값만큼 높다(Bannister 1974, Tilzer 1984a).

4.4.3 종속영양생물의 에너지 균형

2차생산

생산의 의미는 종속영양생물과 독립영양생물간에 매우 다르다. 종속영양생물의 생산(2차생산)은 그것의 생산(1차생산)보다 유기물질의 변형을 포함한다. 종속영양생물은 유기물질을 흡수하고(동화), 대사를 위해 그것을 사용한다. 단지 나머지 물질은

생물 자체의 몸을 만든다. 간단히 요약하면

생산 = 동화 − 대사손실

위의 공식은 질량이나 에너지의 변화를 나타내지만, 이 형식은 실험실에서 생물 개체의 생산을 산정하기 위해 단지 사용될 수 있다. 이것은 자연의 작은 생물 개체군 내의 각 생물에 따를 수 없다. 이런 경우에, 우리는 개체군 생산을 측정한다(단원 5.2). 현장 조건에서 생물량의 관찰된 변화는 총 생산과 같지 않다. 그것은 관찰하는 동안 생산의 일부분은 포식자에 의해 제거될 수 있기 때문이다. 만약 생물량이 수확된 그 율이 정확하게 생산율과 일치한다면, 생산이 높더라도 생물량은 변화가 없을 것이다. 간접적 방법은 자연에서 2차생산을 결정하기 위해 사용되다. 그것은 직접적으로 재생된 생물량을 측정할 수 없기 때문이다(글상자 4.4).

글상자 4.4 2차생산 평가

2차생산은 대개 생물량의 변화만 보이기 때문에 현장 개체군에 대해서는 결정하기 어렵고 시간간격에 따른 손실과정으로 인해 제거되지 않은 생산의 비율이 아니기 때문이다. 2차생산을 평가하기 위한 많은 방법이 개발되었으며 국제생물프로그램(IBP)의 결과로서 검정되었다. 이들 방법은 몇 가지 다른 책에서 요약되었다(예, Edmondson and Winberg 1984, Winberg 1971, Dowing and Rigler 1984). 이들 방법들은 모두 정량적인 시료를 획득하는 어려움과 다른 불확실성 때문에 큰 실수가 있다. 따라서 측정보다는 평가로서 2차생산 결과를 설명하는 것이 더 좋다. 다음은 대표적인 두가지 사례이다.

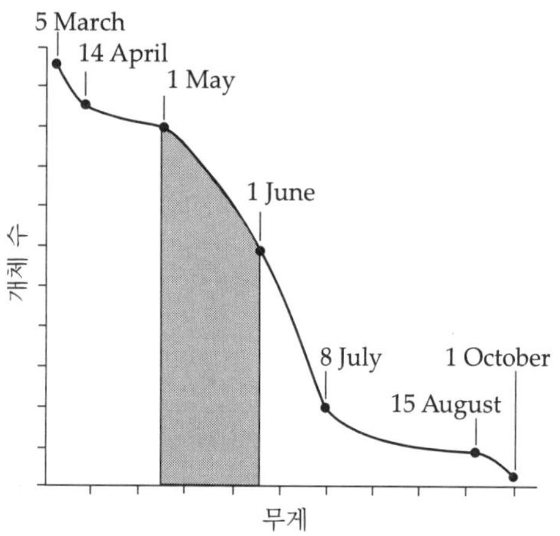

알렌곡선(Allen curve)

그래픽 방법(알렌곡선)은 즉, 일년생 어류 집단과 같이 같은 나이의 동물 집단이 있는 현장조건에서 사용할 수 있다(단원 5.2.7). 동물은 일정 시간 이상 생장하지만, 그들의 개체수는 치사율때문에 계속 감소한다(그림 5.7). 다른 시기에 같은 집단을 채집함으로써, 각 채집시기의 동물 수는 그들의 무게로 비교할 수 있다. 곡선 아래의 부분은 생산을 나타내는 것이다. 가설적 에에서 보여주는 것과 같이, 채집 날짜는 평균 무게에 대해 표기했다. 검게 칠한 부분은 5월 동안 생산을 나타낸 것이고 전체 곡선 밑의 부분은 연간 생산을 나타낸 것이다.

증가의 합

보통 세대가 중복되고 동일시기를 유지하기 어렵다.

(계속)

글상자 4.4 계속

이런 경우에 전체 개체군은 발생단계에 따라 또는 크기에 따라 나눌 수 있다. 하나의 집단에서 다음 집단으로 생장하는 데 얼마의 시간이 걸리는지 실험적으로 결정할 수 있다. 이들 시간과 몸무게의 증가로부터 매일 개체의 생장 증가를 계산할 수 있다. 이런 생장의 증가는 모든 개체를 합하면 된다. 아래는 이것이 어떻게 이루어졌는지의 예이다.

1. 생장곡선은 개체에 대해 실험적으로 결정된 것이다(두꺼운 선). 그 방법은 생장곡선 형에 상당히 의존적이다.
2. 현장 개체군은 5개의 크기 집단으로 나누어졌다.
3. 개체수(N)는 각 크기 집단으로 결정되었다.
4. 평균무게(W)는 각 크기 집단으로 결정되었다.
5. 시간(T)는 하나의, 집단에서 다음 집단으로 생장하는 데 걸린 시간으로 곡선으로부터 결정되었다.

집단 1의 생장 증가 시간은 다음과 같다.

$$P_1 = \frac{N_1(W_2 - W_1)}{T_1}$$

총생산은 모든 집단의 합으로부터 평가될 수 있다.

$$P = \frac{N_1(W_2 - W_1)}{T_1} + \frac{N_1(W_3 - W_2)}{T_2} + \cdots + \frac{N_i(W_{i+1} - W_i)}{T_i}$$

특이생산 또는 무게는 단위 생물량과 시간당(예, mg $mg^{-1}d^{-1}$) 생산된 것으로 생물활동의 측정으로 사용될 수 있다. 개체의 특이생산은 보통 무게와 관련이 있다. 개체군 생산에서 보통 P:B비(생산 : 생물량의 비)를 사용한다. 그것은 생물량이 단위 시간당 새로 생성된 것으로 나타낸다.

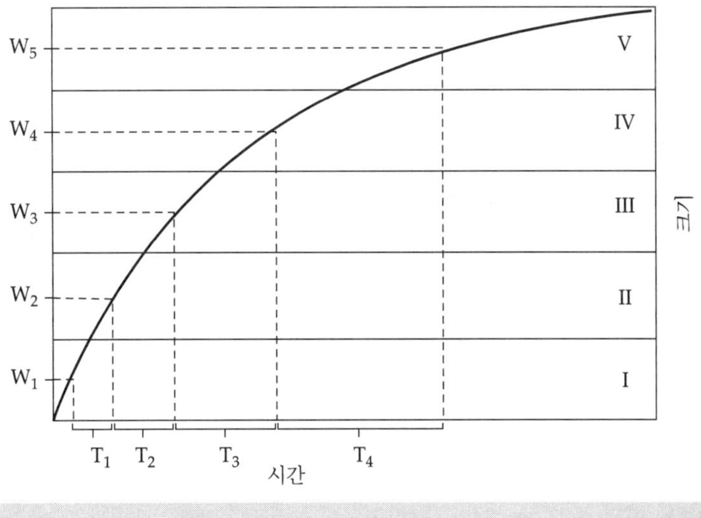

종속영양 미생물

미생물의 에너지 사용은 항상 개체군으로 측정된다. 박테리아와 원생동물의 생산을 결정하기 위한 방법은 개체군 동태를 측정하기 위해 사용된다. 배양에서 세포 생식은 측정되고 각 개체의 무게를 곱하면 된다. 방사선으로 표식된 물질을 미생물에 공급하고 세포에 결합된 것을 측정한다(단원 4.310)

물질균형식의 매개변수는 실험실에서 한정된 배지에서 생장시키는 배양에서 측정될 수 있다.

- 생물량 생장으로부터 생산성
- 물질 흡수로부터 동화 또는 미량요인으로부터 동화
- 산소의 사용(호흡) 또는 이산화탄소 증가로부터 대사손실

생산과 호흡(대사적 소실)을 안다면 미생물 생체량으로 **유기물질의 변형 효율**(K_2)을(%) 계산할 수 있다.

$$K_2 = (P/A)100 = (P/(0000P + M))100$$

P는 생산, A는 동화 그리고 M은 대사손실이다. 약 25%의 효율은 박테리아의 자연 개체군에서 측정될 수 있다(Sorokin and Kadota 1972). 소비된 25%의 에너지는 생물량으로 변화되고, 75%는 호흡을 통해 손실된다.

동물

에너지균형식은 부분적으로 이용될 수 있는 입자성 유기물질을 섭취하는 동물에게 사용된다.

$$P = I - F - R - E$$

I는 **섭취**이며, 섭취된 유기물질(에너지, 탄소)의 양이다. F는 **배설물**(사용되지 않은 먹이의 배설)이다. R는 호흡 손실, E는 분비손실이다. R과 E는 물질대사손실(M)로서 통합된 규칙이다. 동화(I)는 섭취와 배설간의 차이($I - F$)이다. 동화는 장벽을 통해 유기분자의 흡수를 말한다. 그것은 동물이 얼마나 많이 먹는가에 의존되며 섭취된 먹이가 소화될 수 있는가에 따라 결정된다. **동화 효율**은 소화율을 측정하여 계산한다.

$$AE = (A/I)100(\%)$$

배설물이 수집된다면, 동화는 섭취율과 배설물 생산량과의 차이로서 계산할 수 있다. 이것에 대한 예는 *Asellus aquaticus*에 대한 에너지 균형의 개발이다. 작은 원반은 잎을 자른 것이고, 무게를 측정하고 동물에게 공급한다. 잎 원반은 실험 마지막에 다시 무게를 측정하고 섭식된 잎의 양을 결정한다. 많은 배설물은 수집하고 무게를 측정한다. 에너지 단위로서 에너지량과 동화는 잎 원반과 배설물을 태워 계산한다. 먹이와 배설물의 상대 회분량으로부터 동화율을 평가할 수 있다. 그것은 단지 유기부분이 소화될 것이고 배설물 속에 회분의 높은 비율이 남아있기 때문이다. 배설물이 충족시키지 못한다면, 지각류의 동화율은 ^{14}C로 표식된 먹이가 체조직에 결합된 비율을 측정한 것이다. 이것은 매우 민감한 방법이지만, 호흡된 $^{14}CO_2$

에 대한 정확성을 요구한다(Peters 1984).

대사손실은 보통 **호흡**(O_2 소비)으로서 결정된다. 완충된 물에서 이산화탄소 배출을 측정하기가 어렵다. 그것은 중탄산염과 탄산염의 큰 풀에서 변화가 거의 없기 때문이다. **호흡지수**(*RQ*)는 소비된 산소(mol)에 대한 이산화탄소(mol)가 얼마나 많이 유리되는가로 나타나며, 그것은 산소가 이산화탄소로 전환되는 양을 측정하여 사용한다. RQ는 호흡된 물질의 종류에 의존되며 지질의 호흡은 0.7이고 탄수화물의 호흡과 지질의 합성은 1.1이다(Lampert 1984).

대부분의 동물은 개체들의 에너지균형 평가를 위해 충분히 커야 한다. 생산은 몸의 생장과 생식으로 나누어진다. 생장과 생식에 대한 에너지 할당은 중요한 매개변수며, 생활주기 전략의 진화를 통해 최적화될 수 있다(단원 6.8.2). 일부 동물은 그들의 전체 생애동안 생장하고 생식에는 일부분만 투자한다. 요각류와 같은 다른 동물은 성적으로 생장한 후에 생장은 전혀 없다. 그러므로 그들은 전체 2차 생산은 산란에 투자를 한다.

에너지 이용효율은 섭식 먹이량이나 동화된 에너지와 연관된다. 총효율은 다음과 같다.

$$K_1 = (P/I) \times 100(\%)$$

이것은 소화에너지비율로 나타내며 생산으로 진행된다. **순효율**(%)(K_2; 미생물로 계산)은 동화에너지의 비율로 나타내며 생산을 위해 이용될 수 있다.

K_1 값은 어류양식을 통해 많이 보고되었으며, 그것은 양식되는 어류가 얼마나 많은 먹이를 필요로 하는가를 알려주기 때문이다. K_1 값은 먹이를 얼마나 잘 동화시키고 소화시키는가에 크게 의존되며 그러므로 그것은 상당히 변화가 심하다. 일반적으로 그 값은 10~15%의 범위이며, 때로는 실험실 조건보다 더 높을 수 있다. K_2 값은 먹이의 질과 량에 의존된다. 수생동물은 양질의 먹이에 의해 70% 이상 K_2 값을 높일 수 있다. 그러나 대부분의 경우에 그 값은 30~40% 범위이다(Winberg 1971). Winberg(1971), Grodzinski et al.(1975)와 Zaika(1973)이 요약을 하였다. 그림 4.27은 연안지역 지각류 *Simocephalus*의 누적에너지 예산을 나타낸 것이다. 모든 에너지 예산의 매개변수는 이 그림에서 초과시간을 합친 것이다. 9일째 성적 성숙에 도달한 후에 동물은 전적으로 생식에 에너지를 투자한다. 일부 다른 유형의 동물에 대한 예는 표 4.2에 있다. 이런 비교는 에너지 이용이 얼마나 다른가를 보여준다. 지각류 *Daphnia magna*는 여과 섭식자로서 최적 먹이와 온도 조건에서 가장 높은 효율성을 나타낸다. 절지동물의 지각류 *Hyalella azteca*는 퇴적물의 표면에 있는 쇄설물을 섭식하며, 가장 낮은 효율성을 나타낸다.

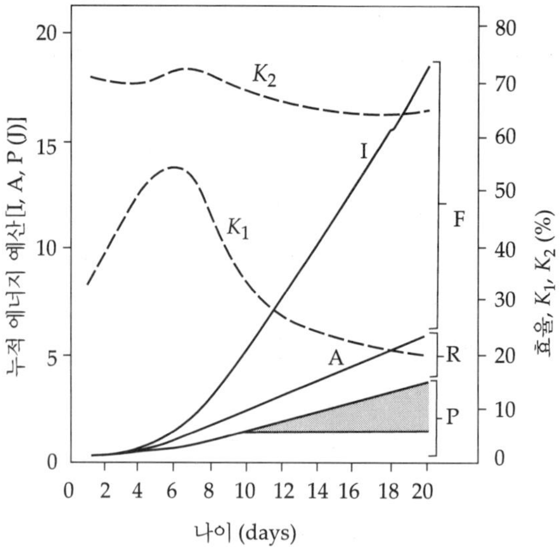

그림 4.27 지각류 *Simocephalus vetulus*의 일생 중에 첫 20일 동안 누적 에너지 균형. I, 섭식; A, 동화; F, 배설; R, 호흡손실; P, 생산. 검은 부분은 생식에 투자된 생산의 비율은 나타낸 것이다. K_1과 K_2의 효율은 실선으로 나타낸 것이다(Klekowski and Duncan 1975).

표 4.2 *Daphnia magna*(먹이: 녹조 *Scenedesmus acutus*), 하천성 농어 *Perca fluviatilis*(먹이: 하수 참전물 벌레 *Tubifex*)(Klekowski 1973)와 절지동물 지각류 *Hyalella azteca*(먹이: 쇄설물)(Hargrave 1971)의 에너지 균형 매개변수.

매개변수	*Daphnia* (μg C ind^{-1}h^{-1})	*Perch* (J ind^{-1}h^{-1})	*Hyalella* (J ind^{-1}h^{-1})
섭식	0.90	392	0.220
배설	0.16	255	0.180
동화	0.74	137	0.040
대사손실	0.18	63.4	0.034
생산	0.56	73.6	0.006
AQ (%)	82	35.0	18.0
K_1 (%)	62	18.8	2.7
K_2 (%)	76	53.7	15.0

역치농도

섭식과 동화율은 더 낮은 먹이농도에서 가용 먹이의 양에 비례한다. 먹이의 최대 섭식은 **초기제한농도**(incipient limiting concentration) 이상이다(기능반응, 단원 4.3.2). 호흡률은 가용 먹이량에 약간 의존하며 동물을 아사시키더라도 결코 0에 도달하지 않는다. 초기제한 농도 이하에서 동물의 에너지 균형은 먹이량에 의존한다. 일부 먹이 농도에서 동물은 호흡할 때와 같이 같은 에너지량을 동화한다. 이런 관점에서 생산은 0이다. 그림 4.28은 여과 섭식자에 대한 설명이다. 먹이농도가 증가하면 섭식과 동화율도 증가한다. 동화율과 호흡률 곡선에서 교차점은 생산이 0인 곳이다.

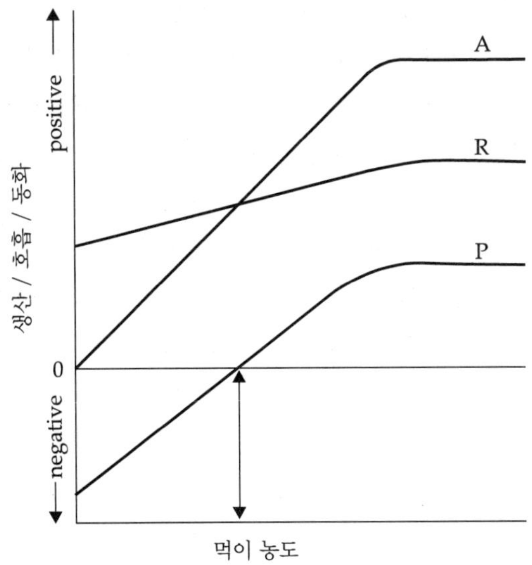

그림 4.28 여과섭식자의 동화(A), 호흡(R)과 생산(P)율에 대한 먹이 농도의 효과. 생산율은 A−R로서 계산된다. 화살표는 생산이 0일때 역치농도를 나타낸다(Lampert 1987b).

이 농도(역치)이상에서 동물은 생장하고 새끼를 생산한다. 반면에 이 수준 이하에서 무게는 감소하고 결국 죽게 된다. 역치농도는 개체의 생존을 위한 중요한 매개변수이며, 개체군 생장에 대한 최소먹이 농도이다. 개체군이 죽게 된다면, 역치농도는 개체에 대한 것보다 더 높다. 그것은 동물이 그들의 몸무게를 유지할 뿐만 아니라 개체군 소실에 대한 보상으로 충분히 생산한다. 가장 낮은 역치농도를 나타내는 종은 결핍 먹이 농도 이하에서 유리하다(그림 6.36).

섭식의 최적화

수렵섭식을 하는 것은 찾고, 다루고, 소화시키고 먹이의 생화학적 변화를 위해 값을 지불한다. 수렵섭식에 대한 상대적 값을 가능한 낮게 지불하도록 행동은 진화하는 것으로 예측할 수 있다. 다른 말로, 진화된 행동은 가용 먹이로부터 최대이익을 획득하도록 하는 것이다(Pyke *et al.* 1977). 많은 행동들은 육상 식물, 특히 새와 곤충을 대상으로 설명이 되며, 수렵섭식이 최적화 되어 있다. 담수에서 수렵섭식을 이와 같은 방법으로 설명할 수 있는 것은 거의 없다.

최적 에너지를 획득하기 위한 기회는 가장 좋은 피식자를 선택하는 것이다. 어류는 작은 것보다 대형 물벼룩 *Daphnia*로부터 더 많은 에너지를 획득할 수 있다. 충분히 큰 피식자가 있는 동안에 어류는 모여들고 작은 동물을 잡는 데 시간을 낭비하지 않는다. Wener and Hall(1974)는 개복치(sunfish)로 이것을 설명하였다. 그들은 *Daphnia*보다 3배 큰 무리를 어류에게 공급하였다. 어류는 배타적으로 가장 큰 크기의 무리를 섭식하였다. 이들 피식자를 만날 수 있는 시간은 0.5분 이하였다. 피식자를 만날 수 있는 0.5~5분의 시간 동안,. 그들은 두 종류의 가장 큰 크기 무리를 섭식하는 데 집중되었다. 대형 *Daphnia*가 너무 부족하여 어류가 그들을 찾을 수 있는 5분 이상 더 걸릴 때, 어류는 모든 크기의 무리를 섭식한다. 어류는 큰 먹이를 섭식하기 위해 더 긴 시간을 소비하지 않는다.

DeMott(1989)는 요각류 *Eudiaptomus*가 질이 높은 것과 낮은 조류 혼합물을 함께 공급하였을 때 비슷한 행동을 하는 것을 관찰하였다. 그러나 낮은 먹이 농도에서 선택 행동을 버리고 발견할 수 있는 모든 먹이를 섭취한다.

이동-섭취하는 하천성 어류는 흐름으로 그들에게 수송되는 먹이 종류(예, 곤충의 유충)에 의존한다(단원 4.2.5). 유속이 더 빠르면 빠를수록, 시간당 어떤 지점을 통과하는 피식자가 더 많다. 그러므로 어류는 유속이 느린 곳보다 빠른 속에서 더 많은 피식자를 만날 수 있다. 즉 다시 말해, 어떤 지점에 머물기 위해 강한 흐름에 대해 유영하는 것은 더 많은 에너지를 요구하다(단원 4.2.6). 어류의 시야가 제한되기 때문에, 유속이 증가하면 포획의 성공은 감소한다. 단위 시간당 포획된 피식자의 수가 가장 높은 곳은 유속이 최적일 때의 결과이다. Grossman *et al.*(2002)은 이동-섭식하는 피라미의 최적 유속을 예측하기 위한 모델을 개발하였다. 그들은 하천에서 피라미가 선호하는 서식처의 유속을 측정하여 그 모델을 검정하였다. 대부분의 경우에, 피라미는 모델에 의해 예측된 것과 같이 최적 에너지를 제공하는 서식처를 선택하였다.

포식자는 피식자를 포획하는 데 걸리는 시간을 최적화할 수 있다. 수생생물인 장구애비(water scorpion) *Ranatra dispar*는 흥미있는 예이다. *Ranatra*는 식물 위에 조용히 앉아 피식자가 지나 갈 때까지 기다리는 유령 사냥꾼이다. 그것은 피식자를 잡고 소화액을 주입시키고 체액을 빨아먹는다. 빨아먹는 과정의 초기에 *Ranatra*는 단위 시간당 많은 먹이를 섭취한다. 그러나 피식자의 체액이 흡입되고 비워질 때 단위 시간당 이익은 감소한다. 장구애비는 피식자를 기다려야 하는 시간과 피식자를 섭취하는 시간과의 관계를 최적화한다. 피식자의 밀도가 낮으면, 피식자를 기다리는 시간은 길어진다. 장구애비는 포획한 피식자의 체액이 완전히 비워질 때까지 섭취한다. 새로운 피식자가 자주 나타나면, 포획된 피식자를 부분적으로 흡입하며 오래된 먹이가 완전히 소모되기 전에 새로운 피식자를 잡는다. 이런 방법으로 폐기물이 많이 발생하지만, 각 피식자를 섭취하는 시간이 절반이 소요됨으로써 더 많은 에너지를 획득할 수 있다(Bailey 1986).

먹이가 부족할 때 함께 먹이 찾는 것을 포기하면 더 많은 이익을 볼 수 있다. 예를 들어, 여과-섭식 동물플랑크톤은 물의 흐름을 일으키고 여과 펌프로 흐름을 일으키는데 에너지를 지불한다. 입자 농도가 너무 낮아 수집된 먹이를 이동시켜주는 것보다 물을 펌프하는 데 더 많은 에너지를 지불함으로써, 여과 섭식자는 상황이 변화되는 시간을 점검하면서 실제 섭식을 멈출 것이다. 여과가 되지 않으면, 아사할 것이지만, 펌핑하는데 소모할 에너지가 있다면 아사율은 더 낮을 것이다. 이런 행동은 먹이 섭식율과 관계있는 기능적 반응 곡선의 선을 변경하게 되고(글상자 4.1), 예측지점(먹이 0에서 섭식 0)을 더 이상 통과하지 않을 것이고 먹이 역치값 이상에서 섭식은 시작될 것이다. 이런 역치 값은 해양 요각류에서 알려졌지만, 호수 플랑크톤은 없다(Muck and Lampert 1980). 그러나 *Daphnia*의 여과 다리의 운동은 다양한 조류 농도를 공급함으로써 관찰되며, *Daphnia*는 에너지 흡수를 최적화하기 위해 부속지의 운동률을 조절할 수 있다(Plath 1998). 여과 부속지의 운동이 산소획득을 위해 중요하기 때문에 완전히 여과하는 것을 폐쇄시킬 수 없다. 그러나 어느 정도 부속지의 운동률을 감소시킬 수 있다. 이것은 Chow-Fraser and Sprules(1992)가 관찰한 것으로서 Holling type III의 기능적 반응의 결과다(그림 4.13).

4.5 크기의 중요성

몸 크기는 가장 중요한 매개변수로서 생물의 생태적 및 생리적 특성을 결정한다. 많은 예들은 플랑크톤의 부유능력과 같은 것을 이 책에서 설명하였다(단원 4.2.6). 종간의 크기 차이는 크기-선택 피식을 통해 다른 치사율을 만든다(단원 6.5.6). 그들은 경쟁력의 차이를 만든다(그림 6.36). 크기는 지위 선택과 유사 종들의 공존을 위해 중요하다. Peter(1983)는 몸 크기의 생리학적 및 생태적 결과에 대한 많은 문헌을 정리하였다.

때로는 에너지균형식에서 각 매개변수의 크기 의존성이 결정된다(단원 4.4.3). 그것은 몸 크기가 생물의 에너지 균형에 큰 영향을 미치기 때문이다. 일부 놀랄만한 일정한 관계가 발견되었다. 예를 들어, 크기를 측정할 때 몸 길이와 같은 길이를 사용하고, 무게와 생리적 작용은 지수적 기능(상대 성장 기능)에 따라 설명될 수 있다.

$$F = aL^b \quad \text{또는} \quad W = aL^b$$

L는 길이, W는 무게이고, F는 어떤 생리적 활성이며 a, b는 상수이다. 지수 b는 2와 3 사이이다. 예는 그림 4.29에서 보여주고 있다.

직선의 표식은 2중 로그 축 위에 자료를 표식하여 나타낸 것이다.

$$\log F = \log a + b \log L$$

기울기(b)와 절편(a)는 선형회귀로 결정된다. 특이 경우(소화률 I)에 대한 공식은 그림 4.29에 있다.

$$I = 0.08L^{2.19}$$

개체의 무게는 길이 대신에 사용된다면, 지수적 기능은 다음과 같다.

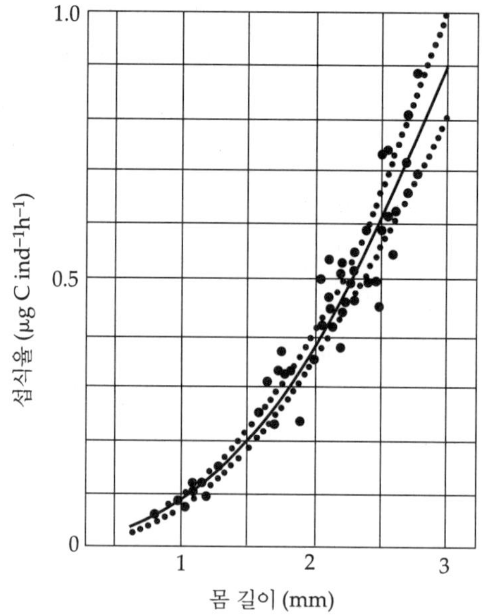

그림 4.29 15℃에서 *Daphnia pulicaria*의 섭식율에 대한 크기의 효과(먹이: *Scenedesmus obliquus*, 0.17 mg C l^{-1}). 각각 점은 동물 개체를 나타낸 것이다. 점선은 회귀선에 대한 95% 신뢰한계이다(Geller 1975).

$$F = aW^b$$

이 경우에 지수는 보통 1보다 작다. 그림 4.29에 주어진 예에서, 대응수식은(W는 μg임)

$$I = 0.015W^{0.74}$$

생리학적 비율은 단위 몸 무게당 비율(특이율)로 표현된다.

$$F/W = aW^{(b-1)}$$

우리의 예에서 얻은 것은

$$I/W = 0.15W^{-0.26}$$

이들 관계는 다른 종뿐만 아니라 종 내에서 다른 크기의 개체에서 유지된다. 이런 원리는 예시에서 설명된다. 20℃에서 수생동물의 다른 종의 호흡률은 몸 무게에 비교하여 표식 되었다(그림 4.30). 무게는 4배 이상으로서 윤충류가 약 0.2 μg이고 지각류가 약 1 *mg*이다.

이중로그 그래프를 표식할 때, 점들은 0.794의 기울기로 직선에 찍힌다. 0.8 mg 건조중량 이상의 모든 값들을 포함하는 공식은

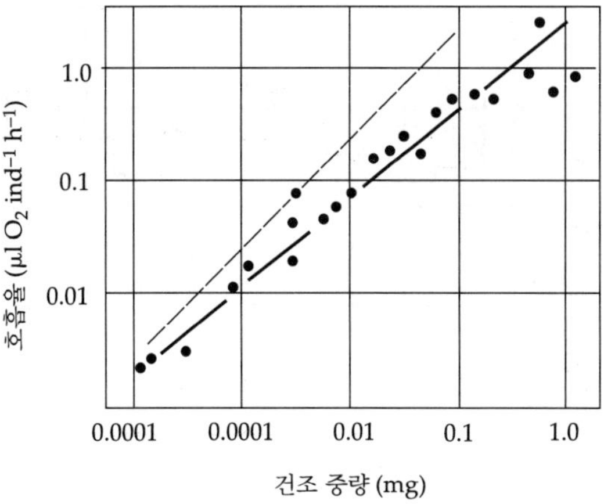

그림 4.30 20℃에서 여러 수생동물의 호흡률에 대한 몸무게의 효과. 선의 기울기는 0.794이다. 실선은 기울기가 1이다(Lampert 1984).

$$R = 3.04W^{-0.794}$$

다른 생리학적 매개변수는 0.75정도의 지수로 된 공식을 만든다. Peters(1983)는 이러한 여러 예를 제시하였다. 이런 관계의 생태적 중요성은 단위 생물량에서 큰 생물은 작은 생물보다 더 느린 대사율을 가지고 있다. 그러므로 그들은 자원을 덜 사용하지만 생장은 더 느리다.

그러나 이것은 일반적인 경향이다. 수배 이상의 자료가 2중 로그 그래프에 표식될 때 비슷한 크기의 생물들간의 차이는 쉽게 알 수 없다. 그림 4.30에서 점 들은 회귀선에 가깝지만, 절대값을 전환할 때 회귀선의 편차를 고려해야 한다. 3 μg 건조중량의 몸 무게에 대한 호흡률은 0.02~0.07 $\mu l O_2$ $ind^{-1}h^{-1}$의 범위이다. 좁은 크기의 범위 내에서 특별한 종의 대사율과 크기간에 음의 관계를 나타내지만, 그러나 때로는 종간에는 없다. 종간의 비교에서 실제 중요한 생태적 적응은 회귀선 주변에서 변이성으로 반영된다.

생태학적 요인은 신체 크기와의 경향을 보여준다. 예를 들어 작은 종은 큰 종보다 단위면적 당 밀도가 더 높다(Peters 1983의 다른 예시). Sheldon *et al*.(1972)은 해양 개방지역에서 흥미 있는 법칙을 설명하였다. 그곳에 살고 있는 생물의 무리를 무게에 따라 로그로 나누고 각 무리의 생물량을 계산할 수 있다면, 각 무리의 생물량은 결정된다. 고래의 크기로 분류되는 것과 같이 박테리아 크기 분류는 단위면적 당 생물량이다라는 것을 의미한다. 범위는 해양만큼 담수에서 크지 않지만, 이런 현상은 호수의 개방역에서 볼 수 있다. Constance호수에서 가장 작은 생물과 가장 큰 생물간의 크기 차이는 결코 10배 이상은 되지 않는다(그림 4.31).

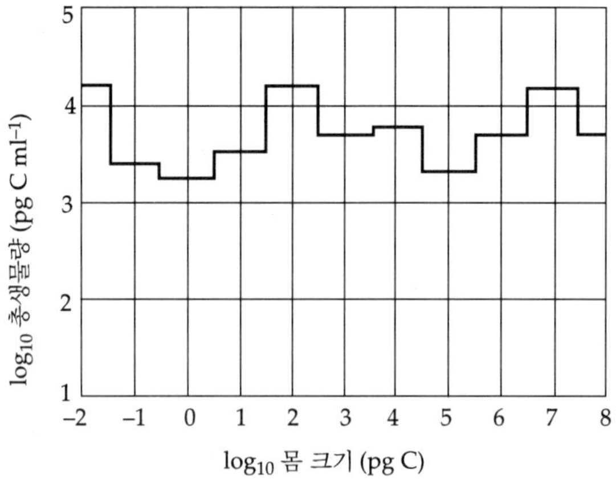

그림 4.31 Constance호의 호수 개방역에서 생물량의 크기별 분포(연간 평균)(Gaedke 1992).

복습문제

1. 수생생물의 분포에 대한 결빙의 내성은 왜 육상생물보다 덜 중요한가?

2. 깔따구류 중간유충은 호수의 퇴적물에서 중요한 동물이다. *Tanytarsus*속은 갈색인 반면에, *Chironomus*속은 높은 헤모글로빈 농도 때문에 붉은 색깔이다. 어떤 *Chironomus*속은 매우 부영양화된 호수에 서식하며, 왜 그들은 그곳에 서식하는가?

3. Stoke의 법칙을 그래프로 검토하시오. 침강속도에 대한 구형입자의 반경의 효과를 나타내는 그래프를 그려라. 물의 밀도가 1000 kg m^{-3}이고 점도가 1×10^{-3} Pa s라고 가정한다. 돌말류의 밀도가 1.20이고 비규산성 조류의 밀도가 1.03에 대한 그래프를 그려라. 반경이 5, 10과 20 μm인 돌말류의 침강속도를 계산하라. 비규산성 조류는 같은 침강속도를 가지기 위해서 얼마나 더 커야 하는가?

4. 식물플랑크톤 종은 1 μmol l^{-1}의 인 흡수의 반포화상수를 가지고 있다. 인의 농도가 얼마일 때, 최대흡수 속도가 10%, 30%와 90%를 나타낼 수 있는가?

5. 많은 식물플랑크톤 종의 인 제한 생장의 최소 세포 할당량은 크기에 크게 의존한다. 이러한 변이는 만약 세포 할당량이 단위 생물량당 인 농도로서 표현된다면 감소될 수 있다. 예를 들어 생물량의 크기를 탄소로 하면 세포 할당량이 탄소 원자 당 약 0.001 인 원자이다. 이런 조류가 μ_{max}의 90%를 이루기 위해서 세포 할당량은 얼마인가?

6. 식물플랑크톤 개체군은 생장이 안정상태에 도달할 때까지 연속 배양장치에서 배양하였다. μ_{max}가 1.4 d^{-1}이고 k_s가 0.1 μmol l^{-1}이다. 희석률 0.1, 0.3, 0.7과 1.0 d^{-1}에서 배양용기에 남아있는 용존 인의 농도는 얼마나 높은가?

7. 식물플랑크톤 종은 다음의 주요기점에 의해 특징적인 *P-I* 곡선을 나타낸다. 10에서 보상점, 포화계수 100, 500 μE $m^{-2}s^{-1}$에서 광 억제 시작. 다음의 호수에서 보상점 깊이와 최적 광합성 범위의 깊이를 계산하시오.

(a) 빈영양호, 소멸계수 0.2 m^{-1}

(b) 중영양호, 소멸계수 0.5 m^{-1}

(c) 부영양호, 소멸계수 1.5 m^{-1}

8. 홍색세균과 녹색황세균은 그들의 광합성률이 더 높은 광 세기에서 더 높지만, 부영양과 부분순환호의 진광층보다 더 낮은 층에서 생장하는가?

9. 화학무기독립영양 황세균 *Beggiatoa*는 침전물 표면에 얇은 층의 밀도 메트를 자주 생성한다. 이런 메트는 어떤 화학 조건 상태인가? 그들은 왜 그렇게 얇게 만드는가?

10. 박테리아의 종속영양 포텐셜은 방사선 표식 포도당의 흡수를 측정함으로써 평가된다. 이것은 종속영양 박테리아의 실제 생산과 왜 일치하지 않는가?

11. 섭식실험에서 *Daphnia*는 4500 dpm/mg C의 특이 활동으로 방사선으로 표식된 조류를 섭식한다(dpm = 분당 방사선 붕괴량, 방사선량 측정). 각 *Daphnia* 개체는 10분 동안 방사선 표식 먹이를 여과할 수 있다. 일련의 먹이 농도는 다음과 같이 얻을 수 있다.

조류농도	dpm/*Daphnia*개체
0.1	145
0.2	300
0.5	400
1.0	390

각 먹이농도에 대한 *Daphnia* 여과율을 계산하시오. 여과율에 대한 조류 농도 효과를 그래프로 그려라. *Daphnia*의 최대 여과율은 얼마인가? *Daphnia* 여과율에 대한 개시제한농도(mg C/l)는 얼마인가?

12. 요각류에 있어 섭식율과 소화율은 몸의 크기에 따라서 함수적으로 증가한다. 2.5 mm의 *Daphnia*의 소화율은 3 μgC $ind^{-1}h^{-1}$로 측정된다. 길이와 소화율 관계가 2.3 지수로 가정하고, 2 mm인 *Daphnia*의 소화율을 계산하시오.

13. 많을수록 항상 좋은 것은 아니다. 대발생이 시작되는 시기에 영양-충분 조류의 더 작은 생물량을 섭식하는 동물플랑크톤 보다 대발생의 소멸기에 있는 영양-제한 조류의 많은 생물량을 섭식하는 동물플랑크톤이 생장이 왜 더 악화되는지를 설명하라.

14. 0.7mg 건조중량인 지각류의 호흡률은 0.09 μmol O_2h^{-1}로 측정된다. 0.1 mg 건조중량인 미성숙 동물의 호흡율을 계산하라.

15. 5월에 양어장에 1세 잉어(각 20 g) 2500마리가 있다. 양어장의 물을 10월 31일에 뺄 때, 평균 250 g 무게인 1600마리가 있었다. 개체의 생장률, 생산율과 총생산을 계산하라. 생장 기간 동안 어류에 의해 소비된 먹이의 양을 평가하라.

CHAPTER 5

개체군

5.1 개체군의 특징

자연선택은 개체에 의해 수행된 표현형으로 작용한다. 그러나 분명한 것은 진화는 개체수준에서 일어나지 않는다. 자연선택이 일어나기 위해서는 자신들 특징과는 구별될 만한 개체들의 모임이 있어야 한다. 보통 주어진 시간에 특정 공간을 차지하고 있는 한 종의 무리를 **개체군**이라고 부른다.

개체군의 정의는 관찰자의 목적에 따라 다양할 수 있으므로 단순하지 않다. 이론적으로는 한 개체군에 속하는 종의 모든 구성원을 의미하지만 소규모 개체군의 집합으로 보는 것이 타당하다. 지역마다 개체들의 무리는 다른 자연선택을 심하게 강요받을 가능성이 높기 때문이다. 그래서 같은 **생식계**나 **유전자 풀**을 가지고 있는 개체군을 하나의 개체군으로 정의하는 것이 보다 정확하다 하겠다. 따라서, 가장 우선적으로 해야 할 것은 그것들이 이론적으로 가능한 것인지 또는 실제로 이종교배를 시킨 것인지를 알아보는 것이다. 예를 들어, 서로 다른 두 호수 안에 사는 어류들은 2개의 개체군으로 볼 수 있다. 설령 2개 호수에서 사는 어류 개체가 같은 종에 속하고, 어류 개체를 서로 바꿔 놓아도 쉽게 번식할 수 있다고 하여도 말이다. 그러나, 일반적으로 두 개체군은 이동할 가능성이 없다. 서로 다른 호수의 어류들은 서로 다른 생식계를 만들기 때문에 독립적인 개체군으로 보아도 무방하다. 여기에서 이해하여야 할 중요한 두 가지 점이 있다.

- 개체군은 완벽히 닫혀져 있지는 않다. 일반적으로는 개체군 사이에서 어느 정도 유전자 확산이 존재한다.
- 개체군에 의해 발생되는 공간은 종의 크기와 움직임에 달려있다.

개체군의 크기는 개체군을 정의하는 중요한 변수이다. 예를 들면, 작은 연못의 무리에서, 그 연못들마다의 개체군을 가지고 있다. 대부분의 개구리는 번식을 위해

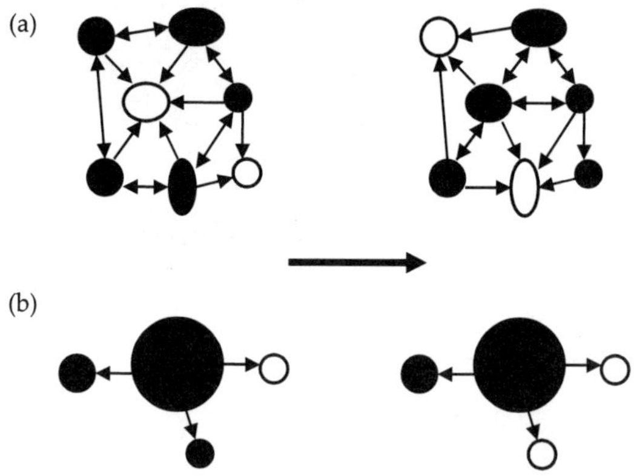

그림 5.1 정해진 시간에 두 가지 타입의 거대집단의 구조의 단계적 발전. 흰색과 검은색 지역은 격리된 다른 크기의 수체와 공간적 배열을 보여준다. 흰색 지역은 실제 지역적 멸종으로 인해 서식하지 않은 반면 검은 색은 어떤 종이 서식하는 곳이다. 작은 화살표는 군체화 과정을 보여준다. (a) 수많은 작은 연못이 퍼져있는 고전적(Levins) 거대 개체군, (b) 크고(핵심) 인접한 연못을 갖는 핵심 위성 거대개체군

서 그들의 고향의 연못으로 돌아간다. 이런 경우, 연못 사이에 약간의 교류가 있었을 지도 모른다. 날 수 있는 곤충(잠자리)과 같은 표본을 생각해 보면, 그런 종은 연못에 상관없이 하나의 개체군으로 보아도 맞을 수 있다. 이러한 연못들을 방문하는 오리는 앞서 말한 잠자리보다 더 큰 범위를 가지는 하나의 개체군으로 볼 수 있다. 육수학에서 그 차이는 분명하다. 물과 공기 사이의 경계는 종들을 분리시키고, 각 유체 안에서 분리된 개체군들이 번식하게 한다.

비록 호수와 연못은 떨어진 섬이란 특성을 가지고 있긴 하지만, 연못 사이에서 움직일 수 있는 유기체의 개체군(양서류, 날 수 있는 곤충)이나 분산할 수 있는 메커니즘(단원 5.8)을 가지고 있는 개체군은 종종 상호연결을 하거나 지리적 측면에서 더욱 큰 **메타개체군**을 만든다(Harrison and Tylor 1997). 예상되는 메타개체군은 두 가지가 있다. 지역고유종의 멸종 위험성이 큰(연못이 메말랐을 때)것과 작은 수역(연못, 바위 사이의 작은 웅덩이)은 고전적인 메타개체군을 형성할 수 있다(그림 5.1a). 지역고유종의 멸종은 무작위적일 수 있지만, 재착생은 가까운 수역에서 나타날 수 있다. 이러한 이유로, 지역적이고 상호연결된 개체군의 존재는 종의 지속을 보장해준다. 물론, 여기서 말하는 종의 지속은 지리학적 개체 구조가 변할 수 있는 먼 미래가 아닌 1년 안에 한에서다. 다른 한 가지는 중심과 변두리(core-satellite) 개체이다(본토와 섬)(그림 5.1b). 이는 종의 멸종이 우연히 일어나지 않는 크고 영구적인 호수와 주변에 있는 작은 수역으로 이루어져 있다. 만약 작은 수역에서 멸종이 일어난다면, 재착생은 큰 호수에게 전파될 것이다. 이렇게 유전자 확산은 소규모에서 대규모로 흘러가지만, 핵심 개체에는 별다른 영향을 끼치지 않는다.

Berendonk(2002)는 많은 호수와 연못이란 같은 지역에 살고 있는 두 개의 곤충 종을 포함한 두 개의 개체군 모델을 제시했다. 상대적으로 몸집이 큰 유충인

*Chaoborus crystallinus*는 물고기가 있으면 살아남을 수 없다. 왜냐하면 그들은 물고기가 선호하는 먹잇감이기 때문이다. 암컷 유충은 물고기의 냄새를 그들의 발에 있는 수용체로 탐지할 수 있기 때문에, 암컷 유충은 그들의 알을 물고기가 살 것 같은 의심적인 물에서 산란하는 것을 피할 수 있다. 그 곤충들의 유충들은 물고기가 살 수 없는 작은 연못에 산다. 보통 그런 연못은 가끔 마를 수 있거나 산소부족상태인 연못이다. *Chaoborus crystallinus*은 고전적인 메타개체군을 형성하는 데, 그때 빈번한 멸종과 재착생을 반복한다. 특정 연못 안에서 관찰된 멸종과 재착생의 비율은 가까운 연못의 거리에 따라 다르나, 개개의 연못이 디딤돌 역할을 하기 때문에 전체 메타개체군은 다소 클 수 있다.

반면에, 몸집이 작은 *Chaoborus flavicans* 유충은 일주 수직운동(그림 7.12)을 함으로써 어류와 공존하며 살 수 있기 때문에, 깊은 호수에 산다. 이 유충은 때때로 가까운 작은 연못에서 발견되기도 하는데 그럴 경우 대부분 멸종한다. 이 연못의 개체군은 여러 연못들의 근본이 호수이기 때문에 일반적으로 호수의 개체군과 비슷하다. 그 개체 구조는 중심-변두리(core-satellite) 메타개체군과 비슷하고, 지리적인 메타개체군의 크기는 거리에 의해 제한된다. 그 거리는 오래 살지 못하는 곤충이 그들의 알을 낳을 수 있는 거리이다.

심지어 이 생식계에서 개체군의 개념은 완벽하지 않다. 깨끗한 물에서는 대다수의 종들이 양성으로 서식하는 경우는 드물다. 그들은 단위 생식이나 분할을 통해 번식한다. 돌연변이의 효과를 제외하고, 그러한 유전자 풀은 유전적 재조합보다는 유전적으로 동일한 많은 수의 클론들로 이루어져 있다. 실용적인 측면에서, 비록 그들이 교배를 할 수 없을지라도 우리는 보통 이 클론을 단일 종으로 본다. 이런 환경 속에서, 가령 일주 수직운동능력과 같이 특정 부분에서 차이가 나는 아개체군(subpopulations)이 발생한다.

개체군은 많은 개체를 구성하기 때문에, 개체의 전체와 관련 있는 그들만의 특징이 있다.

- 그들은 변할 수 있는 크기와 밀도를 가지고 있다.
- 그들은 표현형이나 유전형의 변화가 일어날 수 있다.
- 그들은 그들만의 연령 구성을 가질 수 있다.
- 그들은 특정한 공간 분포의 패턴을 가지고 있다.

5.2 개체군 크기 조절

5.2.1 현존량의 변동

생태학자들은 보통 개체군을 '일정한 물 면적이나 체적에 존재하는 생물의 밀도'라고 용어를 정의한다. 그와 반대로, 유전학자들은 '개체군에 속한 총 개체수'로 표현한다. 미생물의 경우에 개체군에 속한 모든 개체에 똑같이 적용되는 간단한 측정방법으로 추정할 수 있다. 마치 바이오매스(건조중량, 탄소, 세포 부피)나 식물플랑크톤 측정을 위해 엽록소 같은 측정 변수를 사용하는 것과 같다.

개체군의 현존량은 시·공간적으로 변한다. 전형적인 시간적 패턴은 오랜기간 동안 증가하거나 감소하는 다소 일정한 수준의 변동인 순환적인 진동(oscillation)과 낮은 수준으로 살고 있던 개체군이 가끔 폭발적으로 증가하는 등의 불규칙한 변동을 포함한다. 따라서, 자주 그리고 오랜기간 동안 관찰하는 것은 실제 개체군 발달을 예측하는 데 필요하며, 이것은 생태학의 중요한 측면이다(Edmondson 1991).

온대지역에서 식물플랑크톤의 밀도는 계절에 따라 4배 이상 변동할 지도 모른다. 매년 식물플랑크톤 밀도의 최대 또는 평균치는 오랜 기간에 걸쳐 본 결과 비교적 일정하거나 일정한 패턴의 경향을 보여준다(예, Constans 호수에서 1981년 이후 *Rhodomonas minuta*, 그림 5.2). 지각류와 윤충류 같은 동물플랑크톤의 개체밀도는 매년 비슷한 변화를 나타낸 반면에, 플랑크톤성 박테리아는 뚜렷하게 더 작은 변동을 보인다.

수명이 긴 종(고등식물, 물고기, 홍합)은 보통 연간 범위로 변동한다. 수명이 긴 종은 여러 해 동안 사는 것으로 구성되기 때문에, 이것은 변동 주기가 심한 년도와 변동 주기가 심하지 않은 해에 대해 보상을 한다. 예를 들어, 갈대는 1872년에는 오

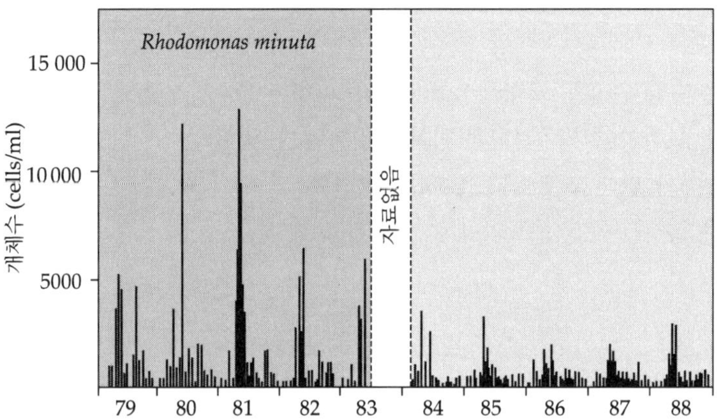

그림 5.2 Constance 호수에서 식물플랑크톤 *Rhodomonas minuta* 현존량의 장기 변화. 농도는(cells/ml^{-1}) 수심 20 m의 평균치

로지 Neusiedl 호수(헝가리와 오스트리아 국경 지역)에서 고립된 위치에서만 발견되었다. 하지만, 갈대는 점점 퍼지고 결국 오늘날 호수의 절반을 갈대의 밀집된 개체군이 차지하고 있다.

5.2.2 현존량의 변화기작

개체군 변동의 패턴과 비율로부터 개체군의 변화의 원인을 확인하는 것은 쉽지 않다. 관찰기간동안에 일정한 개체군의 밀도는 그들의 현존량 변화가 매우 느리다는 것을 의미할 수 있다. 만약 갈대가 몇 년만 관찰되었다면 그 미세한 변화는 관찰할 수 없었을 것이다. 물론 개체군은 매우 역동적으로 변화할 수 있지만 만약 개체군의 증가와 감소가 균형상태에 있다면 변화하지 않는 것처럼 보일 수도 있다. 이것은 박테리아 플랑크톤의 비교적 작은 변동의 원인이라 할 수 있다.

가장 중요한 개체군 증가의 과정은 번식으로서, 다세포성 종의 새로운 개체의 출생이나 원생생물의 세포분열 등이 있다. 또한 개체군은 외부로부터 유입된 개체를 통해 증가될 수 있다. 이 과정은 능동적인 이주일 수도 있고, 수동적인 수송일 수도 있다. 여기서 유입이란 원래 개체수에서의 이주를 말한다. 개체는 태어나고 안으로 들어오고 밖으로 나갈 뿐만 아니라 죽기도 한다. 생태계에 다양한 죽음의 원인들이 존재하는데, 예를 들어 포식자에 의해 먹히거나 질병에 의한 죽음, 배고픔, 치명적인 화학물질이나 물리적인 환경요인이 있다. 또한 다세포 생물은 환경적 조건과 관련이 없는 노령화로 인해 죽을 수 있다. 하지만 이것은 원생생물에서는 일어나지 않는다.

5.2.3 개체군 성장률

우리는 단원 4.3.3에서 성장률을 자연조건에서 유기체의 활동을 특징짓는 방법으로 소개했다. 생장률의 개념은 개체의 유동성을 설명하기 위해 쓰이는 매우 중요한 것이기 때문에 이것은 명확히 정의해야만 한다. 다세포생물에서 수(개체수의 증가)와 개체 자체의 몸 크기 성장(단위 시간당 무게 획득)을 설명하기 위해 성장률이란 개념을 사용한다. 성장률은 보통 사용이란 측면으로부터 그 의미가 명확해진다. 그래서 대부분의 저자들은 몸집이나 개체군 성장에 대한 정확하게 언급하는 것을 자제한다.

동물학자들은 일반적으로 증가와 감소의 결과로 얻는 순수한 변화치를 의미하는 데 성장률을 사용한다. 반면에 배양(cultures)의 영역을 다루는 미생물학자와 식물플랑크톤 학자에게, 성장률은 번식 비율과 동일시한다. 왜냐하면 미생물이나 식물플랑크톤은 포식자가 따로 없는 배양이라 무시해도 될 죽음만이 존재하기 때문이다. 식물플랑크톤 학자는 총성장률 개념을 사용해 생식율과 순성장률로 관찰된 변화로 해석하려 한다.

오늘날 개체 성장률은 일반적으로 상대적인(동의어: 1인당 특정한) 생장률을 의미한다. 이것은 단위 면적 또는 부피당 개체수가 아닌 한 개체당 번식된 개체의 수로 표현되는 개체군의 시간 변화를 나타낸다. 1에서 2로의 증가는 1000에서 2000으로의 증가와 같은 성장률이라는 뜻과 같다. (순수) 성장률은 다음과 같이 말할 수 있다.

$$r = \frac{\mathrm{d}N}{\mathrm{d}t}\frac{1}{N}$$

t는 시간이고 N은 표면적 또는 부피당 개체 수이다. 이것은 t^{-1} 차원을 가지고 있다.

증가와 감소에는 두가지 다른 유형이 있다. 다세포성 유기체는 일련의 후손을 만들고 죽는다. 그러나 단세포성 유기체들은 분열에 의해 만들어지고 잠재적으로 불멸한다고 볼 수 있다. 이는 개체 성장률 언급에 있어서 두 가지의 다른 용어 사용을 나타낸다.

- 동물학적인 전문 용어

  $r = b - d$ (b는 출생률, d는 사망률)

- 미생물학-플랑크톤학적인 전문 용어

  $r = \mu - \lambda$ (μ는 총 생장률 그리고 λ는 손실 비율)

이로부터 얻어지는 **순성장률**은 긍정(증가)과 부정(감소) 둘 중 하나가 될 수 있다.

만약 개체군이 끊임없이 증가하는 비율에서 증가한다면, 이 크기는 초기의 크기, 시간 간격, 그 성장률에 기반을 둔 미래 시간으로 계산될 수 있다. 만약 개체군이 별개의 단계로 자란다면, 성장은 기하학적으로 표현될 것이다.

$$N_t = N_1(1 + R)^{(t-1)} = N_1(N_2/N_1)^{(t-1)} \ldots N_t$$

예를 들어 출생이 1년 중 특정한 시기에 일어나거나 일정한 시간 간격에서 동시에 일어난다면 이 공식은 쓰일 수 있다. 그리고, 각 시간 간격마다 현재 개체군 수에 특정 비율만큼 개체군은 증가한다. 이 지수들 중 시간 지수는 두 종류의 번식 기간 사이의 시간들의 합인 정수가 되어야 한다. 또한, 이 공식은 오로지 분명하게 구별될 수 있는 분명한 세대들(여기서 세대는 집단을 말한다 = cohorts) 안에서 유기체가 성장한다는 전제조건이 필요하다. 이에 대한 예시로 1년마다 한 세대를 낳는 어류나 곤충, 오랜 성장 기간이 필요하고 1년마다 세대 겹침이 일정한 동물(요각류와 같은 수생동물) 등이 있다(단원 5.2.6).

출생과 죽음은 무작위하게 일어나기 때문에 개체군 성장에 있어 따로 별개의 주기가 존재하지 않는다. 그래서, 개체군의 변화는 기하학적으로 연속된 계단 형의 곡선이기보단 부드러운 지수 곡선으로 표현된다.

$$N_2 = N_1 e^{r(t_2 - t_1)}$$

지수적인 개체군 곡선은 현존량의 로그 변형을 통한다면 평평한 직선함수로 나타낼 수 있다. 그래서, 이 개체 성장률은 로그로 표현될 수도 있다.

$$r = (\ln N_2 - \ln N_1)/(t_2 - t_1)$$

주어진 개체 밀도의 값이 2배가 되는 시간인 배수기(Doubling time)은 번식이 구체적으로 얼마만큼 변했는지 시각적으로 보여주는 수단으로 빈번하게 사용된다. 2의 자연로그는 0.69이기 때문에, r의 0.69 d^{-1}은 하루에 개체군 수가 두배가 되는 값을, r의 -0.69 d^{-1}은 하루에 개체군 수가 절반이 되는 값을 의미한다. 여기서 증가한 개체군의 배수기(t_d)는 $\ln 2/r$이다.

5.2.4 지수와 로지스트형 성장

만약 순 성장률이 항상 음수값이라면, 개체군은 계속적으로 존재할 수 없다. 이는 오늘날 생물이 생존하기 위해서, 특정한 환경안에서 성장률 증가를 할 수 있는 능력을 갖춰야 함을 말한다. 즉, 죽거나 이주(export)를 통해 잃은 자손보다 좀 더 많은 자손을 생산해야 한다는 것을 의미한다. 성장률이 일정하다면, 현존량은 점차 가파른 지수 곡선으로 표현된다. 이렇게 확실하게 느리게 성장하는 생물은 결국 그들의 서식지가 수용할 수 있는 개체수를 넘게 될 것이다. 그래서 무한한 지수 곡선을 가지는 것이 불가능하다. 지수적 성장은 오로지 특정한 상황에서 잠깐 일어난다. 예를 들어, 새로운 경쟁자가 없는 환경에서의 번식, 재앙에 있었던 서식지의 재착생, 미생물의 주입식 집단배양과같은 것들이 여기에 포함된다. 일반적으로 제한된 자원 때문에 개체군 밀도는 한계점이 존재하게 되는데, 이것을 개체군의 **수용능력**(carrying capacity)이라고 한다.

수용능력 안에서 개체군을 유지하는 방법은 두 가지가 있다.

- **밀도독립적 조절**: 이것은 지수적 성장이 개체 밀도에 영향을 주지 않는 외부 요소에 의해 방해되었을 때 발생한다. 이러한 요소들은 개체군에게 환경저항이다. 왜냐하면, 이 요소들은 물리적 환경(온도, 호수 순환 안에서의 환경, 홍수로 인한 물의 혼합, 가뭄) 안에선 급격한 변화를 주거나 급격한 화학적 변화(독소와 같은)를 준다. 개체군과 상관없는 요소에 의한 개체군의 조절은 오직 개체군의 수용능

력으로 자신을 지킬 수 있을만한 적당한 환경저항이 빈번하게 발생했을 때에만 가능하다. 따라서, 이 개체 조절은 문제가 있는 서식지에서 일어나므로 중요하다. 그러나, 개체군과 상관없는 개체 조절은 환경저항이 무작위하게 일어나므로 거의 일정한 개체 수준을 만들어 준다.

- **밀도의존적 조절**: 증가하는 개체군의 순 성장률을 감소시키는 조절 매커니즘을 밀도 의존적이라고 부른다. 이 매커니즘은 개체군의 번식율이나 사망률에 영향을 준다. 점점 늘어나는 개체군에 비해 부족한 자원은 사망률(굶주림, 낮은 수명)뿐만 아니라, 번식율(제한된 자원)을 줄인다. 또한, 높은 개체밀도가 기생이나 병에 대한 높은 위험성, 또는 포식자의 주 먹잇감으로의 식성변경으로 작용 등이 사망의 주요 원인이다. 이 기생과 포식자의 효과는 보통 절대적인 밀도와 관계가 있는 반면에, 자원 조절의 효과는 보통 개체군 풍부도와 수용능력의 관계와 상관관계가 있다. 추가로, 유동적인 동물들의 밀도 조절은 이주 또한 포함한다.

밀도의존적 요소는 진짜 조절자로서 보여질 수 있다. 왜냐하면 이 요소들은 수용능력에 가까운 개체 현존량을 유지하기 때문이다. 만약 개체군이 이러한 수용능력을 초과한다면, 성장률은 음수가 되고 결국은 개체군은 감소한다. 똑같이 수용능력에 미치지 못하면, 성장률은 양수가 되고 개체군은 증가한다. 양과 음의 성장률의 값은 수용능력와 개체군의 밀도간의 거리에 관계가 있다. 밀도 의존적 조절의 가장 단순한 수학적인 표현은 단원 4.3.3에서 소개한 로지스트형 성장 곡선이라고 할 수 있다. 대부분의 자료에서, 종의 수학적 지수인 r은 0에 가까운 개체군 밀도에서 (최대) 성장률을 나타낸 것이다. 또한, 즉각적인 순 성장률을 의미하는 r 사용의 일관성을 위해 r_{max}를 여기에 사용한다.

$$\frac{dN}{dt} = r_{max} N(K-N)/K \quad 또는 \quad N_t = \frac{K}{(1+[(k-N_0)/N_0]e^{-r_{max}t})}$$

개체밀도와 순 성장률 사이의 반비례적 피드백 가끔 **시간지체**(time lags)를 포함한다. 예를 들어, 낳은 알의 개수는 이용 가능한 자원에 의지할 수 있으나, 그 후손은 특정 성장기가 지나야 자원을 이용한다. 또한, 개체군은 먹을 수 있는 자원보다는 자손을 만들어내는 것에 중점을 둘 지도 모른다. 그렇게 된다면, 개체군에게 필요한 먹이는 개체군이 가지고 있는 먹이의 수보다 적게 되므로, 성장률은 점점 감소한다. 이런 시간 지체는 수용능력에 가까운 개체군의 규칙적이고 안정적인 진동을 유발한다(그림 5.3). 시간 지체는 이와 같이 표현될 수 있다.

$$\frac{dN_t}{dt} = r_{max} N_t(K - N_{t-T})/K$$

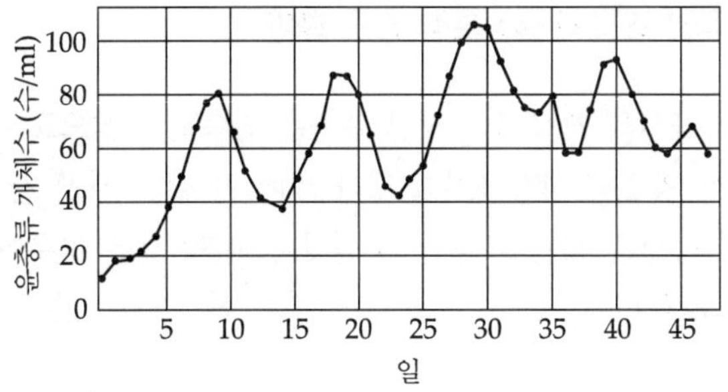

그림 5.3 매일 새롭게 일정량의 먹이를 공급한 배양계에서 윤충류 *Brachionus calyciflorus*의 규칙적인 개체군 변동(Halbach 1969).

T는 지체된 시간, t는 N이 측정된 시간대를 의미한다.

수용능력에 가까운 그래프의 진동은 지체된 시간 길이에 따라 결국 하향세를 보일수도 아닐 수도 있다(그림 5.4). 이처럼, 개체군 밀도는 외부 환경과 관계 없는 많은 변동의 유형을 겪을 수 있다. r과 T는 곡선의 모양을 파악하는데 있어서 중요하다. 같은 진폭을 가진 안정적인 진동은 rT가 $\omega/2$보다 클 때 발생한다. 짧은 시간 안에 가파른 꼭지점들을 가지는 곡선과 각 꼭지점 사이의 주기는 지체 기간이 길 때($rT \approx 2$) 일어난다. 이런 방식으로, 매우 적은 밀도를 가진 기간 동안 무슨 일이 일어난다면 개체군의 멸종을 일으킬 가능성도 있다.

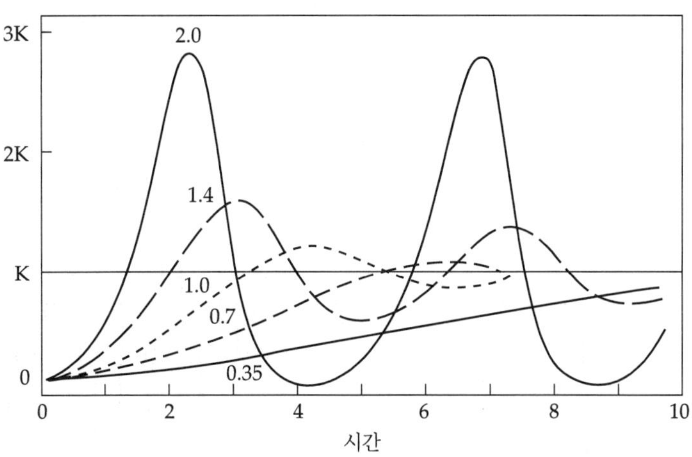

그림 5.4 지체기 T를 갖는 로지스트형 성장곡선에 의한 개체군 성장. 곡선은 $r_{max}T$의 다양한 생성을 보여준다. K는 수용능력(Hutchinson 1978).

5.2.5 밀도의존적인 조절의 결정론적 혼돈 발생

로지스트형 성장 곡선의 가장 전형적인 유형은 연속된 번식으로 추정되는데, 이는 밀도 조절이 없는 지수적 성장곡선과 같다. 번식이 같은 시간 간격으로 일어나는 개체군들의 성장 곡선은 계단 모양이 더 알맞다. 이와 같은 경우에, 로지스트형 성장 수식은 다음과 같다.

$$\frac{\Delta N}{\Delta t} = \frac{R_{\max}\mathrm{NK} - \mathrm{N}}{\mathrm{K}}$$

여기서, R은 단계별로 증가하는 상대 비율을 의미하는데, 만약 N이 무한히 작은 값이라면 $(1 - N_2/ N_1)$로 나타낼 수 있다. 그리고, 물고기와 수생 곤충처럼 깨끗한 물에 사는 대부분의 생물일 경우, 시간 간격의 길이(T)는 1년이다.

성장 곡선의 모양은 RT의 값에 따라 달라진다. $RT < 1$일 경우, 풍부도는 수용능력에 점차 가까워진다(그림 5.5). $1 < RT < 2$인 경우, K값을 경계로 값이 커지거나 작아지는 등 감쇠 진동(damped oscillation)을 보인다. $RT > 2$인 경우, 감쇠는 보이지 않으며, 두 개의 변곡점(Two attractors: one $< K$, one $> K$) 사이로 안정된 진동 패턴을 보인다. $RT > 2.449$일 경우, 시간에 따라 변하는 그래프는 더욱 복잡해진다. 구체적으로, N이 진동하는 사이에 변곡점은 4개(주기배가: Period doubling)가 된다. $RT = 2.56$ (8개의 변곡점), $RT = 2.569$ (16개의 변곡점)일 때, 주기배가가 발생한다.

$RT > 2.5699$일 경우, 성장 곡선은 일정한 주기를 잃어버리고 불규칙적으로 변한다. 왜냐하면 패턴이 **결정적 혼돈**(deterministic chaos)이라 불리는 완벽하게 결정적인 수식에 의해 나타나기 때문이다(May 1974). 결정적 혼돈의 발견 이전엔, 불규칙

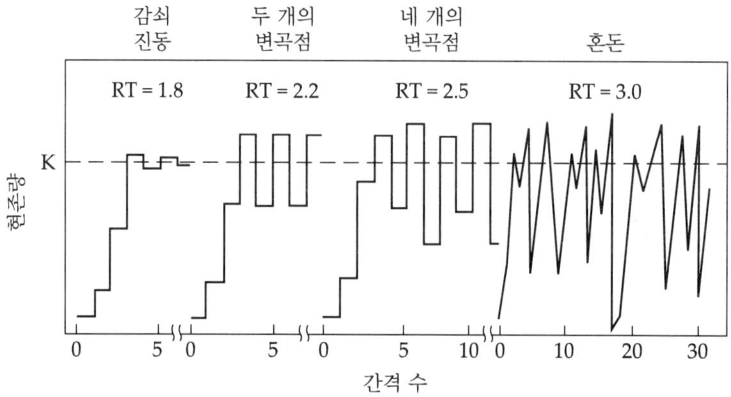

그림 5.5 다양한 RT에서 수용능력(K) 주변에서 개체군 풍부도의 변화. RT(R; 개체군 증가의 상대적 비율, T; 시간지체). $RT = 3.0$에서 불규칙한 수용능력을 갖는 개체군 변화.

한 변곡은 우연한 요소들의 영향일 것이라 판단되었다. 그러나, 불규칙성은 더 이상 결정론과 무작위성을 구별하는데 사용할 수 있는 기능이 아니다.

결정적 혼돈의 설명에 따르면, 실험 초기 조건의 차이가 작더라도 실험 시간이 지나면 굉장히 다른 결과를 낳을 수 있다'라고 말한다. 따라서, **약한 인과관계**(weak causality)라고 불리는 이 현상은 정말로 같은 조건이 실제 실험에 사용되었는지 아닌지에 대한 질문으로 이어진다. 단도직입적으로, 모든 실험은 동일한 결과를 가져올 수 있는 동일한 초기 조건을 갖춰야 한다는 것을 말한다. 하지만, 변수를 가지는 대부분의 과학, 특히 생태학에서는, 이 동일한 조건을 엄격히 갖추는 것은 어려운 일이다.

결정적 혼돈에 관한 검토 내용은 비교적 최근에야 이론-생태학에서 다루게 되었다(May 1974). 만약 매개변수값이 적절하게 선정이 된다면, 계단 모양의 로지스트형 성장 공식 외에도 비교적 간단한 모델들도 혼돈적 패턴을 만든다는 것을 알려준다. 현재는, 실생활 생태과정에서 결정적 혼돈의 중요성에 대한 의구점이 여전히 풀리지 않는 상태이다(Scheffer 1991). 어떤 과학자들은 다른 사람들이 이것을 단순한 수학적인 게임 놀이라고 보는 반면에 복합 시스템 분석의 새로운 패러다임이 될 것이라 생각한다.

결정적 혼돈에 대한 실험적인 근거는 아직 드물고, 매우 단순한 시스템에 제한된다. 최근에, Becks *et al.*(2005)은 박테리아 2종과 박테리아를 먹고 사는 1종의 섬모충으로 구성된 개체군을 이용해 혼돈을 입증했다. 2종의 박테리아는 용존 자원을 가지고 경쟁한다(단원 6.1). 포식자인 섬모충은 더 경쟁능력이 뛰어난 박테리아를 우선적으로 섭식한다. 그래서, 포식자는 한 종이 다른 종을 경쟁적으로 우세해지는 것을 억제한다. 이러한 환경 조절 시스템은 생물들의 성장률을 평형 상태로 만들다. 시간을 거쳐 이 시스템의 역동적인 행동 패턴(생물의 수와 상대 기여도를 바꾸는)은 미리 정해진 유동률(flow rates)에 매우 의존한다. 가장 높은 유동률(1종의 박테리아 최대 성장률보다 높은)의 조건에선, 한 종은 멸종되고 남은 포식자와 피식자는 안정된 평형상태를 유지했다. 이 3종의 안정된 평형상태는 약간 낮은 유동률에서 나타난다. 가장 낮은 유동률에서, 모든 종은 규칙적 주기로 변동한다(안정된 제한 순환, 단원 6.3.2). 그러나, 변동은 중간 단계의 유동률에서 완전히 불규칙하게 된다. 변동에 관한 수학적인 분석을 통해 규칙성은 발견될 수 없다. 즉, 시스템에서 행동은 혼돈상태라는 것을 말해준다.

5.2.6 동적평형 또는 안정상태의 개념

개체군이 수용능력에 가까이에서 일정 수준의 개체군 밀도를 유지한다는 사실은 개체군 동적인 과정이 멈추었다는 것을 의미하지 않는다. 이는 오직 번식(유입을 포함)과 사망률(유출 포함)이 균형을 이루고 있다는 것을 의미할 뿐이다. 즉, 밀도의 변화없이, 지속적인 개체군의 교체가 있다는 것을 말한다. 누군가는 이와 같은 동적 평형 또는 안정상태가 무생물적 자원의 수준에서 일어나는 것이라고 생각할 수 있다. 화학물질은 유입(가용화, 유기물에 의한 분비)에 의해 사용됨과 동시에 재생산될 수 있다. 독립영양생물의 개체군은 제한 무생물적 자원이 안정상태를 이룰 때에만 안정상태가 될 수 있다.

비록 완벽한 안정상태는 자연에서 찾아보았을 때 매우 드물지만, 이 상태는 생태계 모델에서 중요하다. 왜냐하면 어느정도 복잡한 모델조차도 평형조건($dN/dt = 0$)을 추정함으로써 분석적으로 파악할 수 있기 때문이다. 종종 전이상태는 수치 시뮬레이션에서만 계산될 수 있다. 안정상태에 가장 완벽한 실험적 접근은 미생물의 연속배양장치(chemostat) 배양이다. 자원 재생산은 배양액으로의 배지 유입을 통해 이루어지고 사망은 생명체들이 빠져나가면서 일어난다(글상자 4.2).

연속배양장치의 안정상태와 비슷한 상태는 때때로 성층화된 호수의 표수층에 여름동안 나타나기도 한다. 높은 광합성 비율에도 불구하고, 식물플랑크톤의 생물량은 거의 변화가 없다. 새로 생성된 유기물질은 생성 속도와 비슷하게 제거되므로서 축적되지 않는다. 이는 식물플랑크톤의 개별 개체군에도 적용된다. 실질적인 증가 속도은 세포분열 속도보다 훨씬 늦다. 새로운 식물플랑크톤이 세포분열에 의해 생기는 동안, 그들은 또한 먹히고, 기생 동물에 의해 죽고, 표수층 아래로 가라앉거나 스트레스 조건때문에 비슷한 비율로 죽는다.

동물플랑크톤 개체군 또한 매우 비슷하다. 유기체와 반대로, 생식할 수 없는 화학물질들조차 안정상태의 조건에 접근할 수 있다. 농도변화는 소비(식물플랑크톤에 의한 흡수)와 공급(심층으로부터 혼합, 유입으로부터의 추가, 동물플랑크톤에 의한 분비)의 최종 결과이다.

동물플랑크톤은 연속배양장치에서의 통과액과 비슷한 역할을 한다. 그들이 많은 조류를 먹을 수록, 더 많은 양분들을 분비한다(orthophosphate와 같은 인, 암모늄, 요소와 같은 질소). 이것은 연속배양장치에서 흐름속도가 높을수록 조류가 빠르게 제거되고 양분 공급이 비례하게 증가한다는 점에서 유사하다.

5.2.7 개체군 변동의 매개변수 평가

식물플랑크톤과 다른 원생생물들

총 성장률(μ)은 개체군 손실이 배제되거나 실험적으로 조절되는 환경에서 가장 쉽게 결정될 수 있다. 개체군 손실이 없을 때, μ는 두 개의 측정시간(t_1, t_2) 사이의 개체군 밀도(N_1, N_2)의 변화치로부터 쉽게 계산할 수 있다.

$$\mu = (\ln N_2 - \ln N_1)/(t_2 - t_1)$$

여기서 μ는 제한 자원의 기능을 한다(글상자 4.2). 자원이 포화된 최대 성장률(μ_{max})은 온도에도 의존하는 종 특이적 매개변수이다. 20도에서 플랑크톤성 조류의 최대 성장률은 0.25 d^{-1} (대형 와편모류)에서 2.5 d^{-1} (아주 작은 녹조류, 남세균)로 다양하다. 일반적으로 최대 성장률은 세포나 개체 크기가 증가할 때 감소한다. 그러나, 이와 같은 경향은 세포크기가 다양할 때 적용되며 또한 두 종류를 비교할 때 쓰이지 않는다(Banse 1982).

자연조건에서 개체군 손실은 항상 존재한다. 따라서 순 성장률(r)만 현장에서 관측할 수 있다 (단원 5.2.3). 이는 번식율(μ)과 손실율(λ)로 구성되어 있고 (−)값을 가질 수 있다.

$$r = \mu - \lambda$$

손실률은 또한 다양한 부분으로 나뉠 수 있으며, 이 모두가 중요하다.

$$\lambda = \gamma + \sigma + \delta + \pi + \omega$$

여기서 γ은 섭식률(동물플랑크톤에 의해 먹힘에 따라 생기는 손실), σ은 침강속도, δ은 생리학적 사망률, π은 기생생물에 의한 사망률, 그리고 ω은 유출로 인한 손실을 뜻한다.

실제로 세포수를 계수하면서 r값을 직접 측정하는 것은 가능하지만, 대부분의 경우 등식의 모든 요인들을 측정하기 매우 어렵다. 따라서, 현장에서 직접 총 성장률을 측정하는 것이 거의 불가능하다. 믿을 수 있는 현장 방법 중 하나는 분열 중인 세포의 빈도를 파악하는 것이다(유사분열지수; Braunwarth and Sommer 1985).

침강율(σ)은 침강속도(v_s)와 혼합 평균 깊이(z)로부터 측정할 수 있다(단원 4.2.6). 침강속도에 대한 자료가 없다면, 유광대 아래에 침전물 트랩을 설치하여 침강 때문에 생기는 손실을 직접 측정할 수 있다(Sommer 1984). 그리고 몇일 지난 후, 열린 튜브에 모인 세포들을 채집할 수 있다. 예를 들어, 0.5 d^{-1}의 침강율은 식물플랑크톤에 대한 영양 또는 광 제한 성장률과 비슷한 범위로 나올 것이다. 비교적 많은 자원이 있다하더라도, 만일 혼합 깊이가 얕다면, 돌말과 먼지말과 같은 무거운 조류들은 표수층에 머물기 어렵다. 다시말해, 만약 혼합 깊이가 매일 침강하는 깊이보다 10배 더 깊다면, 침강은 극도로 자원이 제한된 조건만이 개체군의 붕괴를 초래할 수 있을 것이다(낮은 성장률).

섭식 속도(γ)는 총 동물플랑크톤 군집의 제거율[여과율(G)]과 고려하고자 하는 특정 조류 선택성 상수(w)로부터 계산된다.

$$\gamma = Gw$$

총 동물플랑크톤 제거율은 먹이 입자가 최적의 효율로 먹힌다고 가정했을 때 ($w = 1$), 이를 제거하는 물 부피의 비율을 나타낸다. 이것은 모든 개체 제거율의 합 (개체수/부피)이며 t^{-1} 치수를 포함한다. 비록 많은 동물플랑크톤이 실제로 그들의 먹이를 걸러내지는 않지만, **여과**(filtering)라는 단어는 조류의 제거를 의미할 때 사용된다(단원 6.4.1). 제거율(clearance rate)은 많이 쓰이는 단어이지만, 이는 특정 공급 메커니즘을 암시하지는 않는다. 선택계수는 다른 조류 종을 먹을 수 있는가에 대한 차이를 보정해준다. 'i'라는 종에 대한 섭식율은 가장 먹을 수 있는 조류 종에 대한 섭식율과 상대평가할 수 있다

$$w_i = \gamma_i / \gamma_{\text{opt}}$$

선택계수는 식물플랑크톤의 종에 따라 다를 뿐만 아니라 동물플랑크톤의 종과 성장단계에 따라 달라지기 때문에, 섭식율을 정확하게 계산하기는 어렵다. 이것은 많은 동물플랑크톤이 최적으로 먹을 수 있는 특정 식물플랑크톤, 즉 편모성 조류나 얇은 벽을 가진 3~30 μm의 구형 조류와 같은 경우, 계산 문제는 거의 없다. 이 식물플랑크톤의 섭식율은 동물플랑크톤 생물량이 최대인 기간동안 2.5 d^{-1} 이상까지 올라갈 수 있다. 이는 홀로 섭식되기 때문에 91.8 %이란 일일 개체 손실과 동일하다. 대부분의 조류 종들은 이와 같은 높은 손실을 충분히 상쇄시킬 만큼 빠르게 번식할 수 없다. 그래서 섭식은 적정한 양분과 빛 조건을 가진 식물플랑크톤 개체들까지 제거할 수 있다.

생리적 사망률(δ)은 돌말류의 빈 피각같은 죽은 플랑크톤의 특징적인 잔여물이 발견될 때에만 결정될 수 있다. 몸이나 표수층 외의 지역에서 가라앉은 사체들은 침강 트랩에 잡힐 수 있다. 생리적 사망률은 정의할 수 없는 과정의 혼합이다. **기생생물에 의한 사망률**(π)은 δ에 포함된다. 현재로서는 기생생물 때문에 죽은 세포들을 구분할 수 있는 방법이 없기 때문이다.

씻겨나감(washout)으로 생긴 손실(ω)은 표수층의 전체 부피에 대한 유출율로 계산할 수 있다. 대부분의 호수에서 비록 이는 물이 녹으면서 생기는 홍수 기간동안은 매우 중요할 수 있지만, 이는 비교적 중요하지 않는 과정이다.

다른 손실 요인의 중요성에 따라 주요종들 간의 차이가 존재한다(그림 5.6). 예를 들어, 30 μm 이하의 편모류는 특히 섭식에 취약하지만, 매우 느리게 가라앉는다. 대형 군체성 돌말류들은 거의 섭식되지 않지만, 빠르게 침강하고 종종 기생된다. 섭식과 침강에 대한 저항력이 있는 크고 운동성이 있는 와편모류에 대한 손실 요인들은 아직 밝혀지지 않았다.

자연에서 식물플랑크톤의 개체군 동태 구성요소들을 계산하는 것은 거의 불가능하다. 또한 측정할 수 있는 매개변수들에서 많은 오류들이 존재한다(계산 오류, 임의성으로 인한 표본의 오류, 선택계수 등). 이와 같은 문제들 때문에, 다른 방법들이 종

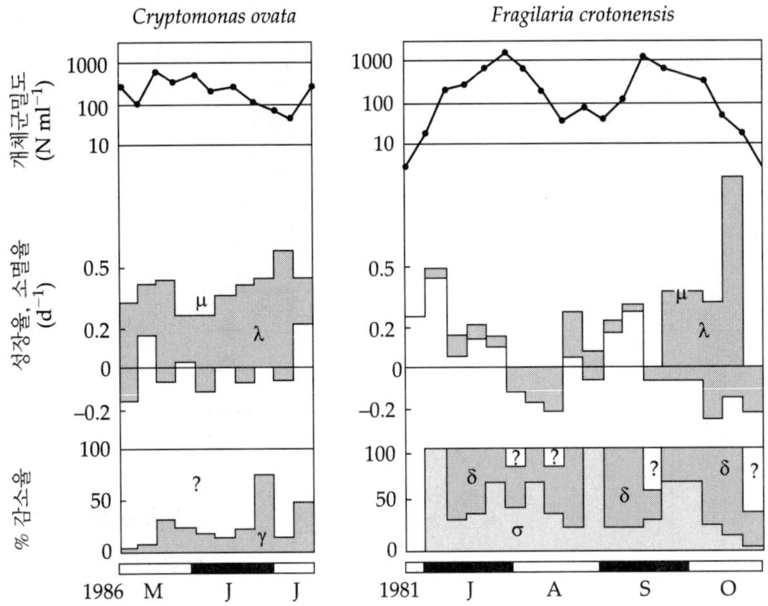

그림 5.6 빠른 침강을 하여 잘 먹히지 않은 돌말류(*Fragilaria crotonensis*, Sommer 1984)와 침강을 하지 않아 잘 먹히는 편모조류(*Cryptomonas ovata*, Braunwarth 1988)의 개체군 변동 비교. 위: 진광대의 개체군 밀도, 중간: 총 성장률(μ), 순 성장률(r), 그리고 손실률(g; r과 m 사이의 차이). 바닥: 손실률에 대한 각 구성원의 상대적 기여율: g, 물벼룩에 의한 섭식, s; 침전, d; 생리적 사망. 이 경우 주로 기생에 의해 발생, 설명하기 어려운 손실.

종 사용된다. 제한된 공간 내에서(그림 2.1b), 특정 매개변수는 일정하게 유지되거나 조절에 따라 변화할 수 있다. 예를 들어, 섭식 효과는 동물플랑크톤을 제거함으로써 없어질 수 있으며, 살균제는 곰팡이에 의한 기생을 억제하는 데 사용될 수 있다. 구역을 제한할 때 침강 효과를 피할 수 있도록 인공적으로 만들 수 있다. 어떤 손실 요인을 제거한다는 것은 총 생물량을 증가시킬 수 있기 때문에 주의가 필요하다. 그래서, 이는 μ의 자원 제한 효과 내에서 증가를 유도할 수 있다. 즉, 따라서 대조군(control)과 조절군(manipulated)의 총 성장률은 더 이상 동일하지 않다.

동물

동물 개체군의 변화도 번식과 사망 과정(단원 5.2.3)의 결과이다. 개체군의 성장률(r)은 출생률(b)과 사망률(d)의 차이값으로부터 계산된다.

$$r = b - d$$

박테리아, 원생동물, 조류들과는 달리, 대부분의 수생동물들은 유생기, 생식기, 성숙기들을 구분할 수 있다. 따라서 비록 사망률과 다양한 요소(포식, 자연사) 등에 관한 타당성 있는 자료를 얻을 수 있는 방법은 보통 없지만, 출생률은 직접 계산될 수 있

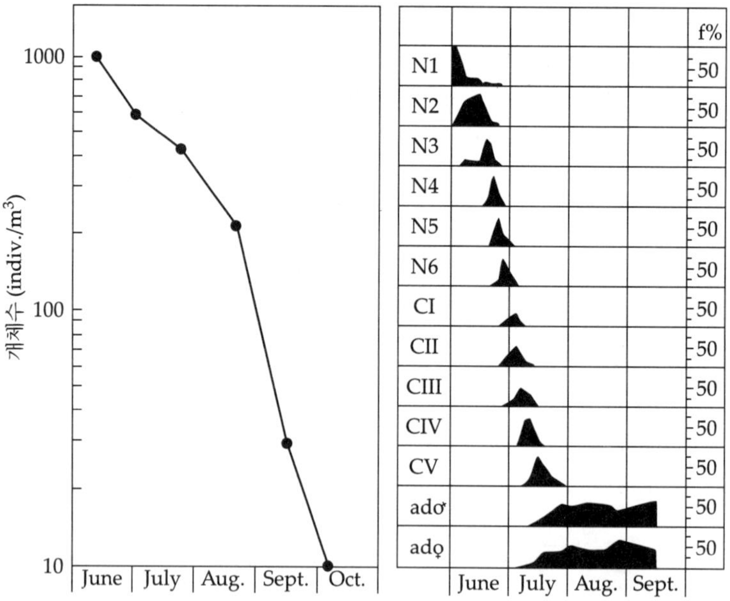

그림 5.7 연령표의 전형적인 성장. Calanoid copepod *Heterocope saliens*는 노르웨이에 있는 Øvre Heimdalsvatn호수에서 1년 동안 단지 1세대 유지. 6월에 유생이 부화됨. 왼쪽: 여름동안 Copepods 숫적 감소. 오른쪽: 여러 단계의 시간적 출현 양상(Larsson 1978).

다. 그런 경우에, 사망률은 출생률과 성장률 사이의 차이로부터 측정될 수 있다.

번식(또는 생식)의 두 가지 다른 방식을 고려하는 것은 중요하다.

개별발생 일부 동물들은 구분 될 수 있는 집단이나 각 성장단계를 만들며 특정 단계에서 생식한다. 가장 간단한 예는 각 동물들이 일생동안 오직 한번만 생식을 진행하며 각 개개의 생식이 동시에 발생할 때이다. 많은 곤충류들, 어떤 요각류들 그리고 태평양 연어(*Oncorhynchus*)는 이와 같은 패턴을 따른다. 앞서 말한 집단의 경우에, 부화부터 죽음까지 개체군 변화의 매개변수들은 직접 측정될 수 있다. 이론적으로, 번식기 동안 개체군 밀도를 측정할 수 있는 두 가지 방법을 사용할 수 있다. 그러나, 집단에 무슨 일이 생길지 알 수 있다면 서로 다른 단계에서의 사망률과 같은 다양한 추가 정보를 얻을 수 있다. 그림 5.7은 1년에 한번만 생식하는 요각류의 예시를 보여준다. 더 나아가, 요각류 집단이 시간의 흐름에 따라 개체군 밀도가 어떤 양상으로 감소하는지 쉽게 볼 수 있다. 매년 후손을 중복된 기간 안에서 번식하는 종들은 이와 비슷한 양상을 보인다.

일생 동안 특정 단계에서 여러번 번식하며 긴 수명을 가진 동물들의 경우 더 복잡하다. 이와 같은 유형의 예로는 일 년에 한번 산란하는 온대 지방의 어류 종이 있다. 특정 집단의 나이를 측정하기 위해 어류를 잡아 비늘위의 생장환, 이골(귀의 뼈) 그리고 다른 뼈들을 보며 측정할 수 있다. 이와 같은 정보를 이용함으로써 총 개체

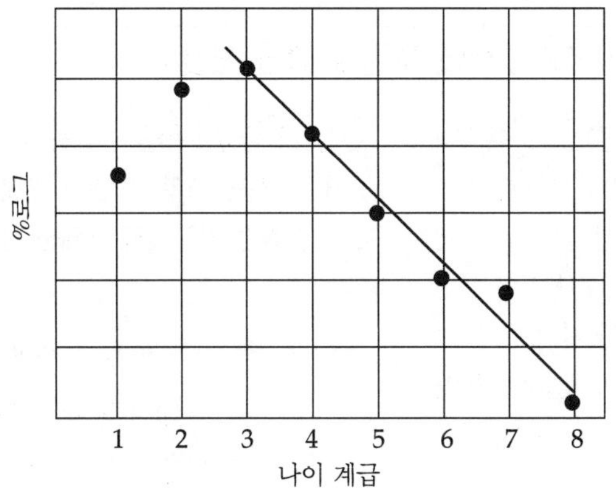

그림 5.8 Schluchsee 호수(독일 남서부 삼림지대(Black Forest)에서 송어류(whitefish) *Coregonus* 개체군의 연령계급의 구성. 매년 손실율은 3~8세의 회귀식으로 판단한다. 0~2세 어류는 정량적으로 대표하기 어렵다(Lampert 1971).

군의 크기를 정확하게 측정하지 않아도 평균 사망률을 계산할 수 있다. 모든 연령별 단계를 대표하는 샘플이 있다면, 상대적인 연령 분포로 사망률 측정을 하는 것은 충분히 가능하다. 그림 5.8에 나온 예시와 같이, 송어류(*Coregonus* sp.)는 독일의 삼림지대(Black Forest)에 있는 Schluchsee 호수에서 비 어류 개체군으로 실험했다. 여러 망 크기를 가진 그물에 잡힌 물고기 샘플을 통해 상대적인 연령별 단계는 측정할 수 있다. 3년생 이상의 물고기에서는, 각 나이대별 로그함수에서 선형 감소를 보인다. 처음 2년생(나이 단계 2)은 작은 물고기를 효율적으로 포획하지 못한 그물을 사용함으로써 과소평가를 하게 된다.

우리는 연령군을 다루기 때문에, 새로 부화하는 어류들은 나이 단계 0에 속하게 될 것이다. 따라서 다른 나이 단계는 시간에 따라 오로지 감소하기만 한다. 이와 같은 경우, $r = d$이며 (−)값의 기울기를 갖는 회귀선(regression line)을 통해 사망률을 측정할 수 있다. 예에서 보면, 사망률은 매년 58%의 개체군이 손실되는 것과 일치하는 0.87 a^{-1}란 값을 가진다. 회귀 곡선을 기점으로 다양하게 퍼져있는 점(자료)들은 측정 오류뿐만 아니라 다양한 번식 과정에서 일어난 각 나이 단계에서의 크기 변동 대문에 일어난다.

연속발생 잦은 번식과 세대가 겹치는 동물들은 연령군이 없으며 연속발생을 갖는다. 따라서, 윗 세대에서 나오는 몇 가지 샘플을 통해 확신을 하는 것은 불가능하다. 먹이에 대응하는 출생률과 포식자에 대응하는 사망률 모두 이와 같이 연속발생을 하는 개체군에선, 빠르게 변화할 수 있다.

지속적 생식을 하는 많은 동물플랑크톤은 알을 가지고 다니며, 이는 쉽게 숫자가 나열될 수 있다. 어미들은 부화기동안 알에게 영양을 제공하지 않기 때문에, 부

글상자 5.1 알 비율법에 의한 연속발생에 대한 출생률 계산

연속발생에 대한 순간출생율은 알 비율법으로 측정할 수 있다. 이 원리는 Edmonson (1968)이 개발한 방법으로 가장 쉽게 설명할 수 있다. 이것은 알의 단순 연령분포를 예측하는 것으로 막 발생된 배와 같이 신선한 알들은 각 연령계급에서 동일한 비율을 갖는다. 그런 경우에는 어떤 알의 비율이 일정 기간별로 부화할 것이다. 이런 비율은 알이 완벽하게 발생하는데 필요한 시간 (알 발생시간 D)과 시간 간격과의 비가 같다. 예를 들면, 알 발생시간이 3일이라면 결국 첫 째날 끝무렵에 모든 알들은 부화하게 되는데 그것은 시작으로부터 2일 이후이므로 결국 1/3(1/D)이다. 개체군에서 알의 수는 부화된 알이 새로운 알로 교체되는 기간동안에는 증가하지 않는다. 만일 개체당 평균 알수(알비율)가 E라면, 우리는 개체군의 비율증가를 다음과 같이 예측할 수 있다.

$$B = E/D$$

D/ 비율을 결정출생율이라고 부른다. 사실상 알은 특정 펄스가 있지 않고 매순간 부화된다. 예를 들면, 우리는 순간 출생률(b)을 측정하기 위하여 불규칙한 작은 시간간격을 고려해야한다. 만일 사망률이 영이라면, 순간 출생률은 결국 개체군 증가율과 같게 될 것이다.

$$B = r, \text{ 또는 } b = (\ln N_2 - \ln N_1)/t$$

Edmonson은 b 대신 근사치 B를 사용했다. 만일 $N_1 = 1$이라면, 결국 1일 후 $N_2 = 1 + B$. 위 공식은 다음과 같이 할 수 있다

$$b = [\ln(1 + B) - \ln 1]/1 = \ln(1+B) \text{ 또는}$$

$$b = \ln(1 + E/D)$$

이것은 단지 추정치다. 증가나 감소하는 개체군에서는 알의 연령분포가 단순하지 않기 때문에 수학적으로 정확한 설명은 아니다. 현재 순간 출생률을 계산하는데 널리 사용되는 Palotheimo (1974)의 공식이 더 정확하다.

$$b = \ln(E + 1)/D \text{ (단위는 } d^{-1})$$

화기는 어미가 사는 곳의 온도에 따라 결정된다. 온도와 알 발달시간 사이의 관계는 실험적으로 밝혀질 수 있다. 알 발달시기는 온도가 높아짐에 따라 감소한다(단원 4.2.1). 각 동물당 알의 개수와 동물이 서식하는 공간의 온도를 안다면, 우리는 **순간 출생률**(instantaneous birth rate)을 계산할 수 있다(글상자 5.1). 이 개념은 Edmondson (1993)에 의한 논의로 개발되었다. 비록 많은 방법들이 순간 출생률의 측정을 위해 제안되었지만, Paloheimo(1974)에 의해 제안된 수식

$$b = \ln(E + 1)/D$$

는 전제 조건에 가장 잘 부합한 것으로 입증된 것이다. 만약 알의 주변 온도를 통해 알 수 있는 개체군 내 알과 배아의 수, 여기에 암컷의 수에 대한 자료를 수집된다면, 순간 출생률은 계산될 수 있다. 매우 얕은 연못 주위에 하루 주기로 주위 온도가 변하거나, 알을 가지고 다니는 암컷이 온도 기울기를 따라 수직적으로 이동한다면 평균온도를 결정하는 것은 어려워질 것이다(단원 6.8.4).

지속적 발생을 하는 종에 대해서는, 우리는 앞서 조류에서 언급했듯이, 개체군 성장률을 결정하기 위해 두 가지의 순차적인 개체군 밀도 측정을 이용할 수 있다.

$$r = (\ln N_2 - \ln N_1)/(t_2 - t_1)$$

여기서 N_1과 N_2는 각 t마다의 개체군 밀도를 의미한다.

사망률을 측정하는 직접적인 방법은 없으며, $d = b - r$ 통해 계산되어야 한다. 연속발생을 하는 동물들의 출생과 사망률을 계산하기 위해서, 짧은 시간 간격(몇일) 이상 동안의 개체군 측정이 필요하다. 그렇게 된다면, 개체군 매개변수의 시간적 변화를 관측할 수 있고 이를 환경에서의 변화와 연관지을 수 있다. 물벼룩속(*Daphnia logispina*: 그림 5.9)은 연속발생을 하는 개체군의 좋은 예이다. 물벼룩속의 출생률은 초봄에 높다. 왜냐하면 봄에 조류가 증가하는 동안 각 동물의 알 개수가 많기 때문이다. 청수기(Clear-water phase: 단원 6.4)가 증가하고 물벼룩의 먹이 조건이 안좋아진다면, 알 수와 출생률이 감소한다. 출생률은 여름에 증가하는데, 이는 높은 알의 개수 때문이 아니라, 높은 온도와 짧아진 발달 시간에 따른 것이다. 사망률은 초반에는 낮지만 여름에 출생률의 증가와 똑같이 증가하는데, 그 이유는 포식자들의 수 또한 여름에 많기 때문이다. 그 결과 개체군 성장률(출생률과 사망률 간 차이)은 봄에 높고 여름에 낮게 된다. 만일 r이 0에 가까워진다면, 개체군 크기는 변화하지 않는다. 따라서, 그림 5.9에서 있는 물벼룩속 개체군은 7월과 8월에 변화가 거의 없다.

그림 5.9는 사망률 측정에 대한 많은 문제들을 나타낸다. 봄에 (−)값의 사망률은 실제로 불가능하지만 보여주고 있다. 이 현상의 원인은 사망률이 직접 측정되지 않고, ($b-r$)을 통해서 계산되었기 때문이라는 것이 유력하다. 따라서, b와 r 계산에서 생기는 오류가 d 측정에 영향을 주게 된다. 그 예로, 호수 침전물 안에 있는 알로부터 부화한 어린 물벼룩은 개체군 내의 알 개수에 포함되지 않으며, 개체군은 출생률보다 더 빠르게 성장하기 하기 때문에 성장률 (−)값의 사망률을 나타나게 된다.

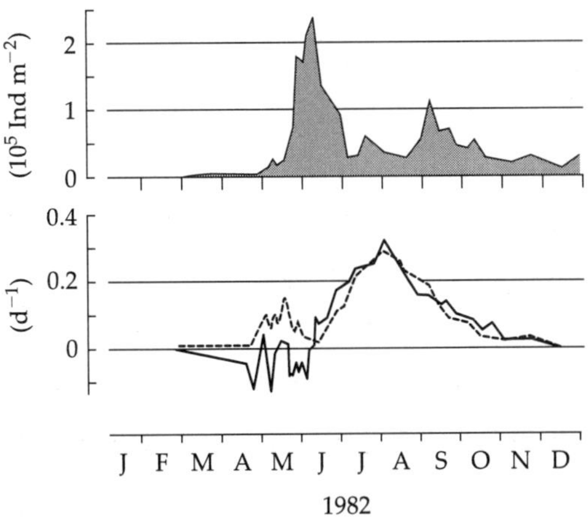

그림 5.9 Schöhsee 호수(홀스타인, 독일)에서 *Daphnia longispina* 개체군의 동태. 위: 풍부도의 계절변화. 바닥: 출생률(점선)과 사망률(실선) (Lampert 1988b).

또 다른 이유로는 균일하지 못한 연령별 알 분포, 알 발달 시간 측정의 오류 또는 결핍이나 임의성에 따른 r의 측정오류 등이 있다.

5.3 생태유전학

5.3.1 표현형과 유전형 가변성

표현형과 유전형 가변성은 개체군의 중요한 특성이다. 개체군 내의 개체가 모두 동일한 것은 아니다. 가변성의 일부분은 개체별 유전적 차이로부터 일어난다. DNA의 **유전자위치**(locus)를 차지하는 유전자는 서로 **대립형질**(alleles)로 표현될 수 있다. 따라서 개체군 내 개체들은 **유전형**(genotypes)에서 미묘하게 다르다. 이는 거주 가능한 동일한 환경 조건에서 서로 **다른 반응 규준**(differential reaction norms)을 유발시킨다. 또한, 가변성은 동일한 유전형 모두가 동일한 환경조건에서 살아남지는 못한다는 사실에 의해 일어난다. 따라서 동일한 유전형이라 해도, 다르게 보이거나 행동할 수 있다(phenotype). 이러한 환경에 따른 **변형**(modification)은 **유전체**(genome)를 바꾸지 않고 따라서 유전되지 않는다.

만일 우리가 진화의 원동력으로 자연선택설을 고려한다면, 우리는 거주 특성(환경)의 선택도 함께 고려해야 한다. 확실히, 선택은 환경적 요인에 대응하는 개체군 표현형에 작용하지만, 이 표현형은 그에 해당하는 유전형의 표현이다. 따라서 진화는 오직 유전적 가변성이 있을 때 일어날 수 있다. 생태 생리학자들은 환경적 조건에 대한 표현형의 반응과 적응에 관심이 많을 수 있지만, 생태 유전학자들은 개체군 유전자 풀에 영향을 미치는 환경적 요인의 효과에 관심을 가져야 한다. 그게 바로 자연선택이다.

여기 한 가지 예와 함께 쉽게 설명할 수 있는 접근방법이 있다. 미국 일리노이주에 매우 생산력이 뛰어난 농장 연못들이 있다. 높은 영양염 농도는 여름에 높은 밀도의 조류가 생기게끔 한다. 어느 날에는, 물 표면에 1차 생산이 많이 일어나지만, 깊은 물이거나 밤의 물 표면에는 심각한 산소부족이 발생한다. 물벼룩 *Daphina pulex*는 이와 같은 연못에 흔하게 서식하는 동물이다. 낮은 농도의 산소 조건에서 그들은 헤모글로빈을 만들어 극도로 낮은 산소 농도를 가진 물 속에서도 산소를 끄집어 내는 능력을 가지고 있다. 평소 색깔이 옅은 *Daphina*의 분홍 빛깔을 통해 물이 여름에 낮은 산소 농도 조건인지 아닌지를 쉽게 확인할 수 있다. 이는 표현형 반응이다.

단위생식으로 생식하는 *Daphina* 개체군은 많은 클론들로 구성되어 있다. 각 클론은 유전적으로 동일한 개체로 구성되어 있고 나머지 클론들과 다르다. 어떤 클론들은 다른 것들에 비해 같은 환경에서 더 많은 헤모글로빈을 만들 수 있다. 따라서 개체의 유전형은 얼마나 많은 헤모글로빈을 만들 수 있을지를 결정한다. 하지만 환경적 조건은 이 능력이 얼마나 발현될 수 있을지를 결정한다. 알로자임 전기영동(allozyme electrophoresis)과 같은 개체 유전적 수단은 여름 동안 많은 헤모글로빈을 만드는 클론의 증가과 나머지 클론들의 감소를 설명하기 위해 사용될 수 있다. 이것은 개체 내 유전적 구성의 변화가 존재해왔다는 것에 대한 증거이다. 우리는 자연 선택설의 과정을 관찰해왔다. 하지만, 어떤 유전형도 사라지지 않았으며, 오직 개체 내의 상대적인 구성 비율만이 변화한 것임을 기억하라. 비록 많은 헤모글로빈을 만들지 않는 유전형이 거의 없더라도, 그런 유전형들은 연못의 표면과 견딜 수 있는 조건에 가까이서 생존한다. 이는 높은 헤모글로빈 수를 유지하는 것에 대한 유지비용으로 나타난다(에너지, 포식자들에게 대한 높은 가시성). 따라서, 나머지 유전형들은 산소 조건이 향상될 때 강점을 보일 수 있기 때문에, 가을부터 봄까지는 낮은 헤모글로빈을 생산하는 클론들의 분포가 많아질 것이다.

최근, 많은 생태학자들은 선택 요인과 개체군들 간의 분포와 유전적 변화를 조절하는 메커니즘을 좀 더 이해하기 위해, 개체군들의 **유전적 구조**(genetic structure)에 대해 조사하기 시작하였다. 유전적 가변성은 유기체의 어떤 특징들이 서로 다른 범위로 표현된다는 것을 의미한다. 예를 들어, 하나의 유전자가 여러 대립 유전자에서 나타난다면, 이는 **다형성**(polymorphic)을 의미한다. 만일 유전자(locus)가 a와 b, 두 개의 대립유전자에서 나타난다면, 2배체(diploid individual)는 aa, ab 또는 bb라는 세 가지의 가능한 유전형 중 하나를 가질 수 있다. 개체군 내에서 대립유전자의 상대적 발생을 **빈도**(frequency)라고 부른다. 예를 들어, 하나의 대립 형질이 10% 확률로 나타난다면, 빈도 $p = 0.1$이다. 그렇다면, 또 다른 대립 유전자 b가 $q = 0.9$의 빈도를 가져야 한다. 왜냐하면 개체군 안에 두 개의 대립유전자가 있다면, $p + q = 1$이어야 하기 때문이다. 특정 유전형에 대한 **상대적 빈도**(gene frequency)는 해당되는 대립유전자들의 빈도에 의존한다. 평형상태에서, 유전형 빈도는 Hardy-Weinberg 법칙을 따른다. 즉, 유전형의 빈도는 다음과 같은 공식을 따른다

$$1 = p^2 + 2pq + q^2$$

위 공식은 이상적 조건에서만 사용될 수 있다. 그 조건은 다음과 같다.

- 개체군이 클 때
- 모든 개체들이 모두 동일한 번식 기회를 가진다.
- 돌연변이가 없다
- 자연선택이 없다. 이입, 이출이 존재하지 않는다.

이 조건들을 만족하는 환경에 사는 개체군에서 진화는 일어나지 않을 것임을 기억하라. 확실하게, 자연환경은 이와 같은 조건을 만족시키기 어렵다. 만일 이 조건들을 만족하지 못한다면, Hardy-Weinberg 평형상태에 도달하지 못한 원인으로 선택적 힘들이 작용하고 있음을 제안할 수 있다.

생태학자들은 개체군 유전학의 두 가지 측면에 대해 관심이 있다. **유전적 다양성**(genetic diversity)과 **유전적 분화**(genetic differentiation). 유전적 다양성은 군집 내의 종 다양성과 같이(단원 7.4), 개체군 내의 유전적 가변성을 뜻한다. 크게 변화하는 환경 안에서 게체군을 안정화시키거나 그에 맞서는 개체군의 반응(소진화, 단원 5.3.4)을 위해서, 유전적 다양성은 매우 중요하다. 유전적 분화는 개체군의 유사성 또는 차이점을 비교한다(이는 개체군 간의 특성이다). 이것은 군집화 과정, 분산에 따른 유전자 확산 그리고 국소적응(local adaptation)을 설명하는 정보를 제공해준다.

5.3.2 유전적 가변성 측정

유기체의 대부분 형태적 특성은 몇 개의 유전자들에 의해 조절된다. 표현형 가변성도 존재하기 때문에, 대립 유전자들을 확실하게 구분하는 것은 거의 불가능하다. 개체군의 유전적 구조는 모든 것이 세밀하게 조절되고 동일한 환경 조건으로 이루어진 정원(common garden) 실험에서 개체들(또는 클론)의 반응으로 측정할 수 있다. 피할 수 없는 실험적 오류를 제외하고는, 개체들의 능력 차이는 유전형의 차이를 의미한다. 이와 같은 접근 예는 그림 4.3에 나타나 있다. 그림 4.3은 같은 연못에서 분리된 클론들은 서로 다른 온도의 환경조건으로 처리하였다. 개체의 반응은 특히 열충격(heat stress)일 때 매우 다르다. 이 기술은 매우 힘들고 연구하고 있는 특징에 대해서만 정보를 제공한다. 그럼에도 불구하고, 만약 환경 변화의 결과물을 예측할 때, 관심이 있는 형질한 특징의 유전적 다양성을 연구하는 유일한 방법으로 쓰이고 있다.

그러나, 모든 유전적 정보는 핵 또는 미토콘드리아 DNA에 들어있다. 최근 들어, DNA 구조를 읽기 위한 기술의 많은 발전이 있었고, 이 발전은 생태학적 질문들에 대해 답할 수 있는 수 많은 분자 유전적 도구들을 만들어냈다. 핵산이나 1차 단백질의 구조와 그들의 아미노산 서열(비율을 기준으로)의 비교는 개체군 내의 유전적 가변성의 정도, 개체의 **유전적 상관성**(kin) 그리고 종 간의 유사성과 차이를 연구할 수 있게하였다. 개체군 유전학 측면에서 연구되는 유전자에게 기능적인 역할을 지정하는 것은 거의 예외적인 경우에만 가능하다. 왜냐하면 분자 수준의 자료는 기능이 아닌 유전적 가변성의 패턴을 확인하는데 쓰이기 때문이다. DNA 또는 단백질의 부분들은 실질적인 이유로 연구 소재로 선택된다. 이들은 분자표식(molecular marker)들이다. 많은 분자 표식들은 현재 개체군 유전학, 개체군 생태학, 진화 생태학 그리고 계통 생물 지리학에 강력한 도구로 사용되고 있다(Avise 2004). 분자 표식들을 이용하는 이와 같은 연구들은 비록 분자의 생태학을 다루지는 않지만 분자 생태학(molecular ecology)이라 불린다. 지금은 생태 유전학의 발달에 있어 격변하는 시기다. 그래서, 생태학자들이 개체군 유전적 구조의 시간적, 공간적 변화를 다루는 기술적 개체군 유전학(descriptive population genetics)과 적합성을 정량화하는 생태생리학(ecophysiology) 사이의 차이를 이어주는 것은 중요하다.

유전적 표식들을 알아내는 다양한 다른 방법들이 있으며 이에 대한 자세한 사항들은 특정 문헌에서 확인할 수 있다(Avise 2004). 그 방법들은 단백질 **전기영동**(allozymes)부터 DNA를 기반으로 하는 방법까지 다양하게 있다. DNA를 부분의 PCR(polymerase chain reaction) 증폭 발달은 매우 작은 샘플에서도 DNA 분석하는 것을 가능하게 하였다. 그러나, 한 가지의 방법이 이상적으로 모든 목적에 쓰이지는 않는다. 알로자임 분석은 단백질의 아미노산 구성에서의 초반 변화(DNA 코딩 영역의 변화)를 감지할 수 있다. 핵산을 기반으로 하는 방법은 아미노산 서열 변화뿐만 아니라 DNA 구조 변화(제거, 추가, 재배열 등)까지 다양한 가능성을 제시해 준다. 많은 DNA를 기반으로 하는 표식들은 코딩되지 않는 부분이 퍼지선택으로 인해 돌연변이를 축적하는 경향이 있음을 말해주고 있고 따라서 더 많은 가변성을 보여주고 있다. 예를 들어, 종 내의 친족과 유전적 비율 연구와 같은 분야에서 정밀한 해결방법이 필요할 때 이는 도움이 될 것이다. 또 다른 면으로는 덜 가변적인 부분은 계통 발생학을 위한 진단 표식로 더 적당하다.

5.3.3 생태 유전학에서 분자 표식의 응용

단백질 전기영동

단백질(Allozyme) 전기영동은 1960년대 이후에 의학 연구를 위해 사용되기 시작했고 그 이후로는 수생생물 연구에 접목되어 사용되었다. 이 기술은 쉽게 다룰 수 있는 cellulose acetate gel을 이용하여 소형 샘플(동물 플랑크톤)에 적용할 수 있도록 개발됨으로써 생태학 분야에 널리 사용하게 되었다. 비록 allozyme을 사용한 이 기술이 점차 핵산을 기초로 한 표식(marker)들에 의해 대체되었지만, 그 생태학에 적용한 기술들은 기본적인 원리들을 설명하기에 적절하다. 따라서, allozyme을 이용하여 제기되어 온 생태계 유전학에 대한 몇 가지 전형적인 질문들에 대해 알아볼 것이다. Allozyme은 같은 기능을 가졌지만 구조적으로 다른 효소를 말한다. 전기영동을 진행할 때, allozyme이 carrier gel 위에 놓이고 전기장이 걸리게 되면 다른 속도로 이동하게 된다(electrophoresis). 전기영동을 마친 후, 염색을 통한 띠(band)의 형태로 gel 상에 나타날 수 있다. 이렇게 띠의 형태로 따로 떨어진 효소의 특정 유형들은 그들이 이동한 거리에 따라 결정되게 된다(그림 5.10). 그리고 만약에 하나의 효소가 개체군 내에서 다형성이여야만, 다른 개체임을 의미하는 각각의 띠

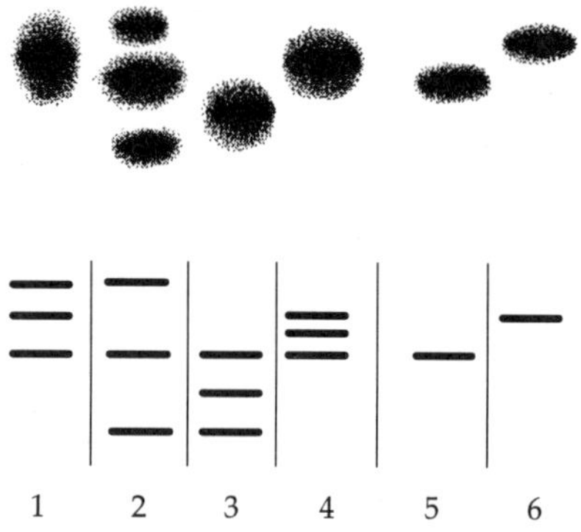

그림 5.10 *Daphnia cucullata* 6개체의 glucose phosphate isomerase의 알로자임 패턴. 위: starch gel 상에서 전기영동한 후 보이는 밴드. 아래: 각 밴드의 규칙적인 배열

가 존재할 것이다. 하나의 개체군에서 하나의 효소가 다형(polymorphic)일수도 있고, 단일형(monomorphic)일 수도 있다. 만약에 효소가 개체군 내에서 다형성을 가진다면, 각 개체들에 대한 다른 띠를 형성될 것이고 단일형일 경우에는 띠가 하나만 관찰 될 것이다. 대부분 하나의 개체군에서 다형성 요소의 두 가지 대립 형질이 관찰되지만, 아주 드물게 그 이상의 대립 형질이 관찰되기도 한다. 2배체 생물의 경우, 2가지 경우의 띠를 형성할 수 있다. 하나의 띠가 형성될 경우 동형 유전자(homozygous)를 의미하고, 두 개의 띠가 형성될 경우 이형 유전자(heterozygous)를 의미하게 된다. 만약 아주 많은 다수의 개체들에 존재하는 다형성 효소가 조사된다면, 대립 형질들의 비율을 조사할 수 있으며 그 개체군이 Hardy-Weinberg 평형에 도달했는지 알 수 있다. 또한, 한 개체의 조직 균질액(tissue homogenate)은 효소-특이적인 염색물질을 이용하여 gel 상에 표시하는데 이용할 수 있다. 때로는 하나의 gel 상에 두 개의 효소를 염색할 수도 있으며, 이러한 방법은 다좌위 유전자형(multilocus genotype)에 대한 확인을 위해 필요한 **다중효소**(multiple enzyme, loci)의 정보를 제공해준다.

전기영동을 이용한 수생생물들에 대한 많은 연구가 진행되었다. 일반적으로 개체군의 유전적 구조는 강력한 자연선택이 있었는지 혹은 다른 개체군들이 유전정보를 바꿨는지에 대한 정보를 제공한다. 하지만, 중요한 점은 대립 형질의 비율과 유전자형의 구성이 일시적이며 공간적이기 때문에 이러한 차이가 해당 유전자 풀에서 변화가 일어났다는 정보밖에 알려주지 않는다. 결국, 자연선택에 대한 어떠한 원인에 대한 정보는 제공하지 못한다. 물벼룩속(*Daphnia*)이 산소스트레스(oxygen stress)하에 있을 경우를 예로 들어보겠다. Allozyme 분석은 여름동안 유전자 풀에 변화가 있었다는 사실을 말해줄 수 있지만, 헤모글로빈의 합성을 조절하는 유전자에 대한 조사가 없었기 때문에 변화가 일어난 이유는 설명하지 못한다. Allozyme 자료는 우리가 차례대로 생리학적으로 실험할 수 있는 특정 유전자형을 알게 해준다. 이는 우리에게 산소 결핍에 대한 적응이 표현형 반응이라는 것, 또한 당시에 존재했던 유전자형들 중에서 가장 잘 적응할 만한 클론들이 살아남았다는 정보를 제공한다.

우연한 기회가 작은 개체군에서 중요한 역할을 한다. 바위로 이루어진 해안에서 빗물로 가득 채워진 웅덩이(rock pools)는 좋은 사례가 된다. 이 웅덩이는 마를 수도 있고 바닷물이 들어와서 염분이 증가할 수 있으며 다시 비가 내리면 염분이 낮아질 수도 있기 때문에 불안정한 서식처이다. 이러한 변화는 개체군들을 멸종시킬 수 있는 재앙이 되기도 한다. 따라서 개체군 재형성(re-population)이 주요 원동력이 되고, 우연한 기회는 어떠한 유전자형이 처음 도착할 지를 결정하게 된다. 이러한 **창시자 효과**(founder effect)때문에 근처 웅덩이의 유전자 구조와 큰 차이를 나타낼 수 있게 된다.

요각류(The harpacticoid copepod) *Tigriopus californicus*는 캘리포니아 연안의 암석 웅덩이(rock pool)에 서식한다. 이 종의 경우, 휴면 단계를 생성하지 않기 때문에 개체군들은 종종 위와 같은 재앙으로 인하여 소멸된다. 암석 웅덩이는 종종 바다와 가까운 암석들과는 떨어진 곳에서도 발견되기도 한다. Allozyme 분석법을 통해 이 조직들을 분석해보면, 유전적으로 다르다는 사실을 알 수 있지만 유전적인 구조에서는 비슷하다는 것을 알 수 있다. 즉, 재앙이 닥친 후 창시자 효과에 의해 웅덩이의 큰 유전적 변화가 형성되지만, 인접한 암석 웅덩이에서 온 새로운 유전자형과 마주치게 되기 때문에 유전적인 구조에서 큰 차이를 나타내지 않게 된다. 웅덩이들은 해수면보다 높으며 또한 각기 높이가 다르기 때문에 한 번의 재앙을 맞은 것은 아니다(Burton and Swisher 1985). 그룹내의 웅덩이들 사이에서 유전자 이동은 많지만, 웅덩이 그룹들 간의 이동은 거의 없다. 따라서 하나의 웅덩이 내의 생명체들은 하나의 개체군으로 생각할 수 있다.

창시자 효과는 선택 요소들(selective factors)에 의해 중첩될 수 있다. 바위 사이의 작은 웅덩이는 또한 이러한 효과의 좋은 사례가 된다. 암석 웅덩이는 해안선에서 다양한 염분 농도를 지닌다. 또, 바람에 의해서 염분이 이동 할 수 있기 때문에 웅덩이가 바닷물 근처에 있을 경우 육지 쪽에 있는 경우보다 염분의 농도가 더 높을 수 있다. 이를 통해, 웅덩이들은 해안선부터 내륙 범위까지 확실한 염분 농도 기울기를 형성하게 된다. 이와 관련하여, 물벼룩과인 *Daphnia pulex*와 *Daphnia magna*의 유전적 구조에 대해 알래스카 해안지역에서 상세히 연구되어 왔다(Weider and Hebert 1987). 여기서 우린 염분 농도의 영향이 존재했다는 것을 알 수 있다. 해안 근처의 웅덩이일 수록 염분에 저항성이 있는 유전자형의 발현이 더 높았고, 우연한 착생이 재앙이 발생한 후에 중요한 첫 단계임을 알게 되었다. 착생된 유전자형이 염분에 대한 저항성이 없다면 살아남지 못했을 것이다. 위와 같은 과정은 염분에 저항성이 있는 유전자형이 웅덩이 안에 형성될 때까지 계속 지속된다.

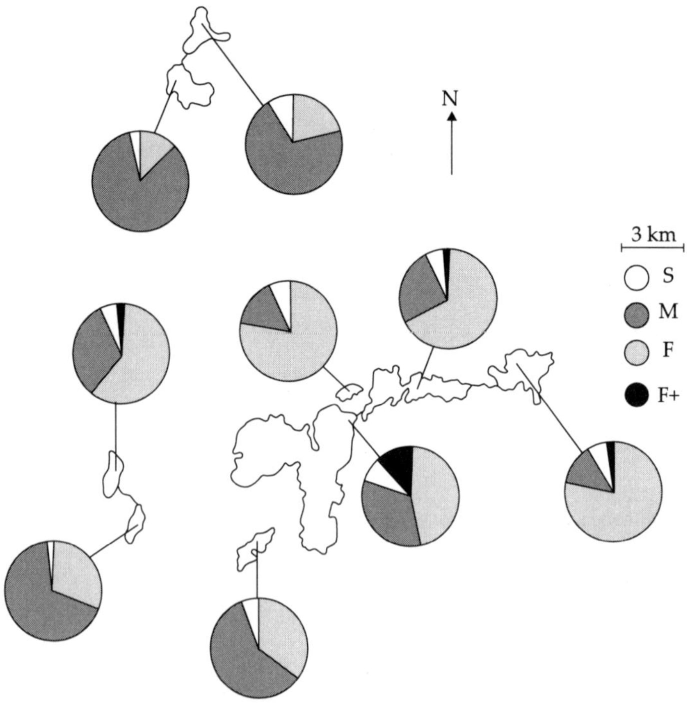

그림 5.11 Holstein Schweiz(독일)에 인접하는 호소에서 *Daphnia galeata*의 phosphoglucose mutase의 대립형질 빈도. 각 파이의 조각들은 4가지 가능한 대립형질의 상대적 비율을 나타낸다. 중앙그룹의 호수들은 동에서 서로 흐르는 작은 Schwentine 강에 의해 연결되었다(Mort and Wolf 1986).

그 결과로, 해안을 따라 형성된 웅덩이 사이에서는 해안과 내륙 웅덩이의 사이보다 더 큰 유사성이 관찰된다. 그 유사성으로 인해, 유전자형의 기울기가 존재하며, 이 기울기는 염분 농도가 이러한 현상을 유발한 선택적 요소였음을 알려준다는 것을 발견할 수 있었다.

인접한 큰 호수의 개체군들은 대체로 작은 연못들의 개체군들보다 유전적으로 비슷하다. 큰 호수에서, 선택이란 창시자 효과 또는 우연한 유전적 변화보다 더 중요하게 작용한다. 그럼에도 불구하고, 개체군의 유전적 구조는 유전적 거리를 통계적으로 측정하는 대립형질 빈도수를 이용하여 비교할 수 있다. 그림 5.11은 독일 Holstein 지역의 여러 호수에 존재하는 *Daphnia galeata*의 대립형질 비율을 나타낸다. 개울을 통해 연결된 호수의 경우, 고립된 경우보다 유전적으로 더욱 유사하다. 하지만, 개울로 연결된 호수의 4번째(Großer Plöner 호수)의 경우는 나머지와는 상당히 다르다. 대립형질 F^{+}(전기영동에서 빠르게 이동하는 형질)의 경우, 다른 호수에서는 드물지만 Großer Plöner 호수에서만 높은 비율을 나타낸다. 이러한 사실은 명백하게 개울 전체를 통한 개체군 사이의 유전적 변화보다 선택적 효과의 영향이 더 크다는 것을 말한다.

미소부수체

미소부수체(Microsatellites)는 생태유전학에서 최근 사용되는 분자표식(molecular marker)이다. Allozyme과 같은 몇 가지 종류의 의문점을 연구하기 위해 사용되었지만, 성격은 매우 다르다. 동식물의 DNA는 2~6 염기쌍이란 작은 단위가 진주처럼 나란히 반복되는 부위를 지니고 있다. 이러한 유전자 구조(loci)는 매우 다형성일 수 있지만, 여기서 말하는 다형현상(동질이상, polymorphism)이란 아미노산의 변화가 아닌 반복된 수(연결된 길이)의 차이에서 유래되는 것이다. 전형적인 미소부수체는 보통 $(CTAG/GATC)_n$이란 구조를 지닌다. 이는 CTAG란 가닥과 GATC란 가닥이 짝을 이루어 n번 반복된다는 뜻이다. 예를 들어 $n = 4$일 경우는 이렇게 표현된다.

CTAG CTAG CTAG CTAG
GATC GATC GATC GATC

개체들마다 반복되는 수가 다르며, 멘델의 법칙에 따라 유전된다. 미소부수체에서 돌연변이가 일어날 확률은 (종종 한 세대당 10^{-3}~10^{-4}) 매우 높기 때문에, 개체군 다양성은 매우 높다. 가끔 20개 이상의 다형성 구조(polymorphic loci)가 존재할 수도 있는데, 이는 개체군 측면에서 매우 높은 해결책을 제공한다.

미소부수체는 작은 유전적 차이를 찾는데 적합하다. 전형적인 활용은 그림 5.12와

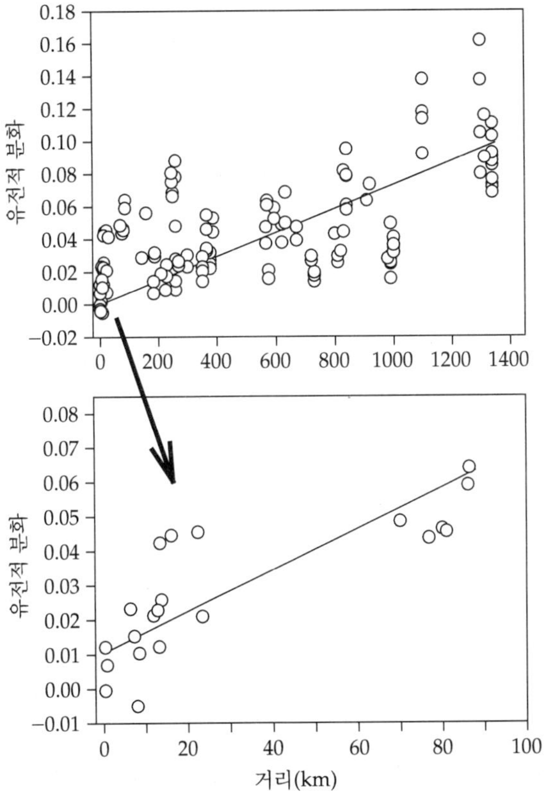

그림 5.12 발트해 남부해안을 따라 분포하는 호수에서 Copepod *Eudiaptomus gracilis*의 거리에 의한 격리. 유전적 차이는 미소부수체 표지로부터 계산함. 각 점은 *x*축에서 보이는 거리에 의해 두 호수 집단 간의 차이를 의미한다. 위: 총 1340 km까지의 데이터 셋. 아래: 100 km 이내에 있는 호수에서 얻은 부속 데이터셋 (Zeller *et al.* 2006)

같다. 발틱해의 남쪽 연안을 따라 분포하는 호수에서 사는 칼라누스류 *Eudiaptomus graciloides*는 개체군들 사이의 유전적 차이가 거리에 따라 형성된다는 가설(*isolation by distance*)을 증명하기 위해 연구되었다. 북부 독일에서부터 St. Petersburg(러시아), 1400km에 이르는 거리의 17개 호수를 조사하였다. 대략 12000년 전 마지막 빙하기가 끝난 후 스칸디나비아의 빙하가 녹으면서 형성되었기 때문에, 17개 호수의 나이는 전부 동일하다. 요각류(Copepods)는 10개의 다형성 미소부수체 표식(polymorphic microsatellite marker)을 통해 유전자 검사가 진행되었다. 유전자 차이에 대한 통계적 수치는 각 호수마다 짝을 이루어 계산되었으며 호수 간 거리를 기준으로 구획을 나눌 수 있다.

이러한 연구의 결과는 앞서 말한 가설(지리적 격리)을 지지하게 된다. 호수 간의 지질학적인 거리가 커질수록 유전적 차이가 커지지만, 해석하려면 정밀한 측정의 어려움이 동시에 존재한다. 거리와 유전적 차이에 대한 통계에서 중요한 관계는 거리가 1000 km 이상일 경우에만 관찰되지만, 1000 km 내의 범위에서는 눈에 띄는 경향이 나타나지 않게 된다. 하지만 다시 100 km 이내의 범위에서는 뚜렷한 관계를 나타내게 된다. 결국, 유전적 변화는 100 km 내의 범위에서 중간단계까지 급격하게 올라가고 1000 km 근처까지는 비슷하게 유지되다가 1000 km를 넘어서는 급격하게 다시 상승하는 것을 알 수 있다.

이러한 사례는 유전적 표식이 제공할 수 있는 것과 한계점을 분명하게 알려준다. 첫 번째 한계점은 *E. graciloides*가 지질학적으로 가까운데도 불구하고 각 호수마다 다른 개체군을 형성한다는 점을 들 수 있다. 즉, '유전자 확산은 폐쇄적이다'라는 것이다. 그러나, 표식은 차이점이 있다는 것을 알려주지만 왜 그런지에 대한 이유는 설명하지 못한다. 또한, 왜 유전적 차이가 중간 범위(100~ 1000)사이엔 증가가 없는 지도 설명하지 못한다. 아마도 지질학적인 거리와는 독립된 숨겨진 과정이 유전자 변화에 영향을 미쳤을 것으로 보인다. 하지만 중간 범위(100~1000)의 유전적 차이는 다양한 값을 갖는데, 이 이유는 빙하기 이후의 다른 요소로 인한 착생 결과일지도 모른다. 서로 다른 환경 조건으로 생긴 국지적응(local adaptation)설은 St. Petersburg 근처 호수의 유전적 차이에 대한 결과를 설명하기에 더욱 적합하다. 이 호수는 가장 동쪽에 위치한 호수일 뿐만 아니라 동시에 위도상 더 북쪽(60도)에 있는 호수이다. 다른 호수들은 모두 54도 아래이다. 결과적으로, St. Petersburg 호수만 더 추운 환경을 보내게 되어 매년 6개월은 얼음에 덮이게 된다. 따라서 *E. graciloides*는 이 호수에서 한 세대가 일 년을 보내게 되지만, 다른 호수에서는 2~3세대가 일년을 보내게 된다.

제한단편 길이 다형현상(RFLP; Restriction fragment length polymorphism)

특정 올리고핵산염(oligonucleotide)의 서열에서 DNA를 쪼개는 **제한효소**(restriction enzyme)는 DNA를 분석하는 또 다른 방법을 제공한다. 이 제한효소는 2~6 염기쌍 서열이 있는 곳이라면 정교하게 DNA를 잘라 낼 수 있다. 다른 구체적인 곳에 있더라도 DNA를 자르는 수 백 가지의 이 제한효소는 RFLP 분석에 이용될 수 있다. 기본적으로 DNA는 하나 혹은 그 이상의 **엔도뉴클레아제**(endonuclease, DNA 혹은 RNA의 사슬을 분해하여 불연속화시키는 효소)에 의해서 잘리게 되고(소화되거나), 다양한 길이의 단편을 만든다. 이 단편은 전기영동을 통해 분자 무게에 따라 분리될 수 있다. 그리고 화학물질-염색하거나 방사선-표지 또는 방사선 사진 촬영 방법을 통해 단편을 확인해야 한다. 각각의 엔도뉴클레아제는 일정한 띠 패턴을 형성하지만, 절단부위에서 염기의 치환이 일어나거나 염기서열의 재배열, DNA 추가나 제거가 일어날 경우 차이를 나타낼 수 있다. 따라서 이러한 단편윤곽(digestion profiles)은 유전적인 지문을 나타내게 된다.

RFLP는 종종 미토콘드리아의 DNA를 분석하기 위해 이용되어 왔다. 예를 들어, Routman(1993)은 북미 도롱뇽의 일종인 *Amblystma tigrinum*의 개체군을 연구하였다. 이 종은 다른 생활주기를 지닌 두 개의 아종(subspecies)이 존재한다. 그들 중 하나의 아종은 무조건 변형(metamorphic) 특징을 지닌다. 즉, 유충에서 변태하여 물을 떠나 공기로 호흡하게 된다. 반면에 다른 하나는 유형보유(paedomorphic)의 특징을 지닌다. 즉, 유충 상태에서 번식하고 아가미를 통해 호흡하며 물 밖으로 나가지 않는다. 유형보유형의 경우 물속에서 계속 살지만, 변성형의 경우 일시적으로 물에 살다가 물이 마르기 전에 밖으로 나가게 된다. Routman은 도롱뇽 개체군들을 13개의 제한효소를 이용하여 미토콘드리아 DNA(mtDNA)를 분석하였다. 아종 간의 유전적 차이가 하나의 아종 내에서의 차이보다 더 컸고, 이러한 사실은 이소적(allopatrically)으로 진화했다는 사실을 보여준다.

RFLP 분석법은 PCR을 진행한 후에 특정 유전자에 적용할 수 있다. 이 기술은 종들을 동정하기 위한 진단 도구로 유용하다. 전형적인 사례는 Sharley *et al.*(2004)에 의한 것이다. *Chironomus* 속인 깔따구 유충(midge larvae)은 뉴질랜드와 북반구에서 수질 평가에 이용되는 지표종이다. 이런 기술은 종을 분류할 수 있는 동정이 필요하지만, 호주에서는 '동정이 애매한(cryptic)' *Chironomus* sp. 때문에 어려움이 생긴다. 이 종의 유충은 형태학적으로 구별이 안되기 때문에, 정확한 동정을 진행하기 위해서는 정교한 핵학적인 방법이 필요하거나 유충을 성숙기로 성장시킬 필요가 있다. 이러한 이유로, 호주에서는 사용이 적합하지 않다고 알려졌다.

Sharley *et al.*(2004)은 분자동정기구(molecular identification tool)를 개발했다. 연구진은 미토콘드리아의 cytochrome oxidase I subunit(COI)의 710 염기쌍 단편을 증폭시켰다. 모든 참조 분류군(reference taxa)으로부터 증폭된 단편들의 염기서열이 분석되었으며, 이 염기서열에 대한 정보는 다수의 제한효소가 자를 수 있는 특징적인 장소를 이용하여 쪼개질 수 있는 '제한효소 진단 시뮬레이션(a simulated restriction enzyme digestion)'에 이용된다. 이러한 결과는 모든 효소와 종들에 대한 단편윤곽(digestion profiles)을 제공하고, 3개의 제한효소만으로 10개의 *Chironomus* 종을 모두 분리하는데 충분하게 되었다. 이제 COI를 증폭시키고 3가지 효소를 이용한 RFLP 분석을 진행하면, 종을 구분할 수 있으며 호주에서도 수질관리를 위해 *Chironomus* sp.를 확인하는데 사용될 수 있다. 이러한 기술은 모든 후생동물 분류군을 목록화하는 방법으로, DNA 바코드(bar coding)의 적용 사례라고 볼 수 있다(Hebert *et al.* 2003)

염기서열(Sequencing)

최근 DNA 염기서열 분석(sequencing)이 자동화되고, 비용이 낮아지면서 매우 인기있게 되었다. DNA 서열화의 장점은 DNA의 1차 구조에 대한 정보를 제공하고, 이를 통해 모든 단일 점 돌연변이(single point mutation)를 발견할 수 있다는 것이다. 결과적으로, 염기서열 분석하려는 DNA 길이의 선택이 중요하다. 계통 발생이나 진화, 수생생물 생태학에 관한 많은 연구에서 mtDNA의 일부 염기서열을 분석하고 있다.

이 방식은 계통 발생학적 관계를 연구하는데 이용되거나, 동부 아프리카 호수의 시클리드 어류(cichlid fish)의 적응 방산(adaptive radiation)을 연구하는데 이용되고 있다. 시클리드는 형태학적, 행동학적, 착색적으로 매우 뚜렷한 차이를 보여준다. 하지만, 동시에 몇몇 다른 개체군에서는 차이가 적기 때문에 분자 기구를 통해 구분해낼 수밖에 없다. 예를 들어, 유럽 송어류(European whitefish) *Coregonus lavaretus*의 종들은 동정하기가 어려운 예이다. 형태학적으로 차이가 나는 특징은 이 어류의 먹이 구조와 관련이 있는 아가미 갈퀴의 가시 숫자 뿐이다. cytochrome b 유전자의 일부분과 NADH dehyrogenase subunit을 구성하는 mtDNA 단편에 대한 염기서열 연구가 북부 유럽, 시베리아, 남부 유럽에서 세 가지 다른 집단(clades)이 존재한다는 사실을 드러냈다. 이러한 사실은 아마도 마지막 빙하기 이후의 각 지역에서 집단화한 과정이 반영된 것으로 해석할 수 있다(Østbye *et al.* 2005).

계통-지리학적(phylogeographical)인 연구는 기본적으로 분산과 선택이란 역사적인 중요한 사건의 결과들을 보여주긴 하지만, mtDNA 정보는 또한 생태형(ecotypes)의 이유를 설명할 수 있다. 개체군 간의 차이가 유전학적인 배경을 지니거나 서식지의 차이에 따른 표현형적인 반응이라고 한다면, 종종 이유가 맞지 않을 경우가 있다. 예를 들어, 독일산 불도롱뇽(fire salamanders) *Salamandra salamandra*가 개울이나 연못에서 새끼를 낳을 경우, 연못과 개울의 개체군은 그 생활주기와 대사도 다르다. 연못에서 사는 도롱뇽의 경우, 개울에 사는 경우보다 더 일찍 변태하지만 더 크기가 작다. 보편적인 실험에서 생활주기 차이에 대한 유전적인 결정에 대한 증거를 찾게 되었다. mtDNA D-고리 서열 분석은 개울과 연못의 개체군이 마지막 빙하기 이후에 재집단을 형성한 한 하나의 계통으로부터 파생되었다는 사실을 밝혔다. 이러한 사실은 연못 거주(pond breeding)가 매우 최근에 일어났음을 시사한다.

염기서열 분석 정보를 이용한 또 다른 사례는 개체군들의 공간적인 구조와 연관이 있다(메타개체군, 단원 5.1). 호주 서부 퀸즐랜드의 Dryland 강은 평범하지 않은 수문 체제(hydrologic regime)를 보여준다. 가끔씩 발생하는 홍수를 제외하고, 강의 수로가 오랫동안 말라있으면 고립된 물웅덩이가 형성된다. 이러한 웅덩이는 수생 종들의 은신처(refugia, 다른 곳에서 멸종된 것이 살아 있는 지역)를 형성한다. 이러한 웅덩이는 깊이도 다르고 크기도 다르기 때문에, 가뭄동안 버티는 기간도 다르다. 그래서 작은 웅덩이의 경우, 다음 홍수가 오기 전까지 마를 확률이 상당히 높다. 다음 비가 온 후엔, 큰 웅덩이로부터의 재정착이 필요하다. 의문점은 물웅덩이의 고립이 유전적 개체군의 분화를 유도하는데 충분한지의 여부이다. 여기서 우리는, 물웅덩이에서의 개체군들은 창시자 효과때문에 감소된 유전적 다양성이 확인될 수 있음을 가정한다. mtDNA COI의 비교적인 염기서열 연구는 두 종(새우 *Macrobrachium australiense*, 달팽이 *Notolpa sublineata*)에서 진행되었다. 두 종은 분산능력(dispersal capacity)에 있어서 차이가 있다. 새우의 경우 이동성이 더 크고 부유성 유충 시기를 거치지만, 달팽이의 경우 유충 시기가 없고 제한된 이동성을 지닌다. 하지만 놀랍게도, 작은 웅덩이에서, 두 종의 유전적 다양성은 작지 않았으며 유전적 분화가 발견되지 않았다. 이러한 사실은 물 웅덩이에 사는 개체군과 서식지 사이의 유전자 확산간의 연결성이 예상치보다 높았음을 나타낸다.

5.3.4 소진화(Microevolution)

개체군의 진화학적인 변화의 첫 단계는 유전자 풀의 구성이 변하는 것이다. 즉, 유전적 다양성으로부터 선택을 통해 종 내 유전자 풀의 변화가 생길 경우 소진화가 일어났다고 한다. 일정한 선택압(selective pressure) 조건에서, 중립적인 선택이 아닌 특성들은 다양성이 감소할 것으로 예상할 수 있다. 생태학과 개체군 유전학에 대한 의문점을 제기시킨다. 왜 그렇게 많은 유전적 변이가 발생하는 것일까? 아마도 가장 중요한 이유는 선택압이 일정하지 않기 때문일 것이다. 즉, 환경적인 조건은 서로 다른 시간과 장소에 맞춘 유전자형을 제공하면서 항상 변화한다. 또한, 개체군 유전학에는 빈도의존성 선택(frequency-dependent selection) 같은 더 새로운 모델들이 존재한다. 이 모델은 상대적으로 구성 비율이 높은 유전자형을 취급하는 포식자의 목표가 되지 않음으로써 얼마나 희귀한 유전자형이 이득을 볼 수 있는지 설명한다.

비록 진화가 대부분 긴 시간(백만년)과 연관되어 있지만 이러한 경우는 종 수준의 대진화(macroevolutionary)로 여겨진다. 그러나, 개체군 수준의 소진화는 매우 빠를 수 있다. 이에 대한 좋은 사례가 살충제에 대한 저항성 발달이다. 고전적인 사례는 캘리포니아의 Clear Lake로써, 이곳은 오랫동안 methylparathion 살충제를 유령깔따구 *Chaoborus* 유충을 죽이기 위해 사용되었다. 13년 동안 살충제를 사용한 뒤에는 더 이상 효과가 없었다. 독성 검사를 진행한 결과, 유충들에게서 저항성이 형성되었기 때문에 더 독한 살충제가 필요하다는 것을 알려주었다. 1962년과 1975년 사이에 해당 유령깔따구 유충은 10배 더 살충제에 덜 민감해졌다.

인류에 의해 발생한 요소(anthropogenic factor)들은 수서 생태계에서 강력한 선택압(selective force)이 될 수 있다. 수생생물이 유해한 물질에 저항성을 형성 할 수 있다는 사실이 여러 차례 보고되었다. Maltby(1991)은 수생 쥐며느리 *Asellus aquaticus*가 서식하는 영국의 개울을 조사했다. 이 개울은 수로를 통해 광산 배수를 받는 개울로써, 광산 배수 위쪽에 사는 *Asellus* 개체군과 아래쪽에 사는 개체군으로 나뉜다. 위쪽에 사는 개체군은 폐수에 민감하고 깨끗한 물에서 많은 자손을 낳을 수 있지만, 단지 몇 미터 아래 하류에 사는 *Asellus*의 다른 개체군은 깨끗한 물에서 거의 번식을 하지 못하지만 오염된 물에 저항성은 높았다. 놀랍게도 두 개체군은 거리상으로 짧았고 지속적으로 하류로 이동하는 *Asellus*이 있었지만 유전적으로 달랐다. 산성도와 중금속에 의한 선택(선택압)이 유전적인 차이를 만든 것으로 생각된다. 금속에 대한 적응이 다양한 수생생물에 대한 설명을 가능케 한다. 비록 적응에 대한 유전적 배경이 항상 증명되는 것은 아니지만, 환경 평가에서 소진화 과정의 중요성에 대한 관심이 존재한다.

다른 환경 조건에 따라 소진화와 같은 변화가 일어나는 경우 국지적응(local adaptation)이라고 한다. 서로 다른 지역에서 발견되는 생물은 저마다의 특성이 가지고 있는데, 그의 유전적인 이유는 모든 고립 지역이 동일한 조건 하에서 평가될 때 실험실에서 알아낼 수 있다(common garden experiments). 국지 적응은 서식지에서 평균치의 조건이 지속되거나 느린 속도로 변화할 때 발생하는데, 이는 주로 자연환경 요인이 이에 해당한다. 서로 다른 호수에서의 개체군 비교는 과거부터 적응해 온 역사를 보여준다. 하지만 개체군을 직접적으로 관찰하는 연구는 드물다. 호수 침전물에서 있는 동물플랑크톤의 휴면기를 이용하는 새로운 기법이 최근 개발되고 있다(단원 6.8.3). 이러한 휴면기는 매우 척박한 환경에 내성이 강한 상태이다. 그들은 수년 동안 생존할 수 있지만, 수천 년 동안 죽어 있을지라도 오래 전부터 살았던 개체의 유전자 지문을 만들 수 있을 정도로 충분한 DNA를 여전히 지니고 있다(Limburg and Weider 2002). 이러한 방식은 고육수학(paleolimnology)에 분자적 기술 응용 방법을 제공한다.

휴면기는 수십 년 동안 퇴적물에서 생존할 수 있기 때문에 점진적인 기능적 적응(functional adaptation)을 관찰할 수 있는 유일한 기회를 제공한다. 퇴적물이 물리적인 과정이나 생물 교란에 의해 방해받지 않는다면, 바닥으로 가라앉는 휴면기는 퇴적층이 형성되는 시기와 상응하는 층에 퇴적 될 것이다. 호수에서 퇴적물을 조심스럽게 가져 온 후, 퇴적물 층을 이용하여 매년 퇴적된 적층물(annual lamination)을 센다든지 금속의 흔적 또는 방사선 동위 원소 분석을 진행하여 연대를 추정할 수 있다. 여기서, 휴면기는 개체 퇴적물 층으로부터 분리되어 결국에는 실험실에서 부화 될 수 있다. 이 기술은 *Daphnia*의 최대 100년까지 계속 살아남을 수 있는 휴면 중인 알을 이용한다. 이러한 과정들은 이제 **실험 고생물학**(experimental paleo-ecology)으로 불린다(Kerfoot and Weider 2004).

Hairston *et al.*(2005)은 호수에서 발생하는 역사적 변화에 관한 이러한 접근법의 적합성을 입증했다. Onondaga 호수(New York State, USA)에 대한 초기 연구는 1930년 이후에 평균적인 수치의 봄의 청수기(clear-water phase)에서 남세균이 최대로 대발생한 늦여름의 청수기 단계로 변하는, 또 1980년 이후 초기 상태로 되돌아온 식물플랑크톤 동태 흐름을 관찰했다. *Daphnia* 내구란 은행(ephippia bank)에 따르면 1930년대 산업 염수 오염으로 인해 본래의 *Daphnia* species(*D. pulicaria, D. ambigua*)가 서로 다른 계절적 동태를 가진 2개의 외래 염분 내성종(*D. exilis, D. curvirostris*)으로 대체되었다. 1970년과 1980년 사이에 산업 활동이 종결된 후 고유종 *Daphnia* 종은 다시 나타나기 시작했고, 원래의 식물플랑크톤 주기를 갖게 되었다. 50년 전 수서생태학자들은 식물플랑크톤 역학에 대한 *Daphnia* 섭식의 중요성에 대해 알지 못했다. 그렇기 때문에 당시 이 문제를 연구하지 않았다. 알 은행분석(*Egg bank analysis*)은 돌이켜 생각해 보면 호수 생태계의 변화를 설명할 수 있게 된 것이다.

Weider *et al.*(1997), Hairston *et al.*(1999)에 의해 독일의 Constance 호수에서 *Daphnia galeata* 개체군들에 대한 선구적인 연구가 진행되었다. Constance 호수는 부영양화 역사가 있는 크고 깊은 호수이지만 또한 복원 성공 사례이기도 하다. 원래는 빈영양이였던 호수가 1960년대엔 영양염이 증가해 부영양화의 징후를 보여주었다. 하지만, 엄격한 오염 통제 조치로 결국 영양염이 감소하여 현재에는 다시 1960년대의 수준으로 되돌아갔다. 남세균의 번식을 포함해서 부영양화가 최고점을 찍은 시기는 약 1980년대이다. 부영양화와 빈영양화 기간 동안 *D. galeata*는 계절에 따라 풍부도가 변했지만 항상 호수에 존재했다. 이러한 현상은 *Daphnia* 개체군들이 다른 조류 종으로 인해 변화하는 먹이 조건에 어떻게 적응했는지에 대한 의문을 제기한다. 장기적인 프로젝트를 시작하는 부영양화 초기에 아무도 의문점을 가지지 않았기 때문에 불행히도 이 질문에 대답할 수 없다. 그러던 중 Weider *et al.*(1997)이 1963~1997년 기간 동안 덮여 있었던 퇴적물 층에서 휴면기의 알(egg)을 부화시키는데 성공하고 Allozyme으로 *D. galeata*의 개체군 유전학을 연구했을 때, 우연한 기회가 찾아왔다. 이 시기에 분자 기술은 아직 개체 휴면기의 알을 직접적으로 분석하기에는 기술이 고도화되지 않았기 때문에 개체 유전자형의 클론을

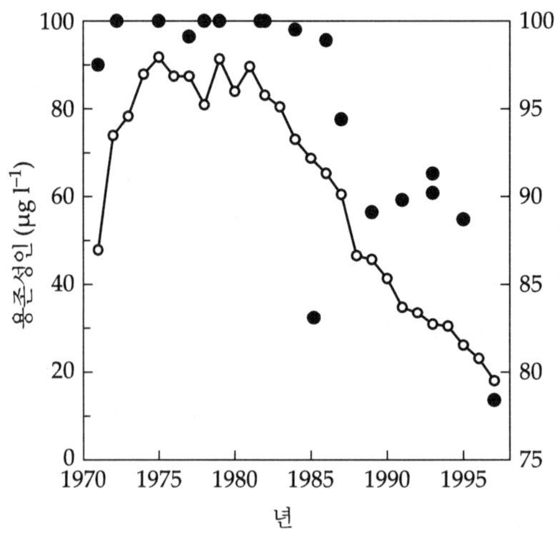

그림 5.13 부영양화 및 재 빈영양 기간동안 Constance 호수의 인 농도(선)에 따른 *Daphnia galeata*(검은 점) 개체군에서 phosphoglucose isomerase(PGI)의 한 대립유전자(M)의 빈도변화. *Daphnia*의 개체군의 유전적 조성은 같은 날 퇴적물에서 분리한 부화된 휴면 알의 allozyme 분석결과로 부터 유추하였다(Weider *et al*. 1997).

확립해야했다. 이런 상황에서, 단위생식(parthenogenetic)을 하는 *Daphnia*가 유용하다. Weider *et al*.(1997)은 **당인산 이성화효소**(phosphoglucose isomerase)의 한 대립형질 빈도수가 영양상태의 지표로써 호수에 있는 인(phosphorus)과 비례 관계가 있다는 사실을 발견했다(그림 5.13). 이러한 사실은 인과관계로 볼 수 없지만, *D. galeata* 개체군의 유전적 구성이 부영양화로 변화했다는 증거를 제공한다. 하지만 부영양화가 일어나기 전에 다시 빈영양화되는 과정동안 가장 높은 인 농도를 기록한 호수에서 살았던 *D. galeata* 클론들이 현재 실험실에서 실험에 이용되었다. 그들은 부영양화 역사에서 약 35년 동안 보냈다.

Hairston *et al*.(1999, 2001)은 부영양화 조건하에서 이들 클론의 능력을 시험하였다. 부영양화의 특징 중 하나는 남세균의 출현이다(단원 8.6.1). 예를 들어 *Microcystis aeruginosa*의 일부는 독소가 있을 수 있다. 그들은 동물플랑크톤의 섭식활동과 성장을 억제한다(단원 6.4.2). 비록 *Microcystis*가 Constance 호수에서 대발생(bloom-forming)하는 종은 아니었지만, 부영양화가 최고치를 나타내는 시기에 그 수가 증가했다. Hairston *et al*.은 실험을 진행할 때, 1972년 Constance 호수에서 분리된 독성 종들 중 하나를 실험실에 계속 가지고 있었다. *Daphnia* 클론은 실험실에서 정확히 동일한 조건 하에서 배양되었다. 그들은 두 가지 유형의 먹이를 동일한 농도로 받았다. 하나는 좋은 먹이로 생각되는 순수 녹조류(*Scenedesmus*)이고, 다른 하나는 80%의 *Scenedesmus*와 20%의 독성 *Microcystis*로 구성된 먹이이다. 이러한 방식을 통해 부영양화 먹이의 품질을 실험하기로 했다. 여기서, *Daphnia*의 유생기 성장률이 측정 대용물(fitness proxy)로 이용되었다. 그리고 상대적인 성장 저해

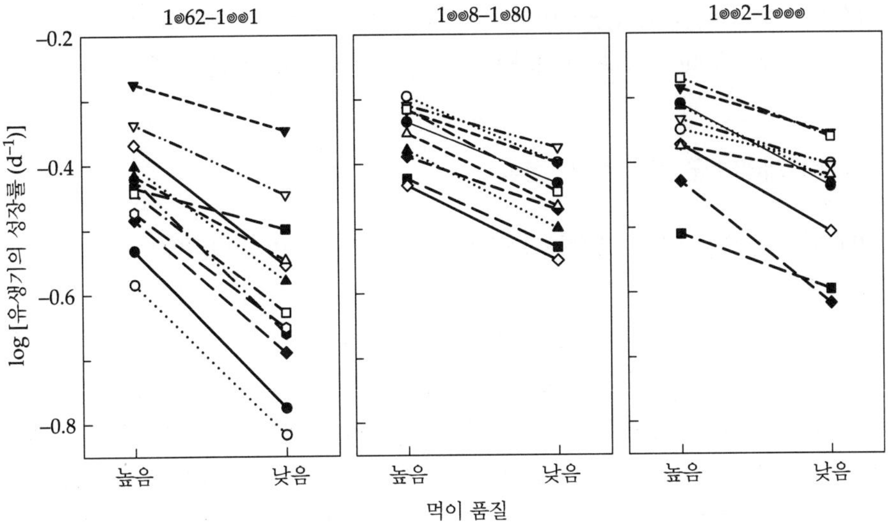

그림 5.14 Constance 호수에서 부영양화가 발생하기 전, 도중, 이후에 살았던 *Daphnia galeata*의 클론에 대한 반응 기준. 각 기호와 선은 퇴적물에 있는 휴면 알에서 분리한 단일 클론을 나타냄. 먹이의 높은 품질은 동일한 수준이지만 먹이의 품질이 다르다. 유생기의 성장률 즉, 적합대용물은 같은 양의 먹이로 측정되었으나 질은 서로 다름. 고품질 먹이는 순수배양 녹조 현탁액이며, 저품질 먹이는 부영양 호수 조류 대발생을 촉진하는 독성남세균이 20% 포함되어 있음(Hairston *et al*. 2001).

가 두 가지 먹이 유형의 성장률을 비교하여 계산되었다. 성장 저해가 높을수록, 독성 남세균에 대한 유전자형(클론)이 더 민감했다.

1978~80년의 유전자형은 부영양화 이전 시기의 유전자형보다 독성 남세균에 평균적으로 덜 민감했다(Hairston *et al*. 1999). 소진화적 변화는 개체 클론에 대한 반응 정도가 도표로 작성될 때 더 확실하게 나타난다(그림 5.14). 이 그래프는 클론의 민감도뿐만 아니라 성장률 사이의 차이를 보여준다(가파른 기울기는 높은 민감도를 의미한다). 부영양화 이전시기 동안은 성장률과 기울기에서 더 큰 유전적 다양성이 나타난다. 느린 성장과 독소에 민감한 유전자형이 빠져 있어서, 부영양화 기간 동안 변동성이 감소한다. 복원 기간 동안 평균 반응은 아직 다르지 않지만 변동성은 다시 증가하는 것으로 보인다. 우리는 분명히 자연 선택을 관찰하고 있는 것이다. 변화하는 경사면은 부정적인 남세균에 의한 효과가 부영양화가 일어나는 동안 선택력으로 작용했다는 것을 암시한다. 하지만 1978~80년 사이의 클론은 왜 모두 최대 성장률이 더 높을까? 혹은 왜 1960년대에 느리게 성장하는 클론이 그렇게 많은 것일까? 성장이 느리다는 것은 단위 생식 동물에서 적합성에 약점이 될 것이다. 하나의 가능한 설명은 두 번째 요소의 존재이다. 부영양화는 또한 물의 투명도를 감소시킨다. 즉 플랑크톤 섭식 어류(planktivorous fish)에 의하여 대형 *Daphnia*의 시력 저하를 일으킨다. 느리게 성장하는 *Daphnia*는 빠르게 성장하는 것 보다 더 작은 크기로 성장한다. 따라서 빈영양화된 Constance 호수에는 빠른 성장과 큰 크기로의

성장에 대한 선택이 있었을 것이다. 즉 천천히 성장하는 유전자형이 선호되었을 것이다. 이러한 사례는 소진화 변화가 여러 요소에 의해 일어난다는 것을 보여준다.

5.3.5 박테리아 군집의 분자적 분석

박테리아 군집의 구성은 결정하기 매우 어렵고, 몇몇 현미경 아래에서 보이는 형태학적인 기준은 일반적으로 기능적인 유형과 관련이 없다. 지금까지, 박테리아는 동정을 하기 위해서 배양되어야만 했었다. 그러나, 형광현미경에서 보이는 오직 작은 비율의 박테리아만 배양된다(Amann *et al.* 1995). 결과적으로, 지금까지의 일반적인 방법은 박테리아 다양성을 매우 무시한 것이다. 박테리아 군집분석을 위한 현재의 분자적 방법의 발전은 이 분야에 있어서 큰 돌파구였다. 현재 일반적으로 사용되는 방법은 리보솜 DNA의 작은 소단위(16S)의 구조를 기본으로 하는 것이다(글상자 5.2). 이것은 박테리아 군집을 다른 서식지, 계절, 환경상태로부터 분석하는 것을 가능하게 한다(예, 영양 또는 포식).

분석의 원리는 글상자 5.2에 나타난 DGGE패턴을 사용하여 증명할 수 있다(그림 5.15). 이것은 자연계의 미생물 군집에서 다른 섭식자의 영향을 연구하기 위해서 고안된 실험의 결과이다(Zollner *et al.* 2003). 그림 2.1b에는 12가지의 다른 격리수계(enclosure)들이 있으며, 조건들은 강에서 설계되었고 *Daphnia*(D) 또는 요각류(copepods; C)를 다양하게 접종하였다. 숫자들은 기존의 동물플랑크톤 밀도를 나타

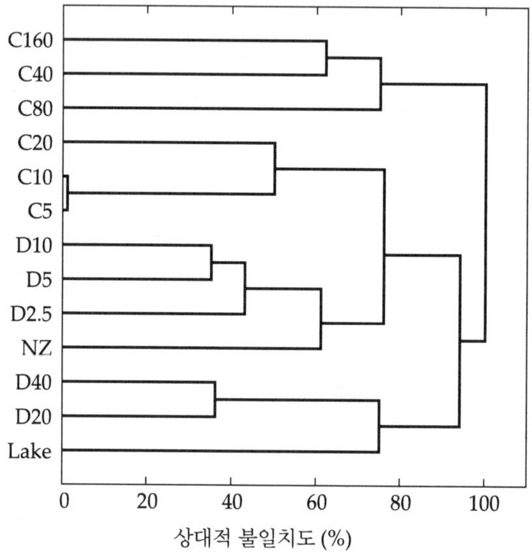

그림 5.15 DGGE 겔의 정량분석을 글상자 5.2에 나타냄. Dendrogram은 통계적인 집괴분석을 통해 얻었고, 이들은 밴드의 존재유무를 설명할 수 있다. 분리된 점들은 비슷한 결과를 갖는 처리군들을(글상자 5.2) 확인할 수 있다.

글상자 5.2 *in situ*에서 박테리아 다양성의 분자적 분석

16S rDNA의 DGGE 분석

리보솜 DNA(rDNA)의 16S 소단위의 구조에 근거하여 박테리아 다양성을 분석하는 방법은 미생물 생태계에서 빈번히 쓰이고 있다. 박테리아 군집은 물이나 침전물 슬러리에서 걸러지며, 이후에 모든 DNA를 추출되었다. 그리고 그 DNA는 16S rDNA의 단편을 증폭시키는 특정 프라이머를 사용하는 PCR에 사용한다. PCR 결과는 한 단편 중에서 약간씩 다른 복사물의 혼합이다. 각각은 다른 종류의 박테리아를 나타낸다. 그 단편은 전기적 공간에서 각각 다르게 이동함으로써, 'polyamaid gel'에서 변성구배 젤 전기영동(denaturating gradient gel electrophoresis; DGGE)에 의해서 분리될 수 있다(Muyzer 1998). 결과는 박테리아 군집의 유전 지문(genetic fingerprint)이다. 젤에서 각 띠는 조작 분류 단위(*operational taxonomic unit*; OTU)라고 불리는 단편 유형을 나타낸 것인데 이는 실제 종을 찾은 것이라고 확신할 수 없기 때문이다.

OTUs는 박테리아 다양성을 보는데 사용 될 수 있다. 띠 패턴은 다른 환경 샘플에 의해 나눠진 OTUs에 대한 정보를 제공한다. 샘플간의 유사도의 정도는 통계학적 방법에 의해 결정 될 수 있다. 그러나 각각의 띠들이 박테리아 종이라고 보는 것은 불가능하다. 밴드에 나타난 종들을 확인하기 위해서는 밴드를 젤에서 잘라내어 염기서열 분석을 해봐야 한다. 이것은 주로 대부분의 우세 OTUs에서는 끝났다. 적절한 정렬프로그램(alignment program)을 사용한 염기서열은 컴퓨터 데이터 뱅크에 저장되어 있는 다른 염기서열과 비교 될 수 있다. 다행인 것은 염기서열은 이미 알려져 있고 OTU도 분석할 수 있다.

그림은 13개의 박테리아 군집의 유전자 지문을 DGGE gel에 나타낸 것이다. 각 레인은 각 현장의 하나의 샘플을 나타낸다. 밴드는 박테리아 16S rDNA (OTUs)의 증폭된 단편을 보여 준다. 동일한 OTUs는 같은 수직적 위치를 보인다. 밴드 패턴은 박테리아 군집의 구성을 반영한다.

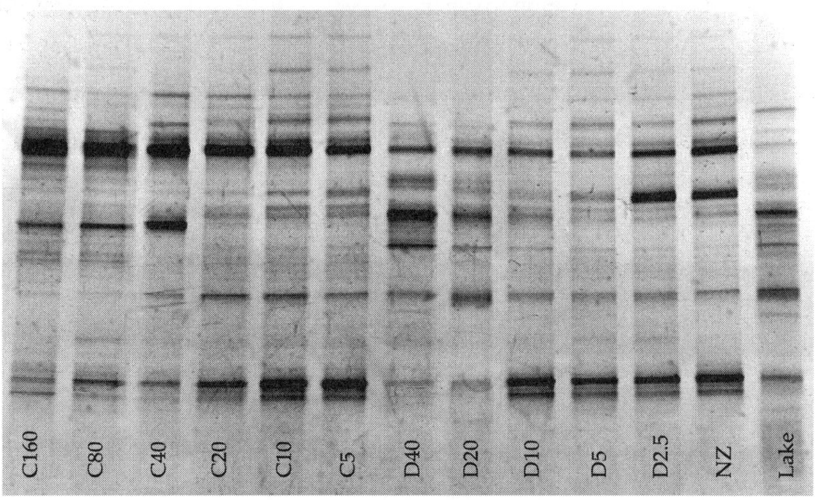

낸다(indiv. L^{-1}). NZ(No zooplankton)는 동물플랑크톤이 전혀 없고, 열 13(Lake)은 외부로부터 온 강의 샘플이다. 샘플들은 실험의 시작일로부터 15일 후에 가져온 것이다. 젤 결과들은 조작 분류 단위(OTUs-operational taxonomic units)의 다른 패턴들을 보여준다. 어떤 OTUs들은 모든 수계에 나타나고, 그러나 각각 다른 강도를 가지고 있다. 다른 OTUs은 수계들의 오직 일부분에서만 발견된다. 이 패턴중에 어떤 것들은 다소 비슷한 것이 관찰된다. 예를 들면, 저밀도-*Daphinia* 샘플들은 동물플랑크톤이 없는 대조군과 비슷하나, 저밀도-copepod 샘플과는 다르다. 고밀도 -*Daphnia*에서 자란 군집들은 호수 군집들과 비슷하다. 세 개의 저밀도-copepod 샘플들과 세 개의 고밀도-copepod 샘플들은 명확하게 분리된 그룹인 것을 보여준다. 만약 띠의 위치와 강도를 수량화하는 젤 스캐너(gel scanner)에 의해서 결과물이 읽히게 된다면, 더욱 많은 정보를 얻을 수 있다. 그러면, 데이터는 계통수(dendrogram)처럼 샘플의 상대적인 유사도를 보여주는 클러스터 분석을 할 수 있다(그림 5.15). 집단화(Clustering)는 시각적 인상을 보여준다. 최종적인 미생물 군집들은 직접적인 섭식 영향의 결과가 아니다. 이런 실험들은 예를 들어, 영양염, 식물플랑크톤 그리고 동물플랑크톤 등 다양한 생태계 구성요소를 대상으로 한다. 분자적 기술은 미생물 구성요소의 통합을 가능케 했다.

많은 종이 가진 대량의 DNA 서열 정보들은 현재 수집되고 있고 데이터 뱅크(data banks)에 모여 있다. DNA 유전자의 분류화 과정은 단지 표식(marker)이 아닌 기능적 유전자(functional genes)를 위한 프라이머를 발전시키는 것을 가능하게 했다. 기능적 유전자는 구체적인 생화학적 경로에서 효소들을 코드(code)시키며, 또한 현장 샘플에서 박테리아의 신진대사 유형을 찾는데 사용될 수 있다. 예를 들어, methane monooxygenase gene(*mmo*)는 메탄산화박테리아에 특징적이고(단원 4.3.10), ammonia monooxygenase(*amo*)는 질화박테리아에 특징적이다(단원 4.3.8). 또한 탈질세균(*nir*)은 질화박테리아(denitrifying bacteria)(단원 4.3.9)에 각각 특징적이다. 현장 샘플들이 다양한 깊이의 호수나 다양한 시간에 채집된다면, DNA는 추출될 수 있고, 기능적 유전자는 알맞은 프라이머(종종 하나 이상의 특정 효소들이 존재한다)와 함께 증폭될 수 있다. PCR 생산물은 같은 기능을 하는 다른 종들을 분리하기 위해 DGGE로 분석될 수 있고, 각각의 띠들은 데이터 뱅크에 있는 정보들의 서열과 비교함으로써 종 확인이 가능하다. 이것은 박테리아의 중요한 유형의 다양한 공간적(예를 들어 수직적), 계절적 패턴을 정의할 수 있도록 한다.

5.4 개체군 통계학

개체군 동태를 고려한다면(단원 5.2.6), 우리는 개체군 모든 구성원들이 동등해야 한다고 생각할 수 있다. 우리는 오로지 수치 대응 관점에서 전체 개체군의 번식률과 손실률을 관련지었다. 동등하다는 것은 분열 생식을 하며 잠재적으로 불멸인 단일 세포에게 해당하는 것이다. 그러나 다세포 유기체의 개체군 안에선 개체들은 모두 동등하지 않다. 번식은 항상 나이 어린 집단의 개체들을 만들어 내고 다른 나이 집단은 각기 다른 죽음을 맞이할 수 있다.

그러므로 개체군의 유용한 모습은 연령구조이다. 당연히 각각 생물들이 주어진 시간 이후에 얼마나 더 오래 살지 정확하게 추측하는 것을 불가능하지만, 전체적인 개체군을 살펴보면 주어진 시간 이후에 살아갈 확률들을 어느 정도 예측할 수 있다. 그림 5.7에서 우리는 요각류가 각각의 유충기(larval stage)가 감소하는 개체군에서 유충기(x)에서 단계($x + 1$)로 도달할 수 있을 확률을 추측할 수 있는 것을 확실하게 봤다. 우리가 유생기 1에서 유생기 2 단계로부터의 생존 확률(p_1이라 가정)을 참조하자. 차후의 확률을 p_2라고 하고 그 외 요각류가 단계 x에 도달하는 가능성들을 (L_x)라고 하면,

$$L_x = p_1 p_2 \cdots p_{x-1} p_x$$

생존 가능성은 점점 더 작아져야 하며, 나이가 들수록 작아야 한다. 왜냐하면 각각의 노령단계인 p는 1보다 작기 때문이다.

연령의 영향으로 발생하는 생존 가능성의 변화는 종마다 다르다. 이것은 보통 3가지 **생존곡선**(survival curve)으로 구분될 수 있다. 첫 번째 유형에서, 유생기는 높은 사망률을 보이다가 상대적으로 일정한 높은 생존률을 긴 시간 동안 보인다. 그 이후에, 빠른 시간 안에 남아있는 모든 개체들이 죽는다. 이 곡선의 유형은 새끼를 돌봐야 하는 모든 포유류에게서 실질적으로 적용되며, 새끼들이 유년 단계를 지나면 포식자는 거의 없다. 간혹 몇몇 수생생물들도 이 패턴에 적용된다.

곡선의 두 번째 유형은 각각의 연령 단계에서 같은 생존 확률을 보이다가 역지수적으로 감소한다. 이것은 손실이 무작위하게 발생하고 모든 연령 단계에 동등하게 적용된다는 것을 의미한다. 전체적인 생활주기에서 이런 생존 유형을 나타내는 담수 후생동물 중에 윤충류(rotifers)를 제외하고는 찾아보기 어렵다. 그러나, 그림 5.8에서 보여주는 어류의 2년 후 곡선처럼 생활주기의 일부는 이 곡선 유형을 가질 것이다.

생존의 세번째 모델은 대부분 공통적으로 유생기에서 높은 사망률을 보이는 담수에서 발견된다. 그러나 그들은 특정 연령에 도달하면, 생존 확률은 높아지고 남아있는 연령 단계들 중에서 사망이 무작위하게 발생한다. 요각류(그림 5.7)는 유생기가 다른 요각류나 성체보다 높은 사망률을 가지기 때문에 이 세번째 유형에 적합하다. 조개, 곤충, 심지어 어류 등 많은 후손들을 낳기는 하지만 돌보지 않는 동물들은 이런 생존 곡선을 따른다.

거의 자연계에서 이런 패턴들 중 하나만 보이는 것은 드물고, 보통 유기체들은 앞서 말한 세 개의 곡선이 혼합적으로 모두 나타난다. 그림 5.8의 어류 개체수는 이것의 예가 된다. 개체수는 3년 후에 지수적(exponential) 감소를 보인다(유형 2). 그러

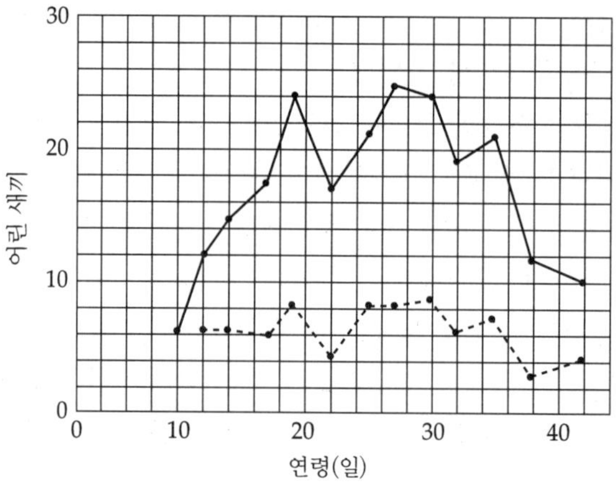

그림 5.16 먹이농도가 높거나(실선) 낮을때(점선) *Daphinia pulex*의 연령별 번식율(Richman 1958).

나 이번 연구에 많이 다뤄지지 않은 초기 2년 동안에는 사망률이 매우 높았다(유형 3).

개체군이 모든 개체수를 유지하기 위해서 동등하게 기여를 하는 것은 아니다. 유생기에는 후손에 기여를 하지 않는다. 그 후에 후손의 수는 개체들의 연령에 따라 의존된다. 예를 들어, 많은 곤충들과 태평양 연어인 *Oncorhynchus*과 같이 오직 한 번만 번식하고 죽는 유기체들은 예외이다. 왜냐하면 그들의 번식은 한 번의 기간동안 나타나기 때문이다. 연령별 생산력 곡선은 번식을 자주하는 유기체들을 위해서만 그려질 수 있다(그림 5.16). 이런 곡선들은 특정 연령 개체에 의해 생산되는 암컷 후손의 평균 수를 보여준다. 성적으로 성숙할 때까지 연령별 생산력(m_x)는 0이다. 그 이후 증가되고, 암컷이 더 많은 후손을 생산할 수 있게 되면서 매우 성장한다. 최종적으로 암컷이 나이가 들면서 m_x는 감소한다. 암컷 후손의 총량은 m_x의 모든 값의 합과 같다.

개체군이 새로운 서식지를 점유하면서 연령 구조는 무작위한 요소에 의존한다. 새끼가 태어남으로서 연령 분포는 어린 동물들로 이동한다. 성적으로 성숙하면 유생기의 새로운 증가가 따라온다. 연령 분포도와 평균 개체군 연령은 계속해서 변한다. 사실 각 세대마다 겹치는 부분이 있기 때문에 환경적인 상태가 변하지 않는 한, 개체군은 몇 세대가 지난 이후에도 평형상태에 도달 할 수 있다. 개체군은 생존 곡선에 상응하는 안정한 연령 분포와 비슷하다(그림 5.8). 글상자 5.3은 그래프 모델에 의한 안정화 과정을 설명하고 있다.

노령 계급은 연령별 생산력이 높을 지라도 개체군에 큰 공헌을 하지는 않는다. 생존 곡선(그림 5.7)의 특정 유형에 따라 개체군의 오직 일부만이 노령 계급이 된다. 노령 집단이 더 많은 후손을 생산할지라도, 나이계급에 의해 생산된 후손의 총 수가 적을 수도 있다. 그러므로, 개체군에서 개체에 의해 생산된 암컷 후손의 총 수(R_0)는 특정 연령 계급(L_x)에서 생존 가능성뿐만 아니라 연령별 생산력(m_x)에 의

글상자 5.3 안정된 연령분포의 발달

그래프 모델(Edmondson 1968)은 개체군 중 어느 개체의 운명을 보여준다. 수직적으로 연결된 기호들은 가상적인 동물의 중첩된 연령군(통계적으로 동일한 특색이나 행동 양식 공유하는 집단)을 보여준다. 유생기

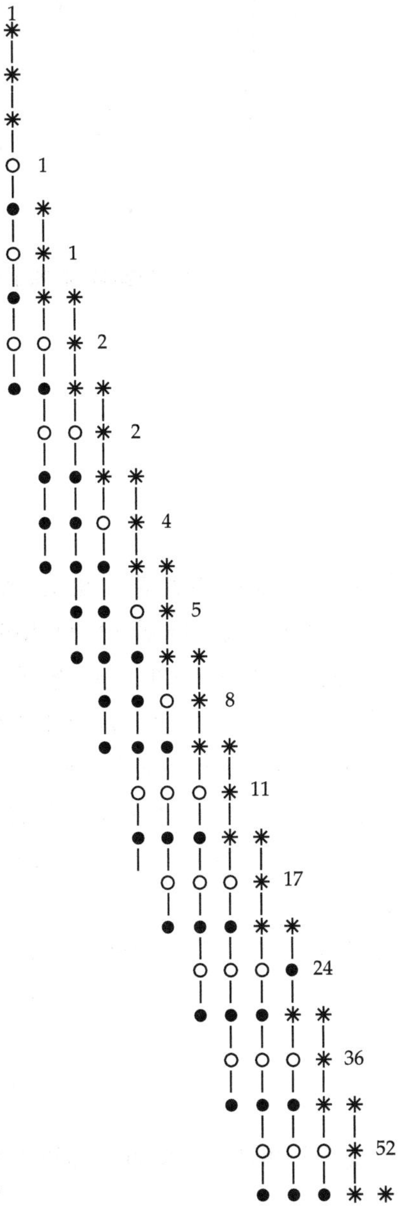

Day	Juvenile	Adults	Total	% Juvenile
1	1	0	1	100
2	1	0	1	100
3	1	0	1	100
4	0	1	1	0.0
5	1	1	2	50.0
6	1	1	2	50.0
7	2	1	3	66.7
8	1	2	3	33.3
9	3	2	5	60.0
10	2	2	4	50.0
11	4	2	6	66.7
12	2	4	6	33.3
13	6	4	10	60.0
14	4	5	9	44.4
15	9	5	14	64.3
16	5	8	13	38.5
17	13	8	21	61.9
18	8	11	19	42.1
19	19	11	30	63.3
20	11	17	28	39.3
21	28	17	45	62.2
22	17	24	41	41.5
23	41	24	65	63.0
24	24	36	60	40.0
25	60	36	96	62.5
26	36	52	88	40.9
27	88	52	140	62.9

(계속)

글상자 5.3 계속

는(별표) 4일 성숙한 것(빈 동그라미), 5, 7, 9일에 각각 자손을 번식한 것(검은 동그라미). 그리고 개체군으로부터 죽거나 사라지게 된다. 개체군이 증가한 모든 자손들은 각각의 연령군 위에 있는 수로 나타내었다. 개체군에서 유생기와 성체의 수는 모든 개체들의 합은 수평 줄로 표기했다. 예를 들면, 11일에서 두 성체는 두 어린 개체를 번식했고, 3일된 유생기 두 개체를 개체군에 더했다. 그 순간 개체군은 두 마리의 성체와 네 마리의 유생기로 구성된다. 개체군에서 유생기와 성체의 합과 유생기의 비율은 오른쪽 열에 각 일자마다 나타난다. 시간에 따라 비율이 좌표에 표기할 때(아래쪽), 빠르게 변동하는 것은 규칙적이고, 느린 변동은 평형에 접근한다(인접한 연령 분포). 안정한 연령 분포도는 개체의 생활주기에 의해 결정된다.

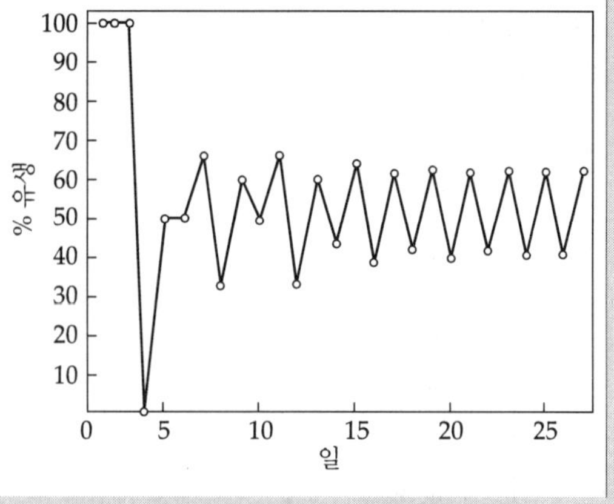

해 결정된다.

$$R_0 = \sum_{x=0}^{n} L_x m_x$$

현장 개체군(자연적 조건)에서, 이 값은 개체들이 자연 죽음(예, 실험배양, 인공적 조건을 뜻함)만이 존재하는 상황에서 구할 수 있는 값보다 반드시 더 작아야 한다. 우리는 R_0을 m_x의 일시적인 분포에도 의존하는 개체군(r)의 성장률을 바로 추측하는 데 사용할 수 없다. 예를 들어보자. 만약 어린 동물들이 높은 m_x값을 가진다면, 개체군 성장률은 노령 집단에 의해서 번식이 대부분 되는 것보다 커진다. 그러나 R_0 값은 동일하다. 일찍 태어난 후손들은 늦게 태어나서 아직 번식할 수 없는 후손들과는 다르게 개체군에 기여할 수 있다. 그러므로 급속도로 성장하는 개체군은 상대적으로 평균 나이가 어리다.

이것은 통계학적인 척도로부터 개체군 성장률을 추측하는데 사용되는 Euler 공식에 포함되는 내용이다.

$$1 = \sum_{x=0}^{n} L_x m_x e^{-rx}$$

이 공식은 분석적으로 풀 수는 없지만, 반복적인(iterative) 방법은 오늘날 컴퓨터를 이용하면 간단하다.

개체군 통계학은 담수에 사는 동물 개체군 생태학에서 매우 중요하다. 첫 번식의 시간과 연령별 생산력 곡선과 같은 척도들은 개체군의 성장률에 큰 영향을 끼치며, 그러므로 강력한 선택압 아래 있다. 유기체의 생활주기 진화를 이해하기 위해서, 통계학적 매개변수(Stearns 1992)에서 변화의 영향 또한 반드시 이해해야 한다. 예를 들면, 그림 5.16에 있는 생산력 곡선을 이용하여 총 개체군 성장률(r)에 끼친 *Daphnia*의 자손들의 기여도를 단계적으로 각각 추정할 수 있다. 3번째 자손세대에 의해서, *Daphnia*는 이미 최대 r의 90% 이상에 도달했다. 4 번째와 그 다음 새끼들은 r에 매우 적게 기여한다. 사실, 자연계에서 3번의 자손 출산 경험한 요각류는 거의 없다. 왜냐하면 노령 동물들은 강력한 포식압에 지배당하고 있기 때문이다. 그러므로 첫 번째 후손들은 개체군 성장에 매우 중요하다는 것은 매우 설득력 있다.

5.5 분포

만약 우리가 정사각형 방형구를 하천에 넣고, 방형구 안에 있는 한 종류의 모든 생물체들을 계수한다면, 매번 다른 하천에 넣을 때마다 서로 다른 숫자의 생물체가 분포할 것이다. 우리는 생물체들이 충분히 작고 고르게 분포되어 있는 지 알아보기 위해 같은 양을 찾아야 한다.

생물체의 공간적 분포를 설명하기 위해 세 가지 일반적인 패턴들이 있다(그림 5.17).

- 분포는 무작위적일 수도 있다. 각 개체들은 서로서로 다른 거리에 존재한다. 만약 하나의 근접한 생물체의 거리를 측정한다면, 드물게 두 생물체들은 매우 가깝거나 매우 멀다. 거리의 빈도는 무작위적 분포를 따른다(포이숀 분포).
- 생물체들은 균일하게 분포할 것이다. 매우 극단적인 경우로, 각 개체들이 정확하게 같은 거리로 분포한다.
- 분포가 집단형을 나타낸다. 그런 생물체들은 집단을 이루어 살아가는 경향을 보인다.

무작위적 분포는 종들이 그들의 움직임을 조절하지 않는다고 추측 할 수 있다.

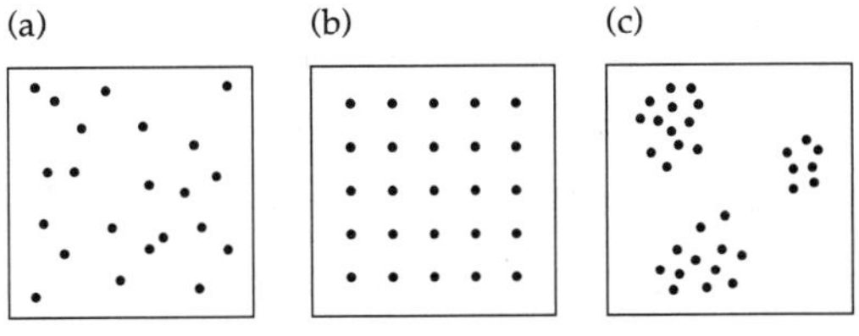

그림 5.17 서식지에서생물체 분포의 일반적인 유형 a. 무작위분포 b. 균일분포 c. 집단분포

예를 들면 미세 조류 그리고 강의 표수층에 사는 자유 부유성 박테리아가 있다. 또한 약 1 m의 매우 작은 공간적 범위를 가진다. 심지어 몇 미터의 거리가 떨어져 있다면 무작위적인 분포는 그럴 가능성이 떨어진다. 물의 운동은 수동적으로 이송된 플랑크톤을 구름처럼 만들 수 있다. 예를 들어, 물은 반대 방향으로 움직이고 서로를 지나가며 플랑크톤 집단을 만드는 소용돌이를 만들 수 있다.

무작위적인 분포보다 균일한 분포는 보통 생물체들이 서로에게 부정적인 영향을 끼친다는 것을 의미한다. 예를 들면, 공간을 차지하기 위해 경쟁을 한다. 이런 분포는 하천에서는 보여지지만, 바다 같은 호수에서는 흔하지 않다. **망 회전성 날도래**(Net-spinning caddisfly) 또는 모래에서 관을 만드는 깔따구 유충이 그 예이다.

집단분포는 생물체의 서식지가 **미소서식**(microhabitat) 환경을 제공하는 매우 다른 여러 종류들로 이루어진 곳에서 발생한다. 계곡이 이 서식지의 유형에 매우 좋은 예가 된다. 하천의 빠르거나 느린 유속은 다양한 기질 유형을 만든다. 생물체들은 최고의 서식지를 제공하는 그런 장소에 모인다. 군집들은 순수하게 물리적인 힘에 의해서 형성 될 수도 있다. 강한 흐름 때문에 씻겨 내려간 동물들은 안전한 지역에 모이게 된다. 그런 현상들은 매우 역동적이다. 반면에 흐름은 계속해서 새로운 생물체들을 모이게 하고, 이들 생물체들은 경쟁으로 서로 간섭하고 포식자들은 일부 동물들을 그 지역에서 떠나도록 강요할 것이다. 먹이의 분포는 무척추동물의 분포에 매우 큰 영향을 끼친다(Hildrew and Townsend 1982). 예를 들면, Shannon *et al.*(1994)은 Colorado 강의 댐이 있는 지역에 서식하고 있는 *Gammarus lacustris*의 분포를 조사했다. 이 단각류들은 사상체 조류 *Cladophora*가 서식하는 구역에 강한 선호를 보였지만, 여기서 말하는 사상체들은 그들의 먹이인 부착 돌말이 군집을 형성하고 있는 경우에서만을 말한다. 집단분포는 생물적(대형식물: macrophytes) 뿐만 아니라 무생물적 요인(파도작용)이 이질적인 서식지를 만드는 호수의 연안지역에 보편적으로 있다.

집단분포는 상대적으로 동질적인 호수 개방 지역에서 형성된다. 여기서 발견되는 플랑크톤은 거의 무작위적으로 수직적으로 분포되지 않고, 종종 작은 생물체들이 뚜렷한 층을 형성한다(그림 3.9). 그런 층은 활발한 유영이나 성장률이나 손실률의 수직적 차이점에 의해 형성된다. 동물플랑크톤은 심지어 잘 혼합되는 표수층에서도, 깊이를 선택할 수 있을 정도로 수영을 잘할 수 있다. 편모(편모조류)나 가스 주머니(특정 남세균)로 이동하는 조류들은 특정 깊이에서 급격하게 성층화 할 수도 있다. 생물체들은 종종 그들은 물의 밀도가 빠르게 변화되는 것을 만날 때와 같이 침강 속도가 느려지는 수온약층에서 모이기도 한다.

많은 호수에서, 식물플랑크톤은 여름에 혼합이 감소하는 수온약층 밑으로 모인다. 특히 빛이 심수층까지 도달하는 빈 영양 호수에서 이런 현상은 좀처럼 일어나지 않는다(Fee 1976, Abbott *et al.* 1984). 그곳에는 종종 최대 엽록소 농도 수심(deep chlorophyll maximum; DCM)이라고 하는 많은 식물플랑크톤 생물량이 있을 수 있다. 오래 전부터, 심수층에서 많은 영양염이 집중되어 생긴 결과라고 생각해왔다(단원 8.3.5). 식물플랑크톤은 영양염과 빛이 충족되는 곳에서만 생장할 수 있다(Klausmeier and Litchman 2001). 그러나, 예를 들어 불균등 분포는 혼합영양성 편모조류의 섭식에 의한 것과 같이(단원 4.3.11), 표수층에서 포식 감소에 의해 생길 수 있다(Tittel *et al.* 2003).

DCM은 종종 초식성 동물플랑크톤을 위한 좋은 영양먹이원인 황갈색 조류로 구성된다. 그러므로 동물플랑크톤은 그들의 먹이를 쫓아갈 수 있으며, 그래서 불균등적인 수직적 분포를 보이게 된다. 그러나 만약 먹이가 수온약층 밑에 있다면, 그들은 곤경에 빠진다. 동물플랑크톤 자손의 수는 먹이 가용성에 따라 결정된다. 그러나 알과 자손 발생률은 온도에 매우 크게 영향을 받는다(단원 4.2.1). DCM은 동물플랑크톤에 대해 다음과 같은 영향을 미친다: 수온약층 아래층에서 동물플랑크톤은 많은 알들을 생산할 수 있지만, 알들은 매우 천천히 발달한다. 수온약층 위층에서 알들은 빨리 발달하지만, 그들 중 오직 일부만 알을 생산할 수 있다. 동물플랑크톤은 그들이 상대적으로 가장 큰 적합성을 가질 수 있는 최적의 서식지를 선택하고 절충할 수 있도록 진화해야만 했다. 예를 들어, 이것은 이상적 자유 분포 모델(ideal free distribution' model)(Lampert 2003, 2005)라고 하는 자유 범주 동물의 분포에 대한 가설을 검정하기 의한 흥미로운 문제이다. 그림 5.18은 Plön 플랑크톤 타

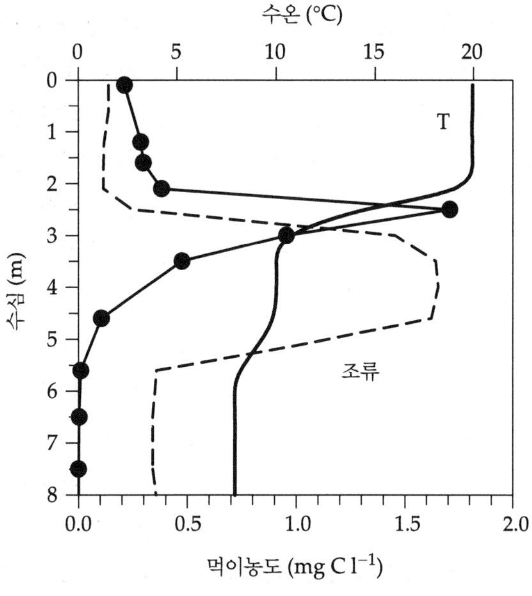

그림 5.18 *Daphinia pulicaria* 생물량의 수직 분포(가는 실선)는 조류 최대량 수심(점선)과 온도 성층화(굵은 실선) 사이의 선택(trade-off) 반응. 실험은 Plön 지역의 플랑크톤 타워 시스템에서 수행되었다. 역동적인 *Daphnia* 분포의 가장 높은 적합도를 나타내는 먹이와 온도의 조합이 있는 최적의 서식지를 나타낸다(Lampert 2005).

워에서 보여주는 것이다. 예측한대로, *Daphnia*는 따뜻한 물과 먹이에 둘 다 접근할 수 있는 먹이가 최대인 지점 바로 위인 수온약층에 모이게 된다. 심수층 온도에 따라, 그들은 최대의 적합도(최대 서식지)를 제공하는 깊이를 선택한다. 그러나 모든 *Daphnia*가 같은 최적의 깊이에 모이는 것은 아니다. 일부는 무리로부터 멀리 떨어져 있다. 분포는 동적이며 개체들은 수체를 유영하여 올라가기도 하고 내려가기도 한다. 그러나 그들은 선호하는 깊이에서 더 많은 시간을 보낸다. 우리가 본 분포는 여러 개체가 유영한 경로의 결과이다. 이것은 안정하게 나타나지만, 개체들은 서로 다른 곳에 위치한다. 이런 행동을 보이는 이유에는 두 가지 이유가 있다.

- 개체들은 자신이 진짜 최적의 서식지에 있는 것인지 모른다. 그들은 유영을 하며 올라갔다 내려갔다 하면서 환경을 탐지해야 한다. 그들이 더 선호하는 곳이 나타나면, 특정 장소에 더 오래 머문다.
- 한 지역에 동물플랑크톤 밀도가 더 높을수록 각자 더 많은 경쟁과 간섭이 일어난다. 이런 것들은 그 서식지를 맞지 않게 만든다. 결과적으로 이전의 최대치와 같은 적합성을 가지는 다른 지역으로 간다. 일부는 최적 장소를 떠나고 근처 장소에서 더 많은 시간을 보낸다. 심지어, 그림 5.18에서 보이는 분포는 *Daphnia* 개체군 크기가 커지면 더 넓어진다.

동물플랑크톤은 종종 구름처럼 커다란 집단이나 **불규칙한 무리**(patchiness)를 형성하며 나타난다. 이들은 물의 움직임에 따라 무리가 서로 합해지면서 좀더 역동적으로 군체가 형성될 수 있으며, 때로는 빛이 고르게 분포하지 않는 수중의 환경구조에 적응하여 잔잔한 물속에서 밀집한 집단을 형성한다. 이러한 무리를 형성하는 주요한 의미는 아직 명확하지 않다. 그러나, 새들이나 어류와 같이, 이 무리가 포식자로부터 플랑크톤 생물체들의 보호를 제공하는 것 같다. 포식자들은 무리 밖에 있는 한 개체를 공격하는 경향이 있는데, 그들이 무리 안에 있는 단일 개체에게는 집중하지 못하기 때문이다. 경험이 부족한 큰가시고기들은 요각류들이 무리를 이루고 있으면 잡는데 어려움을 느낀다(Milinski 1977). 포식자가 무리 밖에 있는 것들을 먹이로 먹고 살기 때문에, 무리 안에 있는 동물플랑크톤은 더 안전하다. 무리는 동물들이 중심으로 이동하는 끊임없는 노력에 의해 유지된다.

Jacobsen and Johnsen(1987)은 Norwegian 강의 지각류(*Bosmina longispina*)의 밀집한 무리들(9000개체/L)은 많은 수의 큰가시고기에 대항하여 보호하는 역할을 한다고 말했다. 무리들은 상당한 보호 효과를 가져야만 하고, 그러나 거기에는 단점도 물론 존재한다. *Bosmina*는 먹이 입자의 농도에 의존하는 여과섭식동물(물속의 유기물·미생물을 여과 섭취하는 동물)이다. 상당한 동물들에 의한 집단적 여과의 결과로, *Bosmina* 무리 중앙에 있는 먹이의 농도는 상당하게 낮아진다. 이것은 또 번식의 최대화(많은 먹이를 필요로 하는)와 사망률의 감소(보호) 사이에서 일어나는 갈등의 다른 예가 된다. 무리는 물고기들이 더 이상 선택적으로 방향을 따라갈 수 없는 밤에 해체되는 것으로 보인다. 포식자 물고기나 새들로부터 보호 작용을 했던 물고기 무리는 밤에는 흩어져, 각자의 먹이를 찾을 수 있게끔 한다. 고르지 않은 분포의 예들은 근접한 원인(동물들은 무리를 만들기 위해 어떻게 이동하는가?)과 궁극적인 원인(군집 분포에 의해 생기는 이점은 무엇인가?) 사이를 분별하는 것이 필요하다고 지적한다.

물고기 무리들은 또한 무리 크기가 관찰되는 분포에 어떤 영향을 미치는지 좋은 예가 된다. 무리 안에서, 각 개체들 사이에 일정한 거리를 두어 눈에 띄게 고른 분포가 있다. 그러나, 전체적인 호수의 관점으로부터 물고기들은 극도로 군집을 이룬다. 어떤 크기로 제한할 지는 제안된 질문에 따라 다르다.

5.6 생존전략의 분류

비록 주어진 환경에서 적응하기 위한 다양한 개체군의 양태가 있는 것이 분명하지만, 그 다양하고 다른 특성들은 단지 몇 가지 "전략"으로 압축하려는 요구는 항상 있어 왔다. 여기서 전략이란 은유적으로 쓰인 단어지만, 목적론적 관점에서 계획된 적응을 내포하는 것은 아니다. 후에 로지스트 성장 곡선(단원 5.2.4)의 매개변수라 불리는 MacArthur and Wilson(1967)이 도입한 "*r*-전략"과 "*K*-전략" 또는 "*r*-선택"과 "*K*-선택"이라는 개념이 가장 간단한 분류체계이다. 이것은 수용 능력에 훨씬 못 미치는 서식지의 경우와 개체수가 빽빽한 서식지의 경우에 작용하는 선택요인들이 다르다는 가정에서 출발한다. 군집이 아직 형성되지 않은 서식지에서 최대 순 성장률과 확산 능력이 우세한 종이 개체군에서 경쟁의 승리자가 된다. 착생지가 잘 형성된 서식지에서 자원 사용의 효율성과 타 개체군과의 경쟁 능력, 사망 회피 능력이 경쟁 승리의 중요한 요인이 된다.

풀과 곤충은 *r*-전략가, 나무와 포유류는 *K*-전략가로 분류하는 것처럼 모든 종을 *r*-그룹 또는 *K*-그룹으로 분류하려는 시도가 있어왔다. 하지만 지금은 2가지로 확실히 분류하는 것보다 더 연속적인 타입으로 분류하고 있다. 종들은 대부분 *r*이나 *K*로 정확히 분류되지 않으며, 다른 종과 상대적인 차이만을 비교하고 있다. 기능적으로 비슷한 생물체인 식물플랑크톤, 동물플랑크톤과 어류의 경우에 더욱 그렇다.

Pianka(1970)는 *r*-전략(빠른 성장, 높은 r_{max}, 이른 생식, 작은 크기, 일회산란, 짧은 생활주기)와 *K*-전략(느린 성장, 낮은 자원임계치, 늦은 생식, 큰 크기, 다회생식, 긴 생활주기)로 분류하였다. 그러나 최근에는 일차원적 분류 체계를 정의하기에 상관관계가 부족하다는 비판을 받고 있다. 이는 *K*의 기울기 끝부분에서 더 명백하다. 비록 이상적인 *r*-전략가(작고, 짧은 수명, 급성장)을 상상하기 쉬우나, 매우 밀집되어 정착한 환경에 다른 *r*-전략과 *K*-전략 방법이 동시에 극대화될 수 없다. 포식자에 대한 방어, 자원 부족, 한정된 자원에서의 성공적인 쟁취, 굶주림 참기. 게다가, 다른 한정된 자원에 대한 경쟁력이 영향을 받는다(경쟁이론, 6.1.3절).

r-그룹 또는 *K*-그룹, 그리고 몇 개의 다른 간단한 개념(Grime의 3극형 식물전략, Reynolds 1988)들이 과거에 많은 실증적 조사에 영감을 불어넣었지만, 90년대 이후로 관심이 끊겼었다. 하지만, 앞으로도 더 간결한 분류에 대한 수요는 계속 있을 것이다. 최근에는 정량화된 기능적 특성들을 이용한 다변수 통계적 분석법으로 교체하고, 대신에 *n*차원적 특성 공간에서의 상관관계와 집괴분석(클러스트 분석)을 요청하고 있다.

5.7 확산과 정착화

오랜기간 유지하는 개체군의 능력은 생식과 사멸의 균형에 의해 좌우된다. 대표적인 초기 착생종은 특정한 서식지에서 살 수 있어야 한다. 여기서 군집화란 능동적, 혹은 수동적인 이동에 의한 결과이다. 대부분의 생물체들은 운송되어지는 것과 알맞은 특별한 확산 단계를 가진다.

완전히 다른 서식지로서 **분리되어 있는 섬**과 같은 조건의 호수에서 볼 수 있다. 두 호수가 하천과 연결되어 있을 지라도, 흐르는 물은 효과적인 경계선을 만들어낸다. 많은 호수의 생물체들은 와류의 물 흐름에서 살아남지 못하고, 상류로 거슬러 오르지도 못하며, 폭포는 어류의 이동조차도 방해해버린다. 이런 이유로, 유럽 알프스에 있는 높은 산 호수에 어류를 방사하기 전에 어류 개체군들은 적었다(중세기 이전).

하천은 호수와 반대로 연속적인 시스템이다. 물리적 이송은 한 방향으로 일어나며 상류에서 하류로 군집화의 영향을 받는다. 하천은 생물이동(4.2.5절)에 있어 단순한 우연이 아니라 효과적인 분산 수단이다. 개방된 개울은 매우 빠르게 군집이 형성된다. 예를 들어, 캐나다에서 새로운 하천 바닥을 파내자, 그 부분으로 물이 들어간 지 단 하루 만에 저서동물 분류군 22종이 출현했다. 이들 중에 16종은 상류에서 이동했으며 이후의 군집화는 느리게 진행되었다. 일주일 후에 26종이 되었고, 1년 후에 41종이 되었으며 이들 중에 18종은 이동으로 인해 온 것이 아니었다(Williams and Hynes 1977).

이러한 빠른 재군집화 능력은 하천을 호수보다 자연재해 피해에서 더 빨리 복구되게 만든다. 실제 1986년 11월 스위스 바젤의 Sandoz 회사에서 화재가 났을 때를 들 수 있다. 이 재해로 인해 10~ 30톤의 독성물질(살충제, 살균제, 제초제)이 강에 흘러들어와 결과적으로 바젤에서 400 km 떨어진 강 하류에서 수 천 마리의 어류(특히 장어류)가 죽었다. 또 대형저서생물의 군집도 영향을 받았다. 하지만 정기적인 채집을 통해 바닥에 서식하는 동물이 빠르게 되돌아 왔으며, 이들 저서생물은 Rhine강 상류와 지류에서 이주해 왔음을 알게 되었다. 다른 극적인 예로, 독일의 Schlitz 마을의 Breitenbach 하천에서 독성물질 사고가 있었다. 나무좀(bark beetles)를 잡기 위해 사용된 살충제 Cypermethrin 몇 그램이 삼림 관리자에 의해 하천에 유인되었다. 이로 인해 2 km 하류의 모든 곤충유생과 양서류가 죽는 그 영향은 분명했다. 하지만 녹조류를 먹고 사는 곤충유생이 사라지자 녹색 사상체 조류들이 주변 바위를 뒤덮었다. 하천은 빠르게 군집화되었으며 1년 후 원래 자연 군집상태로 돌아갔다.

해양과 하천을 이동하는 어류(장어, 연어)는 서로 다른 하천 시스템 간을 연결시킨다. 하지만 이동할 수 없는 해양지역도 있다. 그 예로, 장어류는 부분혼합(meromictic)이 있는 흑해(Black Sea)를 지날 수 없는데, 그것은 깊은 무산소층 때문이다. 인위적인 방류없이는 Danube강에 장어류들은 갈 수 없다.

기회주의종(Opportunistic)들은 새로 생성된 수역에 빠르게 군집화한다. 정원 연못에서 쉽게 관찰되는데, 깔따구, 물방개, 딱정벌레 등과 같은 날 수 있는 곤충은 종종 1차 정착자이다. 다른 종은 주로 수동적인 이동으로 확산된다. 미세 생물체(조류, 원생동물)는 공기 입자를 통해 확산한다. 바람이나 물새 깃털에 붙어서, 혹은 새에게 먹혀서 이동할 수 있는 저항휴면기(resistant resting stages)를 가진 종들도 있다.

개방수역 윤충류와 지각류는 매우 잘 확산된다. 많은 단성생식 세대들 이후에, 그들은 알을 낳는 양성생식을 할 수 있게 되는데, 지각류는 종종 이 알들을 난피막(ephippium)이라 불리는 두꺼운 주머니(동물 털로 이루어짐)로 감싼다(그림 5.19). 난피막들은 혹독한 환경에 저항이 높다. 말라붙거나 얼어붙거나, 저산소 상태에 몇 년간 방치되거나 하는 상황에서 살아남을 수 있다. 난피막의 표면은 소수성이고, 물에 잘뜨며, 이동하기 좋도록 물새 깃털에 잘 달라붙기 때문이다. 적합한 환경에 이르면 부화하여 단성생식으로 다시 새로운 개체군을 형성하기 시작한다.

지각류 군집화의 잠재력은 양서류 보호 목적으로 북-벨기에에 새로 만들어진 25개의 연못에서 조사되었다(Louette and De Meester 2005). 개방지역에 이미 있는 연못에서 먼 지역에 연못을 만들었다. 새로운 연못은 토양 속에 유면기의 알이 있을 수 있는 이전의 습지가 없던 곳을 선택하였고, 서로 연결하지 않았다. 모든 정착종은 육상에서 도입되도록 하였다. 새 연못에 대한 지각류의 정착은 매우 빨랐다. 평균 4.2종이(매번 같은 종은 아님) 15개월만에 군집을 형성했으며, *Daphnia*종이 특히 성공적이었다. 25개 연못 중 반 이상에 4개월만에 *D. obtusa*가 군집을 형성했다.

물새의 이동은 휴면기 동물플랑크톤의 주요한 분산 방법이라고 생각된다. 하지만 다양한 방법들도 있는데, Caceres and Soluk(2002)은 다른 방법들은 배제하기 위해 망의 크기를 증가시켜가며 용기를 감쌌다. 그들은 작은 생물체가 가장 빠른

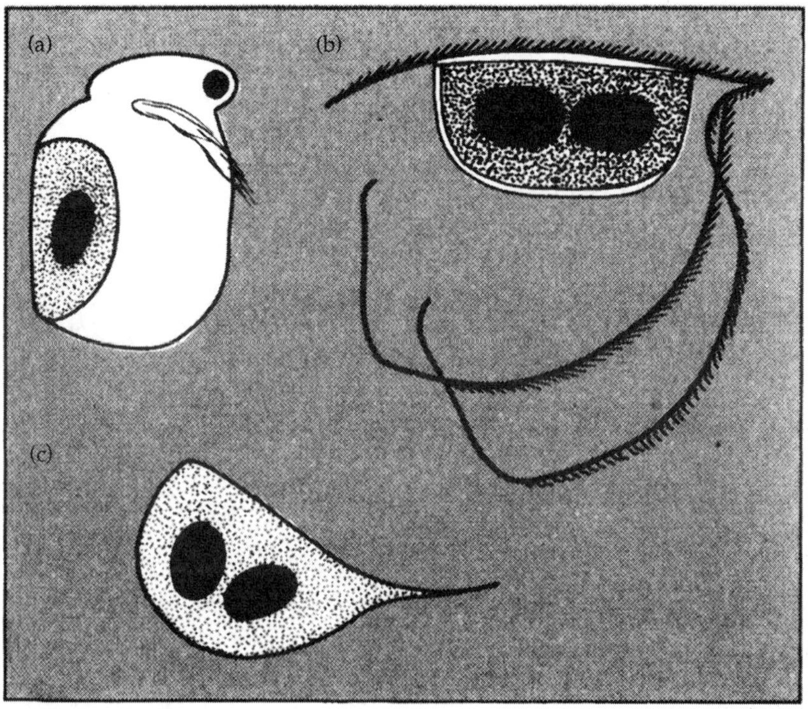

그림 5.19 지각류의 다양한 포낭 시기. (a) 난피막을 가진 암컷 *Ceriodaphnia*; (b) 지각류 일부를 차지하는 *Daphnia magna*의 난피막; (c) *Daphnia longispina*의 난피막

정착자임을 알게 되었다. *Daphnia*는 몇 달이 걸렸지만, 윤충류(rotifer)는 며칠 만에 나타났다. 오리나 포유류 등 대형 운반자들은 실험디자인에서 배제되어 있었고 망의 크기 외에는 차이가 없었으므로 이 실험에서 바람이 가장 중요한 분산 요인이었다.

서식지의 군집화는 두 가지 요소가 있다. (1) 한 종은 분산을 통해 새 서식지에 도착해야만 하며, (2) 이것은 개체군을 형성하기 위해 적합한 조건을 찾아야만 한다. 국경과 무관한 지역적(regional factors) (먹이 자원의 존재유무, 이동거리)와 현재 서식하고 있는 국지적(local factors) (생물이 없는 조건, 존재하는 군집과의 상호작용) 둘 다 중요하다. 생물이 없는 조건에 적합하므로 군집화는 매우 쉽다. 서식지에 이미 다른 종이 있다면, 경쟁과 포식 때문에 침입자들이 번성하는 것은 어려울 것이다. 예를 들어, Louette *et al.*(2006)은 새로운 벨기에 연못에 이미 다른 군집이 형성되었을 경우 두 번째 해에 눈에 띄게 번성속도가 줄었다. Shurin(2006)에 의한 연못 실험에서 극적인 효과를 알아볼 수 있었다. 그는 13종의 새로운 동물플랑크톤을 미국의 Michigan에 있는 7개 연못에 이미 살고 있는 군집에 첨가하였다. 새로운 종의 군집화 성공률은 매우 낮아 도입종의 91%가 빠르게 사라졌다. 군집화 성공률이 낮은 원인이 종간의 상호작용인지 확인하기 위해, 이미 살던 동물플랑크톤을 여과하여 희석하고 다음 해에 다시 새로운 종을 도입했다. 감소된 종들의 상호작용으로 새로운 종들은 3.8배 이상 살아남았고, 생물량은 16배 이상 증가하였다. 이 실험들은 동물플랑크톤 군집이 포화될 수 있으며, 생물 간 상호작용이 침략자를 제거할 수 있다는 것을 보여준다.

이웃하는 연못끼리는 매우 적지만 다른 연못들은 순조롭게 분산된 종(윤충류, 지각류)의 유전자형을 종종 포함한다는 관찰에 근거하여, De meester *et al.*(2002)은 위의 생각들을 유전자형 수준까지 확장시켰다. 높은 분산은 연못 간에 높은 유전자 이동 수단인 것과 같이, 낮은 유전적 다양성과 높은 분화능은 역설적인 관계이다. De meester *et al.*(2002)은 독점화 가설(monopolization hypothesis)을 세웠다. 먼저 도착한 주기적 단위생식 유전자형들은 큰 개체군을 형성할 수 있고(6.8.2절), 퇴적물에 큰 휴면기번식체 은행을 형성할 수 있다. 뒤늦게 도착한 개체들은 항상 이미 살던 큰 개체군(물에 사는 것이던 퇴적물에서 부화하는 것이든 간에)보다 수가 적을 수 밖에 없다. 따라서 경쟁은 치열해지고 침입 유전자형은 살아 남을 가능성이 낮다. 이것을 우선순위 효과(priority effect)라고 한다. 저자들은 지역적 유전분화의 패턴이 최근 유전자 이동보다는 시간에 따른 군집화에 의해 이루어지는 것일 수 있다.

인간은 이동성이 높기 때문에 수생생물체의 분산 요인이 되어가고 있다. 플랑크톤들은 어류에 붙어서 종종 분산된다. 1980년대에 특별한 경우가 일어났는데, 그것은 포식자 지각류 *Bythotrephes cederstroemi*가 우연히 북아메리카 Great lakes에 도입된 것이다. 그 때까지 이 *Bythotrephes*는 천적이 없었기에 북아메리카에서 유일한 유럽 종 플랑크톤이 되었다(Lehman 1987). 이 *Bythotrephes*가 가장 좋아하는 먹이인 *Daphnia*를 먹으며 호수를 빠르게 잠식하여 주요한 플랑크톤 군집의 변화를 일으켰다. *Bythotrephes*는 배의 균형수 속에서 동유럽에서 대서양을 건너 분산을 성공하였다. 이후 100종 이상의 외래종들이 Laurentian Great Lakes로 침입하였으며(Ricciardi and MacIsaac 2000), 그 중 70% 이상이 오염된 균형수와 함께 유입된 것으로 추정하고 있다(Holeck *et al.* 2004). 침입 종은 세계적으로 수생생물 군집들의 주요한 위험요인이 되었다. 인간활동은 직접적으로 재배할 수 있는 종의 의도적인 도입이나 간접적으로 예를 들어, 운하 건설이나 지구 기후 변화 등과 같이 서식지 변경 등의 과정을 가속화한다. 도입종은 보통 생태계 전체에 강한 영향을 끼치는 핵심종으로 여겨진다(7.3.4절). Victoria호수의 농어목 Nile perch(*Lates nilotica*)는 도입된 핵심 종으로 고유 어류상에 큰 영향을 미친 잘 알려진 예이다. 다른 예로 새로운 지역으로 침입해 온 가재들이, 전체 생태계구조에 영향을 끼치는 침수대형식물에 강한 부정적 영향을 미쳤다는 것이다(Rosenthal *et al.* 2006).

줄무늬홍합 *Dreissena polymorpha*의 빠른 분산은(비록 하류방향만이지만) 자유롭게 유영하는 밸리져유생(veliger larvae)에 의해 가능해진다. 이 종은 라인강 하류와 지류에서 오래 살아왔지만, 1960년대에 Schaffhausen의 폭포로 막혀있는 상류지역에 있는 Constance호수에 갑자기 출현하여 놀라게 했다. 이 홍합은 작은 배 아래에 족사(byssal)로 그들을 부착시켜 Constance호수의 항구에 처음 나타났고, 이렇게 하여 호수에서 대륙으로 이송되었다. 줄무늬홍합은 북아메리카의 Great Lakes에도 1980년대에 출현하였으며 벨리져유생으로 그들의 개체군을 폭발적으로 증가시켰다. 해양을 건저는 것도 배를 이용해 이동하였다는 점이 유사하다(Hebert *et al.* 1989). 그들은 이제 Great Lakes와 그 지류에 널리 퍼져 있다. 새로운 영역에 침범한 다른 많은 종들과 같이, 줄무늬홍합은 대략 수용능력 이상의 엄청난 높은 밀도의 개체군을 형성하였다.

수동수송은 작은 생물체에 특히 효과적인데, 식물플랑크톤에게 지리적 분포 경계선은 동물에게보다 덜 중요하다. 북쪽과 남쪽 온대 지역의 호수의 식물플랑크톤은 차이가 거의 없다(Thomasson 1963). 소수의 종(단일 속은 아님)이 남반구와 북반구에서 배타적으로 발견된다. 동물플랑크톤은 식물플랑크톤보다 생물지리적으로 더 구별된다. 남반구 온대지방호수는 북반구 온대 호수보다 전반적으로 동물플랑크톤 종수가 더 적다. 요각류 1속(Bockella)은 몽골리아와 시베리아 동부지역의 1종을 제외하고는 남반구에서만 배타적으로 출현한다. 고유성(endemism)은 식물플랑크톤의 전 세계적 분포와 완전히 반대되는 개념이다. 이 개념은 특정한 지역으로 한정된 분류군을 설명할 때 쓰인다(비슷한 조건의 서식지가 다른 곳에 존재할 지라도). 고유종은 다른 호수들보다 훨씬 오래된(500~2000만년) 제3기의 깊은 지구 호수(deep graben lake)에서 자주 발견된다. 넓게 분포했던 몇몇 종들이 지금은 빙하기를 거친 몇몇 호수에서만 발견된다는 것을 쉽게 상상할 수 있다. 동시에 긴 시간 동안 존재해 온 이 호수는 많은 종들을 들어오게 했다.

시클리드(Cichlid)는 특히 아프리카 동부지역의 큰 호수에 살고 있는 좋은 예시이다. Victoria 호수는 백만 년은 되지 않았지만, 포식자인 Nile perch(*Lates nilotica*)가 호수에 도입되기 전까진 haplochromine 어류가 200종이나 살고 있었다(Goldschmidt 1996). 사람들은 이 어종이 이 한 호수에서만 진화했는지 지역적으로 분리되어 진화했는지에 대한 논란이 있었다. 미토콘드리아 DNA를 사용한 최근의 분자 연구에서 이 종의 무리가 단일 계통임을 보여주었다. Victoria호의 여러 종과 형태학상 매우 유사한 종이 Tanganyika호와 Malawi호에 있었으나, Victoria호의 외래종(foreign species) 유사하게 생기지 않은 종들과 유전적으로 더욱 밀접한 관계가 있었다(Meyer *et al.* 1990).

시베리아 남부의 Baikal호는 가장 오래된 호수이고(2천만년), 그러므로 고유성이 높다. Kozhov(1963)에 따르면 이 호수에 1219종 중 708종(58%)이 고유종으로 출현하였고, 이에 비해 150종의 식물플랑크톤들 중에 지각류 12종(8%)만이 고유종이었다. 고유성의 변이도는 동물에서도 알 수 있다. 윤충류(10.4%), 지각류(0%), 칼라누스 요각류(20%)가 뚜렷하게 낮은 고유도를 가진다. 먼 거리를 능동적으로 이동할 수 있는 동물은 다음과 같이 중간 정도의 고유도를 나타낸다: 날 수 있는 곤충(24%)과 어류(46%). 바닥 퇴적물과 강한 연계를 가진 생물체들은 자유 유영종보다 더 강한 고유성을 가지는 경향이 있다. 예를 들어, Baikal 호수의 모든 고유종 어류는 저서이동성인 cottoidei의 아목이었고, coregonids, salmonids, cyprinids, accipenserids, 그 외 다른 다른 과의 풍토종은 없었다. 극단적 고유종은 와충류(turbellarians)(100%), harpacticoid 요각류(88%), ostracods(94%), gammarid 단각류(99.6%), 연체동물(67%)이고, 모두 바닥 퇴적물과 연관되어 있는 동물이다.

복습문제

1. 두 종의 식물플랑크톤이 각각 0.7, 0.8 d^{-1} 속도로 지수적 순성장률로 성장하고 있다. 두 종의 초기 현존량은 1 ind. mL^{-1}, 2 ind. mL^{-1}이다. (a) 1, (b) 2, (c) 5, 그리고 (d) 10일 후 두 종의 현존량을 계산하라.
2. 식물플랑크톤 1종이 1주일 동안 1.0 d^{-1} 속도로 지수 성장을 하고 있다. 계수와 표본추출 오류 때문에 두 가지 추정치의 ±20%에 대한 신뢰구간은 95%이다. 다음 조건에서 각각의 성장률을 계산하시오.
   (a) 초기값(N_0)이 100 ind. ml^{-1}이고 최종치(N_7)는 1000 ind ml^{-1}; (b) N_0에 대한 신뢰구간의 하한치와 (N_7)에 대한 하한치를 사용하시오. (c) N_0에 대한 신뢰구간의 상한치와(N_7)에 대한 상한치를 사용하시오
3. 한 개체군이 1000 ind m^{-2} 수용능력을 가지고 성장하고 있다. 상대적 성장률 $dN/(dtN)$은 현존량이 0에 근접할수록 최고치이다. 최대 절대 성장률(dN/dt)에서 현존량은 얼마인가?
4. 두 식물플랑크톤 종이 동일한 번식율($\mu = 0.9\ d^{-1}$)을 갖는다. 한 종은 돌말인데 빠르게 침전하지만(v_s = 2m d^{-1}) 섭식에는 둔하다(w_i = 0.1). 다른 종은 녹조로서 낮은 침전($\omega_s = 0.1\,\mathrm{m\,d^{-1}}$)과 섭식에 민감하다($w_i$ = 0.8). (a) 혼합 깊이에서(0.5, 1, 2m) 성장(r = 0)이 멈추는 식물플랑크톤 개체군의 최적먹이조류에 대한 섭식율을 계산하시오. (b) 최적 먹이조류 (0.5, 1.0, 2.0 d^{-1})에서 성장이 멈추는 식물플랑크톤 개체군의 혼합깊이를 계산하시오
5. 암컷만 있는 *Daphnia* 개체군에서 보통 물벼룩은 6개 알을 낳는다. 알 발생시간은 4일이다. Paloheimo's 식에 따라 출생률을 계산하시오. 만일 (a) 알 수가 2배로 변화하면, (b) 알 발생시간이 반 줄면, 각각의 출생률을 계산하시오.
6. 당신은 호수에서 윤충류 *Keratella cochlearis*의 개체군 변동을 연구 중이다. 케이지 안에는 암컷 375마리는 알이 각각 한 개씩 달려 있고, 180마리는 무 내구란, 25개 알은 *Keratella*로부터 떨어져 있다. 3일 뒤에 같은 샘플링 시스템을 사용하여 880개체와 790개 알을 채취하였다. 샘플링시 20.8°C의 호수에서, *Keratella* 알을 생산하는 필요한 시간은 17시간이다. 이 때 개체군 성장률 (r), 출산율(b), 사망률(d)을 계산하시오. 만일 사망이 없었으면 두 번째 날 샘플링에서 과연 몇 마리의 *Keratella*를 잡을 수 있을까?

7. 많은 호수에서의 *Daphnia*의 계절별 현존량은 보통 그림 5.9와 같이 정규분포를 나타낸다. 현장 샘플링시 이런 패턴을 보이는 다음 요소들을 어떤 패턴을 보일까?: 물리적 요인(예: 고온), 먹을 수 없는 조류에 의한 간섭, 어류 포식, 무척추 동물 포식. 당신의 가설을 검증하기 위하여 어떻게 실험을 디자인하겠는가?

CHAPTER 6

상호작용

대부분의 종들이 그들의 생리적 내성에 의해 예측된 것보다 더 제한적인 분포를 한다는 것은 잘 알려져 왔다. 어떤 한 종으로 인해 다른 한 쪽이 역사적으로 사라지는 경우는 많다. 여기서 이에 대한 이유로 개체군 간의 상호작용이 종종 관련된다. 자원을 소비할 때, 개체는 자원이용이 감소하거나 혹은 자기 자신이 다른 생물체의 먹이가 되기도 한다. 공유자원을 사용하려는 개체군 간 상호작용을 경쟁이라고 부른다. 이러한 상호작용은 간접적(공유자원의 이용측면에서)일 수도 있고, 직접적(경쟁자가 다른 개체에 해를 주거나 거동을 못하게 함)일 수도 있다. 한 개체군이 다른 개체군의 먹이가 될 때에, 이 상호작용은 **포식자-피식자 관계**거나 **기생-숙주 관계** 둘 중 하나이다. 경쟁이나 포식자-피식자 관계는 최소한 한 쪽에 부정적인 영향을 준다. 하지만, 앞의 것과 달리 서로의 파트너에게 이득이 되는 공생관계 또한 존재한다. 예를 들어, 질화 박테리아인 *Nitrosomonas*와 *Nitrobacter*는 물질대사 최종산출물로써 서로가 서로에게 자원을 제공한다.

6.1 자원경쟁

6.1.1 오래된 개념: 경쟁적 배타 원리 – 지위

같은 혹은 다른 개체군의 개체가 같은 자원을 사용할 때 자원은 부족하게 될 것이고, 이것은 번식 감소, 생리적 스트레스, 기아를 유발할 것이다. 이렇게 서로의 자원을 착취하는 타입의 상호작용을 **착취경쟁**(exploitative competition)이라고 한다. 착취경쟁은 간접적인 상호작용인데, 그 이유는 항생 작용이나 공격과 같은 직접적인 영향에 의해서 생식 능력이나 경쟁자의 생명력이 줄어들지 않기 때문이다. 따라서 두 개체군이 경쟁할 때에는, 어떤 자원이 경쟁의 대상인지 파악하는 것이 중요하다.

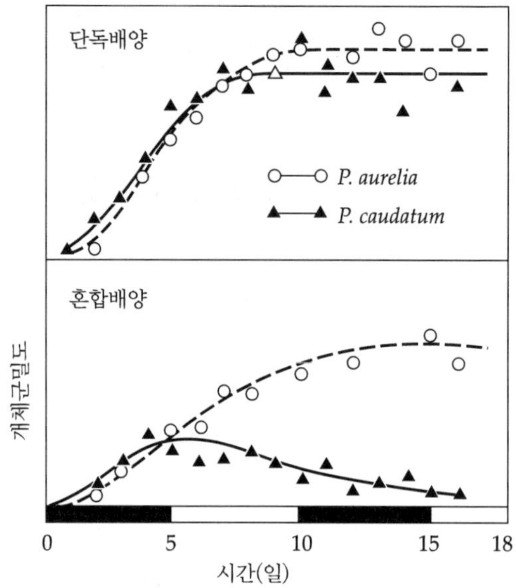

그림 6.1 Gause의 경쟁실험(1934). 위: 단독배양에서 *Paramecium aurelia*와 *P. caudatum*의 성장(먹이: 효모). 아래: 혼합배양에서 두 종의 성장.

첫 경쟁 실험은 조절된 실험실 조건에서 공유자원으로서 효모균을 두고, 섬모충 *Paramecium aurelia*와 *P. caudatum*의 경쟁으로 진행되었다. 두 종은 따로 성장했을 때, 잘 번식하였고 비슷한 개체군 밀도에 도달하였다. 그러나 그 두 종이 혼합된 조건에서는 *P. aurelia*가 *P. caudatum*를 억제했다(그림 6.1). 이런 비슷한 실험들을 기반으로, 경쟁배타의 원리가 둘 또는 그 이상의 종이 같은 자원을 두고 같은 서식지에서 경쟁하면, 한 종만 살아남는다. 생태적 지위(niche)란 개념은 경쟁배타의 원리에서 유래하였다. 더 긴 시간을 공존하기 위해선, 다른 종이 다른 서식지에 살거나, 다른 자원을 사용하거나, 다른 재료에서 같은 자원을 얻을 수 있거나, 다른 물리적 환경이 필요하다. 이 모든 요구의 총합이 종-특이적 지위로서 정의된다. 경쟁배타의 원리에 따르면, 기능적 지위와 겹쳐질 수도 있지만, 어쨌든 한 종은 구분 가능한 단 하나의 지위만을 가질 수 있다. 다른 종과는 구분된 지위의 진화는 곧 경쟁을 회피하는 메커니즘이 된다.

지위의 개념에 대해 이론적인 것뿐만 아니라 실증적인 면에서도 많이 논의되고 있다. 지위의 이론적 타당성에 관심있는 비평가들은 *n*-차원의 지위(niche)때문에 경쟁배타의 원리를 실증적으로 실험할 수 없다는 점을 지적했다(단원 2.1). 두 종을 비교한 한 연구에서 그들의 서식지, 자원 요구 또는 물리적 요구에 아무 차이도 없다고 한다면, 두 종을 구분짓는 결정적인 지위 요인은 아직 발견되지 않은 것뿐이라고 항상 말할 수 있다.

지위 이론에 기반하여, 오늘날 경쟁은 없어져야 한다라고 말할 수 있다. 한 번

경쟁을 시작해버린 종들은 진화하면서 차이점을 개발시키거나 충분히 차이가 나는 행동을 해야 경쟁 상대를 피할 수 있다. Connell(1980)은 이 아이디어를 과거 경쟁의 잔존(ghost of competition past)라고 불렀다. 사실, 과거의 경쟁으로 인해 현재의 경쟁이 사라질 것이라는 생각은, 지질학에서 발전해 온 후에 Darwin의 진화론에도 사용되는 라이엘의 원리(*Lyell's principle*)에 위배된다. 라이엘 원리에 따르면, 현재에도 영향을 보여주는 과정들만이 과거의 사건에 대해 설명할 수 있다고 한다.

실제로, 식물에 있어 1종-1지위 원리(one species-one niche)를 적용해 보는 것은 매우 어렵다. 서로 다른 기관과 씨앗과 꿀을 가진 수백 종의 나무들이 수백 종의 동물에게 완벽하게 특화된 자원을 제공한다. 반면에, 식물들은 빛이나 영양분같이 상대적으로 다양한 자원 종류가 거의 없으며, 이들은 항상 과도하게 제공된다. 경쟁을 피할 방법이 없는 심하게 혼합되는 배지에 배양된 식물플랑크톤들이 자원을 사용할 때, 특히 잘 드러난다. Hutchinson(1961)은 경쟁배타의 원리와 물 속의 적은 시료에서 발생하는 식물플랑크톤 종의 큰 다양성 사이의 모순에 대해, 플랑크톤의 역설(paradox of the plankton)로 설명했다. 그의 논문은 결국 경쟁 메커니즘 이론을 이끌어낼, 이종간의 경쟁 이론적, 실험적 조사를 한 중요한 근거가 되었다.

지위 개념에 대한 논란은 많은 실험적 연구를 하도록 자극하였다. 그러나, 많은 논란은 특히 시간요인을 무시함으로써 오해를 유발시켰다. 이것은 Gause의 짚신벌레 실험에서 쉽게 볼 수 있다. 두 종이 같은 곳에서 같은 자원을 사용할 때, 다른 종에 대해 완전한 배타는 16일 또는 16세대가 필요했다. 분명히, 패배한 경쟁자를 교체하는 데는 시간이 걸린다. 번식률이 낮고 경쟁자와 차이가 적을 수록, 배타는 더 오래 걸린다. 또, 매우 유사한 경쟁 능력을 지닌 두 종의 경쟁에서는 작은 환경적 변화만으로도 약간 열세이던 종이 상황을 역전시킬 가능성이 있다. 결국 시간의 조건을 배제하고는, 분포 데이터로 종의 지위에 관해 어떠한 결론도 내릴 수 없다. 즉, 잠깐을 보고 어떤 종이 안정적인지 혹은 곧 사라질 것인지를 말하는 것은 불가능하다. 그래서 하향세를 보이더라도, 낮은 밀도의 개체군이 살아남을 수도 있다.

변화가 심한 환경에서, 일시적 혹은 장기적으로 공존할 수 있는 가능성은 경쟁자에게 진화로 인한 특성의 변화를 필요로 하지 않는다(지위 특이성). 경쟁자들은 역시 굉장히 비슷하게 진화할 것이고, 따라서 배타율을 최소화한다. 공유 자원을 공유하는 것을 제외한 매우 다른 종들은 서로 배타당할 확률이 크기 때문에 공존할 확률은 높지 않다. 비슷한 요구와 비슷한 능력을 가진 매우 유사한 종들은 우세와 열세를 반복하기 때문에 공존할 수 있다. 반면에, 비슷하지 않은 종들도 요구하는 것이 다르다면(지위 특이성), 이 또한 공존할 수 있다. 요구는 같지만 요구를 충족시키는 능력이 다른 경우에 공존할 확률이 가장 적다.

6.1.2 Lotka-Volterra의 경쟁 모델

최초의 경쟁에 대한 수학적 설명은 로지스틱성장(logistic growth)에 대한 모델해석이 확대되면서 가능하였다(단원 5.2.4). 간단한 형식인 이 수식은 개체군의 밀도 증가가 자신의 성장률 자체에 부정적 피드백 효과(negative feedback effect)를 설명해준다. 여기서, Lotka-Volterra 모델은 성장률의 밀도 증가가 경쟁종에 주는 영향을 밝혀냈다. 두 종을 수식으로 나타내면 다음과 같다.

$$\frac{\mathrm{d}N_1}{\mathrm{d}t}\frac{1}{N_1} = r_{\max 1}\frac{(K_1 - N_1 - \alpha N_2)}{K_1} \tag{6.1}$$

$$\frac{\mathrm{d}N_2}{\mathrm{d}t}\frac{1}{N_2} = r_{\max 2}\frac{(K_2 - N_2 - \beta N_2)}{K_2} \tag{6.2}$$

여기서 N_1과 N_2는 종1과 종2이다. K_1과 K_2는 각각의 수용능력이다.

대부분의 문헌에서 종에 대한 숫자 지수인 r은 개체군 밀도의 생장률이 최대일 때 0에 가깝다는 것을 나타낸 것이다. 개체군 동태에서 순간-순생장률을 나타내는 r을 일관성 있게 사용하며, 여기에서도 r_{max1}과 r_{max2}를 사용하기로 한다. 계수 α와 β는 한 종이 다른 종에 대한 영향을 나타내는 지수이다. 성장하는 개체군은 이 로지스트형 수식을 따를 것이고, 성장률이 0이 되는 수용능력에서 평형상태에 이를 것이다. 수용능력은 사용 가능한 자원에 의존하고 두 경쟁종이 이 자원을 나눠 이용하기 때문에, 각각의 종은 전체 개체군의 일부를 차지한다. 한 종이 수용능력에 도달하지 못하면, 남은 용량은 다른 종이 채운다. 생장률이 0($\mathrm{d}N_1/\mathrm{d}t = 0$과 $\mathrm{d}N_2/\mathrm{d}t$)인 조건에서 식 (6.1)과 (6.2) 수식을 풂으로써, 두 종 사이의 관계를 결정할 수 있다.

$$N_1 = K_1 - \alpha N_2 \tag{6.3}$$

$$N_2 = K_2 - \beta N_1 \tag{6.4}$$

이 수식으로부터 경쟁 계수를 다르게 하면서 종 간 경쟁의 결과를 그래픽 모델로 만들어 명확히 설명할 수 있다. 종 1의 정확한 개체수가 주어진다면, 우리는 식 (6.3)을 사용하여, 수용능력(carrying capacity)의 전체 개체수를 알아내는데 종 2의 개체수가 얼마나 필요한지 계산할 수 있다. 제로 생장 등치선(Zero-growth isocline)이라는 직선은 x축이 N_1이고 y축이 N_2인 좌표계에서, 종 1이 성장하지 않는 모든 가능한 조합을 배치했을 때 형성된다(그림 6.2A).

식 (6.3)에서 종 2 개체가 존재하지 않을 때, $N_1 = K_1$이다: 즉, 종 1은 수용능력에 도달한다. $N_1 = 0$일 때, 식 (6.3)에서 우리는 y절편을 얻을 수 있다.

$$N_2 = K_1 - \alpha$$

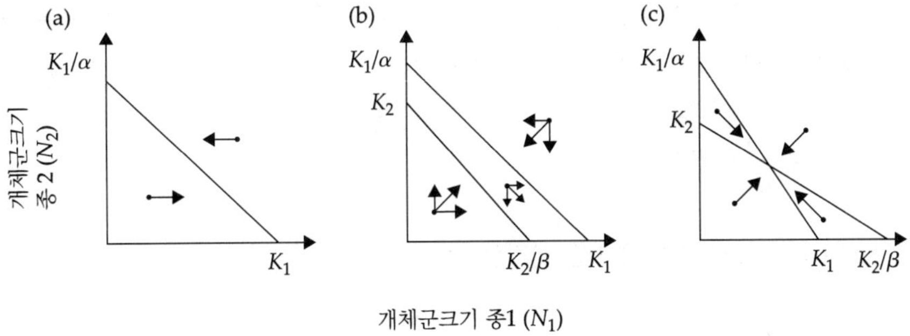

그림 6.2 Lotka-Volterra의 경쟁모델. 선은 종 1과 2의 모든 평형 조합을 연결한다. 각 종의 개체군 크기는 그래프의 축에 나타냈다. (a) 종 2와 경쟁관계인 종 1 개체군 밀도의 변화. 조합이 선(점)으로 나타나지 않을 경우 개체군은 화살표로 나타낸 방향으로 전개된다. (b) 두 종의 발달. 여기에서 화살표는 두 종의 방향과 전체 모집단의 결과 방향을 의미한다. 개체군은 두 종의 선 사이 공간으로 이동한 다음 *x*축 방향으로 이동한다. 결국 종 1이 승리한다. (c) 만일 두 선이 교차할 경우, 이 교차점은 안정된 공존점을 나타낸다.

혹여 이 직선에 들어맞지 않는 조합이 있다면, 그 각각의 종들은 수용능력에 도달할 때까지 증가 혹은 감소할 것이다; 즉, 전체 개체군은 그 선(수용 능력) 주위에서 맴돌 것이다. β계수를 사용하면, 비슷한 선이 종 2에서 만들어질 것이다. 선의 위치는 경쟁의 패턴에 따라 결정된다. 그림 6.2에서 두 가지 가능성을 보여주고 있다. (B) 경우에 종 1의 평형선이 종 2의 평형선보다 높다. 전체 개체군이 종 2의 수용능력보다 낮다면, 개체군은 종 2가 성장률 = 0에 도달할 때까지 증가할 것이다. 그럼 이제 종 2가 더 이상 성장하지 않으나, 종 1은 여전히 성장할 수 있다. 만일 전체 개체군이 두 선을 넘는다면, 두 종의 개체군은 가장 높은 선에 도달할 때까지 감소할 것이다. 이후 종 1은 유지될 것이고, 종 2만 계속 감소할 것이다. 두 선 사이에 있을 때는, 종 1은 증가하고 종 2는 감소할 것이다. 전체 개체군은 항상 시작점에서 종 1만이 유지되는 x축의 K_1쪽을 향해 움직일 것이다. 종 2는 배제될 것이다. 그림 6.2(C)에서 교차하는 두 선은 매우 다른 상황을 나타낸다. $K_1 < K_2/\beta$, $K_2 > K_1/\alpha$를 나타낸 것과 같이 전체 개체군은 교차점을 향해 움직이는 경향이 있다. 두 종은 교차점에서 안정적인 공존 상태를 가진다. 두 직선이 만약 $K_1 > K_2/\beta$, $K_2 > K_1/\alpha$로 교차한다면(그림 6.2에 나오지 않음), 평형은 불안정할 것이다. 화살표는 교차점에서 먼 쪽으로 움직일 것이다. 즉, 초기 조건이 어떤 한 종이 다른 한 종을 절멸시키는 것을 결정된다. 선의 위치에 따른 몇 가지 추가적인 가능성이 있는데, 공존은 한 종이 최대밀도상태이며 다른 한 종은 양의 값을 가져야만 가능하다. 이것은 수식으로 다음과 같이 나타낸다.

$$\frac{K_1}{K_2} > \alpha,\ K_2 > \frac{\beta}{K_1}$$

이것은 밀도 의존적 영향은 종간보다 한 종 내에서 더 커야 한다는 것을 의미한다. 종 1은 종 2를 제거할 때 다음을 따른다.

$$\frac{K_1}{K_2} > \alpha, \frac{K_2}{K_1} < \beta$$

이것의 역으로 종 2가 종 1을 제거할 때

$$\frac{K_1}{K_2} < \beta, \frac{K_2}{K_1} > \alpha$$

계수 α, β가 종 간의 부정적인 상호작용의 몇 가지 종류를 나타내지만, 경쟁에 대한 실질적인 메커니즘을 설명하지는 않는다. 이것들은 혼합배양과 단독배양에서 개체 성장률의 비교에 대한 실험으로써 설명되어야만 한다. 이것이 자연에 대한 예측을 하는 데에 계수들을 사용하는 것은 불가능하다는 것이다.

6.1.3 자원 경쟁의 메커니즘 이론

초기의 경쟁 실험(Gause)과 초기 경쟁의 수학적 모델(Lotka-Volterra)은 경쟁적 능력을 블랙 박스(black box)로써 다뤘다. 그래서 실험이 끝날 때 단지 경쟁실험의 승리자가 어떤 종인지를 확인할 수 있었다. 추가적으로 자원을 이용할 수 있는 생리학적 능력과 같은 경쟁 능력의 정의는 그러한 실험으로부터 유래될 수 없었다. 순환론에서 경쟁 능력은 단순히 한 경쟁자를 배제하는 능력으로 정의되었다. 물질 환경조절장치 배양의 원리로부터 발달되어진 Tilman의 **경쟁 메커니즘 이론**(1982)은 이러한 문제를 해결했다. 이러한 모델의 두드러진 특징은 한 종의 경쟁 능력이 자원의 제한 하에 종의 성장 동력과 손실률(사망, 이주)과 같은 생리학적 특징으로부터 유래되었다는 것이다. 한 그래프 모델은 예측되는 경쟁 상호작용의 결과를 보여주기 위해 사용되었다.

하나의 공유 자원에 대한 경쟁에 관한 가장 간단한 모델은 그림 6.3에서 나타난다. 두 종의 가상적인 경쟁자들은 성장 동력에서 차이가 있다. A종은 더 많은 자원을 가질 수록 번식률이 더 높고 B종은 더 적은 자원을 가질 때 번식률이 높다. 순 성장률은 번식률과 손실률 간 차이에 있다(단원 5.2.3). 이 예시는 두 종 모두 같은 손실률을 가진다는 것이 있다. 이것은 하나의 물질 연속배양장치 배양에서 실험적으로 개체 손실을 조절하기 위해 순환 비율을 조절함으로써 가능하다. 생물을 주입한 후 짧은 시간 내에 생물들이 제한자원을 감소시키지 못했을 때, 두 종들은 거의 최대 번식률을 보인다. 이것은 종 A가 더 빠르게 성장하도록 한다. 개체군이 성장함으로써 자원 소비가 증가하고 자원은 감소한다. 따라서 그들의 번식률은 감소한다.

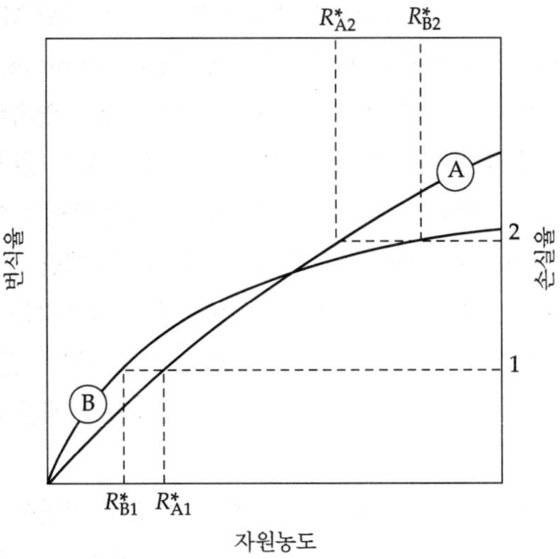

그림 6.3 공유 제한 자원에 대한 가상의 종 A와 종 B사이의 경쟁모델. 낮은 손실률을 갖는 시스템 (1)에서 종 B가 승리하고, 높은 손실률을 갖는 시스템 (2)에서는 종 A가 승리한다. 경쟁 세기는 평형점(R^*)으로 정하고, 이 점은 성장곡선이 손실률과 교차되는 점이다. 패배종들이 이 자원수준에서 음의 성장을 보이기 때문에 가장 낮은 R^*을 가진 종이 승리를 한다(Tilman 1982).

손실률이 높을 때(그림 6.3에서 2처럼), 종 B는 처음으로 번식률과 손실률이 동일한(R^*_{A2}) 평형점에 도달할 것이다. 순 성장률이 0인 것이다. 만일 경쟁이 없다면, 종 B는 자원의 소비와 공급 뿐만 아니라 생물의 번식과 손실사이에 균형을 이루는 평형상태(steady state)에 도달한다. 자원은 무기질화(무기자원) 또는 새로운 개체의 생장(생물자원)으로 유입되거나 공급될 수 있다. 그러나 종 B의 평형 농도에서, 종 A는 여전히 손실률보다 번식률이 더 크다. 따라서, 종 A의 개체수는 증가한다. 종 A가 계속해서 증가함에 따라, 자원은 종 A를 위한 평형농도(R^*_{A2})에 도달할 때까지 감소한다. R^*_{A2}에서 종 B는 손실률보다 번식률이 훨씬 더 낮으므로 성장률은 음의 값을 나타냄을 의미한다. 결과적으로, 개체군 B는 결과적으로 배제될 것이고, A는 꾸준한 안정상태를 유지할 것이다.

다른 한편으로는 만일 손실률이 더 낮으면(그림 6.3에서 1처럼), 증가하는 자원의 소비는 종 A에 대한 평형에서(R^*_{A1}) 자원 농도를 더 낮출 것이다. 이런 수준의 자원에서, 종 B는 제한 자원이 R^*_{B1} 값으로 떨어질 때까지 계속해서 양의 성장률을 나타낸다. 이후, 종 A는 배제되고 종 B는 꾸준히 안정상태의 평형을 유지할 것이다. 이러한 예로부터 우리는 한 종의 경쟁 세기가 성장률과 손실률의 교차점에서 제한자원(R^*)의 평형 농도로 결정되는 것을 알 수 있다. 만일 여러 종들이 같은 제한자원을 두고 경쟁한다면, 성공적인 종은 제한자원의 농도를 가장 낮은 수준으로 유도하는 종이 될 것이다. 경쟁 종들 간의 손실률이 다르다면 R^* 기준은 역시 유효하다는 것이다.

Sommer(1986)는 이 이론을 실험적으로 검정했다. 인에 대한 Monod의 흡수량 역학은 Constance 호수에서 몇 종의 녹조류로 결정되었다. Constance 호수에 있는 자연배양주는 돌말류를 배제하기 위해 규소 농도를 매우 낮춘 연속배양장치에서 배양되었다. 그리고 몇 주 후, 배양주들이 얼마나 풍부해졌는지는 상관없이 오직 특정한 한 종만이 남았다. 이 경쟁의 승리종은 사실 Monod 역학 모델로 예측된다.

이것은 Lotka-Volterra와 Tilman경쟁 모델 사이의 명백한 차이를 분명하게 보여주는 것이다. Lotka-Vloterra 모델에서 이용된 종의 경쟁력은 그 실험의 결과에 의해 결정된다. Tilman 모델에서는 경쟁 메커니즘(자원사용)이 같은 조건에서의 승리종을 예측하기 위해 사용된다. 그래서, 우리는 이것을 기계론적 모델(mechanistic model)이라 부른다.

Constance 호수에 사는 식물플랑크톤을 이용한 경쟁 실험이 높은 규소 농도의 조건에서 반복되었을 때, 돌말류는 항상 우세했다. 돌말류가 규소 부족에 의해 배제되는 동안 녹조류는 인에 대한 경쟁에서 이길 수 있었다. 이 이론은 몇몇 자원을 포함시키기 위해 확장되어야만 한다. 녹조류와 돌말류가 공존할 수 있도록 규소와 인 공급의 균형을 이루는 것이 가능할까? 필수적이거나 대체 가능한 자원, 이 두 종류를 대상으로 예측된 몇몇 자원에 대한 경쟁 패턴은 그림 6.4에 나타난 것처럼 그래프로 보여 질 수 있다. 자원수준(Resource plane)으로 불리는 그래프에서 축은 두 자원의 농도를 보여준다. 단일 R^*값 대신에 ZNGI(zero net growth isocline: 제로 순생장 등치선)이 있다. 이 선(성장 등치선)은 번식률과 손실률이 동일한 모든 농도 조합을 연결한다. 오로지 필수자원만 있으면 ZNGI는 어느 쪽 축도 교차하지 않고 직각을 형성한다. 그림에 나온 선의 위치는 각자 자원의 평형 농도(R^*)에 의해 결정된다. 만일 두 자원들 중 하나가 왼쪽 혹은 각도의 아래쪽 농도로 있다면, 그 종들은 결코 성장할 수 없다.

연속배양장치에서, 자원들은 고정된 비율로 공급된다(글상자 4.2). 유입된 두 자원들의 농도는 자원수준(resource plane) 위에서 한 지점으로 나타낼 수 있다. 이런 지점을 **공급점**(supply point)이라고 불리운다(그림 6.4). 유입된 자원 농도가 연속배양장치에서 무슨 일이 일어나는 지와 관계없이 공급점이 바뀌지 않는 것을 주목하자. 연속배양장치에서 실제 자원 이용가능성(resource availability)은 생물 활동에 따라 바뀔 수 있고 결과적으로 안정상태에 도달할 것이다. 어떤 소비도 없다면, 연속배양장치 용기가 몇 차례 쏟아진 후에 실제 농도는 공급점에 접근해야한다. 이런 경우에, 자원수준에서 시간에 따른 실제 농도(그래프 궤도)는 항상 공급점을 가르키는 **자원공급벡터**(resource supply vectore)에 의해 표시될 것이다.

만일 생물체가 연속배양장치 안에 있다면, 생물들은 성장할 때 자원을 소비할 것이다. 필수자원들은 성장하는 생물 조직 내 자원의 화학적 비율과 같은 **최적의 비율**로 소비된다(단원 4.3.7). 결과적으로, 두 개의 R^*의 비율로 소비된다. 새로운 자원

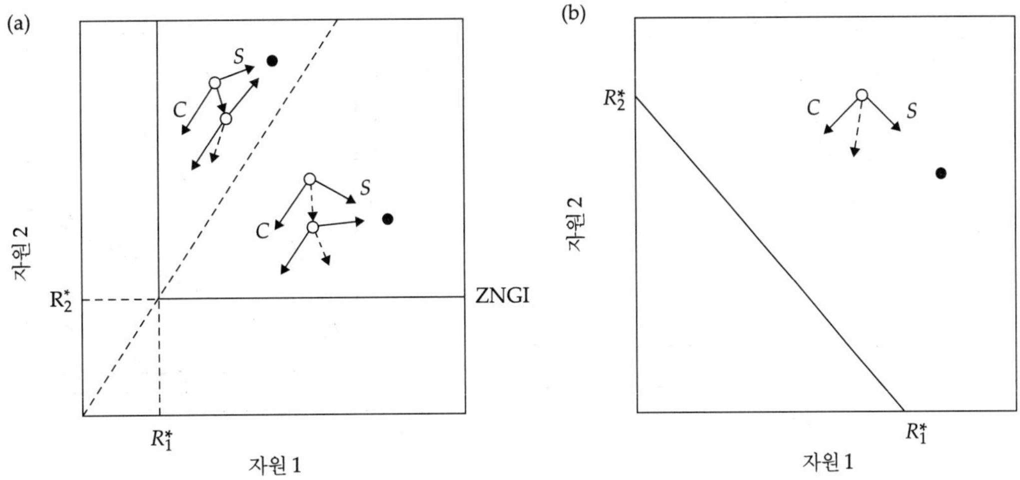

그림 6.4 두 종류의 자원으로 한 종의 제한. 두 종류 자원의 모든 비율이 자원수준을 형성한다. (a) 필수자원(대체불가능한). ZNGI; 제로 순성장 등치선의 검은 점은 다른 공급점. 열린 원은 자원 이용점을 나타냄. 초기 자원 이용점은 개체군이 성장하고 자원을 소비할 때 (점선 벡터) 공급벡터(s)와 소비벡터(c)의 결합효과에 의한 방향으로 이동할 것이다. 이용점(물질환경 조절 시스템에서 실제 농도) 은 ZNGI에 도달할 때까지 궤도를 따라 간다. 점선은 소비벡터를 결정짓는 종의 최적 자원비를 나타낸다. (b) 대체가능한 자원에 대한 동일한 상황.

들의 공급이 없다면, 실제 농도의 변화는 최적의 자원 비율의 기울기를 가진 소비-벡터에 의해 설명될 것이다. 농도에서 발생하는 실질적인 변화는(자원 이용가능성 궤도) 공급과 소비-벡터의 결합된 결과이다. 소비-벡터의 고정된 기울기와 달리, 공급-벡터의 기울기는 실제 농도를 변화시킬 것이다. 그래서 결과적으로 벡터의 방향은 또한 변할 것이다.

공급점의 위치는 평형상태를 결정한다. 만약 공급점이 ZNGI와 그래프의 원점 사이에 놓인다면, 그 종들은 성장하지 못하고 사라질 것이다. 이와 달리, 공급점이 두 자원들의 농도가 R^* 위에 있는 ZNGI의 다른 쪽 면에 놓인다면, 개체군은 성장할 수 있다. 계속되는 개체군 성장과 같이 자원-그래프 방향은 결과적으로 ZNGI에 도달할 것이다. 이 지점에서, 순 개체 성장은 0이고, 개체군은 수용능력에 머문다. 그리하여, 더 이상 자원농도에서 감소는 없을 것이다. 따라서, 영양 농도의 궤도는 ZNGI를 교차하지 않을 것이다. 정리하면, 공급 점의 위치와 소비-벡터의 방향은 ZNGI가 어디서 만날 것인지 결정한다. 즉, 두 자원 중 하나는 결국 제한자원이 될 것이다. 만일 소비-벡터가 직각을 형성하는 두 선들의 교차점에 정확히 만난다면, 두 자원이 동시에 제한될 것이다. 결국, 이것은 공급점이 최적-자원 비율의 선위에 위치할 때에만 유일하게 가능하다. 이 선은 어떤 자원이 최종적으로 제한되는지를 결정하기 위해 자원수준을 두 영역으로 나눈다. 만일 공급점이 선(최적-자원 비율의 선) 위에 있다면, R_1가 제한 자원일 것이다. 만일 공급점이 선 아래에 있다면, R_2가 제한될 것이다.

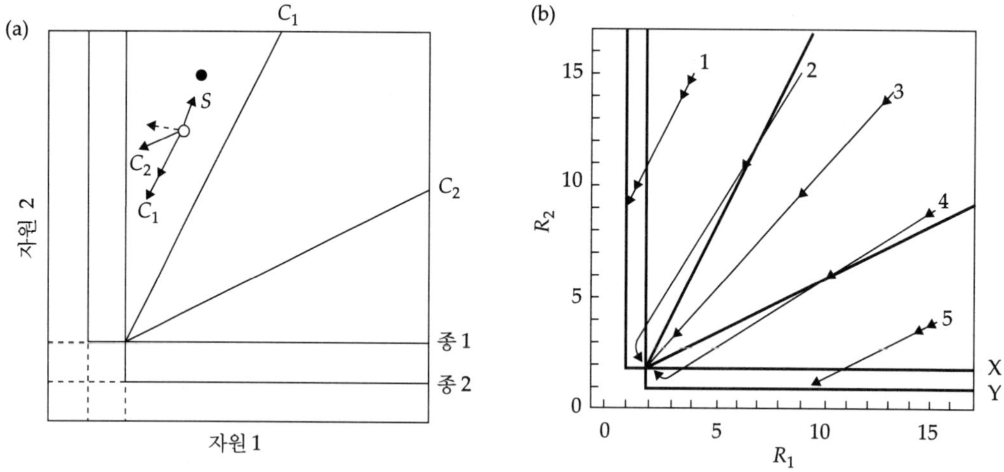

그림 6.5 (a) 두 가지 필수자원에 대해 경쟁하는 두 종의 ZNGI 교차점. 종 1은 자원 1에 대하여 더 나은 경쟁자 (낮은 R^*)이고 종 2는 자원 2에 대해 더 나은 경쟁자이다. C_1과 C_2는 두 종에 대한 각각의 소비 벡터이다. 실선 원은 공급점이다. 먹이 이용 가능점 (원)의 이동(점선 벡터)은 소비와 공급 벡터(점선)의 결합효과로 결정된다. (b) 다양한 공급점에서 기원하는 자원이용가능 궤도는 자원수준의 여러지역에 위치하게 된다.

ZNGI는 완벽하게 대체 가능한 자원일 때는 다르게 보인다(그림 6.4B). 생물은 그들만의 자원을 가지고 성장하지만(단원 4.3.4), 자원들 중 하나는 좀 더 영양가가 있을 것이다. 결과적으로, 좀더 영양가 있는 자원들에 대해 R^*값은 낮아야 한다. ZNGI는 양의 부분에서 각각의 축들이 교차하는 하나의 선을 형성한다. 공급점과 소비-벡터는 또한 이런 그래프로 나타낼 수 있으나, 소비-벡터의 기울기가 화학량적으로 예측될 수 없을 때에는 실험을 통해 결정되어야만 한다.

우리는 현재 하나의 그래프에서 두 종의 ZNGI를 조합하여 두 자원에 대한 두 종들 간의 경쟁 결과를 예측하기 위해, 이런 모델을 사용할 수 있다. 모든 종들은 서로 ZNGI가 다르기 때문에, 몇 가지 가능한 조합이 있다(Tilman 1982). 예를 들면, 만약 경쟁하는 종들의 ZNGI가 서로 평행하다면, 축에 가장 가까운 ZNGI를 가진 종(물론 두 종의 R^*이 낮을 때)이 경쟁에서 승리할 것이다. 가장 흥미로운 경우는 하나의 평형상태를 포함할 때인데, 여기서 R_1에 대해 더 나은 경쟁자는 R_2에 대해 더 좋지 않은 경쟁자이다(그림 6.5a). 이런 경우에, ZNGI들은 교차하고 자원수준 위에 네 영역에 대한 범위를 만든다. 만일 공급점이 축과 조합된 ZNGI 사이에 놓인다면 어떤 종들도 존재할 수 없다. 불완전한 중첩이 있는 영역에서, 심지어 경쟁자가 없거나 다른 종들이 자원을 하나만 차지하더라도 두 종들 중 하나는 성장할 수 없다. 이와 달리 완전한 ZNGI의 중첩된 영역에서, R_1과 R_2의 이용가능성은 두 종이 가지고 있는 각자의 R^* 위에 있다. 그러면, 두 종은 성장할 수 있다. 이후, 그들이 성장함에 따라 그들은 그들 각자 최적의 비율에 따라 자원을 소비할 것이다. 자원-이용가능성 궤도는 현재 소비-벡터와 공급-벡터 둘 다에 달려 있을 것이다. 단일종의 상황과 달리, 종이 결합된 소비-벡터의 기울기는 지속적으로 유지되지 못할 것이다. 만일 자원 농도가 한 종의 ZNGI를 교차한다면, 이 종은 오래 성장하지 못할 것이다. 그러나 ZNGI에 아직 도달하지 못한 두 번째 종은 계속해서 자원을 이용할 것이다. 결과적으로, 결합된 소비-벡터는 계속 성장하는 종의 최적의 자원 비율에 도달 할 것이다. 자원 소비는 계속해서 그 종의 평형점에 있을 것이다.

다시 공급점의 위치는 자원-이용가능성 궤도와 마지막 평형 상태를 결정한다(그림 6.5b). 두 종의 최적의 비율은 두 종들에 대한 가능한 성장 영역 내에서 세 지역의 범위를 정한다. 만일 공급점이 종 1에 대한 최적 비율 위에 놓인다면, 궤도는 마침내 종 2의 ZNGI를 교차할 것이고, 종 2는 종 1에 의해 대체 된다. 만일 공급점이 종 2에 대한 최적 비율 아래에 놓인다면 반대로 일어날 것이다. 그러나 만일 공급점이 두 최적의 비율 사이에 놓인다면, 궤도는 항상 두 ZNGI의 교차하는 부분에서 끝날 것이다. 궤도는 곡선의 형태를 띨 것이고 일시적으로 오직 한 종이 오랫동안 존재할 수 있는 영역을 교차 할 것이다. 그러나 소비와 공급의 결합된 영향이 결과적으로 다시 교차점으로 돌아오게끔 한다. ZNGI들의 교차점에서, 두 종들은 평형점에 있다. 이것은 안정한 공존점이다. 만일 공급점이 개체-소비벡터(최적의 비율)에 의해 그려지는 영역 내에 위치한다면, 두 종들은 마침내 공존한다.

필수자원을 대상으로 Liebig의 법칙을 최소한으로 적용하기 위한다면, 이것은 두 종들이 다른 자원들에 의해 제한되는 범위 내에 있어야 한다.

현재 자원수준은 6영역으로 나누어져 있다(그림 6.6a). 두 종들 간의 경쟁의 결과는 공급점의 위치에 의해 예측된다. 만일 공급점이 그래프의 원점에 인접한 영역에 놓인다면, 어떤 종도 지속될 수는 없다. 오로지 한 종만이 ZNGI사이의 정사각형 내에 선험적으로(a priori) 존재할 수 있다. 공급점이 ZNGI과 소비-벡터 사이에 있는 2개의 지역 내에 있다면, 한 종은 경쟁적으로 다른 종을 대체할 것이다. 끝으로, 만일 공급점이 2개의 소비-벡터 사이에 놓인다면, 두 종은 공존할 수 있다. 공급점이 한 종의 우세한 지배영역에 가까이 도달할수록, 둘다 평형상태에 있을 때 이 종의 비율이 더 커질 것이다. 만일 두 종의 ZNGI가 교차한다면, 대체자원에 대한 그래프 모양은 위와 비슷하게 그려질 수 있다.

그래프 모델에서 공존과 배타의 경계를 정의하는 것이 자원의 절대적인 양이 아니라 **제한 자원의 비율**(ratio of the limiting resources)인 것을 주목하자. 공존의 영역 내에서 평형으로 공존할 수 있는 종들의 최대 수치는 제한 자원의 수(경쟁배타의 원리의 개념을 확장)와 같다. 비록 두 가지 자원의 특정한 비율에서 두 종 정도는 공존할 수 있지만, 만약 자원비율의 차이가 있다면 두 종류 이상은 공존 가능하다. 그림 6.6b와 그림 6.6d는 이것이 가능한 조건을 설명해준다. 두 이웃하는 종의 간섭은 어떠한 종들도 존재하지 않는 영역 내에 있어야 한다(Tilman 1982). 만약 종들이 두

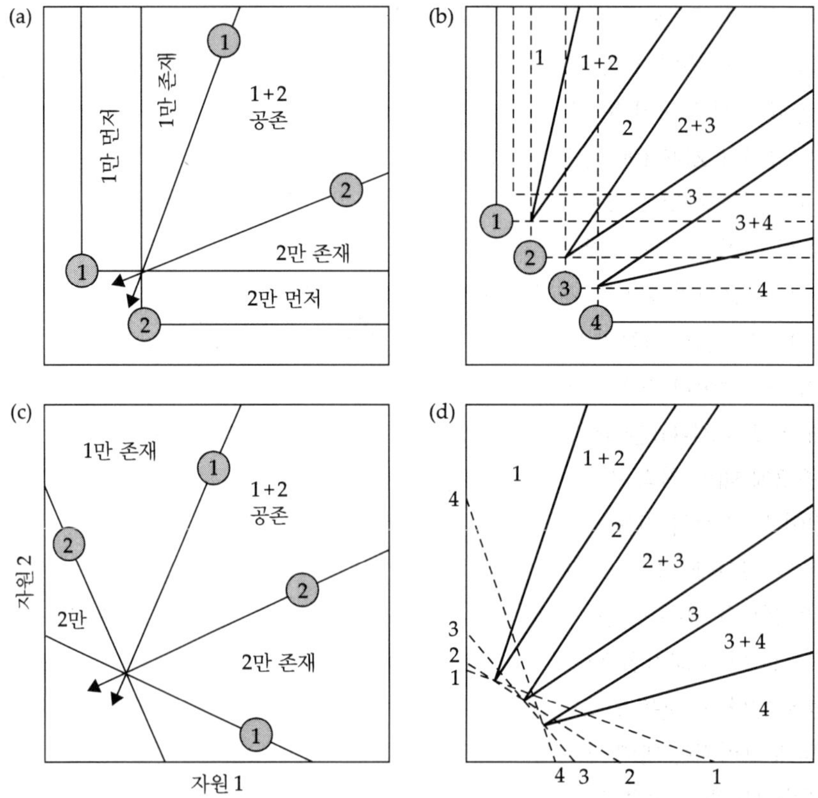

그림 6.6 두 가지 자원에 대한 경쟁이론(Tilman 1982). A와 B는 필수자원; C와 D는 대체가능한 자원. (a) 두 가지 자원에 대한 종 1과 종 2의 경쟁. ZNGI 및 소비 벡터에 의한 배제 및 공존 영역의 그림. (b) 몇 가지 종들 (1, 2, 3, 4)은 R_1/R_2 비율의 기울기를 공유한다. 숫자는 공존영역과 독점영역을 나타낸다. 점선은 각 종의 ZNGI를 나타낸다. (c) 두 가지 대체가능한 자원에 대한 두 종의 경쟁. 배제와 공존의 영역은 ZNGI와 소비 벡터에 의해 표시된다. (d) 몇 가지 종들은 (1, 2, 3, 4) R_1/R_2 비율 의 기울기를 공유한다. 예, (b).

자원에 대한 경쟁력에서 역으로 계급이 매겨진다면 이것은 일어날 수 있을 것이다. 한 특정자원비율에서 공존하는 종들은 상대적으로 비슷한 최적의 자원 비율을 가지는 이웃이다. 예를 들면, 그림 6.6b와 6.6d에 있는 종 1과 2는 공존하는 한 쌍이지만, 종 1과 4는 아니다.

이런 경쟁 모델은 또한 플랑크톤성 조류(필수 자원; 보통 규소와 인, 질소와 인)를 이용한 연속배양장치(chemostat) 실험을 사용하여, 여러 차례 검정해왔다. 그리고 윤충류를 이용해(대체자원; 먹이로서 두 종의 조류) 한 때 연구되었던 적도 있다. 그림 6.7은 제한자원인 규소와 인에 대해 돌말류 *Asterionella formosa*(높은 규소 요구량, 낮은 인 요구량)와 *Cyclotella meneghiniana*(낮은 규소 요구량, 높은 인 요구량)를 이용한 연구 결과를 처음으로 발표된 예시(Tilman 1977)를 보여주고 있다. 여기서의 ZNGI들은 두 종들에 대한 Monod 곡선으로부터 유래되었고, 소비-벡터는 자원들이 조류에 대해 최적의 비율로 소비되었음을 나타내고 있다. 경쟁-그림에서 공급점은 연

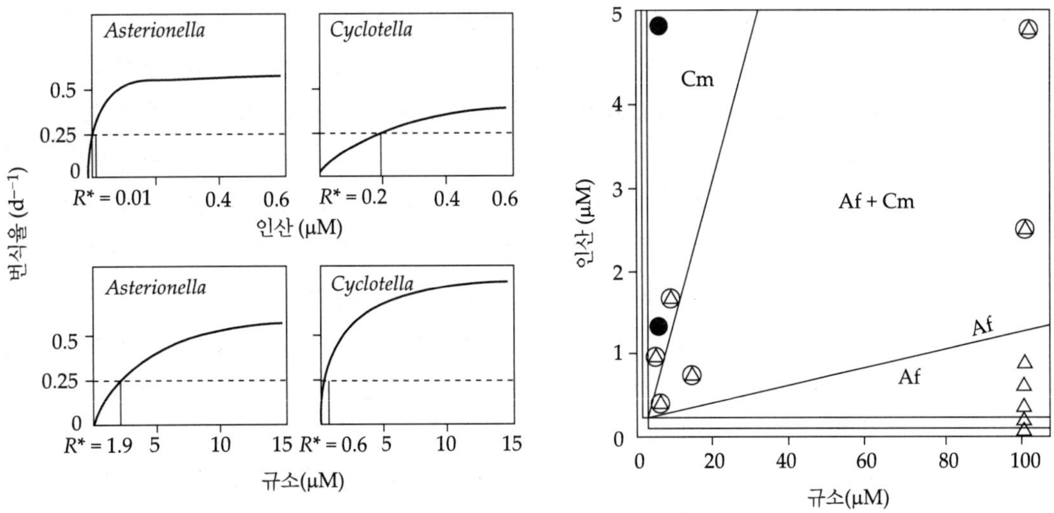

그림 6.7 희석 비율 0.25 d^{-1}에서 *Asterionella formosa*와 *Cyclotella meneghiniana*의 경쟁 실험 요약 (Tilman 1977). 왼쪽: 인 및 규소 제한 성장의 Monod 동역학, R^* 값 결정. 오른쪽: ZNGI 및 소비 벡터를 사용한 경쟁 그래프. 기호는 각 실험의 공급 지점(유입되는 배양액 조성)과 경쟁의 분류학적 결과를 설명한다. 원: *Cyclotella* 우점, 삼각형: *Asterionella* 우점, 결합된 기호: 공존.

속배양장치로 유입의 농도에 상응한다. 13개의 실험 중 11개는 이 예측(도표)을 뒷받침해 주었다. 또한 끝으로, 그림은 조절된 요인들이 실제로 절대적인 농도가 아니라 자원 비율이라는 것을 명확히 설명한다.

두 개 이상의 배양된 종들을 이용한 연구와 자연 식물플랑크톤을 주입종으로써 사용하는 다른 연구들이 많이 수행되었다. 사용된 종들의 지리적 기원과는 관계없이, 분류상의 추세는 계속되었다. 돌말류는 Si:P 비가 높은 경우에 우세했다. 돌말류 중에서 Si:P 비가 증가하면 중심돌말류에서 익상돌말류로 일정한 순서로 변화되었다. 질소와 인이 제한자원으로 조작되었을 때, 남세균은 낮은 N:P비와 15도 이상의 높은 온도에서 우세했고, 녹조류와 돌말류는 규소의 이용가능성에 달려있지만 높은 N:P비에서 우세했다.

조류가 빛을 흡수할 때, 그들은 이런 자원을 소비한다. 그러므로, Tilman의 개념에 근거한 모델들은 영양과 빛에 대한 경쟁을 설명하기 위해 사용되었다. 혼합된 수체에서, 평균적으로 모든 조류는 같은 빛 조건에 노출되지만, 표면에는 강한 높은 빛 세기(light intensity)를, 깊은 물 속은 낮은 빛 세기를 받는 것만이 다르다. R^* 개념과 유사하게, 각각의 종들은 개체군 크기를 유지할 만한 최소한의 빛의 세기(I^*)를 가진다. 조류 개체군이 성장할 때, 그들은 깊은 물에서 받는 빛의 세기를 더욱 줄인다. 이런 빛의 조건에서, 가장 낮은 I^*를 가진 종들이 경쟁에서 이긴다. 그래프 모델은 빛과 영양을 가지고 벌어지는 동시다발적인 경쟁을 보여준다(Huisman and Weissing 1994). 앞서 말한 두 종류의 자원 간에 기본적인 차이는 영양 소비가 자원 농도(부피당 양)에 의존하는 반면에, 빛 흡수는 자원 흐름(단위 면적당 광선)과 관련 있다. 그러므로 소비-벡터는 혼합 깊이(z)와 비-조류 입자에 의해 생긴 탁도에 의존한다. Passarge *et al.*(2006)은 빛과 인에 대한 복합 경쟁에 대한 예측 모델을 검정했다. Tilman의 연구에서, 그들은 처음으로 5종의 식물플랑크톤종에 대한 모델의 변수들을 측정하기 위해 인이나 빛이 제한된 연속배양장치에서 단일 배양 실험을 했다. 다음으로 그들은 빈영양에서 부영양 조건까지 넓은 범위의 인 농도에서 수행한 경쟁실험의 예측을 검정했다. 두 개의 다른 영양을 가지고 수행한 초기의 실험에서와 같이, 인과 빛에 대한 경쟁이 정확히 예측될 수 있었다. 그러나, 빛과 영양에 대한 경쟁력 사이에는 균형(trade-off)이 없었다. 예를 들면, 인에 대한 좋은 경쟁종은 빛에 대해서도 좋은 경쟁종이다는 것이다. 결과적으로 안정한 공존은 발견되지 않았고, 모든 실험은 경쟁배타를 이끌었다. 저자는 빛에 대한 경쟁은 Hutchinson의 역설을 설명하는 메커니즘이 아니라고 말한다.

그림 6.8은 대체 자원에 대한 하나의 실험을 보여준다. 두 윤충류인 *Brachionus*

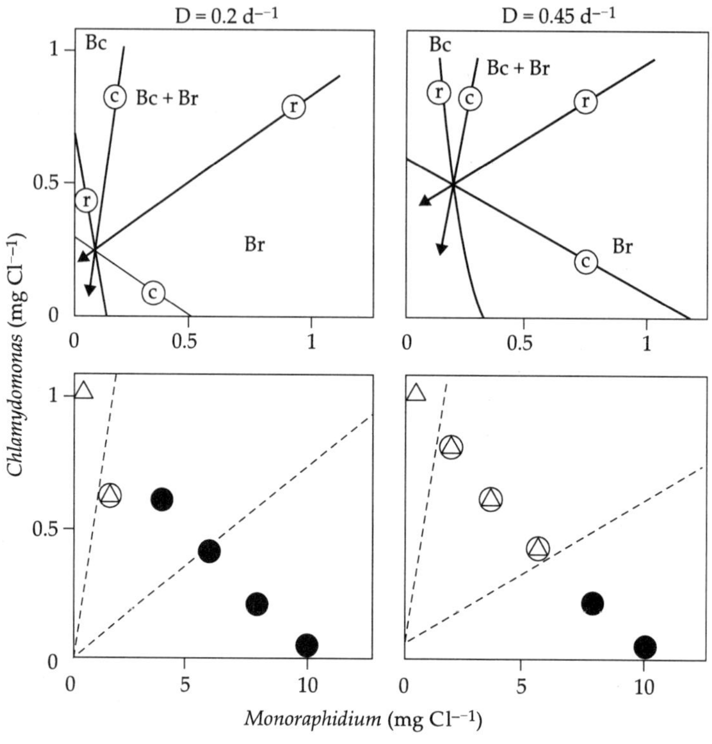

그림 6.8 대체가능한 자원 *Chlamydomonas*와 *Monoraphidium*(Rothhaupt 1988)의 로티퍼 *Brachionus rubens*(Br, r, 원)와 *B. calyciflorus*(Bc, c, 삼각형)간의 경쟁. (위) 시작점 근처의 구역; ZNGI의 위치 및 소비 벡터뿐만 아니라 0.2와 0.45 d^{-1}의 희석 비율에 대한 공존과 배제 영역에 대한 예측을 포함한다. (아래) 실험의 실제 결과; 기호는 경쟁의 결과뿐만 아니라 공급 지점의 위치를 낸다(원: Br, 삼각형: Bc, 결합된 기호: 공존). 점선은 위쪽 그래프에 정의된 공존 및 배제 영역을 나타낸다.

*calyciflorus*와 *B. rubens*는 소구체 녹조류 *Monoraphidium*뿐만 아니라 편모성인 *Chlamydomonas*도 잘 먹을 수 있다. 그러나 그들은 이 자원을 이용하는 능력이 다르다(Rothhaupt 1988). 각 먹이의 탄소 농도가 같을 때, *B. calyciflorus*는 *Chlamydomonas*가 있을 때 더 잘 자라고, *B. rubens*는 *Monoraphidium*이 있을 때 더 잘 자란다. 이것은 더 효율적으로 사용된 자원일수록 R^*값이 낮다라는 결론을 낳았다. 소비-벡터와 ZNGI는 낮은 비율에서 *B. rubens*가 우세한 반면 *B. calyciflorus*는 높은 비율과 두 종이 공존하는 지역에서 우세하다는 것을 예측하기 위해 사용되었다(그림 6.8). 그런 다음, 오랜 기간의 실험은 2가지 손실률로 경쟁능력을 검정했다. 그 실험 결과는 12가지 경우 중 11가지를 예측하는데 성공하였다. 실패한 1개의 경우는 오로지 공존할 것으로 예측되었으나, 실제론 *B. rubens*가 우세했었다.

윤충류보다 더 큰 동물들은 그들이 씻겨 사라지는 것을 피하기 때문에, 연속배양장치에서 배양할 수 없다. 그러므로 대형 동물플랑크톤에 대해서 Tilman 모델의 직접적인 적용은 불가능하다. 그러나 Tilman의 R^*와 유사하게, 우리는 공유 자원을 분배하는 여과 섭식 동물플랑크톤과 같은 대형 동물들 간의 착취 경쟁의 결과를 예측하기 위해 먹이농도한계점(threshold food concentration)이라는 생리학적인 개념을 사용 할 수 있다(단원 4.4.3, 그림 4.28). 더 낮은 한계점을 가진 종들은 상위 경쟁자가 될 것이다. 이런 개념의 적용은 그림 6.36에서 보여진다.

여과섭식 동물플랑크톤은 종종 먹이 유입으로 추가되는 유동 시스템에서 배양되었지만 동물들은 이 시스템에선 떠날 수 없다. 유동 용기(flow-through vessel)에서 개체군은 자라날 수 있지만, 그들의 손실률은 외부 요인이 아니라 오로지 자연사에 의해 결정된다. 유동 용기에서 유영하는 동물플랑크톤은 유입하는 조류를 소비하므로, 용기 안과 유출되는 조류 농도는 유입되는 농도보다 더 낮을 것이다. 용기 내에서 조류 농도가 성장 한계점보다 높은 만큼, 각각 동물플랑크톤은 자랄 것이고 번식할 것이다, 따라서 용기 내에서 개체군은 자라날 것이다. 결과적으로 조류 소비율은 증가할 것이다. 여기서 조류의 유입은 고정되어 있기 때문에, 이것은 한계농도의 수준까지 조류 농도가 감소할 것이라는 결과를 낳는다. 이러한 점에서, 여과 섭식하는 개체군은 더 이상 증가하지 않으며, 시스템은 조류 유입과 소비 사이에서 평형에 도달한다. 만일 한 개체가 죽는다면, 그 개체수의 여과 능력은 감소한다. 그 말은 즉, 먹이 농도의 증가와 동물들의 성장에서 소폭의 상승을 불러온다는 것과 같다. 정리하자면, 한 개체의 성장에 대한 한계 농도는 현재 그 개체군에 대한 평형 농도에 있다.

이러한 **평형먹이농도**(equilibrium food concentration)는 Tilman의 R^*과 유사하게, Kreutzer and Lampert(1999)에 의해 C^*로서 불려진다. 그들은 단일종 실험에서 *Scenedesmus*를 먹는 다양한 크기의 *Daphnia*종들에 대해 C^*를 결정했다. 그리고 더 큰 종이 더 낮은 C^*값을 가지는 것을 발견했다. 예를 들어, 큰 *D. pulicaria*의

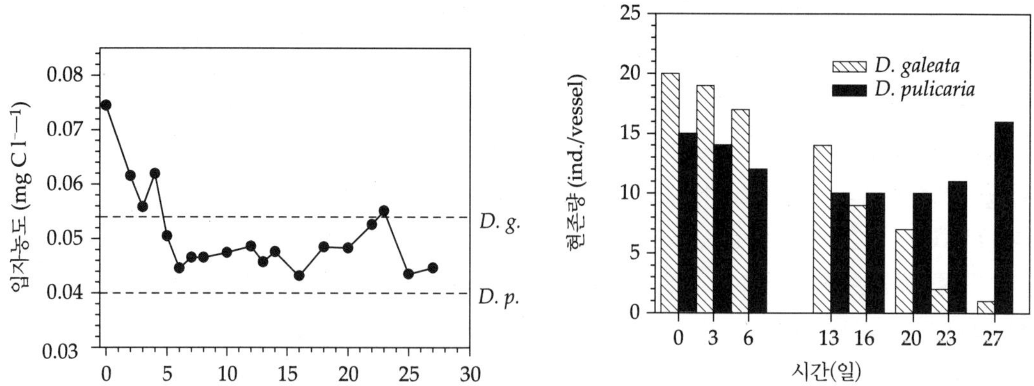

그림 6.9 여과 섭식성 *Daphnia* 2종의 경쟁결과를 예측하는 데 사용한 먹이농도 한계치 이론. *D. pulicaria*가 *D. galeata*보다 크다. 왼쪽: 두 종이 모두 존재하는 유동계 실험에서 조류농도. 수평점선은 실험 초기에 각 종들에 대한 평형 조류농도(C^*)를 나타낸다. 오른쪽: 실험 동안에 *Daphnia* 2종의 풍부성. C^*는 *D. pulicaria*가 *D. galeata*를 대체하는 것을 의미한다(*Kreutzer and Lampert* 1999).

C^*값은 40 μg Cl^{-1}인 반면, 그것보다 몸의 크기가 더 작은 *D. galeata*의 C^*값은 54 μg Cl^{-1}이다. 그러므로, 연구자들은 혼합된 개체군에서 *D. pulicaria*가 *D. galeata*를 경쟁에서 이끈 것이라고 예측했다. 그림 6.9는 경쟁 실험의 결과를 보여준다. *Daphnia*를 혼합시켜 첨가하면 유입으로 대체된 것보다 더 많은 조류를 소비한다. 따라서, 조류농도는 *D. galeata*의 C^* 아래로 떨어진다. 이 때, 조류농도는 C^*의 값 사이에 유지된다. 먹이가 제한되면서 두 종의 개체수가 감소하나, 만약 C^*의 값이 교차할 때에 *D. galeata*는 계속해서 감소하지만 *D. pulicaria*(계속해서 C^* 위에 있는)는 개체군을 유지한다. 마침내, *D. galeata*는 거의 멸종에 이르고, *D. pulicaria*는 계속해서 조금씩 성장한다. 그리고 곧바로 아마도 평형에 도달한다.

다양한 손실 요인이 포함되어 있어도, R^*과 C^*는 개체군의 속성값이며 그 의미는 비슷하다는 것을 알아야 한다. 비록 조류가 종합적인 특성(package character)을 가지며(단원 6.1.5) 필수적인 자원으로 다뤄지지 않더라도, 앞에서 언급한 2종의 *Daphnia*가 오직 1종의 조류(자원)를 이용할 수 있을 때, 모델은 적용가능하다. *Daphnia*는 다소 넓은 범위의 조류를 여과하기 때문에(그림 4.26), C^*의 개념은 혼합물이 계속 남아 있는 한 먹이조류(food algae)의 혼합물에도 적용될 수 있다. R^*과 C^*, 이 2개의 개념들은 방법론적이지만, 이들 또한 다양한 환경의 어려움 속에서의 적응을 이끌어내는 평형 모델이다. 그럼에도 불구하고, 아직도 평형 상태에서 유도된 기본적인 예측들은 보통 자연의 다양한 조건에 적용된다고 한다.

6.1.4 다양한 조건에서의 경쟁

평형 상태는 연속배양장치에서 배양이 행해진 것과 같은 결과가 자연에서 일어나지 않는다. 자연에서 정기적인 연 단위와 일 단위의 빛 주기(cycle) 때문에, 식물플랑크톤 경쟁에 영향을 미치는 경계 조건뿐만 아니라 자원의 공급에 있어서 불규칙적인 변동이 많이 있다. 어떤 변동은 간접으로 영향을 미친다. 예를 들어, 온도는 표수층을 변화시키고, 혼합 깊이에 영향을 준다. 이것은 곧 표수층에서 빛의 이용가능성, 영양염의 첨가 그리고 퇴적물의 손실에 영향을 준다. 식물플랑크톤이 죽는 중요한 원인인 동물플랑크톤의 섭식은 매일의 시간(수직적 이동)과 동물플랑크톤의 풍부도에 따라 변한다. 또한, 동물플랑크톤 배설로부터 나온 영양염의 공급 또한 변한다. 동물플랑크톤에 의한 영양염 배출은 높은 흡수율을 가진 영양 결핍 세포에 의해 이용될 수 있는 높은 농도의 영양염 마이크로존을 생성한다(단원 6.4.4). 자원 공급에 있어 이와 같은 시간적 다양성은 다른 종과의 경쟁 우위로의 변화로 이어질 수 있다.

일부 연구자들은 변수가 너무 다양하기 때문에 경쟁 이론을 자연계에 적용 할 수 없다고 생각한다. 따라서 서로 다른 종과의 경쟁 우위가 끊임없이 변하고 있기 때문에 많은 종들이 공존할 수 있다. 실제로 Harris(1986)는 가변적인 조건에서 경쟁은 없다고 역설하면서, 경쟁이론에 반발을 하였다. 한 종의 완전한 배제가 경쟁과정의 최종적인 결과를 이끌어내며, 일정한 조건 안에서의 경쟁은 최종 상태에 도달하지 않는 것으로 제시되기도 한다. 이것은 경쟁 조건이 일시적으로 다양하다면 연속배양장치에서 관찰된 패턴이 그대로 유지될지에 대해 의문을 제기한다.

환경조건의 변화 속도는 매우 중요하다. 빠르다와 느리다라는 상대적인 개념은 사라지는 경쟁자를 배제하는 비율과 관련하여 고찰해야 한다. 환경의 변화가 매우 드물게 발생한다면, 아마도 경쟁에 열등한 종의 배제를 늦출 수 있는 이점을 제 시간 내에 얻을 수 없다. 만약 환경이 너무 급격하게 변동하면 단기적인 생리적 변화가 있을 수 있지만, 모든 종들이 단순히 평균적인 상태에만 반응하기 때문에 경쟁적 상호작용에 거의 영향을 미치지 않을 수 있다. 이것은 매우 느리거나 매우 급격한 변동 모두 공존하는 종이 거의 없도록 유도하는 경쟁우위를 변화시키지 않지만, 중간 정도의 교란은 대부분의 종의 공존과 가장 열등한 종의 배제를 촉진할 수 있다는 가설로 이어진다. 이것이 Connell(1978)의 **중간교란가설**(Intermediate Disturbance Hypothesis)의 주요 내용이다.

이 가설은 영양염의 공급과 세포의 제거가 연속적이기보다는 특정한 간격마다 일어나는 연속배양장치에 있는 식물플랑크톤을 이용하여 검증하였다(Gaedeke and Sommer 1986). 결과적으로 한 세대 시간보다 더 짧은 시간간격으로 희석될 때, 그 실험은 공존하는 종 수와 다양도 지수에 있어 정상상태 실험과 차이점이 없었다(단원 7.4.1 참조). 최대 다양성은 평균적으로 대략 3세대 간격으로 나타났다. 이 결과는 정확히 중간교란가설과 정확히 일치한다. 그 근거는 *Daphnia pulex*의 다른 클론들의 공존을 검정했던 마이크로코즘 실험에서 나온다(그림 2.1a). 가장 큰 클론의 다양성도 교란의 강도와는 관계없이 중간교란 시간간격에서 발생했다(Weider 1992).

중간교란가설은 또한 더욱 자연 상태에 가까운 조건에서 실험되었는데, 이를 위해 다양한 교란 간격을 가지며 수체를 인공적으로 혼합시키고 15m 깊이의 큰 밀폐 구역을 사용하였다(Floder and Sommer 1999). 여기서 혼합이란 표수층에 사는 개체군들을 희석시키며, 표수층에 신선한 영양염을 가져오는 것이다. 물론 결과적으로 여기서도, 최대 종 풍부도와 다양성은 중간 교란 시간간격(6~10일)마다 발견할 수 있었다.

제한 자원의 변동적인 공급은 R^*값을 최소화하기 위한 추가 전략을 고려한 것이다. 자원공급이 부족할 때 손실을 보상하기 위해, 최대 번식률이 높은 종은 번식률을 높이기 위해 짧은 시간동안이지만 풍부한 자원(의역: 바로 앞에서 말한 추가 전략을 의미함)을 사용할 수 있다. 호의적인 조건에서의 이득을 취하는 다른 방법은 자원이 감소될 때에도 번식을 할 수 있게끔 저장하는 것이다. 물론 이 방법은 모든 자원에서 일어나지 않는다. 조류는 엄청난 양의 인을 저장하고 어느 정도 양의 질소 또한 저장하며 광합성 산물을 저장한다(다당류, 지방). 하지만 돌말류의 필수 영양염인 규소는 저장하지 않는다. 저장소(예, 지방)는 동물에게 있어 매우 중요하다. 오래 살수록, 동물들은 새로운 자원 공급의 한계에 직면할 수 있다. 먹이 상태가 좋아져도 빠르게 번식을 증가시킬 수 없는 많은 동물들에 대해, 예비에너지저장소(reserve energy pool)의 형성은 짧은 기간 동안의 먹이 섭취를 극대화 할 수 있게 한다.

앞에서 말한 전략 이외에도, 자원의 변동으로 인한 개체군의 반응인 다른 전략이 또 존재한다. 최대 번식률을 가진 종들은 빠른 성장 시기에 연관하여 최대한의 자원을 필요로 하지만, 반면에 다른 경쟁자들보다 낮은 자원을 필요하거나 에너지 저장고를 형성하는 것에 특화된 종들은 안정적인 개체군 밀도를 가질 가능성이 더 크다. 이것은 지속적인 식물플랑크톤의 배양을 이용하여 경쟁 실험으로부터 증명되었다(Sommer 1955). 여기서, 인은 지속적인 영양염 공급이 아닌 주 1회의 시간간격(pulse)으로 주입되었다. 이 실험에서, 인과 규소 모두 잠재적인 제한 자원이다. 만약 이러한 자원들이 지속적으로 추가된다면, 두 종은 공존할 것이다. 그러나, 영양염이 일정 간격으로 추가되면 종 수는 상당히 증가한다(그림 6.10). 네 종들은 거의 안정적인 개체군 밀도를 보였으나(인 저장), 두 종의 밀도는 일정간격으로 인의 주입에 따라서 규칙적으로 변동하였다. 영양염은 일정간격으로 주입하면 종 수를 증가시킬 뿐만 아니라 종의 구성에서 분명한 변화를 유도한다. 이러한 변화에도 불구하고, 평형상태에서의 일반적인 경향은 Si : P의 증가에 따른 돌말류의 증가 경향(예, Fragilariaceae)을 나타낸다.

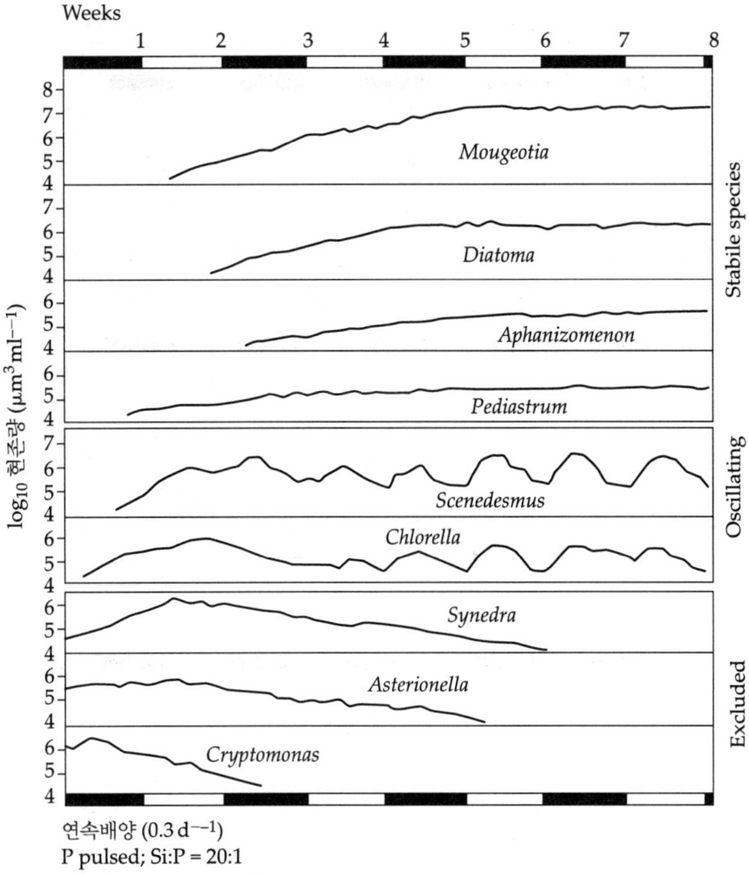

그림 6.10 Constance 호수에서 식물 플랑크톤 경쟁실험을 위한 연속배양(D = 0.3 d^{-1}), 매주 일정 간격으로 인 첨가, Si : P (20 : 1). 유지된 종들과 배제된 3종의 생물량 변화(로그 수준) (Sommer 1985).

이 경향은 두 호수에서 서식하는 식물플랑크톤 군집 구성의 계절적 변화에서도 보여진다(그림 6.11). 실제로 두 호수 모두에서 Fragilariaceae는 Si:P 비에 따라 변하는데 1~2주의 시간 지연 현상을 보이고 있다. 사실상 자연에서 경쟁적인 결과를 바꿀 수 있는 수 많은 다른 요소의 음폐효과(masking effect)를 고려할 때, 이것은 놀라울 정도로 가까운 상관성이 있다. 여기서 수 많은 다른 요소의 섭식, 잠재적인 음폐효과는 침강과 이용가능한 자원의 수직적인 차이에 따른 손실의 종 특이적 차이뿐만 아니라 환경 조건에서 정상적인 계절적 변동성 등을 말한다. 예를 들어, 남세균의 풍부도는 물이 충분히 데워지는 6월 이후 Schöhsee 호수(독일 북부지역)에서 P:N 비와 상관 관계가 있다.

자원은 또한 시·공간적으로 다양할 수 있다. 동물들의 자원들은 빈번하게 불균일하게 분포한다. 부착생물 군집 중의 조류는 종종 모자이크를 형성하고 플랑크톤은 구름이나 패치와 같은 형태로 분포한다. 소비자는, 자원이 공간에 불균일하게

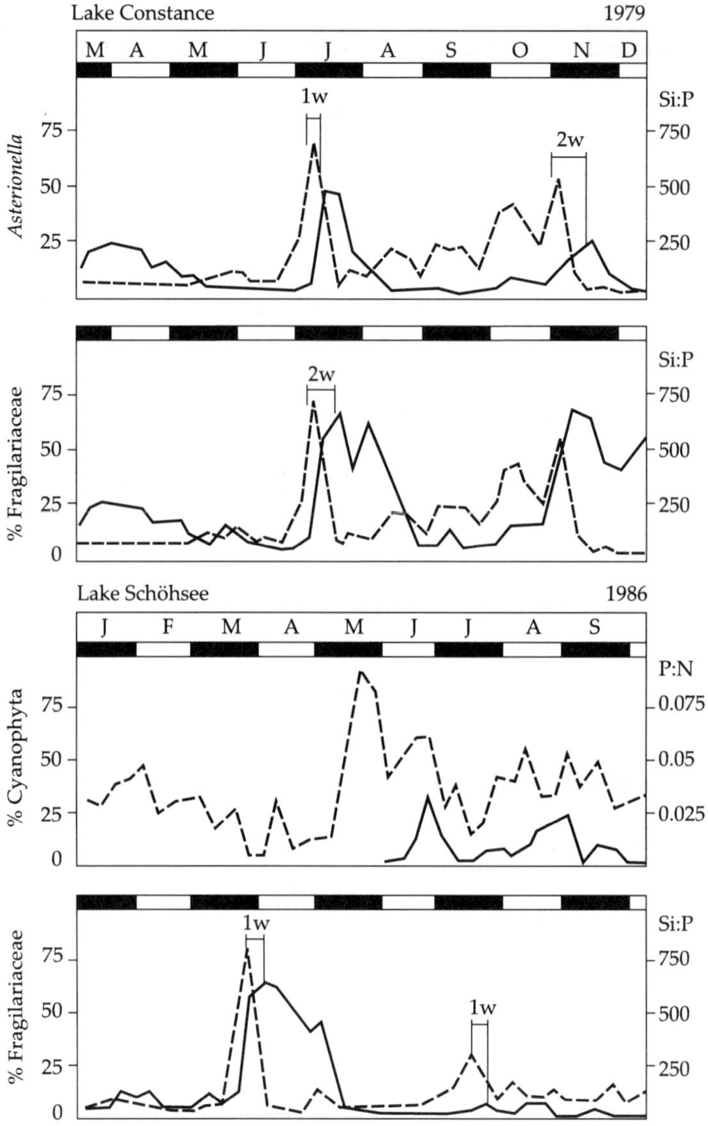

그림 6.11 Schöhsee호수에서 Fragilariaceae와 Constance 호수에서 Si:P 비와 돌말류(*Asterionella formosa* 또는 Fragilariaceae)의 상대적 생물량의 계절적 변화 비교. 또한, Schöhsee호수에서 P:N 비와 남세균 비율의 계절적 변화 비교. 조류 분류군: 실선; 영양염 비율: 점선.

분포하는 것이나 시간에 따라 이동하는 것이 매우 비슷하다. 그것은 시·공간적 변화의 효과는 동일하다. 만약 소비자가 세립질 환경(fine-grained environment), 즉, 공간적인 가변성이 소비자의 개체 크기와 관계가 적은 곳에서 산다면, 짧은 시간 간격을 통해 가변성을 통합하는 것이 가능하다. 조립질 환경(Coarse-grained environment)에서 소비자는 대형 자원 패치를 떠나지 않을 것이고, 또한 그것이 균일하지 못함을 인지하지 못할 것이다. 입자가 중간 정도 세밀한 곳에서, 소비자는 자원 가용성이 변하는 환경을 만나게 된다. 이 경우, 경쟁 결과는 자원 패치가 거의 없는 아사 기간에 생존 능력뿐만 아니라 갑자기 자원이 사용 가능할 때 자원을 사용할 수 있는 능력에 달려 있다.

공간적 및 시간적 이질성은 특히 하천에서 두드러진다. 자원은 지역적 교란의 종류가 서로 다른 작은 하천의 바위마다 매우 다를 수 있다. 심지어 하천 바닥은 홍수와 침전물의 퇴적으로 끊임없이 변화하고 있다. 이러한 조건은 많은 연구자들에게 하천에서 경쟁은 상대적으로 덜 중요한 과정이라고 믿게끔 하였다. 그러나, 하천에서 경쟁은 하천 생물의 분포에 강하게 영향을 준다는 실험적 증거들이 많아지고 있다(Hart 1983). 예를 들어, 하천의 상류에 있는 돌에 서식하는 동물군의 종 풍부도는 돌의 구조와 표면적과 높은 상관관계가 있다는 것을 발견했다. 큰 돌과 홈이 있는 돌에는 무척추동물의 종류가 더 많았는데, 이것은 많은 미소환경이 많은 종의 공존을 가능하게 한다는 것을 말한다(Douglas and Lake 1994). 종종 공간에 대해 직접적인 경쟁(개입)이 있었지만, 착취 상호작용 또한 중요한 것으로 나타난다(단원 6.2). 이러한 상호작용은 *in situ*에서 증명하기 어렵다.

6.1.5 대체 가능 자원에 대한 경쟁의 다른 개념들

식물과는 다르게 동물들은 보통 대체자원들을 놓고 경쟁하는 데, 그 이유는 그들이 많은 물질을 포함한 통합체(packages)를 섭취하기 때문이다. 만약 동물이 최적의 먹이를 먹지 못한다면, 그들은 때때로 질 낮은 먹이를 대량으로 먹음으로써 보상받는다. 동물들은 보통 자연에서 넓은 먹이 범위를 가진다. 바로 이것이 경쟁자에 대한 동물들의 평균 ZNGI를 결정하기가 불가능하도록 한 것이다. 대신에, 이른바 지위중복(niche overlap)으로부터 경쟁 강도를 추정하려는 시도가 종종 있었다(Geller 1984). 모든 종들은 전체 자원 범위 중 특정 부분을 사용한다(그림 6.12). 예를 들어, 이 그림의 자원 변화도는 크기가 증가하는 무척추동물들로 이루어져 있다. 두 저서생물은 다른 크기의 먹이를 선호하지만, 더 크거나 더 작은 크기의 먹이를 둘 다 먹을 수 있다. 이러한 두 종들은 만약 그들의 먹이 범위가 겹치지 않는다면 먹이로 인한 경쟁이 없다. 그러나, 먹이 범위가 유사할수록, 중복 부분은 더 커진다. 중복 부분이 확장될수록, 경쟁의 양적 지표로 사용될 수 있다. 먹이 스펙트럼은 공존하는 두 종의 위장의 내용물을 조사함으로써 쉽게 확인이 가능한데, Zaret and Rand(1971)은 Panama에 있는 작은 개울의 11개의 열대어로 실험했다. 대부분의 종들은 중복 먹이 범위가 0에서 90퍼센트까지임에도 불구하고 먹이 스펙트럼이 매우 적게 겹쳤다. 이 때에 계절적 변화도 있었는데 결과적으로 건기와 먹이가 없을 때에는 겹치는 부분이 적었다. 이 때에는 어류의 먹이 범위는 더욱 더 특수화된다.

먹이 범위의 중복 부분은 대칭일 필요는 없다. 많은 여과-섭식을 하는 동물플랑

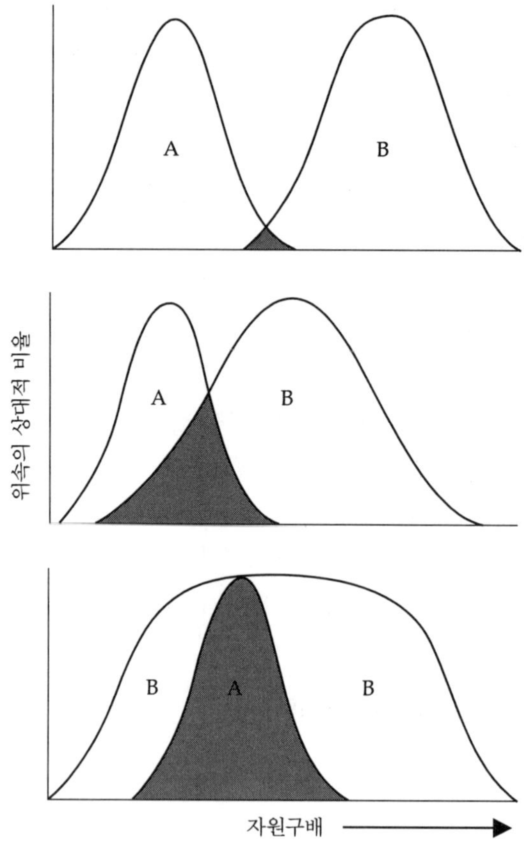

그림 6.12 잠재적인 경쟁의 척도로서 두 종 (A 및 B)의 먹이범위 중복. 다양한 먹이자원은 x축을 따라 (예를 들어, 크기에 따라) 배열된다. 곡선은 두 종의 자원 이용율을 나타낸다. 위: 두 종 모두 매우 전문화되어 있다. 많은 중복은 없습니다. 중간: 먹이스펙트럼이 중첩된다. 즉, 두 종 모두 자원의 공동 부분을 사용하고 경쟁할 수 있다. 종 A는 종 B보다 더 영향을 받는다. 아래: "넓은 범위의 중복"의 경우. 종 B는 매우 광범위한 먹이스펙트럼을 가진 일반종이고 한편으로 B는 전문화되어 있다. 종 A는 100% 중복되어 있기 때문에 강한 경쟁압을 받는다.

크톤은 비슷한 먹이(조류) 범위를 가지지만, 아마 그 폭은 다를 것이다. Kerfoot *et al.*(1985)은 공존하는 동물플랑크톤의 포괄적 중복(inclusive overlap)을 보여준다(그림 6.12). 그들은 *Daphina pulicaria*가 굉장히 넓은 조류 범위를 이용하는 반면에 다른 동물플랑크톤은 더욱 세밀한 범위를 가진다는 것을 위장 분석을 통해 밝혔다. *Daphina*의 먹이 범위는 다른 모든 종들을 완전히 아울렀다. 이 경우에, 세밀한 범위를 가진 종은 완전히 *D. pulicaria*와 중복되지만, *Daphina*는 오직 다른 종들과 부분적인 중복을 이루었다. 따라서, 결론적으로, *Daphina*는 다른 종들에게 중요한 경쟁자이지만 그 반대로는 아닌 것이다.

중복 지수를 Lotka-Volterra 수식의 α와 β 계수와 동일시하지 않도록 주의해야 한다. 중복 지수는 하나의 생태적 지위(niche) 차원만 정의하는 반면, 경쟁 계수는 두 종 사이의 모든 상호 작용의 결과를 나타내기 때문이다. 왜냐하면, 하나의 종에서 측정한 중복 지수값이 전체의 상호작용을 대표한다고 확신하기는 불가능하기 때문이다. 큰 중복은 만약 자원 제한이 없다면 아마도 아무것도 의미하지 않을 지 모른다. 사실, 자원의 여분이 있을 때 종들이 유사한 자원을 사용할 가능성이 많다고 생각하기 쉽다. 게다가, 중복 지수는 자원의 유효성에 의존하므로 환경조건에 따라 변화한다.

같은 종의 개체는 아마 같은 먹이 범위(=넓은 중복)를 보일 것이라고 예상된다. 이러한 경쟁을 종내경쟁(intraspecific)이라 불리며, 반대로 종간경쟁(interspecific)은 다른 종간 경쟁을 말한다. 우리는 이미 종내경쟁이 지수적 생장 곡선의 기본이 된다고 이미 알고 있다. 이러한 정의는 지나치게 단순화되어 있는데, 왜냐하면 경쟁은 실제로 종보다는 표현형 사이에서 일어나기 때문이다. 그러나, 경쟁의 효과는 오직 개체군의 수준에서만 보여진다. 종내경쟁의 중요성을 보여주는 많은 예가 있다. 청수기(단원 6.4.1) 동안에 *Daphniids* 사이의 종내경쟁이 매우 강해지는데, *Daphniid*는 그들의 자원을 완전히 고갈시키며 *Daphina* 개체군의 붕괴가 일어난다. 어업 관리를 위한 중요한 질문은 어류 개체군이 종내경쟁 혹은 외부요인에 의해 조절되는지 여부이다. 만약 종내경쟁이 중요하다면, 많은 어류를 수확하는 것은 경쟁을 감소시키고 그 결과로 생산성을 개선시킬 것이다.

종내경쟁이 종간경쟁과 다른 이유는, 비록 이것이 큰 개체군 변동을 일으킨다 할지라도 그것이 완벽히 종 배제의 결과로 나타나지 않는다는 것이다. Hamrin and Persson(1986)은 *Coregonus albula*를 이용하여 설명하였다. *Coregonus albula*는 작은 흰색의 물고기인 데 북유럽 전역에 서식한다. 진정 플랑크톤(obligate plankton)을 섭식하는 이러한 포식자는 8년 이상 스웨덴 호수에서 규칙적으로 개체군 변동이 있어왔다. 처음 2년생만이 수치적으로 중요하다. 왜냐하면 그 물고기들은 2년째 되는 해에 알을 낳기 때문이다. 어류의 풍부성은 10가지 요소에 의해 해마다 변동해 왔다. 한 해 걸러 첫째 해가 풍부하면 그 다음해는 부족하고 다시 그 다음해는 반대 상황이 교대로 반복됐다. 이러한 변동 경향의 지속되는 것은 종간경쟁의 결과이며, 이것은 물고기들의 먹이 범위가 년 중 뿐만 아니라 년 간에도 굉장히 크게 중복되기 때문이다(중복지수는 0.8~0.9이다). 치어가 많은 해에는 그 다음 해에 치열한 경쟁이라는 결과를 낳는다. 그 결과로, 성장기 끝날 무렵에도 여전히 조금씩이나마 관계 있는 늙은 물고기들은 성장이 느리고 후손을 거의 생산하지 않게 된다. 그러므로, 그 다음해의 성숙 물고기들은 동시에 약화된다. 따라서, 그 전년도의 생존자들은 종내경쟁을 덜 겪을 수밖에 없었다. 그들은 이러한 순환을 반복하면서 빠르게 성장했고, 많은 후손들을 생산했다. 이러한 순환은 종내경쟁을 통해 유지되었다.

6.2 경쟁자들의 직접적 상호작용

6.2.1 화학적 요소들

다른 종들을 억제하는 화학물질의 방출로 경쟁자에게 직접적으로 미치는 영향을 **타감작용**(allelopathy) 또는 **항생작용**(antibiosis)라고 한다. 이러한 유형의 상호작용으로 가장 널리 알려진 것은 곰팡이류 *Penicillium*에 의해 박테리아가 억제된 것으로, 곰팡이류 *Penicillium*은 박테리아 주변에 페니실린을 분비한다. 육상 생물들은 수생생물들보다 타감물질을 사용함으로써 몇 가지 이점이 있다. 예를 들어, 식물이 뿌리에서 타감물질을 분비하면, 그 물질은 그 지역에 농축할 것이고, 그들에게 보호구역을 제공할 것이다. 반면, 물 속에 물질의 분비는 빠르게 희석되고 분산될 것이다. 이러한 방법은 물 속에서 효율을 낮추므로, 그 누구도 이 과정이 자연에서 중요하다고 예상하지 않았다. 그럼에도 불구하고, 최근에 수생식물, 식물플랑크톤, 대형수생식물간의 **화학전**(chemical warfare)에 관한 관심이 증가해왔다. 경쟁자의 화학적 억제는 특히 식물이 부족한 자원(영양분, 빛)을 가지고 경쟁할 때 효과적이다. 이러한 관심은 조류대발생과 대형수생식물의 성장을 조절하기 위해 천연 화학물질을 찾는 데서부터 왔다. Gross(2003)는 수 많은 가능한 타감 상호작용, 활동 생물 및 메커니즘을 다른 300 종류의 참고문헌을 정리했다.

비록 많은 현장 조사와 환경조건이 조절된 실험실 연구가 수생식물 간의 적대적인 상호작용에 대해 제시했지만(Wium-Andersen 1987), 자연에서의 타감 상호작용은 여전히 논쟁 중에 있다. 왜냐하면 결과 해석에 명확한 어려움이 있기 때문이다. 예를 들어, 침수대형식물이 서식하는 얕은 호수는 매우 깨끗하며 식물플랑크톤은 거의 없거나, 또는 대형수생식물이 있는 호수부분의 물이 더 맑은 것이 종종 관찰되었다. 이것은 대형수생식물이 타감물질을 분비해 식물플랑크톤을 억제하였다고 추측되지만, 그 이유가 타감 상호작용의 효과인지 영양분에 대한 경쟁 때문인지 구별하기 어렵다(Van Donk and van de Bund 2002). 타감물질이 호수로부터 격리되어 있다면 훨씬 구별이 쉽겠지만 현실적으로 매우 어렵다.

대형수생식물은 추출이 가능하고, 다른 식물의 성장을 억제하는 것으로 밝혀진 많은 물질을 포함하지만, 이 물질들은 온전한 식물에 의해 정상적으로 물 속으로 배출되지 않는다. 오히려 초식동물의 공격으로부터 식물을 보호하기 위한 방어물질로 기능할 수 있다. 활성 복합 물질은 종종 페놀류 혹은 지방-친화성 물질로, 물을 통하기 보다는 직접적으로 접촉하여 작용한다. 예를 들어, 고등식물들은 보통 부착조류를 위한 좋은 기질을 제공한다. 이들은 대형수생식물의 잎들에 의한 영양염 흡수와 교환을 억제하고 빛을 감소시킬 수 있다. Sand-Jensen(1987)은 부착조류의 생물량에 따라 다를 수 있지만 부착조류는 침수식물 *Littorella uniflora*의 잎 표

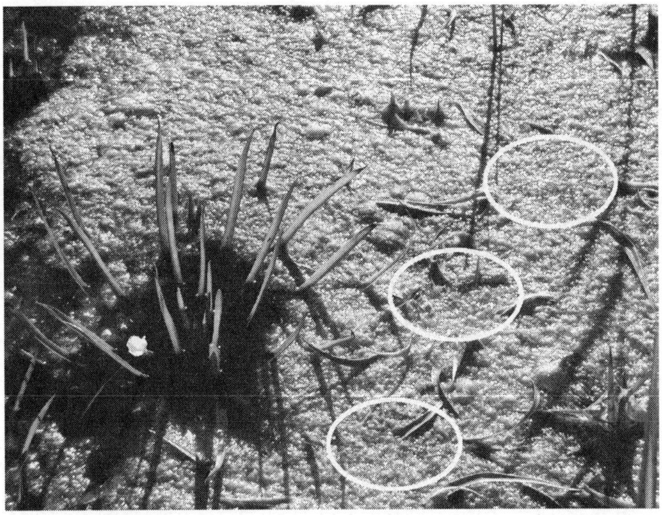

그림 6.13 사상체 녹조의 짙은 표면에서 살고 있는 물 병사 *Stratiotes aloides*(물 파인애플). 조류틈에 살아있는 식물(왼쪽), 3가지 인조식물(흰색 원)은 완전히 조류에 의해 덮혀 있다(G. Mulderij).

면에 도달하는 7~70% 빛을 흡수하는 것으로 추정했다. 표면을 깨끗하게 하는 화학적인 방어는 식물에게 있어 이롭다. 꽤 놀랍게도, 어린 대형식물은 비록 조류가 대형수생식물보다 훨씬 더 빨리 자람에도 불구하고 종종 부착조류로부터 자유롭다. 어린 식물들이 그들 자신을 화학적으로 보호하는 것은 가능하지만 아직 추측에 불가하다.

경쟁자들과 단거리에 있는 젤라틴 기질에서 배출된 화학물질 사이의 직접적인 접촉은 특히 타감작용에 알맞는 기질 부착 생물막을 만들고 저서성 남세균은 덩이를 형성하도록 한다(Juttner, 1999). 예를 들어, 저서성 남세균인 *Fischerella*는 두 개의 질소를 포함한 고리 구조의 물질을 생산하는데, *Fischerella*가 고립되었을 때 높은 농도의 고리물질로 다른 남세균을 죽이거나 억제할 수 있다. 자연 환경에서 *Fischerella*는 두꺼운 층으로 바위를 덮고 있다. 아마도, 타감작용은 이러한 단일 배양 개발의 원인이 되었을 것이다(Gross *et al*. 1991).

대형수생식물에 의해서 식물플랑크톤의 성장을 억제하는 수용성 물질이 배출된다는 근거는 연구실 실험으로 축적해 왔다. 대표적인 예시로는 조용한 물 표면에 부유하는 가시 있는 로젯형의 잎에서 자라는 자라풀과 수초의 일종(water soldier)인 *Stratiotes aloides*가 있다. 이것은 종종 사상체 녹조류와 연관되어 있으며, 밀집된 층을 형성하고 있다. 반면, 그 사상체 조류는 *S. aloides*근처에서 자라지 않는데, 로젯형 근처에 매우 뚜렷한 공간을 생성한다(그림 6.13). 반대로, 인공식물들 주변에는 완전히 무성하게 자란다. 실험실에서 *S. aloides*의 배출물은 다양한 식물플랑크톤 종들과 사상체 조류에 대하여 강한 타감작용 가능성이 있음을 증명하였다.

수생동물에서 알려진 타감 상호작용은 거의 없다. 이것은 *Daphnia magna*가 *Daphina*의 같은 종이나 다른 종들이 포함된 물에서 자랄 때 더 적은 후손을 생성한다는 징조가 있다. 그러나 가능한 기작은 알려진 바 없다.

화학생태학은 육상 생태계에 알려진 것에 비해 담수생태학에서 매우 부족하다. 타감 상호작용 과정이 군집 발달에 관련되어 있는 것인지, 또는 계절적 천이동안 출현하는 조류 종의 규칙적인 변화가 관련되어 있는 가를 아는 것은 매우 흥미로울 것이다. 이것은 수서 생태학자와 천연 물질화학자 간의 협력이 필요한 도전 과제이다.

6.2.2 기계적 상호작용

공간에 대한 경쟁은 바다 연안 군집에서 중요한 과정이다. 특히, 공간이 제한 자원이 될 수 있는 빠르게 흐르는 하천에서 담수 부착성 종은 비슷한 유형의 군집을 형성한다. 따라서, 암석 표면에 지나치게 생장하여 덮고 있는 조류(encrusting algae)는 특정종의 느린 배제를 초래할 수 있다. 해면동물과 이끼벌레 또한 지나치게 자라서 다른 착생생물을 배제할 수 있다. 이러한 상호작용은 너무 느려서 오랜 기간 동안의 사진 문헌이나 지도를 통해서만 보여진다.

북아메리카 호수와 강에 서식하는 고유종의 대형 쌍각류 조개(native large bivalve)는 줄무늬홍합인 *Dreissena polymorpha*의 과도한 성장에 의해 멸종 위기에 처해있다(단원 7.5). 비록 고유종 조개가 원래 환경파괴에 의해 위협을 받았지만, *Dreissena*의 침입은 쌍각류 조개의 지역 멸종 속도를 10배까지 가속시켰다(Ricciardi *et al.* 1998). 사실, 줄무늬홍합의 유영성 패충은 변태기 전에 정착할 단단한 기질을 필요로 한다. 단단한 표면은 제한된 양으로 존재하기 때문에, 많은 패충이 더 큰 쌍각류 조개의 껍질(예, Anodontidae)에 정착한다. 여기서, 껍질에 있는 줄무늬홍합 성장의 부담은 부유 먹이 입자에 대한 착취경쟁뿐만 아니라 기계적 간섭을 함으로써 대형 쌍각류 조개의 적응도를 감소시킨다.

곤충들도 직접적으로 그들의 영역을 방어한다. 날도래의 유충인 *Leucotrichia pictipes*는 바위에 실로 집을 만들어(silk case) 산다. 그들은 자신의 종뿐만 아니라 다른 종의 애벌레에 의한 침입으로부터 각각의 집 주변의 영역을 방어한다(Hart 1985a). 이것은 균일 공간 분포를 유도한다(단원 5.5). 유충은 부착조류를 섭식한다. 이러한 방어 방법은 각각의 유충에게 그들 자신의 섭식지(pasture)를 보호하도록 한다. 더 많은 조류는 많은 유충이 섭식하는 지역보다 이러한 개체영역(private territories)에서 자라는 경향을 보인다. 영역의 크기는 유충의 크기와 관련이 있다. 자원 이용가능성과 영역은 밀접하게 연관되어 있으므로, 영역은 하나의 자원으로 볼 수 있다. 이것은 다음 실험에서 잘 증명 되었다. 만약 날도래 유충 영역에서 조류를 제거한다면, 영역을 넓히는 반응을 보일 것이다.

포식성의 강도래 유충은 다른 유충이 존재하는 바위 위에 살 때 잡을 수 있는 하루살이 유충은 더 적다. 이러한 상호 교란은 중간 정도의 먹이 밀도에서만 발생하며, 먹이가 많거나 적을 때(극도로 긴 먹이 찾는 시간)는 발생하지 않는다(Peckarsky 1991).

다른 예로는 흑파리 유충인 *Simulium piperis*으로서, 그들은 바위에 붙어 자리잡고 급류에서 그들의 여과 팬(fan)을 설치하여 떠내려 가는 입자들을 포획한다(단원 4.3.11). 또한, 이 유충들은 그들이 여과 후 내보낸 입자들로부터 영역을 방어한다. 유충들은 상류에 자리잡은 유충에 대해서만 공격한다는 것은 흥미로운 사실인데, 왜냐하면 이 유충은 먹이를 걸러 낼 수 있는 유일한 종이기 때문이다. 또한 상류 유충을 몰아 내면 유충이 실제로 더 많이 먹는다는 것을 실험적으로 증명하였다(Hart 1986).

개체들 간의 간섭경쟁은 생태계 과정에 영향을 미친다. 낙엽은 하천 무척추동물 쇄설자 무리의 주요 먹이원이다. 죽은 물질을 잘게 쪼개는 것을 통해, 이 생물들은 하천에서 많은 외부 생성 유기물질의 축적을 억제한다(단원 4.3.11). 그러나 잎들은 일반적으로 쇄설자로 무리를 이룬 패치에 존재한다. 아마 잎 조각의 부패는 그것을 먹이로 하는 쇄설자의 수가 많을수록 더욱 빨라진다고 가정할 수 있지만 항상 그렇지는 않다. Boyero and Pearson(2006)은 4종의 쇄설자(날도래, 하루살이 유충)의 밀도를 증가시키면서 실험을 진행하였다. 그들은 쇄설자의 밀도를 더 높임으로써 간섭이 있음을 발견하였다. 그 결과로, 한 개체당 먹이 섭식율은 기하급수적으로 감소했다. 그 효과는 쇄설자의 생물량 증가에 대한 보상으로 충분하기 때문에, 모든 잎 패치의 부패 비율은 쇄설자 밀도에 영향을 받지 않는다는 것이다.

간섭경쟁은 직접 보이는 것보다 더 넓게 분포되어 있는데, 계층간 관계가 형성되면 개체 간의 공격적인 행동은 거의 관찰되지 않는다. 종이 살고 있는 서식처는 선호하는 서식지일 필요는 없지만, 경쟁 상호 작용의 결과 일 수 있다. 예를 들어, Sone *et al.*(2006)은 일본의 강에서 서식하는 밀접한 관계가 있는 2종의 저서성 어류(gobies)의 분포를 설명하였다. 두 종은 서식지를 분할하고 서로 방해하지 않는 것 같았다. 그들 중 하나는 더 강한 유속과 더 거친 기질이 있는 곳에서 살고, 다른 하나는 더 느린 유속과 더 미세한 퇴적물이 있는 지역에 살고 있다. 그러나, 빠른 유속에 사는 종을 실험적으로 제거하면 더 느린 유속에 사는 종들이 이 서식지로 이동한다. 분명히, 두 종의 공간적 분리는 현재 진행중인 간섭경쟁의 결과이며, 약한 경쟁자가 덜 적합한 서식지에 살도록 만든다.

비록 기계적 간섭이 저서 시스템(2차원적 공간)에서 더 자주 입증되었지만, 그것은 또한 개방 시스템에서 중요 할 수 있다. 예를 들어, 공유 자원(조류)에 대한 대형 지각류와 윤충류(rotifer) 사이의 경쟁이 광범위하게 조사되었다. 대형 Daphniid 종과 윤충류는 상호 배타적 상태인 것이 현장에서 종종 관찰된다. 윤충류는 종종 계절 초기에 나타나고, 그 다음에는 *Daphnia*가 나타난다. *Daphnia* 개체군이 변동으로 감소할 때 윤충류는 풍부해진다. 따라서, 플랑크톤 섭식 어류가 대형 *Daphina*를 대량으로 죽이면, 윤충류는 우세하게 된다. 심지어, Daphiids가 살충제로 인해 죽었을 때, 윤충류는 매우 빠르게 개체군을 성장시킨다(Hurlbert *et al.* 1972).

처음에는 이것이 착취경쟁의 사례라고 의심되었다. 구체적으로 말하자면, *Daphnia*는 조류에 대해서 보다 효율적인 경쟁자라고 가정했으며, 실제로 윤충류는 *Daphnia*보다 더 높은 먹이 농도를 필요로 한다. 후에, 기계적 간섭 또한 포함된다는 것이 입증되었다(Gilbert 1988). 여과-섭식을 하는 동안, *Daphnia*는 소형 윤충류를 여과실로 빨아들이는데, 그 곳에서 윤충류들은 손상되거나, 또는 심지어 조류와 함께 소화시킨다. 리터 당 5마리 정도의 낮은 *Daphnia* 밀도는 윤충류를 심각한 죽음으로 초래할 수 있다. 그러나 이것은 *Daphnia*가 크고(1.2 mm이상) 윤충류는 작은 것을 요구한다. *Keratella quadrata*와 같은 무장한 대형 윤충류는 거의 손상을 입지 않으며, 그러한 저항성 윤충류는 *Daphnia*와 함께 출현하는 경향이 있다. 다른 한편으로, 대형 윤충류는 소형 종보다 번식을 위한 먹이 임계값이 높으며, 먹이가 제한된 조건 하에서 착취경쟁에 의해 종종 배제된다. 어떤 상황에서도 착취경쟁이나 기계적 상호작용 중 어느것이 더 중요한지를 결정하는 것은 어렵다. 왜냐하면 두 과정 모두 동일한 결과를 낳기 때문이다. 실험실에서는 기계적 효과가 대형 *Daphnia*에 대해 더 중요하다는 사실이 밝혀졌지만, *Ceriodaphnia*와 같은 소형 지각류는 착취경쟁을 통해 윤충류를 억제한다. 윤충류가 지각류를 억제하는 반대 상황은 전혀 관찰되지 않았다.

6.3 포식-피식 관계

6.3.1 죽음의 원인

한 개체의 적응도는 죽음과 번식에 의해서 결정된다. 잠재적으로 불멸인 원핵세포를 제외한 대부분은 생물체는 체세포와 생식세포의 분열과정을 거치며 결국에 죽게 된다. 노화로 오는 자연사는 생태관점에서는 덜 중요하고, 외부환경에 의해서 영향을 받지 않는 한 많은 개체들은 모두 한꺼번에 늙어 죽지 않는다. 대부분의 생물체들은 생물적 또는 무생물적 요인 등의 환경적 충격으로 죽게 되고. 이것들은 불멸이라고 알려진 단세포 생물들에게도 일어나게 된다.

무생물적 요인은 하나의 죽음 원인이 되는데, 생물의 생리적 한계를 넘었을 때 그렇게 된다. 대량 자연-소멸은 주로 특별한 환경에서 일어나게 된다. 예를 들어, 온도가 한계치를 넘었다던지, 산소가 최소 요구량 보다 더 적어졌다든지 하는 요인에 의해서 죽음이 발생한다. 그 밖에 홍수로 발생하는 침식이나 세굴은 하천 생물들을 물리적으로 죽게하는 것이다.

자원의 부족도 하나의 죽음의 요인이 될 수 있다. 생명은 에너지 공급을 요구하기 때문이다. 미생물은 그들에게 충분한 기질이 없을 때, 조류는 어두운 곳에 있을 때, 죽게 되고, 동물은 먹이가 없을 때 굶어 죽는다. 죽음은 또한 생물들의 부정적 상호작용을 통해 발생된 결과이다. 우리는 그것을 일찍이 공유자원에 대한 경쟁(단원 6.1)이나 직접적 영향(단원 6.2) 때문에 번식률이 낮아진다라고 제시한 적이 있다.

대부분의 다른 생물에 대한 생물은 잠재적인 먹이가 될 수 있다. 따라서 먹힌다는 것은 죽음에 대한 가장 중요한 생물적 요인인 것이다. 고전적인 관점에선, 포식자는 다른 동물을 잡아 먹는 육식동물이다. 그러나, 이 개념은 기능적 관점에서 너무 좁다. 그래서, 우리는 포식-피식관계(predator-prey relationship)란 일반적 주제로서 모든 상호작용을 생각해 볼 것이다. 여기서 모든 상호작용이란 에너지가 한 생물에서 다른 생물로 전달하는 것이며, 예외라고 할 것도 없이 피식자의 죽음의 원인으로 나타날 수 있는 것이다. 이와 같은 정의는 박테리아를 먹는 편모류(flagellates), 조류나 대형식물 등을 먹는 초식동물(herbivores), 동물을 잡아먹는 육식동물(carnivores), 그리고 기생생물(parasite)에 적용될 수 있다. 각각의 상호작용은 숙주가 생명력과 생장이 감소되는 고통을 받는 양성 기생형을 제외하고 피식자에 대한 최종 결과인 죽음을 초래하는 것으로 정의되는 것이 이와 같은 넓은 범주의 정의이다. 여기서, 여과-섭식성 동물플랑크톤의 먹이인 조류의 개체군과 물고기의 먹이가 되는 깔다구류 유충 사이에 기본적인 유사성이 있다: 예를 들어, 개체군은 죽음의 요인에 대항하여 가장 잘 보호받을 수 있고 상대적 적합도를 더 높일 수 있도록 선호하는 선택압을 만들어내면서 대량으로 죽는다. 비록 섭식 기작은 다양한 먹이 종류에 따라 매우 다르지만, 개체군의 상호작용 결과와 진화의 결과는 같다.

6.3.2 포식-피식 모델

Lotka와 Volterra는 그들의 경쟁 모델과 비슷한 간단한 포식-피식 관계를 개발했다(단원 6.1.2). 그들은 두 가지 수식을 이끌어 냈는데, 각각 피식자와 포식자의 개체군 성장률을 나타낸 것이다. 각각의 수식은 둘 다 성장과 손실이라는 용어가 포함되어 있다. 피식자의 개체군의 변화는 다음과 같은 수식으로 나타낼 수 있다.

$$\frac{dN_1}{dt} = bN_1 - pN_1N_2$$

성장은 포식자로 인한 손실(b)이 없는 무제한적인 출생율, 그리고 현재 피식자 수(N_1)의 곱이다. 손실은 포식자 수(N_2)와 피식자 수(N_1) 그리고 포식 계수(p)에 비례한다.

포식자 개체군의 변화는 다음과 같은 수식으로 나타낼 수 있다.

$$\frac{dN_2}{dt} = apN_1N_2 - dN_2$$

포식자의 성장은 피식자의 손실(pN_1N_2)과 계수(a)의 곱이다. 여기서 계수(a)는 포식자가 자손을 번식하기 위해서 얼마나 많은 피식자를 잡아먹어야 하는지를 의미한다. 그리고 손실은 포식자 수(N_2)와 사망률(d)에 비례한다.

이 모델에서 포식자와 피식자의 풍부성을 변화시키는 **주기**(cycle)를 예측하기 위한 능력은 많은 관심을 이끌어냈다. 만약 두 개체군이 평형상태이면 $dN_1/dt = 0$과 $dN_2/dt = 0$이 된다. 따라서, 다음과 같이 표현될 수 있다.

$$bN_1 = pN_1N_2$$

$$dN_2 = apN_1N_2$$

일정한 평형 밀도는 다음과 같이 될 것이다.

$$N_1^* = \frac{d}{ap},\ \ N_2^* = \frac{b}{p}$$

N_1^*은 포식자의 죽음이 포식자의 성장에 의해서 보상될 때(의역: 포식자의 성장률 = 포식자의 사망률일 때) 피식자의 수이다. N_2^*는 피식자의 성장과 사망률이 균형을 이룰 때 포식자의 수이다. 만약 $N_2 > N_2^*$일 때 피식자 개체군은 감소한다. 만약 $N_1 > N_1^*$일 때 포식자 개체군은 감소한다. 만약 개체군이 평형점에서 우연히 떨어지더라도, 그들은 감쇠없이 그들의 평형 밀도 근처에서 증가와 감소를 반복한다.

포식-피식 모델과 경쟁 모델의 일차적인 차이점은 계수이다(단원 6.1.2). 포식-피식 모델의 계수 a, b, p, d는 실험적으로 측정될 수 있는 생물의 생리적 변수이다. 반면, 경쟁 계수 x, z는 한 종과 다른 종의 결합 효과를 뜻한다. 출생률(b)에 미치는 온도와 먹이 조건의 영향, 또는 포식 계수(p)에 미치는 피식자 밀도의 영향은 쉽게 측정할 수 있다. 뒤에 나오는 매개변수는 특별한 상황에서의 포식자의 포획 성공률을 말한다. 계수(a)는 총 생산 효율성과 일치한다(단원 4.4.3). 포식자의 사망률은 실험적으로 측정될 수 있고 포식-피식 실험과는 독립적이다. 다음 단원에서는 포식-피식 관계에 대한 세부적인 방법에 대해 다룰 것이다.

만약 시간 지연 현상이 포식자와 피식자 반응 사이에 존재한다면, 일반적인 개체군 밀도의 변동은 설명하기 쉽다. 피식자는 포식자의 자원으로서 생각 될 수 있기 때문에, 시간 지연 현상이 있는 로지스트형 성장 모델(단원 5.3.4)은 포식-피식 관계에 적용될 수 있다. 그림 5.4에 보여지는 이 결과는 수용능력 주위에서 규칙적으로 변동하는 포식자 개체군을 의미한다.

LottKa-Volterra 모델은 매우 간소화되어 상당히 비현실적이다. 예를 들면, 피식자와 그들의 자원에 대한 피드백(feedback)이 없다. 이 피드백은 *b*에 대해 영향을 미친다. 또한 포식자의 사망률(*d*)은 포식자의 밀도와는 독립적이다. 이것은 밀도-의존적 방법으로 포식자의 사망률이 더 높은 단계의 포식자에 의해 차례로 조절된다고 가정하는 것이 더 현실적이다. 이 모델은 포식자와 피식자 간의 시간 지연 현상을 포함하고 있지 않다. 마지막으로, 이 모델은 포식자와 피식자의 개체당 섭식율 사이에 선형적인 상관관계가 있는 것으로 가정한다. 이런 가정들 중 많은 경우는 적절하지 않기 때문에(단원 6.4, 단원 6.5), 이것은 더 좋은 모델로 대체되어 왔다.

더 보편적으로 사용하고 있는 포식-피식 모델은 Rosenzwig and MacArthur(1963)에 의해서 제안되었다. 이 모델은 포식자의 기능적 반응뿐만 아니라 피식자와 포식자의 자기 조절을 포함하고 있다. 이 포식자 개체군의 성장률은 포식자 밀도에 의존적이다. 피식자의 밀도가 증가하면서 포식자가 배부를 때, 포식자의 개체당 포식율과 피식자의 사망율은 안정상태를 나타낸다. Lotka-Volterra 모델과 다르게 피식률은 피식자의 밀도에 비의존적이다. 이 모델은 더 유연한데, 이것은 피식자를 위한 피난처를 나타내는 임계값뿐만 아니라 특별한 종류의 기능적인 반응을 만들기 때문이다. 또한 이 모델은 가령 피식자 종을 대체하는 변화와 같이 피식자 밀도 변동으로 인한 포식자의 행동 변화까지 포함한다.

제로생장 등치선(isocline of zero growth)을 조사함으로써 포식자와 피식자 개체군의 변화를 예측할 수 있다. 이러한 두 선은 ZNGI들(단원 6.1.3)과 비슷하며 포식자나 피식자 개체군 중 하나가 순 성장률이 0일 때 포식자와 피식자의 모든 가능한 수치 결합을 연결시킨다. 두 개의 제로성장 등치선이 교차하는 부분에는 개체군이 더 이상 변하지 않는 평형점이 있다. 그림 6.14는 평형상태가 방해 받을 때 무엇이 일어나는지 보여준다. 예를 들어, 질병에 의해 개체군들 중에 하나의 개체군이 급격히 감소하는 것이 있다. 만약 개체군이 평형점에 되돌아 갔을 때, 이것은 다시 안정해 질 것이다. 즉, 포식자와 피식자 모두 안정하게 공존하면서 살아갈 것이다.

글상자 6.1은 어떻게 제로성장 등치선이 구성될 수 있는지를 설명해준다. 이 Rosenzweig-MacArthur 모델에 의한 포식-피식 시스템의 특성은 그림 6.14에서 보여진다. 피식자 제로성장 등치선은 다양한 포식자 제로성장 등치선과 합쳐져 있다. 포식자 제로성장 등치선이 가파를수록, 더 효율적인(성장할 때, 필요한 피식자 수가 적음을 의미함) 포식자를 나타낸다. 예를 들어, 이것은 포식자가 더 효과적인 사냥꾼이거나 피식자를 더 효과적으로 이용할 때 나타난다. 그림 6.14에서 볼 수 있는 수평을 유지하려는(기울기가 감소하는) 제로성장 등치선은 포식자에 의한 자기-조절을 의미한다. 예를 들어, 이것은 포식자들이 다른 포식자에 의해 방해 받을 때가 이 경우이다.

포식자와 피식자의 개체군은 늘어나거나 줄어들 것이다. 즉, 이 말은 포식자, 피식자 각자의 밀도에 의해 그들의 제로성장 등치선으로 움직인다는 말과 같다. 예를

글상자 6.1 제로성장 등치선의 구성

피식자의 경우

만약 피식자 개체군이 어떠한 손실도 없이 기하급수적으로 성장한다면(단원 5.2.4), 피식자의 번식률은 개체군 밀도(두껍게 칠해진 선)와 관련이 있는 최적의 곡선을 그릴 것이다. *X*축 오른편에 있는 교차점은 수용능력(*K*)을 나타낸다. 알다시피, 개체군 순 성장률은 번식률과 사망률의 차이로 구할 수 있다. 사망률은 소비율(점선)에 의해 결정된다. 또한, 포식자는 증가하는 피식자 밀도에 대해서 기능적인 반응을 보인다. 단순하게, 곡선이 증가하는 부분을 그림에서 보여준다. 개체군 성장률은 기능적 반응 곡선이 번식률과 교차했을 때 0의 값을 갖는다. 포식자의 개체수가 더 많아진다면, 소비율 또한 증가하며 따라서 곡선의 기울기도 증가한다. 모든 포식자 밀도의 교차점은 피식자 개체군의 성장률이 0임을 의미한다. 그래서, 피식자 개체군이 제로 생장일 때, 전체 피식자 밀도를 소비율(포식자 밀도)로 정의하는 것도 가능하다. 이러한 교차점들을 연결하는 선(왼쪽 아래 그림)은 피식자에 대해 제로성장 등치선이라 한다. 어떠한 포식자 밀도에 있어도, 피식자 개체군은 제로성장 등치선을 향해 움직일 것이다. 피식자 개체군이 제로성장 등치선의 위에 위치한다면 감소할 것이고, 제로성장 등치선의 아래에 위치한다면 증가할 것이다.

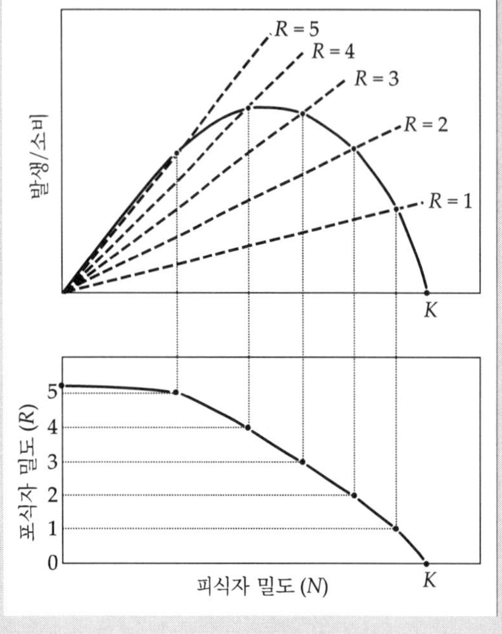

포식자의 경우

각각의 포식자는 성장하기 위해 특정한 피식자의 수를 요구하기 때문에, 평형상태에서 포식자 개체군이 피식자의 수와 어떤 관계가 있는지 아는 것은 쉽다. 그래서, 이 때의 제로성장 등치선은 증가하는 직선(A)이다. 그것보다 더 높은 피식자 밀도에서, 포식자들은 자기-조절의 어떤 형태를 유발시키는 밀도-의존 효과를 가질 수 있다. 이것은 곧, 제로성장 등치선이 (B)의 선과 같이 점차 감소하는 형태를 보인다. 마지막으로 포식자 밀도는 공간의 이용가능성과 같이 피식자와 아무런 상관이 없는 요소에 의해 규제될 수 있다. 이런 경우, 특정 밀도를 넘는다면 제로성장 등치선은 수평적으로 되며 포식자의 최대 수(개체군 제로 생장)가 피식자 밀도와는 독립적으로 된다.

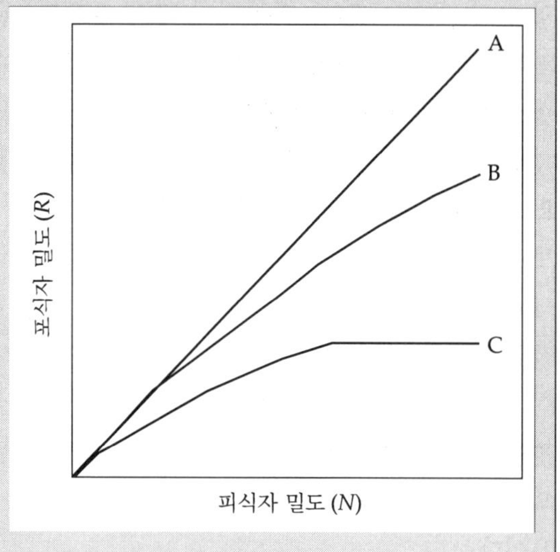

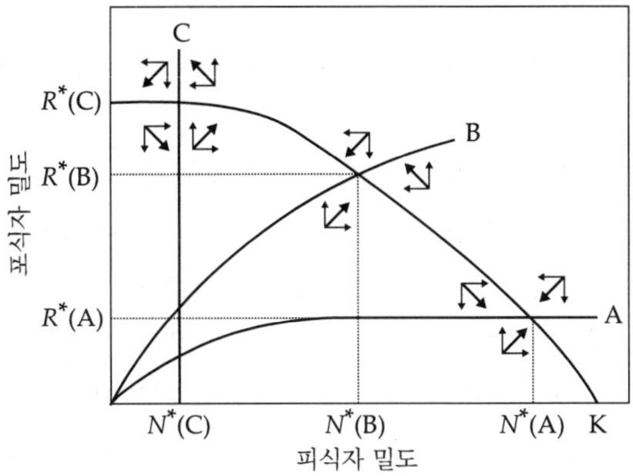

그림 6.14 자기조절(실선)을 하는 피식자의 제로성장 등치선과 포식자의 여러가지 제로성장 등치선(A, B, C)의 평형조건. 교차점은 피식자(N^*)와 포식자(R^*) 두 개체군이 일정한 조건인 평형밀도를 의미한다. 궤적은 평형을 깨는 교란에 따른 포식-피식자 밀도의 방향성 이동을 보여준다. 포식자의 제로 성장곡선은 다음과 같은 경우이다. (a) 외부요인에 의해 포식자가 조절될 경우; (b) 자기조절하는 포식자; (c) 고정된 피식자 밀도 조건에서 음에서 양으로 성장하는 자기조절과 무관한 포식자.

들어, 포식자의 개체군이 다른 요인에 의해 조절되고 낮은 피식자 밀도(A)로 일정하게 유지된다면, 포식자와 피식자의 모든 조합은 평형점으로 곧바로 이동할 것이다. 따라서 포식자와 피식자의 비율이 어떠한 요인에 의해 방해 받더라도, 진동없이 원래 평형 상태로 되돌아갈 것이다. B의 경우, 포식-피식자의 비율 궤도는 평형점을 향해 곧바로 이동하지는 않는다. 처음에 평형을 잃었을 때는 평형점에 점점 다가간다. 이것은 포식자와 피식자에게 온 충격은 처음에는 평형 밀도에서 규칙적 변화를 하지만, 규칙적 변동이 시간에 따라 줄어들게 되고 결국 평형상태로 다시 돌아가게 된다는 것을 의미한다. 규칙적 변동의 지속시간은 기울기의 크기와 관련 있다. 만약 포식자 제로성장 등치선이 매우 가파르다면, 궤도는 아마 평형점 근처에서 닫힌 작은 원을 그리게 될 것이다. 이것은 포식자와 피식자의 규칙적 변동이 평형점으로의 접근없이 계속하여 평형근처에서 진동하는 것을 의미하는데, **안정적 제한주기**(stable limit cycle)라 불린다. 이 진동의 진폭은 교란의 크기와 관련 있다. 낮은 피식자 개체군 밀도에서, 피식자의 제로성장 등치선이 더 낮아지는 것을 마지막으로 고려해볼 수 있다. 예를 들어, 위와 같은 경우는 피식자가 어떤 밀도 임계값에서 집단을 이루었을 때만 일어난다. 만약 포식자 등치선이 피식자 등치선의 가장 왼쪽으로 이동할 때, 이 결과는 평형점에서 점점 더 멀어지며, 점차 큰 나선형을 그린다. 이러한 유형은 불안정하다.

이 모델에 의해서 다음과 같은 두 가지 결론이 나올 수 있다.

- 개체군 규칙적 변동이 더 길거나 개체군 중 하나가 소멸에 이를 가능성이 클 경우, 포식자는 더욱 효율적이다.

• 포식자에 의해 자기-조절이 강할수록, 멸종할 때까지 규칙적 변동은 더욱 감쇠한다. 그래서, 자기-조절은 포식-피식 체제의 안정성을 유도한다.

자연상태에서 포식자와 피식자의 규칙적인 순환을 찾기는 힘들며, 단두계에서 찾기란 거의 불가능하다. McCauley와 Murdoch(1987)는 *Daphnia*가 포식자에 의해 조절되지 않는 상황 안에서 일련의 *Daphnia*와 피식자인 조류에 대해 여러차례 분석했다. 이런 경우에, 외부 환경 요소가 아닌 포식-피식 상호작용만으로 발생되는 주기를 발견할 수 있다. 호수에서 일반적인 계절적 천이에서, 규칙적 변동의 시작만 볼 수 있다(그림 8.19). 봄에 조류 개체군(피식자)이 최대로 성장하고, 뒤이어 여과-섭식성 동물플랑크톤(포식자)가 증가하는 변동을 나타낸다. 결국, 동물플랑크톤은 매우 풍부하게 되어 이들의 섭식량이 조류 성장률을 초과하기 때문에 조류의 수는 감소한다(청수상테유도). 동물플랑크톤의 성장률은 점차 줄이들며 개체군 또한 감소하게 된다. 물론 조류는 다시 증가할 수 있지만, 초여름의 순환은 방해 받는다. 왜냐하면 동물플랑크톤(특히, *Daphnia*)은 가령 어류의 포식이나 대형 조류에 의한 간섭이나 부적합한 먹이 제한 같은 다른 조절 요소 때문에 더 이상 증가할 수 없기 때문이다(Carpenter *et al.* 1983).

Rosenzweig-MacArthur 모델은 모든 변수가 실험적으로 정의된 것이기 때문에 기계론적이다. 이 모델을 사용해 왜 포식자-피식자 순환이 자연 조건에선 드문 것인지 알기 위한 연구를 시도할 수 있다. 계수에 미치는 환경 조건의 영향을 기술한 몇 가지 기능을 가진 이와 같은 간단한 모델은 복합 시뮬레이션 모델의 기초를 제공해 준다.

6.3.3 방어 기작의 진화

포식-피식 모델은 모든 피식자를 동일하다고 기술했고 모두 같은 먹힐 확률을 가진다고 기술했다. 현실에서는 이것은 당연히 틀렸다. 각각의 피식자들은 유전형이나 표현형이 다르고, 이와 같은 다양성은 포식자의 포획 성공 확률에 영향을 미친다(계수 *p*). 포식자의 성공을 낮추는 특징(예, 보호색이나 빠른 도망)을 피식자가 가질수록 죽임을 당할 확률이 더 적다. 이 피식자의 유전자풀은 포식자에 저항력 있는 유전형으로의 진화로 변화할 것이다. 이것은 결국 포식자가 더욱 더 비효율적으로 만든다. 포식자 자신의 궁극적인 절멸을 막기 위해서, 포식자는 비슷한 진화과정을 가지거나 다른 대체-피식자를 찾아야 한다.

첫 번째 전략은 포식자와 피식자 사이의 **무기 경쟁**(arms race)을 포함한다. 포식자 개체군의 개체는 매우 다양한 그들의 효율성을 가지기 때문에, 선택적 이점을 가진다. 예를 들어, 만약 피식자가 더 투명색상으로 변한다면, 포식자는 더 시력을 강화하는 쪽으로 진화해야 한다. 이런 과정은 거의 동시에 일어나는데, 왜냐하면 피식자가 아직 진화하지 않았더라도 좀 더 효율적인 포식자는 선택적 이점을 가지고 있기 때문이다. 즉, 이런 **공진화**(coevolution)는 대부분 포식자-피식자 상호작용의 결과이다. 따라서, 수생생물의 행동, 생활사, 형태학적 특징들이 방어기작인 것으로 설명된다(O'Brien 1987, Walls *et al.* 1990).

이러한 결론은 보통 다른 포식자의 위협을 받고 있는 개체군의 비교를 통해 얻을 수 있다. 이런 기본적인 가정은 '방어는 대가가 크며, 포식자의 위협이 있어야만 존재한다'이다. 예를 들어, 물고기가 없는 호수에 물고기에 대한 방어에 투자할 필요가 없다는 것이다. 만약 개체군이 다른 포식자의 위협에 대한 그들의 방어 수준이 다르다면, 우리는 그것들을 국지적 적응(locally adapted)이라 생각한다. 포식자의 위협이 계속 존재하는 한, 피식자는 항상 방어 상태로 있을 수 있다. 그러한 일률적인 피식자의 특징을 **구성적 방어**(constitutive defense)라고 한다. 즉 다시 말해, 계절적 또는 연간 포식활동이 다양하고, 포식자가 활력이 있을 때에만, 방어하는데 있어 이점을 갖는다. 이런 조건들은 필요할 때만 방어를 활성화시키는, 즉 표현형적으로 유동적인 유전형을 선택하게 한다. 이것은 곧 포식자 활동에 관한 정보를 피식자 개체들에게 필요하다는 것을 의미한다. 이런 표현형 반응은 **유도방어**(inducible defense)라고 부른다. 이러한 경우들이 수서 생태계와 육상 생태계에서도 빠르게 증가하고 있다(Tollrian and Harvell 1999).

방어 전략의 예는 단원 6.5.5에 있다. 포식자 환경의 변화는 2개의 방어 전략에 있어 다른 결과를 가져온다. 첫 번째 구성적 방어의 경우로서, 유전적 변화가 소진화적 변화에 필수적이기 때문에, 선택은 항상 다른 유전자형에 작용할 것이다. 유도 방어의 경우, 선택은 표현형 적응성에 작용할 것이다. 짧은 시간 관점에서 본다면, 개체군은 하나의 유전형을 가지고 있는 포식자의 다양성에도 반응한다. 그러나, 유전자형의 적응성이라는 생화학적 무기를 유지하는 데에도 대가를 지불해야 한다. 결과적으로, 표현형의 적응성을 가진 유전형은 가령 개체군이 방어할 필요가 없는, 즉 포식자가 오랫동안 없을 때 사라질 것이다.

파트너와 공진화를 하는 적응 방식은 유전적으로 완성되기 전에 멈춘다. 왜냐하면, 적응성은 많은 요소들로 인해 영향을 받고, 모든 적응은 생리적과 유전적 제약뿐만 아니라 그 대가를 가지고 있기 때문이다. 이런 경우, 피식자는 포식자의 즉각적인 효과로 인해 사리지며 포식자와 피식자는 더 이상 상호작용을 하지 않는다. 그래서, 포식자가 피식자를 공격하는 것을 방어하는 특수한 특성이 공진화의 결과인지 다른 환경적 요소에 대한 적응인지 결론짓는 것은 불가능하다. 예를 들어, 여름 휴면기를 갖는 요각류(copepod)는 어류의 포식으로 영향을 받지 않는다. 그러나, 이를 포식자의 회피라고 가정하면 안된다. 왜냐하면, 휴면기는 여름에 작은 연못의 가뭄에 대한 방책으로 진화한 것일 수 있기 때문이다. 하지만, 휴면기는 물고기가 없을 때 사라진다는 사실은 물고기가 요각류의 이런 행동을 적어도 유지하기 위해 필요하다는 것을 강력하게 제시하는 것이다.

시간적 제약 때문에, 매우 짧은 세대 간격을 가진 생물에서 포식-피식 상호작용으로 인한 진화적 변화가 직접적으로 관찰될 수 있다. 이러한 것에 대한 예는 Yoshida 등(2003)이 제시했다. 그들은 한 종의 윤충류(포식자)와 한 종의 조류(피식자)가 들어있는 연속배양장치에서 시스템을 연구하였다. 만약 조류가 단일-유전자형(클론)으로 되어 있었을 때, 포식자-피식자 모델에서 예상했던 것처럼 포식자와 피식자는 짧은 주기로 규칙적인 변동을 했다. 일반적으로 포식자는 피식자에 따라 달라진다(단원 5.2.4). 만약 피식자의 개체가 다양한 클론들로 구성되어 있을 경우, 개체군 주기는 더 길어지고 포식자와 피식자의 밀도는 거의 어느 수준을 벗어나게 된다. 그 이유는 윤충류의 먹이 질을 좌우하는 조류 클론들의 차이였다. 조류의 성장률과 먹이로서의 적합성은 균형을 이뤘다. 낮은 저질 먹이(방어된)인 클론들은 더 낮은 성장률을 가졌으며 방어하지 않은 클론들과 비교해봤을 때 열등한 경쟁자였다. 방어를 하는 조류 클론은 윤충류의 성장률에 부정적으로 영향을 끼치는 윤충류의 밀도가 높은 곳이라면 우세하게 된다. 만약 윤충류의 밀도가 낮다면, 그 조류의 구성은 방어를 하지 않는 유전자 타입이 우세하게 바뀌게 된다. 이것은 비슷한 시간 범위에서 발생하는 생태학적이고 진화적 동태의 한 예이다.

매우 빠르게 성장하는 몸엔 수서 생태계에 포식자-피식자 상호작용이 중요한 역할을 하고 있다는 증거가 된다. 여기서 포함된 기작을 우리가 더욱 더 분석해왔는데, 원생생물부터 척추동물까지 수생생물들의 많은 특성 중의 방어적 기능을 해석하도록 하였다. 또한 이것은 실험적으로 검정 가능한 연역적 가설의 개발을 유도했다.

6.4 섭식

6.4.1 플랑크톤 섭식 – 정량적 측면

섭식(Grazing)은 조류와 박테리아가 피식자인 수생태계에서 포식자-피식자 상호작용을 의미한다. 1970년대에 식물플랑크톤의 개체군 성장에 영향을 주는 초식성 동물플랑크톤 섭식의 중요성이 인식되었다. 섭식이 **청수상태**(clear-water phase)와 직접적인 관련이 있다는 증명은 이러한 개념에 중요한 실증적 근거가 되었다(Lampert 1978a). 청수상태는 부영양이나 중-영양 호수에서 성장기 중간(북쪽 온대지역 위도에서의 5월이나 6월 정도 되는 때)에 식물플랑크톤이 최소로 존재하는 것이 가장 흔한 경우라고 설명해준다. 비생물적인 입자들 때문에 탁도가 보통인 호수에서 겨울의 중순에 나타나는 보통의 투명도와 비슷한 최대 투명도가 여름에 보일 수 있다. 봄철 최대 밀도(6월 첫째주)보다 보통 약 1/10로 일주일 내에 감소하는 부영양 호수에서 식물플랑크톤 밀도는 보통 급격한 감소를 겪는다(그림 4.23).

청수상태는 태양빛이 최대이고 낮의 길이가 가장 길 때 발생한다. 봄철 식물플랑크톤이 최대 생장하는 동안, 영양분의 제약이 있지만, 청수상태동안 영양분 농도가 실제 증가한다. 또한 청수상태동안에 식물플랑크톤은 그들의 최고의 광합성율(광합성/생물량)을 보인다. 이것은 곧 적어도 조류의 우점 종들이 높은 번식률을 가진다는 것이다. 그래서, 이러한 식물플랑크톤 밀도의 감소는 더 높은 사망률의 원인이 된다. 청수상태는 식물플랑크톤 죽음에 대한 주요한 원인인 동물플랑크톤 섭식을 나타내며, 또한 초식성 동물플랑크톤이 최대 생장을 하는 것과 상응된다. 동물플랑크톤의 섭식률이 청수상태에서 식물플랑크톤의 번식률을 초과한다는 직접적인 증거가 있다(그림 6.15).

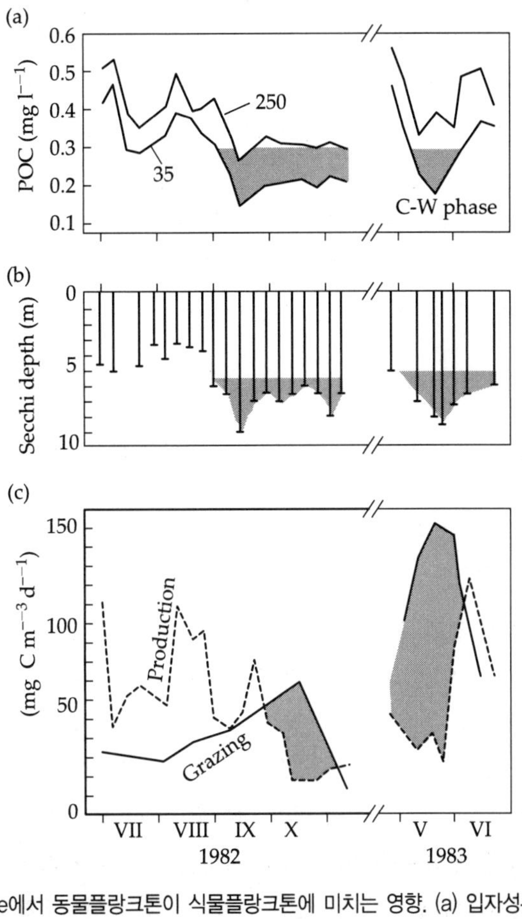

그림 6.15 Schöhsee에서 동물플랑크톤이 식물플랑크톤에 미치는 영향. (a) 입자성유기탄소(POC, 식물플랑크톤과 쇄설물), 입자크기 <250 μm, <35 μm. 입자 35 μm은 섭취가능함. (b) 투명도. (c) 식물플랑크톤의 광합성율(점선)과 동물플랑크톤 섭식율(실선). 동물플랑크톤의 섭식율이 식물플랑크톤의 광합성율을 초과하는 기간은 회색으로 표시. 5월 중순쯤에 청수상태가 나타남(Lampert 1988a).

초식성 동물플랑크톤은 식세포활동(원생동물), 여과섭식(지각류와 윤충류), 특정 세포를 포획성 섭식(요각류) 이 세 가지 방법으로 조류를 섭식한다. 지각류는 많은 호수에서 종종 기능적으로 우세한 동물플랑크톤이기 때문에, 보통 여과율(filtration rate)이라고 한다. 여과율은 짧은 기간(분단위)동안 하는 실험에서 방사선으로 표시한 먹이의 흡수 또는 긴 시간(시 단위)동안 하는 실험에서 먹이 제공 지연으로 인한 감소를 측정함으로써 얻을 수 있다(Peters 1984). 살아있는 입자가 사용될 때, 먹이 동시 성장을 수정하는 것은 필요하다. 만약 먹이 입자가 살아서 위장을 통과하고 다시 지연(resuspend)되면, 두 가지 방법은 매우 다른 결과를 불러일으킬 수 있다.

섭취율(I)은 N ind^{-1}t^{-1} 또는 M ind^{-1}t^{-1}로 나타내며 이것은 시간당(t) 한 개체가 섭식한 먹이 입자수(N) 또는 먹이량(M)이 얼마나 되는지를 말한다. 식물플랑크톤의 번식률과 비교될 수 있는 총 섭식률을 측정하기 위해서, 이 때의 섭취율은 특정 물의 부피(V) 또는 호수의 특정 단위 표면 면적(A) 안에 있는 모든 종의 모든 개체로써 단위는 M V^{-1}t^{-1}이나 M A^{-1}t^{-1}로 표기한다.

여과율(F)은 섭식한 먹이의 양을 포함한 물의 부피를 말한다. 사실 이 수치는 여과 부속기를 통과한 물의 양을 말하는 것이 아니다. 왜냐하면, 이것은 물에서 걸러낸 입자들 또는 감소된 입자 수로 계산되며, 그 입자들은 보통 $<$100% 효율을 가지고 있기 때문이다. 이것은 사실 여과를 하지 않는 종들을 대상으로 종종 적용할 수 있다. **제거율**(Clearance rate)은 여과작용의 다른 표현 방식으로써, 이것은 단위 시간당 입자가 제거된 물의 부피를 말한다. 여기서, 개체의 여과율은 V ind^{-1}t^{-1}의 단위를 사용하며, 섭취율(I)를 먹이 농도(C)로 나눔으로써 계산될 수 있다.

$$F_{\text{ind}} = I/C$$

아니면, 입자 농도의 감소로부터 직접 구할 수 있다(동물이 없도록 조절을 한 후).

$$F_{\text{ind}} = V\,\frac{\ln C_2 - \ln C_1}{NT}$$

C_1과 C_2는 각각 측정 전과 후의 입자 농도이다. N은 실험에 사용한 동물의 수이며, V는 실험에서 사용된 지연(suspension)된 부피이다(Peters 1984).

개체군의 여과율(F_{pop})은 각각의 연령 단계의 현존량으로 각 연령 단계(크기 단계)의 개체 여과율을 곱하고, 이들의 결과물을 더함으로써 계산될 수 있다. 전체 초식동물 개체군의 여과율을 합한 것이 **군집 섭식율**(community grazing rate)(G)이다. 이 **섭식율**은 방어하지 않는 조류의 섭식-유도 사망률을 측정한 값(γ_{opt})이다. 이것은 t^{-1} 크기를 가지며, 단위 시간당 여과된 물의 부피를 말한다(단원 5.2.6).

군집 섭식율은 자연적인 온도, 빛, 먹이 상태 안에서 섭식의 공간적(수직분포)와 시간적(일주 리듬) 변화를 측정하기 위해 전문 배양기(*in situ*)에서 측정될 수 있다

(Haney 1973). 이 측정은 전일을 대상으로 통합될 수 있다. 청수상태에서, 섭식율은 대부분 조류들의 최대 성장률보다 큰 값인 1.0~2.5 d^{-1} 정도이다. 그러나, 이와 같은 높은 비율은 청수상태 기간 동안인 몇 주간만 나타난다. 여름에 섭식율은 자주 약 0.2d^{-1} 정도이다(Lampert 1988a).

6.4.2 초식성 동물플랑크톤의 섭식 선택성

육상 생태계에서는 보통 있는 일이지만, 동물플랑크톤의 경우에 완전한 초식성을 찾아보기 힘들다. 오래전부터 초식성이라고 알려진 대부분의 동물플랑크톤은 사실 잡식동물이며, 평소에 먹던 조류와 비슷한 크기라면 원생생물 혹은 박테리아도 먹는다. 동·식물플랑크톤의 경우 육상의 동·식물의 생물량에 비해 단백질, C:N 비, 용해가 잘 되지 않는 고분자 물질(내화 구조 고분자 물질)를 더 적게 가지고 있기 때문에, 넓은 범주에서 플랑크톤이 잡식이라 하는 것이 용이하다. 대부분의 관련 문헌에서 두 개념이 양립 가능하다고 하지만, 우리는 초식동물을 아래와 같이 정의할 것이다.

비록 식물플랑크톤도 같은 효율로 먹힐지 모르지만, 섭식은 연속배양장치 안에서의 증가하는 통과율(flow-through rate)과 비슷하게 식물플랑크톤 구성에 선택압에 영향을 미칠 것이다(그림 6.3). 균일하게 높은 섭식율은 식물플랑크톤이 최대 생장률(μ_{max})로 자라는 것을 선호하게 되며, 반면, 일정하게 낮은 섭식율은 성장 곡선에서 초기에 빠르게 증가하는 종을 선택할 것이다. 많은 조류가 먹히거나 소화되는 것을 피하려 하기 때문에, 동물플랑크톤이 모든 식물플랑크톤을 같은 효율로 먹지는 못한다. 일반적으로 잘 먹히는 종에 비해서 위의 두 가지 보호방법은 모두 사망률(= 먹힐 확률)을 낮춘다. 이것은 선택지수로 표현될 수 있다.

$$w_i = \gamma_i / \gamma_{\text{opt}}$$

선택지수는 특정 식물플랑크톤에 대해서만 확실하게 정의된 개념이 아니다. 그것은 동물플랑크톤의 종과 연령 단계에 따라 다양하다. 따라서 동물플랑크톤의 구성 요소에 좌우된다. 그림 6.16은 *Daphnia magna*에 의해서 먹힐 때 다양한 형태를 보이는 조류의 몇 종에 대한 선택 계수를 비교한 것이다.

섭식 선택성은 진화론적인 측면에서 선택적 요소를 암시한다. 저항력 있는 조류의 유전자형은 낮은 사망률을 가지기 때문에, 섭식에 대한 취약성을 줄이는 진화 메커니즘을 예측할 수 있다. 식물플랑크톤의 여러 특징은 섭식에 대해 방어기작을 나타낸다. 입자 크기(젤라틴 껍질을 포함한 세포나 군체의 크기)는 섭식에 저항하는 중요한 특징이다. 여과-섭식성 동물플랑크톤의 경우, 먹을 수 있는 입자 크기의 최소 경계점은 여과기의 망 크기에 의해 결정된다(그림 4.26과 Gliwicz 1980). 예를 들어

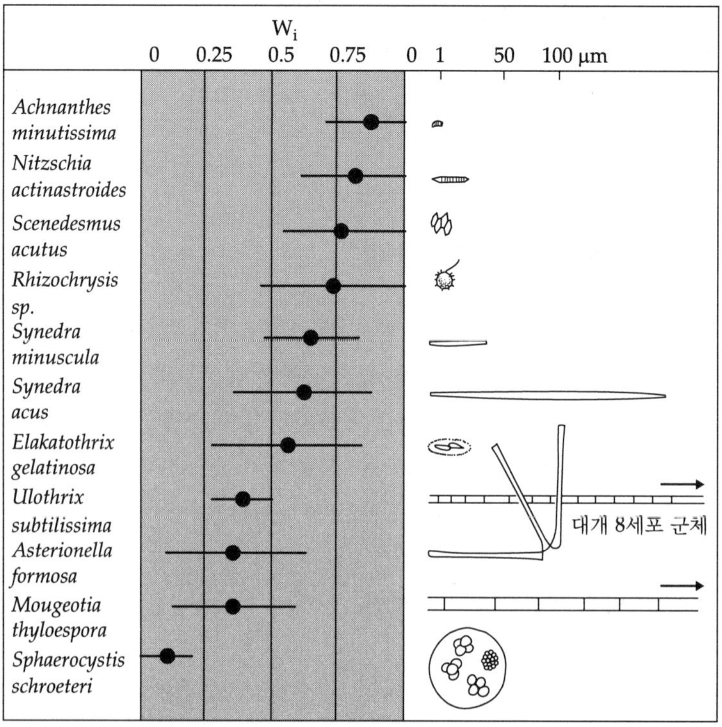

그림 6.16 포식자로서 *Daphnia magna*의 microcosm 실험에서 다양한 식물플랑크톤 종에 대한 선택계수(W_1, 평균값 및 표준 편차). 조류 종의 그림은 실제 크기에 따라 조정한 것이다. 대형 종과 젤라틴 껍질을 가진 종은 잘 섭식이 안된다(Sommer 1988b).

여과-섭식성 지각류의 경우, 가슴의 다리 중 3번째와 4번째의 빗 모양의 여과장치의 2번째 돌기들 사이의 거리가 앞서 말한 망 크기이다. 지각류의 여러 종의 망 크기는 0.16~4.2 μm로 다양하다. 가장 작은 철망 크기를 가진 종들은(*Diaphanosoma brachyurum*, *Chydorus sphaericus*, *Ceriodaphnia quadrangula*, *Daphnia magna*) 자유-생활형 박테리아까지도 여과 가능하다. 조립망을 가진 종들은(*Holopedium gibberum*, *Sida cristallina*) 소형 식물플랑크톤을 여과하는 것이 어렵다. 대부분의 *Daphnia*종들은 평균 1 μm정도의 망을 가지고 있기 때문에, 가장 작은 식물플랑크톤(미소플랑크톤, 0.5~2 μm)과 박테리아성 플랑크톤에 대해 일부 방어를 할 수 있다(Brendelberger 1991). 이렇게 작은 입자는 가령 동물성 편모류와 섬모류 같은 많은 원생동물들이 선호하는 먹이이다. 요각류는 일반적으로 지각류보다 더 큰 입자를 먹고, 윤충류는 먹이에 대해 뚜렷한 종-특이적 차이를 나타낸다.

잡아먹힐 수 있는 입자 크기 범위의 한계는 지각류의 아래턱이 벌어지는 폭 또는 껍질이 열리는 폭에 의해 결정된다(그림 4.26). 소형 지각류와 윤충류의 최대 범위는 20 μm이며, 대형 지각류와 요각류의 경우는 50 μm이다(Burns 1968). 이 최대 크기는 대형 단일 세포 생물(*Peridinium*), 세포 본체의 확장(*Staurastrum*), 군체 형성

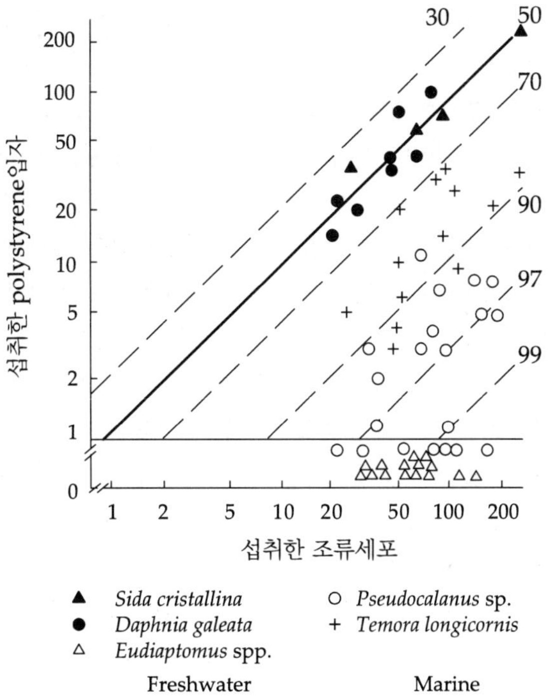

그림 6.17 지각류(*Sida, Daphnia*)와 요각류(*Eudiaptomus, Temora, Pseudocalanus*)에 대한 먹이선택성. 거의 동일한 크기의 인공 입자와 조류 세포가 같은 비율로 혼합되어 먹이로 공급되었다. 대각선: 먹이로 섭취된 조류 비율; 50%는 비선택적 흡수를 의미한다(DeMott 1988).

(*Pediastrum*), 또는 점액물질 생성(*Planktosphaeria*) 등으로 만들어질 수 있다. 그러나, 크기 만으로 먹이가 될 가능성의 차이를 설명할 순 없다. 단지 일차원적 또는 선상(바늘과 같은 세포 또는 가는 직선 상의 실)인 상태에서 최대 크기 범위를 벗어나는 입자들도 포식자들이 세로로 방향을 바꿀 때 먹힐 수도 있다. 깨지기 쉬운 군체(*Asterionella, Dinobryon*)는 섭식 과정 중에 분해될 수 있다. 최소한 2차원 상태에서 임계 크기를 초과하고 기계적으로 안정된 세포들은 거의 완벽히 보호받는다. 그러나 특성화된 생물로부터 공격당할 수 있다. 예를 들어, 매우 특화된 윤충류 *Ascomorpha*는 대형이고 먹을 수 없는 와편모류인 *Ceratium hirundinella*의 세포에 구멍을 뚫고 세포 내용물을 빨아서 먹을 수 있다.

크기에 따라서 먹이를 선택하는 여과-섭식성 동물플랑크톤과는 달리, 포획성 초식동물은 화학적 특성(맛)을 기반으로 선택할 수 있다. *Bosmina*를 제외한 지각류는 같은 크기의 합성 입자와 조류를 섞은 먹이를 공급했을 때, 둘다 비슷한 정도의 선호도를 보였다. 하지만 초식성 요각류는 두 가지를 구분하고 선택적인 선호도를 보였다. 그림 6.17은 요각류 *Eudiaptomus*가 어떻게 조류를 먹고 인공 입자를 거부하는지 설명하는 것이다. 요각류는 조류와 플라스틱 입자를 몇 시간 동안 같이 둠으로써 요각류가 선호하는 향이 플라스틱 입자에 배도록 한 경우에 관심을 보였다.

이것은 입자들이 맛에 의해 구별된다는 가설을 뒷받침해 준다(DeMott 1986). *Eudiaptomus*는 심지어 조류 세포의 생사 여부도 구분할 수 있다.

섭식 방어의 다른 형태는 남세균(*Microcystis*, *Anabaena*, *Aphanizomenon*)에 의해 담수에서 생성된 독성물질이다. 일부 독성물질은 화학적 구조로 microcystin, anatoxin, saxitoxin으로 분류되었으며, 독성 남세균이 대발생할 때 생성된 이들 물질은 사람과 가축이 마시는 물에 심각한 문제를 발생시켰다(Carmichael 1992). 어떤 특정한 남세균만이 독성물질을 만들며, 독성종과 비독성 종이 같은 호수에서 발생할 수 있다. 독성 남세균을 먹은 동물플랑크톤은 죽던가 성장이 저해된다. 동물플랑크톤은 남세균의 맛을 인식하고 이와 같은 남세균을 종종 먹지 않고 회피한다. 각각의 입자를 선별함으로써, 요각류는 혼합물에서 독성세포를 거부하며 일반적인 비율로 다른 세포를 먹는다. 조류를 골라내는 지각류는 다른 세포와 독성이 있는 것의 혼합물에서 독성이 감지할 경우에 여과율을 줄이고 그리고 모든 기계적으로 먹이 거부를 증가시켰다(Lampert 1987a, Haney *et al*. 1995).

크기, 다루기 어려움, 맛 없음, 또는 독성물질은 세포가 섭식될 때 세포를 보호한다. 그러나, 섭식된 세포는 두꺼운 세포벽 또는 소화되는 것을 막아주거나 세포가 살아있을 때 배출되게끔 해주는 안전한 점액질 껍질을 이용하여 그들 자신을 방어할 수 있다. 이러한 방어기작은 특히 껍질이 있는 녹조류(*Planktosphaeria, Sphaerocystis*)와 남세균(*Chroococcus, Microcystis*)에선 보편적이다. 이러한 조류는 심지어 소화기관을 통과하는 동안 영양소를 흡수할 수 있다. 이러한 종류의 식물플랑크톤은 높은 밀도의 동물플랑크톤이 있는 현장 실험에서도 자주 우점한다(Porter 1977).

6.4.3 동물플랑크톤에 대한 먹을 수 없는 조류의 부작용

섭식에 저항력 있는 식물플랑크톤은 보호능력이 있을 뿐만 아니라, 여과-섭식성 동물플랑크톤이 먹을 수 있는 식물 플랑크톤을 섭식하는 것을 또한 방해한다. 만약 거의 먹을 수 없는-조류 특히, 사상체 남세균과 대형 단세포(*Ceratium*)가 여과기에 들어오고 지각류의 식도(food groove)에 흘러 들어간다면, 지각류는 후복부 갈고리를 움직여 조류를 제거해야 한다. 이 과정은 먹을 수 있는-조류 종도 제거된다. 여기서, 이런 방해-조류가 빈번하게 발생할수록, 조류들은 더 많이 제거되며 여과 과정은 더 많이 방해를 받는다. 지각류는 대형 조류의 섭취를 피하기 위해 2개의 껍질 연결부(carapace halve) 사이의 간격을 줄일 수 있다. 이것은 유속을 낮추고 먹을 수 있는 대형 조류들의 섭식을 억제한다. 먹을 수 없는 대형 조류들은 언제나 여과율을 낮춘다. 예를 들어, 매우 경쟁적인 *Daphnia*는 사상체 조류나 다른 대형 조류에 의한 방해에 대해 매우 민감하지만, 반면에 좁은 껍질 간극을 가진 소형 지각류(*Ceriodaphnia*)는 훨씬 더 불리하다(Gliwicz and Siedlar 1980).

동물플랑크톤에 의한 섭식압은 늦 여름 성장 시기까지 섭식 저항 조류의 풍부도를 높여준다(Sterner 1989). 섭식 저항의 증가와 방해-조류의 증가는 소형이고 민감성이 낮은 동물플랑크톤에 대해서 경쟁적인 이점을 제공한다. 이것은 곧 동물플랑크톤과 식물플랑크톤 사이에 크기 경향이 역전되었다는 말과 같다. 대형 식물플랑크톤과 소형 동물플랑크톤이 여름 중순에서 말기까지 우점하는 경향이 있다. 그러나, 동물플랑크톤 크기가 작아지는 원인이 무조건 조류의 방해 때문이라고 설명하기는 어렵다. 왜냐하면, 크기-선택성 어류에 의해 증가하는 포식압은 같은 효과를 나타내기 때문이다(단원 6.5.3).

6.4.4 초식성 동물플랑크톤에 의한 영양분 재생산과 유지

동물플랑크톤이 조류를 섭취할 때, 그들은 조류에 함유되어 있던 어느 정도의 영양분을 배출한다. 이러한 배출은 다음과 같은 몇 가지 방법으로 이루어진다. 영양분은 섭식과정(대충 섭식하는, sloppy feeding)중에 상처 입은 조류, 배설물, 동물 분비물로부터 생성된다. 동물플랑크톤에 의한 영양분 배출은 종종 여름 정체기 동안 용존 영양분의 재생산의 가장 중요한 원천이 된다. 이 때문에, 동물플랑크톤은 식물플랑크톤의 총 성장률뿐만 아니라 그들의 사망률에 영향을 끼친다. 가령 섭식율과 영양염 재생산이 동물플랑크톤 밀도와 선형적으로 증가한다고 가정을 하면, 3가지의 가설을 제안할 수 있다(그림 6.18).

- 만약 식물플랑크톤 종이 영양분 제한을 받지 않는다면, 총 성장률(μ)은 동물플랑크톤의 생물량에 상응하지 않을 것이다. 그러나, 섭식율(γ)이 증가하면 순수 성장률(r)은 낮아진다.
- 제한된 영양분 조건에서 식물플랑크톤의 총 성장률은 비선형적인 포화 곡선과 같이 동물플랑크톤 생물량과 함께 증가할 것이다. 왜냐하면, 동물플랑크톤의 배설이 영양분을 공급하기 때문이다. 만약 이 식물플랑크톤의 섭식 선택 계수가 높다면, 섭식율은 총 성장율보다 동물플랑크톤의 생물량과 함께 더 빠르게 증가할 것이다. 그래서 동물플랑크톤 생물량과 함께 순 성장률은 비선형적 감소를 할 것이다. 이 감소는 처음에는 느리지만 점점 빨라질 것이다.
- 동물플랑크톤 밀도가 낮은 조건에서 만약 식물플랑크톤 종이 영양염 제한을 받지만, 그러나 낮은 섭식 선택 계수를 가지고 있으면, 그것의 총 성장율은 섭식율보다 빠르게 증가할 것이다. 이것은 특정 동물플랑크톤 생물량이 최대가 되는 순 성장률의 단봉형 곡선(unimodal curve)을 만든다. 이런 관점에서, 먹을 수 없는 조류는 다른 종에게 먹혀도 이득을 볼 수 있다(Sterner 1986).

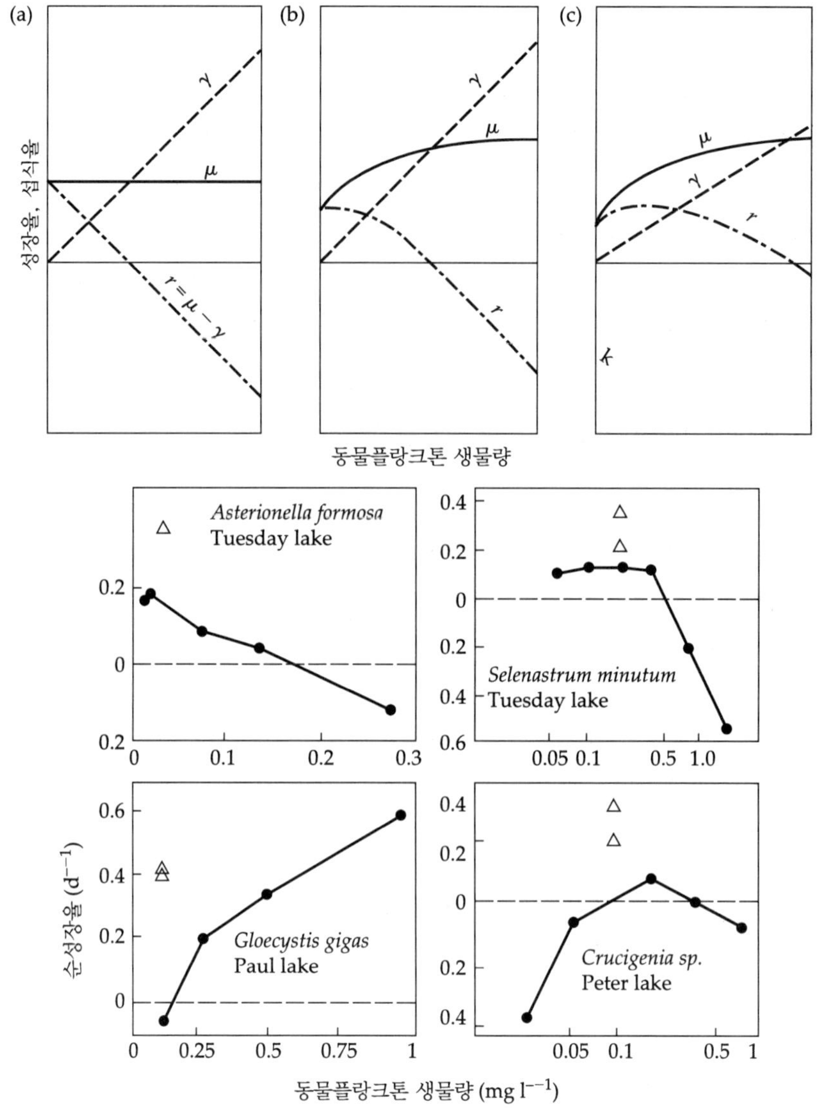

그림 6.18 식물플랑크톤의 총 성장속도(m), 섭식율(g) 및 순 성장률(r)에 대한 동물플랑크톤 현존량의 가상적 효과. (a) 영양염 제한없음; (b) 영양염 제한됨. 고도로 피식됨; (c) 영양염 제한됨. 약한 피식. 하단 패널: 밀도 조절된 동물플랑크톤을 이용한 현장 실험을 근거로 하는 순 성장율의 사례. 밀도 조절하지 않은 동물플랑크톤과 영양염 첨가(삼각형)한 상태에서 따른 순 성장률은 모든 종의 영양염 제한을 의미한다(Elser *et al*. 1988).

그림 6.18은 동물플랑크톤 밀도가 조작된 현장 실험에서 실제 조사된 순 성장률의 사례를 보여준다. C의 경우와 같이, 먹이가 되는 생물이 충분히 있고 동물플랑크톤이 배설하여 영양 공급원이 제공되면 특정 식물플랑크톤 종을 촉진시키는 것은 가능하다. 이와 같이, 동물플랑크톤은 영양분을 먹을 수 있는 생물에서 먹을 수 없는 생물로 전달한다.

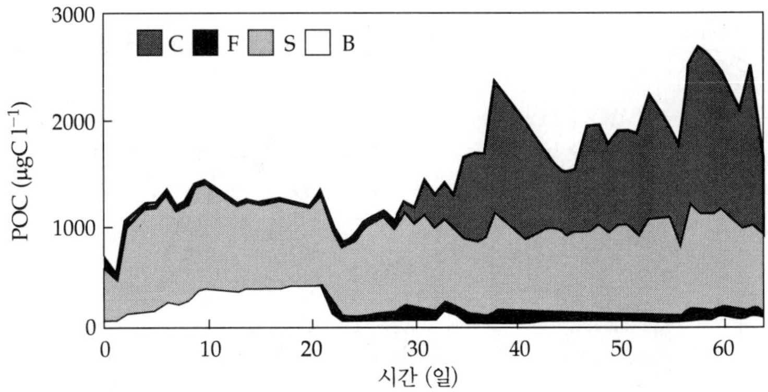

그림 6.19 연속배양장치 실험에서 인에 대한 조류 두 종과 혼합 박테리아의 경쟁. *Synedra* (S), *Cryptomonas* (C)와 세균 (B)의 누적 현존량. 배양 21일째 종속 영양 미소편모류 *Spumella*를 첨가하면 박테리아 현존량은 감소하고 *Cryptomonas* 성장은 촉진된다(Rothhaupt 1992).

원생생물의 섭식으로 박테리아에서 조류로 인의 재분배작용은 특히 효율적인 메커니즘이다. 보통 박테리아는 조류보다 인 함유량이 더 높을 뿐만 아니라 낮은 인의 k_s값을 갖고있다. 따라서 인이 제한된 조건에 있을 때, 박테리아가 조류와 효율적으로 경쟁할 수 있게 한다. 그림 6.19는 연속배양장치 실험 결과를 보여주는데, 이것은 박테리아, 섭식자와 다른 조류 간 상호관계를 이해하는데 도움을 준다(Rothhaupt 1992). 여기서 연속배양장치는 호수에서 분리한 박테리아와 기다란 돌말 *Synedra*와 소형 *Cryptomonas*를 주입한 상태이다. 하지만 섭식자는 여기에 주입하지 않았다. 매우 낮은 k_s값(그림 4.20)을 가지고 있는 돌말과 박테리아는 곧바로 성장을 하였지만 높은 k_s값을 가진 *Cryptomonas*는 성장을 하지 않았다. 약 1주 후에 규소가 제한이 되면, 돌말은 일정한 밀도를 유지한다. 박테리아는 더 증가하였으나, *Cryptomonas*는 거의 소멸상태였다. 이 일이 일어나기 전(3주차), 박테리아를 먹고 사는 종속 영양 편모류(*Spumella*)는 섭식자로서 배양에 주입되었다. 주입된 편모류는 빠르게 박테리아 수를 감소시켰고, 이후에 박테리아 수가 적어졌을 땐 평형 상태에 도달했다. *Spumella*가 섭식을 시작하자마자, *Cryptomonas* 또한 성장하기 시작했다. 규소가 제한된 조건 안에 있는 *Synedra*는 전혀 반응하지 않았다. 실험 종료까지 *Cryptomonas*는 연속배양장치에서 우점생물이 되었다. *Spumella*의 첨가에도 용존 인은 증가하지 않았다. 왜냐하면 배출된 인은 즉시 *Cryptomonas*의 생물생성에 이용되었기 때문이다. 이 실험은 얼마나 섭식자가 상위 경쟁자를 억제하고 인을 재분배함으로써, 경쟁의 결과를 바꿀 수 있는지를 분명하게 입증하였다.

동물플랑크톤은 다른 영양분을 다른 효율성으로 재생산한다. 인은 용존 인산염으로 일차적으로 배출되고 질소는 암모늄으로 주로 배출된다. 두 가지 형태는 식물이 이용가능한 것이다. 다시 말해, 규소는 규산성 조류 잔유물 입자로서 섭취되는

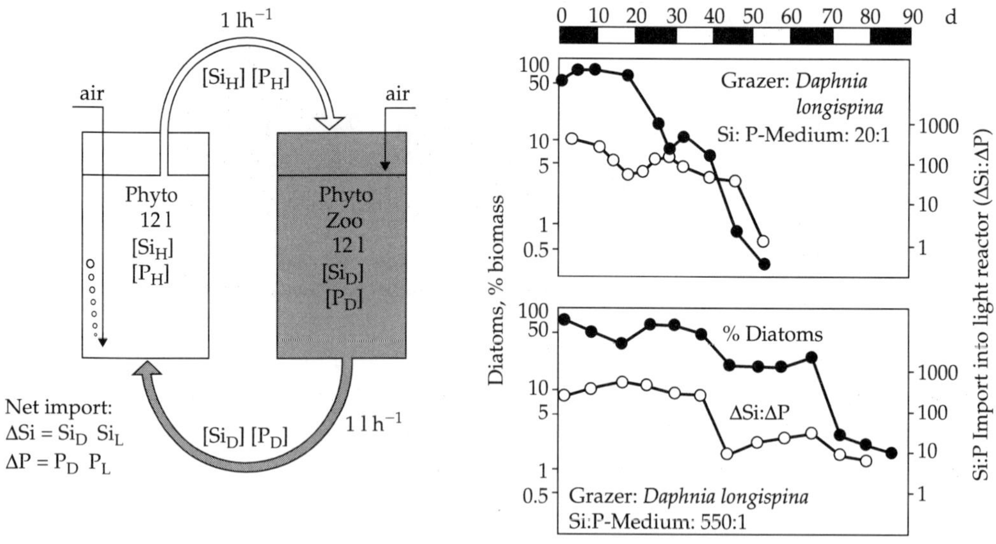

그림 6.20 섭식과 영양염 경쟁간의 상호작용에 관한 실험. 왼쪽: 실험장치의 그림. 오른쪽 패널: 명 조건에서 Si:P 비율의 감소, 식물플랑크톤 생물량 중 돌말류 비율의 감소(Sommer 1988b).

데, 규소가 다시 용해되기 전에 표층수에 재빨리 가라앉는다. 그러므로 동물플랑크톤 섭식 활동은 필수자원인 Si:P와 Si:N의 비가 더 낮아지는 경향이 있다. 또한 대체자원인 NO_3:NH_4비도 더 낮아진다. 이것은 식물 플랑크톤의 경쟁조건을 변화시킨다(단원 6.1.3).

돌말에 손해를 주는 경쟁조건에서 동물플랑크톤 유도변화는 배양실험에서 입증될 수 있다(그림 6.20). 순환시스템을 명·암 환경조절 배양기에 연결하였다. 식물플랑크톤이 생장하면 명 조건의 배양기에서 경쟁을 시킨다. 그 후에 식물플랑크톤을 섭식하고 영양염을 배출하는 *Daphnia*가 있는 암 조건의 배양기에 경쟁상태에 있는 식물플랑크톤을 계속 이송시킨다. 이와 같은 천이는 선택적 섭식의 직접적인 영향을 줄 확률을 배제시킬 수 있다. 그 이유는 우점 돌말류(*Asterionella formosa*)와 우점 녹조류(*Mougeotia thylespora*)는 거의 같은 선택 계수를 가지기 때문이다(그림 6.16). 이것은 동물플랑크톤 배설로 인한 경쟁 조건의 변화를 가장 타당하게 설명한 것이다.

높은 영양분 농도를 가진 아주 작은 분산 영역은 동물플랑크톤과 그들의 배설물 주위에서 형성된다. 동물플랑크톤 배설은 이용 가능한 영양분 안에서 작은 변동성이나 미세패치(micropatchiness)를 만들어 낸다. Goldman 등(1979)은 식물플랑크톤이 그런 미세 영역을 만날 때 잠깐동안 높은 영양 흡수율을 가가진다고 추정하였다. 이것은 평균 영양염 농도를 사용하는 Monod 공식에서 예측된 것보다 더 높은 총 성장률을 보여주었다. 이 예측에 대해 의문이 제기된 적이 있으며, 영양분 미세

패치가 성장을 촉진하는 등의 긍정적인 영향을 준다는 실험적인 증거는 아직 없는 상태이다.

비록 동물플랑크톤은 그들의 먹잇감인 조류에 있는 질소와 인의 일부분만 재생산할 수 있고, 동물플랑크톤 생물량을 형성하도록 다른 부분들을 동화시켜야 하지만, 이것은 조류가 이용할 수 있는 질소와 인의 저장소를 매우 고갈시키는 것으로 심각하게 생각되지 않는다. 그러나, 최근에 심각하게 조류의 영양분이 제한된 조건에서 동물플랑크톤이 영양분의 공급원보다는 영양분 덫(nutrient trap)으로써 역할을 할 수도 있다는 것이 명백해졌다(소비자는 영양염 제한을 유도함; Elser and Urabe 1999, Sterner and Elser 2002). 식물플랑크톤의 화학량은 영양분의 제한에 따라 반응이 매우 다양하지만(단원 4.3.7), 동물플랑크톤은 분명히 종간 변동성이 있어도 생리적으로 안정하다. 만약 식물플랑크톤이 질소(높은 C:N)나 인(낮은 C:P)이 부족한 상태에 있다면, 동물플랑크톤은 가능한 많이 동화하기 위해 질소와 인의 배설을 최소화하려고 한다(Olsen *et al.* 1986). 이것은 질소가 제한된 식물플랑크톤은 질소 유동이 감소된 조건을 겪고 있으며, 반면에 인이 제한된 식물플랑크톤은 인 유동이 감소된 조건을 겪었다는 것을 의미한다. 이와 같은 메커니즘은 조선을 완화시키기보다는 이미 존재하는 영양분을 강화시키는 양의 되먹임 고리(positive feedback loop)로서 역할을 한다. 만약 식물플랑크톤 생물량에 초기 N:P비가 균형잡힌 공급량과 근접해 있다면(N:P = 16.1), *Daphnia*와 같이 인이 풍부한 동물플랑크톤은 식물플랑크톤을 인 제한 상태로 유도하며, 반면에 요각류와 같은 질소가 풍부한 동물플랑크톤은 질소제한 상태로 만든다(Elser *et al.* 1988). 만약 저서동물이 하천으로 떨어진 낙엽이나 잔가지와 같은 육상에서 생성된 자원을 섭식한다면, 이러한 제한은 먹이 질에 특별한 문제를 가지고 있는 저서동물에 적용된다. 이런 물질들은 부착생물보다 상당히 높은 C:P나 C:N 비율을 가지지만, 화학량적인 관계는 미생물이 잎에 대량 서식할 때 변한다(Cross *et al.* 2005).

만약 영양염이 충분한 초기조건이라면[식물플랑크톤 생물량이 Redfield 비율(C:N:P = 106:16:1)에 가까운 조건], 적절한 환경조건에서, 동물플랑크톤이 영양분을 축적하는 것은 심지어 영양분 제한을 유발한다(단원 4.37). 이것은 여름 식물플랑크톤이 있는 폐쇄 배양기에 밀도가 다른 *Daphnia hyalina* × *D. galeata*를 넣은 밀폐환경 실험에서 증명되었다(Sommer *et al.* 2003). 처음에 식물플랑크톤은 영양분 포화상태(C:P < 100:1)였지만, 12일이 지난 후 식물플랑크톤의 C:P 비율은 모든 밀폐용기에서 증가했다. C:P 비율의 증가는 동물플랑크톤의 밀도가 최대일 때 가장 높았다(그림 6.21). 그리고 그곳에서 새로운 동물플랑크톤 생물량이 생상된다. 인 충분상태에서 인 부족상태로의 전이는 가능한데, 그것은 식물플랑크톤 생물량의 20% 이하가 섭식가능한 크기 범위 내에 있기 때문이다. 그래서, 이 시스템 내에서 총인의 작은 일부분만이 섭식가능한 생물량에 이용되고 따라서, 재순환되는 일부분은 성

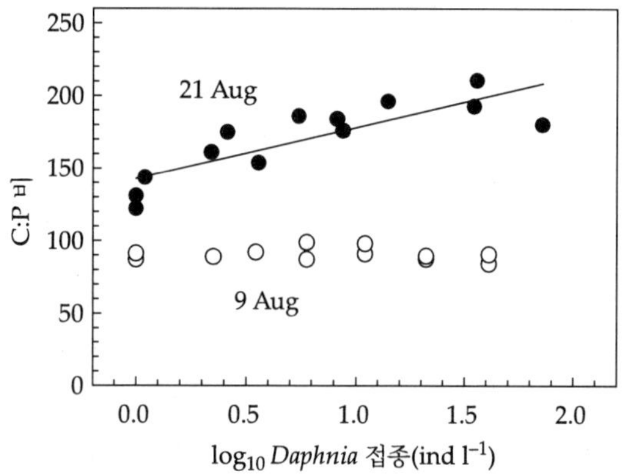

그림 6.21 다양한 밀도의 *Daphnia* 밀도를 가진 *emclosure* 실험(Schöhsee, 2000. 8. 9. 시작)에서 식물플랑크톤 C : P 비율 (Sommer *et al*. 2003).

장하는 섭식불가능-조류의 요구량을 충족시키지 못할 정도로 매우 부족하다. 생물량 균형은 식물플랑크톤 생물량에 의해 손실되는 대부분의 인은 *Daphnia* 성장에 필요한 인의 요구량으로 설명됨을 보여준다.

6.4.5 부착조류

물속의 플랑크톤을 섭식하는 것은 침수식물의 표면에 부착하여 생장하는 미세조류를 먹는 것과 같은 원리라는 것이 추정된다. 그러나 부착조류는 부착생물 군집과 외부로부터 섭식압을 받는다는 사실에 몇 가지 부가적인 문제점이 있다. 부착생물 군집은 조류뿐만 아니라 초식성 원생생물과 중형동물(< 2 mm 크기의 소형 후생동물) 같은 종속영양생물들이 포함되어 있다. 저서성대형동물은 조류와 부착생물을 동시에 섭식한다. 결국 대형섭식자들은 부착조류에 대해 두배로 영향을 준다: 그것은 조류를 섭식하고 원생동물과 중형동물에 의한 섭식압으로부터 해방되는 것이다. 간혹 이런 효과들은 특히 부착생물 반응이 큰 변수(탄소, 엽록소)와 종 수준이 아닌 상태에서 연구된다면 이들 효과는 서로를 보호하게 될 것이다. 이것은 Hillebrand *et al*.(2002)에 의해 대형 포식자를 제거하고 케이지에 다른 요인들—현장 영양염, 영양염 첨가, 지점(스웨덴 호수들)과 계절 등을 조합한 실험 연구를 통해 보여주었다. 섭식자를 제거한 후에 조류생물량이 증가한다고 예측한 결과가 초봄에 영양염 첨가를 한 두 지점에서 여러 실험적 조합을 통해 나타났다. 그럼에도 불구하고 대형포식자 제거와 영양염을 첨가한 85가지 실험을 비교한 결과는 생물량이 대향인 부착생물에 대해 섭식자의 부정적인 효과를 보였고, 호수, 하천과 해양의 연안 지점에서 영양염 첨가는 긍정적인 효과를 보였다(Hilebrand 2002).

열대지역에서 풍부한 섭식성 어류는 부착생물에 매우 큰 영향을 미친다. 앞에서 언급한 실험과 비슷한 연구에서, McIntyre 등(2006)은 Tanganyika 호수의 연안대에서 부착생물 풍부도와 성장에 대한 섭식자(어류, 대형지각류, 곤충)와 영양염의 효과를 구분하였다. 비록 영양염이 부착생물 성장에 긍정적인 효과를 나타냈으나 섭식효과는 훨씬 더 컸다. 섭식은 부착생물 생물량을 강하게 압력을 주었으나 면적—특이적 총 1차 생산은 현존량-특이적 생산에 증가때문에 덜 부정적이었다.

저서성 무척추동물(곤충 유생과 달팽이)에 의한 섭식은 하천에서 저서성 조류군집에 중요한 영향을 미치는 인자라고 알려져 있다. 이런 효과를 정량하기 어려운 점은 유속이 섭식자 배제 실험과 간섭이 일어나기 때문이다. 실험들은 포식하는 무척추동물들이 바위에 서식하는 부착생물을 억제할 수 있다는 것을 보여준다. Feminella *et al.*(1989)은 캘리포니아의 하천에서 인공기질(타일)을 설치하였다. 일부 타일들을 하천 바닥에 놓았기 때문에 섭식자는 완벽하게 접근이 가능하다. 다른 타일은 바닥에서 약간 올려서 설치하였다. 그 결과 기어다니는 섭식자는 배제되었고 떠다니는 하루살이 유충은 이들 타일에 대량 서식했다. 이 실험에서 나무 수관이 있는 하천 구간에 서식하는 부착식물을 빛이 조절하지만 햇빛이 들어오는 개방된 구간에서 섭식자들이 우세한 조절인자라는 것을 분명히 입증했다.

인공하천은 잘 조절된 조건하에서 부착식물에 대한 섭식효과를 연구하는데 이용되어 왔다(McCormick *et al.* 1994). 부착식물 생물량은 포식자(달팽이)가 있을 경우에 더 낮았으나, 하류에 서식하는 섭식자는 부착식물에 대해 간접적으로 영향을 미쳤다. 하류에 설치된 후 부착식물이 섭식됨으로써 벗겨진 타일은 부착식물이 섭식되지 않은 타일보다 조류에 의해 더 빠르게 군집화가 일어났다. 이것은 섭식자에 의해 탈락되어 떠다니는 조류의 많은 개체수 때문은 아니다. 대신에 섭식압 상태에서 조류세포는 생리적으로 더욱 활성화되고 더 빠르게 성장한다. 섭식구역에서 탈락되어 나온 세포는 섭식되지 않은 구역에서 나온 세포보다 새로운 기질에 부착한 즉시 더 높은 분열속도를 나타낸다.

우리는 또한 플랑크톤보다 부착생물의 섭식 선택성이 훨씬 더 복합한 것을 예상하였다. 플랑크톤보다 부착식물(원생동물에서 달팽이나 곤충까지 종종 초식어류까지)에 대한 포식자의 분류적 기원과 개체 크기에 큰 차이가 있다. 결국 초식성 동물플랑크톤의 선택성에 대한 뚜렷한 증거로는 보기 어렵다. 보호껍질이나 입자크기 이외에 부착조류가 먹이로서 섭취되는 정도는 기질에 부착하는 능력에 달려있다. 예를 들어 하천성 달팽이 *Theodoxus fluviatilis*는 조류가 단단하고 거친 표면에서 성장할 경우 치설을 이용해 부착식물을 부수거나 긁어 먹는다(Neumann 1961).

캐나다 Mephremagog호수에서 Cattaneo(1983)는 자연수초와 인공수초에 착생하는 부착조류의 거동을 조사하였다. 그녀는 두 가지 기질에서 비슷한 패턴을 관찰하였다. 6월에 빈모류와 깔따구의 침입으로 부착식물의 최대 생물량은 빠르게 사라진다. 그 이후에는 달팽이의 영향으로 부착식물의 생물량은 낮아졌다. 미세한 망으로 만든 공간에서 수행한 배제 실험은 부착식물 생물량이 섭식자에 의해 낮은 수준을 유지하는 것으로 제시하였다. 이런 배제실험에서 부착식물의 종 조성 또한 변화하였다. 대조군에서 남조류가 우점하였으나 녹조류와 돌말류는 실험구에서 우점하였다.

대형수생식물에 형성된 부착조류군집에 대한 섭식의 중요도는 Underwood and Thomas(1990)에 의해 분명하게 설명되었다. 이들은 섭식자 달팽이가 있거나 또는 없는 위치로부터 물 수세미 *Myriophyllum*의 줄기에 착생하는 부착식물을 연구하였다. 섭식한 식물에 착생하는 부착식물은 난형인 돌말류 *Cocconeis*가 우점하였는데 보통 식물표면에 편평하게 붙어서 자란다. 식물의 섭식되지 않은 구역은 다른 돌말류와 남조류가 서식한다. 실험실에서 섭식성 달팽이가 있거나 없는 두 종류의 부착식물 군집을 유지시켰다. 35일후, 부착식물 군집은 예상한 것과 같이 변화하였다. 섭식자 처리군은 부착식물 생물량이 낮았고, *Cocconeis*가 우점하였다. 반면 남조류는 비섭식 처리군에서 풍부도가 높았다. 이런 차이는 선택적 섭식과 달팽이의 섭식에 대한 조류의 저항 때문이다. 달팽이 먹이 중에 60% 이상의 조류가 장을 통과하거나, 다시 정착을 하고 성장하였다. 결국 섭식은 부착식물 군집의 구성을 변화시키며 경쟁자의 제거함으로써 대형수생식물에 도움을 주었다. Tall *et al.*(2006)은 퀘백(캐나다)의 한 하천에서 이끼에 부착하여 사는 식물부착 돌말류를 섭취하는 무척추동물 군집에서 선택적 섭식을 조사하였다. 그들은 무척추동물의 머리폭과 섭식자(곤충, 지각류, 지렁이)에 의해 섭취된 돌말의 최대 크기 사이에 유의한 양의 상관을 발견하였다. 이것은 플랑크톤의 상호작용에 대해서 개발된 몇 가지 활용사례들이 저서성 군집에도 적용될 수 있다는 것을 의미한다.

저서성 섭식자들은 의도적으로 선택을 할 수 있다. Hart(1985b)는 미시칸(미국)의 한 작은 하천에서 한 사례를 보고하였는데, 관찰한 구간이 부착조류의 느린 성장(주로 돌말류)과 빽빽하게 덮고있는 사상체 남세균(*Microcoleus vaginatus*) 사이에는 서로 달랐다. 남세균이 없는 구간에서는 날도래 유충 *Leucotrichia pictipes*의 섭식영역이었다. 유충을 제거할 경우 이 구역은 빠르게 남조 *Microcoleus*로 덮혔다. 재밌게도 유충은 실제 남조류를 섭취하였다. 그들은 정원사처럼 단순하게 제거하였고 그들의 먹이로 공급된 돌말류들의 더 좋은 성장을 유도하였다.

Dodds(1991)은 몬타나(미국) 하천에서 사상체 녹조류(*Cladophora*), 그들의 부착조류(돌말류), 그리고 무척추 섭식작(수생생물 유충)사이에 약간 복잡한 관계를 관찰하였다. 사상체와 부착조류간에 실질적인 먹이 경쟁은 보이지 않았다. 그러나 사상조류 위에서 돌말류가 성장할 때, 이전에 물 흐름에 대한 마찰 저항은 증가하고 조류 가닥들 사이에서 유속은 감소하였다. 물 교환이 부족한 녹조류는 광합성이 감소하였다. 섭식자들은 부착식물의 75% 정도를 제거하였고 영양물질을 배출하여 녹조류 성장을 도왔다. 이 경우 섭식저항 식물플랑크톤과 동물플랑크톤과 비슷한 유형의 섭식자의 활성으로부터 녹조류는 이익 받았다.

6.5 포식

6.5.1 사냥의 요소

포식자에게 있어 성공적인 사냥은 생식률을 높이고 자손의 생존 기회를 증가시킴으로 생존을 유리하게 만든다. 반면에 피식자에게는 사망으로 적합도가 감소하는 것이다. 포식자는 효과적으로 먹이를 잡을 수 있도록, 반면 피식자는 포식으로부터 자신들을 보호할 수 있도록 복잡한 특징과 전력들을 공진화해왔다. 사냥의 과정은 크게 4단계의 연속적인 단계로 특징지을 수 있다.

1. 포식자와 피식자가 서로 만난다.
2. 포식자는 먹이를 인지하고 공격한다.
3. 포식자가 먹이를 잡는다.
4. 포식자가 먹이를 먹는다.

이 과정은 다음과 같은 방법으로 나타낼 수 있다.

포식자와 피식자가 각자 다르게 이동
$\downarrow P_E$
조우
$\downarrow P_A$
공격
$\downarrow P_C$
포획
$\downarrow P_I$
섭취

각자의 위치에서 이런 특이한 과정이 지속될 확률(P)이 존재한다. 결국 성공적인 포식상호작용의 확률 (P_{SI})은

$$P_{SI} = P_E \cdot P_A \cdot P_C \cdot P_I$$

이와 같은 관계는 확률적으로 낮아 피식자가 살아날 경우를 제외하고는 모든 피식자에게 적용된다. 각각의 단계에서 다음 단계로 넘어가는 과정은 각 단계에서 발

생하는 포식자와 피식자의 적응능력에 따라 좌우된다. 이 피식자 포획과정들을 하위 구성요소로 나눔으로써 체계적으로 적응 메커니즘을 시험할 수 있다.

둘 간의 상호작용이 일어나기 위해서는 먼저 포식자와 피식자가 만나야 한다. 포식자와 피식자가 만날 확률은 둘의 평균 이동속도에 의존한다. 포식자는 먹이를 찾기 위해 두 가지 선택을 할 수 있다. 먹이가 지나가기를 조용히 기다리고 있거나, 활발히 먹이를 찾아다닐 수 있다. 담수에서 매복 포식자의 예로는 강꼬치고기, *Chaoborus* 치어 및 잠자리 유충 등이 있다. 먹이를 활발하게 찾아 다니는 전략을 선택한 육식동물에는 농어류, 육식 요각류 및 강도래 등이 있다.

포식자는 먹이를 찾고 존재를 인식해야 한다. 여기서도 포식자와 피식자의 특성이 중요하다. 먹이를 인지할 수 있는 포식자의 **탐지 반경**을 정의할 수 있다. 탐지반경이 클수록 먹이를 찾게 될 확률이 커진다. 탐지 반경은 주로 포식자의 감각 능력에 달려있다. 육식어류와 같이 육식동물의 시력뿐만 아니라 가시성, 크기, 색조 및 수영능력과 같은 먹이의 특성도 중요하다. 환경 조건 또한 탐지 반경에 영향을 줄 수 있다. 예를 들어, 육안으로 먹이를 찾는 포식자는 탁한 물에서 탐지반경이 작을 것이다.

일단 먹이를 발견하면 포식자는 공격을 할지 말지를 결정한다. 여기서 학습이 중요한 역할을 한다. 예를 들어, 물고기는 눈에 잘 띠는 색을 가진 물진드기를 쉽게 발견하지만 불쾌한 맛 때문에 빠르게 먹지 않는 법을 배운다(Kerfoot 1982).

설령 먹이를 발견했다 하더라도 먹이를 잡고, 삼키기 전까지 먹이에게는 도망칠 기회가 남아있다. 예를 들어, 최후의 순간에 도망치거나 포식자가 잡기 힘든 구조를 이용하여 자신을 보호할 수 있다. 담수에서 여러 종류의 윤충류(그림 6.22)는 포식자 앞에서 여러 가지 행동을 보인다. 유연체를 지닌 *Synchaeta*는 회피의 가능성이 적다. 반면 *Polyarthra*는 많은 노와 같은 구조가 있어서 동시에 프로펠러처럼 돌려 빠르게 앞으로 점프해 피할 수 있다. *Filinia*는 포식자가 잡기 어렵도록 3개의 긴 침을 쭉 뻗친다. *Keratella*는 강력한 갑옷으로 보호한다. 피식자가 도망가는 것을 결정하는 가장 중요한 요인은 포식자와 피식자의 크기 관계이다.

6.5.2 선택성

사냥 모델의 모든 구성요소는 포식자가 먹을 수 있는 먹이의 유형을 제한한다. 포식자의 위 내용물을 그 환경에 살고 있는 피식동물의 구성과 비교해보면, 큰 차이가 있다. 즉 포식자는 선택적으로 먹이를 잡아 먹는다. 특정 먹이에 대한 육식동물의 선호도를 특성화 할 수 있는 수 많은 선택도 지수(글상자 6.2)가 있다. 이 지수는 환경 내의 피식 종의 상대빈도와 포식자의 섭취습관을 기반으로 한다.

수중 포식자는 먹이 탐지 방법에 따라 먹이 선택의 완전히 다른 두 패턴의 그룹

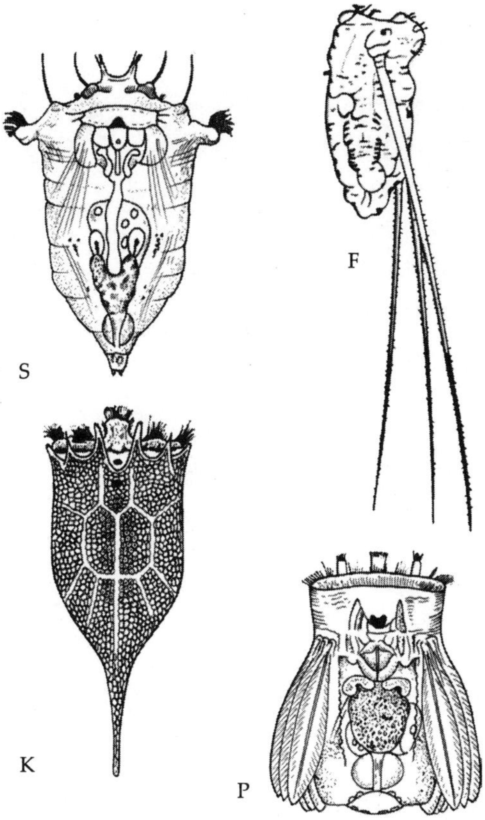

그림 6.22 윤충류의 다양한 방어기전. 유연체를 가진 *Synchaeta* (S)는 회피할 수 없다. *Filinia*(F)는 3개의 긴 침이 뻗어있다. *Polyarthra*(P)는 포식자를 피하기 위해 노와 같은 부속지를 사용하여 신속하게 점프할 수 있다. *Keratella*(K)는 갑옷으로 보호한다.

으로 나눌 수 있다. 물고기와 도롱뇽의 유생과 같은 담수 척추동물은 대부분 시각을 사용한다. 사냥에서 중요한 단계는 먹이를 찾는 것이다. 육식성 어류 중에 물고기를 먹는 어류의 입의 크기는 사냥할 수 있는 피식어류의 최대 크기를 제한한다. 플랑크톤이나 저서성 먹이를 먹는 물고기는 먹이에 비해 너무 커서 먹이를 다루는 것이 전혀 문제가 되지 않는다. 물고기 경우에 더 큰 먹이는 더 먼 거리에서 보인다. 따라서 큰 먹이를 먹으면 생존 확률이 높아진다. 결과적으로 척추동물 포식자는 혼합시켜 제공되는 먹이 중에서 더 큰 먹이를 먹는다.

육식성 동물플랑크톤이나 곤충의 유충과 같은 무척추동물은 시각보다는 물리, 화학적인 센서를 사용한다. 여기서 사냥의 성공을 위한 제한 단계는 시각이 아닌 먹이를 다루는 과정이다. 무척추동물은 상대적으로 작기 때문에 자신보다 더 작은 먹이가 필요하다. 그들은 일반적으로 먹이의 스펙트럼에서 작은 개체를 선택한다.

이렇게 척추동물과 무척추동물은 피식자 군집에 영향을 미친다. 척추동물은 상

글상자 6.2 선택성의 정량화

피식자에 대한 다양한 사망률을 가져오는 군집구조에 포식자나 섭식자의 선택적 포식의 중요성을 설명해 보자. 적절한 방법은 이런 다양한 사망률을 정량적으로 표현하는 것이 필요하다. 수 많은 지수가 개발되어 왔으며 대부분은 소비된 먹이나 그런 환경에서 나타난 섭취 가능한 피식자에 대응하는 입자나 특정 피식자 범위의 비율을 서로 비교하여 구한다. 예를 들어 포식자가 선호하는 입자의 크기를 결정하기 위해 전체 피식자 개체군 중에 포식자에 의해 먹힌 입자들의 먹이 크기에 따라 몇 % 또는 비율이 있는지 알아야 하고 결국 포식자의 위장에 같은 크기의 비율도 평가해야 한다.

환경(p)과 장내 비율(r)에서 특정 그룹의 상대적 비를 이용하면, 선택지수(r)가 계산된다(Ivlev 1961).

$$E = (r-p)/(r+p)$$

E는 -1에서 $+1$까지 변하고, -1과 >0은 먹힌 먹이 형태의 비율이 작거나 음의 선택성을 의미한다. >0~$+1$은 다른 그룹보다 더 빈번하게 먹이를 먹거나 양의 선택성을 의미한다. 먹이타입이 위나 환경에서 같은 비율을 보이면 결국 선택성은 없고, $E = 0$이다.

고전적인 Ivlev 지수는 먹이 종류의 상대적 비율과 밀접한 관련이 있고 그래서 먹이의 상대적 빈도가 포식자에 의한 먹이선택(빈도의존적 선택)에 영향을 미쳤는지를 검정하기 위해서 사용할 수 없다. Jacob(1974)는 결점이 없어서 널리 이용되고 있는 수정된 지수(D)를 추천하였다. D는 -1에서 $+1$까지의 범위이며, 0은 비선택적 포식을 의미한다.

$$D = (r-p)/[(r+p) - 2rp]$$

Chesson(1978)이 개발한 빈번하게 사용되고 있는 다른 지수(α)는 모든 종류(j)와 선택된 먹이종류(i)를 이용한다. 결국 관심거리 먹이의 비율은 r_i 또는 r_j이며, 환경에서 비율은 p_i 또는 p_j이다. i그룹의 선택지수는 결국

$$\alpha = \frac{r_i/p_i}{r_i/p_i + r_j/p_j}$$

범위는 0(음선택)에서 1(양선택)이고, 비선택은 0.50이다.

예

세 가지 먹이생물의 그룹이 어류에 섭취된다. 환경의 시료는 다음과 같다.

그룹	수	비율
A	600	0.60
B	250	0.25
C	*150*	0.15
합계	1000	

어류 위에서 발견된 것:

그룹	수	비율
A	15	0.47
B	8	0.25
C	*9*	0.28
합계	32	

위 내용물은 어류가 그룹 A를 더 선호하는 인상을 준다. Jacobs and Chesson에 의해 지수를 계산한다면

$$D_A = \frac{0.47-0.60}{0.47+0.60-0.564} = -0.257$$

$$\alpha_A = \frac{0.47/0.60}{0.47/0.60+0.53/0.40} = 0.372$$

동등하게 우리는 B: $D_B = 0$; $\alpha_B = 0.5$, C: $D_c = 0.376$; $\alpha_C = 0.688$. 먹이 종류 C는 A보다 선호하고, B는 선택성이 없이 섭취되면, 단순하게 그들의 상대적 풍부도에 비례하여 선택된다는 것을 알 수 있다.

대적으로 대형 무척추동물을 선호하며 플랑크톤 군집에 더 큰 영향을 미친다(단원 6.5.6).

6.5.3 척추동물 포식자

플랑크톤 섭식 어류

거의 모든 물고기는 그들이 성장할 때 물고기나 저서성 생물은 먹는다 하더라도 동물플랑크톤을 먹고 사는 단계를 거친다. 어떤 물고기는 그들의 전체 생활사 동안 플랑크톤을 먹고 산다. 예를 들어 개방성 연어류, 청어류 *Alosa*, 바다빙어 *Osmerus*는 성체가 되어도 플랑크톤을 주로 먹는다.

대부분의 플랑크톤을 먹는 물고기는 시각을 사용하여 먹이를 잡는다. 그러나 *Alosa pseudoharengus*, *Dorosoma cepedianum*은 여과로 먹이를 먹는다(Drenner *et al.* 1982). 그들은 입으로 물을 빨아들여 아가미 갈퀴를 통해 동물플랑크톤은 걸러 먹는다. 걸러지는 동물플랑크톤의 크기는 아가미 돌기 간의 거리에 달려있다. 큰 입자는 쉽게 남게되고 작은 입자는 아가미 여과기 사이를 빠져나간다. 이 결과 대형 동물플랑크톤을 선택적으로 사냥한다.

시각을 사용하는 물고기의 경우에도 자신의 아가미 칼퀴(새파) 보다 큰 먹이만을 사냥 할 수 있지만, 선택의 과정은 그 보다 먼저 시작된다. 먼저 먹이를 탐지해야 한다. 반응거리는 먹이의 발견 가능의 척도로 사용될 수 있다. 이 거리는 물고기가 먹이를 공격할 수 있는 거리이다. 눈에 쉽게 띄는 먹이일수록 반응거리가 길다. 반응거리는 먹이의 크기와 종류에 따라 결정된다. 큰 먹이는 작은 먹이보다 먼 거리에서 발견될 수 있다. 사실 먹이의 인식은 물고기 눈 망막에 상이 맺히는 것에 달려있다. 가까이에 있는 소형 동물플랑크톤은 멀리 있는 대형 동물플랑크톤과 같은 크기로 보일 수 있다. 이것을 외관상의 크기라고 한다. 주변 환경 및 운동 유형은 먹이 탐지의 또 다른 요인이다. 눈에 띄는 색과 움직임을 가진 먹이가 쉽게 발견된다(O'brien *et al.* 1985).

반응거리는 물이 탁할 때 또는 물이 채색되었을 때 더 짧다. 빛의 강도는 매우 중요하다. 빛이 임계점(수 Lux) 아래로 떨어지면 반응거리는 빠르게 감소한다. 물고기는 먹이와 매우 가까이 있을 때 그들을 발견할 수 있다(그림 6.23). 이것은 동물플랑크톤이 잡아먹힐 확률이 낮다는 것을 의미한다. 물고기 종류에 따라 먹이를 사냥할 수 있는 빛의 임계점이 다르다. 어떤 물고기는 달빛과 같은 낮은 광도에서도 사냥을 할 수 있다. 이런 종류의 물고기는 큰 먹이를 쉽게 사냥할 수 있다.

시각이나 여과의 방법으로 한 사냥의 성공은 먹이의 회피능력에도 영향을 받는다. 시각과 여과를 사용하는 두 사냥모델 모두 물과 함께 먹이가 입안으로 들어온다. 요각류나 지각류 *Diaphanosoma*와 같은 몇 종의 동물플랑크톤은 흐름 역행하는 강한 점프를 통해 사냥당하는 것을 피할 수 있다. 수족관에서 튜브를 이용해 물고기의 흡입을 재연하여 동물플랑크톤이 어떻게 사냥을 피하는지 관찰할 수 있다. 이와 같은 실험의 사례는 그림 6.24에 있다. 모든 동물플랑크톤은 튜브와 가까이

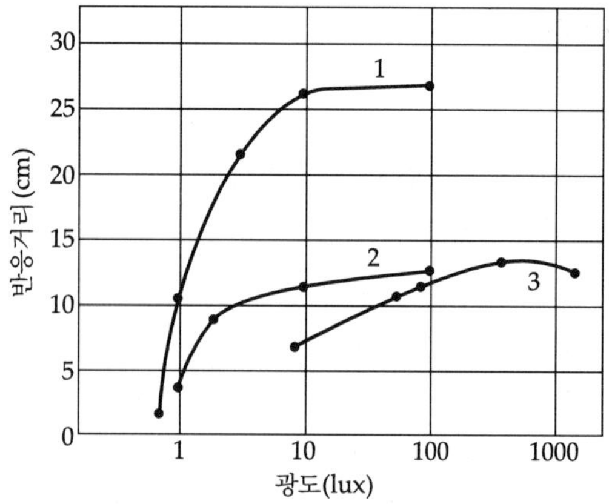

그림 6.23 다양한 광도에서 2 mm *Daphnia pulex*에 대한 어류의 반응 거리. 1, 블루길 *Lepomis macrochirus*; 2, 화이트 크래피 *Pomoxis annularis*; 3, 민물 송어 *Salvelinus fontinalis* (O'Brien, 1987).

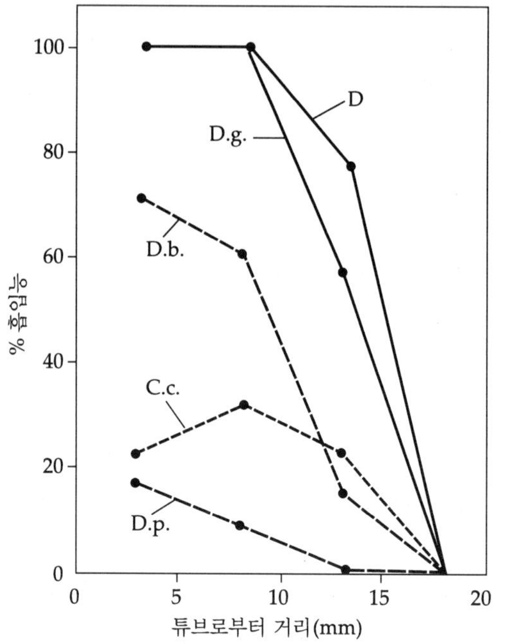

그림 6.24 동물플랑크톤의 도주 행동에 관한 실험. 고정된 거리에서 호스에 의해 흡입된 동물플랑크톤의 백분율. D, 죽은 동물 플랑크톤; D, *Daphnia galeata*; D.b. *Diaphanosoma brachyurum*; C. cyclopoid copepods; D.p., *Diaptomus pallidus* (Drenner *et al*. 1978).

있을 때 더 쉽게 잡혔다. 튜브와 8mm 이내에 있는 *Daphnia*는 모두 잡혔다. 반면 *Diaptomus*는 더 짧은 3mm의 거리에서도 20%밖에 잡히지 않았다. 이런 조절 실험을 통한 최종 결과는 수조 물고기가 *Daphnia*가 가장 먼저 잡혔고 요각류가 마지막으로 잡혔다. 이 실험을 통해 *Daphnia*가 *Diaptomus* 보다 물고기에게 쉽게 잡힐

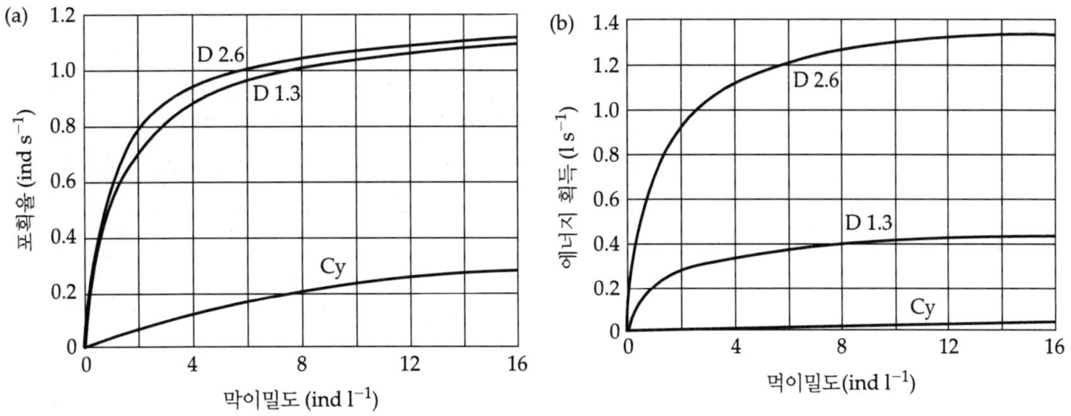

그림 6.25 소형(1.3 mm) 및 대형 (2.6 mm) 물벼룩 (D)과 요각류 *Cyclops* (Cy)을 먹인 1년생 농어에 대한 포획률 (a) 및 에너지 획득(b) (Persson 1987).

것이라고 예상할 수 있다(Brooks 1968).

먹이가 충분히 많아 탐색 시간이 중요하지 않다면 에너지 대사 측면에서 물고기는 최상의 먹이를 얻는데 집중한다. 이 효과는 이런 농어가 보여주는 것과 같이 먹이가 증가하는 안정된 먹이 섭식상태에 도달한다(그림 6.25a, b, 단원 4.3.2). 물고기는 크기에 상관없이 단위 시간당 특정 숫자의 *Daphnia*만을 먹을 수 있다. *Cyclops*는 더 잘 피하기 때문에 같은 시간 동안 더 적게 잡힌다. 물고기는 대형 *Daphnia*에 집중한다면 에너지 소비는 크다. 하지만 대형 *Daphnia*는 소형 *Daphnia*보다 더 많은 에너지를 가지고 있다. 큰 먹이의 밀도가 너무 낮아 먹이를 찾는 시간이 길어지면 물고기가 소형 *Daphnia*를 먹는 것이 더 유익하다. 이러한 최적 섭식 행동의 방향으로 진화한다고 가정할 수 있다. 이것은 더 많은 에너지를 소비하면 결과적으로 더 큰 적합도를 나타낸다는 것이다.

어류는 종종 특히 빛이 적은 조건에서 여과와 개개 입자들의 포획을 상호 전환한다(Janssen 1980). 모든 형태학적, 감각적, 행동적 요소는 같은 결과를 낸다. 플랑크톤을 먹는 물고기는 가장 크고 쉽게 잡히는 동물플랑크톤을 선택적으로 먹는다. 이 가설은 현장 연구에 의해 여러 번 확인되었다. 이와 같은 개념은 어린 농어류, 무기재 송어 또는 왜몰개의 위장에서 발견된 것과 호수에서 *Daphnia*의 크기별 분포를 비교함으로써 만들어졌다. 대형 *Daphnia*는 물고기의 위속에서 많이 발견된다(그림 6.26).

플랑크톤을 먹는 물고기는 역시 전문적으로 된다. *Daphnia*가 있는 동안 요각류가 환경에 아무리 많을지라도 그들의 위장에는 거의 없다. 동물플랑크톤을 혼합한 실험에서 *Daphnia*는 빠르게 먹혔고, 다음으로 대형 요각류 그리고 마지막으로 소형 요각류가 순서대로 먹힌다. 이런 확실한 전문화는 시각과 먹이의 회피 행동으로

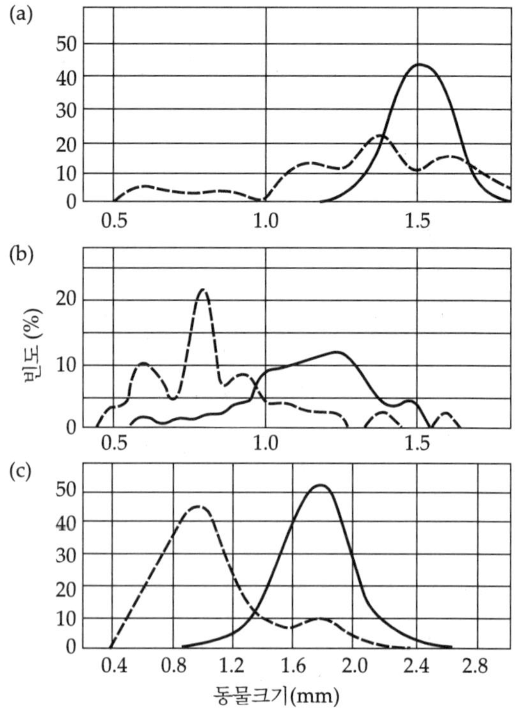

그림 6.26 호수(접선) 및 물고기 위장(실선) 속의 *Daphnia*의 크기분포. (a) Mondsee호(오스트리아)의 왜몰개 *Chalcalburnus chalcoides mento* (Wieser 1986); (b) Bautzen 저수지 (독일 드레스덴)의 농어류 *Pervi fluviatilis* (Köpke *et al*. 1988); (c) Stager 호수의 무지개 송어 *Oncorhynchus gairdneri* (미국, 미시간) (Galbraith 1967).

완벽하게 설명되지 않는다. 아마도 이것은 물고기의 학습 능력과 관련되어있다. 물고기는 *Daphnia*와 요각류를 보았을 때 이들 중에 중 *Daphnia*를 잡을 확률이 더 높다는 것을 알게 된다. 이러한 유형의 학습은 선택 과정을 더욱 강화시킨다.

이러한 일반적인 규칙은 먹이크기에 비해 상대적으로 큰 물고기 즉, 어린 물고기가 수 cm로 자란 후에 적용된다. 먹이 선호도에는 개체 발생학적 변화가 있다. 치어와 매우 작은 어린 물고기는 작은 크기의 먹이만을 먹을 수 있다. 작은 물고기의 치어는 처음에는 원생동물, 윤충류와 같은 가장 작은 동물플랑크톤에 의존할 수 밖에 없다. 그들이 좀 더 생장하면 요각류의 유생이나 지각류 등을 먹을 수 있다. 초기 발달 기간 동안 물고기는 그들이 잡을 수 있는 가장 큰 먹이를 먹는다. 이것은 물고기의 생활사에서 상대적으로 짧은 단계이므로 여름내내 지속되는 큰 물고기에 의한 먹이만큼 동물 플랑크톤에 영향을 미치지 않는다.

물고기의 크기 의존적 반응은 최근에 Laurentian Great 호수에 침입한 포식자 지각류 *Bythotrephes cederstroemi*에 의해 잘 설명된다. *Bythotrephes*는 약 2mm의 몸의 크기이며 약 10mm의 긴 꼬리돌기를 가지고 있다. 이 긴 꼬리는 어린 물고기들에 대한 효과적인 방어 장치이다. 무지개 송어가 *Bythotrephes* 먹는데 긴 꼬리 때문에 돌기 없는 것보다 8배 이상의 시간이 걸린다. 종종 작은 물고기는 *Bythotrephes*를 공격하지만 결국은 실패하게 된다(Barnhisel 1991). 그러나 대형 플랑크톤 섭식 물고기는 꼬리의 가시가 있는 먹이를 다루는데 어려움이 없으며 큰 크기와 높은 가시성으로 인해 오히려 이 동물플랑크톤을 더 선호한다. Ontario 호수에 서식하는 16.5cm 길이의 송어는 육수학자들보다 *Bythotrephes*를 찾는데 더 탁월하다. 그들의 밀도가 플랑크톤 네트로 잡을 경우 너무나 작지만 송어의 위장에는 *Bythotrephes*를 가지고 있다(Mills *et al*. 1992).

저서성과 어류섭식성 어류

어떤 어류는 나이가 들면서 저서생물을 먹는 것으로 바뀐다. 그들은 식물과 돌에 부착된 것이나 퇴적물 속에서 먹이를 찾는다. 하천에 사는 어류는 물에 빠진 곤충을 먹지 않고 대형무척추동물에 의존한다. 저서성 생물을 먹는 물고기는 가장 큰 먹이를 선호하지만 바닥에서 먹이들이 피할 수 있기 때문에 반응거리의 개념은 여기에 적용하기가 쉽지 않다. 대형무척추동물은 모든 어류가 먹을 수 있을 정도로 충분히 작다. 그러나 그들이 충분히 작다면 어느 정도 탐지를 피할 수 있다. 예를 들어 민물 송어는 하천에서 무척추동물 군집의 크기를 변경할 수 있다. 어류는 바닥 표면에 서식하거나 헤엄치며 이동(부유)하는 대형 무척추동물의 생물량을 감소시킨다. 그러나 바위틈에 살거나 크기가 2mm 이하의 작은 무척추동물에는 영향을 주지 못한다(Bechara *et al*. 1993).

도롱뇽 *Dicamptodon* 유생은 물고기와 비슷하게 행동한다. 대형 피식자는 하천에서 그들의 풍부성에 비해 그들의 위 속에서 많이 나타났다. 대형 피식자의 반응거리가 더 큰 것을 직접적으로 관찰하였다(예, 그들은 발각되기 쉽다). 처리시간은 피식자 크기가 증가함에 따라 증가하였지만, 피식자 생물량과 취급 시간의 비율이 대형 피식자의 경우 더 높았으므로 유생은 대형 피식자를 선택하는 것이 여전히 유리하다(Parker 1993).

이 사례는 가장 큰 먹이의 선택은 먹이를 찾는 것 뿐만 아니라 더 큰 먹이를 찾는데 제한된 시간을 소비하는 것이 유익한 지에 따라 달려있음을 나타내는 것이다. 또한 이것은 제브라 홍합을 먹는 잉어과 *Rutilus rutilus*의 선택을 그 예로 들 수 있다. 이 홍합은 좋은 먹이이지만 물고기는 인후치로 껍질을 깨뜨려야만 한다. 예상되는 이점은 홍합의 크기가 커짐에 따라 증가하는 홍합의 에너지 함량과 껍질 파괴 비용에 달려있다. 결과는 비록 그들의 개체수는 많지만 크기가 작은 홍합(<10mm)은 먹히지 않는다. 잉어과 물고기는 크기가 16 cm 이상으로 생장하면 조개를 먹기 시작한다(Preijs *et al*. 1990). 이 크기로 자란 이후에 홍합을 깨더라도 이득이 된다. 대형어류는 홍합을 처리하는데 드는 비용이 비교적 적게든다. 그러므로 어류는 입의 크기(입 크기의 약 60%)에 따라 그들이 먹을 수 있는 최대 크기의 홍합을 선택한다. 대형 어류는 작은 홍합을 찾는다면 단순히 이득을 보지 못한다. 입의 크기에 기반으로 했을 때 작은 어류는 작은 홍합을 먹을 수 있지만 껍질을 깨는 것은 매우

어렵다. 결국 작은 홍합들은 어디서든지 먹히지 않는다.

어류를 먹는 어류는 비슷하게 최적의 먹이 크기가 있다. 예를 들어 큰 베스가 작은 피라미를 쫓는 것은 이득이 되지 않는다. 반면 작은 베스에게는 가치있는 먹이다. 가장 큰 입을 가지고 있는 베스 *Micropterus samlmoides*는 자신의 입 크기의 1/3 정도인 먹이가 되는 어류를 선호한다(Werner and Hall 1988)

제한과 절충

물고기는 항상 최적의 먹이를 찾을 수 없다. 왜냐하면 먹이는 찾는 동안 그 자체가 위험에 노출 될 수 있기 때문이다. 플랑크톤을 먹고 사는 물고기는 밝은 빛에서 피식자에 대한 반응거리가 증가하기 때문에 먹이를 찾는데 유리하다. 그러나 동시에 시각으로 먹이를 찾는 포식자 어류와 물고기를 먹는 새들로부터의 위험이 더 증가한다. 이런 상황에서는 위험성 평가가 요구된다. 그러나 개별 물고기는 실제 피식의 위험성을 측정할 수 없다. 대신에 종들이 진화 과정 동안에 평균적으로 최적 행동 전략을 개발한다.

Bohl(1980)은 Bavaria 호수(독일)에서 어린 잉어류의 분포를 음향탐지기로 조하했다. 놀랍게도 어린 물고기들은 동물플랑크톤을 먹을 때 밤에만 개방수역으로 이동하였다. 낮 동안에 호숫가 근처에 머물지만 어두워지면 어린 물고기들은 흩어지고 개방수역에서 먹이를 먹기 시작했다.

어린 물고기는 떼지어 있을 때 포식성 물고기들로부터 더 잘 보호받는다. 낮 동안 개방수역에 머물러 있는 것은 매우 위험하다. 낮 동안 먹이를 더 잘 먹을 수 있다면 더 큰 위험에 대해 보상을 할 수 있다. 동물플랑크톤 피식자는 낮 동안에 눈에 잘 띄지만, 낮에 그들은 물 표면보다 호수 깊숙한 곳에 분포한다. 그래서 낮 동안은 먹이 농도는 낮다. 밤에는 동물플랑크톤이 표층부분으로 이동한다. 비록 물고기의 눈이 매우 낮은 광도에 적응할 수 있어야 하지만, 피식자 밀도가 높은 밤에 어류가 사냥하는 것이 가시성이 좋지 않더라도 더 유리하다(그림 6.23).

좋은 예로서 Brabrand and Faafeng(1993)은 어류 섭식 어류에 의한 크기-선택적 포식의 효과는 Norwegian 호수에서 우점을 하고 있는 잉어과 물고기 *Rutilus rutilus*는 치어일 때는 플랑크톤을 먹지만 성체가 되면 저서성 생물을 먹는다. 잉어류의 치어는 호수의 개방수역 뿐 아니라 호숫가에서도 잘 서식한다. 대형 어류는 호숫가에 더 많다. 호수에 강꼬치류 *Stizostedion lucioperca*가 도입된 후에 눈 큰 농어류의 쉬운 먹이인 어린 잉어류는 어류섭식성이며 눈알이 큰 물고기의 근연종으로써 개방수역에서 사라졌지만 호숫가에서는 개체수가 변하지 않았다. 대조적으로 크기가 커서 보호되는 대형 잉어류는 개방 수역으로 이동하였다. 그러나 호숫가에 있는 어린 잉어류는 포식성 농어 *Perca fluviatilis*의 먹이로 이용된다. 결과적으로 호숫가의 어류 군집은 잉어류(>95%)에서 농어류(>50%)로 우점종이 변하였다.

어류의 일생동안 잡아 먹힐 위험도와 마찬가지로 그들의 행동 역시 변할 수 있다. Werner와 Hall(1988)은 이익과 위험 요소를 측정하여 미시간에 있는 호수의 개복치 *Lepomis macrochrius* 행동을 설명하였다. 개복치는 호숫가에 둥지를 짓는다. 치어로 부화 후 그들은 동물플랑크톤을 먹을 수 있는 개방수역으로 이동한다. 그들이 12~14mm의 길이로 성장하면 호숫가로 되돌아와 식물들 사이에서 수년간 살면서 동물을 잡아 먹는다. 그들이 8cm 길이가 되면 다시 개방수역으로 돌아가 처음에는 풀 위의 물 속에 사는 동물플랑크톤을 먹고 나중에는 먼 개방수역에서 동물플랑크톤을 먹는다. 연구자들은 플랑크톤이 그들 생활사의 모든 단계에서 가장 적합한 먹이라고 주장하였다. 중간 크기의 개복치는 자주 발견되는 호숫가보다 개방수역에 설치된 양어장에서 더 잘 성장하였다. 왜 그들은 몇 년 안에 호숫가로 돌아갈까? 그 이유는 그들이 개방수역에서 큰입 베스의 먹이가 되기 때문이다. 베스는 입의 크기에 의해 제한된 포식자이며 자신 길이의 15~40% 정도인 먹이를 먹는다. 베스는 어류섭식성이며 길이가 35cm로 자라면 개복치에게 위협이 된다. 그러나 호수에 20cm 이상의 대형 베스가 상대적으로 적다. 분명히 호숫가에 있는 개복치가 8cm정도 자라면, 플랑크톤을 먹는 것이 포식 어류에게 먹힐 위험을 능가한다. 그래서 그들은 개방수역으로 돌아간다.

6.5.4 무척추동물 포식자

포식자의 종류

무척추동물은 초식자이거나 잡식자 및 육식자이다. 이들은 종종 피식자 개체군에 놀랄만한 영향을 미친다. 그러나 군집에 미치는 영향은 어류에 미치는 것과는 완전히 다르다. 수서 무척추 동물(몇 종류의 곤충을 제외하고)은 척추동물과 같이 고도로 발달된 눈을 가지지 않기 때문에 시각은 그다지 중요하지 않다. 무척추동물 포식자는 대개 물리적, 화학적 감각으로 먹이를 찾는다. 또한 무척추동물 포식자는 어류에 비해 상대적으로 작다. 따라서 그들의 먹이 선택은 먹이를 잡을 수 있는 능력에 달려 있다. 자신보다 큰 먹이를 포획할 수 있는 무척추 동물 포식자는 독을 사용하는 포식자이다(포식성 잠수파리의 유충 *Dytiscus*). 어류와 양서류는 담수에서 유일하게 중요한 척추동물 포식자인 반면에 무척추 동물 포식자는 여러가지 먹이선택과 먹이포획 방법에 상응하는 다양한 분류군으로 구성되어 있다.

포식성 지각류 *Leptodora*와 *Bythotrephes*는 먼 개방수역에서 대표적인 무척추동물 포식자이다. 그들의 가슴 부속지는 바구니 모양의 기관을 형성하며, 물을 통과시켜 바구니에 작은 지각류 먹이를 모은다. 또 다른 포식성 지각류 *Polyphemus*는 호숫가의 제한된 곳에서 밀집된 상태로 무리를 형성한다. *Polyphemus*는 먹이 탐지를 위해 큰 복안을 사용하여 작은 동물플랑크톤을 잡는다. 유령깔따구 *Chaoborus*의 유충은 매복을 하여 사냥하는 포식자이다. 그들은 변형된 기관인 "헤엄부레"를 이용하여 수체에서 움직이지 않고 있을 수 있다. 피식자가 헤엄칠 때 *Chaoborus*는 물리적 감응기로 그것을 감지하고 갑자기 공격하여 구기부로 먹이를 잡는다(Swift and Fedorenko 1970). 장구모양 요각류는 유충의 발생과정 동안에 초식에서 육식으로 전환한다. 네 번째와 다섯 번째 영인 장구모양 요각류는 조류를 먹을 뿐만 아니라 윤충류와 작은 지각류(naupli, copepodid 단계, cladocerans)를 먹는다. 때로는 어류 치어와 같은 더 큰 먹이도 공격한다. 요각류는 피식자가 형성하는 미세 난기류의 흔적을 감지함으로써 물속의 먹이를 추적할 수 있다는 것을 고속 촬영으로 볼 수 있다(Strickler 1977). 칼라누스류 요각류는 일반적으로 초식동물로 간주되지만 육식성(예, *Epischura*) 또는 잡식성도 있다. 사실 작은 동물플랑크톤(윤충류, 원생동물)을 먹는 "초식성" 요각류(예, *Diaptomus*)에 대한 보고가 증가하고 있다(단원 6.5.5). 가장 많이 연구된 포식성 윤충류 중에 하나가 *Asplanchna*이다(단원 6.5.5). 이들은 쭉 뻗을 수 있는 손가락모양 구기를 이용하여 다른 윤충류를 잡아 먹는다. 물진드기 *Piona*는 종종 열대 수계에서 중요한 포식자이다.

하천에 서식하는 중요한 무척추동물 포식자는 집 없는 날도래(Trochoptera), 강도래(Plecoptera), 잠자리와 같은 많은 곤충 유충을 포함한다. 포식성 물방개(dytiscids)와 뱀잠자리 *Sialis* 등은 강한 집게발 같은 아래턱을 가진 포식자로 인식된다. 물표면 바로 아래서 사냥하는 송장헤엄치개 *Notonecta*는 호수와 연못이 있는 피식자 개체군에 대해 중요한 영향을 미친다. 거머리와 편형동물(turbellarians)은 종종 저서동물군집에서 중요한 무척추동물 포식자이다.

먹이선택

시각을 사용하는 사냥하는 포식자의 가장 중요한 단계는 먹이를 탐지하는 과정이다. 대조적으로 무척추동물 포식자의 성공은 피식자를 만나고 처리할 수 있는 가능성에 달려있다. 포식자는 더 큰 먹이를 더 쉽게 발견하지만 더 큰 피식자를 잡는 것이 더 어려워지고 처리하는 데 더 오랜 시간이 걸리므로 포획률(capture efficiency)은 감소한다(포획시도에 대한 실제 먹이 섭식). 이런 관계는 *Daphnia*를 먹는 유령깔다구 *Chaoborus*에 대해 특히 잘 연구되어 있다. 그림 6.27은 *Chaoborus* 유충에 의한 표식 구성 요소를 요약한 것이다. 만날 확률은 *Daphnia*(A)의 크기에 대해 선형적으로 증가하지만 처리 시간은 기하급수적(B)으로 증가한다. *Daphnia*의 크기에 따른 포획 효율은 선형적으로 감소한다. 그것은 포획 효율이 처리시간에 따라 감소하기 때문이다. 피식자를 만날 확률 곱하기 포획 효율은 피식자가 먹힐 위험성의 척도이다. 중간 크기의 피식자는 포식될 위험성이 가장 높다(C). *Chaoborus*와 *Daphnia*를 사용한 먹이선택 실험은 실제로 중간크기(D)에 대한 강한 선호도를 보

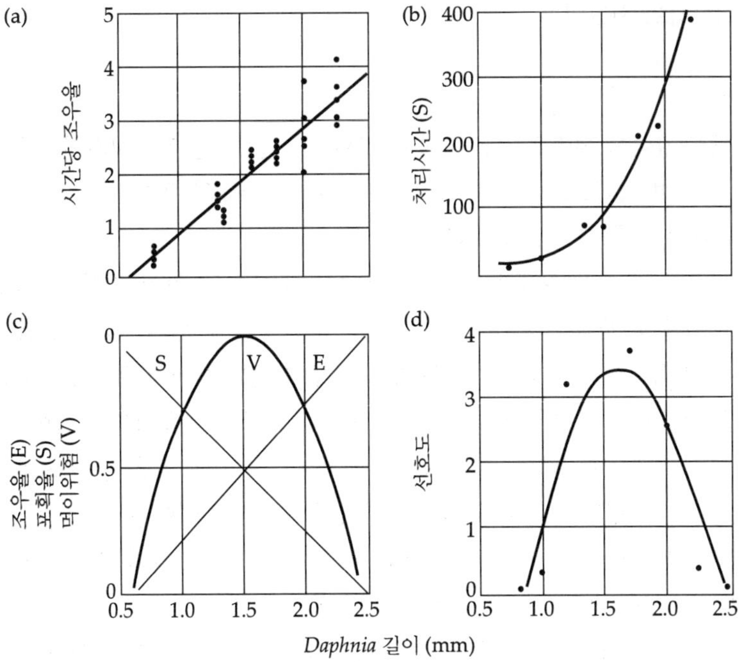

그림 6.27 중간크기의 *Daphnia*에 대한 4영기의 *Chaoborus* 유충의 선호도. (a) 피식자 크기에 따라 만날 확율이 증가한다. (b) 먹이크기에 따라 처리 시간이 증가한다. (c) 조유율(*E*)와 포획 효율(*S*)로부터 추정된 먹이 위험에 대한 모델 예측(*V*). 이 모델은 약 1.5 mm 물벼룩에 대한 선호도를 예측하는 모델. (d) 선호도의 실험적 측정(Pastorok 1981).

였다(단원 6.5.5).

이 포식 모델은 저서성 포식자에게도 적용될 수 있다. 포식성 강도래 유충 *Hesperoperla*는 자신의 몸 크기에 따라 먹이를 선택한다. 작은 강도래 유충은 작은 먹이를 선호하며 큰 유충은 큰 먹이를 선호한다. Allan 등(1987)은 먹이 크기에 따라 만남 확률과 처리 시간은 강도래 유충의 크기에 비례하여 증가한다는 것을 실험적으로 증명하였다. 이 두 과정의 상대적 중요성은 다를 수 있다. 피식자의 크기는 처리시간을 변화시키지만 흑파리 유충 *Simulium* 같은 먹이가 부착생활을 한다면 만날 확률에 거의 영향을 미치지 않는다. 만남의 빈도는 하루살이 유충같이 이동성이 큰 피식자의 크기에 따라 증가한다. 하루살이와 흑파리 *Simulium* 유충을 동시에 포식자에게 공급하면 포식자는 하루살이 유충보다 흑파리 *Simulium* 유충 발견 빈도가 더 낮지만 도망치지 않는 부착성 유충을 잡는 것이 더 성공적이다. 결과적으로 포식자는 흑파리 *Simulium* 유충을 선호한다는 것이다. 이 사례에서 요점은 어떤 특정 먹이에 대한 포식자의 선호도가 반드시 관련될 필요는 없지만, 단순히 피식자와 포식자의 특성의 결과이거나 피식자를 처리하는 데 겪게 되는 어려움들이다.

6.5.5 피식자의 방어체계

위험감소

포식은 매우 강력한 선택요소다. 피식자가 많은 방어기작을 진화시키면 그들의 사망률을 더 낮추며 적합도를 높이는 것으로 예상된다. 적응의 유형은 포식자가 척추동물인지 무척추동물인지에 따라 결정된다.

방어기작은 피식자 포획을 어느 단계에서 조치를 취할지 정할 수 있다(단원 6.5.1). 첫 번째 단계에서 피식자의 탐지 가능성을 줄일 수 있다. 시각적으로 포식하는 포식자에 대해서 피식자는 가능한 보이지 않게 하는 것이 이득을 볼 수 있다. 저서동물은 플랑크톤이 사용할 수 없는 기작인 은둔이나 적응색을 획득할 수 있다. 하지만 플랑크톤은 투명하게 되거나 포식자가 볼 수 없는 깊은 물 속으로 이동할 수 있다. 포식자 지각류 *Leptodora*는 투명성의 극단적인 예이며, 몸의 보이는 부분(눈, 장)이 크게 줄어든다. 몸 크기가 10mm 정도인 동물은 매우 투명하지 않고는 플랑크톤 섭식 어류와 함께 사는 것은 불가능하다.

시각적 의존성 포식자가 있는 호수에서 대개 투명하고 눈에 잘 띄지 않은 동물플랑크톤이 서식하고 있으며, 어류가 없는 일시적인 연못에서 동물플랑크톤의 몸은 상당히 색소가 많이 있다. 칼라느스목 요각류(예, *Diaptomus leptopus*)는 몇가지 색깔을 변화시킬 수 있다. 그들은 엷거나 밝은 적색 또는 청색이다. 붉은 색소는 카로티노이드이고 파랑 색소는 카로티노이드-단백질 복합체이다. 이 색소들은 요각류를 빛의 의한 해를 입지 않도록 보호한다. 색소가 없는 요각류는 햇빛에 직접 노출되면 색소가 있는 요각류보다 빠르게 죽는다. 자연에서 색소가 없는 요각류는 깊은 물속으로 이동하여 이와 같은 효과를 피할 수 있다. 가장 밝게 채색된 요각류는 태양빛 특히 강한 고산 호수에서 발견된다. 어류는 기회가 주어지면 우선적으로 색깔이 있는 요각류를 잡아 먹는다. 따라서 색깔이 있는 요각류는 비교적 많지 않으며 어류가 없거나 빛에 대한 보호가 포식 사망률이 증가하는 단점을 능가하는 곳에서만 발견된다(Bryon 1982).

Hairston(1981)은 흥미로운 사례를 소개하였다. 워싱턴주에 있는 인접한 두 호수에서, Soap 호수의 염도는 17%로서 Lenore 호수보다 훨씬 높다. 요각류 *Diaptomus nevadensis*는 두 호수에서 모두 출현한다. Soap 호수에서 요각류는 밝은 적색을 띄지만, Lenore 호수에서 요각류는 거의 색깔이 없다. 언뜻 보기에, 다른 비생적 요인이 생물의 색깔을 다르게 만든다고 생각할 수 있다. 이러한 차이의 실제 이유는 Lenore 호수에서 시각에 의존하여 요각류를 사냥하는 포식자인 도롱뇽 유생이 있기 때문이다. Lenore 호수에서 높은 염도는 도롱뇽 유생을 배제시키거나 간접적으로 요각류가 보호색소를 형성하도록 도운 것이다. 실험적 증거는(Hansson 2004) 요각류가 이러한 포식자들의 위협에 대응할 수 있도록 보호색의 수준을 조절할 수 있다는 것이다. 그들은 위험한 자외선에 대응한 색소를 만들지만 어류가 존재하는 것보다 없을 때 더욱 밝아진다.

무척추동물 포식자 들은 기계적인 감지기로 그들의 피식자를 탐지한다. 포식자는 거의 파동을 만들지 않는 피식자를 탐지하기 어렵다. 작은 지각류 *Bosmina*와 *Chydorus*는 포식자 요각류 *Cyclops*가 나타나면 죽은 척을 하거나 껍질을 열어 자신의 안테나를 추격당한 것처럼 이용할 때 유리한 점을 갖는다. 이것은 파동을 거의 만들지 않은 상태로 그들을 천천히 가라앉게 한다. 연속촬영은 *Cyclops*가 죽은 척하는 *Bosmina*를 찾는데 큰 어려움이 있는 것을 알려준다(Kerfoot 1978).

여과섭식하는 동물은 특히 먹이를 먹을 때 상당한 파동을 일으킨다. 이로 인해 최적화 문제가 발생한다. 여과섭식 활동이 커질수록 더 많은 먹이를 섭취하지만 무척추동물 포식자에 탐지될 가능성도 높아진다. 이것은 포식자 요각류가 존재할 때 초식성 요각류가 여과섭식 먹이 활동을 감소시키는 원인이 된다. 따라서 여과섭식 요각류들은 파동과 화학적 소통으로 포식자들의 접근을 인지할 수 있다(Folt and Goldman 1981).

일단 포식자들에게 발견되더라도 피식자들은 도망가면서 살아남을 수 있다. 포식자와 접촉이 이루어지기 전에 도망가거나 포식자가 포획하는 것을 성공적으로 막는 것과 같은 회피의 문제를 해결할 수 있는 몇 가지 방법이 있다(그림 6.22). 포식자가 포획하는 것에 대한 간섭은 무척추동물 포식자에게 매우 효과적이다. 이것은 단순히 몸 크기를 늘리거나 침과 같은 돌기 또는 갑옷과 같은 방해 구조물로 간단히 성취할 수 있다. 연한 몸을 가진 윤충류 *Conochilus unicornis*는 많은 동물들로 이루어진 군체를 형성하는데, 이 군체들은 기저부에 부착되어 젤라틴 구를 만들고 동물 한 개체보다 더 크다. 지각류 *Holopedium gibberum*은 세포자체를 두꺼운 젤라틴 덮개에 싸여 효과적으로 몇 배의 체적을 늘리고 껍질에 좁은 구멍을 내고 안테나를 남겨두는 등의 비슷한 기작을 채택하였다. *Holopedium*을 공격하는 *Chaoborus* 유충은 젤라틴으로 덮혀있지 않은 이상적인 크기의 피식자일지라도 사냥에 실패할 것이다(Stenson 1987).

*Holopedium*의 젤라틴 덮개는 진화론적 개념과 생물학적 상호작용을 강조하는 생태학에서 확립된 새로운 유형의 사고에 대한 훌륭한 사례이다. 젤라틴 덮개의 중요성에 대한 고전적 해석은 가라앉지 않도록 과도한 무게를 줄이는 것이다. 실제 젤라틴은 상태밀도는 1.0이 되어 동물의 전체 중량을 감소시킨다(단원 4.2.6). 이 가설을 검정하기 위해, 젤라틴 덮개가 있는 동물과 없는 동물의 두께 및 침강속도를 측정하였다. 젤라틴이 없는 마취된 동물 1.014의 밀도에서 0.31cm s^{-1}의 속도로 가라 앉았고, 젤라틴 덮개를 가진 동물(밀도 1.0015)은 0.22 cm s^{-1}로 침강하였다. 무생물적인 효과만 고려하면 젤라틴의 장점은 결국 동물이 물에 뜨있으면서 머무르는 데 필요한 에너지를 거의 요구하지 않는다. 그러나 이것은 젤라틴을 생산하는

에너지 비용과 수영 및 여과섭식에 대한 단점을 무시하는데, 실질적으로 에너지 비용에서 이점이 있는 지 의문을 갖게 한다. 최근 몇년간 개체와 생물적 환경과의 상호관계에 중점을 두고 설명해왔다. 먹이선택 메커니즘과 동물플랑크톤에 대한 무척추동물 포식자의 중요성이 알려진 후 포식자에 대한 방어로서 젤라틴 덮개에 대한 더욱 설득력 있는 해석이 제시되었다는 것이다.

동물플랑크톤과 달리 저서생물은 숨거나 잘 보이지 않을 수 있다. 그들의 색은 보통 바닥과 일치하거나 바닥물질을 이용하여 집을 만든다. 저서생물중의 하나인 실잠자리 유충은 수생식물의 잎이나 줄기 뒤에 능동적으로 포식자의 반대편으로 숨는다. 많은 하천생물은 낮에는 바위 밑에 머무르며 밤에는 위쪽으로 와서 거기서 자라는 조류를 섭식하며 살아간다. 이러한 행동은 어류처럼 시각 의존성 포식자로부터 보호된다. 시각으로 사냥하는 포식자의 회피는 예를 들어 떠 있는 생물체에 대한 반응으로 일주기성을 나타낸다(단원 4.2.5). Flecker(1992)는 표류의 시기선택이 어류에 의해 선택되어 왔음을 제시하였다. 안데스 산맥에 서식하는 곤충 유생은 어류가 서식하는 하천에서 표류하는 일주기를 보였으나 어류가 없는 하천에서는 주기성이 없었다. 실험에서 어류를 배제했을 때와 같이, 일주기성(빛에 대한 반응)은 유전적으로 고정되어 지속되었다. 비슷하게 유전적으로 고정된 포식자 회피 반응은 뉴질랜드의 하루살이 약충에서 발견되었다. 도입된 브라운 송어 *Salmo trutta*는 뉴질랜드의 많은 하천에서 고유종(예: *Galaxias*)을 제거했다. 송어와 *Galaxias*는 섭식 행동이 다른데, 송어는 시각의존성 사냥꾼으로 떠 있는 곤충을 먹는 반면, *Galaxias*는 밤에 활동을 한다. 송어가 최근에 도입되었지만, 송어가 있는 하천에 있는 하루살이는 밤에 가장 큰 활동을 하고 떠 다니는 데, 이것이 시각의존성 사냥꾼이 있더라도 유리한 점이 있다. 실험 수로에서 *Galaxias*를 만나거나 또는 어류가 없을 때에도 그들은 이런 패턴을 유지하는 데 그것은 불이익이 된다. 이에 비해, 물고기가 없거나 *Galaxias*가 있는 하천에서 송어와 하루살이가 함께 만난다면, 어류가 없는 곳에서 하루살이는 절대 야행성 표류를 보이지 않는다. 이들 하류살이들은 자신들의 포식자인 *Galaxias*가 있을 경우 밤에 잎 조각같은 먹이를 섭취한다(McIntosh and Townsend 1994). 세계 다른 지역에서도 고유종 송어가 있는 하천에 서식하는 하루살이는 더욱 유연한 포식자 회피전략을 진화시키기 위한 충분한 시간을 갖는다는 증서가 있다. 그들은 포식지의 존재 여부에 따라 그들의 활동 주기를 바꿀 수 있다. 야간활동이 시각의존성 포식자가 없을 때 잇점이 없으며, 포식에 대한 시간이 한정되기 때문에 성장이 감소하므로 이런 전략이 가장 적합하다(Perckarsky *et al*. 1993). 곤충들은 화학적 단서로 어류 포식자의 존재를 감지한다(Cowan and Perckarsky 1994)(단원 6.5.5).

부드러운 기질에 사는 저서성 무척추동물은 퇴적물에 굴을 파고 산다. 예를 들어, 깔다구 유충 *Sticto-chironomus*는 그들이 어렸을 때는 호수의 퇴적물 표면 근처에서 먹이를 찾지만, 그들이 더 성장하면 할수록 더 커질수록 더 깊이 파고 들어간다. 유충 4령기 동안, 그들은 바닥 섭식성 도미가 영향을 미치지 못하는 퇴적물 2cm 이상의 깊이에서 산다(Van de Bund and Groenendijk 1994). 일부 수서 딱정벌레, 수생 곤충 및 물 진드기류들도 화학적 방어를 사용한다. 그들은 독성이 있는 땀샘을 가지고 있거나 맛이 없다. 어류는 빠르게 이런 생물들을 방법을 익힌다(Kerfoot 1982).

다른 방어 메커니즘은 물리적인 방법이나 화학적인 방법을 사용하는데 그들은 독샘을 가지고 있거나 또는 역겨운 맛을 낸다. 어류는 재빨리 이들을 회피하는 것을 학습한다(Kerfoot 1982). 저서생물들의 다른 방어기작은 무척추동물에 대해서 사용된다. 그것은 그들이 기계적 감응기나 화학적 감응기에 적응되어 있기 때문이다. 작은 생물들은 큰 포식자들이 따라 올 수 없는 모래의 틈새 공간으로 숨거나 피할 수 있다. 또한 날도래는 이와 같은 집을 사용함으로써 포식자로부터 자신을 보호한다. 하지만 이것은 포식자로부터 시기 적절하게 피하도록 피식자를 돕는 적응이다.

하루살이 유충은 포식자 강도래 유충을 기계적으로 감지하며 역으로 강도래 역시 기계적으로 하루살이 유충을 감지한다. 그들은 자신을 하류로 이동하면서 피신한다. 강도래 유충은 특정 하루살이를 선택적으로 먹는다는 것은 사실이 아니다. 왜냐하면 그들을 더 선호하기 때문은 아니고 오히려 피신하려는 하루살이의 능력 차이 때문이다(Perckarsky amd Penton 1989). 하천에 서식하는 무척추동물 포식자들의 효과는 다른 기작에 의해 발생된다. 예를 들면, Lancaster(1990)는 포식자 강도래 약충 *Doroneuria*의 존재가 깔다구 유충과 하루살이 유충 *Baetis*의 풍부도를 감소시켰다. 깔다구의 밀도 감소는 강도래에 의한 포식때문이지만 유충 *Baetis* 개체수의 감소는 그들의 표류율이 포식자 유인을 증가시켰기 때문이다. 달팽이는 거머리의 공격을 받으면 물 밖으로 나온다(Brönmark and Malmqvist 1986). 물론 이것은 단기적인 해결책일 뿐 결국 달팽이가 말라 버리거나 새와 같은 다른 포식자들의 먹이감이 된다. 이러한 독특한 행동은 포식자를 피하는데 적합하지만 포식자가 실제 존재할 때만 이용된다. 한가지 분명한 것은 포식자를 회피하는 것은 이와 관련하여 비용이 지불된다(예: 피식자는 먹이를 찾는 데 시간이 덜 걸린다). 포식자 회피 비용은 후속 단원에서도 다루어질 것이다. 지금까지 알려진 바에 의하면, 포식 위험에서 먹이를 찾는 생물들은 제한된 시간 예산, 차선책의 서식지, 방어에 할당된 초과 에너지 등의 치명적 결과를 겪는다. 예를 들어 포식자 강도래 약충의 회피는 먹이부족과 비슷하게 하루살이 *Baetis*의 더 낮은 생색력과 성장을 유도한다(Peckarsky *et al.* 1993). 예를 들어, 무리 짓기/집단 행동(단원 5.5), 수직 이동(단원 6.8.4), 서식지 이동(단원 6.5.3) 등은 포식자 회피 전략으로 간주될 수 있는 다른 여러 현상들이다.

화학적 유도

수 많은 방어기작이 화학적으로 유도된다는 사실이 입증되었다(Larsson and Dodson 1993). 피식자들은 포식자에 의해 직접적으로 또는 상처입은 피식자에서 방출되는 화학물질에 의해 포식자의 존재를 탐지할 수 있다. 피식자들은 그 행동을 바꾸거나, 형태학적 방어 구조를 개발하거나, 그들의 생활사를 조정함으로써 대응할 수 있다. 물 속에서 화학물질의 확산은 피식자가 서로 만나기 전에 포식자를 탐지할 수 있게 한다. 이 방법은 필요할 때만 포식자들에게 방어할 수 있는 효과적인 수단이지만 비용과 한계가 있다(DeWitt *et al.* 1998). 상처입은 잉어의 피부는 같은 종의 다른 개체들이 극심한 공포상태에서 피하도록 하는 경고물실을 방출한다는 것이 오래전부터 알려져 왔다(Von Frisch 1941). 이 경우에 다른 피식자들이 감지할 수 있도록 피식자는 화학적 신호를 분비한다. 경고신호는 특히 어류에서 잘 연구되었으나(Smith 1992), 다른 생물에게도 중요한 역할을 한다.

카이로몬이라고 부르는 화학적 신호는 포식자들이 방출하고 피식자들이 탐지한다. 두 종류의 신호를 구별하는 것은 쉽다. 경고물질이 들어오면 피식자는 포식자가 없어도 같은 종들의 상처에 반응을 보일 것이다. 신호가 카이로몬인 경우, 피식자는 같은 종들의 상처에 반응을 보이는 것이 아니라 오히려 포식자의 냄새에 반응을 보일 것이다. 피식자가 포식자("냄새")의 화학신호에 따라 형태학적 변화 또는 독특한 행동으로 반응하는 많은 사례가 발견되었다(Brönmark and Hansson 2000). 예를 들어, 붕어 *Carassius carassius*는 포식자인 북쪽 지역 강건치 *Esox lucius*가 있을 경우 자신들의 체형을 바꾼다. 신체 길이와 높이의 비율이 더 커진다. 창건치는 입의 크기에 의해 섭식의 제한을 받기 때문에 같은 길이이지만 가느다란 어류에 비해 높은 관심을 끄는 피식자를 먹는 것이 성공적이지 못하다. 결국 이와 같은 체형의 변화가 특정한 포식자로부터 붕어를 보호하게 한다. 성장패턴의 변화는 상처입은 잉어의 경고 물질이 아니라 송어에서 나온 화학물질에 의해 유도된다(Brönmark and Pettersson 1994).

동물플랑크톤 내에서 윤충류와 지각류는 특정 포식자가 존재할 때 가장 뚜렷한 표현형 변이를 나타낸다. 가장 잘 알려진 사례는 초식성 윤충류 *Brachionus calicifloris*와 *Keratella testudo*은 포식자 윤충류 *Asplanchna*에 의해 침상돌기가 유도된다는 것이다. *Brachionus calicifloris*는 길고 뻗어있는 꼬리돌기가 있는 것과 없는 것의 두 가지 형태를 나타내었다(그림 6.28a). 또한 *Keratella*는 긴 침상돌기 또는 둥근 기부를 보이거나(그림 6.28b) 이들의 중간 형태도 존재한다.

*Brachionus calicifloris*는 포식자가 없는 상태에서 배양될 때, 침상돌기를 만들지 않는다. 그러나 대형이며 낭상의 윤충류 *Asplanchna*가 배양기에 도입되면 첫번째 자손은 긴 침상돌기를 만든다. 이것은 *Asplanchna*가 살고 있는 물에 접촉할 때 작용하는 것이다. 그러므로 침상돌기 형성은 물에 녹아있는 물질에 의한 것이다.

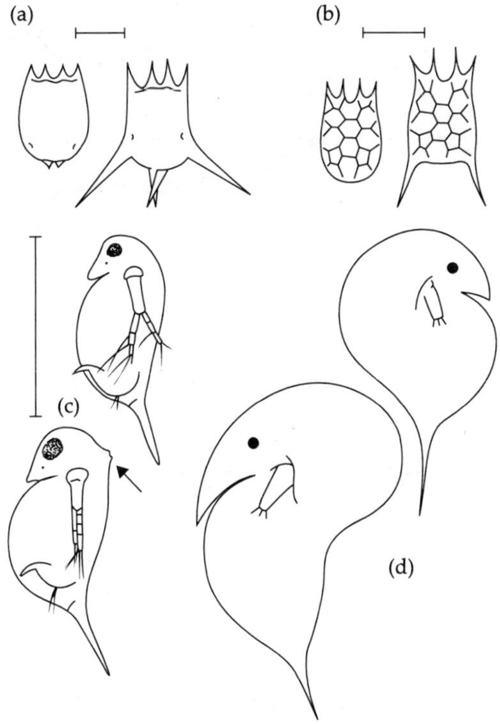

그림 6.28 동물플랑크톤의 방어기작인 화학적 유도. 포식동물의 존재여부에 따라 생산된 형태는 서로 옆에 둔다. (a) 포식자 윤충류 *Asplanchna*에 의한 윤충류 *Brachionus calyciflorus*에 유동성 침상돌기 유도; 범례 100 μm(Halbach 1969). (b) *Asplan-chna*에 의한 윤충류 *Keratella testudo*의 딱딱한 돌기 유도; 범례 = 100 μm(Stemberger 1988). (c) *Chaoborus* 유충에 의한 *Daphnia pulex*의 경부이빨(neck teeth) 유도; 범례 = 1 mm (Havel and Dodson 1984). (d) 송장헤엄치게 *Anisops*에 의한 *Daphnia carinata*의 헬멧 유도; 물벼룩 크기는 약 5 mm이다(Grant and Bayly 1981).

침상돌기의 방어 가치는 *Asplanchna*가 침상돌기가 있는 것과 없는 *Brachionus*를 섭취할 때 나타난다. *Asplanchna*는 침상돌기가 없는 *Brachionus*를 먹는 데는 아무런 어려움이 없다. 그러나 그것이 침상돌기가 있는 *Brachionus*를 공격할 때, 피식자는 침상돌기를 길게 뻗어 *Asplanchna*가 더 이상 피식자를 삼키지 못하게 함으로써 놓아주게 된다. Halbach(1969)는 침상돌기를 만들 수 없는 *Brachionus rubens*와 *Brachionus calyciflorus* 사이의 상호작용에서 침상돌기의 중요성을 설명하기 위해 실험을 디자인했다(그림 6.29). 두 종 모두 조류 *Monoraphidium*(단원 5.2.4)의 제한된 공급에서 각각 배양했을 때 전형적인 개체군 변동을 나타낸다. 두 종의 혼합된 개체군이 조류에 대해 경쟁할 때 *Brachionus rubens*가 승리하였다. 그러나 *Asplanchna*가 추가되었을 때 상황이 변한다. 처음에는 포식자가 두 종의 윤충류를 먹을 수 있었으나 *B. calyciflorus*는 신속하게 포식자로부터 보호하는 침상돌기를 만들기 시작했다. 보호받지 못한 *Brachionus rubens*는 모두 사멸했다.

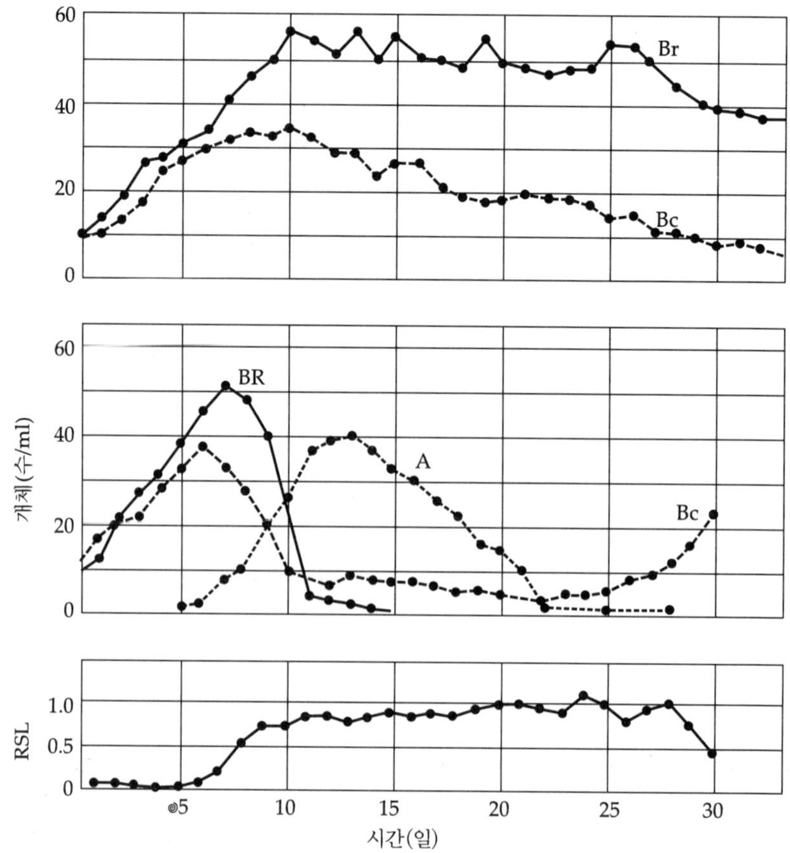

그림 6.29 윤충류 *Brachionus calyciflorus*(Br)와 *Brachionus rubens*(Bc)간의 경쟁 관계에 대한 포식자와 방어효과. 위: 포식자없는 경쟁 실험. 중간: 5일째에 포식자 *Asplanchna*(A) 첨가. 바닥: *B. calyciflorus*에서 침상돌기 유도. 상대적 침상돌기 길이(RSL)는 꼬리돌기의 길이(그림 6.28a)와 로리카(외피)의 길이의 비이다(Halbach 1969).

침상돌기 방어는 너무 효과적이어서 *Brachionus rubens*가 사라졌고 포식자는 굶어죽었다. 결국 *B. calyciflorus*가 최종 승자이고 다시 침상돌기는 사라졌다.

*Daphnia*는 유령깔다구 유충 *Chaoborus*가 있을 때 형태학적 변화로 반응한다. 일부 종(*Daphnia pulex*, *D. hyalina*, *D. ambigua*)은 머리의 등쪽에 작은 톱니 모양의 돌출부(경부이빨)를 만든다(그림 6.28c). 많은 연구 결과들은 이 침상돌기가 화학적으로 유도된다는 사실을 주장하였다. 다양한 *Daphnia pulex* 클론들은 서로 다른 민감도를 갖는다. 어떤 클론은 매우 희박한 *Chaoborus* 요인에도 반응하는 반면, 다른 클론은 아무 반응도 보이지 않았다(Spitze 1992). 경부이빨을 가진 *Daphnia*는 *Chaoborus* 유충에 의한 공격을 피할 수 있는 더 좋은 기회를 가진다(Havel and Dodson 1984). 따라서 그들은 그들 스스로가 방어하는 기작이 있는지 또는 볼 수 있는 단순한 다른 보호 메커니즘의 일부인지는 아직 명확하지 않지만 사망률은 더 낮

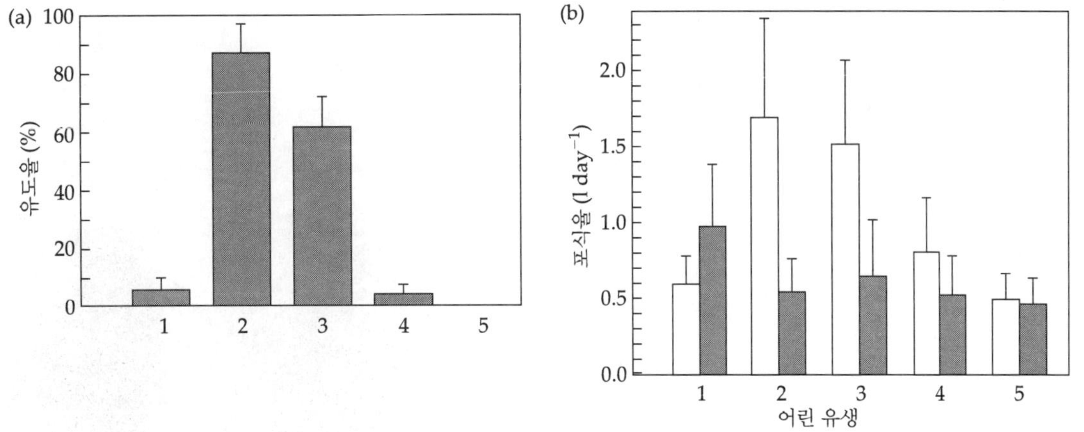

그림 6.30 물벼룩 클론에서 *Chaoborus* kairomone에 의한 뼈 유도와 방어력. 왼쪽: 여러가지 유충에서 유도지수. 가장 뚜렷한 neckteeth는 두 번째 유충(몸 길이 약 1mm)에서 발견. 오른쪽: 여러가지 유충에 대한 *Chaoborus*의 포식율. 포식율은 하루에 하나의 *Chaoborus* 유충이 제거한 물의 양입니다. 그러므로 그것은 *Daphnia*의 사망 확률을 측정한다. 음영 처리된 막대는 동물의 neckteeth입니다. 두 번째 유충은 보호받지 못할 때 가장 위태롭게 되지만, 방어적인 구조를 유도 한 후에도 가장 높은 보호 수준을 나타낸다(Tollrian 1995).

다. 그림 6.30은 경부이빨의 발현이 포식의 위험과 상관성이 있음을 설명해 준다. 제2령 유충은 *Daphnia pulex*의 클론에서 가장 두드러진 경부이빨을 생성한다. 경부이빨이 없는 *Daphnia*는 중간 크기의 종류에서 가장 높은 포식위험도를 갖는다(그림 6.27). 경부이빨의 유도는 유충에서 포식위험도를 가장 크게 감소하여 결국 모든 크기에 대해 위험도를 균일하게 한다.

경부이빨은 포식자가 있을 때만 만들어지기 때문에 보호에 대한 비용을 예상할 수 있다. 이들은 개체군 통계적 비용으로 볼 수 있다. 그들의 처음 발생기간에 약간의 변화로 인하여 더 낮은 개체군 성장율을 갖는다(표 5.4). 하지만 현장의 포식자 카이로몬에 대한 다양한 반응이 있는 것과 같이, 예를 들어 서식처 선택의 변화와 같은 비용이 수반될 수 있다. Boeing 등(2005)은 야외 격리수계에서 *Daphnia pulex*에 대한 보호되는 비용과 이점을 추정하였다. 그들은 수심 7.5 m 폐쇄막 시스템에 포식자가 없는 것, 시스템에 가두지 않고 방목된 *Chaoborus*, 그리고 *Chaoborus* 카이로몬 등을 각각 처리하고 두 *Daphnia pulex* 클론의 개체군 성장율(r)을 비교하였다. 하나의 클론은 반응적(경부이빨을 생성)이었고, 다른 하나는 반응하지 않았다. 방어비용(실제 포식자가 없는 경우)은 개체성장율의 32% 감소를 보였고, 이익(포식자가 있는 경우)은 68% 단기성장율을 보였다.

Chaoborus 요인은 다른 동물플랑크톤에도 다양한 반응을 불러 일으킨다. 그것은 *Daphnia cucullata*의 높은 헬멧을 유도하였다(그림 6.31) (Tollrian 1990). 이 헬멧들은 다른 요인들에 의해서 변형된 것이다(단원 6.8.3). *Holopedium gibberum*은

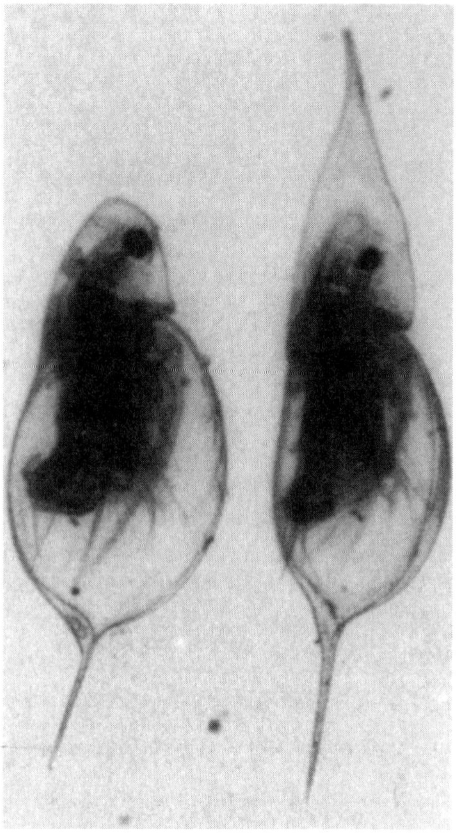

그림 6.31 *Daphnia*에 있는 형태순환; 둥근 머리(4월)와 동물 헬멧(7월). 비록 물벼룩의 크기가 증가하더라도 몸의 보이는 부분은 변하지 않는다는 점에 유의하자(R. Tollrian).

*Chaooborus*와 물리적인 접촉이 없이도 보호용 젤라틴 껍질의 크기를 증가시킨다(Stenson 1987). *Daphnia* 또한 필요한 요인을 변경함으로써 *Chaoborus*에 생존에 반응할 수 있다(Stibor and Luning 1994). 송창헤엄치개(notonectids)는 호주산 *Daphnia carinata*에게 화려한 볏장식을 형성하게 유도한다(Grant and Bayly 1981). 비교적 크기가 큰(> 5mm) *Daphnia*들은 어류가 없는 연못에 서식한다.

그들은 송창헤엄치개 *Anisops*이 있을 때 그들 머리부분에 거대한 볏장식을 만든다(그림 6.28d). 포식자는 *Daphnia* 헬멧의 유무에 상관없이 공격을 한다. 그러나 헬멧이 없는 동물과 비교하면, 헬멧을 가진 동물의 반정도는 공격을 당해 죽는다. 방어의 비용은 두 가지 요소를 갖는다. 첫째, 볏장식은 치음 생성될 때와 그 이후 변태과정을 위해 물질을 필요로 한다. 물벼룩류(*Daphnia*)의 생애를 통해서 총 60여 개의 알을 만든다. 두번째, *Daphnia*는 신체 생장과 번식에 에너지 배당의 패턴을 변화시켜 더 크게 생장하고 더 낮은 생장을 하게 된다(Barry 1994).

동물플랑크톤은 어류 카이로몬에도 반응한다. 예를 들어, *Daphnia lumholtzi*는 엄청나게 긴 헬멧과 꼬리 침상돌기를 만든다(Tollrian 1994). 다양한 *Daphnia* 종은 그들의 생활사를 바꾼다(Stibor 1992). 화학적 자극은 일주기 수직운동을 하게도 한다(단원 6.8.4).

연체동물과 올챙이는 저서동물 중에 포식자 카이로몬에 대한 반응의 좋은 사례를 보여준다. 어류나 가재 또는 이들의 파쇄물질(경고물질)에서 나온 카이로몬에 노출된 담수 유폐류 달팽이는 껍질의 두께를 증가시키며, 예를 들면 파쇄 저항 또는 행동 변화를 나타낸다(Crowl and Covich 1990). 더 강한 껍질을 만들기 위해 칼슘이 요구되며, 이러한 행동적 특성은 물에 칼슘이 제한되는 강한 연수에서는 사용될 수 없다(Rundle *et al*. 2004). 형태학적 및 행동적 특성은 서로 보완할 수 있다. Rundle and Bronmark(2001)는 어류 카이로몬에 다른 껍질 강도를 갖는 5종 달팽이를 노출시켰다. 반응은 얇은 껍질을 갖는 종(예: *Lymnea stagnalis*)이 물 밖으로 빠져 나오거나 물가로 이동하였다. 두껍운 껍질을 가진 종(예: *Anisus vortex*)이 엄폐물 밑으로 이동하였고, 가장 큰 파쇄 저항(*Planorbis plnorbis*)을 가진 종은 반응이 거의 없었다. 이런 행동은 두꺼운 껍질을 가진 종의 어린개체가 약한 껍질을 여전히 가지고 있고 얇은 껍질을 가진 종처럼 행동 하였기 때문에 껍질의 파쇄 저항성과 관련이 있다.

서식지 조건에 따라 포식자는 다른 피식자 반응을 유도할 수 있고, 간접적인 생태계 효과를 유발할 수 있다(Turner *et al* 2000). 호숫가의 폐쇄시스템 실험에서 어류 카이로몬과 마주쳤을 때 담수 달팽이 *Physella gyrina*이 엄폐물 밑으로 이동했다. 이 행동은 시각의존성 어류 포식자에 대해 효과적이다. 그러나, 그것은 먹이 탐지를 위해 화학적 단서를 사용하는 가재에 대해서 도움이 되지 않을 수도 있고 자기 스스로 엄폐물 밑으로 기어 들어갈 수도 있다. 결과적으로, 가재 카이로몬에 대한 *Physella*의 반응은 엄폐물을 피하고 수표면으로 이동하는 행동을 한다. 비록 피식자 사망률이 포함되지 않더라도, 다양한 서식처에서 달팽이가 부착식물을 섭식할 때 변형된 섭식방법을 사용하게 한다. 어류가 존재할 때, 서식처를 덮고 있는 부착식물의 생물량은 어류가 없는 서식처의 8%까지 감소되었다. 반대로 가재는 덮고 있는 부착식물에 대해 중요한 간접적 효과는 없었으나 표면 섭식처 근처의 부착식물 생물량은 39 %까지 감소하였다. 따라서 물고기와 가재의 결합된 효과는 중간 수준이었다. 포식자-달팽이-부착식물 상호 작용에 대해 알 수 없다면, 부착식물 분포는 단지 빛 조건에 따라 결정된 것으로 볼 수 있다.

포식자 카이로몬에 대한 개구리 올챙이 *Rana temporaria*의 행동 반응 포식자 특이성이 있다(Van Buskirk 2001). 작은 올챙이들은 송장헤엄치개(Notnecta)가 있는 곳에서 피난처를 사용했으며, 잠자리 유충에 대해서 반응이 거의 없었으나 영원(도롱뇽)에 대해 반응을 보였다. 반면에 큰 올챙이들은 잠자리 유충에 가장 강한 반응을 보였다. 모든 포식자들은 올챙이의 섭식과 유영활동을 감소시켰다. 올챙이 *Rana pirica*는 포식자 특이적 형태 반응을 보였다(Kishida and Nishimura 2006). 그들은 유생 도롱뇽에 대하여 몸부분과 꼬리부분을 증가시켰으나 잠자리 유충에 대해서는 꼬리부분만 증가시켰다. 이러한 반응은 유동적이다. 포식자 신호가 제거된

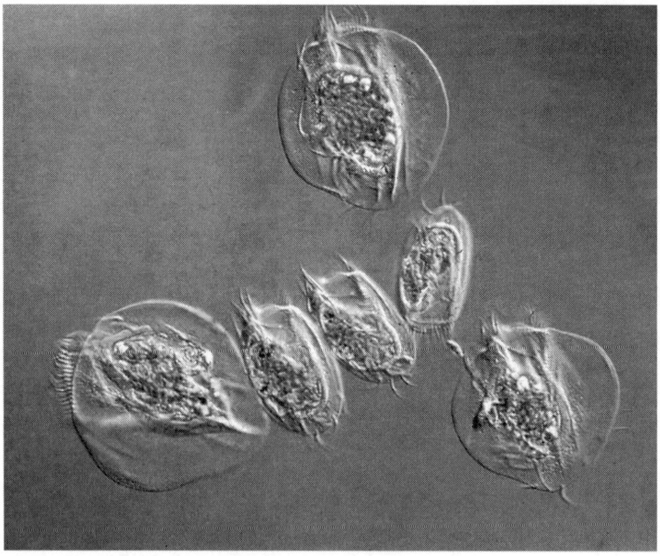

그림 6.32 섬모충 *Euplotes octocarinatus*에서 유도된 방어(중앙에 있는 세 개의 표본). 먹이 섬모충은 포식자 *Lembadion bullinum*의 존재에서(화학물질) 옆쪽의 "날개"를 자라게 하여 포식자가 먹는 것을 어렵게 만듭니다(J. Kusch).

다면, 올챙이가 비방어 유형으로 다시 변경되는데 이것은 방어에 비용이 든다는 것을 의미한다. 그리고 포식자에게 적합한 형태를 갖는 올챙이는 포식자가 변경되면 그것에 적합한 타입으로 변화한다.

유도방어는 후생동물뿐만 아니라 원생 동물과 조류에 대해서도 보고되고 있다. 섬모충류 *Euplotes*는 다른 섬모충 포식자 *Lembadion*의 존재를 화학적 단서로 인식한다. 이에 대한 반응으로 포식자가 쉽게 접근할 수 없도록 몸의 등쪽과 옆쪽(그림 6.32)에 있는 날개 모형으로 변형한다(Kuhlmann and Heckmann 1985). 녹조류(*Scenedesmus*)는 *Daphnia*가 배출한 화학물질이 있는 조건이 되면 단일세포에서 4 또는 8세포로 된 군체를 형성하는 형태를 변화시킨다(Hessen and Van Donk 1993). 군체는 *Daphnia*에 의해 섭식되는 것으로부터 더 잘 보호되지만 큰 크기 때문에 더 빨리 침강한다(Van Donk 등, 1999). 이러한 방어기작은 다양한 식물플랑크톤에서 발견되었지만, 녹조에서 뚜렷하였다. 초식자-조류 시스템은 유도방어의 생태학적 결과에 대한 실험과 이론연구를 위한 모델시스템이 되었다(Verschoor *et al*. 2004).

무기경쟁에서 예상되는 바와 같이, 포식자와 피식자 간의 상호작용에서 표현가소성이 상호적일 수 있다는 것이 최근에 발견되었다. 예를 들어, 피식자 섬모충류 *Euplotes*가 방어용 날개 모형을 만들 때 포식자 섬모충류 *Lembndion*은 더 커지고 큰 입을 가진다. 그러면 방어 준비가 되어있는 피식자도 잘 먹을 수 있다. 반격은 방어의 효과를 줄이지만 완전히 방어하지는 못한다. 이러한 반응을 유도행위라고 한다(Kopp and Tollrian 2003). 또 다른 무기경쟁 같은 가소성이 *Rana pirica* 올챙이에서 밝혀졌다(Kishida 등, 2006). 도롱뇽 *Hydrobius retardus* 유생은 비포식적 표현형으로 나타난다. 도룡룡의 포식적인 표현형은 올챙이가 있으면 유도된다. 포식성 도룡뇽 유생의 반응에 대한 올챙이는 방어적인 형태적 표현형(몸이나 꼬리의 두께가 증가)으로 변화한다.

어떤 곤충들은 포식자가 있는 물에서 그들이 알을 낳는 것을 피하거나 알을 지키기 위해 화학물질을 이용한다. 예를 들면 Beredonk(1999)는 유령깔다구 *Chaoborus*를 물표면에 두면 그들의 다리에 있는 감지기를 이용하여 어류 카이로몬을 감지한다고 보고하였다. 실험대상 *Chaoborus* 3종류 중에, 두 크기가 큰 두 종(유충)은 어류와 공존하지 않으며 어류 카이로몬이 있는 물 속에 그들의 알을 낳는 것을 피하였다. 어류와 공존하는 크기가 가장 작은 나머지 한 종은 처리군과 비처리군을 구분하지 않았다. 포식자 위협이 있는 수환경에서 산란회피현상은 최근 모기, 물딱정벌레와 개구리 등이 포함된 다양한 생물그룹(유충)에서 보고되었다(Brodin *et al.* 2006).

카이로몬은 화학신호로서 피식자에게 유익한 것이지만 포식자에게는 아니다. 비록 다양한 화학물질이 관여하지만 그들의 화학적 조성에 대해서 알려진 바는 거의 없다. *Asplanchna* 요인은 펩티드일 수 있다(Gilbert 1967). *Lembadion*(L-인자)에 의해 분비된 요인은 세포표면에 위치하는 것으로 약 40kDa 정도의 단백질이다(Kusch and Heckman 1992). *Daphnia*의 수직운동을 유도하는 어류 요인(Loose *et al.* 1993)과 경부이빨을 유도하는 *Chaoborus* 카이로몬(tollrian and Von Elert 1994)은 둘다 작고(< 500 Da) 친지질성이며, 비휘발성 물질이다. 비록 이동을 유도하는 어류 요인에 대한 더 많은 정보들이 모여지고 있지만(Von Elert and Ponert 2000), 이들의 정확한 화학적 특성은 아직 알려진 바 없다. 육상계에서 중요한 정보화학물질(infochemicals)인 휘발성물질과는 다르게 수용성 물질들은 확인하기가 더욱 어렵고 분리된 복합물질의 활성에 대한 믿을만한 생물검정을 하는 것은 종종 어렵다. 조류군체 유도 요인의 화학적 식별은 다른 카이로몬 보다 더 쉽다. 최근 Yaumoto *et al.* (2005)은 *Scenedesmus*의 군체를 유도시키는 *Daphnia pulex*에 의해 분비되는 6가지 지방족 황산염(aliphatic sulfate)을 분석하였다. 이들 대부분 연구는 실험실에서 이루어진다. 자연환경에서 포식자-피식자 관계의 화학적 신호를 완전하게 밝히기 위해서 우리는 카이로몬의 화학적 특성을 밝힐 필요가 있다. 천연물 화학자나 생태학자들에 의한 많은 공동 연구가 여전히 요구된다.

6.5.6 피식자 스펙트럼에 대한 효과

포식자-먹이 관계는 보통 매우 강한 상호작용이며 그러므로 군집 구성 조절에 중요하다. 무척추동물과 척추동물 포식자가 개체군에 미치는 다른 영향은 특히 플랑크톤 군집에서 잘 설명된다(그림 6.33). 그것은 저서성 군집에서 비슷하게 적용된다.

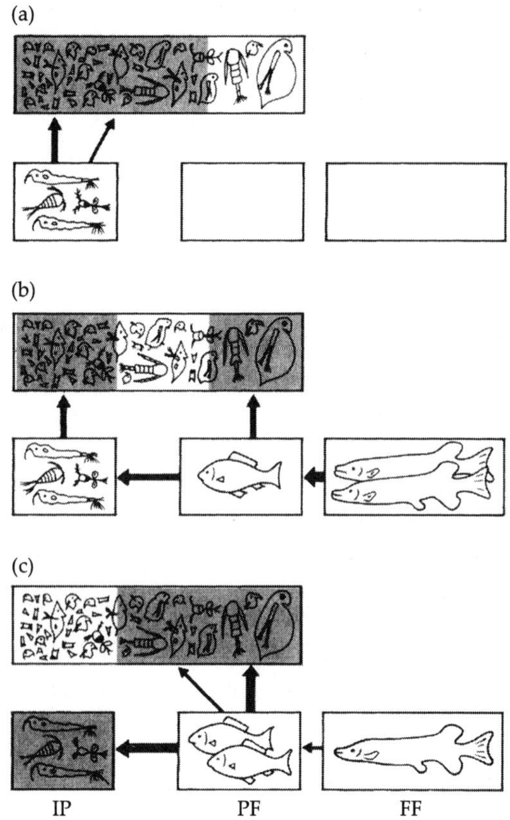

그림 6.33 무척추동물과 척추동물에 의해 동물플랑크톤의 크기 구성에 대한 여러가지 효과들. (a) 플랑크톤 섭식어류 없음 → 대형 동물플랑크톤. (b) 포식어류의 대형 개체군 → 플랑크톤 섭식어류 거의 없음. → 중간 크기의 플랑크톤. (c) 포식어류 거의 없음. → 많은 플랑크톤 섭식어류 → 작은 동물플랑크톤(Lampert, 1987c)

비교적 대형 무척추동물 포식자는 겨울철 어류 폐사를 일으키는 얼음 밑의 무산소 상태가 규칙적으로 일어나는 호수에서와 같이 척추동물 포식자가 없는 호수에서 큰 개체군을 만든다(그림 6.33A). 그들은 대형 동물플랑크톤은 아니지만, 소형 동물플랑크톤의 높은 사망률을 일으킨다. 이것은 또한 대형 동물플랑크톤으로 변하도록 크기 스펙트럼을 변퇴시킨다(그림 6.33C). 대부분 부영양 호수에서 일어나는 것과 같이, 이들 어류는 대형 무척추동물 뿐만 아니라 대형 여과성 섭식 동물플랑크톤도 먹는다. 이것은 소형 동물플랑크톤의 사망률을 감소시키고, 동물플랑크톤 군집의 크기 스펙트럼이 소형 종들에게로 이동하게 된다. 만약 플랑크톤을 먹는 어류를 조절하기 위하여 충분한 포식성 어류가 존재한다면(그림 6.33B), 무척추동물 포식자의 개체군 또한 발달할 것이다. 이것은 가장 좋은 생존기회를 중간크기의 동물플랑크톤에 줌으로써 크기 스펙트럼의 양쪽 끝에서 포식자 사망을 일으켰다. 이런 조건은 현장에서 자주 일어나기 때문에 일반적인 법칙으로 간주될 수 있다. 여름철 동물플랑크톤의 몸 크기를 측정함으로써 호소에서 플랑크톤 섭식 어류에 대한 어류 섭식성 어류의 비율을 예측할 수 있다(Mills and Bree 1987).

미생물 먹이망에 있어서 크기와 포식에 관련된 유사하고 흥미로운 것이 있다(단원 7.3.1). 박테리아는 크기와 모양이 다양하다; 작은 박테리아는 각각 0.5μm보다 작기도 하지만 그들은 또한 20μm보다 긴 사상체를 형성하기도 한다. 종속영양 마소편모류(HNF)는 미생물 먹이망에서 1차 포식자이다. 그들은 그림 6.33처럼 무척추동물 포식자와 비슷하게 작은 입자들을 선택하여 포식한다. 이 결과는 대형 사상체 박테리아와 박테리아 집합체로 변한다. 이 시스템에서 *Daphnia*는 그림 6.33에서 플랑크톤 섭식어류와 비슷하다. 그들은 HNF와 대형 박테리아를 섭식한다. 이 결과는 작고 단독형 박테리아로 변동시킨다. 크기-구조적 상호작용은 전체 생태계에도 영향을 미치며(Persson and De Roos 2006), 따라서 다음 단원에서 논의할 것이다.

6.6 기생

6.6.1 일반적 특징

기생은 "포식자(기생생물)"가 그의 피식자("숙주")보다 상당히 더 작으며 그들과 밀접한 관계를 맺고 살아가는 포식자-피식자의 관계다. 숙주 안에서 살아가는 기생자는 내부기생이라 하며, 숙주의 바깥에서 살아가는 것은 외부기생이라 부른다. 대부분 기생자들은 먹이 전체를 먹는 포식자보다 특정 숙주에 더 고도로 특화되어 있다. 기생성 미생물을 병원성 벡터로 일컫는다.

기생생물 개체군은 숙주 몸의 안 혹은 바깥에서 자랄 수 있거나(예: 바이러스, 박테리아) 숙주 바꿈(예: 촌충)과 연관되었을 수 있다. 대부분 기생생물들은 그들의 살아있는 숙주로부터 영양분을 받는 동안만 살 수 있다. 만약 특히 독성, 기생생물들이 빠르게 그들의 숙주를 죽인다면, 그 개체군은 또 다른 숙주 개체군을 감염해야만 생존할 수 있다. 이것은 이동성이 뛰어나지 않은 기생생물에서 독성이 감소된 것을 선택하도록 유도한다. 기생생물에 대하여 감소된 민감성이라는 숙주 개체군 내에서의 동시 선택은 숙주와 기생생물 사이의 공진화를 유도하며 이것은 숙주 손상의 최소화라는 결과로 나타난다. 그 많은 "순한" 기생동물들은(예: 회충, 촌충, 이) 이러한 공동진화의 결과이다. 기생은 언제나 신체나 개체군 성장의 감소를 일으킬 수 밖에 없으며, 이것은 심지어 가장 순한 기생체도 숙주로부터 에너지와 물질을 사용하기 때문이다. 모든 종류의 기생은 직접적인 혹은 간접적인(중간숙주를 통하여) 새로운 숙주의 감염이 필요하다. 많은 교과서들은 기생생물 전이률이 숙주의 개체군 밀도와 함께 증가하므로 기생 빈도가 숙주의 밀도와 함께 증가한다고 추측한다. 그러나, 이 가정을 지지하는 것이 문헌은 거의 없다.

수환경에서 남세균과 조류를 감염시키는 바이러스, 박테리오파지부터 어류에 기생하는 벌레까지 기생에 대한 많은 사례가 잘 알려져 있다. 잘 연구된 사례로서 기생과 관련되어 경제적으로 중요한 종(어류)들의 국지적인 멸종이 있다; 예를 들어,

유럽산의 가재인 *Astacus astacus*가 곰팡이류 *Aphanomyces astaci*(crayfish plague)에 의해 광범위하게 사멸된 것이다. 육상동물들의 많은 기생생물들이 중간숙주로 수생달팽이를 필요로 하는 흡충류의 유충처럼 물을 통해 전이되는 단계를 가지고 있다.

어류의 기생생물들은 특히 상업적인 가치 때문에 잘 알려져 있다. 일부 기생성 요각류들은 어류의 아가미에서 서식한다. 지각류 *Argulus foliaceus*, 잉어의 이(carp louse)와 물고기 거머리 *Piscicola geometra*는 종종 물고기의 피부에서 발견되었다. 연못에 서식하는 홍합(Anodontidae)의 유생은 어류의 지느러미 가장자리나 아가미에서 산다. 회충, 촌충, 그리고 구두충 등을 포함한 많은 내부기생생물들은 물고기의 체내에서 산다. 어류 또한 복잡한 생활사에서 많은 기생생물들의 중간숙주로서 작용한다. 한 예는 사람을 포함한 포유류의 장 내에 사는 어류 촌충 *Diphyllobothrium latum*이다. 배설물에 포함된 알이 물과 접촉하게 되면, 그들은 섬모를 갖는 유충(coracidia)으로 부화한다. 이 유충들은 플랑크톤으로 유영하며, 그들의 첫 중간숙주인 요각류에 먹힌다. 그리고 기생생물은 요각류 내에서 프로세르코이드 단계로 발달한다. 감염된 요각류는 종종 눈에 잘 띄게 적갈색을 나타낸다. 감염된 요각류가 작은 물고기에게 먹힌 후에, 프로세르코이드는 내장 벽에 구멍을 뚫고 간이나 근육조직에서 더 큰 플레로세르코이드로 발달한다. 결국, 어류는 포유류와 같은 최종 숙주에게 먹히며 기생생물은 최종 숙주의 장 내에서 성숙한 촌충이 된다.

기생생물이 실제적으로 숙주에게 항상 피해를 입힌다는 것은 분명하지 않다. 지각류나 요각류는 종종 돌말류나 주모성성 섬모충에 의하여 감염되지만(Threlkeld *et al*. 1993), 동물플랑크톤에 대한 그들의 영향은 측정하기 어렵다. *Daphnia*의 내부에 살아가는 내부기생성 흡충도 암컷 daphniid당 두 개체 이상이 기생해야 daphniid의 생식력에 영향을 미친다(Schwartz and Cameron 1993). 때때로 "기생생물"이 숙주에 살고있지만 그것은 먹지 않을 때의 관계를 편리공생(commensalism)으로 표현하는 것이 더 적절하다. 예를 들어, 빈모류 *Chaetogaster limnaei*는 하천성 달팽이 *Ancylus fluviatilis*(그림. 4.10)의 껍질 안에서 살아간다. 5mm의 달팽이 내부에 10~15마리의 벌레가 있을 수 있다. 달팽이와 같이, 이 벌레들은 조류를 먹으며, 그들은 그들의 숙주에게 손해를 입히지 않는 것으로 보인다(Streit 1977). 일부 이러한 기생동물은 아마 고도로 특화되어 있을 것이다. 잠자리 유충에 붙어 살고있는 깔따구 유충은 날개 딱지 밑의 매우 특별한 장소에서 살아가는 것을 선호한다. 상상컨대, 깔따구 종은 잠자리의 가장 좋은 위치를 선정하기 위해 경쟁을 할 수 있다(Dudgeon 1989).

기생생물-숙주의 관계에서 가장 잘 알려진 사례 중에 기생생물, 그것의 생활사 그리고 숙주의 병리학으로 확인하는 조사는 한계가 있다. 기생이 숙주의 개체군 동태에 기생생물이 미치는 영향에 대해 연구된 예는 거의 없다. 그러나, 기생에서 진화적 질문에 대하여 일반적인 모델로 적용되는 수생의 기생동물-숙주의 상호작용의 예들이 있다. 다음 장은 이들에 대한 자세한 내용을 다룬다.

6.6.2 사례: 식물플랑크톤에 대한 곰팡이류의 기생

하등 곰팡이류에 의한 부유성 조류의 기생은 치명적인 기생이 숙주 개체군은 빠르게 대량으로 죽일 수 있다는 것을 보여주는 예이다. 대부분의 모든 감염된 세포는 죽는다. 기생생물은 많은 유주자를 생산하며 그것은 너무 이동성이 높아 독성을 감소시키기 위한 선택성이 없다.

가장 잘 연구된 사례들 중의 하나는 식물플랑크톤에 대한 항아리균류(Chytridiomycete)의 기생이다(Ibelings *et al*. 2004). 이러한 기생성 항아리균류는 숙주의 변화에 얽매이지 않는 듯이 보이며 무성생식과 유성생식의 세대교환을 한다(그림 6.34). 대부분의 종들은 단지 하나 혹은 약간의 밀접한 관련이 있는 조류의 종들을 공격한다. 이 감염 인자는 유주자이며, 자신의 편모를 이용하여 숙주의 세포벽에 달라붙는다. 부착 후에, 가근이 발달하고 숙주 세포를 뚫고 들어가 내용물을 빨아들인다. 그 유주자는 포자낭이나 배우자낭으로 자란다. 휴면 포자들이 그 후 배우자낭접합을 통하여 생성된다(Van Donk 1989).

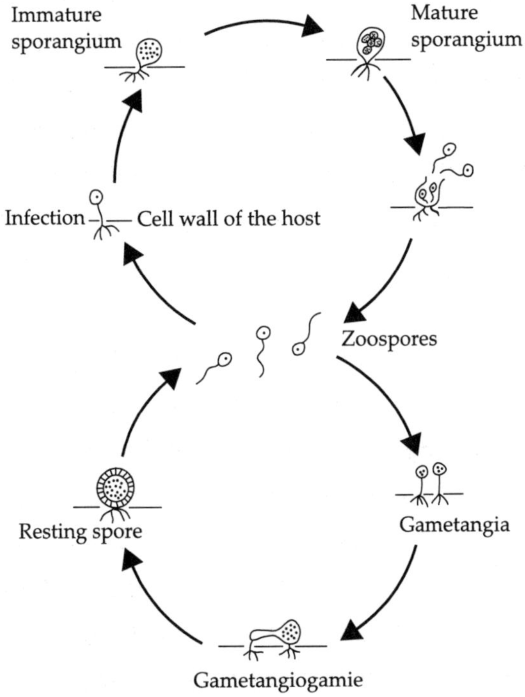

그림 6.34 기생 Chytridiomycete의 생활주기(van Donk 1989).

만약 유주자가 무시할 정도의 짧은 시간 내에 새로운 숙주세포를 발견한다면, 기생동물의 총 성장률(μ_p)은 포자낭 당 유주자의 개수(N_z)와 포자낭의 발생시간(D)로부터 계산해 낼 수 있다.

$$\mu_p = \ln N_z / D$$

숙주 개체군 내 감염된 세포 비율의 증가(I)는 숙주의 성장률(μ_h)과 기생생물의 성장률으로부터 계산할 수 있다.

$$I_2 = I_1 \exp\{(\mu_p - \mu_h)(t_2 - t_1)\}$$

전염병의 발달은 μ_p와 μ_h의 차이와 연관되어 있다. 영양염이 제한된 숙주 개체군(낮은 μ_w)은 영양염이 포화된 개체군보다 곰팡이 전염병에 더 빨리 감염되는 것으로 결론을 내렸다. 그러나 그것은 인이 제한된 조류(작은 μ_p)를 감염시킬 때 곰팡이류가 더 적은 유주자를 생산한다는 것이 *Asterionella formosa*와 *Rhizophydium planktonicum*의 기생생물-숙주의 관계로 보여주었다(Bruning and Ringelberg 1987). 그러나, μ_p와 μ_h 간의 차이가 항상 모든 인의 농도에서 양의 값을 나타낸다. 기생생물은 어떠 *Asterionella* 개체군이 얼마나 빨리 생장하는 것과는 상관없이 그것을 제거시킬 수도 있다는 의미이다. *Asterionella*가 기생생물보다 빨리 생장할 수 있는 온도는 3°C보다 낮은 온도뿐이다(Van Donk 1989).

항아리균류(Chytridiomycete)들은 조류의 개체군에 대해 큰 영향을 미칠 수 있다. Schöhsee 호에서, 돌말류 *Synedra acus*의 개체군은 항아리균류 *Zygorhizidium planktonicum*에 의하여 감염됨으로써 최대로 증가한 것을 2년 동안 관찰하였다(Holfeld 1998). *Synedra acus*의 감염률은 호수 에 설치한 비닐백에 영양분을 첨가하는 것만으로는 조절할 수 없었고(그림 2.1b), 살균제를 첨가하는 것만으로 가능했다. 이것은 만약 조류 개체군이 조절되지 않는다면 그들을 완전히 조절하는 것은 곰팡이류라는 것을 증명하는 것이다. 그러나 이것은 잠재적으로 감염된 조류가 있다고 하더라도 모든 개체군이 실제로 기생이 되고 있다고 말할 수는 없다. *Asterionella formosa*와 *Z. planktonicum*의 현장 개체군은 상당한 유전적 변이를 보여준다. *Asterionella*의 다른 개체들은 *Z. planktonicum*의 다른 균주들에 대해 민감성에서 차이를 보여주었고, 기생 균주는 특성 숙주 개체들을 감염시킬 수 있는 능력이 달랐다(De Bruin *et al.* 2004). 그것은 비록 아직 증명되지 않았으나, 숙주 개체군이 면역성 있는 클론으로 진화시킬 수 있는 이론적 가능성은 있다. 기생생물들은 언제나 적절한 자원을 가진 숙주 개체군들을 대량으로 죽이지 않는다. 그들은 또한 중복기생생물에 의하여 조절되거나, 동물플랑크톤에 의한 섭식활동이 그들의 숙주세포보다 기생생물의 유주자에 대해 더 높은 사망율을 일으키는 원인이 된다(Kagami *et al.* 2004).

6.6.3 사례: *Daphnia*의 기생생물

기생생물과 *Daphnia*의 상호작용에서 진화학적 측면은 특히 잘 연구되었다. 최근 기법의 상태는 e-book으로 정리되어있다(Ebert 2005). *Daphnia*는 대부분 숙주의 소화관 벽, 지방 조직, 혈액을 감염시키는 박테리아, 곰팡이류, 그리고 미소포자충 등으로 구성된 다양한 미소기생생물을 가지고 있다. 전형적인 사례는 효모 *Metschnikowia bicuspidata*이다. 이 자낭균의 포자들은 *Daphnia*에 의하여 섭식진다. 그들은 숙주의 소화관 벽을 뚫고 혈액림프에서 발아한다. 그 포자들은 45 μm로 긴 침상형이다. 어느 정도 시간이 지난 후에, 그들은 체강 전체를 채우게 되고 *Daphnia*가 불투명하게 된다. 감염이 진행될 때, 생식력이 감소하며, 숙주 *Daphnia*는 약 2주 후에 죽는다. 포자들은 죽은 *Daphnia*로부터 방출되며, 그들은 새로운 숙주들을 감염시킨다.

기존 숙주로부터 다음 숙주로 기생생물의 전염은 두 가지 주요한 방식들이 있다. *M. bicuspidata*의 전염경로는 수평전염이라고 한다. 포자들은 살아있거나 죽은 숙주에서 물로 방출되거나, 또는 퇴적물의 포자은행으로부터 방출될 수 있다. 새로운 숙주들은 환경을 통하여 기생생물과 접촉하게 된다. 오히려 이에 비하여 드문 경우인 수직전염은 모체가 자손에게 직접적인 전염시키는 것이다.

기생은 숙주의 특이성에 따라 다르다. 더불어, 숙주 클론들 사이에 여러 기생생물에 대한 민감성에서 유전적 차이가 있다(Decaestecker *et al.* 2003). 이것은 숙주와 기생생물 사이의 무기경쟁에 대한 연구에 적합한 것이 *Daphnia*-기생생물 모델이라는 것이다. 예를 들어, Ebert(2004)는 기생생물의 독성에 대한 지역적인 적응을 제시하였다. 옥스포드(UK) 근처 연못의 기생성 미소포자충은 지역으로 연못과, 그리고 숙주가 있는 곳에서부터 무려 3000 km까지 되는 먼 거리에 있는 개체군으로부터 온 *Daphnia magna* 클론을 만나게 되었다. 그들의 지역 숙주와 함께, 그 기생생물들은 더욱 공격적이 되는데 즉 더 많은 포자를 생산함으로써, 그들은 질병을 더 효과적으로 전염시키고, 숙주를 더 많이 죽일 가능성이 있다. 이것은 개체군에 도입된 새로운 기생생물들이 지역적 적응한 것보다 더 치명적이라는 일반적인 추정에 대한 반론이다.

기생생물은 숙주만을 죽이는 것이 아니라, 또한 그것의 생식력에도 영향을 끼친다. 예를 들어, 박테리아 기생생물인 *Pasteuria ramosa*는 그의 숙주인 *Daphnia*를 완전히 번식을 못하게 한다. 이것이 숙주의 개체군 동태에서의 결과로 나타날 수 밖에 없으며, 이런 이유로, 기생이 경쟁과 포식과 더불어 동물플랑크톤 군집 구조를 조절하는 제 3의 요인이라는 것이 분명하다. 그러나, 이제까지의 개체군 효과의 실험적 연구는 실험실의 조건 하에서만 이루어졌다. 아직 많은 기생생물을 포함하는 많은 요인이 있는 자연 조건에서 기생생물이 *Daphnia*의 개체군의 조성과 풍부도를 조절할 수 있는지가 명확하지 않다(Ebert 2005). 그러나, 현장연구는 기생생물이 비록 가장 좋은 상호관계의 증거가 있지만 개체군 동태에 큰 영향을 준다고 제안한다. 예를 들어 Decaestecker 등(2005)은 2년 동안 *D. magna*의 개체군을 연구했다. 그들은 *Daphnia*의 내부기생생물 8종과 표면 기생생물 6종을 발견하였다. 여러 내부기생생물들 중에 특히 *Pasteuria ramosa*와 *Flabelliforma magnivora*는 심각할 정도로 숙주의 전체적인 생식력과 개체군 밀도를 감소시켰다. 이 부정적인 효과는 전체적인 내부기생생물의 확산과 관련이 있다.

6.7 공생

상호작용은 아마 양쪽 생물 모두에게 긍정적이며 그것은 양쪽 관련 생물에게 이익이 될 것이다. 이러한 형태의 상호작용은 공생 혹은 상리공생이라고 한다. 단지 약간의 수정을 거친 Lotka-Volterra 경쟁공식(단원 6.1.2)은 이러한 유형의 상호작용에 대한 모델이 될 필요가 있다. 음의 상호작용 계수인 α와 β가 단지 양의 값으로 대체될 필요가 있다.

공생은 비록 해면동물, 히드라, 그리고 섬모충류 내의 내부공생 조류(Zoochlorella)와 같이 수많은 내부공생의 경우가 있지만, 보통 담수 군집을 구성하는 데 상대적으로 중요하지 않다고 여겨진다.

박테리아 협력단들은 한 종의 물질대사 산물을 다른 종의 자원으로 이용되는 독립 박테리아 개체군과 중요한 공생 관계를 이루고 있다. 질소화 협력단인 *Nitrosomonas*와 *Nitrobacter*와 같은 사례들은 앞에서 논의되었다.

6.8 경쟁과 포식의 상호관계

6.8.1 크기-효율성 가설

Hrbáček(1962)는 호수에서 동물플랑크톤의 크기가 플랑크톤 섭식성 어류의 풍부도와 밀접하게 관련되어 있다는 것을 제시하였다. 호수에 많은 플랑크톤 섭식성 어류들과 함께 있는 동물플랑크톤은 작아졌다. 호수에 플랑크톤 섭식성 물고기들이 거의 없거나 또는 없으면, 대형 동물플랑크톤들이 풍부해졌다. 이런 현상은 Brooks와 Dodson(1965)이 비슷한 사례를 출판한 후에 처음으로 널리 알려지게 되었다. 그들은 Conneticut(미국)의 호수에 *Alosa*를 이입시킨 현장 실험을 통하여 동물플랑크톤의 개체군에 대한 청어류 *Alosa pseudoharengus*의 영향을 설명하였다. *Alosa*

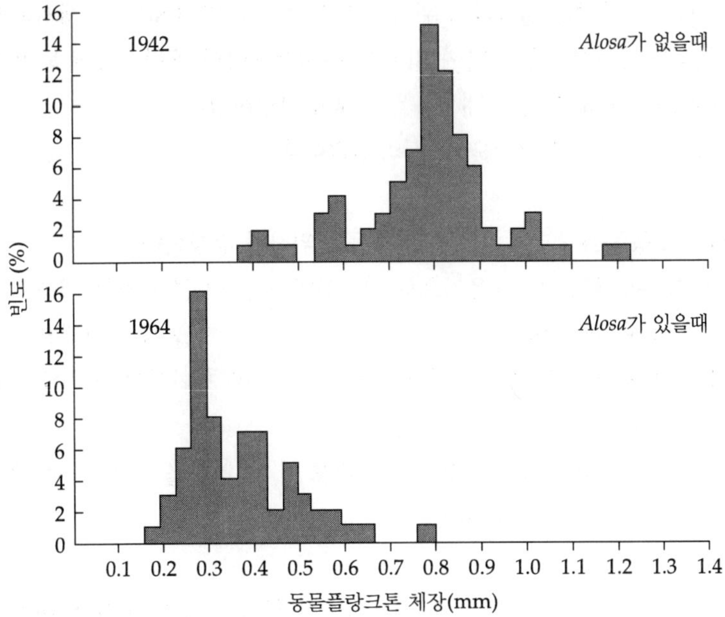

그림 6.35 플랑크톤 섭식성 어류 (*Alosa*)의 유입 전 (위)과 후 (아래)에 New England (미국)의 호수에서 동물플랑크톤의 크기 분포(Brooks and Dodson 1965).

가 호수에 유입되기 전인 1942년에 플랑크톤 시료들은 채집되었다. 시료들은 어류를 호수에 정착한 이후인 1964년에 다시 채집되었다. Brooks와 Dodson은 동물플랑크톤의 조성이 극적으로 변화되는 것을 관찰하였다. 대형 종들은 사라지고 소형 종들이 우점하게 되었다(그림 6.35). 우점 동물플랑크톤은 표 6.1과 같다.

다른 호수에 이와 같은 이론을 적용한 결과는 단원 6.5.6에서 설명한 것과 같이 같은 영향을 나타내었다. 플랑크톤 섭식성 어류가 풍부할 때 동물플랑크톤은 소형으로 변했다. 만약 어류가 없다면, 동물플랑크톤은 대형으로 변할 것이다. Brooks

표 6.1 1942년과 1964년 Connecticut 호수의 우점 동물플랑크톤(Brooks and Dodson 1965)

Year	Species	Body size (mm)	Average body size (mm)
1942	*Mesocyclops*	1.5	
	Daphnia	1.3	
	Epischura	1.7	
	Cyclops	0.9	
	Diaphanosoma	0.8	0.8
1964	*Cyclops*	0.9	
	Ceriodaphnia	0.6	
	Tropocyclops	0.45	
	Asplanchna	0.4	
	Bosmina	0.3	0.35

와 Dodson은 이 현상을 설명하기 위하여 크기-효율성 가설(SEH)을 제시하였다. 그것의 단순성과 예측력으로 인하여 SEH는 수서생태학의 패러다임이 되었다. 그것은 후에 Hall 등(1976)은 많은 내용들을 자세히 설명하였다.

동물플랑크톤의 구성은 경쟁과 포식의 결과이다.

- 여과섭식성 동물플랑크톤은 작은 입자들을 위하여 경쟁한다.
- 대형 동물플랑크톤은 더 효율적으로 여과하며 또한 더 큰 입자를 먹을 수 있다.
- 그러므로, 대형 동물플랑크톤은 어류의 포식 압력이 적을 때 우세해진다.
- 어류의 강한 포식압 상태에서 대형 동물플랑크톤이 제거되기 때문에 소형 동물플랑크톤이 우점한다.
- 보통의 포식압은 대형 동물플랑크톤에 대해 더 큰 영향을 주며, 대형 종과 소형 종 모두의 공존이 가능하게 된다.

이 가설에서 어류의 중요성은 의심할 여지가 없다. 그것은 어류가 대형 동물플랑크톤 종을 제거해주기 때문이다. 가설의 경쟁적 측면은 명확하지 않다. 왜 어류가 없으면 대형 동물플랑크톤이 소형 종들을 억제하는가? 만약 실험실에서 대형 지각류가 다른 개체와 경쟁한다면, 가장 큰 개체가 항상 이기지 못한다. SEH를 더 확장시키면, Dodson(1974a)은 자연에서 대형 동물플랑크톤으로 변화하는 것은 무척추동물 포식자에 의해 일어난다고 간단히 설명을 하였다(그림 6.33). 사실 대형 무척추동물 포식자(예, *Epischura*, *Leptodora*)는 *Alosa*가 이입된 이후에 *Conneticut* 호수들로부터 사라졌다.

왜 대형 동물플랑크톤이 더 효율적인지 아직도 만족스러운 설명이 되지 않았다. 대형 동물플랑크톤이 소형 종들보다 단위 무게당 에너지를 적게 사용한다고 주장할 수 있으나(단원 4.5), 몸의 크기에 대한 호흡과 동화의 관계지수는 모두 0.75로서 이것은 에너지 흡수와 소비가 몸의 크기와 비례해서 증가한다는 것을 의미한다. 먹이가 거의 없고 에너지 균형이 마이너스일 때, 대형 동물플랑크톤은 더 오래 생존할 수 있다고 실험을 통해 설명할 수 있다. 이것은 먹이 공급의 변동이 심할 때 대형 종들에게 이익이 된다. 성장에 필요한 먹이량의 한계에 대한 비교는 경쟁이 우세한 대형 종들에 대한 또 다른 논란을 제공한다(Gliwicz 1990a). 분명히, 대형 지각류 종들은 더 소형 종들보다 더 낮은 한계치를 가지며(그림 6.36), 포식자가 없는 상태에서, 먹이에 대한 더 성공적인 경쟁자들이 된다(단원 6.1.3).

비록 어류 크기감소 효과는 비교적 명확하고 간단하지만, 아마도 이와 같은 일반적인 경향에 관련된 다른 많은 요인이 있을 것이다. 예를 들어, 대형 지각류는 훨씬 더 작은 윤충류에 대해 더 우세한 경쟁을 하며, 또한 지각류는 윤충류보다 성장을 위한 훨씬 더 낮은 먹이 한계치를 가진다. 그러나, 이와 같은 경향은 윤충류 내

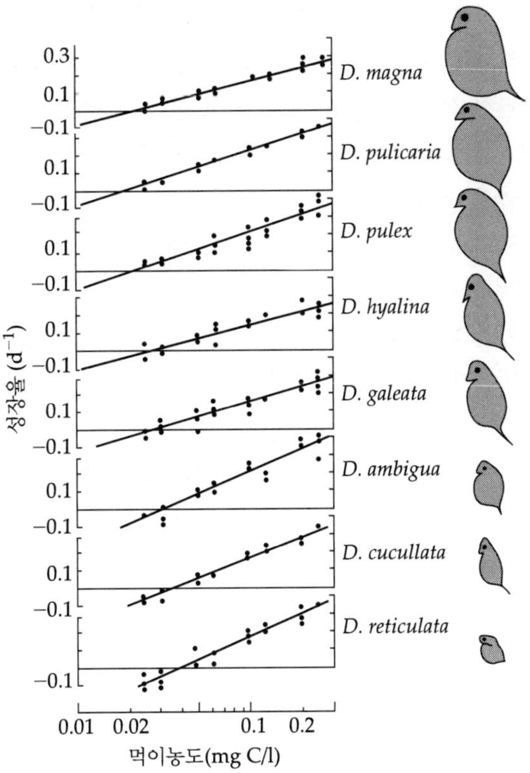

그림 6.36 8 종의 지각류(*Daphnia*와 *Ceriodaphnia*)의 크기의 함수로서 성장(성장율 = 0)에 대한 최소 먹이농도의 변화. 임계농도는 동물크기의 증가와 반대로 감소한다(Gliwicz 1990a).

에서는 역전된다. 소형종들은 대형종들보다 더 효율적이다(Stemberger and Gilbert 1987). 즉 다시 말해, 소형 윤충류들은 대형 *Daphnia*에 의하여 기계적으로 억제되기 때문에(단원 6.2.2), 착취경쟁과 간섭경쟁을 구분하기 어려워진다(Gilbert 1988). SEH의 예측들은 지속적으로 입증되고 있으며, 호수에서 생물조작에 대한 기초가 되고 있다(단원 7.3.3).

호수 플랑크톤은 생물의 형태, 생활사, 그리고 행동을 형성하는 과정에서 경쟁과 포식의 상호작용을 연구하는 데 적절하다. Hrbáček(1962), Brooks와 Dodson (1965)은 플랑크톤 군집의 크기, 크기 조성과정에 관한 개념이 수서 생태학 이론의 중심적 역할을 한다고 발표하였다(De Roos *et al.* 2003). 또한, 많은 양의 실증적인 자료가 축적되었으며 이것은 Gliwicz(2003)에 의하여 텍스트로 정리되었다.

6.8.2 생활사전략의 진화

생식

생물의 적합성은 전체 생활사를 통한 결과이고 생활사의 특정 단계에서 결정될 수 없다(Stearns 1992). 적합성의 평가항목에는 생식적 성숙단계까지의 생존 확률뿐만 아니라 생산된 자손의 수도 포함한다(단원 5.4). 생물은 개체 발생의 발달과정 동안에 다양한 선택압에 노출되어 있다. 크기-선택적 포식의 결과는 더 큰 성체들이 주로 어류에 의해 먹히고, 어린 동물플랑크톤은 무척추동물 포식자로부터 포식압을 받는 것이다. 많은 생물들은 자라면서 그들의 먹이를 바꾸기도 한다. 많은 장구꼴요각류(유충)은 지각류 유생(발생초기)과 요각류 유생과 같이 초식성이지만 성체가 되면 육식성이 된다. 하천성 곤충들은 유충일 때에 조류를 먹지만 그들이 성체가 되어 물을 떠날 때쯤에는 꽃의 꿀이나 즙을 섭취한다. 그들의 개체발생 동안 어류는 주로 입의 크기에 따라 다른 여러 종류의 먹이를 선택한다. 무생체적 요인, 먹이제한, 그리고 포식은 개체의 일생동안 다른 중요도를 가지게 된다. 생물의 상대적인 적합성은 그것이 어릴 때에 최적 상태에서 먹이 섭취를 하는지와 성체가 되었을 때 자기 자신을 포식으로부터 얼마나 잘 보호하는지에 달려있다. 생물이 최적의 적합성을 달성하기 위해 생활사를 나누는 방법은 다양한 선택 요인들의 상대적인 중요도에 의존한다. 언제, 어떻게 그리고 얼마나 자주 생식을 하는가 하는 문제에 대한 해결책들이 있을 수 있다. 그러므로 환경적인 요인들과 계통 발생적 한계에 따라 우리는 담수 생물이 생식 시간, 시간, 생식의 종류와 관련해 적응하는 것을 찾을 수 있다.

생존곡선의 유형은 그 생물이 생애 한 번 생식을 하고 죽거나(semeparity) 여러 번 자손을 생산하도록 하는 것(iteroparity) 중에 더 유리한 것이 무엇인지에 따라 결정된다. 어떤 종들은 둘 모두의 전략을 보일수도 있다. 태평양 연어 *Oncorhynchus*는 오직 한번 알을 낳고 죽는다. 치어는 담수에서 먼저 자란 뒤에 바다로 이동하여 자란다. 3년에서 4년이 지나면 다시 태어난 강으로 돌아와 알을 낳는다. 대서양 연어 *Salmo salar*은 비슷한 생활사를 가지고 있지만 성숙된 개체는 알을 낳은 뒤에 죽지 않는다. 그들은 바다로 돌아간 뒤 알을 낳기 위해 여러 번 돌아올 수 있다. 여러 번의 생식은 좋지 않은 조건에 의해 모든 알을 잃는 것에 대한 보험의 일종이라고 볼 수 있다. 이것은 또한 타협을 포함한다. 동물은 생식에 많은 에너지를 투자한다. 한번에 모든 에너지를 사용할 지 아니면 여러 번의 번식을 할 것인가에 대해 선택을 해야한다. 만약 동물이 두 번째에 번식을 못하고 죽는 큰 위험이 있다면 두 번째 전략은 이익이 되지 못한다(예. 곤충).

비어 있는 공간을 점유하여 가장 높은 번식율을 나타내는 기회종(opportunitic species)은 빠르게 변하는 조건을 선호한다. 단위생식(Parthenogenesis)은 모든 자손들이 앞으로의 생식에 기여를 바로 할 수 있는 암컷이기 때문에 단기간에 최대 개체군 생장률을 성취하도록 하기위한 성공적인 전략이다. 이것은 윤충류와 지각류의 일반적인 생식 유형이다. 양성 세대로의 우연한 변화는 유전적 다양성을 유지하도록 하며, 그것은 휴면난을 낳는 근거가 된다.

다른 극단적인 생활사는 쌍각류 조개에서 찾아볼 수 있는데 이것은 담수에서 수명이 긴 몇 안 되는 동물이다. 담수 진주조개 *Margaritifera margaritifera*는 100

년 이상의 긴 수명을 가지고 있다. 그것은 영양분이 부족한 환경에서 살면서 매우 느리게 자란다. 하지만 75년의 생식 기간 동안 2억 만 개의 유충을 생산한다. 유충의 사망률은 유충(민물조개의 유생)이 어류의 아가미에 기생하여 살기 때문에 매우 높다. 어류와의 무작위적인 접촉 가능성은 매우 낮다(Bauer 1987). 홍합들이 생활사의 후반부에 크게 생장하고 두꺼운 껍질을 가지며 상대할 적이 거의 없다. 이런 이유로 그들은 높은 밀도로 성장하고 적합한 하천 바닥은 홍합으로 깔려 있을 수 있다. 한편으로 유럽에서 *Margaritifera*의 대부분의 개체군은 나쁜 수질 때문에 폐사한다. 비록 하천들이 깨끗해지고 이제 수질은 다시 적당한 상태로 되지만 홍합들은 매우 느린 성장 때문에 건강한 홍합 개체군으로 다시 정착하는 것은 매우 어렵다.

윤충류와 지각류 그리고 몇몇 연체동물들 또한 성장 시간을 짧게 하고 포식에 특히 취약한 유충 단계를 최소화함으로써 사망률을 감소시킨 생물들의 예시들이다. 암컷들은 어린 새끼가 부화할 때까지 알들을 가지고 다닌다. 유생 단계는 크기가 작은 것을 제외하면 성체와 매우 비슷하다. 이 전략은 해양에서 분산의 수단이 되는 유충의 기능이 육수에서 필요하지 않지만 담수에서 매우 보편적이다.

성장과 생식

공유 자원에 대한 경쟁과 포식은 종이 매우 특정한 생활사를 설계하도록 한다. 종의 형태와 행동은 진화의 재단을 나타내는 것과 같이 생활사들 또한 경쟁과 포식과 같은 선택 요인들의 결과이다. 결과로 나타나는 생활사는 포식자들로 인한 높은 사망률이 초과되는 시기에 휴면기를 형성하는 종과 같이 영리한 종처럼 보이는 선택압의 영향을 최소화 하도록 작용한다. 이것은 포식자들이 특별히 점유하는 시기를 피하도록 개체들이 결정해야 하는 것을 의미하는 것이 아님을 강조한다. 우리가 알고 있는 것은 개체군이 이러한 적응없는 상태에서 생존하지 못하는 특정 시기에 존재하는 매우 강한 선택 요인들이다.

우리는 이미 여러 종들의 생활사들 간의 차이점들을 논의하였다. 생식적 성숙의 시작은 중요한 개체통계적 변수이며(단원 5.4). 따라서 선택을 위한 중요한 중심점이기 때문에 모든 동물의 생활사에서 중요한 사건이다. 개체군의 생식적 성숙이 좀 더 빠른 것이 아니면 좀 더 늦은 것이 더 좋을지는 경쟁과 포식 모두에 의해 결정되어야 할 문제이다.

지각류는 유용한 사례들을 제공한다. *Daphnia*는 전체 생활사를 통해 계속 자란다. *Daphnia*는 생식적으로 성숙한 후에도 천천히 자라는데 그것은 자손 번식에 80 퍼센트 이상을 투자하기 때문이다. 대형 *Daphnia*는 소형보다 더 많은 알을 낳는다. 그러므로 생식적 성숙의 시작에는 두 가지 대안들이 있다(Taylor and Gabriel 1992). 만약 개체군 성장률(r)이 최대가 된다라고 추정한다면

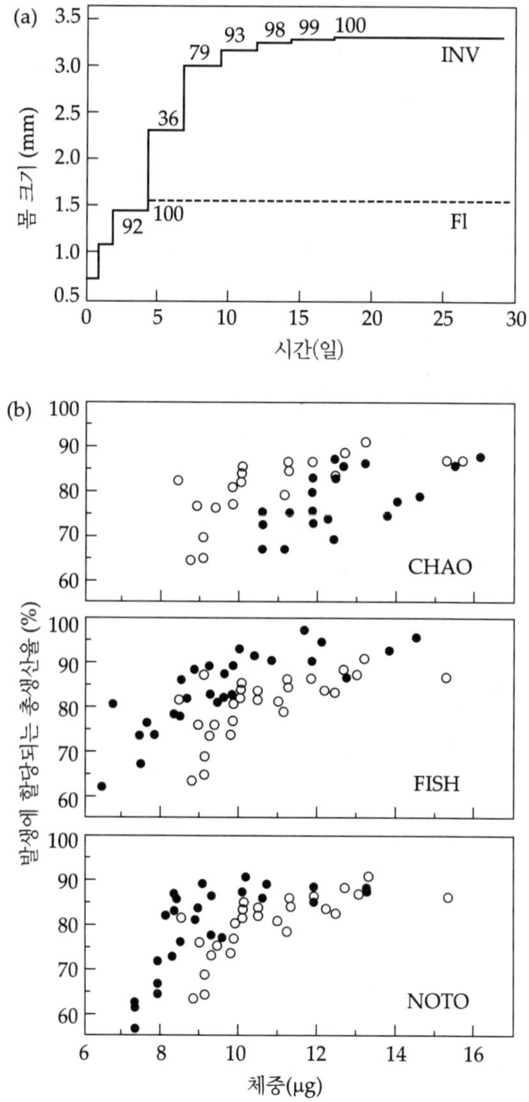

그림 6.37 다른 포식자가 있는 상태에서 *Daphnia*의 성장 전략. (a) *Daphnia pulicaria*에 대한 최상의 생활사 전략을 위한 최적화 모델의 결과. 숫자는 생식에 투자 된 총 생산의 백분율을 나타낸 것이다. 무척추동물 포식자(INV)가 있는 상황에서 *Daphnia*는 체세포 성장에 처음 투자하고 그 후에 성숙하며 최대 개체군 생장을 한다. 어류(FI)가 존재할 때 가장 좋은 전략은 조기에 번식하고 조기에 성숙하며 소형으로 유지하는 것이다. (b) 다양한 육식 동물(CHAO, *Chaoborus* 유충, NOTO, *Notonecta*)의 화학적 신호물질에 대한 *Daphnia hyalina*의 반응. 다양한 크기의 생산에 배당되는 총 생산량의 백분율. 원은 화학적 신호물질이 없는 대조군.

- 동물은 비교적 작을 때(어릴 때) 생식적으로 성숙을 할 것이다. 그리고 나서 그들은 좀 더 일찍 알을 생산하기 시작할 것이고 그러므로 더 많은 자손을 생산할 것이다. 만약 그들이 가용 에너지를 생식에 투자한다면, 성숙한 개체는 천천히 자라고 크기는 작아진다. 그래서 각각의 알주머니는 비교적 알의 수가 적을 것이다.
- 동물이 대형으로 자란 후에 생식적으로 성숙을 하게 된다. 그들은 후에 알주머니들을 가질 것이고 그러므로 알주머니 수는 적지만 각 알주머니에는 더 많은 알들이 있을 것이다.

모델들에서 추정치는 사용될 전략이 크기 의존적 사망률에 따라 결정되는 지를 보여주는 것이다(그림 6.37a). 만약 대형 생물종(어식성 어류)의 사망률이 더 높을 때,

가장 큰 r은 가능한 빨리 생식을 시작하는 동물에서 나온 결과이다. 크기-선택적 사망률이 없는 경우에, 번식을 하기 전에 더 오랫동안 기다리는 것이 더 이득이 된다. 현장 관찰들은 이 모델을 뒷받침한다. 많은 보고서들이 많은 플랑크톤 섭식 어류가 있는 호수에서 같은 *Daphnia* 종은 어류가 거의 없는 호수에서 보다 더 작은 크기일 때 생식적 성숙을 한다. 독립된 호수에서 계절적 변화들이 있을 수 있다. 어류들이 특히 활동적인 여름에 *Daphnia*는 더 작은 크기일 때 생식적으로 성숙한다.

이 모델의 타당성은 개체군의 생활사 변동이 필수적으로 다른 유전자형에 대한 선택으로 유도되는 것이 아니라는 것을 발견함으로써 강력한 지지를 받는다. *Daphnia hyalina*의 단일 클론은 특정한 포식자의 화학적 신호에 대한 반응으로 표현형으로서 다른 전략들을 채택할 수 있다(Stibor and Liining 1994). *Daphnia*의 생식에 투자된 순생산량의 비는 독립적으로 체중과 알의 무게로 측정할 수 있다. 이 투자는 60%에서 80% 이상까지 몸의 크기에 비례해서 증가한다. *Chaoborus* 유충이나 어류의 냄새에 노출된 유생 *Daphnia*는 최적화 모델에서 예측한 것과 같이 반응한다. *Chaoborus*의 카이로몬(kairomone)에 대한 반응으로, daphniids는 카이로몬이 없는 대조군ㅌ에 비해 생식에 덜 투자하고 대형일 때에 생식을 시작한다. 이와 달리 어류의 화학 신호를 받았을 때 daphniids는 더 빨리 생식을 시작하고 생식에 더 많은 에너지를 투자한다. 흥미롭게도 *Notonecta*는 곤충임에도 불구하고 송장헤엄치개 *Notonecta*가 배출한 화학물질에 대한 반응은 어류에 대한 반응과 매우 유사하다. 그러나 *Chaoborus*와 달리 *Notonecta*는 그것의 피식자를 잡고 돌기로 찔러 내용물을 빨아먹기 때문에 입 크기의 제한은 없다. 이런 이유로 다른 반시류의 곤충들처럼 *Notonecta*는 작은 피식자를 선택하지 않고 대형 daphniids를 선호한다. 이 부분에서 그것은 어류처럼 행동한다. 이 사례는 화학적 신호가 포식자들이 사용하는 포획 기작을 피식자들에게 알리기 위해 얼마나 충분히 특이적인지를 알려주는 것이다.

저서생물들은 비슷한 생식전략들을 가진 것으로 보인다(Crowl and Covich 1990). 달팽이 *Physella virgata*는 Oklahoma(미국)의 작은 하천에서 가재 *Orconectis virlis*와 함께 산다. 가재는 달팽이를 먹지만 그것이 작은 것들의 껍질만 깰 수 있기에 매우 선택적이다. 가재가 없는 하천에 사는 달팽이들은 3.5개월이 지나고 4 mm의 크기가 되었을 때에 생식적으로 성숙되고 매우 조금 더 자란다. 가재가 있는 하천에 사는 달팽이들은 8개월 동안 발달과정을 거치며, 번식을 시작하기 전에 10mm까지 성장한다. 이 결과는 화학 물질에 의해 유도된 것이다. 달팽이들은 포식자가 없을 경우 그들의 생활사를 바꾸며, 만약 달팽이를 섭식하는 가재가 있는 곳에 함께 있다면, 달팽이들도 역시 생활사를 변경한다. 이들은 생물의 두 가지 사례가 있으며, 하나는 넓은 반응 범위이며 다른 하나는 다른 생활사 전략을 적용할 능력을 가지는 것이다.

시기 선택 전략

많은 생물들은 연중 특정한 시기에만 출현한다. 이것은 높은 번식율을 가지고 있는 매우 작은 생물들의 제한 자원의 직접적인 영향이다. 예를 들어 봄철 조류의 발생은 빛의 가용성 정도에 따른다. 그리고 원생동물과 윤충류는 조류가 최대치를 증가한 이후에 최대로 증가한다. 이러한 플랑크톤 생물은 매우 빠른 생장을 하기 때문에 자원을 최적으로 사용할 수 있다(단원 8.7.3).

이렇게 일시적으로 나타나는 생물들은 종종 봄, 여름이나 가을 형이라고 한다. 이러한 용어들은 종의 계절적 출현이 온도와 같은 무생물적 요인들과 밀접한 관계가 있음을 직관적인 결과로 이어질 수 있다. 사실 우리는 종종 온수성과 냉수성 종들이라고 말하기도 한다. 이것은 상당한 오해의 소지가 있다. 물벼룩을 더위 타기라고 불리는 것이 좋은 예이다. *Daphnia galeata*는 주로 온대지역의 부영양호에서 2개 정점 개체군 패턴을 가지고 있는데 이것은 5월에 최고 밀도를 나타내고 9월과 10월에 두 번째로 높은 정점을 보인다. 이 정점들 사이에는 여름 최저점이 있다(오목형)(그림 5.9). *Daphnia*가 낮은 수온을 선호한다라고 결론짓는 것은 옳지 않다. *Daphnia*를 10°C의 호수에서 채집하여 연구실에서 실험해 보면 그것은 20°C 이상에서 최적 생장을 한다. 그것이 현장에서 봄과 가을에 제한된 출현을 하는 것은 낮은 먹이 이용성과 높은 포식으로 여름철 개체군 생장을 억제했기 때문이다.

수생생물의 일부 종들은 낮은 온도에서 그들의 생리적 최적 상태를 가진다. 그러나 생리적 제한이 있는 것인지 아니면 생물이 경쟁이나 포식과 같은 다른 요인들로 인해 온도 범위 내에서 그들의 대사를 최적화하였는지에 대한 문제는 남아있다.

많은 종들은 환경적 요인들로 인해 거의 변화시킬 수 없는 생활사가 계획되어 있다. 같은 종으로 구성된 다른 개체군들은 완전히 다른 프로그램들을 가질 수 있다. 생활사의 계절적 종료는 명료해 보인다라고 한다. 그것은 비록 그 과정들이 가능하지 않지만, 생물들이 환경 조건들이 어떻게 진행될 지를 미리 아는 것과 같이 보이기 때문이다. 1년의 생활사를 가지고 있는 하천성 곤충들은 절대 개울의 봄철 홍수를 경험하지 못할 것이다. 그럼에도 불구하고 그들은 그들의 유충이 다음 홍수 때에 민감한 단계에 있지 않도록 그들의 알을 낳아야만 한다. 봄철 최고 수위의 파괴력은 너무나 강력한 선택인자로 작용하기 때문에 정확하지 않게 계획된 생활사를 가진 개체들은 빠르게 사라진다.

경쟁과 포식은 생활사의 시간 배당과 비슷한 영향을 미친다. 생물들은 자원 공급이 매우 부족하거나 사망률이 높은 시기에 그들의 자손을 번식하지 않도록 적응해야 한다. 이것은 그런 상황들이 다소 예상 가능하거나 그 상황과 관련된 정해진 시간에 일어나는 발단이 있을 때에 가능하다. 낮의 길이와 수온은 둘 다 계절과 밀접하게 관련된 아주 좋은 발단들이다.

유충발육을 물에서 하는 많은 곤충들은 짧은 시간에 부화하고 집단을 형성한다.

이것은 특히 밀도가 낮은 개체군에서 짝을 찾는 문제를 단순화시켜 준다. 집단은 포식자들을 만족시키는 높은 피식자 밀도를 제공하며(단원 4.3.2), 그러므로써 개체의 포식 위험을 감소시킨다. 개체의 성장 시간은 일부 외부 자극들과 동시에 발생하여야 한다. 그러므로 많은 곤충의 유충들은 그들의 성장을 잠시 멈추고 부화를 할 적절한 시기를 기다린다.

휴면기

많은 동물들은 발육정지와 대사율 감소시기인 휴면기에 들어간다. 지각류의 난각막 내의 알들은 휴면기에 있다. 그것은 알들이 몇 번의 분열 후에 발생과정을 멈추고 그리고 그들이 성장을 다시 시작하기 전에 자극을 필요로 하기 때문이다. 요각류의 휴면기는 특히 흔하다. 일부 장구절 요각류는 4번째 요각류 유생단계에서 그들 자신을 침전물에 묻은 다음 그곳에서 수 개월 동안 휴면상태를 유지한다. 휴면기의 시작은 낮의 길이에 의해 조절된다. 아직 어떤 요인이 휴면기의 중지를 조절하는지는 알려져 있지 않다. 이런 현상은 단원 1.3 부분에 다뤄졌다.

*Cyclops vicinus*와 *C. Cyclops kolensis*와 같은 일부 종들은 여름에 그들의 휴면기를 가진다. 이것은 주로 여름에 높은 어류에 의한 포식압을 피하기 위한 전략으로 해석된다. 여름 휴면기가 경쟁을 피하게 해준다는 실험 증거도 있다. 요각류 유생은 비능률적인 여과 섭식자이고 생장과 발달하기 위해 높은 농도의 조류를 필요로 한다. 그들은 매우 효율적인 여과 섭식 기작을 가지고 있는 지각류에 비해 약한 경쟁자일 것이다. 만약 지각류들이 호수에서 높은 밀도를 나타내는 시기에 유생들이 성장을 해야한다면 매우 불리 할 것이라고 주장될 수도 있다. 만약 한 종이 여름에 침전물을 모은다면, 두 종 중에 휴면상태의 요각류는 물에 공기가 통하게 되면서 깨어날 것이다. 만약 그들이 성숙한 후에 유생단계 유충을 생산한다면, 그 유충은 동물들이 주로 나타나지 않는 시기에 자연적인 조류와 호수에 있게 됨으로써 유생은 굶어 죽는다. 그곳에는 먹이가 충분하지 않다. 그러나 물에 배양된 편모성 조류를 공급해주면 유생은 잘 성장할 것이다. 분명하게 유생은 여름에 먹이가 제한되어 있다(Santer and Lampert 1995).

칼라누스 요각류 *Diaptomus sanguineus*는 다음과 같은 두 가지 종류의 알을 낳는다; 첫째는 바로 발생하는 돌발적인 알을 낳고 두번째는 부화하기 전에 침전물에 몇 달 동안 있는 휴면상태를 유지하는 알들을 낳는다. 3월에 어류가 있는 연못에 사는 모든 암컷들은 낮 길이를 신호로 사용하여 돌발적인 알에서 휴면알들로 바꾼다(Hariston and Olds, 1987). 이것은 어류가 활발하게 포식을 시작하기 전에 물에서 개체군이 사라지도록 한다. 전환은 어류에 의해 직접 일어나는 것은 아니다. 그것은 요각류는 어류가 없는 연못으로 이동하는 시기에도 휴면난을 낳기 때문이다. 암컷들이 생식 방식을 바꾸기 시작하는 정확한 시기에 개체의 유전적 변이가 있다.

어류는 휴면난 생산에 너무 오랫동안 지연된 암컷들을 제거함으로써 개체군의 동시성을 유지한다. Hairston은 하나는 어류 개체군이 없는 두 개의 연못들을 조사하였다. 어류가 죽기 전에 두 개의 연못 모두에서 암컷들은 같은 시간에 바꾸었다. 하지만 어류가 사라지자 어류가 없는 연못에서의 시기는 변동이 시작되었고 2년후에 한 달 늦게 일어났다. 분명히 포식자가 없는 경우에 더 오랫동안 돌발적인 알들을 생산하는 암컷들은 다음 세대의 자손 수에 더 기여한다. 만약 후세대의 개체들에게 영향을 미친 부화 지연으로 침전물에 묻혀있는 많은 수의 휴면알들이 없었다면 소진화는 더 빠르게 일어났을 것이다. 그러므로 변화율은 천천히 감소한다(Hariston and Destasio 1988).

끊임없는 선택은 번식 전환 시기의 정확한 동기화를 위하여 필요하다. 대부분의 요각류는 어류가 활동적이기 전에 휴면알들을 낳는다는 사실은 높게 예측가능한 포식압 때문이다. 잘 예상되어지지 않는 연못들은 아예 다른 생활사 전략을 유도한다. *Diaptomus sanguineus*는 가끔 건기를 만나서 어류가 사라지는 연못에서 살기도 한다. 이런 연못이 건조해 지는 것은 기후 변화로 인해 일어나고 따라서 예측될 수 없다. 이 연못들에서 암컷들은 여름 동안 불규칙적으로 2종류의 알을 낳고 휴면알 생산을 위한 신호로서 작동하는 환경적 요인들에 반응하지 않는다. 이것은 개체의 휴면알들이 항상 침전물 속의 휴면알 풀 내에 있다는 것을 확실하게 하는 것이다.

보통 때는 침전물의 가장 위의 수 밀리미터 부분에 있는 휴면기의 알은 부화를 하지만, 침전물이 생물들의 활동 등으로 인해 교란이 발생하면 더 깊은 곳의 알들이나 조류 포자들이 표면으로 이동된다. 휴면난 은행의 완전한 잠재력은 스웨덴의 Trummen호 복원에서 증명되었다. 이 얕은 호수는 부영양화 동안 대량 조류 번식으로 인한 축적된 부드럽고 두꺼운 퇴적층이 형성되었다. 내부의 인 부하를 감소시키기 위해(단원 8.3.5) 호수의 많은 진흙 퇴적물을 제거하였다. 다음 해에 호수에 황갈조류 개체군이 대발생하였다. 그것들은 분명하게도 진흙이 혼합 졌을 때 침전물 속에 퇴적되어 있던 포자가 발아하였기 때문이다.

위험의 확산

환경조건들은 항상 예측될 수 있는 것이 아니기 때문에 정확하게 생활사를 끝내는 것은 이점이 있다. 매우 좁은 반응 범위를 가지고 있는 종은 만약 그 해에 이상 기후 조건을 나타내거나 먹이망의 구조에서의 무작위 변동이 일어난다면 가장 선호하는 주기를 잃게 될 수도 있다. 이것은 일정한 생활사를 가지고 있는 개체군에게 재해를 일으킬 수도 있다. 이와 같은 사례가 Constance호에서 관찰되었다. 큰 장구꼴 요각류 *Heterocope borealis*는 침전물에서 휴면알 상태로 겨울을 나던 빈영양호인 Constance호에서 살았다. 유생은 3월에 부화하여 지표수로 이동하였다. 1956년에 포식성 요각류 *Cyclops vicinus*는 더 부영화된 호수로 이주했다. 그것은

Heterocope 유생이 표면으로 이동할 때와 같은 시기에 성체가 최대치를 나타내는 다른 생활사를 가지고 있었다. 2년 안에 유생을 섭식하는 것을 선호하는 *Cyclops vicinus*는 갑자기 잘못 적응하게된 생활사를 가진 *Heterocope* 개체순을 완전히 제거했다(Eiusle 1988).

증권 중개인이 한 가지 종류의 주식에만 투자하지 않듯이 재앙을 피하기 위해서는 위험 요소를 분산하는 것이 이롭다. 이러한 전략은 최대의 이익을 얻지 못하지만 최악의 상황에서 모든 것을 잃게 하지 않는다. 육상 생태학의 종자은행과 비유하자면 수생태에서는 휴면알 은행이라고 한다. 그것은 발생을 계속하기 위한 자극을 기다리는 침전물에 묻혀있는 많은 동물들의 휴면 단계들로 구성되기 때문에 휴면기 은행이라고 불리는 것이 더 정확하다. 휴면기 은행의 특성들 중 하나는 모든 개체들이 동시에 부화를 하지를 않고 오랜 기간 동안 분산되어 부화를 한다는 것이다. 만약 유생들이 휴면기로부터 부화하여 그들이 생식할 수 있기 전에 좋지 않은 환경적 요인들로 인해 죽는다면, 다른 무리의 유생들이 내년이나 그 다음 해에 부화하여 성공적인 번식 가능성이 높아지게 된다. 이런 이유로 더 오랜 기간의 좋지 않은 요인(오염)들이 이어질 수도 있다. 침전물 속에 생존 가능한 휴면기들이 있다면 물에서는 육지로의 분산보다 훨씬 빠르게 다시 서식될 수 있다. 휴면기 뱅크들은 교란에 대한 생물적 완충제이다.

퇴적물에 묻혀 있는 휴면중인 알들은 아주 오랜 기간 동안 생존 가능하다. 부화된 *D. sanguineus*의 가장 오래된 알들은 호수 침전물의 30cm 깊이에서 나왔으며 330년이 된 걸로 알려져 있다(Hariston *et al.* 1995). 윤충류와 지각류의 휴면알들은 오랫동안 살지 못하지만 50년 이상 생존한 것으로 보고되었다. Constance호의 사례는 단원 5.3.4에 나와 있다.

몇 개의 작은 연못들이 메마르는 것은 예측할 수 없는 위험요소의 예시를 나타낸다. 연못에 사는 지각류들은 휴면알들이 개체군 증가율에 기여하지 않으므로, 만약 돌발적인 알들만 낳았다면 가장 높은 증식률을 보였을 것이다. 경우에 따라 그들은 휴면알들을 생산하여 재난이 있을 때를 대비해 개체군을 다시 형성하기 위해 보험으로 침전물 속에 묻어 둔다.

휴면기는 좋지 않은 시기들을 극복하기 위한 것이다. 그러나 몇 년 내에 환경조건들이 개체군의 성장을 막을 만큼 나쁘지 않을 것이다. 동물들은 휴면알들 없이 살아남을 수 있는 시기들도 있을 것이지만 그러한 시기들은 예상될 수 없다. 이러한 조건에서 어떤 동물은 그들의 운을 시험하며 휴면기로 들어가지 않는 것이 이로울 수도 있다. 이러한 동물들은 환경이 좋은 시기 동안에 상당한 이득을 얻을 것이다. 이런 잠재적인 이득은 개체군이 다른 생활사를 가지는 동물들의 특정 비율을 유지하도록 해 준다.

Nilssen(1980)은 위험 분산의 예시들을 설명했다. 노르웨이의 장구꼴 요각류는 1

년 또는 2년 내에 그들의 생활사를 완성한다. 만약 그들이 빨리 생장한다면 1년 안에 생식적으로 성숙하며, 그들은 크기가 작으며 알을 적게 낳는다. 단 다른 선택으로, 그들은 좀 더 느리게 성장하고 2년 후에 생식적으로 성숙한다. 그러나 그들은 좀 더 크고 더 많은 알들을 낳는다. 두 개의 대안들 모두 한 호수에 동시에 있을 수 있다. 1년형의 비율은 포식압에 비례하여 증가할 것이다. 대형 요각류들은 어류들이 크기 선택적 포식자들이므로 포식에 특히 취약하다. 다른 한편으로는 어류 개체군은 변동이 심하다. 그래서, 다음해에 대형 종이 덜 위험할 것이라는 가능성을 기대하고 1년 동안 생식을 미루고 더 많은 자손을 낳는 것이 때로는 더 이득이 된다는 것이다.

6.8.3 형태순환

많은 동물성 플랑크톤들은 1년동안 그들의 형태를 규칙적으로 변화시킨다. 이러한 변화들은 계절주기에 따라 형태적 변화를 나타내기에 형태순환이라 한다(Black and Slobodkin 1987). 여름과 겨울의 형태는 완전히 달라서 그들은 종종 다른 종으로 오해받기도 한다(그림 6.38). 윤충류와 같은 경우에, 형태의 변화가 종의 대체와 관련이 있다. 다른 경우에 특히 플랑크톤성 지각류는 단일 종 내에서 변화가 일어난다. *Daphnia galeata mendotae*의 헬멧 형성은 북아메리카에서 일어나는 대표적인 예이다(Jacobs 1961). Constance 호에서 *Daphnia galeata*와 *D. hyalina*와 같이 한 종이 형태순환을 하고 다른 종은 그렇지 않다면 유사종들은 같은 호수에 공존할 수 있다.

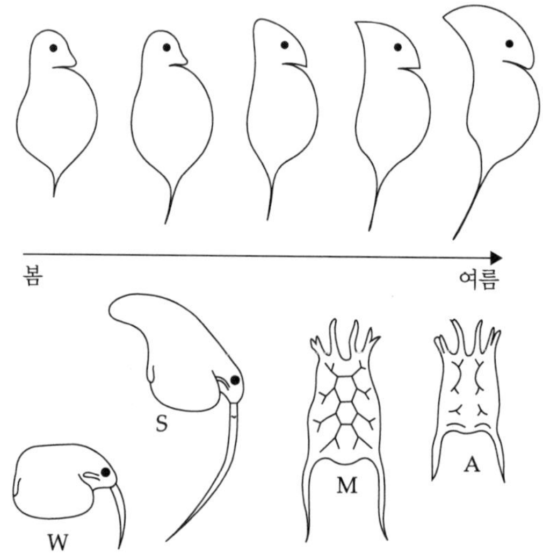

그림 6.38 동물플랑크톤의 형태순환. 위: *Daphnia retrocurva* 형태의 계절적 변화(Riessen 1984). 왼쪽 아래: *Bosmina coregoni thersites*의 겨울 형태(W)과 여름 형태(S) (Lieder 1950). 오른쪽 아래: 5월(M)과 8월(A)의 *Keratella quadrata* 형태(Hartmann 1920).

북아메리카 호수에 널리 분포하는 *Daphnia galeata mendotae*는 형태순환을 하는 *Daphnia* 여러 종 중의 한 종이다(Jacobs 1987). 비슷한 종은 중앙유럽의 부영양 호수에 사는 *Daphnia cucullata*가 있다(그림 6.31 참조). 그 종은 겨울에 둥근 머리를 가지고 있다가 초여름부터 길쭉한 헬멧을 발달시킨다. 6월에 둥근 머리를 가진 암컷의 알주머니 속에 있는 어린 *Daphnia*가 뾰족한 헬멧을 가진 것을 볼 수 있다. 새끼들이 부화하면 그들의 헬멧은 신체의 나머지 부위보다 더 빨리 자란다(양의 상대성장). 그러므로 가장 큰 개체는 가장 큰 헬멧을 발달시킨다. 6월 말까지 헬멧의 길이는 몸의 길이에 비례하여 자라난 후 성장 속도가 비교적 줄어든다. 헬멧의 길이는 한여름이 되면 몸의 60%까지 자란다. 이러한 전형벅인 형태순환은 1년의 주기를 갖는다(Lawpert and Wolf 1986).

가장 뚜렷한 형태순환은 몸의 형성과 침상돌기, 벼슬같은 장식의 발달과 관련되어 있다. 지각류 *Bosmina* 물벼룩은 긴 주둥이와 높은 혹으로 된 등을 형성한다. 하지만 *Daphnia pulex*의 작은 경우 이빨이나 *Daphnia galeata mendotae*의 안테나 같은 긴 강모들은 가끔 너무 작아 알아보지 못할 수 있다.

윤충류와 지각류는 주로 단위생식(처녀생식)을 하는데 이것이 종의 개념을 애매하게 만든다. 개체군들은 모체와 유전학적으로 똑같은 많은 클론을 포함한다. 클론들은 개체군 내에서 큰 변이성에 의한 형태학적으로 다른 모습을 갖기도 한다. 이와 같은 경우에 계절 변화는 표현형 또는 유전형 변화와 같이 두 종류로 나누어진다.

첫번째 경우로, 이들은 환경 변화에 따라 자손들의 표현형이 변화한다. 두번째 경우인, 유전형의 변화로서 잘 적응한 클론들과 형태적으로 다른 개체들이 나누어짐으로써 개체군 내에서의 그들의 비율이 변화한다. 예를 들어 만약 헬멧이 있는 *Daphnia*가 선호하는 환경에서 둥근머리를 가진 종을 초과한다면, 헬멧을 가진 적은 수의 클론이 풍부도가 높은 헬멧이 없는 클론보다 자손을 더 많이 생산한다. 헬멧이 있는 클론들의 수가 증가할 것이고 개체군의 헬멧 길이가 평균적으로 더길어진다.

*Daphnia*가 표현형적 변화를 갖는다는 증거들:

- 자연에서 찾아보기 힘든 헬멧을 갖는 클론이 실험실에서 단일 클론만으로 유도될 수 있다.
- 둥근 머리 암컷의 알주머니에서 헬멧이 있는 어린 개체가 발견되기도 한다.
- *D. cucullata*의 개체군들이 헬멧 형성기간 동안 클론 구조를 변화시킨다는 전기영동 알로자임 분석의 증거는 없다(Lawpert and Wolf 1986, 단원 5.3).

*Bosmina*와 같은 다른 동물플랑크톤의 형태순환이 클론을 변화시킬 가능성을 전부 배제하지는 않는다(Black 1980). 환경에 대해 더 큰 표현형을 나타내는 많은 클론이 있다면 그것은 표현형 변화와 유전형 변화의 조합임을 확신할 수 있다.

형태순환을 설명하는데 도움이 되는 두 가지 질문:

1. 직접적인 요인

- 무엇이 형태 변화를 유도하는가?
- 어떤 요인이 형태순환을 조절하며 예측 가능한가?

실험실 실험에서 고온, 풍부한 먹이, 교란이 헬멧의 변화를 유도할 수 있다(Jacob 1967). 형태순환을 유도하는 단일 요인은 아직 발견되지 않았다. 포식성 무척추동물들(*Chaoborus*, 송상헤엄치개)이 물에 방출하는 물질이 형태순환에 포함되는 형태 변화가 유도한다는 최근의 사례들이 있다. *Daphnia cucullata*의 상대적으로 큰 헬멧은 현장의 수온과 양의 관계가 있다. 온도가 높아질수록 헬멧은 더 길어진다. 실험실로 그들을 가져오면 헬멧은 고온과 풍부한 먹이가 있어도 작은 상태로 유지한다. 긴 헬멧은 이전에 *Chaoborus* 유생이 있던 물에서 배양할 때 형성된다. 입자가 없도록 여과시킨 물로 실험을 하였기 때문에 용존 화학물질이 헬멧 형성을 유도할 것으로 보인다(Tollrian 1990). 포식자의 카이로몬이 경고 물질(파쇄된 *Daphnia*)보다 더 높은 헬멧을 유도한다. 하지만 동종이 관련되어 있을 때 효과가 더 커진다. 예로 *Chaoborus*가 *Daphnia magna*를 먹었을 때보다 동종인 *D. cucullata*를 먹었을 때 *D. cucullata*의 더 높은 헬멧을 유도한다(Laforsch *et al.* 2006).

포식자의 존재를 알리는 화학물질이 동물플랑크톤의 형태변화를 유도한다는 것을 설명할 수 있더라도, 형태순환에 대한 밝혀짐에도 이런 화학물질의 상호작용의 역할은 아직 충분히 밝혀지지 않았다. 많은 요인들이 계절 변화를 한다. 실험실에서는 현장에서 관찰된 뚜렷한 형태순환 특징이 나타나지 않는다. 실험실에서 동물플랑크톤 대상으로 한 세대보다 더 많은 여러 세대를 카이로몬에 노출시키면 현장에서 정상적으로 나타나는 것과 같은 초세대적 영향을 나타낸다. *Daphnia mendotae*의 머리 부분은 포식자 지각류인 *Leptodora*에 반응시키면 이런 변화를 나타낸다. 실험실에서 3세대 이상의 연속적으로 카이로몬에 노출되어야 자연 호수에서와 같은 특징을 얻을 수 있다(Tanner and Branstrator 2006).

2. 궁극적인 요인

- 왜 플랑크톤들은 형태를 변화시키는가?
- 형태순환의 적응적 이득은 무엇인가?

형태순환의 기능에 대한 많은 추측이 있다(Jocob 1987). 먼저 동물플랑크톤의 침상골기와 헬멧은 여름에 고온으로 인해 점성이 낮아질 때 플랑크톤이 침강을 감소시키는 부상 기관으로 설명되고 있다. 하지만 이 가설은 받아들여지지 않는다. 오히려 포식에 대한 방어 기작으로 보인다(단원 6.5.5).

헬멧이 있는 종과 없는 종을 혼합시켰을 때 헬멧이 있는 개체들이 더 잘 살아 남는다(Jacob 1987). 헬멧이 있는 *Daphnia*는 물고기로부터 더 잘 도망치는 것으로 보인다. 그들의 형태가 촉각근육으로 표면에 부착을 돕는지 또는 저항을 덜 받도록 하는지 확실하지 않다.

침상돌기와 헬멧은 무척추동물 포식자들에 대한 좋은 방어수단이다. 형태순환의 과장된 형태를 가지고 있는 플랑크톤은 *Chaoborus* 유충, 포식자 요각류, 송장헤엄치개와 함께 있을 때 살아남을 수 있는 확률이 더 높아진다. 무척추동물 포식자들은 구기부의 크기 제한때문에 대형 피식자를 잡아먹는 것이 어렵다. 그러나 경부이빨이나 헬멧을 가진 *Daphnia*는 처리하기가 곤란하고 *Chaoborus*에게 잘 잡히지 않는다는 것이다(Havel and Dodson 1984).

한 가설(Dadson 1974)은 *Daphnia*의 긴 꼬리 돌기와 투명한 헬멧 형성이 어류의 가시성을 감소시키며, 무척추동물 포식자에게 잡히지 않게 한다고 하였다. 형태순환은 *Daphnia*의 눈, 내장, 알과 같이 보이는 부분을 늘리지 않는다. 동물플랑크톤은 오직 그들의 투명한 구조만을 늘려 어류가 그들을 더 잘 보게 되는 것으로부터 회피하고 포식자 무척추동물에 대한 취약성을 줄인다(그림 6.31).

이 요인들이 현장에서 중요한지에 대한 증거는 없다. 하지만 포식압이 가장 높을 때 이러한 형태 변화가 가장 크게 일어나는 것은 주목해 볼 만하다. 포식자의 화학물질에 대한 피식지의 형태순환적 반응은 포식자에 대한 방어 이득이라는 것에 대한 설득력 있는 증거이다. 이와 같은 경우에 직접요인과 근본요인이 포식자에게도 같다. 형태순환은 또한 화학물질 유도 없이 조절되기 쉽다. 온도는 치어와 곤충 유충의 형태특징과 밀접한 관계가 있기 때문에, 온도를 지표 또는 생물시계에 영향을 주는 요인(Zeitqeber)이다.

동물플랑크톤이 왜 항상 방어 구조를 계속 유지하고 있지 않는가는 여전히 의문이 있다. 왜 오직 포식자를 예상했을 때만 그들은 보호구조를 형성할까? 위험이 없을 때 저축해 둔 방어 비용이 얼마일지 쉽게 평가할 수 없다. 한 가설은 *Daphnia catawba*의 경우 헬멧이 있는 개체들이 다른 종들보다 더 날씬해지고 더 작은 알주머니를 가진다고 주장하였다(Riessen 1984). 알의 수는 (번식능력) 먹이 가용성에 비례한다. 치어가 많아지기 전인 봄철에 작은 조류들이 최대로 증가할 때 먹이는 가장 많아진다. 알주머니가 커지는 것은 *Daphnia*가 둥근 머리를 가지게 되고 먹이 공급이 원활하다는 의미이다. 나중에 먹이가 부족해 알의 생성이 제한된다면 큰 알주머니를 갖는 것이 이득이 없다. 이럴 때는 방어에 투자하는 것이 더 좋다. 형태순환은 적절한 시기에 번식을 최대화하고 사망률을 최소화하도록 적합성을 최적화하는 것으로 보일 수 있다.

이것은 *D. haleata mendotae*(Jacob 1987)나 *D. cucullata*(Tollrian 1991)에는 적

용되지 않는 것으로 보인다. 최적의 조건이 주어졌을 때 헬멧이 있는 것과 둥근 머리의 *Daphnia*는 알의 개수에 차이가 없었다. 이 경우 더 작은 알주머니 같은 형태순환을 위한 형태적 비용이 들지 않았기 때문에 활동에 비용을 사용해야 한다.

유영에 관련된 비용은 직접 측정하기는 어렵지만 방패는 플랑크톤이 유영을 할 때 항력이라는 비용을 발생시킨다. *Bosmina*종은 여름동안 매우 특이한 형태를 만든다(그림 6.38). 하지만 긴 촉각은 수컷보다 암컷에 더 드러나있다. *B. coregoni*의 다양한 체형에 따른 항력을 점성이 있는 액체에서 플라스틱 모델을 이용하여 측정하였다(Lord *et al.* 2006). 형태순환한 암컷은 수컷보다 더 많은 항력을 가진다. 수컷들은 암컷에 비해 한 번의 헤엄치면 더 먼 거리를 이동한다. 수컷들은 방어 구조보다 항력을 줄이는데 비용을 투자한다. 임컷보다 더 빠르게 유영하는 수컷은 포식자 방어에 더 중요하기 때문이다.

다양한 그룹에서 형태순환은 독립적으로 나타난다. 형태적 특징들은 범위가 넓으며, 밀접하게 연관된 유형은 매우 다르다. 모든 경우에 대해 단일 직접적 요인이나 근본적 요인이 있는 것 같지는 않다. 또한 뚜렷한 형적 변화는 중립은 아닌 것 같으며 적응적 가치가 없는 것 같지도 않다.

6.8.4 일주 수직 이동

담수와 해수에서 동물플랑크톤은 모두 일주 수직 이동의 흥미있는 행동을 보인다. 보통 낮에는 깊은 물에 있다가 밤에 표면으로 올라온다(그림 6.39). 동물들은 낮에 올라오고 밤에 가라앉는 반대방향의 이동하는 경우도 있다. 일주 수직이동은 수 cm에서 100미터 이상의 범위까지인 것으로 밝혀졌다(Hutchinson 1967).

이동의 진폭과 수직 분포의 패턴은 종에 따라 다양하며 발달 단계에 따라 다르다. 이것은 물의 투명도와 먹이 상태에도 영향을 받는다. 몇몇 동물플랑크톤은 좁은 띠 모양 지역으로 상·하 이동하거나 밤에 물 전체에 흩어지기도 한다.

플랑크톤 시료로부터 개체가 어떻게 이동하는지에 대한 실제 사진은 확보하지 못했다. 우리는 플랑크톤 시료의 수직 프로파일을 이용해 깊이에 따른 생물 변화만으로 플랑크톤의 수직이동의 개요를 볼 수 있다. 그 후 개체군의 분포에 따른 수직이동의 변화를 추정한다. 평균 깊이 또는 중간 깊이에서 개체군의 낮과 밤의 차이를 이용해 이동의 폭을 측정하였다. 이러한 개체군의 평균 이동의 관찰은 개체들의 행동을 잘 못 해석하게 할 수 있다. 분포의 평균값 사이의 거리는 오직 모든 생물들이 동시에 움직였을 때 타당한 값을 준다. 항상 그와 같은 것은 아니다. 언제나 오르기만 하거나 내려가기만 하는 동물들도 있을 것이다. 우리는 순수 효과만 측정하는데, 그것은 개체의 유영 활동을 심각하게 과소평가할 수 있다.

1960년대에 수직이동에 관한 신경생리학적 근거를 찾는데 관심이 많았다. 주광

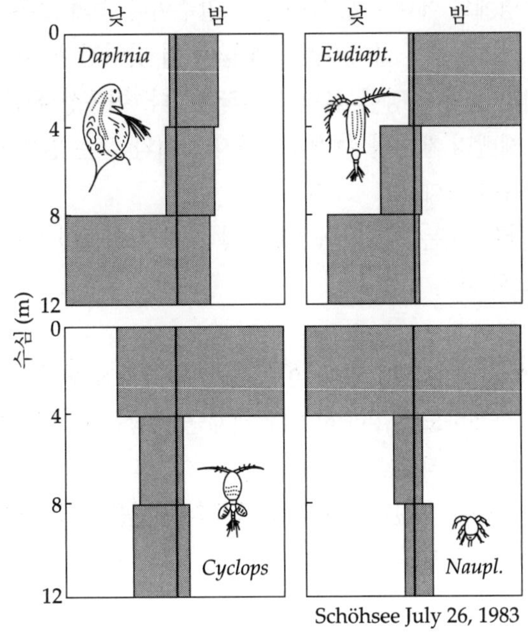

그림 6.39 1983년 7월 26일 Schöhsee호(독일 홀스타인)에서 낮과 밤에 다양한 깊이에서 포획된 동물플랑크톤의 상대적 분포.

성과 주지성이 행동을 조절한다는 것을 알게 되었다. 1차 우선 조절 인자이다(직접적인 요인). 동물플랑크톤이 현장의 빛 조건에 지속적으로 적응하기 때문에 이동을 시작하고 끝내는 자극은 빛의 상대적 변화(dI/I)이지 빛의 강도(I)가 아니다. 빛의 강도가 가장 강할 때는 한낮이지만 단위 시간 당 가장 큰 상대적 변화는 일출 전과 일몰 후에 일어난다. 상대 빛 변화의 한계점 이해에서 플랑크톤은 반응하지 않는다. 빛이 더 빠르게 변화하고 한계치를 초과할 때 플랑크톤은 변화된 빛 강도에 따라 위치를 수정하려 한다. 빛이 강해지면 더 어두운 아래로 이동하고 빛이 감소하면 물 표면으로 올라온다. 빛이 한계치보다 변화가 다시 느려지면 이동을 멈춘다. 그것은 플랑크톤의 눈이 적응하는 시간보다 늦어질 때이다.

많은 다른 생물 종들이 다양한 수직이동을 보이는 것은 각각의 적응값 때문이다. 이동성 동물들에게 적합성의 이득을 주는 근본적 요인은 무엇일까? 모든 분류군에게 똑같은 근본요인을 적용하는 것을 선험적으로 믿을 이유는 없지만, 그러나 모든 플랑크톤은 수직 이동을 통해 비교할 만한 이익을 끌어 낼 것이다. 이동성 동물들은 밤에 따뜻하고 먹이가 많은 물에서 보내고, 낮에 먹이가 양이나 질적으로 낮은 깊고 차가운 물에서 보낸다. 그러므로 진광층에서는 1차 생산이 제한된다. 차가운 물에서 시간을 보내는 것은 동물플랑크톤의 생식적 측면에서 번식에 불리하다. 깊은 물의 부족한 먹이 조건에서는 알 생산에 이용가능한 에너지를 제한하고 이동이 포함된 유영에도 에너지를 사용한다. 알주머니 속의 알은 저온에 노출되면 발달은 늦어진다. 알 발생이 길어지면 번식률이 더 낮아진다. 따라서 따뜻하고 먹이가 풍부한 표면의 물에서 강한 선택압이 작용한다. 이동성 유전형들은 비이동성 유전자형에 의해 재빨리 제거될 수 있다. 하지만 이와 같은 일은 일어나지 않는다. 이동의 선택적 이득이 있다.

이러한 문제를 다루려는 시도들에 대한 몇 가지 가설들이 있다. 그들은 다음과 같이 2가지 영역으로 나눌 수 있다.

- 이동의 불이익들은 과장되어 있다. 이동 동안에 마주칠 변하는 조건들은 에너지를 효율적으로 사용하도록 유도하거나 개체군 생장을 더 빠르게 한다(자손의 생산을 증가시키는 더 높은 적합성을 유도).
- 낮에 물 표면을 피하는 것은 빛에 의한 죽음의 원인을 감소시키는 것이다(사망률 감소를 통한 적합성 더 높임).

첫 번째 영역의 몇 가설은 고온에서 먹이를 섭취하고 저온에서 휴식을 취하거나 또는 저온에서 더 크게 생장하고 자손을 더 많이 생산(개체군 통계학적 이득)을 하는 전환을 함으로써 대사적 이득을 본다는 것이다. 물 표면에 있는 조류가 저녁에 양질의 영양염을 이용할 수 있다는 것이 흥미롭다. 낮이 끝날 무렵에 그들은 더 많은 먹이 저장물질을 가지고 있지만 야간에 대사를 한다. 더불어 동물플랑크톤은 장 속에 먹이가 가득찼을 때보다 배가 고플때 섭식률이 더 높다. 단순히 온종일 표면에서 섭식하는 것보다 굶주린 후에 표면으로 이동해 에너지적으로 가치 있는 조류를 섭취하는 것이 더 많은 에너지를 얻는다는 이론이 있다. 이러한 에너지 보너스 가설의 실험적 검정은 물 표면에 머물수록 에너지 측면에서 유리하다는 결론을 내렸다(Lawpert 1993). 이동이 에너지 측면에서 보너스를 주더라도, 연장될 발달 기간의 부정적 영향을 보상해 주지는 않을 것이다(Kerfoot 1985).

이동이 사망률을 줄임으로써 적응성을 높이는 두 번째 가능성은 그럴싸하다. 그것은 생식률을 기반으로 한 첫 번째 가설을 필이 지지하지 않기 때문이다.

*Daphnia galeata*와 *D. hyalina*는 Constance 호수에 함께 사는 밀접히 관련있는 종이다. 비록 그들이 매우 유사하고 종간 교잡도 있지만, 그들은 이동행동에서 큰 차이를 보인다(Stich and Lawpert 1981). 여름 동안 *D. hyalina*는 이동 변화가 매우 넓었지만, *D. galeata*는 물 표면에 머물면서 좁은 범위를 이동했다(그림 6.40). 다양한 전략들이 이 사례에서도 분명하게 관찰할 수 있다(표 6.2).

*Daphnia hyalina*는 낮동안 부족한 먹이 환경에서 살았기 때문에 알을 더 적게 낳았다. 저온에서 살기 때문에 이 알들은 발생에 더 많은 시간을 필요로 한다. 이러한 이유들 때문에 이동성 *D. galeata*는 비이동성 *D. galeata*보다 출생률이 더 낮았

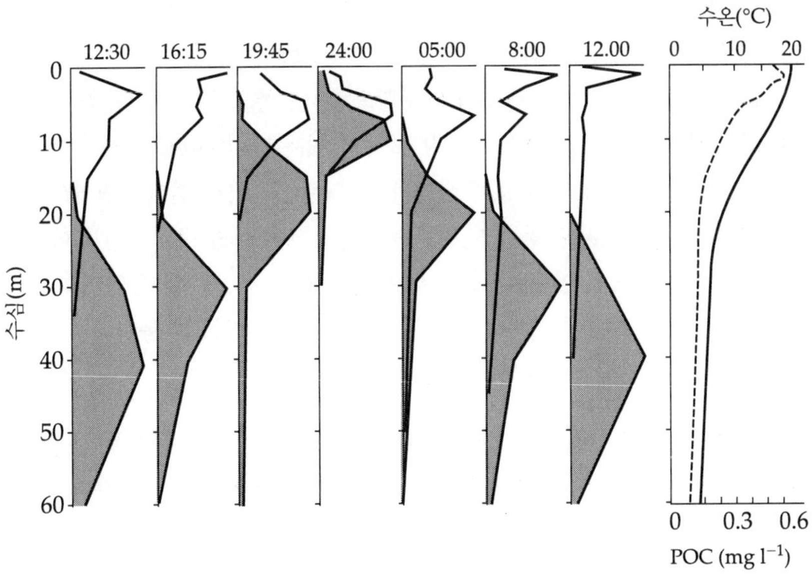

그림 6.40 Costance 호수(8월)의 *Daphnia galeata*(평면)와 *D. hyalina*(음영)의 수직 이동 패턴 비교. 오른쪽 그래프에는 온도(실선)와 입자성 탄소(입자 < 35 μm, *Daphnia*에 위한 가능한 먹이, 점선)의 깊이 프로파일이 표시되었다(Stich and Lampert 1981).

표 6.2 1977년 8월에 Constance호에서 이동성 *Daphnia hyalina*와 비이동성 *D. galeata*에 대한 일일 평균 환경조건과 개체군 성장 변수(그림 6.40)

	D. galeata	***D. hyalina***
입자성 탄소의 평균 농도		
< 30 μm (mg l^{-1})	0.34	0.16
평균 온도(°C)	14.0	7.1
알/성체 *Daphnia*	7.1	3.7
발생시간(d)	8.8	14.5
풍부도(개체 m^{-2})		
8월	38 200	91 500
9월	154 800	272 000
출생률(b)(d^{-1})	0.147	0.055
개체군 생장률(r) (d^{-1})	0.047	0.036
사망률(d)(d^{-1})	0.100	0.019

다. 손실이 없다면 30일 후에 *D. hyalina*는 5마리의 자손을 생산한 반면에 *D. galeata*는 86마리의 자손을 생산했다. 이것은 *D. galeata*가 *D. hyalina*를 빠르게 배제하게 하는 것이다. 이럼에도 불구하고 여름 이동 시기에 *D. hyalina*의 개체군 밀도는 *D. galeata*보다 실제로 더 높다. 이것은 비이동성 종들이 번식률이 우세하지만 심각한 사망률을 가지고 있기 때문이다(Stich and Lewpert 1981). 이동성 종들

이 낮에 물 표면을 피하는 것으로 보아 사망 요인은 빛과 관련이 있는 것 같다.

빛 중에 특히 자외선은 직접적인 죽음의 원인이 될 수 있다. 그러나 자외선의 단파장이 호수의 깊은 수심까지 침투하지 못함으로, 큰 폭으로 수직이동하는 것에 대해 영향을 미칠 수 없다(단원 8.7.2). 가장 설득력 있는 가설(Kozhov 1963)은 수직 이동이 어류와 같은 시각에 의존성 포식자를 피하는 전략이라 한다(단원 6.5.3). 어류는 매우 낮은 빛 강도에서도 볼수 있지만 동물플랑크톤은 밤이나 깊은 물에서 눈에 띄지 않을 가능성이 훨씬 더 작다. 그래서 포식자 회피 가설은 낮 동안에 더 어두운 깊은 곳으로 이동하고 밤에 어둠의 보호를 받으면서 표면으로 이동한다는 것이다.

몇 가지 예측들이 이 가설로부터 나왔다.

- 동물플랑크톤은 저녁에 표면으로 이동해야하고 올라가야만 하고 아침에는 내려가야 한다. 이것이 사실상 일반적인 행동이다. 반대의 경우는 간접적인 효과들로 설명될 수 있다.
- 수직 이동은 어류가 대부분 볼 수 있는 플랑크톤들에게 주로 나타난다. 크고 성체인 동물플랑크톤 특히 알을 품은 암컷이 어린 동물플랑크톤보다 더 많이 이동한다.
- 이동폭은 어류의 활동의 기능에 따라 다르다. Constance호에서 *D. hyalina*는 어류가 활동하는 여름에만 이동한다. 최근에 어류가 풍부한 시기에 동물플랑크톤이 이동하고(Ringelberg *et al.* 1991), 어류 개체군이 감소한 후에 이동을 하지 않았으며(생물조작으로: Dini and Carpenter 1988), 이동폭은 연중 어류의 활동 강도와 관련이 있다고 하였다(Frost 1988).

이 예들은 수직이동의 패턴이 포식압에 대해 꽤 빠르게 변한다는 것을 보여준다. 이것은 이동 반응이 포식자의 탐지에 대한 동물플랑크톤의 강한 선택인지 또는 회피능력인지에 대한 의문을 가지게 했다. 선택가설은 개체군에 여러가지 이동성 및 비이동성 유전자형이 있다는 것을 필요로 한다. 어류가 먼 개방수역으로 이동할 때, 그들은 비이동성 동물플랑크톤을 섭식하지만 이동성 종만을 남겨놓을 것이다. 선택 실험은 동물플랑크톤의 주광성 반응이 유전자에 기반을 두고 있음을 나타내었다(De Meester and Dumomt 1988). 그러므로 비이동성 종의 유전자형이 연중 특정 시기에 호수에서 배제될 수 있다는 것이다.

새로운 실험들은 이 가설에 대해 의문을 가지게 하였다. 두 번의 연구는 비닐백에서 이루어졌다. Bollens and Frost(1989)는 미국 워싱턴주 시에틀 Dobob만에서 해양성 요각류 *Acartia hudsonica*의 이동행동을 실험했다. 비닐백에 어류가 없을 때 요각류는 표면 근처에 머물고 있었다. 그러나 요각류들은 물고기가 첨가되자 이동하기 시작했다. 이 갑작스런 이동의 시작은 변화가 선택에 의해 일어난다는 가능성을 배제시켰다. 이것은 동물플랑크톤이 물리적 자극에 의해 포식자들을 감지했을 것으로 본다. 다른 실험(Ringeberg 1991, Dawidowicz *et al.* 1990)은 어류가 이동행

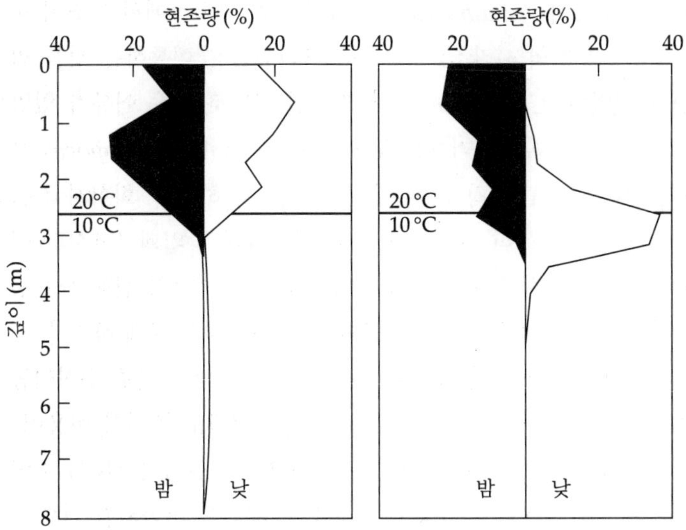

그림 6.41 어류의 화학적 신호가 없는 상태(왼쪽)와 있는 상태(오른쪽)인 플랑크톤 타워에서 정오(흰색)와 및 자정 (검은 색)에 *Daphnia hyalina*의 분포. 동물플랑크톤은 어류의 냄새가 있는 상태에서 빛에 대한 반응을 나타내고 수온약층(수평선)을 가로질러 이동한다(Loose 1993).

동에 영향을 주는 화학자극 물질을 방출한다는 것을 밝혔다. 위에서 설명한 것과 같이 동물플랑크톤은 빛 강도의 변화게 따라 반응을 하였지만 그러나 그들은 어류의 냄새로 인해 빛에 더 강한 반응을 하였다(Loose *et al.* 1993).

그림 6.41은 *Daphnia hyalina*를 이동하게 한 화학 신호의 증거를 제공한다. Constance호에서 Plön에 있는 Max-Planck 육수학 연구소에서 제공한 플랑크톤 타워를 이용하여 이동하는 개체군에서 획득한 *Daphnia* 클론으로 이 실험을 수행했다. 플랑크톤 타워 위의 표면수는 외부 수족관을 통해 순환시켰다. 수족관에 물고기가 없으면 daphniid들은 낮과 밤 동안에 표수층에 머물렀다. 플랑크톤 섭식성 소형 어류 한 마리가 수족관에 있으면 *Daphnia* 수심분포 일주 이동 패턴은 변화를 나타낸다. Daphniid가 물리적으로나 시각적으로 어류와 접촉하지 않았지만, 동물플랑크톤들은 낮 동안 아래로 이동하였다. 이 실험은 위에서 예측한 것을 증명하였다.

- 이동은 빛에 의해 조절된다.
- 큰 개체는 더 깊이 이동한다.
- 수족관에 어류가 많아짐에 따라 *Daphnia*의 이동 평균 깊이는 증가한다.

다른 비닐백 실험을 통해 Neill(1990)은 반대방향으로의 이동에 대한 설명이 가능했다. 여러 해 동안 캐나다(British Columbia)의 Gwendolyne 호에 어류가 없었다. 낮 동안 요각류 *Diaptomus*는 물 표면에 있었고 밤에는 깊은 물 속으로 이동을 하였다. 이렇게 이동을 함으로써 요각류는 정상적인 수직 이동을 하는 포식자 *Chaoborus*

유충을 피할 수 있었다. *Chaoborus*는 근처의 송어 부화장에서 우연히 송어가 유입됨으로써 호수에서 거의 사라졌다. 2년 뒤 요각류들은 이동하는 것을 멈추고 언제나 물 표면에 있었다. *Chaoborus*를 다 쫓아낼 정도로 많은 어류가 있었으나 요각류의 정상적인 이동을 유도하기에는 부족했다. 곧 Neill은 *Chaoborus* 유충을 비닐에 요각류와 함께 넣었고 요각류들은 역방향 이동을 하였다. 화학자극 물질을 공급했을 때 똑같은 이동반응이 일어났다. *Chaoborus*가 투입되고 4시간 이내로 요각류들은 반응한다. 화학적 유도와 반응속도는 특정 유전자의 선택으로 생기는 것이 아니고 동물들의 이동행동은 프로그램화되어 있다는 것을 알게 하였다.

유영 자체의 비용이 낮지만(Dawidowiz and Loose 1992), 일주 수직이동은 동물플랑크톤들을 최적 서식처에 자리잡도록 함으로써 개체군 통계적 비용이 상당히 발생될 수 있다(Loose and Dawidowiz 1994). 그러므로 동물플랑크톤이 소비할 비용을 최소로 하고 이득을 최대로 하기 위해 수직이동 패턴을 변화시킬 것으로 예상된다. 이동폭과 시기 결정은 포식자의 존재만으로 결정되는 것이 아니고 온도와 먹이 상태나 표층의 남세균의 존재로도 결정된다(Haney 1993). 예를 들어 먹이가 풍부하지 않으면 어류에게 발견되는 위험을 감수하고 표층에 머무르게 된다. 그것은 먹이 부족과 저온의 복합적 조건에서 번식률이 매우 낮아지는 것과 같다. 즉 다시 말해 과영양 호수처럼 수직적 온도 변화가 적고 심층의 먹이가 풍부하면, 동물플랑크톤들은 항상 심층에 머물면서 위험한 표층으로 이동행동은 하지 않는다(Gliwicz and Pijanowska 1988). 결과적으로 포식자를 회피하려는 기본적인 원동력이 있음에도 불구하고 이동 패턴이 다른 것을 관찰하였다. 다른 이동전략은 수학적 모델로 예측이 가능하다(Vos *et al.* 2002). 이 모델은 크기가 다른 동물플랑크톤의 여러가지 포식 위험을 고려해야 한다. 일주 수직이동은 소형의 성숙한 개체보다 더 효과적인 방어방법인 것으로 알려져 있다. 그러나 대형 동물플랑크톤이 소형 개체들보다 더 깊이 들어가는 것은 포식자를 피하기 위한 대체 전략으로 보인다(Sakwinska and Dawidowicz 2005). 몸의 크기와 이동행동의 관련성은 플랑크톤 타워실험에서 밝혀졌다(Meester *et al.* 2002). 플랑크톤 타워가 있는 호수에서 분리한 세 마리의 *Daphnia hyalina* × *D. galeata* 교잡 클론을 조합했다. 클론들은 성숙한 상태에서 몸의 크기가 달랐다. 이들 중에 가장 큰 개체가 가장 깊이 이동을 하였다. 그러나 가장 큰 사이즈의 클론이 어류 카이로몬과 어류가 없을 때에 대해 강하게 반응하였다. 3분의 2의 클론들은 어류 포식에 살아남았으며, 25일 이후에 같은 비율에 도달하였다. 즉, 그들은 3가지 조건에서 같은 적합성을 나타내었다. 그러나 그들은 각각의 다른 전략으로 같은 적합성을 획득하였다. 첫 번째 클론은 크기가 작았으며 고온의 얕은 물에 머물렀다. 두 번째 클론은 크기가 더 컸으며 더 많은 알을 생산했으나 저온의 더 싶은 물로 이동을 했다.

수직이동은 자연선택에 의한 최적화 행동의 좋은 사례이다. 이것은 각 개체의 최적 적합성이 어떻게 전체 생태계에 영향을 미칠 수 있는 지를 설명해 주는 것이다. 동물플랑크톤이 깊은 물에 머문다면 그들은 식물플랑크톤에 대한 섭식압을 감소시키며 따라서 낮 동안에 조류의 생장을 억제하지 않는다. 이것은 1차 생산을 증가시키고 다른 조류 종들간의 경쟁적인 상호작용을 변화시킨다. 일부 동물플랑크톤이 특정 조류의 종을 선호하는 것과 같이 동물플랑크톤간의 다른 수직 이동 패턴은 이동에 따른 조류 종들에 대해 미치는 영향이 다르다는 것을 의미한다(Lawpert 1992). 이것은 정성적 및 정량적으로 어류-동물플랑크톤-조류의 연쇄반응효과를 일으킨다(Reichwaldt and Stiber 2005).

6.8.5 수평이동

호숫가 회피는 먼 개방수역 동물플랑크톤에서는 흔히 알려진 현상이다. *Daphnia*나 *Diaptomus*와 같은 개방수역 지각류는 밤 동안에는 연안지역에 있지만, 낮 동안에는 그 곳에 머물지 않는다. 하나의 가설은 동물플랑크톤들이 빛이 있을 때만 연악지역을 피한다라고 제시되었다. Siebeck(1980)은 동물플랑크톤이 이른 아침에 호숫가에서 멀리 호라발하게 헤엄쳐 간다는 것을 설명하는 생리적 실험을 디자인했다. 동물플랑크톤에게 보이는 빛의 분포도가 이 행동의 광학적 신호이다. 호숫가 근처에 나무나 언덕과 같은 높은 사물은 빛이 있는 현장에서 어두운 그늘 영역을 만든다. 동물들은 빛이 있는 밝게 보이는 개방수역으로 헤엄쳐 간다. 호숫가로부터 어느 정도 떨어진 거리에서 높은 사물은 더 이상 어둡게 보이지 않으며, 그곳의 플랑크톤들은 더 이상 빛이 있는 구역으로 이동하지 않는다. 포식성 지각류 *Polyhemus*와 같은 일부 호숫가 동물플랑크톤은 현장의 어두운 구역을 향해 이동하며, 호숫가에 좁은 띄를 만든다. Sieback 가설은 개체들이 좋지 않는 서식처에서 불규칙하게 분포하는 것은 지속적인 선택에 의한 것이라고 한다. 이러한 행동들을 일으키는 궁극적인 요인은 낮 동안 호숫가에 종종 모여드는 작은 물고기에 의한 포식 때문일 것이다(단원 6.5.3). 이것이 맞다면 호숫가 회피 행동은 포식위험으로부터 벗어나기 위해 동물들이 진화한 것이다.

복습문제

1. 기존의 모든 종들은 경쟁의 "승자"라는 "경쟁배타 원리"을 따르는가?

2. 연속배양장치에서 식물플랑크톤 2종(황갈색조류와 녹조류)이 질산성 질소를 놓고 경쟁한다. 황갈색조류는 낮은 μ_{max}(0.7 d^{-1})와 낮은 k_s(0.1 μmol l^{-1})를 가진다. 녹조류는 높은 μ_{max}(1.4 d^{-1})와 높은 k_s(1 μmol l^{-1})를 나타낸다. 희석비율 0.1, 0.3, 0.5 및 0.65에서 경쟁 우위를 차지할 것으로 예상되는 종은 어느 것인가?

3. 돌말류 *Fragilaria*와 *Stephanodiscus*는 연속배양장치에서 규소와 인에 대해 경쟁한다. 둘 다 동일한 최대 성장률을 보인다(1.2 d^{-1}). 규소제한 성장의 반포화 계수는 *Fragilaria*의 경우 2 μmol l^{-1}이고 *Stephanodiscus*의 경우 0.6 μmol l^{-1}이다. 인 제한 성장을 위한 반포화 계수는 *Fragilaria*의 경우 0.03 μmol l^{-1} 및 *Stephanodiscus*의 경우 0.1 μmol l^{-1}이다. 유입배지(μmol l^{-1})의 다음과 같은 규소 및 인 농도에 대해 0.5 d^{-1}의 희석 비율로 ZNGI를 구성하고 경쟁 결과(승자 - 패자 또는 공존)를 예측하라.

Si	P
200	1
800	4
100	1
40	1
80	4
60	4
3	1
12	4

4. C : N : P = 106 : 16 : 1의 생물량 화학량론을 지닌 식물플랑크톤은 *Daphnia* 또는 요각류에 의해 먹힌다. *Daphnia* 생물량의 N : P비는 14 : 1이며, 요각류 생물량의 N : P비는 22 : 1이다. 동물플랑크톤은 모두 질소와 인을 배출한다. 동물플랑크톤은 배설된 N : P 비율이 16 : 1 > 16 : 1, < 16 : 1이 될 것인가?
5. 크기-효율 가설은 어류 포식이 동물플랑크톤을 작은 크기로 변화시키는 것으로 추정한다. 이 설명에 대한 많은 증거가 있다. 어류 포식이 없을 때 동물플랑크톤의 크기가 커져간다는 SHE의 두 번째 주장에 대한 기작을 설명하라.
6. 플랑크톤성 박테리아는 종종 식물플랑크톤보다 용해된 인에 대한 더 좋은 경쟁자이다. 그럼에도 불구하고, 식물플랑크톤은 인이 주요 제한 요소인 호수에서 배제되지 않는다. 식물플랑크톤의 지속성에 대한 몇 가지 가능한 설명이 있다. 그들 중 일부를 열거하라.
7. 왜 플랑크톤 조류보다 기생 생물 사이에서 종간배타작용이 더 흔하게 관찰되는가?
8. *Daphnia*와 윤충류의 풍부도 간의 음의 상관관계는 착취 경쟁 또는 간섭경쟁으로 설명될 수 있다. 어떤 관찰의 결과가 후자를 지지하는가?
9. 초여름 보통 관찰되는 식물플랑크톤 급감(청수기)이 침전, 영양물질 제한 또는 광제한이 아니라는 것을 무슨 실험이나 관찰로 확인할 수 있는가?
10. 어떤 조건 하에서 여과섭식성 동물플랑크톤이 식물플랑크톤 순 성장률을 증가시킬 수 있는가?
11. 호수에 사는 생물들은 예측 가능하고 예측할 수 없는 환경 변화를 경험한다. 호수에서 발생하는 예측 가능하고 예측할 수없는 사건의 예를 열거하라. 이러한 현상에 대응하여 생물체가 진화한 적응은 무엇인가? 이 경우 각각 생물체가 사용하는 환경적인 단서를 제시하라.

CHAPTER 7

군집

7.1 군집의 특성

한 서식지에서 서로 상호작용하는 모든 개체군의 모임을 **군집**(생물군집)이라고 한다. 대체적으로 모든 현대 생태학 교과서들이 이 정의를 사용하고 있다. 그러나 이 정의는 매우 멀리 떨어져 있는 군집들 사이의 상호작용을 완전히 배재하고 있기 때문에 사실상 분명하지 않다. 어느 하천에서 물고기 한 마리가 호흡하는데 사용한 산소는 멀리 떨어져 있는 호수에서 조류의 광합성으로 생성된 산소가 대기로 방출되었다가 물고기가 살고 있는 하천으로 녹아 들어간 것일지도 모른다.

그러나 어느 누구도 두 개체를 같은 군집 안에 포함시키지는 않을 것이다. 따라서 군집이란 서로 강한 상호작용으로 묶여 있으면서 그 군집 바깥의 개체군들과의 약한 상호작용의 경계로 둘러싸인 군집들의 시스템이라는 것이 더 적절하다. 그렇다고 하더라도 군집을 공간적 크기를 제한하거나 종들의 연관이라는 관점에서 정의하기는 쉽지 않다. 군집 내 상호작용의 실제 크기를 결정하기 위해서 폭넓은 연구가 필요하다. 사실상, 군집은 실제 상호작용의 크기를 측정하지 않고 연역적으로 결정된다. 예를 들면, 플랑크톤 군집과 저서생물(benthos) 군집을 구별할 때, 이 두 군집 각각의 내부에 강한 상호작용이 존재한다고 가정하고, 플랑크톤이 저서생물에 빛을 가리거나 저서생물이 퇴적물과 개방수역 사이의 물질 흐름에 미치는 영향을 약한 상호작용이라 한다.

생태학자들은 군집을 정의할 때, 추측되는 강한 상호작용보다는 공유되는 공통된 기능적 특징들을 사용한다. 예를 들면, 개방수역 군집들인 플랑크톤과 유영생물(nekton)은 운동성의 유무로 구별할 수 있다. 그러나, 플랑크톤 내의 많은 개체군들 사이의 상호작용보다 동물플랑크톤-어류 개체군들 사이에 더 강력한 상호작용이 상당히 있을 수 있다.

7.2 "슈퍼생물" 혹은 "체"

개체군들 사이 상호작용의 세기와 종류 그리고, 군집들의 상호작용 정도에 대해서는 많은 논쟁이 있어왔다. 슈퍼생물은 육상식물 생태학자인 Clements에 의해 만들어졌고, Tinemann이 호소학에 도입한 극단적인 위치이다. 군집과 생태계(단원 8)는 매우 통합적이고, 자연적인 독립체이자 고차원적 생물체이다. 특징들(출현특성들)은 개별적인 구성요소들(개체군)의 결합된 효과나 상호작용으로 설명할 수 없고, 전체(군집, 생태계)로 설명해야만 가능하다. 전체는 부분의 합보다 위대하다로 상정한다.

슈퍼생물 개념을 이야기 할때 출현특성과 집합적 특성을 구분짓는 것은 중요하다. 집합적 특성의 존재는 일반적으로 받아들여지지만 출현특성을 두고 열띤 논쟁이 이루어졌다. 집합적 특성의 전형적인 예로서 제한 영양염과 식물플랑크톤의 생물량 사이의 통계학적 상관관계가 있다. 이 상관관계는 여러 조류 종들의 화학적 구성성분 변화는 제한적이고, 조류는 현재 생물량보다 더 많은 양분을 사용할 수 없다는 사실로써 설명된다. 조류 개체군들 간의 상호작용은 더 큰 생물량의 생성을 초래할 수 없다. 따라서 이 현상은 모든 구성요소 프로세스의 합으로서 설명된다. 개별의 유기체활동을 초과하는 시스템 특성들을 찾을 필요는 없다. 군집의 자기조절은 슈퍼생물 개념의 지지자들이 제안하는 전형적인 출현특성이다. 전체로서의 군집은 외부방해가 있을 때, 체온을 유지를 하는 항온성 생물의 능력과 유사한 특이적 특성(예. 전체 에너지 흐름)을 가질 수 있다.

슈퍼생물 개념의 가장 큰 문제는 군집이 어떤 집중화된 유전자를 가지고 있지 않는 점이다. 따라서 군집은 그 독자성을 유지시킬 수 있는 생식방법이 없다. 독립체로서의 시스템은 자연선택의 대상이 될 수 없고 환경에 대한 적응으로 진화시키지 못한다.

개별주의적 개념은 Gleason(1926)에서 출발한 슈퍼생물 개념과 반대인 극단적 입장을 띈다. 이에 따르면 각 개체군은 다른 개체군과는 완전히 독립적으로 외부환경에 반응한다(Harris 1986). 이 개념에서 지역적 환경 조건은 종 구성을 조절하는 순 결과(net results)로 볼 수 있다. 개체들은 능동적 이주와 수동적 이동에 의해 한계로 공급된다. 가장 적합한 종들은 허용되고 그렇지 않은 종들은 배제된다. 종 구성은 주로 확률적인 수송과정과 생태학적 요구조건의 종합적 결과이다. 그 가장 극단적 형태인 개별주의적 개념은 개체군 간 상호작용의 중요성을 무효화한다. 그러나, 개체군 간 상호작용의 부재는 서식지가 본질적으로 비었거나 극도로 침해 받아 자신들의 상한선 아래에서 잘 생활하는 군집화의 초기 단계에서만 발견된다.

세번째 개념은 대부분의 서식처에 있는 군집을 설명하는데 필요하다. 우리는 하퍼가 사용한 것처럼, 이 개념을 Darwinistic 개념이라고 부를 것이다. Darwinistic

개념은, 모든 군집과 생태계가 진화적인 선택과 선택된 특징들의 생식에 의해 초래되었으며 따라서 군집의 특징들이 여러 개체군들의 선택 위에 최적화 될 수 있었다는 아이디어를 반박한다. 대신 이 개념은 개체들이 그들의 환경을 변경하고 다른 개체들의 환경이 된다는 사실을 받아들인다. 따라서 치명적 결점을 걸러내는 '체'를 통과한 개체군들은, 즉 그 환경에 결함이 있더라도 다른 개체군과의 상호작용을 통해 '체'를 통과한 생물군들은, 한 군집의 개별 개체들의 진화적 적응선택 요인으로서 상호작용한다. 군집은 비록 슈퍼생물에는 미치지 못할지라도, 개체들의 임의적인 합 이상의 개념이다.

고전적인 군집이 종간에 생태학적으로 다르다는 가정으로부터 출발한 것과는 다르게, 새롭게 출범한 군집 생태계의 중립이론(Hubell 2006)은 종의 기능적 등가라는 개념 가정으로부터 시작한다. 즉, 영양적으로 비슷한 종들(같은 영양단계를 차지하는—단원 7.3.1)은 환경적 요구조건, 인구통계학적 비율, 경쟁 강점 같은 종간 차이를 최소화하는 방향으로 진화해 왔어야 한다는 것을 의미한다. 이 진화적 경향은 가능한데 왜냐하면, 차이를 최소화시킨다는 것은 경쟁배타에 드는 시간을 최대화시킨다는 것을 의미하기 때문이고(단원 6.1.1), 그 차이는 일시적으로 가변적이거나 공간적으로 조직된 환경과 완전히 무관한 정도까지 최소화된다. 중립적 모델들은 동등한 인구통계학적 비율, 동등한 경쟁능력, 지역적 소멸과 유입 그리고 종비율의 임의적 변동성의 동등함을 가정한다. 중립적 모델들은 잘 알려졌지만 추상적인 군집 패턴들인 종-지역 곡선(종 수와 지역간 관계)이나 종간 분포를 재현하는 것이 가능해지고 있다. 일반적으로 모델 결과와 관찰된 패턴 사이의 부합성은 국소적인 범위보다 더 넓은 범위에서 높게 나타나는데, 더 넓은 범위에서는 고전적 종간 개념이 더 잘 부합할 것이라는 편견을 뒤엎는다.

7.3 군집의 내부구조

7.3.1 먹이사슬과 먹이망

군집 내의 개체군들은 상호작용의 네트워크로 둘러싸여 있다. 가장 중요한 상호작용은 영양관계에 관한 것이다.—먹거나 먹히거나. 도표에서 포식자-먹이(피식자) 관계는 보통 수직적으로 묘사되고 경쟁관계는 수평적으로 묘사된다. 군집 내의 가장 간단한 수직적 연결들을 나타내는 것이 먹이사슬이다. 식물들은 초식동물(1차 소비자거나 2차 생산자)에게 먹힌다. 초식동물은 차례로 육식동물(2차 소비자)에게 먹힌다. 박테리아는 이 개념에서 부생영양자 위치에 놓이는데 즉, 그들은 죽은 유기체를 무기물로 재순환(유기물의 분해)시킨다. 먹이사슬 각각의 요소들에 해당하는 개체들은 에너지의 물질의 수송을 보여주는 영양 위치에 따라 정해진다.

전통적으로, 육상의 먹이사슬은 세 가지 구성요소로 이루어진다(풀-얼룩말-사자/풀-소-인간). 반면, 수서 먹이사슬은 네 가지 구성요소로 이루어진다(식물플랑크톤-동물플랑크톤-플랑크톤 섭식 어류-어류 섭식 어류/저서미세조류-저서무척추동물-저서성 어류-어류 섭식 어류). 먹이사슬 개념은 극도로 종이 적은 서식처에는 부합할 수 있으나, 큰 자연계에 적용하기에는 너무 단순한 개념이다. 예를 들어, 여과 섭식하는 개체들(예. 많은 초식성 동물플랑크톤)은 영양 역할이 아닌 크기에 기초해 먹이를 선택한다. 이런 점은 생물들을 먹이사슬의 특정 위치에 놓기 힘들게 만든다. *Daphnia*가 식물플랑크톤을 포식할 때, *Daphnia*는 1차 소비자가 된다. 그러나 만약 *Daphnia*가 식물플랑크톤을 섭식하는 동물성 편모류나 섬모류를 포식하게 되면 2차 소비자가 된다. 플랑크톤 섭식 어류는 초식성 동물플랑크톤과 육식성 동물플랑크톤 모두를 잡아 먹는다. 이 어류들은 자신들의 피식자가 무엇을 섭식했느냐에 따라 먹이사슬에서 3, 4, 5번째 위치를 차지하게 된다. 더 복잡한 먹이망은 단순한 먹이사슬을 대체한다. 그림 7.1은 호수내의 표영성 먹이망을 매우 단순하게 나타낸 것이다. 이렇게 매우 단순화하는 것은 개체군들을 기능적 범위로 묶는 것이다(예: 초식성 동물플랑크톤). 이러한 기능적 범위를 주로 길드라고 한다.

그림 7.1에서 볼 수 있는 또 다른 단순화는 종의 개체 발생 동안 일어나는 여러 영양적 역할의 변화를 무시한다는 것이다. 예를 들어, 초기 육식성 요각류의 초기 발생단계는 종종 초식성이고 어류를 섭식하는 어류는 유년기에 종종 플랑크톤을 섭식한다.

유기물은 모든 구성요소로부터 배설물이나 사체(유기 잔유물)를 이용하지만, 생물을 죽이거나 섭식하지 않은 박테리아로 이동한다(그림 7.1에는 나와 있지 않음). 종속영양 박테리아의 분비물과 다른 생물의 잔유물은 이 과정을 먹이망에서의 순환적인 요소로 만들게 되는데, 박테리아 자신들이 원생동물과 초식성 동물플랑크톤의 먹이가 되기 때문이다. 이러한 물질과 에너지의 수송은 미소먹이망(microbial loop)라고 하는데, 해양과 담수 미생물 연구의 중요한 주제가 되고 있다(Azam *et al.* 1983).

미생물 상호작용 연구는 현장 샘플에서 미생물 동정을 위한 새로운 기술의 개발됨에 따라, 최근에서야 가능해졌다. 종과 기능적 그룹을 동정하는 분자적 기술이 개발될수록, 더 많은 발전이 예상된다. 개체, 개체군 그룹, 미생물에 대해 계속해서 늘어가는 지식들은 미소먹이망(microbial food web) 개념을 탄생시켰다. 박테리아, 극미소플랑크톤성 남세균 그리고 다양한 종류의 원생동물(종속영양 편모류, 혼합영양 편모류, 섬모류)이 미소먹이망을 이룬다.

미소먹이망의 구조는 후생동물의 먹이망(Riemann and Christoffersen 1993) 구조와 매우 비슷하다. 근본적으로 다른 점은 미소먹이망이 용해된 유기물질로부터 시작

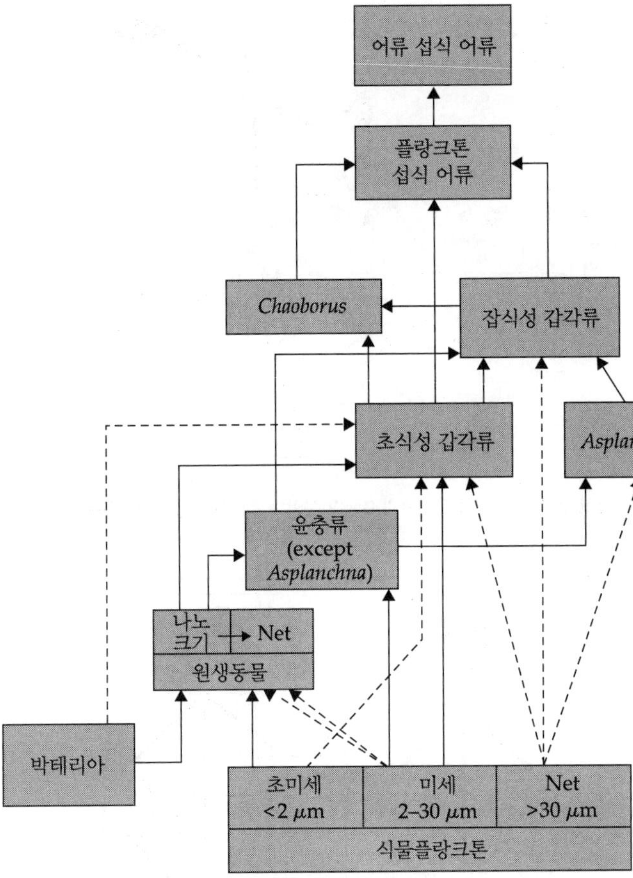

그림 7.1 부유성 지역에서 단순화시킨 먹이망. 살아있는 생물의 섭식만 나타냄. 직선: 모든 또는 대부분의 포식자와 피식자 그룹의 종들을 포함함. 점선: 포식자와 피식자의 일부만 포함됨.

한다는 것이다. 그 외에 과정이나 상호작용은 두 먹이망 내에서 비슷하다. 미소먹이망에서 종속영양 미소 편모류(HNF)와 섬모류가 포식자의 역할을 대신한다. 이들의 기능적 반응은 후생동물과 유사하다. 이들은 서로 경쟁하고, 선택적으로 섭식한다. 섭식하는 HNF들은 그들의 먹이로부터 파생된 양분들을 방출하여 그 후의 먹이생산을 촉진한다(단원 6.4.4). 섬모류 섭식(심한 포식활동)은 먹이 종의 선택적 제거를 초래할 수 있다. 예를 들어, 원생동물에 의해 선호되는 대형 박테리아들이 제거될 때, 박테리아 개체군들의 크기는 작아진다(Bird and Kalff 1993). 후생동물 먹이망에서 어류의 섭식의 결과와의 유사점을 찾는 것은 어렵지 않다(그림 6.33). 조류 군집에서처럼, 심한 섭식은 섭식 저항형의 진화를 초래한다(Jurgens and Matz 2002).

미소먹이망은 후생동물 먹이망을 동반하는데 원생동물이 많은 동물플랑크톤의 좋은 먹이기 때문이다(그림 7.2). 특히, *Daphnia*는 편모류와 섬모류에 큰 영향을 끼친다. 대형 지각류(물벼룩)의 유무는 미소먹이망의 매우 다른 구조를 초래한다

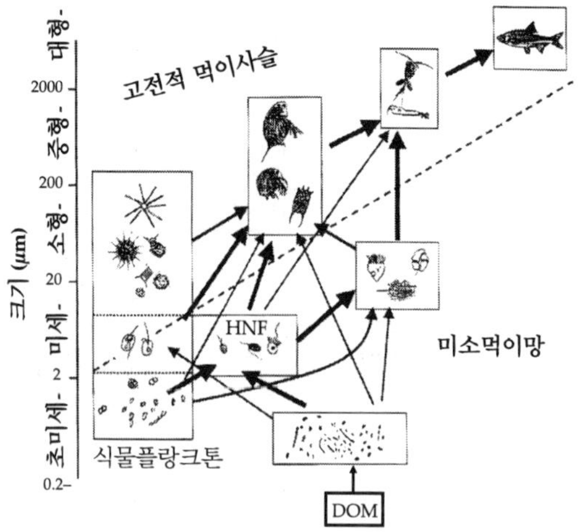

그림 7.2 고전적인 먹이망과 미소먹이망의 결합(K. Jurgens 도움)

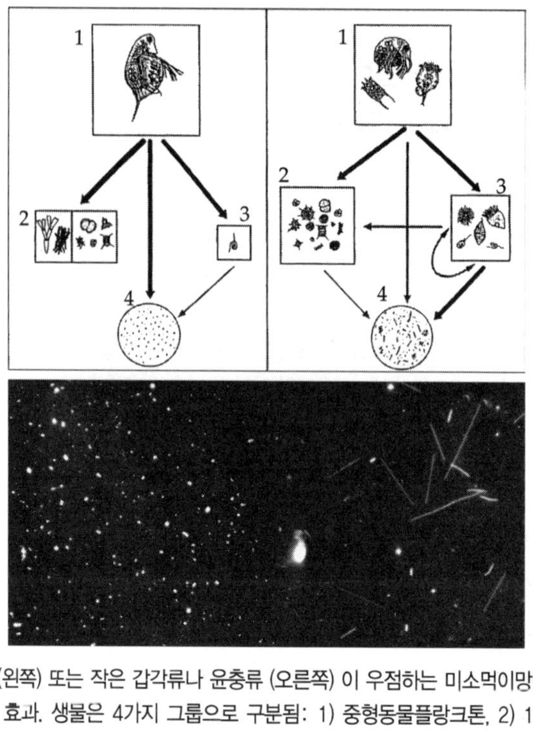

그림 7.3 *Daphnia* (왼쪽) 또는 작은 갑각류나 윤충류 (오른쪽) 이 우점하는 미소먹이망에서 생물관계에 미치는 중형동물플랑크톤 효과. 생물은 4가지 그룹으로 구분됨: 1) 중형동물플랑크톤, 2) 1차 생산자, 3) 식균성 원생동물, 4) 세균. 박스의 크기는 생체량의 상대적 크기를 의미함. 사진은 중영양성 호수내의 외부격리(enclosure) 실험에서 DAPI로 염색한 다음 형광현미경으로 관찰한 미세군집을 보여준다. 오른쪽 사진에서 보이는 밝은 물방울 모양은 HNF이다(K. Jurgens 도움).

(*Daphnia*)(Jurgens 1994). 그림 7.3은 *Daphnia*가 우점하는 계의 상황과 작은 동물플랑크톤이 우점하는 계(예: 플랑크톤 섭식 물고기에 의한 강한 압력 하의 상황, 그림 6.33)의 상황을 비교한 것이다. *Daphnia*가 존재할 때, 먹을 수 있는 식물플랑크톤과 모든

원생동물들은 먹히고 압력을 받게 된다. 이것은 먹을 수 없는 식물플랑크톤의 우점을 초래하고, 원생동물의 우점과 다양성은 낮아진다. 원생동물은 박테리아에 거의 영향을 끼칠 수 없게 된다. *Daphnia*는 미세한 필터를 가지는데, 이를 이용해 박테리아를 섭식한다. 작은 박테리아들은 먹이 스펙트럼의 하한선 아래 위치하므로 섭식하지 못한다(단원 4.3.11). 따라서 *Daphnia* 섭식은 작은 박테리아의 우점을 초래한다. 섭식은 *Daphnia*가 없는 계에서 덜 중요한데, 작은 섭식자들은 *Daphnia*에 비해 섭식 양이 상대적으로 작기 때문이다. 결과적으로, 이러한 계에서의 식물플랑크톤은 작지만 섭식할 수 있다. 원생동물들은 풍부하고 다양하다. 원생동물 사이에는 많은 포식자-먹이 관계가 존재한다. 어떤 원생동물은 식물플랑크톤을 또한 섭식한다. 박테리아 개체 수에 대한 원생동물의 강한 영향은 사상체 박테리아의 출현을 일으키고 원생동물 섭식에 저항성을 띠는(*Daphnia*섭식에는 저항성이 없으나) 박테리아의 응집을 초래한다. 따라서 *Daphnia*는 미소먹이망의 중요 역할을 담당한다.

단원 8에서와 같이, 물질과 에너지의 흐름을 정량적으로 고려했을 때, 먹이망은 상당히 단순화 되어있다. 먹이망 내의 여러 경향 중 몇몇만 중요하기 때문에. 어떤 조사도 먹이망의 모든 잠재적 구성요소를 충분히 상세하게 고려하지는 않는다. 많은 호수내의 표층부분에서 먹이망의 2경향만이 중요하다. 4단계 사슬인 초미소식물플랑크톤(나노)-초식 갑각류-플랑크톤섭식 어류-어류 섭식 어류, 5단계 사슬인 초미소식물플랑크톤(피코)-미소원생동물(나노) (동물성편모류)-초식 갑각류-플랑크톤 섭식 어류-어류 섭식 어류. 이러한 단순화 때문에, 먹이사슬 개념의 사용과 먹이사슬에 위치에 부합하는 영양 단계 개념이 여전히 정당화될 수 있다. 게다가, 영양 단계를 오로지 정수 하나로 표현하는 것은 더 이상 바람직하지 않다. 예를 들어, 만약 *Daphnia*가 특정한 먹이망에서 2, 3의 영양단계에 있을때, 이 숫자는 70%의 식물플랑크톤과 30%의 식물플랑크톤 섭식이 원생동물로 먹이가 조성되어 있음을 나타내는 것이다. 이러한 행동은 잡식이라고 불리는데 생리적 잡식(식물과 동물을 섭식할 수 있는 능력)과 영양역학적 잡식(한 영양 단계 이상을 포식하는)을 구분해야만 한다. 영양역학적 잡식은 두 가지의 다른 영양 단계에 있는 동물을 포식하는 경우를 포함한다.

7.3.2 집합의 문제

군집은 개체군들로 구성된다. 엄격히 말해, 정확한 군집구조의 분석은 각 개체군을 독립적으로 고려해야만 한다. 그러나 대부분의 연구에서 개체군들은 아래 이유들에 의해 집단적인 범주(집합)에 놓이게 된다.

- 유성생식을 거의하지 않는 생물(대부분의 식물플랑크톤, 많은 윤충류, 갑각류)에 대해서, 개체군의 정의가 결코 명확하지 않다(5.1절).

- 종 결정은 많은 노력을 요구하는데, 시·공간적으로 수 많은 시료들을 포함하는 군집연구에 이를 포함시키는 것은 타당하지 않다.
- 가장 중요한 이유로서, 잘 수행된 집합화는 변화를 예측하고 일반화를 하는 데 있어 매우 효과적이다. 다양한 종들은 그들의 필요조건과 행동이 종종 꽤 비슷해서 한 종과 다른 종들의 우점을 초래하는 환경변화는 그 종들의 작은 변화만으로도 잘 확인된다. 개별적으로 종을 보는 누군가는 어떤 종의 출현을 임의적인 변화로 보아야 하지만, 집단으로서 다루는 누군가는 그 출현을 더 예측 가능하게 된다.

잘 알려진 예는 30년 이상의 연구를 한 Windermere 호수에서 식물플랑크톤이 봄에 최대 생장을 한 것이다(Reynolds 1984). 별돌말(*Asterionella formos*, 규조류)이 봄에 최대로 생장하는 동안 우점종이 될지에 대한 예측은 이 연구에서 매년 80퍼센트 부합하지만 규조류에 대해 같은 예측을 했을 때 매년 일치한다. 비슷하게, 봄철의 개별 조류종의 최대 생물량은 어느 정도 변화가 있으나 규조류의 전체 생물량은 상대적으로 변함이 없다.

개체군들은 분류학적 혹은 기능적 기준에 따라 묶일 수 있다. 분류학적 집합(종 이상의 분류 위치)은 생태학자의 주관적 의견에 좌우되지 않는다는 이점을 가지지만 항상 유용한 집합을 구성하지는 않는다. 플랑크톤인 와편모조류의 *Gymnodinium* 속은 좋지 않은 집합화의 극단적 예이다. 이 집합은 용해된 유기탄소를 사용해 독립영양을 하는 종을 포함하면서도 다른 생물을 포식하는 개체 또한 포함한다. 더 유의미하고 기능적인 분류학적 집합은 *Daphnia* 속이다. 이 속내 종들은 섭식 속도나 먹이 범위에 대해 개체의 크기가 윤충류의 다른 종들보다 더 큰 영향을 끼친다. 마찬가지로, 남세균의 Nostocacae과는 의미 있으면서 통일된 무리를 만든다. 대표 종들 모두 공기 중에 있는 질소 고정이 가능하고, 큰 군체를 형성하며 동물플랑크톤에 섭식되지 않고, 기포를 사용해 수직적으로 이동 가능하다.

기능적 집합화는 일반적으로 분류학적 집합화에 비해 더 의미가 있다. 첫째로, 먹이망을 위해 정의된 길드 개념을 사용할 수 있다. 길드는 다시 개체 크기와 같은 방식으로 세분될 수도 있다. 온도, 수화학(water chemistry), 경쟁 능력과 같은 다른 환경적 필요조건은 한 단계 더 세분화하기 위해 쓰일 수 있다. 예를 들어, 식물플랑크톤 내에서 규조류는 높은 침강속도, 높은 규소 요구량, 낮은 빛 요구량, 인 경쟁력에 기반하여 기능적인 집합을 형성한다. 기능적 집합화는 매우 주관적이고 잠정적이라는 것을 명심해야 한다.

7.3.3 안정 동위원소를 이용한 먹이망 구조의 분석

'누가 누구를 먹는가, 그리고 얼마나'에 대한 질문에 대한 완전한 답을 얻기 위해 필요한 일의 양을 줄이려는 노력은 먹이망 구조의 분석을 위한 지름길이 되었다. 지난 수십년간 인기를 얻어온 이러한 지름길 중 하나는 유기체 생물량에 있는 안정 동위원소 비율을 조사하는 것이다(글상자 7.1). 고전적인 장의 내용물 분석과 비교해 이 방법의 이점은 보존적이라는 것이다, 이 방법은 오랜 시간에 걸친 통합된 값이

글상자 7.1 안정 동위원소를 통한 먹이망 분석

많은 화학원소들은 동위원소로서 존재하고, 핵에 있는 중성자 개수가 다르다. 추가적인 중성자 수는 원자 질량을 증가시키나 그 화학적 특성에는 매우 작은 효과만을 가진다. 추가적인 중성자의 수가 작을수록 동위원소는 더 안정적이게 되고 추가적 질량을 잃지 않게 된다. 무거운 안정 동위원소는 작은 비율로 어디에나 존재하나, 그 비율은 원소를 함유하는 물질의 기원에 따라 상당히 다르다. 이 동위원소 연구는 그러므로 유기물질과 그 기원을 연구하는데 있어 특히 가치가 있다.

안정 동위원소를 가지는 중요 원소는 생물지구화학에서 사용되는데 탄소, 산소, 황, 질소, 수소가 있다. 예를 들어 대부분의 탄소 원자들은 12의 질량(^{12}C)을 가지나 적은 비율로 13의 질량(^{13}C) 또한 가진다. 질소는 두 동위원소가 있는데 ^{14}N(풍부)과 ^{15}N(희귀)이다. 이 4가지 동위원소는 생태연구에 가장 많이 이용된다.

현대 질량 분석기는 물질의 샘플에 있는 다른 동위원소 비율을 분석할 수 있다. 측정된 특징은 샘플에 있는 무겁거나(^{H}F) 가벼운(^{L}F) 동위원소의 비율(F)이다.

$$R = {}^{H}F/{}^{L}F$$

탄소에 대해 이것은,

$$R = {}^{13}C/{}^{12}C$$

$R \times 100$은 샘플의 ^{13}C 퍼센트이다. 우리가 무거운 동위원소가 특정 샘플에 많은지 적은지 관심을 가지면서, 어떤 기준이 필요해졌고 따라서 R값은 변하지 않는 기준물질과 비교되어야만 했다. 이것은 Vienna에 위치한 Atomic Energy Agency로부터 모아진 탄소에 대한 화석 탄산염과, 질소에 대한 질소가스이다. 기준에 상대적인 영향 혹은 고갈은 일반적으로 δ(델타) 기호를 사용해 표현된다.

$$\delta = [(R_{SAMPLE}/R_{STANDARD} - 1)] \times 1000$$

δ는 종종 샘플에 있는 원소의 동위원소 표시로 불린다. 단위는 ‰이다. 이 기호에 대한 추가적 설명은 Fry를 찾아보라(2006).

동위원소를 이용하는 생태학적 접근에는 두 가지가 있다.

- 안정 동위원소는 추적자로서 사용할 수 있다. 동위원소를 계로 추가할 수 있고 추적자 분산의 운동은 추적이 가능하다. 만약 방사선 추적자로 대체할 수 있다면 편리하다. 예를 들어 ^{13}C는 DOC 웅덩이나(Cole *et al*. 2002) 무기 웅덩이(Pace *et al.*)를 표지하기 위해 사용되었는데, 먹이망의 자생적이고 외생적인 탄소의 이용과 전달을 연구할 수 있었다.
- 안정 동위원소의 자연적 분산의 측정은 다른 자원들로부터 유기물질을 추적하기 위해 사용될 수 있는데, 동위원소적으로 뚜렷해야 한다. 이것은 생물권과 자연, 먹이망에서의 상호작용, 개체들의 섭식 습관, 종 침입, 이주와 분산 등을 연구하는데 중요한 도구이다. 최근 몇 년간 이러한 쓰임은 증가해왔다.

이러한 연구들은 대사과정 동안의 동위원소 분산에 대한 기저 동위원소에 대한 정보를 요구한다. 비록 무거운 동위원소가 생화학적으로 가벼운 동위원소처럼 행동하지만 화학적 과정의 속도에 있어 작은 차이가

(계속)

글상자 7.1 계속

있다.

예를 들어, 만약 동물이 질소(예, 암모니아)를 배출할 때 ^{14}N이 ^{15}N보다 우선적으로 더 많이 배출한다. 즉 거의 모든 배출 질소는 일반 동위원소인 ^{14}N이다. 결론적으로, 동물의 조직은 대사동안 ^{15}N으로 풍부해질 것이다. 일반적으로, 만약 유기물이 피식되어 소비자 생물량으로 바뀔 때 $\delta^{15}N$이 평균적으로 3.4‰만큼 증가한다. 따라서 3.4‰의 증가는 먹이망에서 영양단계의 한 단계를 반영한다. 이러한 탄소 동위원소 분산은 덜 표명된다. 최근의 영양 단계당 평균 $\delta^{13}C$ 증가는 0.4‰에 불과하다(Post 2002). 유기물 사이의 다른 $\delta^{13}C$ 차이(육상 대 수상)는 매우 크다. 결론적으로 $\delta^{15}N$이 개체의 영양단계를 결정하는 데 더 적합하고, $\delta^{13}C$는 유기물의 기원을 추적하는데 더 이용된다.

비록 동위원소 상태는 환경적 조건에 의해 영향을 받지만 이것은 군집 상호작용의 구조에 새로운 통찰을 제공한다. 한 가지 이점은 동위원소 상태가 보전적이기에 더 오랜 기간 탄소와 질소 섭취를 기록해 왔다는 것이다. 대조적으로 장내 내용물 분석은 최근의 섭취만을 보여준다.

이 방법의 원리와 가능성은 Loch Ness의 동위원소 자료로부터 기인한 도표에서 잘 입증된다. 모든 점은 생태계 구성요소의 탄소와 질소 상태를 나타낸다. 화살표는 한 영양 단계가 오를 때의 예상되는 (평균) 이동을 보여준다. 예를 들어, 관계는 대형무척추동물과 큰 가시고기에 잘 들어 맞는다. 큰 가시고기는 얕은 물가에 살기에 우리는 그들이 대형무척추동물을 섭식할 것이라 예상할 것이다. 비슷한 관계가 동물플랑크톤을 섭식하는 호소성 북극민물송어, 피라미를 섭식하는 갈색송어, 큰가시고기를 섭식하는 강꼬치고기에서 존재한다. 순수하게 물고기를 섭식하는 페록스 송어는 가장 높은 영양 단계를 차지한다. 몇몇 결과들은 증거가 불충분하다. 예를 들면 갑각류 동물플랑크톤은 식물플랑크톤과 비교했을 때, 초식동물과 비교한 예상수치에 비해 더 큰 $\delta^{15}N$ 증가를 보인다. 이것은갑각류 동물플랑크톤이 배타적으로 식물플랑크톤을 먹지 않고 원생동물을 또한 잡아먹는다. 즉, 그들은 잡식성이다. 또한 혼합된 동물플랑크톤 샘플은 몇몇 육식 종을 포함하는데 예를 들면 *Bythotrephes*이다. 마지막 특징은 다른 먹이원의 혼합이 있다(Grey *et al.* 2001).

이상적인 먹이망은 화살표의 방향의 직선과 연관되어 있다. 중심 도표는 이 선을 이상적으로 따르는데, 다른 탄소원을 이용하는 개체를 보여주는 선 또한 있다. 연어는 바다에서 그들의 생물량을 축적하기에 ^{13}C가 풍부한데, 더 높은 ^{13}C의 기준치와 연관된다. 연어의 치어는 Ness 호로 유입되는 담수 하천에서 알에서 부화하여 자란다. 그들의 상대적으로 높은 ^{13}C 값은 담수 먹이에 의한 모계 값의 감소됨을 나타낸다. 즉 다시말해, 깔다구 유충은 ^{13}C이 매우 부족해 진다. 이 자료는 그들이 더 낮은 $\delta^{13}C$의 기질을 섭식한다는 것을 나타낸다. 무산소 퇴적층의 고세균이 생산하는 자연적인 메탄만이 낮은 값을 나타낸다. 물론, 깔다구류는 메탄을 먹지 못한다. 이러한 불일치는 깔다구류의 실제 먹이 원에 대한 연구를 자극했고, 잔유물 섭식동물로 지금껏 생각해왔다. 현재 이러한 바닥 서식 생물들이 산소와 무산소 퇴적 조건이 만날 때 메탄생성 박테리아를 먹는다는 확증적인 증거가 있다(단원 4.3.10). 종종 예상치 못한 결과는 새로운 흥미로운 의문을 불러 일으킨다.

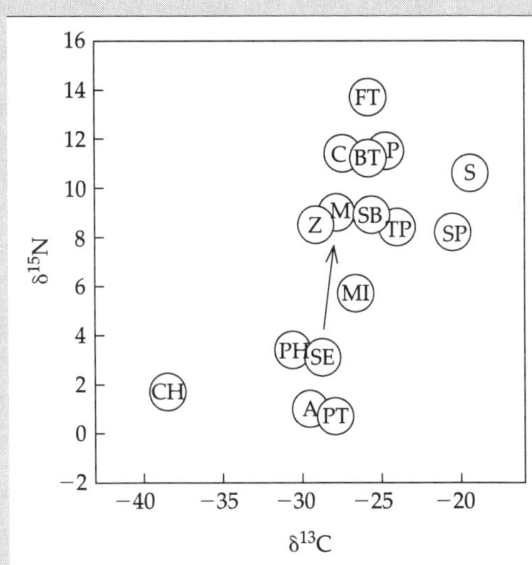

(계속)

글상자 7.1 계속

그림설명. 안정성 동위원소를 이용한 먹이망 분석의 대표적인 사례 스코틀랜드 Ness호의 먹이망의 $\delta^{13}C$와 $\delta^{15}N$의 안정성 동위원소 그래프(J. Grey and R.I. Jones). 화살표는 하나의 영양단계로 예상되는 평균 $\delta^{13}C$(0.4%) 와 $\delta^{15}N$(3.4%) 의 증가를 의미한다.

약어설명. A, ammocoetes(lamprey larvae); BT, brown trout; C, Arctic char; CH, chironomid larvae; FT, ferox trout; M, minnows; MI, macroinvertebrates; P, pike, PH, phytoplankton; PT, terrestrial plant material; S, salmon; SB, stickleback; SE, sediment; SP, salmon parr; TP, trout parr; Z, crustacean zooplankton

지만, 소화관 내용물은 오직 최근의 먹이 섭취만을 보여준다. 또한 소화관은 종종 다른 많은 물질들의 많은 부분을 포함하기 때문에 결국 결론을 내릴 수 없다. 질량 분석기의 큰 이용성 덕분에 안정동위원소 분석(SIA)은 폭넓게 쓰이고 있으며, 그 중요성은 다른 적용법과 함께 계속 커지고 있다. 비록 글상자 7.1에서 제시한 도표는 직선적으로 보이지만, 그 내용의 이해는 단순하지 않다. SIA는 조심스럽게 쓰여야 하며 알려진 생태계의 많은 경우의 생물체들과 관련해 엄격히 검사되어야 한다. 우리는 몇 가지 예를 사용해서 이 접근의 가능성과 제한요건을 입증할 것이다. 그림 7.4는 부영양 호수(Schluensee, 북독일)의 저서 먹이망의 SIA를 보여준다. 네 가지 잠재적 기본 먹이원이 있는데—육상기원의 성숙한 *Alnus* sp.의 잎들, 퇴적 미소식물, 부착 미소식물, 침수 대형식물 *Potamogeton perfoliatus*—그들의 $\delta^{13}C$가 폭넓게 다르다(−30~−18‰) (글상자 7.1). 네 가지 기본 먹이원들 중 만약 두 가지 요소만을 알 때, 네 가지 요소가 섞인 방정식으로부터 각각의 요소들 즉 남은 두 가지 요소의 비율을 계산하는 것은 불가능하지만, 동위 원소 분석으로는 쉽게 알 수 있다. 저서 동물들의 $\delta^{13}C$가 *Alnus* 잎들과 *Potamogeton*이 그들 먹이의 상당량을 차지했을 수 있다고 보기에는 부적절하다. 높은 $\delta^{13}C$값을 가진 무척추동물인 긁어 먹는 달팽이 *Theodoxus fluviatilis* 그리고 *Radix ovata*는 아마 부착 미소식물에 의존한다. 낮은 $\delta^{13}C$값의 무척추동물, 깔다구류 유충, 단각류 *Gammarus pulex*, 그리고 등각류 *Asellus aquaticus*는 상당한 양의 퇴적 미소식물을 소비해왔을 것이다. $\delta^{15}N$값은 어류(돌 미꾸라지 *Noemacheilus barbatulus*; 민물고기 *Perca fluviatilis*, 큰가시고기 *Gasterosteus aculeatus*)가 무척추동물보다 더 높은 영양 단계를 차지한다는 것을 말해준다. 몇몇 종의 더 큰 개체는 작은 개체들보다 높은 영양 단계를 차지한다. 전반적으로, 산점도는 삼각형 모양을 가진다. 종간 $\delta^{13}C$ 차이가 감소할수록 $\delta^{15}N$ 값은 증가한다. 이것은 먹이망의 경향이 상위 포식자로 갈수록 병합한다는 것을 말해준다.

그러나 그림 7.4의 도표를 자세히 보면 이 접근의 몇 가지 문제와 제한점을 보여준다. 달팽이 *Galba truncula*ta는 부착식물과 *Potamogeton*보다 약간 더 낮은 $\delta^{15}N$값을 가지므로 그것들은 배제해야 하나 $\delta^{13}C$값은 퇴적 미소식물이나 *Alnus* 잎을

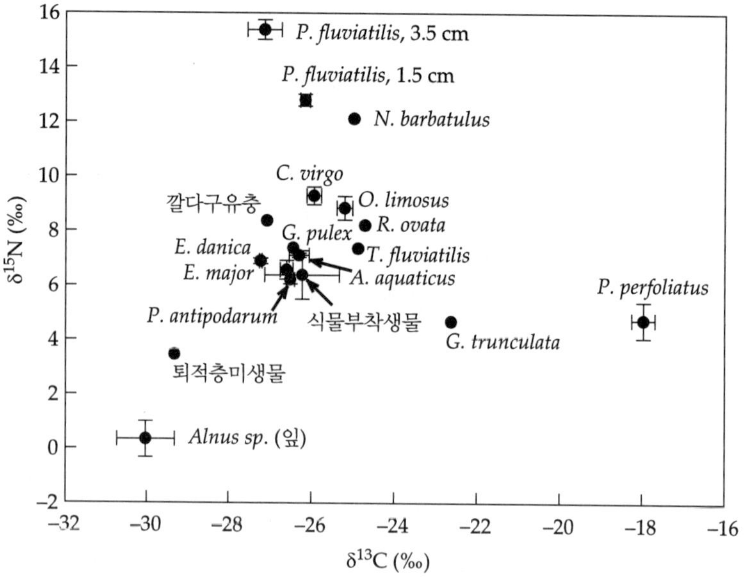

그림 7.4 여름철 부영양호 Schluensee(독일)의 연안대 대형수생생물 지대에서 먹이망의 안정성 동위원소 분석(δ^{13}C and δ^{15}N). 오차막대는 ±1 SD. 수서대형식물: *Potamogeton perfoliatus.* 무척추동물: *Asellus aquaticus*, *Bithynia tentaculata*, *Calypterix virgo*, chironomid larvae, *Ephemerella danica*, *Ephemerella major*, *Galba trunculata*, *Gammarus pulex*, *Lymnea stagnalis*, *Orconectes limosus*, *Potamopyrgus antipodarum*, *Theodoxus fluviatilis*. 어류: *Gasterosteus aculeatus*, *Noemacheilus barbatulus*, *Perca fluviatilis*(S. Jaschinski).

소비했다고 보기에는 너무 높다. 만약, δ^{15}N값의 영양학적 강화가 없었다면, δ^{13}C 값은 퇴적 미소식물과 부착식물을 혼합하여 소비했을 때 비교 가능하다. 실제, 3.4‰ 규칙은 오직 육식성에만 어느 정도 확신을 가지고 적용될 수 있고, 초식성은 상당히 낮은 영양학적 요인 평균과 높은 편차(2.52±2.5‰ SD)를 가진다. 그러므로, 이 저자들은 δ^{13}C~δ^{15}N 접근을 육식 영양 단계에만 제한하고 1차 소비자를 기저선으로 할 것을 추천한다. 반면 이 방법의 신뢰성을 높이기 위해서는, 정보의 피할 수 없는 손실이 일어난다. 기저 종이 잡식성인지에 대한 범위를 결정하는 것은 불가능한데 예로 동물플랑크톤과 저서 부착생물은 조류와 원생동물 모두를 섭식하기 때문이다.

먹이망 구조에 있어 시간과 공간적 변화에 대한 정보 그리고 유기체의 자원 변화는 SIA를 통해 알 수 있다. 예를 들면, Ness호의 도표(글상자 7.1)에서 깔다구 유충은 Schluensee(그림 7.4)의 얕은 대형식물 층에 비해 δ^{13}C 값이 매우 적다. 이 Ness호의 깔다구류 유충의 매우 낮은 δ^{13}C는 메탄영양 박테리아 섭식의 결과라 예상할 수 있다. 산소공급이 많은 대형식물층에서는 메탄 생산이 없다. 세부적인 연구들은 깔다구 유충의 δ^{13}C가 그들이 사는 퇴적물의 메탄 형성과 산화 비율과 반비례한다는 것을 보여준다(Deines and Grey 2006). 산소분포가 잘 된 성층이 형성되지 않는 얕은 호수와 자주 순환이 일어나는 퇴적층은 낮은 메탄 생산속도를 보인다. 결과적으로 깔다구 유충은 강하게 ^{13}C가 고갈되지 않는다. 반대로, 산소가 없는 성층화된 변온층 아래의 심수층에 서식하는 깔다구 유충은 봄의 −40‰에서 마지막 성층화 시기의 −60‰이라는 δ^{13}C의 강한 계절적 유동을 보여준다(Grey *et al.* 2004). 이렇게 낮은 ^{13}C의 유충이 성체 깔다구가 되어 호수를 떠날 때, 메탄 신호는 물가에 사는 거미나 어린 제비들에게서 발견된다. 이러한 ^{13}C분석 방식은 메탄으로부터의 상당한 탄소 경로를 감지해왔다.

SIA의 오래간다는 점은 어류 비늘처럼 어류 종들의 자원 사용의 기간적 변화를 추적하는데 사용된다. 한 예는 Gerdeaux와 Perga(2006)의 두 아고산대 호수 연구이다. Constance 호수(단원 8.6.2)와 Geneva 호수는 부영양화와 빈영양화 순환을 지난 50년간 거쳐왔다. 흰물고기 Coregonus 종은 두 호수 모두에서 상업적 어류로서 가장 중요한 종이다. 따라서 수산 생물학자들은 이 물고기들의 성장을 계속적으로 연구해왔으며 나이 결정을 위해 비늘을 기록해왔다. 부영영화/빈영양화 기간의 물고기 비늘은 SIA로 하고 있다. 부영양화되지 않은 빈영양호수 Swiss Lake Annecy가 대조군으로 이용되었다. 상당한 ^{13}C 변화는 두 호수 모두의 물고기로부터 관찰됐고, ^{13}C는 부영양화기간 동안 증가했고 빈영양화기간 동안 감소했다. δ^{13}C와 총 인 (영양 상태의 지표)값 사이에는 강한 정의 상관관계가 있었다. 그 영향은 Geneva 호수보다 Constance 호수에서 더 강했고, 빈영양이기 때문에 영향이 없는 Annecy 호수에서는 변화가 관측되지 않았다. 호수가 여전히 빈영양상태였던 1950년대 후반부터 부영양화가 절정이었던 1970년대 후반까지, 비늘의 δ^{13}C값은 −26‰에서 −20‰까지 증가했다가, 다시 감소했다. 총인에 대한 δ^{13}C의 변화는 높은 상관성을 갖는다($r^2 = 0.9$). 불행하게도, 어류를 제외한 먹이망 요소의 안정성동위원소 자료가 없기 때문에 이 변화에 대한 원인에 대한 신뢰성은 없다. 그러나, 몇가지 결론이 도출되었다. 여기에는 δ^{13}C 변화를 설명할 세가지 가설이 있다.

- **부영양화는 동물플랑크톤을 먹는 흰물고기의 먹이를 바꿔왔다.** 반복된 소화관 분석은 항상 선택적으로 큰 *Daphnia*와 포식자 지각류를 포식해왔다는 것을 보여줬던 것과는 다르다.
- **먹이사슬 길이는 부영양화기간 동안 바뀐다.** 추가적인 영양단계를 포함하는 것은 물고기의 δ^{15}N값에서 드러나야만 한다. 즉, δ^{15}N이 2‰까지 증가해왔다. 그러나 δ^{13}C가 6‰로 증가한 것을 설명하기엔 불충분하다(글상자 7.1). 2‰은 부영양화의 원인인 폐수의 유입으로 호수 내의 질소원 유입이 변하기 때문에 부영양화와 연관된 평상시 질소량의 변화를 반영하고 있는것 같다.
- **일차 생산자의 δ^{13}C 기저선과 부영양화 사이에는 상관관계가 존재한다.** 이것이 가장 그럴듯한 설명이다. 명백히, 식물플랑크톤 구성은 부영양화 기간 동안 크게 변화

되었다. 추가로, 1차 생산이 증가함에 따라 $\delta^{13}C$도 증가한 것이 관찰되었다. *Daphnia* 행동은 간접적으로 기여만 했을 수 있다. 높아진 식물플랑크톤의 밀도가 탁도를 증가시키므로써 *Daphnia*의 수직 분포와 하루동안의 수직 이동에 영향을 미쳤고 따라서 먹이원에도 영향을 미쳤기 때문이다.

안정동위원소는 또한 실험에서 추적자로서 사용되는 데 있어 좋은 도구이다. 환경적 영향을 끼치지 않기 때문에, 원소들의 흐름을 연구하기 위해 전체 호수 실험을 하는데 사용된다. ^{13}C는 호수 먹이망에서 어느 정도의 탄소흐름이 호수내 생성 1차생산 또는 유역등 외부에서 생성된 탄소에 의해 촉발되는지 연구하기 위해 추적자로서 사용되어 왔다. 작은 수역에서, 외부에서 유입된 유기탄소가 종종 내부 일차생산을 초과하지만 외부생성 물질은 동화하기 어려운 것이다. 그러나, 생산 생물학에서 외부생성 탄소가 어느 정도로 무척추동물과 이류의 2차생산을 유지하도록 하는 지를 아는 것은 중요하다.

Cole 등(2002)은 ^{13}C를 무기 탄소($NaH^{13}CO_3$)로서 작고 얕은 부식 호수에 단일 펄스로 추가하고 DIC, DOC, POC의 풀에서 $\delta^{13}C$ 시간에 따른 변화를 측정했고, 먹이망의 다양한 조성을 조사했다. 총 일차생산과 호흡은 같은 시간에 측정되었다. 저자들은 구역들 사이의 유동을 추정하기 위해 첨단모델을 사용했다. DIC 풀의 상승이 끝난 뒤 순간적으로 다른 웅덩이의 영양화가 진행되었다. DIC 신호는 대기로의 급격한 이산화탄소 손실로 재빨리 사라졌다. POC의 $\delta^{13}C$는 ^{13}C 첨가 후 3일 뒤에 가장 높았다. 동물플랑크톤은 5일째에 최대를 이루었고 그 전 수치로 20일 뒤에야 돌아왔다. 실험으로부터의 결론은 외부생성 유입 탄소가 박테리아에 의해 소비되었으나 매우 적은 양만이 먹이망을 통해 전달되었다는 것이다. 따라서 더 높은 영양단계의 동물플랑크톤은 그들 탄소의 90%를 내부생성 기원의 생물이나 무생물 POC에서 받았다.

비슷한 실험은 Michigan(미국)에 있는 두 개의 작은 호수(2ha 정도)인 Peter호와 Paul호에서 수행되었다(Pace 2004). 이번 호수들은 단 한번도 최대로 증가하지 않았다. 대신에 $NaH^{13}CO_3$가 40일간 매일 투입되었다. 실험으로부터 내려진 결론은 달랐다. 호수의 POC의 대략 절반은 내부생성 기원이 아닌 육상기원인 것으로 추정되었다. 외부생성 기원 POC는 동물에 의해 동화되었고 먹이망을 통해 전달되었다. *Daphnia*는 탄소의 10~50%를 호수의 일차생산자가 아닌 기원에서 얻는다. 따라서, 생태계 대사에서 외부생성 탄소원의 중요성은 아마 호수 형태와 유역, 영양상태, 그리고 하향식(top-down) 과정에 의한 먹이망 구조에 의해 결정된다.

7.3.4 핵심종

먹이망에 속하는 군집들은 직접적으로 동개체군에 영향을 끼치고 간접적으로는 군집을 이루고 있는 다른 개체군에 영향을 준다. 개체군의 상호작용 효과는 감소할 수 있지만 먹이망을 통해 전달된다. 특히 큰 영향을 주는 종들을 핵심종이라 부른다(Keystone predators; Paine 1969). 아치를 붕괴하지 않고 핵심종을 제거하지 못하는 것처럼 군집 안에서 큰 변화 없이는 핵심종이 제거될 수 없다.

그러한 핵심종들은 먹이망 상에서 물질과 에너지경로와 관련될 필요는 없다. 예를 들어, 아주 미세한 에너지의 흐름의 질병매개자는 집단 내의 우점 개체군을 없애고 그 경쟁자를 우점하게 함으로써 군집 조성을 바꿀 수 있다.

육식성 어류는 흔히 호수의 핵심종이다. 그들은 차례로 플랑크톤을 먹는 어류를 먹는다(단원 6.5.3). 만약 육식성 어류가 거의 없다면(예, 남획의 영향), 플랑크톤 섭식 어류 개체군이 증가한다. 또한 대형초식성 동물플랑크톤과 무척추동물의 포식자를 제거 함으로써 작은 동물플랑크톤은 우점을 하게 된다(그림 6.33). 동물플랑크톤의 생물량 감소와 소형 동물플랑크톤으로의 변화는 섭식압을 감소시키고 소형 조류의 생장을 증가시켜 투명도를 낮추게 한다. 대형수생식물들과 관계된 동물 군들 또한 수중에서 빛의 부족을 겪을지도 모른다. 이 경우에 있어 개체 수가 적지만 하나의 무리 심지어 하나의 종조차도 완전하게 군집을 다시 조성할 수 있다.

가마우지들은 영국에 Norfok Broads의 얕은 호수에서 핵심종 역할을 해왔다. 가까이에 있는 두 호수 중 단지 하나만 근처에 있는 하천과 연결되어있다. 가마우지들은 고립된 호수에 있는 플랑크톤 섭식 어류의 개체수를 급격하게 줄였다. 반면에 하천과 연결된 다른 호수의 어류들은 하천에서 호수로 빈번하게 이동을 하였다. 두 호수는 유사한 영양 조건을 가졌다. 연결되지 않은 호수의 물은 대형 동물플랑크톤이 풍부해진 후 맑아졌다. 투명도가 높아짐으로써 대형식물이 증가했고, 저서생물의 다양성도 증가했다.

포식 어류는 또한 저서생물의 먹이 연쇄에 중요하게 연결될 수 있다. 초원의 작은 하천들은 좋은 예이다(Power *et al.* 1985). 대초원의 하천들은 매우 다양한 흐름을 가진다. 여름에 하천은 작은 개울과 연결된 고립된 웅덩이를 만들지만 폭풍우 후 큰강으로 될 수 있다. 건기 동안에 강에서 떨어져 있는 웅덩이에 대형 육식어류(작은 입 베스)가 있음을 알 수 있다. 웅덩이 바닥에는 간간히 메트가 벗겨진 자갈층과 함께 조류로 된 갈색 층으로 덮혀 있다. 작은 입 베스가 없는 웅덩이는 맑으며 얕은 물에 조류가 자라나고 있다. 조류를 섭식하는 작은 피라미류 *Campostoma*들은 대체로 웅덩이에서 조류의 성장을 제어하도록 충분히 많다. 이러한 이유로 웅덩이는 깨끗하다. 포식성인 작은 입 베스는 대부분의 *Campostoma*을 잡아먹고 웅덩이 밖으로 쫓아낸다. 웅덩이의 깊은 부분은 저서성 조류로 덮혀 있는 반면에 어류들은 깨끗해져 있는 가장자리 부분인 웅덩이의 얕은 부분에서 지낸다.

명확히, 조류의 성장과의 차이는 저서생물에게 매우 다른 생활조건들을 만든다(예, 곤충의 유충과 부착생물 섭식자). 이것은 인공 하천에서 *Campostoma*, 왕새우, 달팽이를 대상으로 수행한 실험에서 볼 수 있다(Vaughn *et al.* 1993). 조류를 먹는 피라미들은 아마 먹이의 독점 때문에 왕새우에게 부정적인 영향을 주었다. 반면에 *Physella* 달팽이의 번식은 간접적으로 피라미에 의해 촉진되었다. 피라미들은 기질 윗부분을 덮고 있는 조류를 제거함으로써 달팽이의 먹이가 되는 기질에 부착한 조류의 성장을 증가시켰다. 이 예들에서 포식성 어류가 핵심종으로 볼 수 있다는 것을 증명한다. 현재 핵심종의 개념이 정수 뿐만 아니라 일반 하천에서도 적용될 수 있다는 것을 입증하는 많은 예들이 있다(Power *et al.* 1996).

군집에 대한 포식자의 영향은 다른 종과의 상호작용의 세기에 달려있다. Brönmark(1994)는 바닥에 폐쇄막을 친 공간에서 유라시안 농어 *Perca fluviatilis*와 유럽산 잉어류(*Tinca tinca*)를 연구했다. 농어와 잉어는 대형무척추동물과 같은 영양단계에 있는 어류도 섭식한다. 그러나 잉어류는 단지 많은 개체의 달팽이를 섭식한다. 달팽이는 대형무척추동물 군집 안에서 가장 강한 상호작용을 가지고 있다. 잉어과는 폐쇄막 안에 있는 식물을 갉아먹는 달팽이의 생물량과 개체수를 줄였기 때문에 대형수생식물(*Elodea canadensis*)에 부착하는 생물의 생물량을 증가시키고, 아마도 부착생물에 의해 빛 방해를 받은 대형수생식물의 생물량은 감소했다. 달팽이를 먹이로 하지 않는 농어가 있는 영역은 이러한 연쇄반응은 일어나지 않는다. 어류의 영향이 동물플랑크톤에서 식물플랑크톤까지 전달된다는 착안으로부터 부영양 호수에서 생물조작의 형태로 실제 현장 적용을 유도하였다. 플랑크톤 섭식 어류의 개체군 감소가 대형동물플랑크톤 및 섭식 증가 그리고 물을 깨끗하게 할 것이라는 전제를 기반으로 한다.

많은 호수를 비교할 때, 인 농도와 조류 생물량 사이에 중요한 대수의 관계가 있다(그림. 8.11). 회귀선으로부터 각 호수의 편차는 아주 분명하다. 회귀선에 있으면서 예측한 인 농도보다 엽록소 농도가 낮은 많은 호수들은 플랑크톤 섭식 어류의 개체군이 작다. Shapiro는 어류의 개체수를 조작함으로써 부영양 호수의 수질을 향상시킬 수 있다고 결론을 내렸다. 그는 이것을 먹이사슬조작이 적절했을 수도 있지만 생눌조작이라 언급했다. 로테논으로 어류 개체군을 제거하는 첫번째 실험에서 비록 독성이 호수에서 빠르게 분해되어 동물플랑크톤의 개체군이 빠르게 회복되지만, 어류 독성물질은 동물플랑크톤을 많이 죽였다(Anderson 1970). 동물플랑크톤의 종 조성은 짧은 시간내에 변화했다. 기대했던 것처럼 대형여과섭식성 동물플랑크톤이 출현하였고 조류는 억제되었다(그림 7.5).

호수는 항상 로테논으로 어류를 제거함으로써 매우 빠르게 반응한다. 호수를 독성물질로 오염시키는 것은 의심스러운 방법일 뿐 아니라 단편적이고 영구적이지

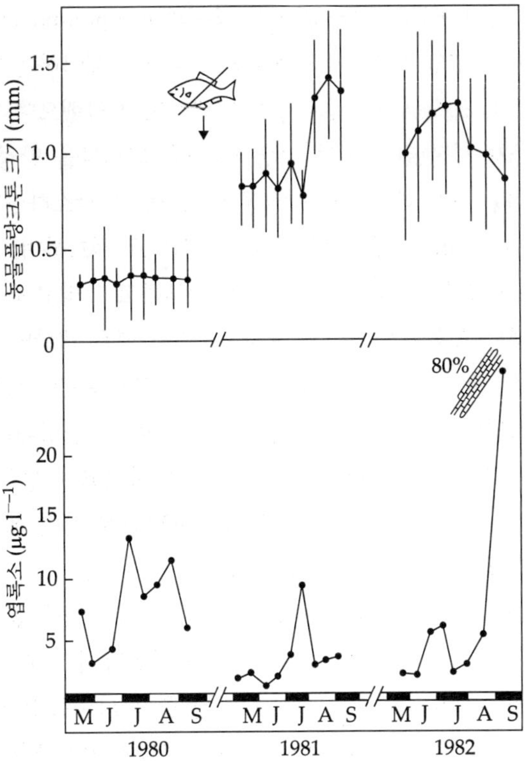

그림 7.5 로테논으로 Round호의 모든 어류 개체군에 대한 생물조작(Michigan, USA). 위: 생물조작 전 여름(1980)과 그 이후 여름(1981,1982)의 동물플랑크톤의 크기(평균, 표준편차). 아래: 생물조작전과 후의 식물플랑크톤 생물량(엽록소로 측정됨)생물조작(1982/9월) 후 최대값은 동물플랑크톤의 섭식에 큰 저항성이 있는 남세균 *Aphanizomenon flos-aquae*의 대발생에 의해 나타났다(Shpiro, Wright 자료, 1984).

못한 결과를 가진다. 플랑크톤 섭식 어류가 호수로 다시 이동하면 소형동물플랑크톤이다시 우점하게 된다. 또한 조류의 조성은 자주 섭식 저한성 종의 현존량이 높아지는 방향으로 변화된다. 두 영향 모두 그림 7.5에서 볼 수 있다. 그러므로 안정적이고 장기간 효과를 낼 수 있는 덜 가혹한 방법을 개발하기 위해 노력하고 있다. 한 방법은 그물로 플랑크톤 섭식 어류를 제거하고 많은 수의 육식성 어종을 호수에 남겨 두었다. 북아메리카와 유럽에 있는 많은 북온대 호수들은 눈이 큰어류(walleye)와 농어류(pike perch), 강창꼬치류(nothern pike), 큰입 베스(largemouth bass)의 이용이 적합하다. 반복적 개체수를 늘린 후, 육식성 어류의 개체군이 자연적으로 번식하고, 변화된 먹이사슬 구조가 안정적 상태로 유지될 수 있다. 총 조류 생물량이 줄지 않더라도, 식물플랑크톤은 소형 조류보다 빛을 덜 산란시키고 물을 깨끗하게 하는 군체형이 우점을 한다.

육식성 어류는 핵심종이며 그들의 영향은 여러 영양단계를 초월하고 결국 플랑크톤뿐만 아니라 전체의 호수를 변화시킨다. 이것은 네덜란드에 생물조작 시도에서 아주 분명하게 알 수 있었다. 이 경우는 Zwemlust라는 부영양화 된 작은 호수로부터의 배수에 의해 어류는 사라졌다(i.e., 유영의 효과 pleasure of swimming). 이듬해 호수는 매우 높은 영양상태임에도 불구하고 조류를 제어하는 대형 *Daphnia* 때문에 아주 맑아졌다. 조작 후에, 빛은 호수 바닥까지 전달했으며 엄청난 양의 대형식물이 즉시 자라기 시작했다. 이들 수생식물들은 퇴적물을 안정화시키고 영양염을 고정시켜 놓았다. 다음 해 동물플랑크톤의 생물량은 감소하였지만 호수는 맑아졌다. 특히 강꼬치류 pike는 대형수생식물을 서식지로 선호하며, 몸을 숨는 은신처로 이용하기 때문에 호수 안에 있는 어종들을 대체하고 그리고 육식성 어류의 밀도를 높였다. 이점에서 호수는 아름답게 깨끗했지만 수영은 제한되었다. 수영을 위한 충분한 맑은 공간은 복원에 대한 부정적인 영양이 없도록 주기적으로 식물을 제거하도록 하였다. 그러나 높은 외부의 영양염 부하로 맑은 물 상태는 오랜 기간 동안 안정적으로 유지되지 않았다. 조류는 다시 우점을 하였고 수생식물들을 빛으로부터 가렸다. 그러나 플랑크톤 섭식하는 어류는 1999년에 한번 제거되었고, 순환은 다시 시작되었다(Van de Bund and Van Donk 2002).

호수 생물조작의 영향의 결과들은 모순적이다. 조작이 성공했던 지역조차도 포식을 기반으로 한 한 가지 이론은 모든 영향들을 설명할 수 없다. 실험실에선 몇몇의 대형 군체성 조류(특히 남세균)는 가장 큰 동물플랑크톤(예, *Daphnia magna*)도 먹을 수 없다는 것을 실험실에서 보여줄 수 있다. 생물조작이 조류 생물량을 못했을 때 조류 종들은 우점한다. 그러나 때때로 그들은 생물조작 후 나타나지 않는다. 한 가지 가능성 있는 답은 작은 몇개의 세포는 먹힐 수 있으므로 작은 세포들이 집합하여 대형 군체를 이룬다. 생물조작의 성공은 먼저 소형 군체가 만들어지더라도 여전히 먹힐 수 있을 때 동물플랑크톤의 고밀도 여부에 달려있다. 만약 동물플랑크톤이 너무 늦게 나타난다면 조류를 제어할 수 없다(Gliwicz 1990). 개념의 도입 30년 후, 관리 도구로써 생물조작은 초창기 생각했던 만큼 단순한 기법이 아니라는 것은 분명하다. 이 점은 수생군집에서 상호작용을 조절하는 과정에 대한 깊은 이해가 필요하다.

7.3.5 상향식/하향식 논쟁

생물조작으로부터 크기-효율성 가설, 핵심종 개념 그리고 경험은 군집에서 영향을 제어하는 것이 물질과 에너지의 흐름과 대조적으로 하향식(Top-down)으로 흐른다는 추정을 이끌어왔다. 먹이사슬에서 아래로 흐른다는 제어의 발상은 영양연동(trophic cascade) (Carpenter *et al.* 1985)라 했다. 전통적인 상향식 개념은 '많은 먹이가 많은 포식자들을 먹일 수 있다'라는 것을 주장한다. 반면에 하향식 가설은 '포식자가 많은 곳은, 먹이가 거의 없을 것이다'라고 주장한다. 상향식 가설은 모든 영양단계의 생물량은 긍정적으로 연관(예: 다수의 이용 가능한 영양분 → 많은 조류 → 많은

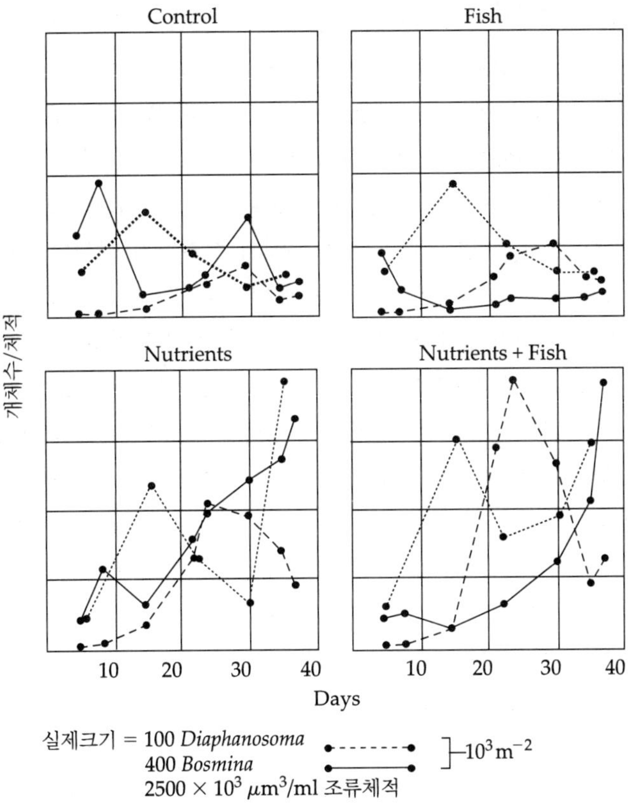

그림 7.6 플랑크톤 군집의 조작을 위한 격리수계 실험의 예이다. 3개의 비닐봉투로 된 4개의 그룹은 다르게 처리된다. 첫 번째는 대조군, 첫번째 그룹은 자루에 개복치(7 cm)가 한 마리 들어있다. 3번째 그룹은 영양분(질소와 인)이 풍부했고, 4번째 그룹은 영양분과 어류가 들어있다. 플랑크톤의 가장 중요한 구성 요소에서 시간 경과에 따른 변화가 표시된다. 실선: 중간크기의 갑각류 *Diaphanosoma birgei*(실물크기 = 10^5개체 m^{-2}). 점선: 소형갑각류 *Bosmina longirostris*(실물크기 = 4×10^5개체 m^{-2}). 점선 2: '먹이' 식물플랑크톤의 양 (실물크기 = 2.5×10^6 $\mu m^3 ml^{-1}$)(Vanni 1987)

동물플랑크톤 → 많은 육식성 어류)이 되어있고, 그 환경의 비옥도(제한자원, limiting resources)에 의존한다고 주장한다. 반면에 하향식 가설은 인접한 영양단계가 부정적으로 연관(다수의 육식성 어류 → 적은 플랑크톤 섭식 어류 → 많은 동물플랑크톤 → 적은 조류 → 많은 가용 영양분) 되어있을 것이라 예상한다.

하향식 가설 지지자들은 일반적으로 메조코즘(limnocorrals; 그림. 2.1b)으로부터 결과를 사용한다. 이 실험에서 개방수역 군집들은 종종 어류 추가, 동물플랑크톤 개체군의 감소, 영양분을 추가함으로써 조작된다. 메조코즘 안에 채워진 어류들은 일반적으로 하향식 가설(동물플랑크톤 생물량의 감소, 소형 동물플랑크톤으로 변화, 식물플랑크톤의 증가)에서 예상된 결과를 보여주다. 반대로 식물플랑크톤은 메조코즘 안을 비옥하게 함으로써 증가할 수 있고 상향식 영향을 보여준다. 이 종류의 실험에서 시간과 공간의 제한은 이 영향이 높은 영양단계에서 어류까지 전해지는 지는 역시 알수없다. 어류와 영양분이 조작되는 일반적인 메조코즘(그림. 7.6)에서 단일종의 개복치(7 cm)는 실험 시스템에 영양염 공급을 하지 않았을 때 대형 동물플랑크톤과 갑각류(*Diaphanosoma birgei*)를 억제했다. 소형 갑각류 *Bosmina longirostris*의 개체군은 개복치가 존재하더라도 반응하지 않았다. 그러나 두 종류의 동물플랑크톤은 영양이 풍부하고 조류농도가 높을 때 반응을 보였다. *Daphnia*과 같은 대형 동물플랑크톤은 높은 어류 밀도 때문에 호수에서 존재하지 않는다. 다른 실험에서 *Daphnia*는 폐쇠 실험 구역에서 어류와 함께 완전히 제거된 것으로 결론을 내렸다.

상향식 또는 하향식의 상대적 중요성은 주로 이것이냐 아니면 저것이냐와 같은 양자택일의 문제로 논쟁되어왔다. 이 두 영향에 대한 양적인 비교는 거의 없다. 이것을 비교하기 위해서, 모든 영양단계에서 영양분과 어류의 조작영향의 선량효과 유형 비교를 해야만 한다. 얼마나 많은 어류가 얼마나 많은 조류를 생산하는가 라는 질문이 있을 수 있다. 이러한 유형의 연구는 몇개의 폐쇠구역에서 다룰 필요가 있는 엄청난 기술적 노력 때문에 어렵다. 그래서 대부분의 조작들은 전부냐 전무냐와 같은 양자택일 또는 많고 적음과 같은 용어로 비교 한다.

전체 호수 관찰은 비슷하게 모순된 결과를 가진다. 한편으로는 하향식 가설은 어류의 이동 및 폐사 후 플랑크톤 군집의 변화와 생물조작에 대한 반응에 의하여 빈번하게 확인된다(Vanni *et al.* 1990). 다른 한편으로는, 다른 영양조건을 가진 호수들을 비교하는 조사들은 인과 식물플랑크톤의 생물량, 총의 동물플랑크톤의 생물량, 갑각류의 동물플랑크톤, 어류의 개체군 및 수확된 어류들과 정의 상관관계임을 보여준다(단원 8.5.3). 이 연구들은 상향식 가설을 지지한다. 보통 변함없는 영양조건의 호수들을 매년 비교해 보면 일반적으로 하향식 가설을 지지한다. 반면에 영양조건이 다른 호수들을 비교해 보면 상향식 가설을 지지하는 경향이 있다.

생물량에 대해 앞서 설명된 것과 같이 종 구성은 아래(예: 식물플랑크톤의 구성 비율에 Si:P의 영향; 그림 6.11) 또는 위(예 동물플랑크톤의 영향이 증가함으로써 먹이가 되는 식물플랑크톤이 부족한 방향으로 변화) 로 부터 조절하기 위해 조사될 수 있다. 명확히 두 가지 조절은 독립적인 메커니즘을 나타내지만, 서로 독점적이지는 않다. 경쟁모델에서 서로의 종 특이적 사망률을 포함시키는 것은 쉽다(단원 6.1.3). 크기에서 그들은 R^*의 변화로 경쟁의 결과를 바꾼다. 섭식압은 필수적으로 자원을 위한 경쟁을 없앨 수 없다. 그것은 오직 일어나는 상황 아래에서 조건을 바꾼다.

대부분의 먹이망 조작은 정수에서 행해져 왔지만 하향식과 상향식이 하천에서 덜 중요하다는 것을 추정할 이유는 없다. 조작된 하천은 폐쇄막 구역과 유사한 결과를 제공한다. 최상위 포식자의 조작은 연속적인 하향식 효과를 초래한다. Bechara 등(1992) 상위포식자(민물 송어 *Salvelinus fontinalis*)의 유무와 관계없이 실험 하천을 비교했다. 민물 송어가 나타났을 때, 대형 무척추동물 섭식자(mayfly nymphs)는 억제되었다. 이것은 단기간에 부착생물 생물량을 두 배로 증가시켰다.

그러나 작은 섭식자(chironomid lavae)들은 풍부한 부착생물로부터 이익을 얻었다. 그러므로 영양분의 가용성이 변하지 않고 강력한 하향식 효과가 있었다. 다른 한편으로 영양공급을 받는 하천은 영양분이 부족한 하천보다 더 높은 조류 생물량을 가진다. 앞서 호수에서 보여준 것처럼 하향식과 상향식 매커니즘 모두 하천에서도 중요하다.

Rosemond 등(1994)는 하천의 조류군집에 대한 초식과 영양의 상대적인 영향을 조사했다. 그들은 영양분(질소와 인) 수준과 두 영양단계의 단순한 군집구조와 함께 실험 하천에서 달팽이로 섭식하게 하는 조작을 했다. 영양분의 공급과 달팽이 제거는 군집구조와 부착생물의 성장에 가장 큰 영향을 미쳤다. 그 영향들은 낮은 영양단계에서 섭식자를 제거했을 때나 영양분이 섭식압 상태에서 공급되었을 때 알려져 있지 않지만, 두 매커니즘은 중요하다는 것을 나타낸다. 달팽이는 영양염 농도가 높을때 더 잘 자랐다. 그 시스템은 달팽이의 포식자가 없었기 때문에 상향식으로 조절되었다. 하향식과 상향식 조절의 상대적인 세기는 다른 변수에서에서 달라졌지만, 확실히 혼합된 상/하향식 조절 영향은 둘 중 하나가 개별적인 것보다 영향이 컸다.

또 다른 연구에서, McIntosh 등(2005)은 먹이자원(*Notofagus leaves*)과 브라운 송어 *Salmo trutta*에 대한 반응으로 잎을 썰어 먹는 날도래 *Zelandopsyche ingens*의 풍부성과 성장을 조사했다. 그들은 어류의 유무에 관계없이 여러가지 낙엽이 공급되는 하천에서 날도래를 비교했다. 날도래 개체 수는 잎의 생물량과 양의 상관성을 가지며 어류가 없는 어느 정도 잎 생물량이 공급되는 하천에서 날도래 개체군은 커졌다. 또한 날도래 개체들은 어류가 없는 하천에서 증가 하였다. 그러므로 상향식 요소들(가용성 잔유물)은 최대 개체군 크기를 결정한다. 반면에 하향식 요소들(어종 포식)은 낮은 수준으로 개체군의 크기를 감소시킨다.

7.3.6 논쟁의 여지가 있는 하향식/상향식 통합의 시도

효과의 감소

McQueen 등(1989)은 통합된 상향식/하향식 개념을 제안한다. 그 개념은 영양분과 어류의 영향은 영양분이 먹이망을 통해 전달될 때 크게 감소한다는 것이다. 그러므로 하위 영양단계에 위치하는 식물플랑크톤은 가장 큰 상향식 영향을 보여준다. 반면에 더 높은 영양단계(위쪽의 동물플랑크톤으로부터)는 하향식 영향에 더 큰 반응을 한다. 이 개념은 캐나다 George 호수에서 7년 간의 연구에 의해 설명된다(그림 7.7). 연구를 시작한(1980~82) 그 호수는 대형 육식어류 개체군과 중간 크기의 육식어류 개체군으로 구성되어 있다. 겨울 동안 얼음 밑은 빈산소 농도로 감소함으로써 어류들이 죽었으며 어류의 두 개체군은 감소하였다. 플랑크톤 섭식 어류 개체군은 낮은

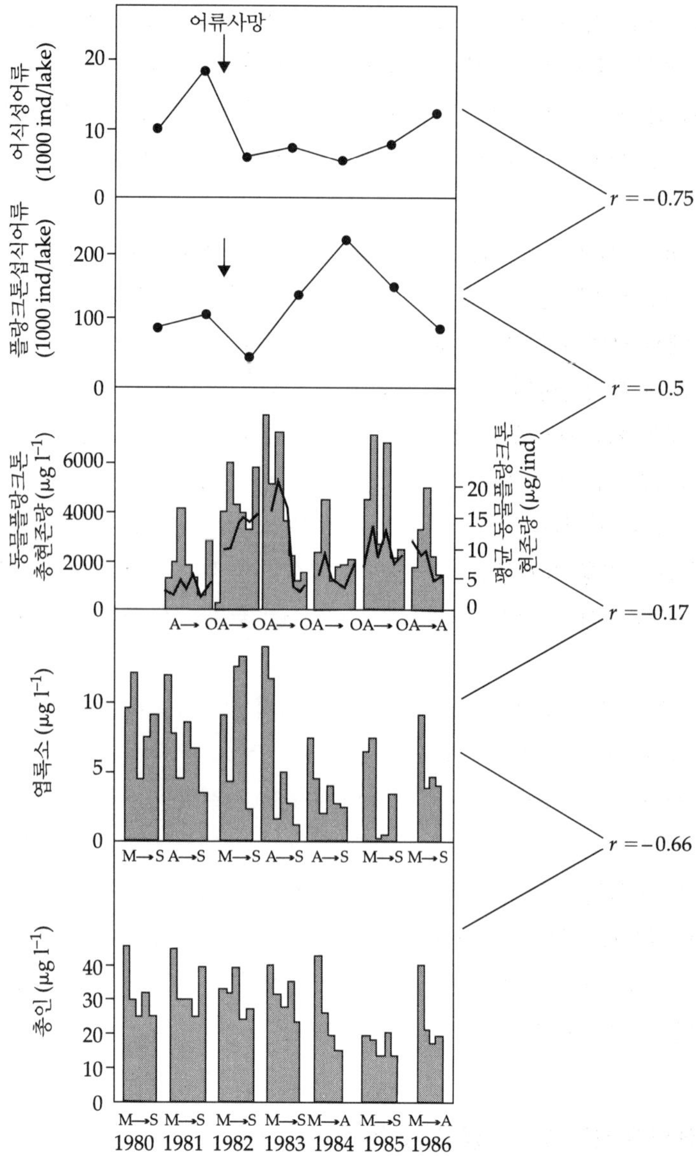

그림 7.7 George 호수의 연구이다. 육식성 어류, 플랑크톤 섭식 어류(가을에 측정된 개체군)의 수, 동물플랑크톤(막대 그래프)의 총 생물량과 개체당 평균 생물량(실선): 4월에서 10월까지의 매달 평균(1986은 8월). 식물플랑크톤: 엽록소 농도, 4/5월부터 9월까지 매달 평균, 총 인 농도: 5월부터 8/9월까지 매달 평균, 오른쪽 부분은 다른 영양단계와의 상관계수이다(McQueen *et al*. 1989).

포식압으로 즉시 회복되었고, 1984년에 최대치에 도달했다. 육식성 어류는 서서히 회복되었고 플랑크톤 섭식 어류는 천천히 감소하였다. 동물플랑크톤은 플랑크톤 섭식 어류의 개체수가 최소로 감소하는 동안 개체 크기와 총 생물량이 최대치에 도달했다. 이 영향은 식물플랑크톤에서 나타나지 않았다. 식물플랑크톤의 생물량(엽록소로 측정됨)은 동물플랑크톤의 생물량이 최대치였던 같은 해에 상대적으로 높았기 때문이다. 관찰하는 전체 기간 동안 식물플랑크톤이 점차 감소는 것은 이용 가능한 영양분(총인을 측정)이 동시에 감소함으로써 나타나는 결과를 잘 설명해 주고 있다. 연간 비교는 육식성과 플랑크톤 섭식 어류(하향식)는 강한 음의 상관관계, 플랑크톤 섭식 어류와 동물플랑크톤 생물량(하향식) 간에는 약하지만 비슷한 음의 상관관계, 동물플랑크톤의 생물량과 식물플랑크톤 생물량 간에는 유의한 상관관계(비록 거기에는 다른 종의 구성으로 이동이 될 지도 모른다)가 없으며, 총 인산량과 식물플랑크톤의 생물량 간에는 유의한 상관관계(상향식)가 있음을 보여준다.

수직적 교차 제어

Persson 등(1988)은 먹이망 안에서 영양단계의 수와 관련된 위와 아래의 제어의 전환이 있는 모델을 개발했다. 이 모델의 원래버전은 Oksanen 등(1981)에 의해 호소학이 아닌 다른 것으로 개발되었다. 이 당시에는 모델을 검증할 수 있는 경험적 자료가 거의 없다. 주어진 서식처에서 영양단계간에 큰 손실(>80%)이 있으므로 이용 가능한 자원(상향식)에 의해 결정된다. 오직 하나의 영양단계(일차생산자)만 있는 매우 불모지인 서식처에서 잠재적인 1차 생산과 식물의 생물량 사이에 선형 상관관계가 있다. 2차 영양단계를 유지할 수 있는 충분한 1차 생산이 있을 때, 잠재적인 생산을 훨씬 더 증가하는 것은 초식동물의 생물량(상향식)을 증가시키지만, 더 많은 식물 생물량이 증가되지 않으면 초식동물은 제어될 것이다(하향식). 생산이 더 증가하면 초식동물을 잡아먹는 3차 영양단계(1차 육식성 생물)를 유지시킬 수 있다. 생산성의 증가와 함께 식물의 생물량은 초식동물의 영향을 벗어나기 때문에 증가할 것이다. 4차 영양단계(2차 육식동물)는 생산성이 더 증가한다면 존재할 수 있다. 1차 육식동물들은 이차적인 육식동물의 먹이가 된다(하향식), 포식압으로부터 자유롭게 된 초식동물은 상향식으로 다시 한번 더 제어를 하게 되며 식물은 초식동물로 부터 조절된다(상향식). 요약: 영양단계의 수는 상향식으로 제어된다. 상향식: 가장 높은 영양단계는 비슷하게 상향식으로 제어된다. 밑에 위치하는 다음 영양단계는 하향식으로 조절된다. 상향식과 하향식 제어는 영양단계에 교대로 일어난다(그림 7.8). Oksanen(Oksanen *et al.* 1981)의 기본모델과는 다르게 Persson 등(1988)은 생산성이 크게 증가하면 영양단계의 수는 감소 한다고 가정하였다. 이것은 경험적 관찰에 기초를 두었으며, Oksanen 모델의 논리를 따르지 않았다. 예를 들어 매우 부영영화된 호수에서, 잉어류는 어류 개체군들을 지배하였으며, 어류의 급격한 자연적 소멸이 전체 어류를 제거하게끔 한다.

Oksanen 모델의 한계는 영양단계를 별개로 분리시켜 가정을 단순화 시키는 것이다. 종속적인 영양단계 이론과 상향식/하향식 가설 보다 이 이론의 장점은 어류를 시스템 내에서의 상호작용을 외부적으로 제어하는 독립변수로 보는것이 아니라

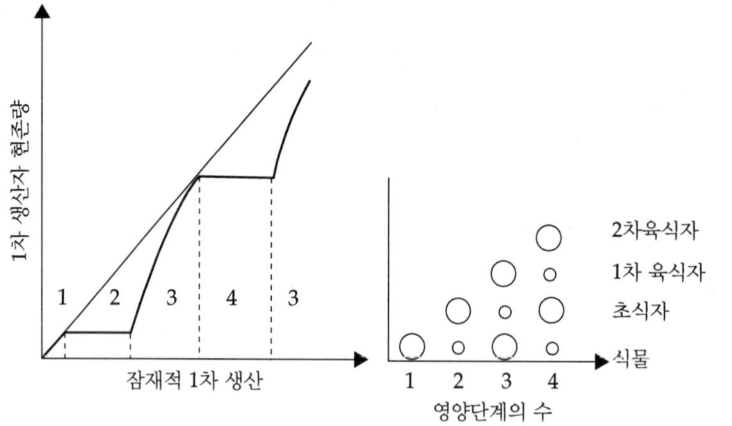

그림 7.8 수직적으로 교차 조절되는 Oksanen 모델. 왼쪽: 식물 생산량과 잠재적 1차 생산 및 영양단계 수와의 관계. 오른쪽: 개별적인 영양단계의 조절 유형에 대한 영양단계 수의 효과 (큰 원: 상향식, 작은 원: 하향식)

오히려 서식처에서 군집 발달을 결정하는 경계 조건의 산물로 보는 것이다.

상향식/하향식 논쟁은 규모의 문제인가?

대조적인 영양염 농도를 가진 많은 호수들의 비교는 일반적으로 상향식 가설을 지지한다. 그러나 비슷한 영양수준과(같은 호수에서 매년 다름) 다른 유형의 수산업 관리를하는 호수에 대한 연구들은 보통 하향식 가설을 입증한다. 그러나 이것은 큰-규모 관점(부영양화 모델, 호수 비교)이 일반적으로 상향식을 지지하거나 작은-규모 관점(메조코즘 실험, 호수 조사)이 대개 하향식 가설을 지지한다고 결론짓기에는 아직 이르다.

심지어 작은-규모 접근은 관찰된 기간에 따라 위와 아래 제어에서 빠른 변화를 초래할 수 있다. 영양염이 풍부한 호수에서 봄철 천이를 예를 들 수 있다. 먼저 조류가 최대로 증가하면 뒤를 따라 동물플랑크톤이 최대로 되며, 물이 맑아지는 단계로 이어진다(단원 6.4, 그림 6.15). 계절이 시작되는 시기에 동물플랑크톤들의 생장률은 이용 가능한 조류의 량에 달려있다(상향식). 결국 섭식율은 매우 높게 되고 물은 깨끗하게 된다(하향식).

위와 아래의 조절 사이의 명백한 변화는 상향식과 하향식의 매커니즘 안에서 다른 시간상의 차이에서 일어난다. 먹히는 개체들은 즉시 사라지지만, 영양상태가 개선되어 개체군 밀도가 증가하는데는 시간이 걸린다. 시간 지연의 정도는 생물체의 크기에 달려 있다. 메조코즘 실험의 일반적인 기간은 보통 낮은 영양단계에 있는 어류 조작 영향을 관찰하기에 충분하다. 그러나 영양분 공급을 하여 개체군 크기에 미치는 영향을 관찰하기에는 시간이 너무 짧다. 이것은 오직 다른 호수와 비교하거나 또는 오랜 기간 실험에서 관찰될 수 있다.

영양단계 내에서 보상작용

종 수준에서 발생하는 영양연동은 영양수준 즉 생물량과 같이 통합적으로 측정될 경우에 가려질 수 있다. 대부분의 포식자는 오직 아래 영양단계의 생물들을 효과적으로 포식할 수 있지만, 반면에 다른 종들은 다소 보호된다. 다른 종들은 생물량을 증가시키고 경쟁자를 제거 함으로써 이익을 얻을 수도 있다. 그러므로 그들은 하향식 영향을 부분적이거나 충분히 보상을 받는다. Polis 등(2000)은 전체의 영양단계에 영향을 미치는 군집 수준의 영양연동과 단일 종 또는 종의 무리에 영향을 주는 종 수준의 영양연동을 구분하기 위해 조사해왔다.

홀·짝 영양단계에 연결된 먹이사슬이 초식성 요각류에 흔히 있는 일이지만 같은 소비자로 이어진다면, 1차 생산자의 생물량에 확연한 영향주지 않는 종 수준의 영양연동은 특히 개연성이 있다. 대부분의 초식성 요각류는 대형 식물플랑크톤과 섬모충류를 소비한다. 섬모충류를 소비함으로써, 그들은 섬모충류의 섭식압으로부터 소형 식물플랑크톤을 해방시켜준다. 그러므로 소형 식물플랑크톤은 증가하고 대형 식물플랑크톤을 섭식하는 요각류들을 보상해 준다. 이것은 *Daphnia*가 호수에서 동물플랑크톤을 자주 지배하고 요각류가 보통 동물플랑크톤을 지배하는 해양 개방 수역에서 군집 수준의 영양연동이 왜 자주 발견되지 않은 중요한 이유일 수도 있다(Sommer and Sommer 2006).

전체의 영양단계에 대한 하향식 영향의 가능성은 포식자의 기능적 다양성과 포식영양단계 모두에 의존한다. 더 다양한 포식 유형들은 포식자-저항성 종이 취약한 종의 손실을 보상해 줄 수 있는 가능성을 증가시킨다. 더 다양한 포식자의 유형들은 포식의 방어기작을 극복할 수 있는 가능성이 증가한다. 이것은 중영양 Schohsee (독일 북부)호수에서 메조코즘 실험에 의해 증명되었다. 1번째 메조코즘 세트는 자연적 식물플랑크톤과 원생생물군 및 다른 밀도의 *Daphnia*으로 채워졌다. 2번째 메조코즘 세트는 다른 밀도의 요각류로 채워졌다. 봄에 식물플랑크톤이 소형과 중형의 크기로 완전히 구성했을 때, *Daphnia*은 전체 식물플랑크톤 생물량을 크게 감소시켰다. 그들이 식물플랑크톤을 더 많이 감소시킬수록 *Daphnia*은 메조코즘 안에서 더 증가하였고, 물은 깨끗한 상태로 되었다(단원 6.4.1). 요각류 메조코즘에서는 식물플랑크톤 생물량의 영향을 찾아볼 수 없었다(Feuchtmayr 2004). 여름철 동안 상황은 급격한 변화를 보였다. 이 때 식물플랑크톤은 작은 극미소 플랑크톤에서부터 대형 와편모류와 남세균이 전체 범위로 구성되었다. 이 경우에 *Daphnia*와 요각류 둘 다 식물플랑크톤의 총 생물량을 감소시킬 수 없지만, 크기 구조에 대해 서로 대조적인 영향을 미쳤다(그림 7.9). 요각류는 대형 조류 종들을 제거하고 소형 종들을 선호한 반면, *Daphnia*는 소형 조류 종들을 제거하고, 대형 종들을 선호했다. 약 10일 후, *Daphnia*에 의한 요각류 메조코즘의 오염이 두 동물플랑크톤 그룹이 상당히 증가한 메조코즘에 존재하는 식물플랑크톤을 크게 감소시켰다(Sommer *et al*. 2003).

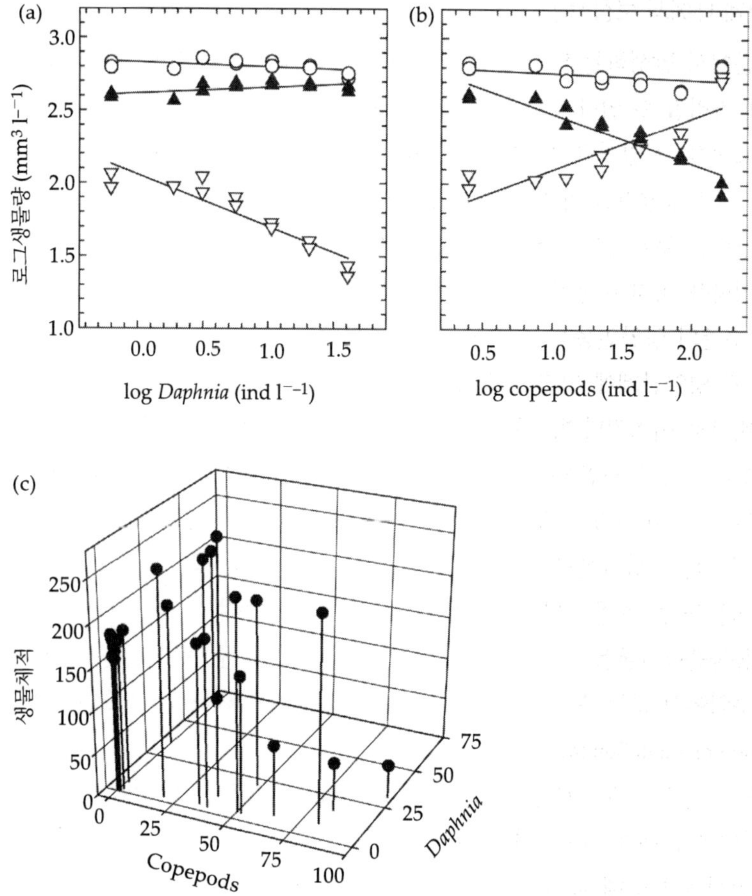

그림 7.9 메조코즘에서 여름철 식물플랑크톤 생물량이 실험적으로 조작한 동물플랑크톤의 밀도에 대한 반응 (a), (b) 약 10일 후에 오염되지 않은 *Daphnia*와 요각류 처리. ○: 총 생물부피, 채워진 삼각형: 대형 (> 1000 μm^3) 식물플랑크톤, △: 소형 식물플랑크톤(> 1000 μm^3), (c) 요각류 메조코즘에 *Daphnia*를 오염시킨 후(21일) *Daphnia*와 요각류의 밀도(개체수)와 연관된 총 식물플랑크톤 생물량($mm^3 l^{-1}$)(자료: Sommer and Stibor 2002, Sommer and Sommer 2006).

7.4 종의 풍부성와 다양성

7.4.1 다양성 측정

종 풍부성과 다양성은 이론 생태학과 보존 분야에서 가장 집중적으로 논의되는 개념 중에 하나이다. 이 두 개념은 영양단계와 조합/분류학적 집합체와 같은 하위 구성 요소 뿐만 아니라 전체 군집에 적용될 수 있다. 종 풍부성 또는 총 종수는 이해하기 위한 쉬운 조사 방법있다. 그러나 실제 결정하기는 어렵다. 희귀종의 발견은 표본의 크기와 조사 강도에 달려 있으며, 실제 군집이나 하위 단위의 실제 종의 풍부성을 결정하는 것은 사실상 불가능하다. 상대적으로 적은 수의 종들이 빈번하게 발견된 후에 사용되는 대부분의 다양성 지수는 안정화된다. 그러므로 희귀종들은 이 지표에 영향을 덜 미친다.

다양성은 두 요소로 구성하는데, 그것은 종수와 균등도이다. 즉, 이것은 발견된 종 풍부성이 일정한 것이다. 종 수가 같지만, 한 종이 우점을 하고 다른 종의 개체수가 적다면, 모든 종들의 개체수가 같은 것보다 군집, 집단의 다양도는 더 낮게 된다. Hurlbert의 두 종간이 만날 확률(Probability of interspecific encounters, PIE)은 가장 생물학적인 개념이고 많은 다양성 지수들 중 하나이다(Wastinton 1984). PIE는 다른 종에 속하는 또 다른 종과 임의적으로 직면하는 두 종의 가능성을 보여준다.

$$\mathrm{PIE} = N/(N-1)(1-\sum p_i^2)$$

N은 전체의 총 개체수이고 p_i는 총 수(N_i/N)에서 i종의 비율이다.

N이 더 높은 값일 때, PIE는 Simpson index(D)의 간단한 공식이 된다.

$$D = 1 - \sum p_i^2$$

두 지수들은 출현빈도가 높은 종의 균등성을 나타내고 희귀종의 영향이 극히 없다. 이론 정보에 근거로한 지수는 개체가 가진 정보 내용을 나타낸다. 이 지수들은 또한 우점종에 일차적으로 달려 있지만, 희귀종에게 다소 민감한 부분도 있다. 정보의 개념과 생태학적 타당성에 관한 논쟁이 많지만, 그들은 여전히 가장 널리 사용되는 지수이다. 특히 Shannon-Weaver의 H' 지수,

$$H' = -\sum(p_i \log p_i)$$

군체성 원생생물과 같이 개체를 쉽게 정의할 수 없을 때, 다양성의 지수를 계산하기는 어렵다. 이들 지수는 종을 결정하기가 어려울 정도로 가장 크기가 작은 형태들을 생물량이 극단적으로 작지만 전체적으로 세포수가 우점을 이루는 극단적인 세포 크기 때문에 군집에서 역시 문제가 된다. 예를 들어, 이것은 실제 극미소플랑크톤들이 대상이 되며, 대부분의 경우집합적 범주로 연결될 수 있다. 몇몇 상황에서, 개체수보다 오히려 생물량을 기반으로 다양성의 지수를 계산하는 것이 훨씬 더 적절하다.

7.4.2 다양성의 원인과 유지

Thienemann의 **생물군집법칙**(biocoenotic laws)은 다른 군집의 다양성을 설명하기 위한 초기 시도를 나타낸다.

- 환경 조건이 다양하면(즉 더 많은 종이 최적조건 가까이에서 살 수 있음), 각 종의 개체수는 적을 수 있지만 더 많은 종들이 출현할 수 있다.
- 환경 조건(대부분의 종이 적절한 범위에서 멀어짐)이 더 나빨수록, 소수의 종이 전체적인 군집을 지배할 것이다. 그러나 이것들은 개체수가 매우 많아질 것이다.

많은 극단적인 비오톱(biotope)이 있는데 이것들은 인위적 변화들의 결과이다. 예를 들어 1mm^{2}당 1마리 이상인 1cm^{2}당 100마리 이상의 지렁이가 함부르크(독일)에 있는 항구의 매우 오염된 퇴적물에서 발견되었다.

초기에 다양성분야의 큰 동향에 대한 가설을 제기하려는 시도들이 있었다(극지역으로부터 열대지역으로 가면서 다양성 증가, 대륙보다 섬에서 다양성 더 낮음). 이 세계적인 추세들은 주로 육상과 연안 해양 군집에서 육안으로 볼 수 있는 생물에 기반을 두었다. Lewis(1987)는 호수의 동물플랑크톤과 식물플랑크톤의 다양성은 위도방향과 대조적이라고 주장한다. 그러나 이것에 관한 체계적인 조사는 없었지만, 어류에 대해서도 적용될 것이다. 이러한 관점에서 하물며 저서의 군집에 관해 알려진 것은 없다. Tanganyika호수는 빙하기에 기원이 된 큰 다수의 호수보다 더 오래된 소규모인 제3차 호수군에 속하기 때문에, 이 호수에서 어류 개체군의 매우 높은 종 풍부성은 열대 지역을 대표하는 것으로 볼 수 없다.

종의 분화와 이주가 군집의 다양성의 형성과 유지에 공헌한 과정(단원 6.1.1과 6.1.3)이였다면, 하위의 경쟁자의 배제는 다양성 감소에 작용하는 힘이다. 소수의 종들만 저항성이 있는 다양한 형태의 비생물적 스트레스는 다양성을 감소시키는 경향이 있다(독성오염, 극한 기온, 산소부족). 이 개념은 Thienemannn의 두 번째 생물군집 법칙에 상응한다. 한 그룹의 생물에 극단적인 조건들은 다른 생물에 대해 필히 극단적인 조건은 아니다. 동물 다양성은 확실히 산소 결핍 반응으로 감소될 수 있지만, 미량호기적 생물과 혐기적 미생물의 다양성은 증가될 수 있다.

다양성에 대한 섭식의 영향은 명확하지 않다. 시간의 지남에 따라 비선택적 섭식압은 물질환경 조절장치를 통과하는 비율을 증가시키므로써 포식 생물 집단에 같은 영향을 가진다. 다른 종들은 선택될 수 있다. 그러나 포식자가 먹이습성을 바꾼다면 변할 수 있겠지만, 공존할 수 있는 종들의 수는 변하지 않을 것이다. 예를 들어 포식자들이 가장 풍부한 먹이에만 집중한다면, 공존의 가능성이 증가할 수 있고, 경쟁 배타와는 반대로 작용할 것이다. 포식-피식의 규칙적 변동으로 인한 섭식압의 일시적인 변화는 독립적인 선택성과 같이 먹이 생물의 다양성 증가에 영향을 미치는데, 그것은 경쟁 조건의 변화를 만들기 때문이다.

새로운 종들의 보충, 경쟁 조건의 시·공간적 변화는 경쟁배제의 압력에 대조적으로 다양성을 유지하기 위한 가장 중요한 방법이다. 단원 6.1.4의 중간교란가설에서 설명된 것처럼, 중간정도의 교란 빈도가 가장 높은 다양성의 유지해야만 한다.

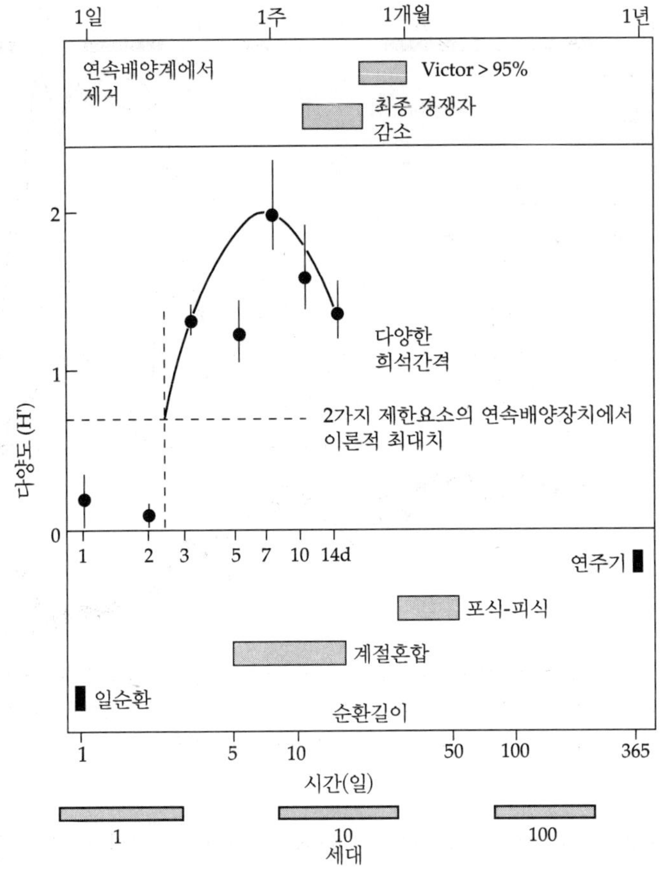

그림 7.10 경쟁환경에서 잠재적인 변화의 시간적 규모와 식물플랑크톤의 다양성. 위: 연속배양장치 실험에서 배제과정. 중간: 기간적인 희석도 및 다양한 간격 경쟁 실험에서 식물플랑크톤의 다양성(*H'*, 자연로그로 계산됨). 아래: *T*, 경쟁환경에서 자연적으로 발생하는 변화의 시간적 규모.

식물플랑크톤 실험에서 교란간의 3세대 간격이 가장 높은 다양성을 유도하였다(Gaedeke and Sommer 1986).

아주 다른 길이의 순환은 호수에서 발생할 수 있다(그림 7.10). 식물플랑크톤의 다양성에 중요한 영향을 미치는 것 중에 하루의 순환은 너무 짧고, 일 년의 순환은 너무 길다. *Daphnia*와 섭식 가능한 조류사이의 포식-피식 순환은 보통 30~50일 걸린다(McCayley and Murdoch 1987). 이것은 다양성 유지를 위한 최적 시간 간격 보다 더 길다. 그러나 일정한 조건과 대조적으로 다양성은 여전히 증가할 수 있다. 악천후는 혼합 깊이를 계절에 관계 없이 증가시킬 수 있다. 그러한 전선은 매우 불규칙하지만, 온대지역 위도에서 전선들은 5~15일의 간격으로 자주 발생되는 경향이 있다. 이것은 식물플랑크톤의 다양성을 위한 최적의 주기에 아주 근접한다. 비계절성 혼합이 없었을 때 그 영향은 바람이 막혀있어 1989년 여름에 매우 안정적인 수체를 유지하고 있던 독일 북부 지방에 있는 Plußsee 호수에서 설명하고 있다(그림

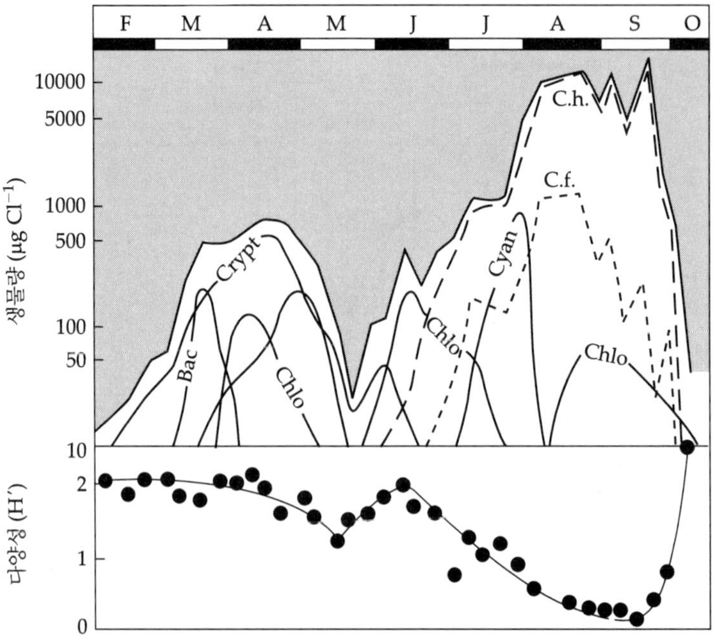

그림 7.11 1989년 Plußsee 호수의 식물플랑크톤 개체군 발생. 위: 총 생물량과 각 분류군의 생물량(C.h., *Ceratium hirundinella*; C.f., *Ceratium furcoides*, Bac, 규조강; Crypt, 은편모조강; Chlo, 녹조강; Cyan, 남조강). 아래: 식물플랑크톤의 다양성 지수 (*H'*, 자연로그로 계산됨)

7.11). 수온약층은 5월 중순부터 9월까지 4~6 m 사이에 위치한다. 맑은 물 상태 이후, 8월과 9월에 안정기에 도달함으로써 식물플랑크톤의 총 생물량이 계속 증가 하였다. 이 기간 동안에 와편모류 *Ceratium hirundinella*의 비율이 꾸준히 증가했고 마침내 총 생물량의 98%를 차지하였다. 물이 깨끗해진 직후와 봄철 대발생 동안 다양성 지수 약 2에 비해 매우 낮은 $H' = 0.11$인 가장 낮은 다양도 지수를 나타냈다.

7.5 호수군집

7.5.1 개방수역 군집

호수와 해양의 개방대는 개방수역(Pelagic zone)으로 알려져 있다. 유영생물과 플랑크톤의 두 군집은 통상적으로 이 구역에 포함되어 있다. 이 두 군집의 차이는 유영능력에 기반을 둔다. 플랑크톤은 물 안에서 떠 다니는 반면 유영생물은 활발한 유영자이다. 분명하게도 많은 플랑크톤들이 유영능력을 가지고 있지만(동물플랑크톤과 편모류의 수직이동), 그들은 일반적으로 강한 흐름에 대항하여 유영할 수 없다. 플랑크톤과 유영생물의 관점에서 두 군집을 나누는 것은 단원 7.3에서 어류와 동물플랑크톤 간의 상호작용과 같은 논리로 접근하기는 어렵다. 이것은 개방수역에 있는 통합된 군집을 기술하는 것이 바람직하다.

1차생산자로써 식물플랑크톤은 약 0.5 μm에서 1 mm(colonies > 1 mm) 범위의 크기인 남세균과 조류를 포함한다. 고등식물, 홍조류와 갈조류는 식물플랑크톤에서 발견되지 않는다. 전통적으로 3종류의 크기 범위는 다음과 같이 나누어 진다. 극미소플랑크톤(< 2 μm), 미소플랑크톤(2~30 μm), 네트플랑크톤(>30 μm).

담수 동물플랑크톤은 주로 원생동물(편모류와 섬모류 ; 수백 마이크로미터), 윤충류(30 μm~1 mm)와 갑각류(요각류와 지각류)로 구성된다. 또한 약간의 곤충 유충(*Chaoborus*), 얼룩말 홍합(*Dreissena*)의 유생, 물 진드기류와 치어 등이 있다. 동물플랑크톤 내에 박테리아 섭식성, 동물플랑크톤 섭식성을 포함하는 몇 가지의 영양단계가 있다. 호수의 유영생물은 거의 어종 종들로만 구성된다. 담수의 물개들은 아주 큰 몇몇 호수로 한정되어 있다(예, 바이칼호). 개방 수역의 어류는 플랑크톤 섭식성(보통 동물플랑크톤 섭식성)이거나 육식성일 것이다.

박테리아 플랑크톤(일반적으로 < 1 μm; 독립영양 박테리아가 더 크다)은 가장 다양한 영양적 역할을 하고 있다(표 4.1). 호기성 지역에 있는 대부분의 박테리아는 분해자이며, 화학무기 독립영양을 하는 일차 생산자이지만 그 비중은 낮다. 혐기적 지역에서도 광무기 독립영양자가 분포한다. 몇몇 플랑크톤성 균류도 유기물을 분해하며 다른 균류에 기생하며 살아간다. 현미경적 및 분자적인 증거는 호수에 플랑크톤성 바이러스가 놀라울 정도로 많다는것(10^8 ml^{-1})을 나타낸다(Bergh *et al.* 1989). 바이러스가 세균과 남세균을 조절하는데, 중요한 역할을 하지만, 생태적 역할은 아직 확인되지 않았다.

독특한 개방수역 군집의 특성은 먹이사슬이 올라갈수록 개체 크기가 증가한다는 것이다. 개방수역의 일차 생산자는 미세한 현미경적 크기인 반면에 육상군집의 일차 생산자들은 크고 수명이 길다. 이것은 개방수역 군집의 기능에 흥미로운 영향을 미친다.

- 식물들은 서식지에서 빛과 화학물질 구배를 만들지만 그들은 물리적으로 서식지를 구성하기에 너무나 작다.
- 초식동물은 먹이를 조금씩 먹지 않고 식물 전체를 먹도록 되어 있다. 이것은 관련 식물의 활력 뿐만 아니라 곧바로 죽게 하는 원인이 된다.
- 주요 분류군들의 생식률은 개체 크기가 증가함에 따라 감소하지만, 개체군의 세대 시간과 시간상의 차이는 개체 크기를 증가시키도록 반응한다.

그러므로 개방수역 군집의 저항능력은 어류의 하향식 영향에 기반을 두어야 한다. 반대로 숲의 저항성은 수명이 긴 나무들의 상향식 효과와 대개 관련이 있다.

표면생물이라고 알려진 가장 독특한 군집은 호수 표면층에서 공기와 물과 접하는 부분에서 서식한다(단원 4.2.7). 여러 종류의 박테리아와 조류는 표면장력의 장점을 이용하여 스스로 표면에 붙는다. 일부 특정 동물들은 이것을 먹이원으로 이용할 수 있다. 갑각류인 *Scapholeberis mucronata*는 표면층에 붙어있는 동안, 작은 입자를 걸러먹으며, 대형 소금쟁이류(Gerridae)는 물 표면 위를 돌아다니면서 다른 작은 벌레를 잡아 먹는다. 표면층의 장력은 또한 곤충의 유충과 달팽이들이 짧은 시간 동안 표면으로 올라가 호흡을 하는데 이용된다.

7.5.2 Benthos

호수와 하천 바닥에 사는 군집을 저서생물이라 부른다. 저서생물은 기질(진흙, 모래) 속에서 살며, 기질표면 위에서 이동하고, 기질에 붙어있거나 바닥부근에서 자유롭게 이동인다(예. 저서성 어류). 기질의 구성요소는 여러 종류의 군집 발달에 중요한 영향을 미칠 수 있다. 기질 표면에 사는 군집들은 진흙표면, 모래표면(epipsammic), 바위표면(epilithic), 침수식물 표면(epiphytic)으로 나눌 수 있다. 접두사가 endo인 것은 기질 속에서 사는 비슷한 군집을 설명하기 위해 사용된다(endopelic, endopsammic). 광보상점보다 위에 위치하는 저서 서식지는 연안대이고, 보상점보다 아래의 서식지는 심연대라고 불린다.

저서성 1차 생산자는 남세균, 모든 고등 진핵성 조류, 겉씨식물(gymnosperm)을 제외한 꽃식물을 포함한다. 식물은 대형 수생식물과 부착식물 미소식물(조류)과 같이 크기에 따라 분류되어진다. 고등식물과 담소 윤조류(Characeae)는 대형 수생식물이다.

일반적으로 대형 수생식물은 그 포식자보다 더 크고 완전히 소비되지 않는다. 예를 들어 Jacobsen과 Sand-Jensen(1992)은 덴마크 호수에서 *Potamogeton* 잎이 평균 4% 손실되었으며 다른 대형 수생식물은 다소 손실이 적은 것을 발견하였다. 대형 수생식물을 먹는 초식동물들은 사실상 기생에 더 가깝다. 많은 정수성 대형 수생식물(갈대, 골풀)은 초식동물으로부터 보호하는 규산질의 표피를 만든다. 수생대형식물은 생장기 이후에 죽고 분해됨으로써 초식동물보다 손실이 매우 크다. 연안 군집을 이루는 대형수생식물은 영양적 역할 이상으로 중요하다. 대형 수생식물들은 부착식물에게 기질을 제공하고 어류와 양서류의 산란장소를 제공하며, 어류와 다른 동물의 은신처를 제공한다. 또한 대형식물들은 연안의 부착식물과 플랑크톤과 함께 빛에 대해 경쟁을 한다. 대형수생식물은 유속을 감소시키고 퇴적물을 증가시키며 연안과 개방수역 간의 화학물질의 교환을 억제시킨다.

부착식물들은 일반적으로 포식자보다 작으며 모두 먹힐 수 있다. 이것은 초식동물이 대형식물 보다 부착식물의 개체군을 조절하는 더 중요한 과정을 유도한다. 부착식물과 연관된 다른 두 종류의 먹이사슬이 있다. 한 종류는 부착생물 군집으로서 부착조류를 먹는 원생동물과 매우 작은 후생동물(수 mm이상)을 포함한다. 두 번째 종류는 크고 이동성 큰 많은 동물(곤충의 유충, 달팽이 등)에 의해 전체의 부착생물군(조류, 박테리아, 곰팡이류)를 섭식하는 생물을 포함한다(단원 6.4.5).

다양성이 높은 연안지역은 매우 다양한 저서동물이 생활할 수 있는 미소서식처를 제공한다. 곤충과 일부 달팽이와 같이 공기 호흡을 하거나 또는 생활사 중에서 물 바깥에서 살아가기 위해서 물과 육상 사이의 전이 지역에서 많은 동물들은 살고 있다.

어두운 심연대에는 일부 화학무기독립영양 박테리아를 제외한 오직 소비자 군집으로 이루어져 있다. 심연대에 사는 동물들은 표수층이나, 연안지역에서 흘러 온 유기물들을 먹고 산다. 이런 많은 유기물들은 이미 일부 분해되어 영양도가 낮다. 저서 소비자의 생물량은 호수 바닥에 가라앉는 유기물들의 양에 의존한다. 유기물들은 또한 외부생성기원 물질이 유입된 것이다. 예를 들어, Constance 호수에 유입되는 호수 바닥에 있는 실지렁이 유충의 개체수와 하천의 오염 부하량 사이에 명확한 상관성이 있었다(Probst 1987). 산소고갈과 황화수소의 증가는 여름 정체 기간 동안에 부영양화 호수의 심연대에서 화학적 스트레스를 일으킨다. 이 기간 동안에 심수지역의 동물들은 사라지게 된다.

7.5.3 서식지 연결

저서 서식지와 개방수역 서식지는 서로 완전히 분리되어있지 않다. 그 서식지의 구성요소들 간에는 상당히 많이 연결되어 앞에서 설명한 것과 같이 심수층의 동물들은 진광대의 생산에 매우 많이 의존한다. 동물들은 수직적인 유기물의 이동이 크게 가속화할 수 있다. 예를 들어, 동물플랑크톤의 배설물 특히 요각류의 배설물 입자들은 저서생물들의 중요한 먹이이다. 이 배설물 입자들은 많은 조류들이 부분적으로 소화된 것이다. 크기가 큰 배설물 입자들은 유기물에 분해되기 전에 빠르게 바닥으로 가라앉는다.

작은 호수들은 연안과 개방수역 사이에 아주 많이 연결되어 있다. 연안지역으로 이송된 식물플랑크톤은 연안지역의 홍합과 지각류와 같은 여과섭식 동물들의 먹이가 된다. 저서성 제브라 홍합(*Dreissena polymorpha*)은 특히 개방수역에 큰 영향을 미칠 수 있다. 그들이 북미로 침입한 이후(5.8절), 제브라 홍합은 얕은 호수, Laurentian 호수, 운하와 큰 강에 두터운 층을 형성하였다. 홍합들은 발실로 기질에 부착한다. 그들은 많은 양의 물을 거르며 부유물질들은 제거한다. 와류가 거의 없는 성층화된 호수의 깊은 지역에서 홍합에 의해 영향을 받은 홍합 군락 위에 약 2 m의 경계층이 있을 수 있다. 그러나 호수에 미치는 전체적인 영향은 아주 크지 않다(Ackerman *et al.* 2001). 그러나 와류로 혼합이 일어나는 얕은 수계와 큰 강에서 홍합들은 때로 식물플랑크톤을 조절할 수 있다. *Dreissena*의 연간 섭식 변화는 Hudson강에서 엽록소a 평균농도 변화에 대해 90% 관여 한다고 설명했다. 이것은 바닥으로부터 하향식 제어라고 한다(Caraco *et al*. 2006).

*Dreissena*는 생활사의 일부분 동안 플랑크톤으로 서식하고 다른 부분에서는 저서동물로 서식하는 한 예이다. 그 성체는 연안에 살지만 그들의 부유자패 유충은 자유롭게 떠다니며, 부영양화된 호수에서 여름철 플랑크톤의 큰 비율을 차지할 수 있다. 일부 사이클로프스 요각류는 유생기와 성체 시기에 플랑크톤이지만 퇴적물에서 휴지시로서 발달과정을 보낸다. 수많은 플랑크톤 유기체들은 저서와 개방수

(a)

(b)

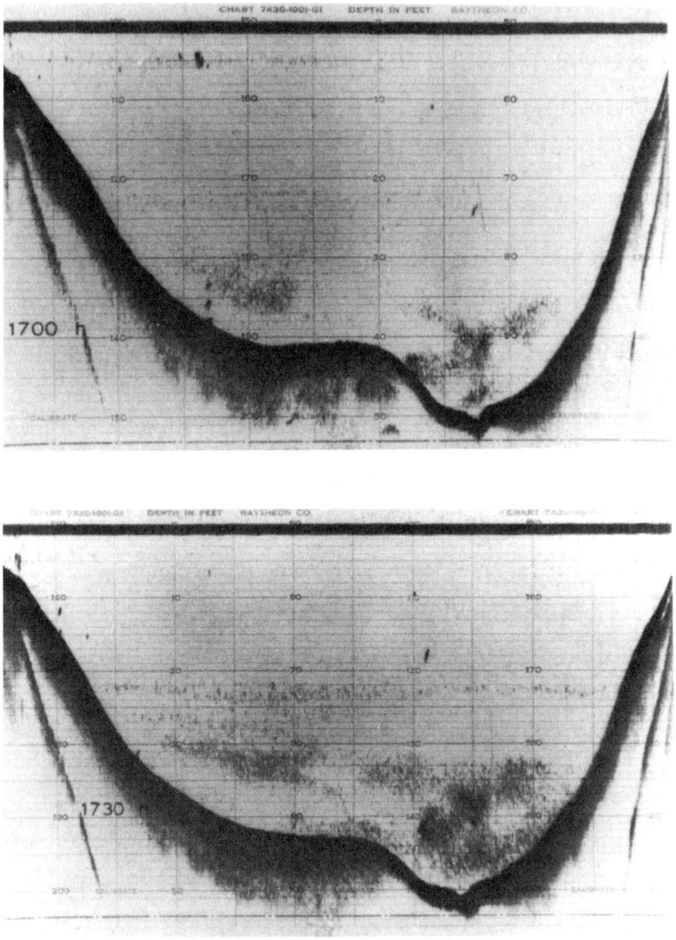

그림 7.12 a–e New Hampshire(USA) 작은 호수인 Barbadoes 연못에서 *Chaoborus* 유충의 분포를 나타내는 초음파 그래프이다. 유충들은 낮에 퇴적물 속에서 시간을 보낸다. 밤에는 유충들이 퇴적물로부터 나와 표수층으로 먹이를 잡아먹기 위해 이동한다. 17:00시에 오직 몇마리 유충들만이 깊은 물속에서 볼 수 있다. 19:00시에는 유충들 모두 표수층에 있다. 유충들이 분포하는 저층의 경계는 산소약층을 나타낸다(J. F Haney).

(c)

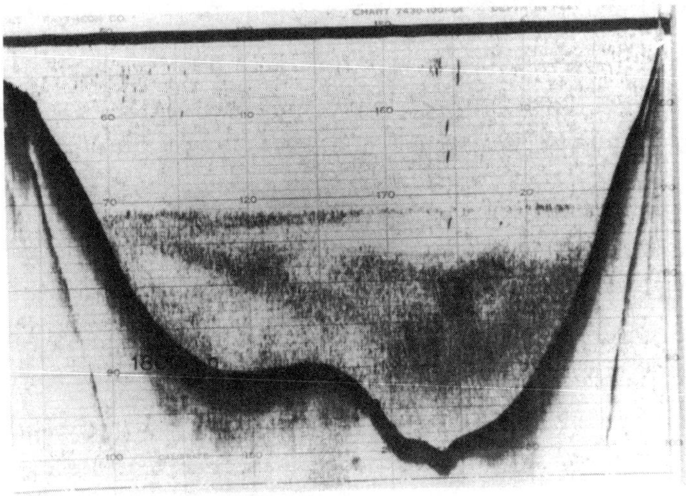

(d)

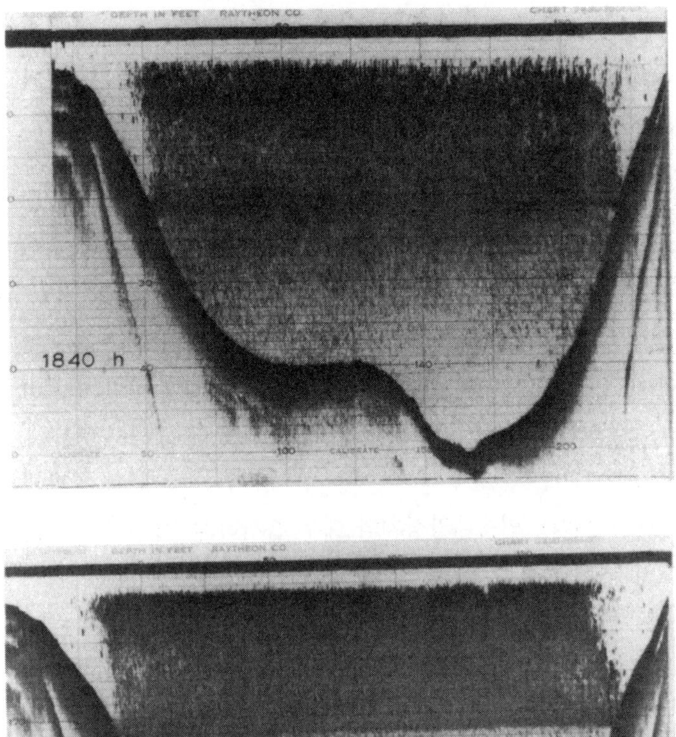

(e)

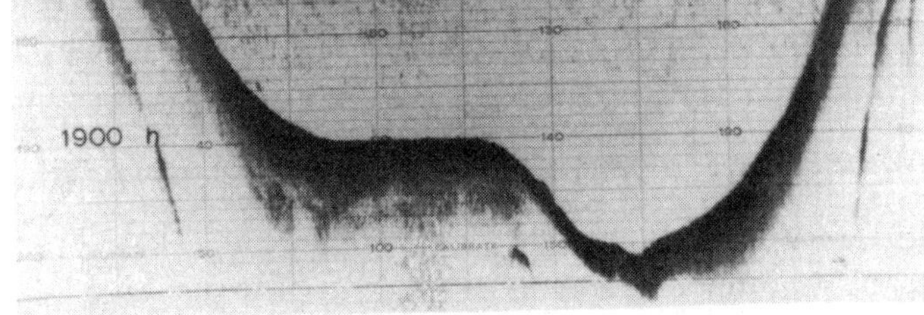

그림 7.12 계속

역 연결에서 중요한 구성요소인 휴면기를 겪는다. 휴지기의 부화는 서식지 사이의 에너지의 흐름에 거의 기여하지 않지만, 퇴적물의 씨뿌리기 기능은 플랑크톤군집 구조를 결정하는데 중요한 요소가 될 수 있다(Gyllstrom and Hansson 2004).

그들의 개체 발생의 발달 동안에 어류는 그들의 먹이 위치에 따라 그들의 서식지를 바꾼다. 예를 들어 잉어의 치어들은 플랑크톤을 먹으며 개방수역에 머문다. 그들이 성장하면 바닥부근에서 섭식을 하면서 호수의 연안지역으로 이동한다. 서식지의 변경은 또한 매일의 순환일 수 있다. 일부 플랑크톤 섭식 어류는 낮에는 호수가에서 시간을 보내고 밤에는 개방수역의 플랑크톤을 잡아 먹기 위해 이동한다. 유령 깔다구 *Chaoborus*는 혐기성조건에서 살 수 있기 때문에 낮 동안 퇴적물속에서 묻혀져 있고 야간에는 동물플랑크톤을 먹기 위해 개방수역으로 이동한다(그림 7.12a-e) 낮에 그들은 저서생물로 볼 수 있고 밤엔 플랑크톤으로 볼 수 있다.

7.6 하천 군집

7.6.1 하천의 종류

하천은 호수와는 다른 선정요소들을 가진다(단원 3.4). 물의 흐름이 직접적인 영향력이다. 강 하류로 쓸려가는 것을 피하기 위해, 생물들은 지수역에서 지낼 수 있도록 붙어있거나 잘 헤엄쳐야만 한다. 이러한 이유로, 저서 군집들은 하천에서 극도로 우점한다. 플랑크톤 또한 호수로 흘러가는 강 상류에서 생겨나지만, 빠른 유속으로 하류로 흘러가거나 물 밑바닥 여과섭식 생물들에 의해서 빠르게 소비된다. 하천성 플랑크톤은 오직 지수역이 있는 큰 강이나 강의 배수지에서 출현한다(Reynolds *et al*. 1991). 연속배양장치와 매우 흡사하게, 물의 체류 시간이 플랑크톤의 세대길이보다 길 때, 강은 플랑크톤이 하류로 이송시킨 것과 같이 계속해서 플랑크톤이 보충된다.

하천은 많은 영양염이 유입됨으로써 영향을 받으며, 부영양화의 징후를 명확히 보여준다(Dodds 2006)(단원 8.6.1). 그럼에도 불구하고, 하천들은 호수보다 유역으로부터 훨씬 더 큰 영양을 받는다. 이것은 특히 하천에 외부기원 에너지가 유입된다는 것이다. 이와같이 외부에서 유입된 에너지는 하천 자체의 일차생산보다 더 크다는 것이다. 이런 것이 하천의 소비자와 분해자 때문에 하천군집이 우점하도록 유도한다. 하천은 수직적으로 구역이 나누어 지지 않는다. 이것은 호수에서 빛에 의해 영양형성층과 영양분해층으로 나누어지는 것과는 다르기 때문이다. 수피, 하천바닥(저서지대)과 하천바닥 아래 부분(혼합대)으로 나누어 진다. 작은 하천에서는, 이 모든 표면들은 서로 밀접하게 접해있다. 하천 곳곳에는 외부 조건, 하천의 흐름, 모든 관련 비생물적 요인과 유역의 영향에 변화가 있다. 이 물리화학적인 변화는 하천군집의 변화와 일치한다. 이것은 하천들이 그들의 하류 거리에 따라 수평적으로 나누어질 수 있다고 말한다.

하천과 강은 비슷한 환경조건으로 각 구간을 분류하기 위해 시도 하였다. 그 구역은 생물지표로 특징지어 졌다. 서 유럽에서 사용된 고전적인 체계는 어류 종에 기반을 두었고, 독일의 삼림전문가인 Robert Lauterborn에 의해 20세기 초에 Rhine 강을 대상으로 개발 되었다. 이는 많은 분류체계의 원리를 설명하기 위해 사용될 수 있다. 각 구역은 특징적인 어류의 종명을 따서 명명된다.

- 첫 번째로 브라운 송어 *Salmo trutta*가 있는 곳은 송어구간(trout zone)이라 했다. 이 구간은 여름철 수온이 10°C를 초과하지 않는 하천의 지역이다. 수중 산소는 완전히 포화되어있고, 바닥기질은 치어의 은신처를 제공해주는 굵은 자갈로 구성한다.
- 송어 구간 다음으로 살기 *Thymalus thymalus*가 있는 살기구간(grayling zone)이다. 하천의 이 구간은 폭이 넓고 유속이 느리다. 때때로 식물들은 둑을 따라 자란다. 여름철 수온은 높지만 드물게 15°C를 초과한다. 수중은 여전히 산소로 포화 되어있으며 바닥은 자갈로 덮혀 있다.
- 강의 중류 지역으로, 유속은 강바닥에 진흙 퇴적이 되지 않을 정도로 충분히 빠르다. 그러나 여름철 수온은 15°C를 초과하기도 하고 산소결핍이 일어나기도 한다. 이 구간은 돌잉어 *Barbus barbus*가 출현하는 곳으로 돌잉어 구간(barbel zone)이라 한다.
- 유속이 더 느린 하류 지역으로, 진흙은 퇴적되고 지수역에서 대형수생식물들이 자란다. 수온이 20°C를 초과하기도 하며 산소포화는 상당히 떨어진다. 이 구간의 특징적인 어류들은 수온과 저 산소상태에 내성있는 잉어과이다. 이 구간은 도미류인 *Abramis brama*가 있는 도미구간(bream zone)이라 한다.

이러한 분류체계는 일반적으로 특정 생물지리학적 지역으로 제한되어지는 지표종에 기반으로한 체계의 주된 결점을 설명한다. 예를 들어, 북아메리카의 어류상은 유럽지역의 어류상보다 더 풍부하다. 더불어 종의 조성에서 지역적인 큰 차이를 나타낸다. 지표종이 중요하지 않거나 존재하지 않을 수도 있기 때문에, 비슷한 기후 조건임에도 불구하고 서유럽의 분류체계는 북아메리카에서 사용될 수 없다. 그들을 아메리카 어류 종으로 대체하기 위한 시도가 있어왔다. 그러나 오직 Ohio River 처럼 특정 하천이나 New Hampshire와 같이 지방의 강에서만 적용될 수 있었다 (Hynes 1970).

이와 같은 예를 들어, 곤충에 근거로 한 다른 체계에 같은 이유들도 유효하다.

Illies(1961)는 세계적으로 사용할 수 있는 새로운 일반적인 분류체계를 세우기 위해, 특정 종들보다 유형에 집중함으로써 이러한 문제들을 극복하도록 노력했다. 그의 체계는 **강도래**(Plecoptera)에 근거를 두었다. 그것들의 분포는 주로 수온과 바닥 기질의 구조로 결정되어진다. 기본 전제는 유사한 하천의 곤충류들은 유사한 환경적 조건에 대한 반응으로 모든 것에서 수렴 진화 했다는 것이다. 다른 지역에 있는 종들이 동정되지 않아도 특정 조건에 대한 유형 특성은 찾을 수 있다. Illies의 대상 분포 체계는 3가지 큰 범주로 세분화 하였다(각각의 서식지는 다음과 같은 의미를 나타낸다).

- krenon — 수원지
- rhithron — 산간 계곡지역 연어구간(salmonid zone, 월 평균 20°C 이하로 차가운 지역)
  - *epirhithron*— 산간 계곡상류지역 상류 송어구간(Trout zone)
  - *metarhithron*— 산간 계곡중류지역 하류 송어구간
  - *hyporhithron*— 산간 계곡하류지역 살기구간(grayling zone)
- potamon— 강의 저지대(월 평균 20°C의 온수지역)
  - *epipotamon*— 저지대 상류지역 돌잉어구간(barbel zone)
  - *metapotamon*— 저지대 중류지역 도미류구간(bream zone)
  - *hypopotamon*—저지대 하류지역 기수구간(brackish water zone)

이 체계는 비록 산간 계곡지역과 강의 하류지역의 상대적인 비율의 변화가 있지만 모든 지리적 위도에 있는 하천에 적용될 수 있다. 산간 계곡지역은 극히 적도에 가까울수록 높은 고도에서 제한되는 반면에 강의 저지대는 극지방에서 매우 흔하다.

7.6.2 기능적인 개념

하천의 연속체 개념(The river continuum concept)

하천의 연속체 개념(Vannote *et al.* 1980)은 생물군집의 기능과 구성으로 하천의 지형학적인 특징들을 통합하는 예측모델로 하천분류에 이용했다(단원 2.1). 하천들은 물리적으로 개방 시스템이다. 하천의 수원지부터 그 하구까지 하천폭, 깊이, 유속, 방유량, 수온, 엔트로피 이득과 같은 물리적인 요소들의 연속적인 변화가 있다. 이 이론은 하천의 생물학적 구성이 연속성을 형성하는 이들 변화 과정을 채택하는 것을 제안한다. 생산자와 소비자 군집이 안정상태를 나타낸다. 그것은 하천의 각 주요 구간에서 군집이 하천의 물리적 특성과 함께 평형상태로 발달한다는 것이다. 강 연속체 개념은 산림지역에서 시작되는 하천에 기반을 둔다. 명확히, 고산지역과 건조한 지역의 낮은 차수의 하천들은 삼림에서 유입되는 외부기원 생성물질이 없거나

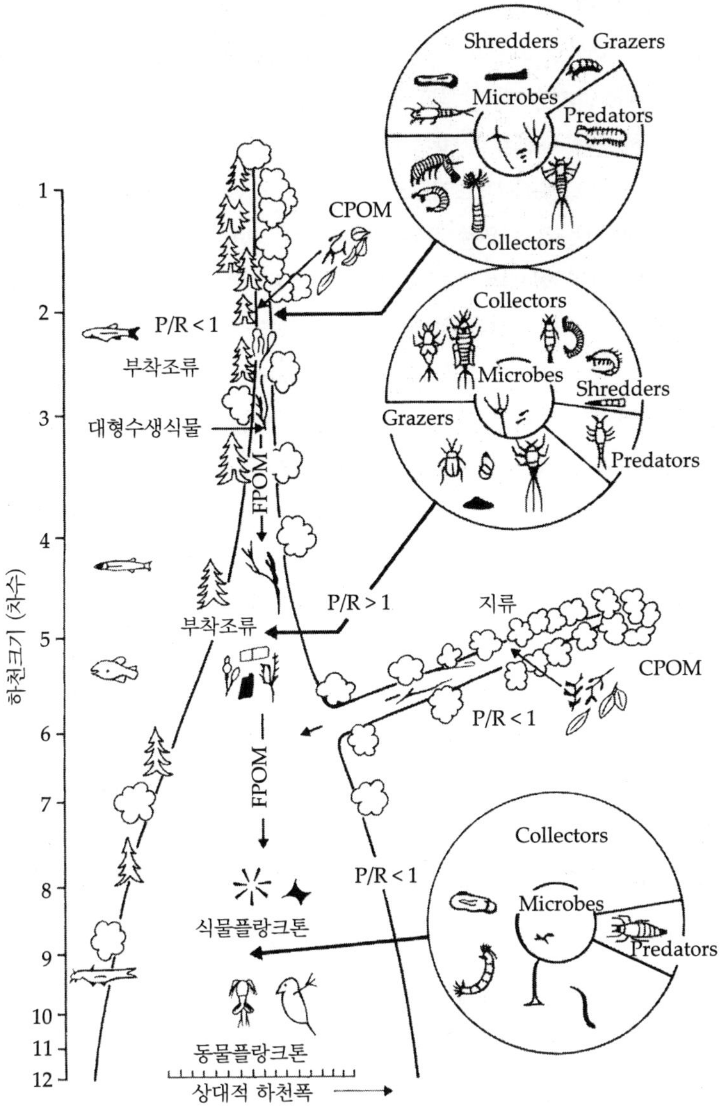

그림 7.13 비생물적 요소와 군집의 연속체로서의 하천. 다양한 먹이그룹의 상대적 비율이 원형으로 보여진다(Vannote *et al*. 1980).

거의 없으며 내부생성기원 일차생산에 의존하는 것과 같이 다른 하천에 적용할 때 이 개념은 수정되어야 한다.

군집들은 하천의 크기에 따라 3가지 범주로 나누어질 수 있다. 소규모 하천(1-3), 중규모 하천(4-6), 대규모 하천(6 이상)(그림 7.13/단원 3.4.1).

합성(생산)과 분해(호흡)의 과정은 하천의 규모에 따라 바뀐다. 수원지 가까이에 있는 소규모의 하천은 식생으로 연결되어 있다. 이것은 빛과 광합성량을 감소시키지만 많은 양의 외부기원 유기물들을 공급한다. 이것은 하천에서 생산과 호흡의 비율(P:R)이 1 이하이다. 하천이 커짐에 따라 유입된 유기물질의 직접적인 영향은 감소하고 내부기원 생산과 하류의 이송이 더 중요해진다. 그러므로 P:R비율이 1이상의 값으로 변한다. 하천을 따라 분포하는 식생은 상위차수 하천에서는 중요하지 않다. 이 대규모 하천들은 하류로 많은 양의 세립 유기물질을 이송한다. 즉 다시말해 이들 물질들은 높은 탁도를 일으킴으로써 하천 생광합성을 위한 빛을 제한한다.

낮은 차수의 하천들에서 용존 유기물질은 매우 높아진다. 소규모 하천들은 유역에 밀접하게 연결되어 있으며 유기물이 수집되고 변형시키고 이송된다. 쉽게 분해되는 화학변화를 일으키기 쉬운 물질(Labile)은 물리적으로 흡수되거나 미생물에 의해 빠르게 이용된다. 내화물질(refractory substance)은 남아 있거나 하류로 이송된다. 여러 용존 물질이 감소함에 따라 분해되지 않고 저항성이 있는 입자성물질이 훨씬 더 하류로 이송하지만, 조립자 유기물질(CPOM)의 중요성도 또한 감소한다.

그러므로 하천시스템은 수원지에서 하구까지 매일 및 계절적으로 높은 타가영양에서 독립영양까지 변화를 나타내고 최종적으로 타가영양 활동이 지배하는 시스템으로 다시 되돌아 오는 연속적인 변화를 보여준다(그림 7.14). 이러한 연속체는 더 낮은 차수의 지류에서부터 본류 하천이 만나는 곳에서는 방해를 받는다. 세립자를 가장 효과적으로 이용할 수 있는 주요 종들이 증가함으로써 하류에서 유기입자의 크기는 감소한다. 하천생물의 형태적 및 행동적 적응은 이 먹이와 관계 있음을 반영한다. 무척추동물은 4가지 기능적 섭식군으로 나누어진다: 썰어먹는 무리, 주워 막는 무리, 긁어먹는 무리, 잡아먹는 무리로 나누어질 수 있다. 썰어먹는 무리는 잎과 같은 조립질의 유기 물질(1 mm 이상)을 이용한다. 주워먹는 무리는 세립 또는 극

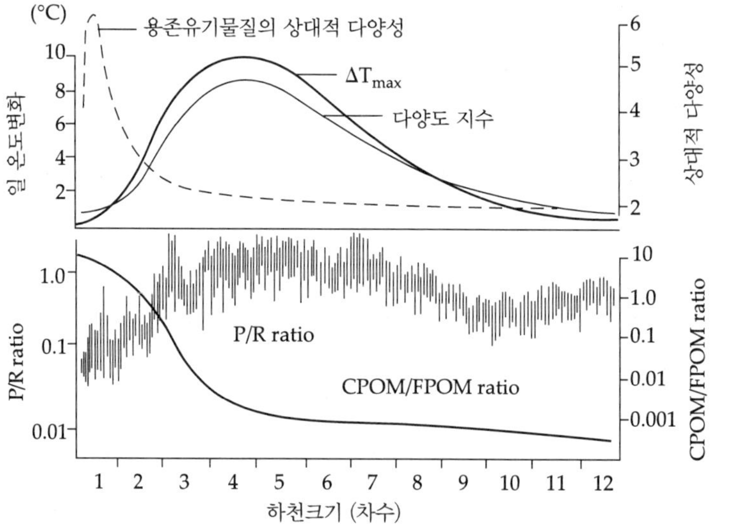

그림 7.14 하천흐름에 따른 기울기. CPOM: 거친유기성물질. FPOM: 미세유기성 물질(Vannote *et al*. 1980).

미립자물질(50 μm~1 mm; 0.5~50 μm)이나 퇴적물에 있는 물질을 섭식한다. 이러한 미세 부착생물 군집(곰팡이류) 또한 주워먹는 무리의 영양에 중요하다. 긁어먹는 무리는 부착조류를 섭식한다. 낮은 차수의 하천에서 CPOM이 많으므로, 썰어먹는 무리와 주워먹는 무리는 우점을 차지하고 긁어먹는 무리는 감소한다. 중간 차수의 하천에서 긁어먹는 무리와 주워먹는 무리는 증가하게 되고 썰어먹는 무리는 줄어든다. 마지막으로 크고 높은 차수의 하천에서는 입자의 크기가 이미 작기 때문에 주워먹는 무리가 우세하다. 모든 종류의 일차 소비자를 잡아먹는 포식자는 모든 하천에서 거의 비슷한 비율을 나타낸다. 어류 개체군은 저온성 어류의 종수가 적은 군집부터 온수성 어류의 종이 풍부한 군집으로 변한다.

하천의 모든 위치에는 생물학적 안정상태인 평형상태를 나타낸다. 에너지는 이동되며 이용되고, 저장되며 이용되지 않거나 사용되지 않는 물질로서 하류로 이송된다. 그 다음으로 이 물질은 다음 장소로 유입되어 이용된다. 위는 종들이 시스템 내에서 자원 제한이 있다면 자원을 가장 효율적으로 이용할 수 있는 곳, 즉 가능한 자원 손실이 거의 없는 경향이 있다고 가정해야 한다. 추가된 생물들은 자원을 이용할 수 있으면 곧바로 서식처를 차지할 수 있다. 우점종이 환경조건(즉 온도) 때문에 사라진다면, 이것은 다른 종으로 대체될 것이다. 예를 들어 종은 1년 내내 변화된다. 또한 종을 이용 가능한 에너지의 일부분만 이용한다면 다른 종들은 나머지 에너지를 이용할 수 있다. 같은 원리를 모든 생태계에 적용할 수 있지만, 하천의 자원은 즉시 사용되어야 하지만 그렇지 않으면 하류로 이송된다. Vannote 등(1980)은 하천 군집은 최대로 자원을 이용하고 시간이 흐르면서 일정하게 자원을 이용하는 경향이 있다고 주장하였다.

자원의 효율적인 이용 경향은 비생물적 요인(빛, 온도)의 단기적인 변화를 예측 가능하게 한다. 종들이 낮동안 포식자에게 위협받고 숨어야만 한다고 가정해보아라. 시스템에 생물종이 있다면 낮동안 하천으로 에너지가 들어오게 되고, 즉시 떠나는 것처럼 잃게 될 수 있다. 이것은 작거나 위장한 경우에 다른 종의 정착에 이용될 수 있는 하루 동안의 이용 가능한 자원을 나타낸다. 이는 수온의 일일 주기동안 특정한 수온범위 안에서 어떤 특정 종들이 자원을 이용할 수 있다고 가정함으로써 같은 시나리오를 설명할 수 있다. 가장 큰 일간 수온 변화와 종다양성은 중간 차수의 하천에서 발생한다.

특정한 일일 또는 계절적 리듬의 다양한 영향에도 불구하고 이런 과정이 종수를 증가시키고 에너지 이용의 변동을 감소시킨다. 즉 안정성(항상성)을 유도한다. 그러나 시스템 안에서 자원이 최대로 되지만, 시스템 특성은 아니다(단원 8.8.2). 이것은 단순히 각각의 개체군에 의한 최적의 자원활용의 결과이다.

폐쇄된 시스템과 대조적으로 흐름평형에서 생태학적 천이는 없다(단원 8.7.1). 호수의 운명은 그 크기에 달려 있으며 결국 유기물과 무기물이 축적됨으로써 육상화된다고 알려져 있다. 대조적으로 흐름평형의 변화는 생태학적이 아니라 시간영역에서 진화를 일으킨다. 이것은 하천이 변하지 않는다는 것을 뜻하는 것이 아니다. 지질학적 변화가 하천의 수계를 변화시키고 유역에서의 변화는 물질의 유입을 변화 시킨다. 그러나 새로운 흐름평형은 빠르게 조성된다. 이것은 교란 후 하천의 능력을 재생하기 위한 전제조건이다(단원 5.8).

서식처 견본 개념

하천 연속체 개념의 접근이 하천의 특정한 부분에서 종 구성을 예측할 수 없지만, 일반적인 경향을 끌어낼 수 있음을 보여주는 예측을 검증하기 위한 다양한 시도가 있었다. 이 개념은 하천이 연속체가 좀처럼 없었고, 단지 자원 이용성만 고려하지만, 그러나 주로 하천의 서식지 특성에서 우세하였던 비생물적 요인(흐름, 기질 불안정성)을 무시하기 때문에 비평 받아왔다. 비생물적 요인을 포함하는 다른 모델인 서식지 견본개념은 최근 하천의 군집에 대한 예견을 위한 더 나은 기계론적 체계에 대한 연구로 개발되어 왔다. 그것은 진화의 시간 범위에서 모든 서식지가 특정 생물들이 내성을 가질 수 있는 특징을 진화시키기 위한 견본을 형성한다고 가정한다(Southwood 1988). 생태시간 범위에서, 서식지 견본은 일련의 계층적인 필터의 마지막 결과이다. 모든 필터를 통과하는 특성을 가진 종이 서식지에서 살아갈 수 있다. 단원 4.1.2에 설명했던 것처럼, Hutchinson의 지위 개념의 응용인 이 개념을 주목해라.

이 필터는 유역 전체부터 침전물의 미세구조까지 다른 규모로 작동한다(단원 8.4). 기본적 가정은 모든 종들은 적합한 서식지로 분산되고 정착할 수 있는 능력을 가지고 있다는 것이다. 그렇다면 1차적 필터는 유역내에서 기후적 요소일 수 있다. 예를 들어, 강우량이 매우 변동이 심하거나 강물이 간헐적으로 흐른다면, 간헐적인 흐름을 대처할 수 있는 종만이 필터를 통과 할 것이고 다른 종들은 서식지로부터 사라질 것이다. 두 번째 필터는 유역의 지구화학 요인 일 수 있다. 유역내의 암석들이 화강암이라면 하천수는 칼슘이 부족하기 때문에 많은 칼슘을 요구하는 종들은 배제될 것이다(예, 조개 및 달팽이). 이런 관점에서 서식지의 종 풍부성은 적은 칼슘을 필요로 하는 내건성 종들로 제한된다. 다음 필터는 아마 해안가의 수초이다. 하천에 낙엽을 공급하는 나무의 유무가 조립 유기물을 긁어먹는 무리 또는 부착식물을 섭식하는 무리에 대한 필터로 역할을 할 것이다. 이 과정은 더 작은 규모로 진행될 수 있다. 목표는 각각의 서식지에 순순하게 기계적인 접근방식으로 필터를 조성하고 필터를 통과 해야만 종 특성을 정의하도록 하는 것이다.

실제로 이것은 쉽지 않다. 첫째로 모든 필터를 규정하기는 어렵다. 두 번째로 분류군을 위한 다른 필터의 중요성을 정량적으로 평가하는 것은 거의 불가능하다. 이것은 생물학적인 필터, 즉 종간 상호작용으로 나타날때 특히 어렵다(Pott 1997). 절충으로써, 통계적 및 기계적인 접근의 혼합이 가능성이 있다. 한 가지 가능성은 발견되는 곳에 따라 축은 서식지의 속성(예, 생산성과 교란의 빈도)을 나타내고, 다른 분류군을 배치하는 체계를 만드는 것이다. 그 후 인접하는 분류군은 서식지의 특징을 혼합하여 생존할 수 있는 특성으로 분석될 수 있다.

지금껏 이 개념은 주로 비생물적 요인에만 적용되어 왔다. 예를 들어, Townsend와 Hildrew(1994)는 견본의 중심축으로써 시공간적 이질성을 구성했다. 시간적인 이질성은 생물들이 유실(대변동 발생)되거나 손상르 받을 때의 불규칙한 사건들과 교란 빈도를 나타낸다. 공간적인 이질성은 대변동의 결과를 완화시키는 장소의 가능성의 측정이다. 이 견본은 시간적 이질성이 빠른 번식을 위한 능력(짧은 생활사, 조기 성숙, 높은 군체형성 잠재력) 또는 높은 저항성(강한 부착력, 낮은 견인력, 저항력 있는 탈피 중간단계)을 가져야만 하는 점을 나타내는 중심축과 관련된 분류군들을 예측한다. 그러한 예측은 많은 자료로만 검증될 수 있다. 이 개념은 하천의 상류 구간에서 하천 군집을 제어하는 지배적인 물리적인 힘들을 통합하는 데 유용하다.

종들의 상호작용이 복잡하고 자주 변하기 때문에, 생물학적인 필터의 특성을 정량화하는 것은 어렵다. 그러나 비생물적 요인이 하천의 하류에서 더 이상 선택력을 압도하지 못하는 종들의 상호작용은 군집조성에 매우 중요하게 작용할 수 있다. 핵심종 개념의 증거로써 아주 강한 상호작용을 시작하는 것이 유용할 지 모른다. 예를 들어 어류가 있으면 강한 생물학적 필터로 작용한다(Power *et al.* 1990).

서식지 견본 개념은 하천군집 진화의 기작을 설명하기 위한 경험적 체계를 제공하지만, 하천 군집생태학에서 기초와 응용 문제를 연구하기 위한 유용한 도구로 만들기 위해서 여전히 많은 이론적, 실험적, 통계적 연구가 필요하다(Poff 1997).

복습문제

1. 부영양 호수에서, 덮고 있는 얼음 아래의 산소 부족은 전체 어류 개체군을 없앨 수 있다. 영양염 농도가 변하지 않았지만, 때때로 겨울철 어류 폐사 다음 해 동안 물이 더 맑은 것처럼 보일 수 있다. 이 맑은 물의 원인은 무엇인가?

2. 육식성 어류와 초식성의 동물플랑크톤 / 육식성 어류와 식물플랑크톤 / 플랑크톤 섭식 어류와 초식성 동물플랑크톤 / 플랑크톤 섭식 어류와 식물플랑크톤 사이의 (a)하향식 조절과 (b) 상향식 조절에 대한 관계(양의 또는 음의)를 설명하라.

3. 개방수역 먹이방의 하향식의 증거는 때때로 다른 호수의 상호작용과 비교함으로서 알 수 있다. 여러분은 유사한 영양상태인 호수를 비교하거나, 아주 다른 영양상태의 호수를 비교했을 때, 쉽게 그러한 증거를 어떻게 찾을 수 있을까? 설명해라.

4. 병 안의 엽록소 농도의 감소를 이용하여 자연 식물플랑크톤에 대한 요각류의 섭식률을 측정하려는 시도는 때때로 실패한다. 대조군과 비교하면서 요각류가 들어 있는 병 속의 엽록소가 더 증가할 수 있다. 이것이 요각류가 식물플랑크톤을 먹지 않는 것을 의미하는가? 가능한 그 이유를 설명하라.

5. 다른 균등성을 가진 3, 10, 100종으로 구성된 가상의 군집에 대한 Shannon 다양성 지수 H'와 Simpson 지수 D를 계산하라. 다음의 조건에 대한 종의 풍부성과 균등성을 제시하고 두 지표의 민감성을 비교해라.
   (a) 높은 균등성; 모든 종이 동등하게 풍부함.
   (b) 중간 균등성; 우점종 50%, 다른 모든 종은 동등하게 풍부함.
   (c) 낮은 균등성; 우점종 90%, 다른 모든 종은 동등하게 풍부함.

6. 어떻게 교란이 다양성을 높여줄까? 하천과 호수에서 자연적 교란과 인위적 교란의 몇가지 예를 들어라. 이들 각 생태계에서 교란의 크기와 빈도가 수서 군집의 다양성에 어떻게 영향을 미치는지 설명하라.

CHAPTER 8

생태 관점

8.1 생태학적 단위로서의 생태계

생물들의 활동은 에너지와 물질을 변환시키고 그들의 비생물학적 환경의 질에 영향을 미친다. 지구역사에서 이것에 대한 가장 인상적은 예 중의 하나는 남세균과 녹색식물의 광합성과 해양생물 껍질에 탄산칼슘의 축적이 혐기적 상태에서 오늘날 산소가 있는 대기로 변화시킨 것이다. 예를 들어 여름 생장 기간 동안 일어나는 부유성 조류(planktonic algae)에 의한 영양염 고갈 등과 같이 짧은 기간 동안에 생물이 환경을 변화시킨다는 것을 앞에서 설명을 하였다. 따라서 생물들은 다른 생물과 상호작용을 할 뿐만 아니라 그들의 비생물학적 환경과도 상호작용을 한다. 군집들은 상호작용을 하는 개체군으로 구성된다. 군집과 그들의 비생물학적 환경과의 상호작용을 하는 큰 통합적 단위를 **생태계**(ecosystem)라 한다.

생태계라는 개념은 시스템이라는 단어로 쉽게 정의 될 수 없다. 생물들이 또한 환경을 변화시키기 때문에 생태계는 특정한 서식지에서 생물들의 우연한 집합체 이상이다. Jones 등(1994)은 생물이 생태계의 엔지니어로서의 역할을 한다고 설명한다. 비버들의 활동은 좋은 예를 제공한다. 댐을 만듦으로써 비버들은 유수 시스템을 정수연못 시스템으로 바꾼다. 그러므로 비버들은 식물플랑크톤과 동물플랑크톤 등의 다른 군집에 큰 영향을 미친다. 플랑크톤들은 비버 없이 그곳에 존재할 수 없다. 그러나 플랑크톤들은 비버들에게 영향을 미치지 않기 때문에 이는 비호혜성 상호작용이다. 비버들이 연못을 만들고 유지시킬 뿐만 아니라, 영양염과 유기잔사체를 시스템에 공급하기 때문에 그들을 비버 연못 생태계의 일부로 간주해야 한다. 그들은 나무를 자르고 제거하기 때문에 산림 생태계를 이용하고 변화시킨다. 플랑크톤은 분명한 생태계적 경계를 가지고 있지만 비버에게는 그렇지 않다. 따라서 생태계의 경계를 정하는 것은 군집의 경계를 짓는 것과 유사하다(단원 7.1)

Odum(1959)에 의해 저술된 생태학의 대표적인 책들은 생태계에 대한 분석을 뒤에 넣기 보다는 앞쪽에 명시한다. 이것은 저자들의 교수접근의 차이보다 더 근본이 된다. Odum과 같은 저자들은 명백하거나 함축된 슈퍼생물(superorganism) 개념(단원 7.2)으로 시작한다. 생물과의 유사점은 생태계를 통한 에너지가 이동하고 생태계 내에서 물질이 순환한다는 것이다. 전체론 생태학자들에 의하면 개체군과 생물들은 그들 자신을 이런 에너지와 물질의 흐름으로 분류하고, 그것에 의하여 생태계에서 그들의 자리를 찾는다. 이 책의 저자들과 같이, 기계론으로 방향을 잡은 생태학자들은 에너지와 물질이 사실 생태계에서 흐르지 않는다고 믿는다. 그러나 오히려 에너지와 물질은 생물 개체의 활동의 합을 나타내는 추상적 개념이라고 한다. 생물의 활동을 비슷한 방식(guild)과 영양단계로 분류하고 요약하기 위해, 과학자들은 생태계에서 에너지와 물질 흐름을 그림으로 그려 에너지와 물질의 전달경로를 설명하였다. 물리학과 화학의 일반 법칙을 생태계에 적용하는 것은 자연스럽다. 이 관점에서 특히 중요한 것은 열역학의 두 가지 법칙으로서, 질량 보존 법칙과 전하 중성의 원리, 그리고 생물량 화학량론에서 가변성 등이 있다. 이 보편적인 법칙들은 에너지와 물질 흐름의 다양성을 설명할 수는 없다.

앞에서 설명한 바와 같이(단원 7.2), 생태계의 슈퍼생물 개념은 시스템에서의 중심이 되는 유전체의 부족으로 타당하지 못하다. 그러므로 하나의 전체 생태계는 진화할 수 없고, 최적화 될 수 없으며 상황에 꼭 맞게 바뀔 수 없다(Calow 1992). 환경과학 분야에서는 생태계의 최적화된 상태가 '생태계 건강'계라고 정의될 수 있을지에 대한 논의되고 있다. 생태계의 기능에 대한 일반적인 법칙이 발견될 것 같지는 않다. 생태계에서 에너지와 물질의 흐름은 적합 원리에 따라 조절되는 각각의 생물체의 활동에 의해 결정된다. 예를 들어, 식물플랑크톤에 의해 포획되고 생산된 에너지와 물질 흐름의 방향은 조류가 얼마나 먹히고 얼마나 빠르게 침강하여 감소하냐에 달려있다(그림 8.1). 다른 지점에서 에너지와 물질 흐름이 비슷한 예를 찾아볼 수 있다. 흐름의 분배는 생장, 영양 섭취 방식이 비슷한 생물군에 영향을 끼치는 자연 선택 조건의 결과이다.

8.2 에너지의 흐름

8.2.1 에너지의 공급원과 매개체

열역학적으로, 생물과 생태계는 모두 개방시스템이다. 이들은 오직 시스템을 통한 에너지의 지속적인 흐름으로 유지될 수 있다. 광이나 화학적 에너지 방출 반응으로 인해 방출된 에너지가 에너지 공급원(source)으로 작용할 수 있다(단원 4.3.1). 에너지의 공급원으로 유기물질을 사용하는 화학유기영양생물(chemoorganotrophic organ-

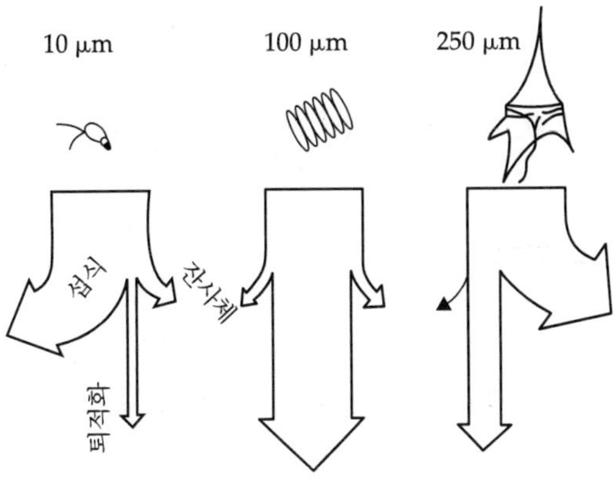

그림 8.1 에너지와 물질의 이동. 변하지 않지만 식물플랑크톤에 의한 호흡이 아닌 동물플랑크톤 섭식(좌측방향 화살), 퇴적(중간방향 화살), 표수층에서 유기잔사체 생성(우측방향 화살)의 과정을 나타낸 것이다. 작은 편모조류 *Rhodomonas*는 효율적으로 먹히며 표수층에서 침강되는 것은 거의 없다. 표수층에서 세포가 죽고 유기잔사체가 생성되는 것은 비교적 중요하지 않다. 군체성 돌말류 *Fragilaria*는 거의 섭식되지 않으며 침강속도가 높다. 표수층 유기잔사체 생성은 중요하지 않으며, 그것은 죽은 군체가 빠르게 침강하기 때문이다. 큰 편모성 조류 *Ceratium*은 대부분의 동물플랑크톤이 완전히 먹을 수 없고 그것의 포자와 생리적 상태가 좋지 않은 세포는 표수증에서 침강한다. 그러므로 유기잔사체는 침강하여 생성된다.

isms)은 다른 생물체에 의존한다. 오직 광영양(phototrophic)과 화학무기영양(chemolithotrophic) 생물들만 다른 생물들에 의한 유기복합물 합성을 필요로 하지 않는다. 전체 생태계에서의 가능한 에너지 공급원은 태양광, 외부생성 유기물의 유입 등이 있으며 그리고 무기화학결합은 감소된다. 화학무기영양은 일차적인 에너지 흐름의 초기과정으로서 생태계에는 거의 없다. 예를 들어 황화수소를 제공하는 깊은 바다 속의 온천(열수분출공) 등이 있다. 외부생성 유기물을 에너지 원으로 이용하는 생태계는 반드시 다른 생태계에 의존한다. 전 지구적 범주에서, 광은 가장 중요한 에너지 원이고, 그리고 탄소를 이용한 광합성은 가장 중요한 에너지 흐름의 초기 과정이다.

유기물은 따라서 생태계 내의 보편적인 잠재적 에너지의 매개체이다. 살아있는 생물(생물량), 죽은 입자성 물질(유기잔사체), 용존유기물(DOM) 등이 매개체의 다양한 형태이다. 일부 유기 복합물은 이용될 수 없거나 오직 몇몇의 특화된 생물체에 의해서만 사용될 수 있어서 에너지 함유량에 관계없이 이용할 수 있는 에너지로 거의 공급되지 않는다(단원 4.3.11). 이런 유기 복합물을 내화물(refractory)이라고 한다.

풀(Pool)의 크기와 흐름(전송 속도)은 에너지의 전달에 영향을 미친다. 풀의 크기(생물량, 유기잔사체, 용존유기물)는 크기(dimension)으로서 에너지를 가지고 있다(= 일, 힘 × 거리, 1 Nm = 1 J = 1 Ws). 흐름은 단위 시간당 에너지의 크기를 가지고 있다

(= 활동, 1 Nm s^{-1} = 1 W). 풀의 크기를 흐름의 합이나 배출되는 흐름의 합으로 나누면 특정한 풀에서 에너지의 이론상의 체류시간을 계산할 수 있다. 이 시간은 빈 풀을 가득 채우는데 필요한 시간이다(회전시간: turnover time).

8.2.2 에너지 전달의 효율성

열역학적으로, 열을 제외한 모든 형태의 에너지는 상호교환할 수 있다. 매 시간 에너지는 전달되고, 일부가 열로 바뀌어 손실된다(열역학의 2법칙). 일차 생산자에 의해 전환된 일부 에너지가 소비자에 의해 사용 불가능하더라도 다른 손실이 일어난다. 대사과정과 운동은 에너지를 요구하며, 그 에너지는 생물의 에너지 예산 중에 호흡의 범주 하에 있다(단원 4.4.3). 불완전 산화 유기물질은 배설되고 배출된다. 이 물질은 다음에는 유기잔사체 섭식자 생물에 의해 에너지 원으로 사용되지만 포식자는 사용할 수 없다.

에너지 전환 **효율성**은 에너지 흐름 비율에 의해 표현된다. 개체의 에너지 균형으로부터 도출된 효율성은 단원 4.4.3에서 이미 다루어졌다. 섭취에 대한 동화비율은 동화률이고, 동화에 대한 순생산 비률은 **순생산률**(K_2), 그리고 **총생산률**(K_1)은 섭취에 대한 생산률을 말한다. 개체군 수준에서 정의된 효율성도 있다. 포식자와 피식자의 관계에서 포식률은 포식자의 섭취률이며 피식자의 생산률은 다시 말해서 포식자에 의해 포식된 피식자의 생산 비율을 말한다. 생태적 효율성은 피식자 생산에 대한 포식자 생산의 비율이다. 이것은 하나의 먹이사슬 단계에서 다음 단계로 넘어가는 에너지량이다. 생태적 효율은 대부분 0.05에서 0.2 사이이다. 에너지는 먹이사슬에서 각각 전달할 때 80~95%가 손실된다는 것을 말한다. 이러한 에너지 손실 때문에 다른 물질들과 달리 에너지는 생태계에서 항상 한 방향으로 흘러간다.

8.2.3 영양단계와 피라미드

영양단계의 개념은 먹이사슬 개념과 밀접한 관계가 있다(단원 7.3.1). 먹이사슬에서 같은 단계로 분류될 수 있는 생물들을 묶어서 **영양단계**라 한다. 비록 간소화 되었더라도 자연에서 우리는 먹이사슬보다는 먹이망(food webs)을 더욱 많이 볼 수 있는 것과 같이 영양단계 개념은 많은 학문에서 유용하다는 것이 증명되었다.

생태학적 효율성은 항상 낮기 때문에 다음 영양단계에서의 생산성이 급감한다. 생태적 효율성이 0.1일 때, 두 번째 단계에서 일차 생산 비율은 10%, 세 번째 단계는 1%, 네 번째 단계는 0.1%이다. 그러므로 영양단계의 가능한 수는 일차 생산량에 달려있다. 이것은 또한 군집에서 수직적으로 교차 조절하는 Oksanen 모델에 기반을 하고 있다(단원 7.3.6). 일차 생산에 의해 결정되는 영양단계의 수는 정해져 있지 않다. 낮은 일차 생산은 포식자에게 먹일 가능성이 있는 넓은 지역인 큰 서식지에서 보상될 수 있다. 극단적으로 빈영양 해양에서 살고 있는 상어가 그 예이다.

무엇보다 더 중요시되는 생태계의 크기는 Post 등(2000)의 비교연구에 의해 입증되었다. 그들은 상위 포식자의 δ^{15}N와 여과 섭식자의 δ^{15}N간의 차이로 먹이사슬의 길이를 평가하였으며, 그것은 2번재 영양단계를 차지하는 것으로 추정된다(단원 7.3.3). 비록 그들은 먹이사슬의 길이와 영양 풍부성사이의 관계를 찾지 못했지만, 통계학적으로 호수 크기와 중요한 관계가 있었다. 호수 크기는 상위 포식자의 영양적 지위에 있어 80%의 분산을 나타내며, 그 범위는 가장 작은 호수에서 약 3.5이며 가장 큰 호수에서 약 5까지 높아진다. 이 효과는 큰 호수에 포식자 종을 보충시킴으로써 나타나며, 호수 크기의 넓은 범위 이상을 점유하는 포식 어류의 영양단계를 증가시킴으로써 나타난다. 그러나 미생물 구성인자가 있는 시스템에서 분석의 기준치로서 여과 섭식자를 이용하는 것은 다른 먹이망 길이를 나타낼 가능성이 있다(단원 8.2.4).

영양 피라미드는 영양단계의 높이가 올라갈수록 생산이 감소하는 것을 볼 수 있다. 높은 영양 단계로 갈수록 생산률은 감소한다. 따라서 피라미드 모양을 하게 되는 것이다. 이러한 것을 경험적 툴(heuristic tool)이라 하는데, 그것은 먹이망 내에서 단일 영양단계로 개체군을 배치하기가 어렵고, 일차생산(글상자 4.4 참조)과 2차생산(글상자 4.4) 모두 평가하기 어렵기 때문이다. 원래 생산량 피라미드와 상응하는 개체수와 생물량 피라미드가 있어야 한다고 추정되었다. 가끔 이러한 피라미드가 발견되지만 만약 낮은 영양단계의 생물들이 그 다음으로 높은 단계의 생물보다 상당히 더 작다면 반드시 피라미드는 아니다. 그것은 더 낮은 영양단계의 생물이 더 높은 특이적 생산률을 나타내기 때문이다(단원 4.5). 이러한 경우는 더 작은 생물량이 그 다음 단계를 유지해 줄 수 있을 정도로 충분하게 생산을 한다.

8.2.4 유기잔사체 먹이사슬과 미소먹이망

일차 생산자가 초식에 대한 저항력이 크면 클수록, **유기잔사체 먹이사슬**이 생태계를 통한 에너지 흐름의 일부로서 더 중요하다(그림. 8.1). 수서 생태계에서 이와 같은 대표적인 예시는 호수의 얕은 죽은 갈대지역에서 발견된다. 그곳은 갈대가 죽어 축적된 유기잔사체가 대량으로 모여있고 잔잔한 물의 상태가 다른 개방호로부터 연안지역으로 이송된 입자성 물질을 침전시킨 지역이다. 생태적 효율성은 직접적인 먹이사슬보다 유기잔사체 섭식자에서 더 낮다. 그것은 유기잔사체가 많은 내화성(무반응성) 복합물로 구성되어 있기 때문이다. 유기잔사체는 박테리아나 균류 등의 미생물이 많이 이용한다. 유기잔사체를 먹고 사는 동물들이 실제 유기잔사체로부터 직접 영양분을 획득하는지 또는 부착미생물로부터 영양분을 획득하는지에 대한 논란이 있다. 이것은 또한 특정한 유기잔사체섭식자에 따라 달라질 수 있다. 만약 유기잔사체 먹이사슬에서 대부분의 에너지가 미생물을 통해 이동한다면, 사슬에 더 많은 연결수가 있어야 한다. 이것은 훨씬 더 효율성 감소를 유도한다.

미소먹이망은 유기잔사체 사슬의 특정한 종류로서 최근 개방수역에서 그것의 중요성때문에 알려졌다(단원 7.3.1). 이것은 개방수역 생물(주로 식물 플랑크톤)의 용존 유기물의 배출로부터 시작된다. 많은 이와 같은 용존유기물질은 내화물이 아니며, 박테리아가 효율적으로 이용할 수 있다. 그리고 그것은 종속영양 원생동물에게 먹힌다(단원 7.2. 먹이사슬). 이 원생동물들은 극미소식물플랑크톤을 섭취하기 때문에 이 전달단계는 비록 초식의 경우라고 해도 보통 미생물 고리에 포함된다. 종속영양 원생동물(대부분 편모류)은 후생 동물플랑크톤에 의해 섭식됨으로써(그림 7.3), 에너지를 미생물 고리로부터 고전적 먹이사슬로 전달한다. 미생물 고리가 개방 생태계의 에너지 흐름에서 과연 연결일지 침강일지에 대한 논의가 현재 진행중이다. 이에 대한 정답은 미생물 고리를 그것의 기초(박테리아와 극미소플랑크톤의 생산)로 보는 관점이거나 또는 그것의 상위(후생 동물플랑크톤으로 전달)의 관점에서 보는지에 따라 달라진다. 특히 빈영양 호수와 외부생성 용존 유기물질의 유입이 많은 호수에서, 극미소식물플랑크톤과 박테리아의 총 생산량은 미소식물플랑크톤(nanophytoplankton)의 생산량보다 더 클 것이다. 그들의 작은 크기로 인해 이 입자들은 대부분의 동물플랑크톤에 의해 이용될 수 없고, 따라서 먹이사슬로부터 손실이 일어난다. 그러나 만약 입자들이 편모류(5~20 μm)에게 먹히면, 그들은 여과섭식 동물플랑크톤에게 이용될 수 있다. 생태적 효율성이 0.1이면, 90%의 에너지가 편모류 단계에서 열의 형태로 사라진다. 그러므로 같은 양의 에너지를 후생 동물플랑크톤에게 제공하고 먹이사슬에 연결시키면, 박테리아와 극미소플랑크톤은 미소플랑크톤의 생산량보다 10배를 생산한다. 일부 박테리아는 후생 동물플랑크톤으로부터 직접섭취될 수도 있다. 그러므로 작은 입자에 대한 동물플랑크톤의 포식률이 10% 미만일 때, 오직 편모단계는 에너지 획득을 나타낸다고 주장하고 있다. 미생물 고리의 생태적 중요성은 박테리아, 극미소플랑크톤의 사망률에 더 많은 효과를 나타내고, 먹이사슬을 통한 에너지의 흐름에 대한 효과보다 이들 작은 입자에 묶여 있는 영양염의 재생에 더 많은 효과를 나타낸다(Riemann and Christoffersen 1993).

8.2.5 에너지 흐름

1970년대 국제 생물학 사업계획(IBP)때 생태계에서 에너지와 물질의 총 흐름을 알아내기 위해 많은 현장조사가 시작되었다. 이 생태계 연구의 최종 목표는 생태계에서의 에너지 흐름이나 탄소순환을 도식화하기 위한 것이다. 많은 정보를 수집하고 적용했지만, 대부분의 경우에 오직 작은 부분의 흐름비율만 사실상 측정되었고, 많

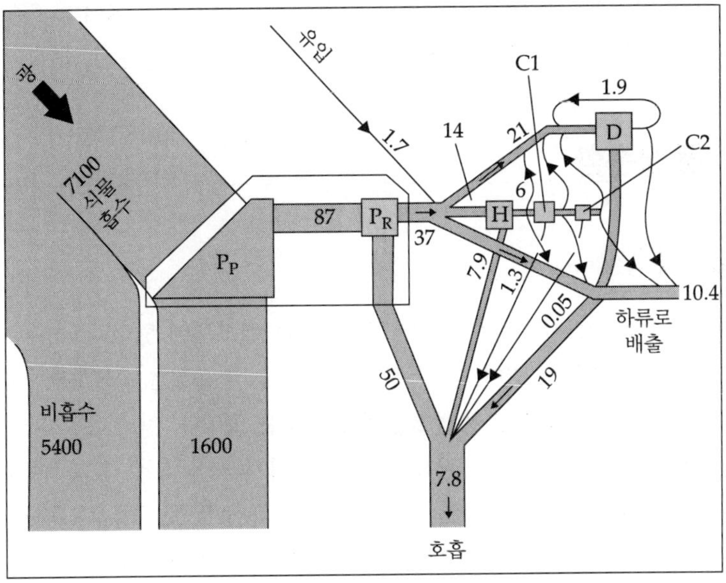

그림 8.2 Silver Springs에서 에너지 흐름(Odum 1975에 다시 그림). 흐름비율은 $10^6 Jm^{-2}y^{-1}$: P_p, 식물의 광합성 생체량; P_R, 식물의 호흡 생체량(예: 뿌리); H, 1차 육식성; C2, 2차 육식성; D, 쇄설물소비자

은 측정치는 심각하게 부정확했다. 그래서 많은 각각의 흐름비율의 정량적인 값은 정확한 결과보다는 생태계를 통한 에너지 흐름의 크기의 초기추정치로만 간주되었다. 현장에서 생산률을 측정하는데 부정확성을 고려하면, 설사 가끔 그렇다 하더라도 전달 효율은 아마 소수점까지 측정되지 못했을 것이다. 만들어진 에너지 흐름의 그림들은 미생물 고리의 중요성이 알려진 것이 얼마 되지 않은 시기였기 때문에 질적으로 완전하지 못했다.

우리는 Silver Springs 생태계의 표준 에너지 흐름 그림이 가장 유익하고 완전한 예로 본다(그림 8.2). 이것은 매우 완전한 생태계 연구의 결과이다(Odum 1957). Silver Springs는 미국 플로리다의 물이 매우 맑고 큰 용천이다. 가장 중요한 일차 생산자는 수생 대형식물(나사말: *Vallisneria*)과 이것의 표면에서 자라는 부착생물이다. 달팽이와 거북이는 우점 초식동물이다. 어류는 잡식성이다. 모든 유사한 그림에서와 같이, 더 높은 영양단계를 통한 에너지 흐름은 일차 생산에 비해 엄청나게 작게 묘사되어 있다. 동물을 양적으로 중요하지 않게 묘사하는 것은 중요한 조절 효과를 나타내는 핵심종(깃대종)으로서 그들을 묘사하는 것과는 상당히 다르다(단원 7.3.4).

특정한 에너지 흐름의 그림은 특정한 수체에서 특정한 상황에서만 적용될 수 있다. IBP에서 수집한 엄청난 양의 생태학 자료는 생태적 효율이 일반적으로 0.05와 0.2사이일 때의 경험법칙이라는 것을 제외하고는 일반법칙이 공식화되지 못했다. 특히 핵심종과 같은 조절 요인이 양적으로 중요하지 않다고 무시될 때, 생태계에서 가장 완벽하고 포괄적인 에너지 흐름의 측정장치라 할지라도 에너지 흐름의 방향을 인과론적 설명을 할 수 있을지에 대한 의문을 제기할 수 있다.

8.3 물질순환

8.3.1 일반적 특징

생태계에서의 에너지 전달은 항상 물질의 전달과 결부되어 있다. 그러나 이 둘 사이에는 중요한 차이점이 있다. 가장 중요한 차이점은 **물질은 생태계에서 순환할 수 있지만 에너지는 오직 생태계를 통해 흐를 수만 있다는 것이다.** 이 이유는 완전히 다시 무기물화된 분해산물(이산화탄소)은 자원으로써 다시 사용될 수 있다. 에너지와 물질의 변형 사이에는 특성상 차이점이 있다. 비록 둘 모두 보존법칙을 따르지만, 화학 원소에 대한 열역학 2법칙과 유사한 부패 규칙은 존재하지 않는다.

자연의 평형에 대한 일반적인 생각과는 반대로, 자연 생태계는 결코 완전히 폐쇄되어 있지 않다. 물질은 이출, 침식, 용존가스의 변화(evolution) 등의 물리적 전달 과정에 의해 계속적으로 생태계에서 이동되고 있다. 생성된 유기 물질의 일부는 생태계에서 같은 장소에 퇴적되고 순환하거나 이출되지 않는다. 많은 수체에서 퇴적물은 침강된다. 그것은 유기물질의 혐기적 분해가 호기적 분해보다 더 천천히 일어나기 때문이다. 화학적으로 분해되지 않는 물질이나 퇴적물에 묻힌 물질들은 장기간 축적된다. 고육수학은 퇴적물에서 발견된 생물과 유기물질(chlorophyll 파생물 등)의 잔유물로부터 호수의 역사를 재건하는 학문이다. 석탄, 기름, 천연가스 등 화석 에너지 운반체는 유기물질이 분해되지 않고 오랜 시간 동안 축적된 결과물이다.

생물학적 활동에 의하면 침전, 용해, 해리, 산화 환원 반응 등 생물이 아닌 반응들 또한 물질의 순환에서 중요하다. 화학무기영양 생산(단원 4.3.8)에 토대가 되는 모든 반응들은 생물이 없어도 자발적으로 일어날 수 있다. 다른 한편으로는, 생물 활동에 의해 일어나는 무기물 반응도 있는데, 생물 기원의 이회토 침천이 그 예이다. 이 생물학적과 지구화학적 과정의 밀접한 상호관계가 생물지화학적 순환(biogeochemical cycle)으로 표현된다.

보는 생물지화학적 순환에서 중요한 단계는 용존물질에서 입자단계로 물질을 변형시키는 것이다. 일차 생산은 일반적으로 이 이행과정을 수행하는데 가장 중요하다. 가끔씩 생태계에서 용존(이용 가능한) 물질과 원소를 포함한 풀 사이에서 역의 관계가 성립하기도 하는데, 그것의 예로 최대 용존물질농도가 최소량의 입자농도와 동시에 생성될 수 있으며 그 반대의 경우도 있다(그림 8.3a,b). 당연히 외부생성물질의 많은 유입은 이런 현상을 잘 나타내지 않는다.

대체로 모든 유기체들은 같은 원소로 이루어져 있고 화학량적 조성이 상당히 좁

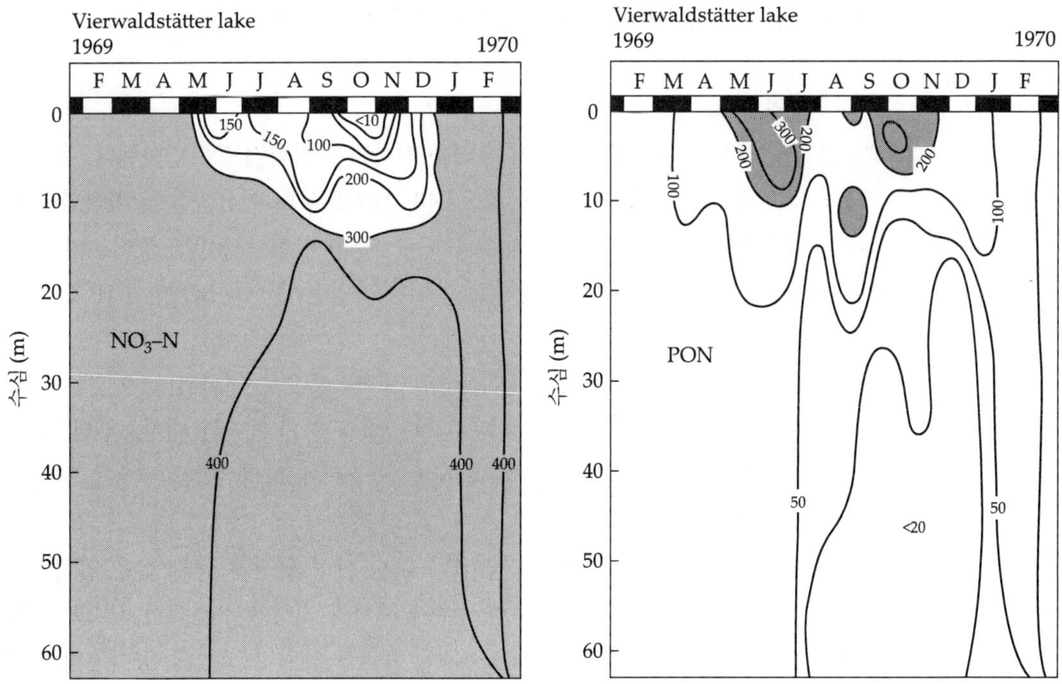

그림 8.3 Vierwaldstätter호(스위스)에서 질산성 질소(a)와 입자성 유기질소(PON) (b)의 상호보완적인 시-공간적 분포. 농도 μg N l^{-1}; > 200 μg N l^{-1} 농도는 검게 칠함(Stadelmann 1971).

은 범위에서 차이가 있기 때문에, 각 원소의 생물지화학적 순환은 결부되어 있다. 돌말류에 있는 규소는 예외이다(단원 6.4.4). 그러나, 잠재적인 제한요인의 구성은 너무 다양해서[특히 인(P), Droop's 공식 참조, 글상자 4.2] 한 생물에서 다음 생물까지의 순환을 계산하기 위해 일반공식을 적용할 수 없다. 또한, 죽은 유기체나 동물의 배설물 등 다양한 요소들의 재 가용화에는 차이가 있다. 인은 질소나 탄소보다 용존단계를 더 빠르게 진입하고, 질소와 탄소는 규소보다 더 빠르다. 인과 같은 이동성 원소들은 침강하기 전에 표층수에서 용존상태와 입자상태 사이를 여러 번 순환하지만(단락순환: short-circuit cycle), 규소와 같은 비이동성 원소는 생물량에 단순 결합한 후에 표층수에서 침강하며 퇴적물에 도달한 후에 다시 용해된다. 탄소, 질소, 인, 그리고 규소의 순환은 호수 생태계에서 일부 생물학적으로 연관된 요인들의 예이다.

8.3.2 대규모 생물지화학적 순환으로의 호수 통합

앞에서 제시한 바와 같이 호수에서의 생물화학적 순환은 전체적으로 폐쇄되어 있지 않다. 호수는 유역과 대기로부터 물질을 받는다. 그들은 또한 물질을 방류와 대기를 통해 내보내고 퇴적물에 물질은 묻힌다. 이러한 과정들의 균형에 따라 호수를 통과하는 물은 특정 물질이 많을 수도 있고 부족할 수도 있다.

유역에서 물의 변화

호수로 진입하기 전에, 물은 호수의 유역을 지나면서 화학적으로 변화된다. 유역의 지질과 강우의 화학적 구성은 매우 중요하다. 대기로부터 이산화질소, 황산화물질, 암모늄 등의 첨가로 평균 빗물은 해수를 대략 5000배 희석시킨다. 양이온의 양은 $Na^+ > Mg^{2+} > Ca^{2+} > K^+$ 순서이고, 음이온의 양은 $Cl^- > SO_4^{2-} > HCO_3^-$ 순서이다.

호수로 물이 흘러가는 동안, 물은 암석의 풍화작용으로 변화된다. 이것은 주로 특히 칼슘과 같은 2가의 양이온을 증가시킨다. 칼슘 양의 증가는 대기로부터 더 많은 이산화탄소 흡수를 가능하게 한다(단원 3.1.6). pH에 따라 이산화탄소는 중탄산염이나 탄산염으로 바뀐다.

연수(soft waters)는 유역에서 화강암이나 다른 산성 규산암 등과 같은 암석들이 풍화작용에 저항력이 있을 때와 많은 강우가 지상과 지하에서 접촉이 최소화 되었을 때 생성된다. 연수는 낮은 염도와 낮은 알칼리성을 가지고 있다. 양이온의 순서는 $Ca^{2+} > Na^+ > Mg^{2+} > K^+$이다. 극도의 연수에서, 그리고 특히 해안 지역에 있는 호수에서 Na^+가 Ca^{2+} 양 이상으로 높아질 수도 있다. 음이온 양의 순서는 빗물과 비슷한 $Cl^- > SO_4^{2-} > HCO_3^-$순서이다.

경수(hard waters)는 석회석과 같이 암석이 쉽게 풍화되거나 강우가 적거나 보통이면 생성된다. 이것은 물이 높은 염도와 알칼리성을 갖게 한다. 양이온 양의 순서는 $Ca^{2+} > Mg^{2+} > Na^+ > K^+$이고, 음이온의 순서는 $HCO_3^- > SO_4^{2-} > Cl^-$이다. 탄산암은 지질학적으로 오랜 전에 뼈로부터 생성된 칼슘이나 생물기원 석회질 제거에 의해 퇴적된 것이다(단원 3.1.6). 그러므로 현재의 담수에 있는 칼슘은 생물로부터 재순환된 칼슘이다. 아주 극소의 일부는 규산칼슘암의 일차 풍화로부터 유래된다.

현재 담수의 영양염 부하는 죽은 유기체로부터의 재순환된 물질로 이루어져 있다. 질소와 인과 같은 다른 영양염의 지질학적 기원은 근본적인 차이점이 있다. 인의 주된 지질학적 공급원은 광물질인 수산화 인회석인 반면에 지질시대에, 질소는 암모늄(초기 혐기적인 대기의 주요 질소 화합물)의 흡수와 미생물에 의한 질소고정 등 생물의 활동을 통한 지구 물 순환으로 가져온다. 그러나 오늘날에는 호수에 유입되는 거의 모든 질소와 인은 토양으로부터 유래되었다. 대부분의 토양은 인을 보유는 경향이 있지만, 질산염과 암모늄은 쉽게 배출된다. 이것은 아마 호수에서 인이 질소보다 조류의 생장을 제한하는 주된 원인일 것이다. 인간 활동은 호수와 강으로의 영양염 배출을 가속화시킬 수 있다. 농업 활동은 물의 영양염 부하에서 N:P비를 증가시키는 반면에 생활 하수는 인의 양이 많아 N:P의 비를 낮춘다. 영양염 부하에 대한 내용은 단원 8.5.4와 8.6.1에서 더 다루어 진다.

호수 내에서 물의 변화

유역으로부터의 물은 지표수와 지하수로 호수에 들어온다. 호수 퇴적물에 있는 물질의 퇴적은 그들의 농도의 감소로 이어진다. 만약 대기와의 교환이 무시될 수 있다면, 특정한 원소 보유량은(지표수와 지하수를 통해 유입되는 원소의 총량) – (호수에서 배출되는 총 량)의 차이로 계산될 것이다. 가끔은 퇴적물이 물질을 가두는 대신 배출할 수 있고, 그로 인해 보유량이 부족해질 수 있다. 가장 확실한 예는 무산소 퇴적물의 인이 표면수로 배출되는 것이다. 만약 퇴적물이 호기적 상태라면, 생물 혼탁작용이 퇴적물에서 표면수로 물질의 흐름을 유도할 것이다. 예를 들어 퇴적물을 섭식하는 저서동물들은 퇴적물의 표면이나 물속으로 물질을 배설할 것이다. 그러나, 보유량 부족은 오직 짧은 시간범위에서만 일어날 수 있다. 그것은 예전에 퇴적되었던 적이 있는 물질만 퇴적물로부터 배출 될 수 있다. 오랜 기간 동안에 퇴적물은 호수내의 물질을 침강시키는 작용을 한다.

탄소와 질소와 같이 대기와의 교환이 일어나는 원소들의 균형은 더 복잡하다. 대기와의 기체 교환은 표면수의 미포화와 과포화 정도를 줄이는 경향이 있다. 교환의 순 균형은 호수와 함께 생물학적 과정에 달려있다. 예를 들어, 광합성과 비분해물질에 의한 이산화탄소의 손실은 이산화탄소의 순 유입의 결과이다. 이회토(탄산칼슘)의 퇴적은 더 복잡하다. 탄산염이 퇴적물로 배출될 때, 물의 이산화탄소 수용력은 역시 김소한다(탄산염-중탄산염-이산화탄소 평형; 단원 3.1.6). 대기로부터 흡수하여 퇴적물에서 DIC 손실을 보상하는 대신에, 이산화탄소는 수체에서 대기로 추가적인 손실이 일어난다. 유기물과 종속영양 박테리아에 의한 높은 호흡률이 있는 호수는 이산화탄소의 순유출을 가지고 있을 것이다. 작거나 중간 크기의 호수들은 이산화탄소의 유입장소이기 보다는 더 많은 유출장소이다(순 종속영양적). 이것은 호흡률이 광합성량을 초과한다는 것을 의미하고 외부로부터 유기탄소의 보조는 이 호수들의 생물생산을 돕는다고 할 수 있다(Hanson *et al*. 2004). 호수에서 질소의 총 균형은 질소고정과 탈질작용의 균형에 달려있다. 질소고정은 물 속의 용존 질소 가스 농도를 더 낮추고, 이것은 대기로부터 질소유입을 가능하게 한다. 탈질작용은 물 속의 용존 질소 양을 증가시키고, 이것은 물의 표면에서 대기로 가스를 이동시키는 결과를 초래한다.

8.3.3 탄소순환

용존무기탄소(DIC), 용존유기탄소(DOC), 그리고 입자성 유기탄소(POC)는 수중생태계에서 가장 중요한 탄소 풀(pool)이다. 상대 크기는 DIC > DOC > POC 순서이

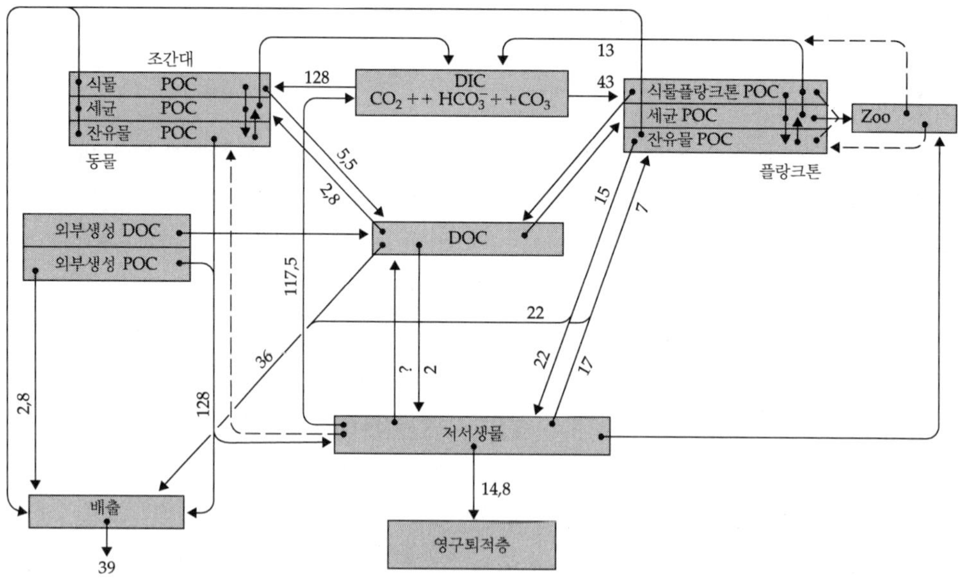

그림 8.4 Lawrence 호(미국, 미시간)에서 탄소의 순환. 전환율 $C m^{-2} y^{-1}$; 점선은 전환율로서 저자들의 의견에 따라 무시됨(Wetzel 1983).

다. 주로 대부분의 POC는 유기잔사체에 결합되어 있고 나머지는 생물 내에 있다.

그림 8.4는 경수 호(미국, 미시간 주의 Lawrence호)에서 탄소순환을 나타내는 그림이다. 이 그림은 탄소 순환에 관련되어 있는 과정의 복잡성을 나타내지만, 그것은 단순히 다른 종류의 호수에 적용 될 수는 없다. 식물, 미생물, 그리고 유기잔사체 구성요소는 비교적 중요하지 않아 보이지만 물질 흐름의 관점에서 동물 구성요소보다 훨씬 더 상세하다.

DIC풀은 이산화탄소, 중탄산염, 탄산염으로 구성되어 있다. 세 종류 간의 이동은 이산화탄소-탄산염-중탄산염 평형법칙(단원 3.1.6)을 따르고, 그리고 pH와 수생생물의 광합성과 호흡활동에 의해 간접적인 영향을 받는다. DIC의 가장 중요한 유입은 대기중 이산화탄소이고, 가장 우세한 무생물적 산출량은 용해된 이산화탄소가 대기로 배출되고, 이회토(방해석)로 침전된다. 호흡은 생물학적 입력이고, 광합성과 화학합성은 생물학적 출력이다. DOC풀은 많은 물질의 혼합으로 구성되어 있다. 생눌학적으로 반응을 하는 저분자 화합물은 내화물, 고분자 화합 부식물질보다 덜 풍부하다(단원 4.3.10). 외부생성 유입에 더하여 DOC의 가장 중요한 공급원은 모든 영양단계의 생물에 의해 분비되고 배설되며 유기잔사체가 자가분해된 것이다. 박테리아와 같은 종속영양 미생물에 의한 흡수는 DOC의 가장 중요한 침강인자이다. 배설산물은 박테리아에 의해 빠르게 이용되고 이로 인해 내화물로서 축적되지 않는다. 경수호에서 부식물질은 이회토와 함께 침전되어 DOC 풀로부터 손실된다.

일차 생산은 생물과 유기잔사체에 결합되어 구성된 POC의 공급원이다. POC풀에서의 이동은 죽음, 섭취 그리고 기생에 의해 일어난다. POC는 호흡으로 인해 DIC로 변할 수 있고, 분비, 배설 그리고 자가분해에 의해 DOC로 변화될 수 있다. POC는 개방수역에서 손실이 일어나고 침전으로 저서수역으로 들어간다. 침전된 POC는 취송류(wind-driven water current)와 개방수역 동물에 의한 저서섭식으로 다시 부유할 수도 있다.

8.3.4 질소 순환

호수에서 가장 많은 질소 화합물은 용존질소원소이다(N_2; 용해도 약 15~20 mg l^{-1}). 하지만 이 형태의 질소를 이용할 수 있는 생물은 거의 없다. 질소고정은 질소고정효소(nitrogenase)를 필요로 하는데 그것은 오직 원핵생물(단원 4.3.7)에만 존재한다. 호수에서 질소순환을 위한 질소고정의 역할은 계절에 따라 상당히 다르다.

질소고정효소(nitrogenase)를 생산하지 못하는 독립영양 생물들에게, 용존질산염, 아질산염, 그리고 암모늄은 질소의 가장 중요한 무기물 형태이다. 이 무기질소 형태는 지표수, 지하수, 그리고 강우에 의해 호수로 전달된다. 모든 세 가지 질소화합물은 독립영양 생물에 의해 이용될 수 있다. 반면에, 질소가 많은 유기 화합물이 분해될 때(암모늄화; ammonification)는 오직 암모늄만 배출된다. 요소와 요산을 배설하는 척추동물과는 대조적으로, 동물플랑크톤은 암모늄을 배설한다. 그래서 해양 생물학에서는 질산염을 새로운 것이라고 하고, 암모늄을 재생된 질소라고 하는 것이 관례적이다. 질산염에서 아질산-암모니아로 전환되기 위해서는 호기적 또는 혐기적 상태에 의존하는 일련의 미생물 변환이 필요하다(그림 8.5). 혐기적 상태(단원 4.3.9)에서 일어나는 질산염 호흡은 질산염을 암모늄(질산염 암모니아화) 또는 질소원소로 변환한다(탈질작용). 호기적 조건(단원 4.3.8)에서 일어나는 질화작용(nitrification)은 암모늄-아질산염을 통해 질산염으로 변형시킨다. 이 과정이 산소를 요구하기 때문에 이것은 부영양 호수에서 특이적 수직곡선(수직분포)를 나타낸다(그림 8.6). 혐기성 암모늄 산화는 환원기질로서 암모늄을, 산화제로서 질산염 둘 다 포함하며, 최종산물로서 질소를 생산한다. 식물플랑크톤에 의해 세가지 형태의 질소가 흡수되기 때문에, 세 종류 모두 최대 광합성 깊이(0~6 m)에서 최소 농도를 나타낸다. 질산염은 질산염 호흡으로 인해 없어지기 시작할 때 수심이 깊어지면서 함께 급격히 증가한다. 암모늄은 7 m 이하의 깊이에서 증가하기 시작하는 반면에, 아질산염은 질화작용에서 비교적 일시적인 중간단계이며, 산화역의 하한경계 근처에서 극한이 된다. 용존유기질소(DON)는 유기잔사체의 분해와 생물의 분비로부터 생성된다. 이것은 주로 폴리펩타이드와 다른 복잡한 아미노 그룹으로 구성되어 있다. 단순 아미노산은 박테리아에 의해 빠르게 흡수되면서 낮은 농도로 존재한다. 미생물들은 펩

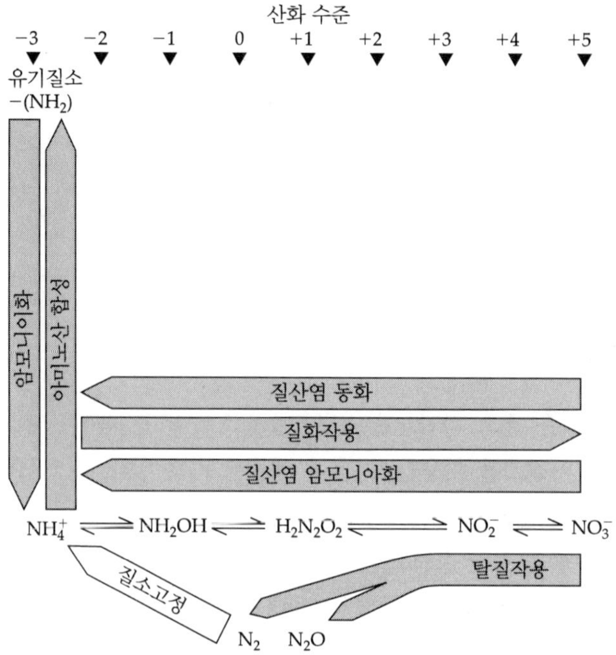

그림 8.5 질소의 산화수준에서 생화학적 변형(Wetzel 1983).

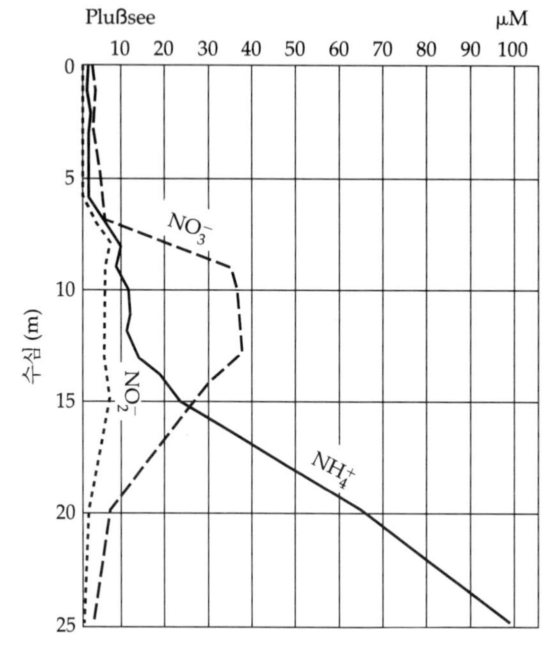

그림 8.6 Plußsee호에서 질산염, 아질산염, 암모늄의 수직 분포

티다아제(세포외효소)를 분비하여 펩타이드가 작은 단위로 쪼개지는 것을 돕는다.

호수의 무산소 심수층에서 질소순환의 가장 중요한 구성요소는 그림 8.7에서 보

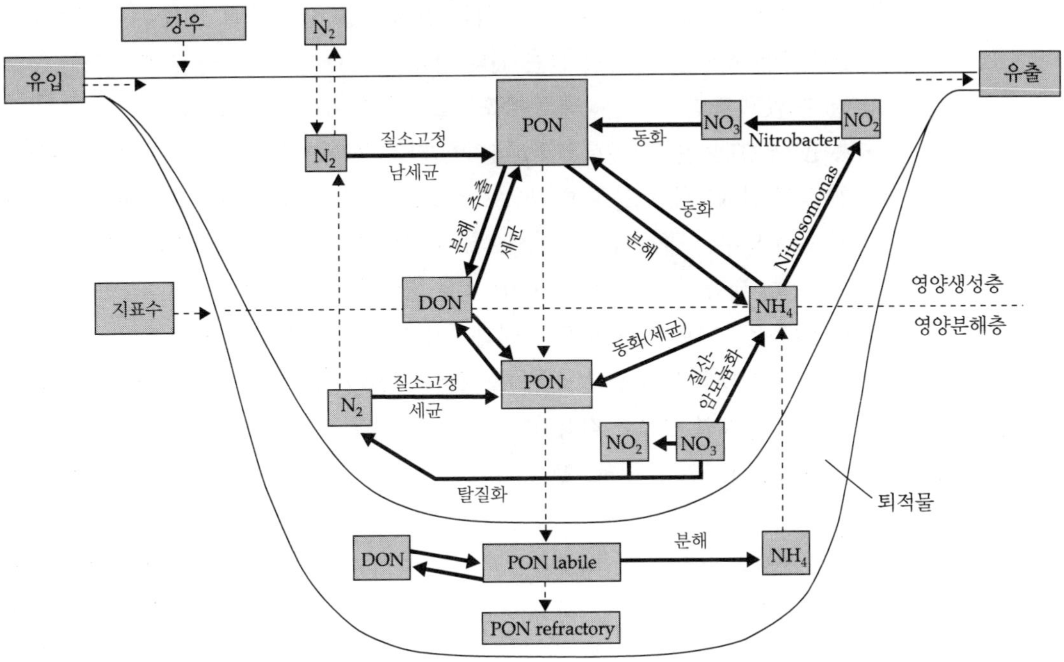

그림 8.7 무산소 심수층인 호수에서 질소순환. PON풀 내에서 변형은 표시하지 않았다. 점선: 이동과정; 실선: 생물적 및 화학적 전환.

여준다. 심수층에 산소가 존재할 때, 무산소 조건과 관련 변형들은 오직 퇴적물에서만 일어난다.

8.3.5 인 순환

질소와 반대로, 생태계에서 인은 오직 PO_4(과인산염; orthophosphate)의 형태로만 일어난다. 비슷하게, 인은 인산유도체와 탄소 사슬 간에 에스테르 결합으로 유기물 화합물이 된다. 과인산염은 퇴적물에서 질소보다는 이동성이 적고 쉽게 침강한다. 그것은 다른 양이온과 결합하여 고도의 비용해성 물질을 만들고 또한 진흙에 쉽게 흡수되기 때문이다. 인의 부화는 인공적인 인류발생 영향(폐수, 세제)으로 증가하지 않는다면, 호수는 주로 지하수와 지표수에서 질소를 더 공급받는다. 오염되지 않는 호수에서 인은 식물생장에서 질소보다 더 제한요인으로 작용한다.

인 순환에 대한 육수학적 조사에서 분리된 인 부분은 방법론에 의해 일차적으로 결정되고, 화학종과는 정확하게 일치하지 않는다(Strichland and Parsons 1968).

- **용해성 반응인**(SRP)은 0.1에서 0.2 μm의 필터를 통과하며, 몰리브데늄 블루 방법으로 분석할 수 있다. 오래된 문헌에서 이것을 과인산이라 불렀지만, 이것은

유리 이온이고 많은 다른 불안정적인 인 화합물이다. 사실, SRP는 식물플랑크톤에 의해 사용될 수 있는 많은 인의 형태이다. 다른 화합물들 중에 일부는 분해될 수 있고 유리인 이온상태로 세포막을 통과할 수 있기 때문이다.

- **총 용존인**(TDP)은 0.1에서 0.2 μm의 필터를 통과하고 산성화와 산화 단계를 거친 후에 몰레브테늄 블루 방법으로 측정할 수 있다. 산성 산화과정 없이 반응하지 못한 일부는 콜로이드형 인산으로 구성되거나 저 분자량(약 250)을 가진 용존 유기인이 된다. 이 두 유형은 SRP 풀에 계속적으로 기여한다.
- **총인**(TP)은 산성화되고 산화된 여과시키지 않은 시료에 의해 결정되는 데 이것은 용존 형태와 입자상 형태(PP)를 모두 포함한다. PP는 여과된 시료와 여과되지 않은 시료의 차이로 결정되거나 또는 필터에 모인 입자성 물질을 측정함으로써 결정된다.

가장 중요한 용해성 반응인의 내부 침강은 조류와 박테리아에 의한 흡수로 일어난다. 주목할 만한 것은 탄소 종속영양박테리아가 인 독립영양생물이 될 수 있다는 것이다. 이것은 무기인을 흡수함으로써, 그들은 SRP를 두고 식물플랑크톤들이 경쟁한다. 인이 가끔 생장 제한 요인임에도 불구하고, 조류와 박테리아는 SRP를 잃고, 더 낮은 단계의 저 분자량을 가진 비반응성 인이 된다(Lean and Nalewajko 1976). 인의 **유동 흐름**은 생태계에서 가장 빠른 상호작용을 하는 순환이다. SRP풀의 회전시간은 방사성 인(^{32}P)의 총 흡수량으로 산정하며, 이것은 인 제한 조건에서 아마 10분 이하일 것이다. 많은 연구자들은 이 빠른 순환에 관심을 가졌지만, 생물의 생장과 먹이사슬을 통한 인의 전달은 인의 순 흡수에 의존하기 때문에 이것은 생태학적 결과와는 상관이 없다. 중요한 내부적 인 공급은 동물의 배설과 미생물 세포외효소(포스파타아제)에 의한 비 반응성 구성요소의 분해를 통해 일어난다.

생장기 동안, 표수층의 SRP는 한계 점검농도까지 감소할 수 있다(0.03 μM, 약 1 $\mu g\,l^{-1}$). 동물플랑크톤의 섭식이 식물플랑크톤의 생산(투명한 물 단계)을 초과하는 시기는 주로 SRP농도가 증가함으로써 알 수 있다. SRP와 특정한 인은 보완적 계절 변화를 한다. 표수층에 있는 인의 양은 외부에서 주로 첨가 되지 않으면 침전 때문에 성층화 동안 감소한다. 가을에 수온약층이 깊어지면, 표수층에 인이 풍부한 물이 혼합되고, 이는 표수층의 P_{tot}의 농도 증가를 일으킨다(그림. 8.8).

그림 8.9는 성층화된 호수에서 인 순환을 나타낸 그림이다. 인은 생물의 침강과 점토 광물과 이회토 입자에 흡수되어 퇴적물로 이동한다. 퇴적물과 물 경계 층에서 산화 환원 상태는 침전 인 운명을 결정하는 데 상당히 중요한 영향을 미친다. 퇴적물의 혐기적 간격수 내의 인 농도는 개방수보다 10배 또는 더 높다. 농도의 경사에 따라, 항상 개방수로 인 확산이 되어야 한다. 수심이 깊은 물과 퇴적물과 물 경계가 산화되면(산화된 미세구역), 철이 Fe^{3+} 형태로 산화된다. 퇴적물에서 확산되는 인은

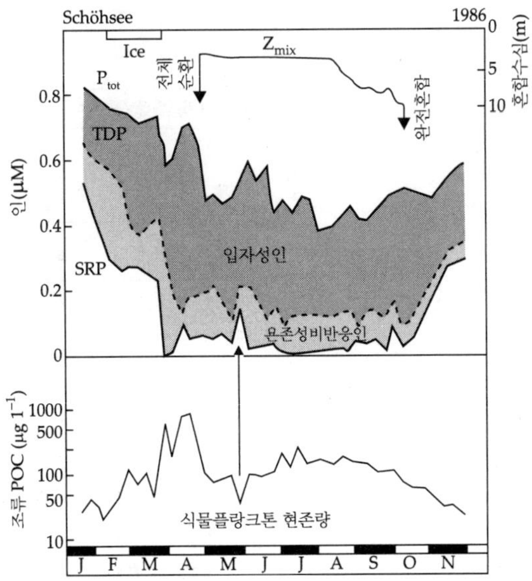

그림 8.8 혼합 깊이와 식물플랑크톤 생물량의 발달과 연관되는 Schöhsee호에서 여러 종류의 인(P_{tot}, TDP, SRP; 농도 μg)의 계절변화. 화살표는 투명한 물의 단계.

비용해성 복합체 $Fe(OH)_3$를 형성하고 침전한다. 만약 Fe^{3+}가 Fe^{2+}로 환원된다면, 복합체는 용해되고 인은 용액으로 다시 돌아갈 수 있다. 철의 환원은 0.2~0.3 mV의 산화환원전위를 생성하며, 이것은 산소 농도가 약 0.1 $mg\,l^{-1}$인 생산적인 호수의 심수층에서 발견할 수 있다(단원 3.3.1). 그러므로 인은 무산소 심수층에 축적된다. 그것은 무산소 심수층에서 가용성 상태로 유지되고 퇴적물로 다시 침전하지 않기 때문이다. 가끔, 수온약층에서의 와류로 유도되는 혼합은 인을 표수층으로 올라가게 하고, 조류의 생장을 자극한다. 따라서 이것은 많은 산소를 소비하고 퇴적물로부터의 엄청난 양의 인을 방출(급속한 부영양화)시킨다. 이러한 방식으로 퇴적물은 퇴적물 표면이 산화되는 동안 인 트랩으로 작용하고, 환원될 때 인 공급원으로 작용하며, 산화된 미세지역은 사라진다. 저서동물의 배설과 그들의 기계적 교란 그리고 생물 교란으로 수 cm 위의 혼합을 통해 산화된 퇴적물로부터 심층수로 일부 인이 방출된다.

8.3.6 규소 순환

담수에서 하나의 생물군인 돌말류가 규소를 상당히 많은 양을 사용하기 때문에, 규소는 흔하지 않다. 규소의 비를 가진 황색조류가 규소 순환에 미치는 영향은 무시할 정도이다. 반면에 돌말류는 많은 양의 규소를 필요로 한다.

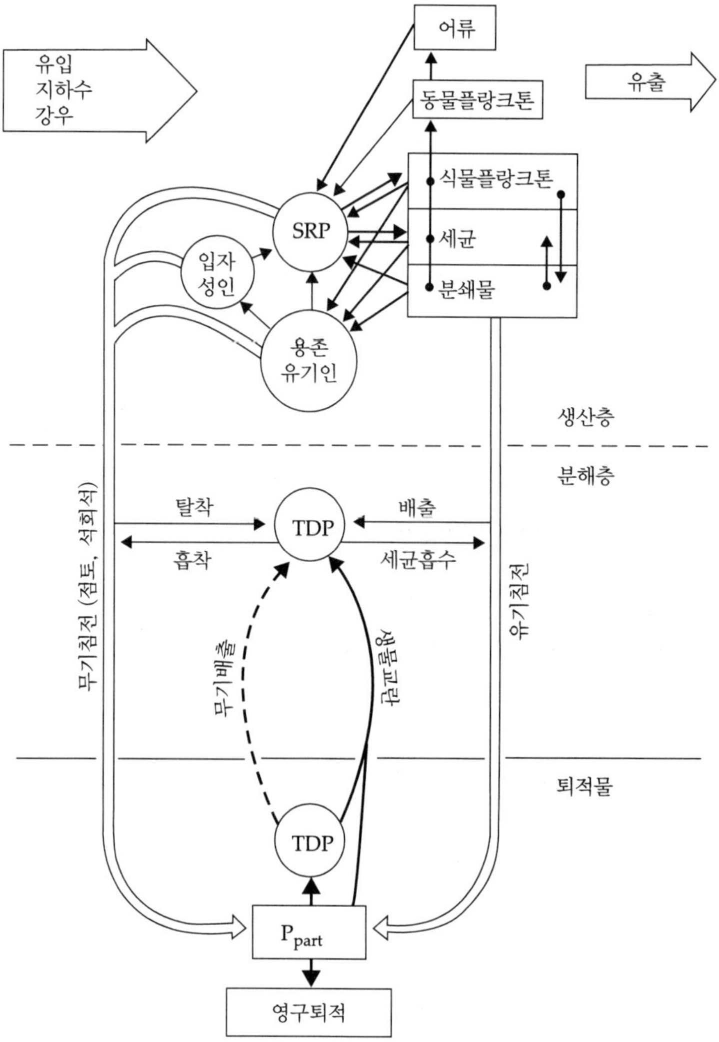

그림 8.9 성층화된 호수에서 인 순환 그림. 회색 화살표: 물리적 수송; 검정색 화살표: 생물적 변형.

용해성 규소는 오르소규산(orthosilicic acid)으로 되며, 이것은 pH 9 미만에서 용해되지 않는다. 이것은 규산염 광물이 풍화될 때 나온다. 돌말에 의해 흡수된 규소의 매우 많은 양이 호수에 침강된다. 돌말류의 피각이 물에 용해되지만, 이것은 매우 느리다. 죽은 돌말류의 특정 규소의 50%가 용해되려면 평균 50일이 걸린다. 또한 규소는 초식 동물플랑크톤의 소화관을 통과하는 동안 용해되지 않는다. 다른 조류의 영양염과는 달리 규소는 용해되기보다는 특정한 형태로 배설된다. 이것과 사체와 유기잔유 돌말류의 빠른 침강(하루에 수 m)은 표수층에서 규소의 짧은 순환을 하는 것이 없다는 것을 의미한다(Sommer 1988b). 이것은 또한 최대의 돌말류가 붕괴됨에 따라 표수층에서 용해성 규소가 회복되지 않는다는 것이 밝혀졌다(그림

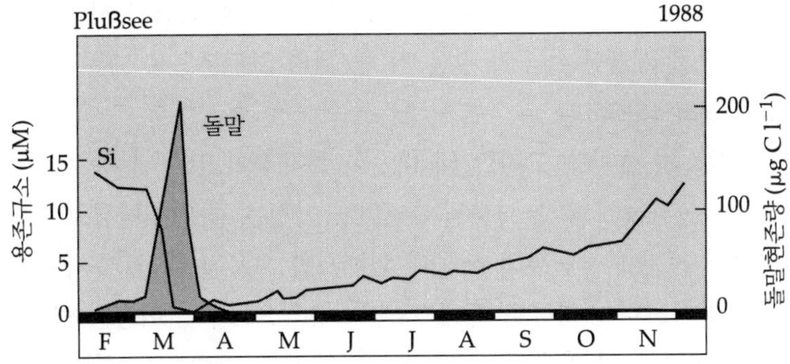

그림 8.10 Plußsee호의 표수층에서 용존 규소 농도(μm)와 돌말류 생물량(μg C l^{-1}).

8.10). 표수층에서 규소 농도의 증가는 외부생성물질의 유입이나 규소가 풍부한 심층수의 혼합이 일어날 때에 나타난다. 퇴적물에서 특정 규소가 부분적으로 용해되고 확산과 생물교란 작용으로 인해 개방수로 돌아갈 수 있다. 돌말류의 피각은 저항성이 있고, 시간이 지남에 따라 축적된다. 이것은 고육수학에서 가장 중요한 미소화석을 만든다.

8.4 하천생태계란?

생태계의 정의는 하나의 생태계와 다른 생태계를 분리시키는 어떤 경계가 있음을 의미한다. 그리고 그것이 부분의 합으로 더 큰 특성이 있는 미소생태계(microcosm)이거나 또는 통합된 군집과 무생물적 요인의 집합체라도 상관없다(단원 8.1). 두 가지 주요 생태계의 특성은 에너지가 생태계를 통해 흐르고, 생태계에서 물질순환이 있다는 것이다. 일반적으로 외부 에너지는 시스템 내에 고정되어 있다가(예를 들어 빛 에너지가 식물에 의해 고정되는 것), 종속영양생물에 의해 다시 열로 바뀐다고 추정된다. 종속영양 활동은 또한 필수 물질(산화된 탄소)을 배출하고, 이것을 에너지 고정에 다시 이용할 수 있도록 한다.

생태계 개념은 하천에 적용되기도 하는데 이것을 **유수생태계**라고 한다. 하천에 전체론적 개념의 생태계(슈퍼생물)를 적용시키는 것은 매우 어렵다.

먼저, 하천은 주로 종속영양 기능을 하는 시스템이다. 하천에서 사용되는 에너지는 하천 그 자체 보다는 주로 유역의 육상생태계에 고정되어 있다. 에너지는 항상 외부생성 유기물질로서 수체에 전달되고 그곳에서 사용된다. 이것은 에너지 고정과정과 분해과정이 분리되어 있다는 것을 의미한다. 하천 시스템은 그곳의 유역에서 공급되는 에너지 없이는 존재할 수 없다. 이것은 유역에 에너지적으로 의존적이라는 것이다. 반면에 분해는 하천 밖에서도 꽤 잘 일어난다. 이러한 의존성은 한 방향성 이라는 것이다. 한 방향의 의존적인 구조를 하나의 독립적 시스템으로 볼 수는 없다. 그러므로 개울은 계곡과 같은 더 큰 계의 일부분으로 보는 것이 더 잘 이해될 수 있다(Hynes 1975).

하천에서 물질의 순환을 고려할 때 비슷한 문제점이 있다. 분해로 인해 배출되는 물질들은 생산자들에 의해 사용될 수 없다. 이것은 물질이 하류로 떠내려 가기 때문이다. 아마 기껏해야 하류의 생물에 의해서만 사용될 수 있기 때문이다. 물질들이 순환 한다기 보다는 하류로 떠내려 간다. 유역으로부터 이송된 영양염의 양에 비해 하천에서 재생산된 것은 무시할 정도의 양이다. 또한, 무기물질을 고려한 하천 시스템은 외부 영향에 의해 크게 조절된다. 확실히 하천에서 유역으로 물질을 내보내는 경우도 있지만(예를 들어 기름진 이집트 농지를 위한 나일강의 역할), 하지만 이것은 사실 육상으로부터 영양염이 이송되고(상류), 이것은 하천(전달 수단)을 통해 다시 육상(강 하류)으로 이송된다.

하천은 에너지 흐름뿐만 아니라 물질이동의 관점에서 유역에 의존함으로써 이것은 전체 유역 시스템의 일부라고 볼 수 있다. 이것은 교란에 따른 하천의 큰 탄력을 설명한다(단원 8.8.3). 상당히 긴 하천이 교란을 받더라도, 이것은 단지 지협적 영향을 나타낸다. 예를 들어 큰 유역은 개천의 우연한 오염으로부터 영향을 받지 않는다. 유역은 손상되지 않은 완충을 나타낸다. 하지만 삼림파괴와 같은 유역에 가해지는 영향은 하천에 매우 큰 영향을 미칠 수 있다. 전체 유역의 삼림 벌채의 영향에 대해 Hubbard Brook(미국 북동지역)에서 대규모의 연구를 신중히 진행하였다(Likens *et al.* 1977).

그러므로 자가 조절 시스템으로서의 생태계 개념은 하천에 정확하게 적용될 수 없다. 생태계로서 하천은 생물적 요인과 무생물적 요인 사이의 상호관계를 시스템이라고 기술된다. 이러한 방식으로 사용되는 하천 생태계는 발견적 가치가 있다. 그것은 하천에서 특별히 중요한 무생물적 요인에 대해 관심을 끌기 때문이다.

모든 영양단계를 통한 에너지 흐름을 처음으로 정량화한 고전적 생태계 연구가 미국 플로리다의 Silver Springs 하천에서 수행되었다는 것이 놀라운 일이다(그림 8.2). 더 자세한 조사는 Silver Springs이 아주 이례적인 하천이라는 것을 나타내었다. Silver Springs에서 대부분의 에너지는 대형식물의 광합성과 식물에 위의 부착생물로부터 생성된다. 외부생성 에너지 유입은 여행자에 의한 물고기 섭취로부터 주로 생성된다. 실제 물질 순환은 없으며 그것은 시스템의 많은 영양염은 용천수에 의해 대부분 공급받는다. 이러한 경우에 물질순환이 없다는 것은 중요하지 않으며, 그것은 연구가 에너지 흐름을 조사하는 데 제한적이기 때문이다. Silver Springs는 에너지적으로 유역과는 독립적이지만, 물질에 대해서는 용천수에 완전히 의존하고 있다. 이것은 안정 상태인 특별한 시스템이라고 볼 수 있다. 당연히 이것이 정상 상태에 있다는 사실은 에너지 흐름을 연구하는데 이상적이라 볼 수 있다.

8.5 생태계 생산성의 비교

8.5.1 경험적 모델

생태계의 생산성 개념은 농업의 비옥함 개념과 비슷하다. 이것은 어떤 영양 단계에서 생물량을 생산하는 능력이라 한다. 낮은 영양단계는 높은 영양단계를 위해 먹이에 기반을 두고 있기 때문에, 다양한 영양단계의 생산성은 양의 상관관계가 있다. 외부생성 유기물의 유입이 거의 없는 생태계에서, 일차 생산은 그 생태계 전체의 생산성을 대표하기도 한다.

1970년대에 이루어진 국제 생물학 사업계획(IBP)에서 수행된 것으로서, 비교 생태계 연구의 주요 목표는 다른 생태계의 생산성 측정과 기후와 지구 화학적 조건에 의한 생산성 조절의 지구적 동향을 밝혀내는 것이다. 게다가 유입 매개변수와 각각의 영양단계에서 생물량과 생산성 사이의 통계적 상관관계를 밝혀 내려고 시도하였다. 비교 연구를 사용하면, 특정 영양단계의 생산성과 생물량과 같은 집계된 매개변수들의 확률론적 예측을 고려한 경험적 모델을 개발할 수 있다. 그러한 경험적 모델은 일차생산과 이차생산과 같은 입력과 출력 매개변수 간의 단순한 회귀 분석이다. 입력 매개변수는 그 다음의 더 낮은 단계의 생물량이나 생산이 필요없다. 예를 들어 일차생산(입력)과 어류 생산(출력) 사이의 통계적 상관관계를 결정할 수 있다. 많은 경우에 경험적 모델은 또한 대리 매개변수(예를 들어 지리학적 위도)를 빛 에너지 방사 대신 사용하거나 식물플랑크톤 생물량에 대한 엽록소를 대신 사용할 수 있다. 물론 대리 매개 변수와 실제 매개변수 사이에 밀접한 상관관계가 없다면, 분석에 상당한 변동성이 있을 수 있다.

주요한 상관관계는 다른 호수에 의존성과 비의존성 변수 사이에 상당한 차이가 있을 경우에만 회귀분석을 통해 찾을 수 있다. 이런 대규모 접근은 상향식 가설을 항상 선호한다. 즉, 다른 영양단계에서 생산과 생물량 매개변수 사이에 양의 관계가 있다. 하향식 영향은 각 호수간에 중복 변수로서 나타난다(단원 7.3.5).

8.5.2 식물플랑크톤의 일차생산과 생물량

IBP의 비교 조사는 호수의 일차생산량이 열대지역에서 극지역으로 갈수록 점점 감소한다는 것을 나타내었다. 이것은 다양한 지역의 특히 대부분의 생산적인 호수에서 사실이고, 비생산적 호수에서는 감소하는 것이 사실이다. 이 효과에는 여러가지 가능한 원인이 있는데 다음과 같이 3가지를 들 수 있다.

- 광 에너지량은 열대지역에서 더 많다. 여름에 더 긴 생장기간은 위도가 더 높은

지역에서 더 긴 낮의 길이보다 효과가 더 크다.

- 영양염들은 더 높은 온도에서 빠르게 다시 무기물로 되고, 그것은 침전되기 전에 표수층에서 일차생산을 위해 더 많이 이용가능하게 된다.
- 열대지역 호수에서의 다순환 영역은 광과 영양염의 이용성 사이의 공간분리를 상쇄시킨다.

지리적 위도에 따라 일반적인 경향이 있지만, 다른 특정한 위도에 있는 각 호수 간에 큰 차이점이 있다. 이러한 변화들은 제한 영양염의 이용가능성의 치이에 의해 생긴다. 그러므로 북아메리카와 유럽의 온대 지역에서 생장기에 평균 매일 일차생산($mg\,C\,m^{-3}\,d^{-1}$)은 총 인 농도($\mu g\,l^{-1}$)와 밀접한 관련이 있다(Smith 1979).

$$PPR = 10.4P_{tot} - 79, \quad r^2 = 0.94$$

이 경험적 모델은 총인 농도에서 일차생산을 예측하는데 사용 가능하며, 이것은 높은 통계적 확실성을 제공한다.

호수의 부영양화와 관련된 실질적 요구는 영양염의 공급으로부터 식물플랑크톤의 생물량을 예측할 수 있는 많은 수의 경험적 모델을 개발하도록 하였다. 비록 미시적으로만 결정된 생체부피나 POC가 종속변수로 사용된다 하더라도, 엽록소는 주로 생물량의 대리 매개변수로 이용된다. 모델의 개념적 기반은 특정한 제한 영양염의 량으로부터 오직 주어진 생물량만 생산될 수 있다고 가정하고 있다. 하지만 어떻게 시, 공간적 평균 값이 다른 인-생물량 모델을 비교함에서 유도되는지를 지적하고 있다. 시간적으로, 연중 평균값을 사용하는 모델도 있고, 생장기의 평균값 또는 최대값을 이용하는 모델도 있다. 공간적으로는 수직적으로 합한 값은 진광층, 표수층이나 단위 호수부피, 또는 호수 표면적의 평균값을 계산하기 위해 사용된다.

가장 유명한 경험적 모델은 경제협력개발기구(OECD)에서 비교 부영양화 연구이다(Vollenweider and Kerekes 1982). 이 모델은 모든 인-생물량 모델의 문제점과 모든 비슷한 희귀모델에 대해 논의하는데 사용될 수 있다. OECD모델은 2개의 단계를 포함한다. 첫 번째 단계는 호수에서 인 부화와 인 농도 사이의 관계를 설명한다(단원 8.5.4). 두 번째 단계는 인 농도와 식물플랑크톤 생물량 사이의 관계를 알려준다. 엽록소가 생물량의 대리 매개변수로 사용 될 때, 회귀 방정식은 다음과 같다.

$$\text{Chl}\ a = 0.28P_{tot}^{0.96}, \quad r^2 = 0.77, \quad n = 77$$

엽록소-a가 진광층의 연중 평균($\mu g l^{-1}$)인 곳에서, P_{tot}는 호수의 연중 평균($\mu g l^{-1}$)이고, r^2가 결정 계수이며 n이 채집된 호수의 수이다. 회귀 방정식의 상당한 중요성에도 불구하고, 각 측정지점 사이에 상당한 차이가 있다(그림 8.11). 종속변수의 95% 신뢰구간은 거의 10배를 차지한다. 10 $\mu g l^{-1}$의 P_{tot}에서, 엽록소 농도는 0.8과

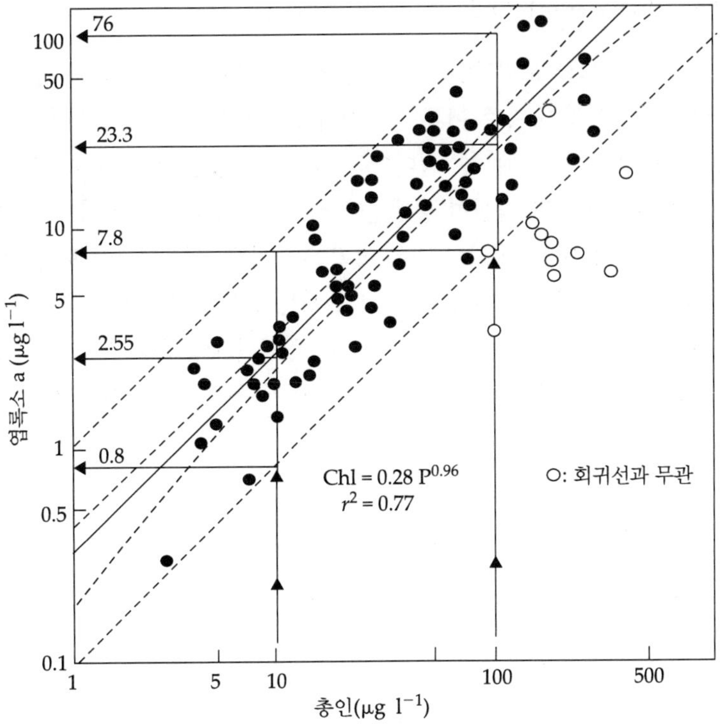

그림 8.11 OECD부영양화 연구에서 인-엽록소 모델(Vollenweider and Kerekes 1982). 각 측정지점은 한 호수에 표시하였다. 엽록소(진광층에서 연중 평균)와 총인(전 수체에서 연중 평균)의 로그-로지스틱 회귀(log-log regression). 내부 실선: 회귀선 주변은 95% 신뢰구간; 외부실선: 종속변수에 대한 95% 신뢰제한; 가는 선과 화살표: 호수에서 예측 엽록소 값(10과 100 μg P_{tot} l^{-1}).

7.8 μgl^{-1} 사이, 그리고 100 μgl^{-1}에서는 7.8과 76 μgl^{-1} 사이의 95% 신뢰 구간을 갖는다. 그러므로 그들의 95% 신뢰구간과 겹치지 않으려면, 호수는 최소한 10배의 P_{tot} 농도 차이가 나야 한다. 이중 대수 회귀를 사용하는 대부분의 다른 경험적 모델은 비슷한 넓은 신뢰 구간을 갖는다. 이러한 가변성 때문에 이런 모델들은 하나의 변수에 대한 측정이 다른 하나의 측정 필요성을 없앨 수 있는 검정도구로 유용하지 못하다.

8.5.3 이차생산, 어획량과 동물생물량

만약 생태적 효율이 일정하다면 이차와 일차생산은 정비례한다. 호수들은 일차생산에서 약 30배정도 차이 날 정도로 다양하기 때문에(Brylinsky 1980), 생태적 효율의 차이(0.05~0.2)에도 불구하고 일차생산과 이차생산 사이에 통계적 상관관계를 나타낸다. IBP는 연간 총 일차생산(PP)과 연간 순 이차생산(SP)(둘 다 kJ $m^{-2}year^{-1}$) 사이에 선형상관관계가 있음을 보여주었다.

$$SP = -36.05 + 0.128PP, \quad r^2 = 0.82, \quad n = 17$$

단위 표면적당 어류 포획량인 어획량은 경제적으로 중요한 매개변수이다. 비록 양어장 관리에서 이것이 자주 어류 생산이라 불릴지라도, 포획이 어획강도와 생태계의 생산성에 의존하기 때문에, 생태학적 의미로서 생산값이 아니다. 만약 어획이 지속 가능성 법칙에 따라 확실히 실행된다면 이런 오류가 사라진다. 즉, 매년 어획량이 생산량과 같게 된다. 이러한 경우 어획량은 실제 어류 생산량 보다 적다. 그것은 모든 물고기 종류가 잡히는 것이 아니기 때문이다. 어류 생산은 특정한 영양 단계에 설계되지 않는다. 그것은 물고기가 여러 영양단계에 속하기 때문이다. 그럼에도 불구하고, 호수의 생산량과 그의 어획량 사이에 통계적인 관계가 있다.

$$Y_F = 7.1P_{tot}^{1.0}, \quad r^2 = 0.87, \quad n = 21$$

$$Y_D = 0.012Chl^{1.17}, \quad r^2 = 0.87, \quad n = 19$$

$$Y_D = 10^{-6}PP^{2.0}, \quad r^2 = 0.74, \quad n = 15$$

Y_F는 g 어획량의 생중량 $m^{-2}year^{-1}$, Y_D가 어획량의 건조중량 $m^{-2}year^{-1}$, P_{tot}는 총인 $mg\,l^{-1}$(연 평균), Chl은 엽록소농도 $mg\,l^{-1}$(여름 평균), 그리고 PP는 일차생산 $gC\ m^{-2}year^{-1}$이다. 단원 8.5.3에 나오는 공식은 Peters(1986)에 의해 제시된 것으로 그는 많은 다른 영양단계의 생산과 생물량의 경험적 관계를 정리하였다.

8.5.4 호수의 영양 분류

초기 육수학에서 크고 깊은 호수는 주로 얕고 작은 호수보다 생산량이 적다고 널리 알려져 있었다. 호수의 크기와 생산성 사이의 관계에 대한 몇 가지 이유가 있다.

- 호수는 주로 침식에 의해 유역으로부터 영양염을 공급 받는다. 단위 표면적 당 영양염 공급량이 같다고 가정할 때, 호수 단위 부피당 영양염 부하는 유역면적에 대한 호수의 부피의 비에 연관된다. 유역면적에 대한 관계가 큰 호수는 영양염 부하가 낮다.
- 크고 깊은 호수의 표수층의 작은 부분이 여름에 퇴적물과 접촉하며, 그러므로 영양염이 진광층으로 돌아갈 기회가 거의 없다.
- 큰 호수는 주로 긴 수리학적 체류시간을 가진다. 물이 유지되는 동안 많은 영양염은 퇴적물을 통해 손실된다. OECD 부영양화 연구는 호수에서 P_{tot} 농도(P_L), 지류에서 P_{tot} 농도(P_{in}) 그리고 이론상 수리학적 체류시간(연간 $\tau_{w'}$) 사이의 경험적 관계를 밝혀냈다(Vollenweider and Kerekes 1982).

$$P_L = 1.55\left[P_{in} / \left(1 - \sqrt{\tau_w}\right)\right]^{0.82},$$
$$r^2 = 0.86, \quad n = 87$$

이 식은 호수와 지류에서 P 농도간 차이가 $\tau_{w'}$에 의존적이라는 것을 보여준다.

매우 생산적인 호수와 매우 비생산적인 호수 사이의 분명한 차이점은 Einar Naumann과 August Thienemann이 **호수유형분류체계**(lake typology)를 만드는데 영감을 주었다(Elster 1974). 생산성이 낮은 호수와 깨끗한 호수를 빈영양이라고 하고, 높은 생산성과 식물플랑크톤에 의해 녹색을 띠는 물을 부영양이라고 부른다. 부식영양호라는 유형의 호수는 전기전도도가 낮고 용존 부식물로 인해 갈색을 나타낸다. 원래 호수들은 질적 기준에 따라 특정한 유형으로 분류된다. 빈영양호는 여름에 등사형(orthograde) 산소분포를 나타내고 부영양호는 경사형(clinograde) 산소분포를 나타낸다(단원 3.3.1). 부가적인 기준은 산화되거나(빈영양) 또는 환원된(부영양) 퇴적물 표면이다. 밀접하게 관련된 특징은 다른 지표 생물로 퇴적물을 점유하는 것이다. 예를 들어 빈영양호에서 깔따구 유충 *Tanytarus* spp. 종이 저서동물로 우점을 하며, 반면에 *Chironomus* spp.는 부영양호에서 우점하는 깔따구류이다. 후자는 무산소생활을 할 수 있으며, 그러므로 부영양호수의 무산소 심수층에서 오랫동안 견딜 수 있다.

OECD 연구의 결과로, 질적 호수 분류체계를 정량적 기준으로 대체하려고 시도하였다. 빈영양과 부영양은 영양 연속체의 지역이며 봄 순환 동안 P_{tot}에 의한 것과 같이 제한이 생기면 다른 하나로부터 분리될 수 있다:

- 초빈영양: $P_{tot} < 5\,\mu g\,l^{-1}$
- 빈영양: $P_{tot}\,5-10\,\mu g\,l^{-1}$
- 중영양: $P_{tot}\,10-30\,\mu g\,l^{-1}$
- 부영양: $P_{tot}\,30-100\,\mu g\,l^{-1}$
- 과영양: $P_{tot} > 100\,\mu g\,l^{-1}$

이 역치값들은 또한 단원 8.5.2와 8.5.3에 제시된 경험적 공식을 이용해 생산이나 생물량으로 표현될 수 있다. 이러한 방식으로 생태계는 인이 생산성을 제한하는 요인이 아닌 호수에 사용될 수 있다.

화학적 자료는 기술 과정으로 더 쉽게 정량화 되고 해석될 수 있다. 그러나 호수의 영양상태는 기본적으로 생물학적 현상이다. 독일 Holstein의 Schöhsee호수(평균 깊이 13 m)와 Constance호를 비교해보면 알 수 있듯, 영양상태는 하나의 요인만으로 결정될 수 없다. OECD 기준에 의하면 Schöhsee호는 중영양상태(P_{tot} *c*.20 $\mu g\,l^{-1}$)이지만, 무산소 심수층이 있으므로 관습적 기준에 의하면 부영양호이다. 높은 인 농도에 근거하면 Constance호(1980, P_{tot} *c*.100 $\mu g\,l^{-1}$)는 OECD의 기준에 따라 부영

글상자 8.1 빈영양과 부영양호수의 몇 가지 특성 비교

	빈영양	부영양
형태	Deep	Shallow
표수층/심수층 부피비	<1*	> 1*
일차생산	Low (50~300 mg C m^{-2} d^{-1})	High (>1000 mg C m^{-2} d^{-1})
조류 생물량	Small	Large
	0.02~0.1 mg C l^{-1}	> 0.3 mg C l^{-1}
	0.3~3 mg Chl a l^{-1}	10~500 mg Chl a l^{-1}
영양염	Sparse	Plentiful
완전 순환 후의 P_{tot}	<10 mg l^{-1}	>30 mg l^{-1}
남세균의 대발생	Absent	Present
심수층의 산소고갈	Little, > 50%	Strong, may be anoxic
산소 분포	Orthograde	Clinograde
심수층의 저서동물	Diverse, O_2 requiring	Species poor, tolerate low O_2
깔따구 유충	*Tanytarsus* group	*Chironomus* group
어류상	Deep-water salmonids, coregonids	Cyprinids, centrachids(sunfish) "warm-water" fish

* 예외도 있음

양호로 분류되었어야 하지만 여름 호수 바닥에서의 산소농도가 50% 포화도를 나타내므로 관습적 기준에 의하면 중영양호로 분류된다. 이런 모순은 호수 형태로 설명 가능하다. Constance 호(깊이 *c*.100 m)는 영양 생성층에서 봄 순환 기간동안 침강하는 유기물을 분해시킬 수 있는 많은 용존 산소량을 공급하는 매우 큰 심수층을 가지고 있다. 반대로 Schöhsee호는 적은 용존 산소량을 공급하는 작은 심수층을 가지고 있다. Thienemann은 이미 호수의 영양상태에 대한 형태의 중요성을 알고 있었다. 그는 표수층에 대한 심수층의 비가 <1이라면 부영양이고, 반면에 비율이 >1이면 빈영양이라고 제시하였다. 분명히 몇 가지의 기준은 호수의 영양상태를 분류하는 데 필요하다(글상자 8.1).

8.6 생태계에 대한 인위적 교란

8.6.1 부영양화: 원인과 결과

호수의 영양상태가 높아진 것을 부영양이라고 한다. 이것은 호수의 지질역사에서 느리고 자연스러운 과정이다. 호수 바닥(basin)은 퇴적물로 채워지고 부피가 감소한다(미사 퇴적). 비록 영양 부하는 변하지 않더라도, 영양상태의 증가를 유도한다. 지난 수십 년 동안 육수의 영양상태는 급격하게 증가했다. 부영양화는 수서 생태계에 가장 광범위하고 심각한 인위적 교란 중의 하나임이 증명되었다. 부영양화의 복잡한 원인, 발단, 결과에 대한 것을 Schindler가 보고하였다(2006).

오늘날 부영양화의 주요 원인은 인과 같은 영양염 부하의 증가의 경우라고 상당한 합의가 이루어졌다. 이러한 **인위적 영양염 부하 증가**는 Erie호(25 800 km^2)와 Ontario호수(24 500 km^2) 등 매우 큰 호수까지도 부영양화를 일으켰다. 폐수의 증가, 인을 포함하는 가정용 세제의 유입, 비료 사용의 증가, 유역의 침식 증가 등이 영양염 부하 증가의 주요 원인이다. 질소 부하는 아산화 질소로 인한 대기 오염을 증가시켰다. 아산화 질소는 수증기와 결합해 강수로 호수까지 전달되어 질소의 적재량을 증가시킨다. 농지의 시비는 질소 부하에 큰 영향을 미치는데, 질소와는 다르게 인은 한번 토양에 들어가면 비교적 이동성이 없다. 하지만 홍수는 비료로부터 나온 많은 양의 인을 호수로 전달한다. 가정용 하수는 증가된 인 부하의 일차 원인이다. 평균 N:P 비가 4:1이면, 인 제한에서 질소 제한으로 변화를 초래할 수 있다(단원 4.3.7). 1976년 Constance호에서 여러 종류의 인 부하 평가는 현대 폐수 처리장을 건설하기 이전에 하수 속의 분변과 세제로부터 나온 인의 중요성을 보여준다(그림 8.12). 세제 속의 인 농도는 인산염 대체물을 도입함으로써 현재 많이 감소되었다.

특히 부영양화의 바람직하지 않은 결과는 남세균(남조류)의 대발생이다. 이것은 밀도 높은 표면 대발생(surface bloom; 녹조현상)을 하는 경향을 가지고 있다. 일부

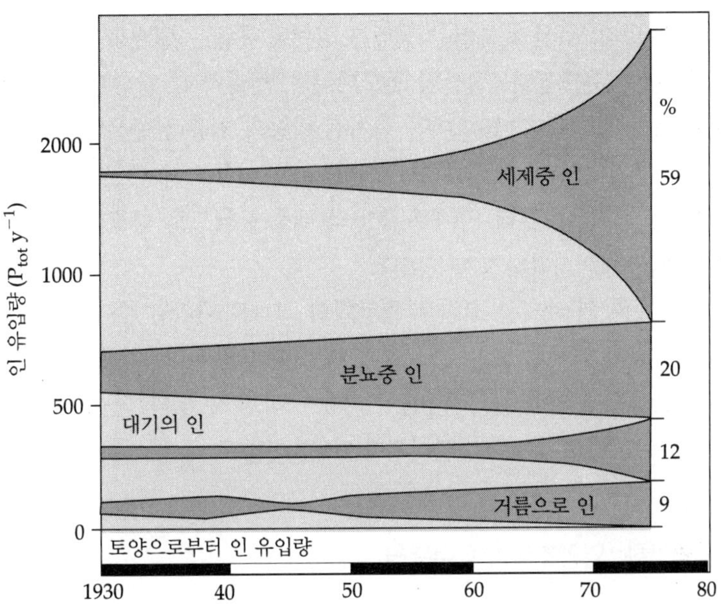

그림 8.12 하수처리 이전에 Constance호의 연간 인부하량(Wagner 1976의 모델로 평가).

종(strain)은 사람에게 독성을 가지거나 또는 알레르기 반응을 일으킨다. 남세균은 이상한 물 맛을 가지게 하거나 냄새가 나게 하는 유기화합물을 분비하고, 이것은 식수에 심각한 문제를 일으킨다. 원래 문제가 되는 조류는 질소 고정 *Anabaena*와 *Aphanizomenon*뿐만 아니라 질소고정을 하지 않는 *Microcystis*, *Limnothrix*, 그리고 *Planktothrix* 등이 있다. 대부분의 대발생(녹조현상: bloom)하는 남세균은 부영양화의 마지막 단계에서 생성된다. 적색 색소를 가진 *Planktothrix* spp.는 수체에서 자신의 위치를 조절을 할 수 없기때문에, 부영양화의 초기 단계에 깊은 호수의 변온층에 서식한다(가끔 이미 20 μg P_{tot} l^{-1}에 위치). *Planktothrix*는 순환 기간 동안 전 수체를 통해 혼합되고 여름 동안 변온층 내의 층에 분포하게 된다. 진행된 부영양화가 빛 투과를 감소시키고, 이 층은 매우 어두워지고 *Planktothrix*는 다시 사라진다(예, Zürich호: 단원 4.3.5).

연안대에 부영양화가 미치는 영향은 침수 대형식물에 대한 광 기후를 악화시키는 것이다. 빈영양호 조건에서 퇴적물로부터 그들의 영양염을 획득하는 대형식물은 물에서 영양염을 얻는 부착생물보다 이점을 가진다. 물에서의 영양염 공급이 증가하면, 대형식물은 부착조류와 *Cladophora*, *Spirogyra*와 같은 사상체의 응집체로 덮이게 된다. 부족한 광 조건으로, 이것은 대형식물을 억제하고 간접적으로 그들과 관련된 동물상에 영향을 미친다.

심수층과 퇴적물에서 부영양의 중요한 효과는 산소 소모를 증가시킨다. 퇴적물의 표면과 심수층에서 무산소 조건이 발생하면 동물상은 감소하게 된다.

바닥으로 가라앉기 위해 개방수역에 알을 낳는 개방수역어류(호수성 송어: lake whitefish) 조차도, 퇴적물의 표면이 무산소 조건이라면 자연적으로 호수에서 번식을 계속할 수 없다. 무산소 조건은 원래는 일어나지 않는 일련의 화학적 그리고 미생물적 과정에서 유도된다: 질산염 암모니아화, 탈질작용, 탈황작용(단원 4.3.9), 그리고 메탄 형성 등(단원 4.3.10). 이들 혐기적 반응의 최종 산물은 호기적-혐기적 경계에서 화학무기영양적 과정의 초기 산물로서 이용되기 때문에 감소한다(단원 4.3.8). 혐기적 퇴적물로부터 인(내부 생산)의 배출은 극도로 중요하다. 이것은 부영양화의 자가 가속을 시작하기 때문이다.

매우 많은 어류의 폐사는 심한 부영양화의 결과로 나타날 수 있다. 겨울에 어류들의 폐사는 얼음 밑에서 많은 산소가 소비될 때 발생한다. 여름에 어류들의 폐사는 높은 광합성률에 의해 높아진 pH에 의해 시작될 수 있다. 높아진 pH는 무독성 암모늄에서 독성 암모니아로 전환시킨다(단원 4.2.3).

8.6.2 부영양화: 영양조절과 호수복원

세계 1차 전쟁과 2차 전쟁 사이 기간에 큰 호수의 빈영양상태는 특히 어업 전문가에 의해 골칫거리로 여겨졌다. 또한 이런 호수들의 생산성을 높이기 위한 시도들도 있었다. 지난 몇 년간 급격한 부영양화로 인해 가치는 달라졌다. 식수원, 수영 그리고 관광지로 사용되는 호수는 어업보다 중요하게 바뀌었다. 결과적으로, 호수를 원래 상태로 되돌리기 위한 전략들을 개발하기 시작했다.

부영양화를 막기 위한 최고의 방법은 인위적인 영양염 공급을 막는 것이다. 첫 번째 단계로, 폐수의 영향을 줄이기 위해 현대 기술을 사용하는 것이다. 예를 들어 배설물은 하수로 내보내지 말고 퇴비로 사용하도록 하는 것이다. 생활 하수의 인 농도를 줄이고 인 대체물을 찾기 위한 대규모의 노력도 이루어 졌다. 농지의 비옥화는 아직도 심각한 문제를 가지고 있다. 이는 관습을 바꾸기에 많은 시간이 필요하고, 그래도 발달된 기술이 영양염 부하를 줄이는데 영향을 미치긴 했다. 따라서 현재 수질관리는 폐수의 제거와 폐수 처리에 중점을 두고 있다.

폐수 제거는 유역에서 호수를 둘러 싼 폐수 관 시스템으로 폐수를 모아 이것을 호수의 방류구로 내보내는 것이다. 여기서의 논리는 증가된 자체생성 산물이 호수에서보다 하천에서 덜 훼손한다는 것이다(단원 7.6.2).

폐수처리 시설은 호수에서 자연적으로 일어나는 과정을 기술적으로 강화시키는 버전이다. 가장 일반적인 폐수 관리 방법은 3단계로 이루어져 있다. 기계단계는 먼저 굵은 입자들을 걸러내고, 생물적 단계(활성 슬러지법)는 유기물의 미생물 호흡을 포함하며, 화학적 단계는 인을 침전시켜 내보낸다. 질소도 호기적과 혐기적 상태를 번갈아 가며 만들어 암모늄을 질화하고 질산염을 탈질화하여 제거할 수 있다(글상자 8.2).

글상자 8.2 폐수처리장의 개요

폐수처리는 자연조건하에서 호수에서 일어나는 같은 자연과정으로 하는 것이다. 기계적 과정과 부가된 에너지를 상당히 증대시키고 이들 과정을 가속하는 것이다. 가장 중요한 특징은 아래에 요약되어 있다. 처리장의 다른 유역에서 과정들은 호수의 수직적 성층에서 일어나고 하천에서 수평대에서 일어난다. 실선 위의 과정들은 호기역 (표수층)에서 일어나며 선 아래는 혐기적인 퇴적물과 호수의 심수층에서 일어나는 과정이다.

처리과정	조건	호수에서 동등한 과정
기계적 정화:침전호분	와류감소	침전
생물적 단계: 유기물의 산화적 분해	폭기, 와류	종속영양 미생물 분해
인의 동시 침강	알루미늄 또는 철염 첨가	수산화철과 함께 인 침강
질화작용	강한 폭기	질화작용
탈잘작용	혐기적 조건, 저분자 탄소원	혐기적 퇴적물에서 탈질작용
슬러지 소화탱크에서 메탄생성	혐기적 조건, 저분자 탄소원	퇴적물에서 메탄생성

(계속)

글상자 8.2 계속

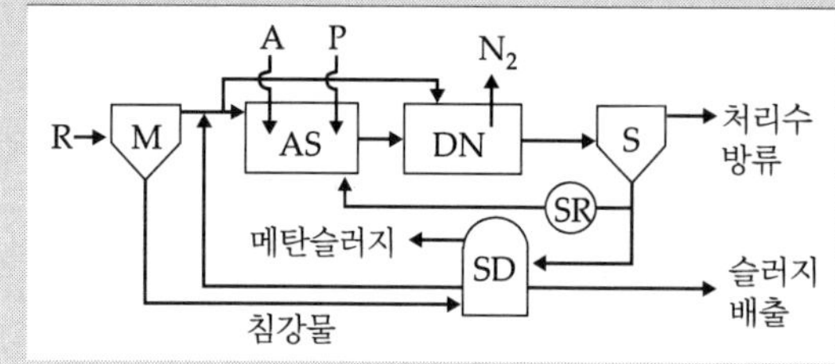

동시에 인을 제거할 수 있는 생물적 폐수처리장의 기술적 설계도. R, 원 폐수; M, 기계적 정화; AS, 호기적 슬러지 처리; DN, 탈질작용; S, 침전; SR, 슬러지 재순환; SD, 슬러지 소화; A, 폭기; P, 인 침강

호수의 복원은 가끔 전체 유역을 조사하도록 요하는데 이것은 오염물질들이 지류를 통해 호수로 수송되기 때문이다. Constance호는 큰 호수의 부영양화를 막기 위한 국제적 공동 노력의 예(호주, 독일, 스위스)로 들 수 있다. Constance호는 원래 빈영양이었지만 인구가 증가하고 20세기에 들어 호수의 이용이 증가하였으며, 1970년대에 남세균이 대발생하면서 부영양화의 징후를 보였다. 이 복원 프로젝트는 호수에 가까운 모든 마을과 지류를 따라 3차 하수처리장(인 제거: 고도처리) 건설을 요구했다. 이에 대한 결과로 호수의 인 농도 감소와 부영양화를 반전시키는 생물학적 징후가 나타났다.

영양염 부하가 감소하였음에도 불구하고, 호수의 반응에는 가끔 시차가 있었다. 외부 영양염 부하가 감소했음에도 호수의 인 농도가 감소할 때까지 몇 년이 걸리기

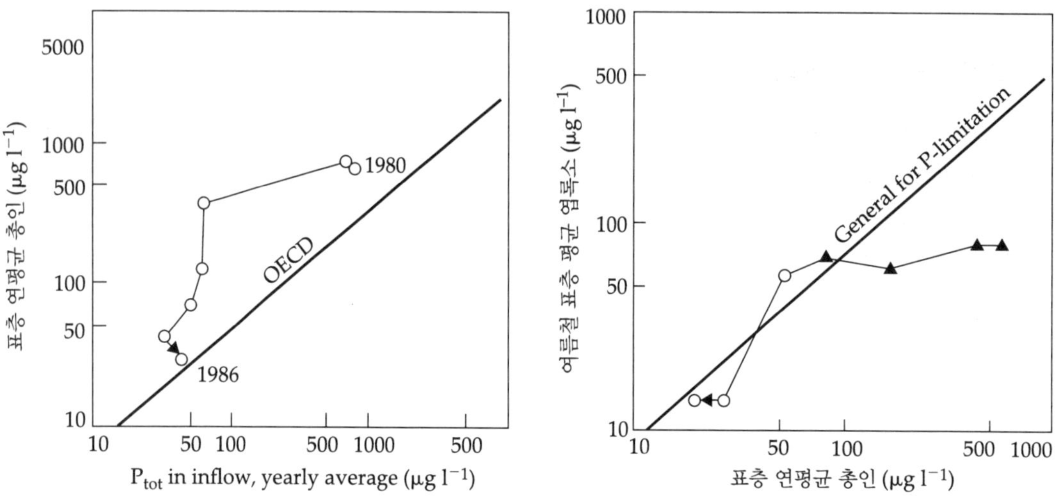

▲ 인제한상태 아님　○ 여름철 인제한상태

그림 8.13 외부 인 부하를 감소시킨 Schlachtensee호(독일, 베를린)의 시차지연 반응. 왼쪽: 유입되는 인과 연관된 호수의 총인과 OECD모델과의 비교(단원 8.5.4 참조). 오른쪽: 표수층의 여름 평균 엽록소농도를 표수층의 여름 평균 총인 농도와 비교하였다. 참조 선: 호수복원 연구 대상인 18개 유럽의 호수에서 인이 제한된 수년 동안의 회귀곡선(Sas 1989).

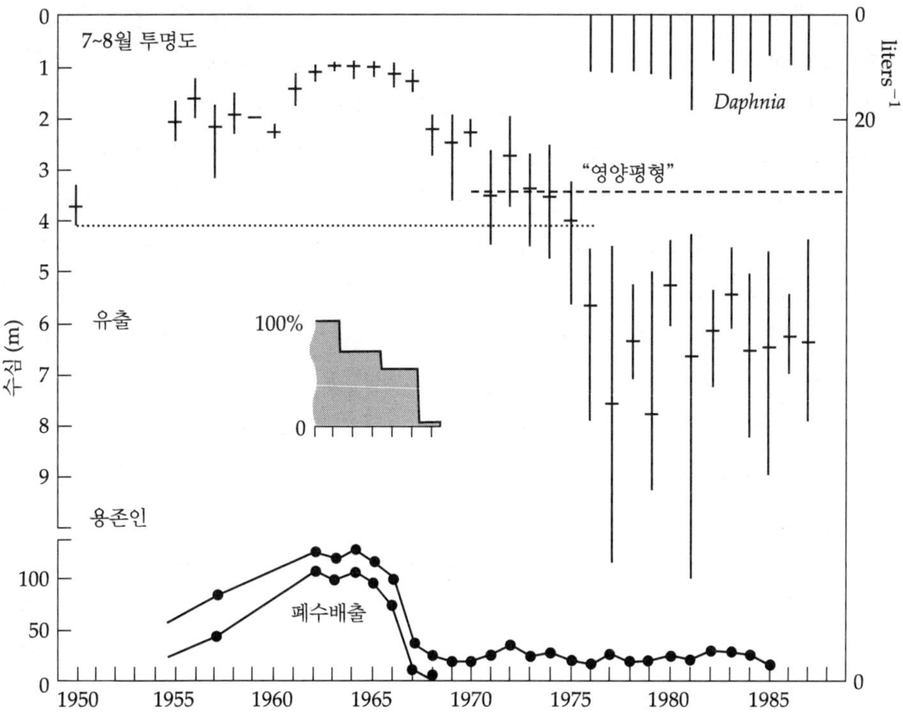

그림 8.14 Washington호에서 호수로 부터 폐수 전환으로 나타나는 연간변화(Edmondson 1991).

도 한다(그림 8.13, 상). 첫 번째, 호수 바닥의 형태와 유역에 따라 호수의 물을 교환할 때 시간이 걸린다. 두 번째, 오염이 최고치일 때 퇴적물에 퇴적된 인은 몇 년 동안 퇴적물로부터 배출될 수 있다. 상부의 물에 인 농도가 감소하면 확산 기울기를 증가시킴으로써, 일시적으로 내부 부하가 증가할 수 있다. 호수의 인 농도가 감소한 후에 식물플랑크톤이 줄어들 때까지 몇 년이 걸릴 수도 있다(그림 8.13, 하). 이러한 유형의 시차는 부영양화 과정에 인보다는 질소, 또는 빛에 의해 식물플랑크톤이 조절될 때 발생한다. 인 농도가 제한 수준으로 감소하기까지 시간이 필요하다. 조류 생물량 반응의 시차 또한 하향식 효과에 의해 발생한다. 예를 들어, 부영양 단계에서 발생한 플랑크톤 섭식 어류 개체군은 몇 년 동안 살아있을 것이고 지속적으로 동물플랑크톤의 섭식을 억제하고, 식물플랑크톤의 낮은 섭식압을 지속시킬 것이다.

Washington호(미국, 워싱턴주)는 호수 복원 연구의 훌륭한 사례로서, 이것은 먹이망 구조와 생물상호작용이 어떻게 영양염 감소를 성공시켰는지 잘 설명하고 있다(그림 8.14). 1940년대의 최근의 기록에 의하면 Washington호수가 빈영양-중영양호였지만, 유역에 도시화와 산업 및 가정 폐수의 증가로 오염이 호수를 급격하게 부영양화시켰다. 1960년대까지 호수는 낮은 투명도(오직 1 m)를 나타내었고 남조류 대발생(녹조현상)에 의한 유독한 냄새는 공적 관심사를 불러 일으켰다. 인이 정말로 조류 생장의 영양염 제한 인자인지에 대한 질문에 대한 수 많은 토론 후에(Edmondson 1991), 사람들은 호수로부터 근처의 Puget Sounder로 폐수를 전환시켜 멀리 보낼 수 있는 관로를 설치하기로 했다. 1968년까지 오수의 전환시설은 완공되었고, 2년 후에 호수의 인 농도가 새롭게 낮은 평형상태로 떨어졌다. 짧은 시간 이후에, 여름에 물 투명도는 3~4 m까지 개선되었고, 1975년까지 약 5년 동안 이렇게 일정한 상태를 유지하였다. 하지만 대형 여과 섭식종인 물벼룩 *Daphnia*가 1976년에 호수로 다시 돌아왔을 때, 평균 물 투명도는 급작스럽게 두 배로 높아져 10 m 이상이 되었다. 명백하게 물 투명도의 2차 증가는 인 농도 감소의 직접적 영향은 아니었다. 여러 기작이 Washington호수에서 물벼룩 개체군의 재 형성을 하도록 기여하였다. 그 기작은 물벼룩의 여과 기작을 방해하는 사상체 남세균이 소멸(상향식 bottom-up, 생물적 조절)하였고, 갑각류 새우에 의한 포식이 감소(하향식 top-down, 생물적 조절)한 것이다.

Constance호수의 복원은 주로 폐수처리와 높은 인 함유 세제에서 낮은 인 함유 또는 인이 함유되지 않은 세제로 대체함으로써 이루어졌다. Constance호수는 중유럽(*c*.500 km^2)에서 두 번째로 큰 대형 고산 호수이다. 이것은 약 120만명의 사람들에 의해 이용되는 약 11,500 km^2의 유역면적으로 되어 있다. 원래 Constance호수는 1950년까지는 총 인 농도가 < 6 mg인 빈영양호였다. 그 이후에 P_{tot}가 천천히 증가하는 것이 발견되었고, 1957년에는 10 $\mu g\,l^{-1}$에 도달했다. 비록 이것이 빈영양 범위 내에 있었다 하더라도, 플랑크톤 군집의 첫 번째 종 변화는 이미 발견되었었다. 부영양화는 1970년 초반기에 가속화 되었고, 1980년대 초에 겨울순환(winter overturn)에서 P_{tot} 농도는 87 $\mu g\,l^{-1}$에 달했다(그림 8.15). 빠른 부영양화 시기에 인을

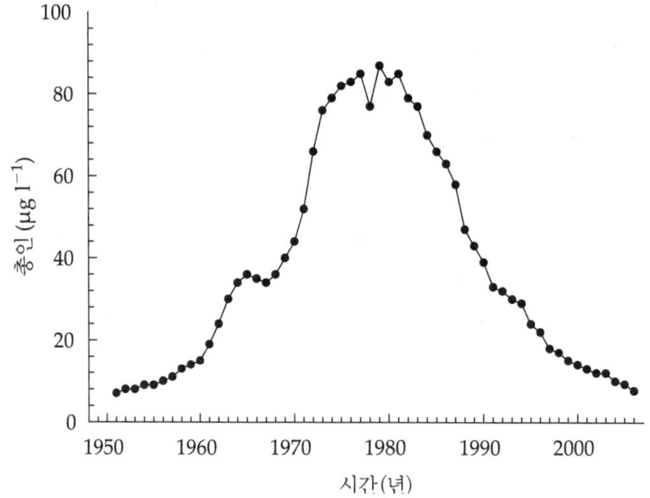

그림 8.15 Constance호수의 부영양화와 재 빈영양화. 상류 호수에서 총인의 장기변동(겨울 혼합동안). 부영양화의 최고점은 1980년대임(공급원: 환경청, Messungen–Naturschutz, Baden–Württemberg).

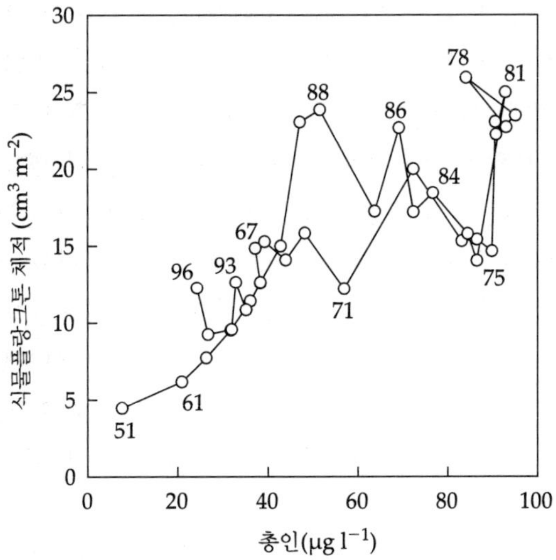

그림 8.16 부영양화와 재 빈영양화 동안 총인(연간평균)과 연관된 Constance호수(상류호)의 식물플랑크톤 생물량(0~20 m). 숫자는 연도임(1951~1996).(Kümmerlin 1998).

침강시키는 폐수처리장을 집수역에 건설하였다. 현재는 주거지의 약 93%가 이 폐수 처리장에 연결되어 있다. 이 노력은 성공적이었고, 1980년 초부터는 거의 지속적인 P_{tot} 농도 감소가 이루어졌다. 2006년에는 8 $\mu g l^{-1}$까지 내려갔다(그림 8.15). 연간 평균에 기반을 둔 식물플랑크톤 생물량의 반응이 지연되어 1990년대 까지도 뚜렷하지 않았다(그림 8.16). 하지만 정밀한 조사는 P_{tot}가 약 50%까지 감소하였을 때, 인 감소 이후 첫 10년동안 변화의 증상을 찾아냈다. 비록 봄 대발생에서 생물량은 인 감소에 대해 반응하지 않았지만, 영양염이 제한된 여름철 최고 생물량은 인 감소와 함께 연속적으로 감소하였다(Gaedke and Schweizer 1993). 이것은 봄 대발생(섭식에 의해 종료됨)과 일시적인 가을 대발생(광 제한)의 연간변동이 반응을 모호하게 하기 때문에, 연간 평균 값에서는 볼 수 없다. 첫 10년 동안 식물플랑크톤 조성의 변화가 발견되었다. 예를 들어 익상 돌말류가 봄 대발생 동안 증가하고, 반면에 여름 생장 기간 동안 그들의 중요도는 감소하였다. 이것은 봄에 인 제한이 더 일찍 시작되고, 인에 대한 우세한 경쟁자로서 돌말류로 변화됨으로써 설명 가능하다(단원 6.1.3). 반면에 봄 돌말류 개체군은 규소침전을 통해 심수층으로 이동시켰고, 물이 깨끗한 상태가 된 이후에 돌말류의 성장은 억제되었다(Sommer *et al.* 1993).

단원 8.5.4에서 이미 다룬 것과 같이, Constance호의 산소 상태는 작은 호수에서 예측한 것과 같이 부영양화와 복원에 반응을 하지 않았다. 심수층의 큰 부피로 인해, 최대 부영양화 기간에도 깊은 수심의 물은 결코 무산소 상태가 되지 않았다. 수심이 깊은 곳의 산소 자료를 P_{tot} 수준과 비교한다 하더라도 간단한 관계는 찾을 수 없다. 가장 심한 부영양화가 유지되는 동안, 253 m(제일 깊은 곳의 바닥 1 m 위 지점)

깊이에서 최저 산소 농도는 5~7 mg l^{-1} 사이였다. 반면, P_{tot}가 최대 농도의 절반을 약간 넘은 시기인 1971~73년도에 산소농도는 2~3 mg l^{-1} 범위였다(Muller 2002). 비슷하게 부영양화로부터의 회복은 심수층의 산소를 즉시 증가시키지 못했다. 1981년도의 값은 1999년 이후까지 초과되지 못했지만, 이 영향이 지속될지는 확실하지 않다. 이 영양염 농도 수준에서 산소부분을 분리시키는 이유는 겨울 순환의 정도와 기간에 달려있기 때문이다. Constance호는 너무 깊어서 빈순환 호에 해당한다(글상자 3.3). 만약 순환이 너무 짧거나 또는 최대 깊이에 도달하지 못한다면, 심수와 대기 사이 완전 균형을 이루지 못 할 것이다. 지구 온난화(단원 8.7.2)는 겨울 혼합을 거의 없앨 수 있으며, 완전한 혼합이 없는 경우에 겨울혼합은 더 자주 일어나도록 영향을 미칠 것이다. 그러므로 부영양화로부터 회복의 바람직한 효과는 기후변화 때문에 상쇄될 수 있다.

호수의 영양염이 확산(지하수, 침전)되는 경우에, 폐수 제거와 처리는 효과적이지 않을 수 있다. 이러한 경우나 또는 영양염 감소에 대한 반응이 너무 느릴 때, 다른 호수 복원 기술이 적용될 수 있다. 이러한 기술에는 호수 영양염 배출의 증가, 퇴적물 속 영양염 고정의 강화, 또는 조류의 영양염 흡수 저하시키는 것 등이 있다.

성층화된 호수의 심수층에 축적된 영양염은 영양염 배출을 가속화 시키는데 사용될 수 있다는 것이 사실이다. 보통 호수를 흘러나가는 물은 비교적 영양염이 적은 표수층의 물이다. 물은 유출수를 부분적으로 막고 깊은 물을 퍼 내기 위해 관을 삽입함으로써 호수바닥으로부터 배출시킬 수 있다(Olszewski tude). 이렇게 함으로써 심수층으로부터 영양염이 많은 물이 제거된다(Pechlaner 1979). 이것은 혐기상태인 물속에 있는 황화수소에 의해 유독한 악취와 같은 문제가 발생할 수 있다. 또한, 많은 양의 물이 방류될 때, 수온약층이 낮아지고, 심수층의 온도는 증가하고, 산소고갈을 증가시키며, 결국은 퇴적물로부터 인을 더 많이 방출될 수 있다. 인은 퇴적물과 심수층에서 산화 환원 반응 조건을 개선시킴으로써 호수 바닥에 유지될 수 있다. 이것은 산화제를 호수로 투입(심수층의 폭기, 퇴적물에 질산염 주입)하거나 산소가 공급된 물을 표수층에서 심수층으로 넣는 것으로 실행될 수 있다. 하지만 이것은 산소를 심수층에 더함으로써 표수층에 영양염을 공급하는 것이기 때문에 정체기간에 강제 혼합은 위험하다. 간헐적인 혼합은 가끔 성공적인데, 그것은 생장조건을 빈번하게 변화시켜 남세균의 대발생을 점진적으로 막고, 식물플랑크톤 종들을 빨리 생장하도록 하고 쉽게 섭식되는 미소플랑크톤으로 변하도록 하기 때문이다(Reynolds *et al.* 1984).

단원 7.3.3에 소개된 생물조작(Shapiro and Wirght 1984) 개념은 동물플랑크톤의 포식압을 완화시키기 위해 동물플랑크톤 포식 어류를 줄이거나 제거하는 것이다. 그러므로 식물플랑크톤 섭식압을 높이게 된다. 이 접근이 성공적인 곳에서, 식물플랑크톤의 생물량을 줄일 뿐만 아니라 조류와 조류로 생성된 유기잔사체가 심수층으로 침강하는 것을 감소시킨다. 따라서 산소 고갈을 줄이고 심수층에서의 산화 환원 반응 환경을 개선시키며 더 많은 양의 인을 고정하도록 한다. 얕은 호수에서 투명도가 높아지면 대형식물 생장을 회복시킨다.

모든 플랑크톤 포식 어류의 완전한 제거는 물의 투명도에 큰 영향을 미친다. 하지만 플랑크톤 섭식종이 없는 군집은 안정하지 못하다(단원 7.3). 어류는 효과를 유지시키기 위해 계속 관리되어야 한다. 부가적인 영양염 제거가 없으면 조류 생물량은 섭식자에 의해 영원히 억제되지 못하고 결국 내성이 생긴 형태로 바뀔 것이다. 새로운 생물조작 전략은 절충을 하게된다; 플랑크톤 섭식종은 어류 섭식종 생물량을 높임으로써 적절한 풍부성을 유지시키며, 이것은 지속적인 양어장 관리에서 필요로 한다(Benndorf *et al*. 1988, Shapiro 1990). 생물조작은 두 개의 안정 상태인 얕은 호수에서 가장 효과적인 방안으로 보인다(단원 7.3.4). 어류의 제거는 호수를 1년 내에 표영성 조류 등이 우점하여 혼탁한 시스템에서 대형식물이 점유하여 맑은 시스템으로 바꿀 수 있는 방법이다. 한 번 대형식물이 자리 잡으면 어류는 시스템을 역으로 변화시키지 않더라도 다시 돌아올 수 있다(Reynolds 1994).

8.6.3 산성화

산성화는 호수와 강에서 두 번째로 가장 만연한 인위적 변화이다. 대기와 이산화탄소가 평형에 있는 순수한 물은 pH 5.6으로 약 산성이다. 오늘날 유럽과 북아메리카의 강우는 pH 4.7 이하이다(산성비). 산성비에서 산성을 강화시킨 주요 원인은 화석 연료의 연소로 배출되는 이산화황(SO_2)과 산화질소(NO_x)이며 광 산화로 황산(약 70%)으로 변형된 것이다. 산성 부하의 영향은 물의 완충능력과 집수역에 있는 토양의 종류에 달려있다. 칼슘이 풍부한 지역의 호수는 칼슘-이산화탄소 시스템에 의해 완충되며(단원 3.1.6) 산성비의 영향이 적거나 거의 없다. 화강암이 지반을 이루는 지역(화강암, 편마암)은 완충 능력이 상당히 적다(알칼리성 $< 0.1\ meq\ l^{-1}$). 유입되는 산은 화학적 적정과 같이 작용해 처음엔 알칼리성을 써버리고 그 다음엔 pH가 급격하게 낮아지게 한다. 화강암 지역의 많은 호수와 하천(예를 들어 스칸디나비아, 미국의 동북부, 캐나다 동남부)은 강하게 산성화 되어있다(일부 지역은 pH < 4.5).

대기로의 산성물질 방출과 유역에서 일어나는 과정 간의 상호작용은 노르웨이 호수의 황산염과 수소 이온으로 설명될 수 있다(그림 8.17). 이산화황은 화석 연료의 연소에 의해 발생하는 산성 방출의 가장 중요한 구성 요소 중 하나이다. 대기에서 이산화황은 삼산화황으로 산화되고 이후 물과 결합화여 황산을 형성한다. 황산은 황산염과 수소이온으로 스스로 해리된다. 유역에서 이온이 퇴적된 후에, 그들의 운명은 상당히 달라진다. 황산은 유역에서 생물학적 과정에서 거의 이용되지 않고, 퇴적된 황산의 약 80%는 호수로 유입된다. 호수에 황산 잔류는 거의 없다(< 10%).

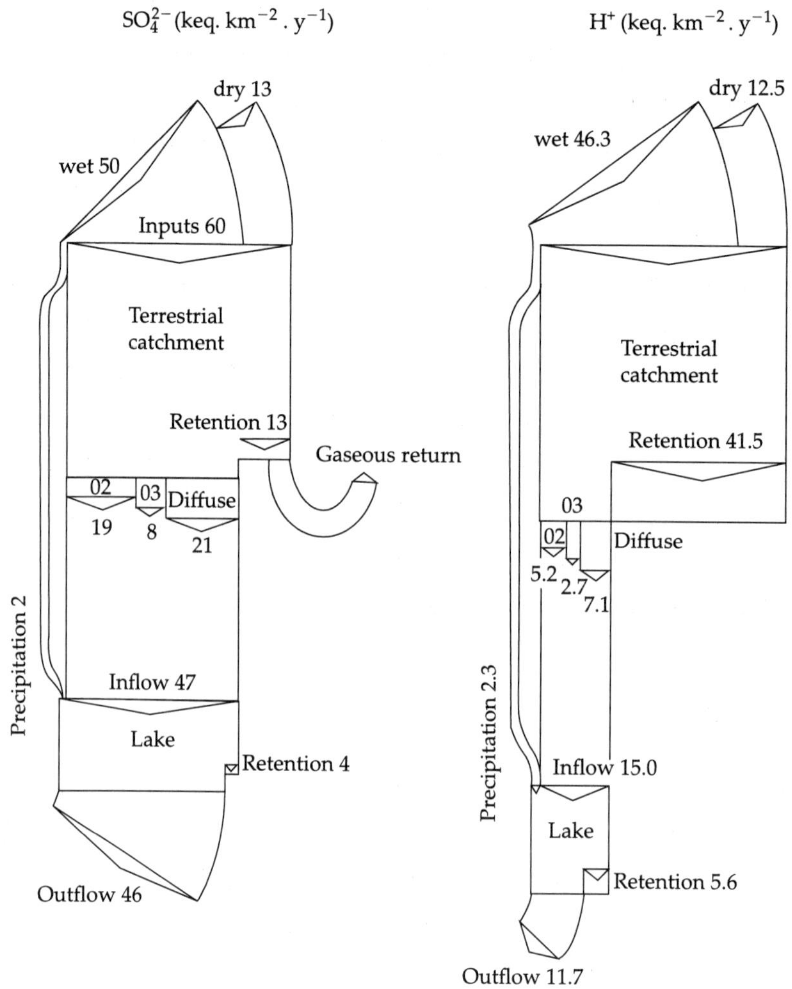

그림 8.17 Langtjern 호수(노르웨이)와 유역에서 황과 수소이온의 연간 평균 유동량(1974~1980)(Wright 1983).

반면에 집수역에 퇴적되어 있는 오직 27.5%의 수소 이온만이 호수로 유입되고, 이것의 70%이상은 잔류한다. 호수의 수소 이온 잔류는 덜 중요(약 37%)하지만, 황산이온보다는 훨씬 중요하다. 수소 이온의 소비에 주요하게 기여하는 과정은 광물질의 풍화작용이며, 백운모는 다음과 같은 식으로 풍화된다.

$$KAl_2(AlSi_3O_{10})(OH)_2 + 10H^+ \rightleftharpoons K^+ + 3Al^{3+} + 3H_4SiO_4$$

Langtjern의 유역에서 수소 이온의 잔류는 적다. 그것은 결정암이 기반인 지역이기 때문이다. 탄산염암이 많은 지역은 훨씬 더 높으며 100%에 도달할 수 있다.

증가한 수소 이온 농도의 직접적인 생리적 효과에 더해, 중요한 생물적 효과는 변화된 용해도와 물의 pH 감소로 많은 금속들이 종 변화에 의해 나타난다. 예를 들어, 알루미늄, 철, 구리, 아연, 니켈, 납, 카드뮴은 산화될 때 더 많이 용해될 수 있지만 수은과 바나듐은 다소 덜 용해된다. 생물들에 대한 산성화의 역 효과는 알루미늄의 용해도를 증가시키고 유독한 Al^{3+} 형태로 전환되기 때문이다. 알루미늄의 이동성 증가는 또한 인의 침전을 일으키고 산성화된 호수들을 빈영양호로 바뀌게 하는 경향이 있다. 산성화된 호수는 또한 가끔씩 더 투명해지는데, 이는 알루미늄에 의한 부식물질이 침전하기 때문이다.

산성화된 호수의 일차생산은 물 투명도의 증가와 빈영양화의 결과와 같이 저서생물로 이동한다. 결과는 가끔 바닥에 사상체 조류인 *Mougeotia*가 밀집된 매트를 형성되는 것이다. 광 조건의 향상으로, 조류 매트의 발달은 또한 그들 위에서 섭식을 하는 많은 저서무척추동물의 감소를 촉진한다. 속씨(현화) 수생식물은 가끔 물이끼(*Sphagnum* moss)에 의해 억제된다. 물이끼(*Sphagnum*)는 효율적인 이온 교환을 하는데, 물에서 양이온(영양분)을 제거하고, 그들을 수소 이온으로 대체한다. 이것은 결국 산성화 과정을 가중시킨다. 이 결과의 산성조건은 수생생물의 종수를 점차 감소시키고 돌말류와 같은 특정 식물플랑크톤의 그룹을 없앤다(그림 8.18).

돌말류는 분명한 pH 선호성이 있다. 이것을 사용하여, 우리는 호수 퇴적물에 있

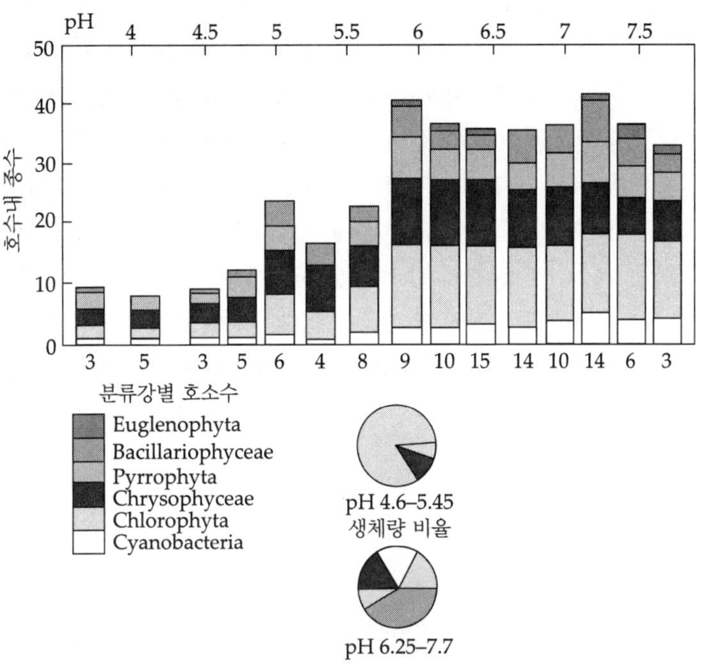

그림 8.18 위: pH가 다른 조건의 Swedish호수에서 여러 식물플랑크톤 그룹의 종수. 아래: 산성 호와 거의 중성인 호에서 다른 분류군들의 생물량의 평균 비율(Almer *et al*. 1974).

는 돌말류 피각을 분석하여 호수의 pH 역사를 재구성 할 수 있다. 각 종들은 오늘날 pH 조건에 연관하여 출현하는 것을 기반으로 하여 지표값이 지정된다. 분석된 퇴적물 층의 나이를 알면 우리는 돌말류 잔유물로부터 퇴적물 pH 역사를 추정할 수 있다(Arzet *et al.* 1986).

동물플랑크톤은 또한 지표자로 이용될 수 있다. 예를 들어, 대부분의 물벼룩(*Daphnia*)은 pH 6 이하에서 사라지는 반면 *Bosmina longispina*는 여전히 pH < 4.1에서도 출현한다(Brett 1989). 대부분의 어류는 pH 5.0~5.5 사이에서 제한되지만, 민물송어 *Salvelinus fontinalis*개체군은 pH 4.5에서도 생존할 수 있다. 몇몇 어류는 성체일 때 낮은 pH값에서도 살수 있지만 그들의 알은 발생할 수 없다(Henriksen *et al.* 1989).

호수 산성화의 가장 중요한 측면은 생물학적 변화를 포함한다. 산성화된 호수에서 관찰된 군집변화는 직접적인 pH 효과(내성) 때문인지 아니면 생물 상호 작용에서 작은 변화에 의해 나타난 것인지는 확실하지 않다. 예를 들어, 군집 구조는 조류의 경쟁 관계의 변화에 의해 바뀔 수도 있고 핵심종(깃대종)의 소멸에 의해 바뀔 수도 있다(단원 7.3.4)(Eriksson *et al.* 1980).

산성화된 호수 복원의 성공은 호수의 위치에 따라 상당히 달라진다. 스칸디나비아에서 흔히 사용되는 단기 해결책은 호수에 주기적으로 알칼리성 물질(석회 또는 수산화나트륨)을 첨가하는 것이다. 하지만 장기적으로 산성화로 인한 문제는 오직 산업, 자동차, 가정 난방에 의한 화석 연료 배출물을 줄이는 방법만이 해결할 것이다. 유럽에서 기술적 수단을 이용하여 공해 오염 물질을 줄이기 위한 국가적, 세계적으로 노력을 하고 있었다. 1999년 Gotenburg(스웨덴)에서 조인된 국제 의정서는 유럽 수자원 계획에 명시된 것과 같이 2016년까지 산성화된 호수를 복원하는 것을 목표로 설정하였다(Ferrier 2001). 지금까지 방안들은 성공적이었다. 유럽의 연간 이산화황 배출은 1980년도에 54×10^9 kg에서 2005년에 18×10^6 kg까지 감소하였고 2010년에는 14×10^6 kg까지 감소할 것이라 예상하고 있다. 광범위한 모니터링 프로그램은 이 감소에 긍정적인 효과를 보였다. 비록 오직 몇몇의 관찰된 호수만 반응을 보였지만, 이들은 더 높은 완충 능력과 높은 pH로 변하는 일반적인 경향을 보이고 있다(Evans *et al.* 2001).

8.7 생태계 변화

8.7.1 천이

장기 천이와 극상 개념의 문제점

생물들은 그들 활동의 결과로 그들 자신의 환경을 바꾼다. 이것은 또한 그들이 받는 자연 선택압을 변화시킨다. 원래 잘 적응한 종들은 변화되는 환경에 적응력을 상실할 수 있는 반면, 다른 종들은 새로운 환경에 더 잘 적응할 수도 있다. 새로운 종들은 기존의 종들을 배제시킬 것이며, 그들 또한 비슷한 방법으로 배제 될 것이다. 이 과정을 천이라고 부른다. 이것은 군집의 일시적인 변화뿐만 아니라 생태계의 일시적인 변화도 포함한다.

배타적으로 생물들 자기자신에 의해 생긴 천이는 **자발적 천이**(autogenic succession)라고 하며, 외부 요인(기온)에 의해 변화된 장기적 변화는 **타의적 천이**(allogenic succession)라 한다. 갑작스런 교란은 생태계가 다시 최초 환경으로 되돌아가게 만들 수도 있다(복귀). 그러면 다시 원래 방향대로 자연적 천이가 시작된다. 천이가 단계 A → B → C → D → E를 포함한다고 가정하자.
교란은

A → B → C → D → 교란 → C → D → E

을 일으킬 수 있지만

A → B → C → D → 교란 → C → B → A

는 불가능하다(Reynolds 1984).

Clements의 단극상설(1936)은 주요 기후대에서 모든 천이는 다른 종들에 의해 배제되지 않는 모두 같은 최종 극상 단계로 진화할 것이라 주장하다. 극상 단계는 항상상태의 시스템으로 볼 수 있으며 모든 개체군의 손실과 이득 그리고 화학 물질은 거의 완벽한 안정상태인 평형에 있다. 단극상설에 의하면 극상 단계의 동물상과 식물상의 조성은 천이의 시작 조건이나 지리적 환경에 의존하지 않는다. 노암(bare rock)(건생 천이 계열: xerosere)이나 호수(습성 천이 계열: hydrosere)에서 시작한 천이라도 결국 같은 종점으로 갈 것이다. 이는 낮거나 중간 고도인 중유럽에서 너도밤나무 숲을 이루거나 북미에서 너도밤나무 단풍나무를 이룰 것이다.

습성 천이 계열의 지리적 기반은 호수를 이루는 것이다. 호수 분지가 퇴적물로 채워지면, 이것의 부피는 감소하고 변함없는 영양염의 총 부하로 인해 점차 부영양호가 될 것이다(단원 8.6.1). 부영양화는 마찬가지로 호수 바닥에 침전률을 증가시킨다. 호수는 또한 호수연안에 식물이 무성하게 자랄 것이다. 얕은 호수안역에 정수식물(갈대, 등심초)은 부영양화에 기여하는 영양염을 축적한다. 이런 호수들은 점차 습지대로 변하고, 이들은 수분 내성 나무(버드나무, 오리나무)로 채워지며 결국 숲을 이룰 것이다. 토양이 발달할수록 중간 수분 내성 나무들이 들어온다. 물이끼(peat moss, *Sphagnum*)와 사초과(sedges)의 식물에 의해 생긴 부유매트는 먼저 급경사진 뚝이 있는 가장자리에서부터 생긴다. 토탄은 쉽게 부패되지 않는 축적된 유기물이 부유매트 아래에서 형성된다. 부유매트가 안정되면 관목(대부분 철쭉과, 예를 들어 블루베리)과 교목이 유입되고, 결국 미사가 축적된 호수가 숲으로 바뀐다.

이런 천이는 수 백년, 수 천년, 혹은 수 만년이 걸리기 때문에 직접적으로 관찰되지 않았다. 이것은 일반적으로 오늘날 관찰된 생태계와 군집은 특정 시기의 천이 단계라고 추정된다(시-공간적으로 대체됨; space-for-time substitution).

시-공간 대체 개념에는 수많은 불확실성과 추정이 있지만 주요 기후대에 있는 모든 천이가 같은 극상 단계로 모일 것인지(단극상설), 혹은 시작 단계나 지역의 지질에 따라 지역 내에서 다른 극상 단계인지(다극상설)를 증명하는 것은 거의 불가능하다. 또한 천이는 시간이 매우 오래 걸리기 때문에 장기 기후 환경이 변할 수도 있다. 만약 기후 변화가 천이 과정을 바꾼다면, 기후가 새로운 단극상으로 변화시킨 원인인지, 혹은 천이가 기후와 상관없이 변했는지를 결정하는 것은 불가능하다. 단극상-다극상 논쟁은 풀리지 않는 논쟁으로 간주해야 한다(반증할 수 없음: nonfalsifiable).

일반적인 경향

단일 극상 단계가 있는지에 상관없이 초기와 말기(성숙) 천이 단계 사이에 차이점은 생길 수 있다. 이것은 특히 일차천이에서 일어나는데, 이전에 개척되지 않은 서식지에 처음 정착한 것을 포함한다. 제시된 경향(Odum 1959)은 서식지에 있는 생물의 밀도가 높아지면서 그 곳에 살 수 있는 생물의 능력에 대해 상당히 연역적 추론을 한다. 이 개념의 경험적 검정은 다시 장기 천이와 시-공간 대체의 문제로 들어가기 때문에 매우 적고 불완전하다.

처음에, 빈 서식지의 집단화는 크게 생물량을 축적시키는 것이 문제이다. 생물량 축적은 무생물 자원의 소비증가와 상응한다. 일반적으로, 초기 수서서식처에서 초기 천이 동안, 대부분의 영양염은 물에 용해되어 있어 이용 가능하다. 이후 단계에서 증가된 영양염의 비율은 생물체내에 고정된다.

만약 서식지에서 천이가 대수롭지 않을 정도로 유기물이 첨가된 상태에서 시작된다면, 처음 정착하는 생물은 독립 영양자임에 틀림이 없다(독립 영양 천이). 처음에는 호흡과 비교했을 때 일차생산이 초과한다. 일차생산자의 생물량이 존재하면, 소비자와 유기잔사체식자는 자연스레 따라온다. 이것은 호흡을 증가시키고 결국 이것은 광합성과 호흡 사이의 평형을 이루도록 할 것이다.

반면에 심한 유기물 오염(예를 들어, 폐수)이 된 서식처에 첫 정착하는 생물은 종속영양생물이다(종속 영양 천이). 일차생산자는 유기물이 무기물로 되는 것과 같이 점차 중요해진다. 종속영양 천이에서 처음에는 일차생산보다 호흡량이 많다. 종속영양 천이와 독립영양 천이는 일차생산/호흡 비율이 1:1로 수렴하는 경향을 가지고 있다.

경쟁은 증가하지만 무생물 자원이 소비됨으로써 제한된다. 그래서 천이에서 성공한 종은 가용자원을 빠르게 이용하고 그것을 계속 유지한다. 자원 공급이 부족할 때, 개체군은 높은 사망률을 보충할 수 있는 적절한 번식률을 이룰 수 없다. 그러므로 성공한 종은 죽음에 대한 저항성을 가지고 있고, 특히 높은 영양단계의 생물이 추가 되었을 때 또한 치사율이 증가한다. 이것은 강한 경쟁자의 종으로 변하게 되고, 죽음에 저항할 수 있는 종으로의 이동은 폐쇄 영양순환으로 이어진다.

일차생산 생물이 섭식에 저항성을 더욱 갖게 될수록 초식동물은 덜 중요해지고 유기잔사체식자가 더욱 중요해진다. 섭식저항은 쉽게 분해되지 않는 섭식저항 구조의 생성(섬유소, 리그닌, 키틴질)으로 생겨나고 내화물질들의 축적이 일어난다.

상대 대사률(예를 들어, P/B 비, 글상자 4.4 참고)은 자원이 제한되고 더 많은 물질들이 보호구조와 더 큰 몸을 만듦으로써 감소한다. 천이 과정에서 이러한 변화는 *r*선택에서 *K*선택으로 변화를 나타낸다(단원 5.6).

Margalef(1968)는 이 개념을 생태계의 성숙이라고 했다. 이 개념은 수명이 긴 일차생산자가 중요한 요소를 나타내는 육상생태계를 대상으로 제안되었다. 수서생태계에는 이런 극상단계가 없다고 이미 언급했는데, 하지만 오히려 그들은 궁극적으로 육상 생태계가 된다. 그것은 오직 천이의 시작 단계이다. 우리는 호수를 성숙하거나 미성숙하다고 증명할 수 있는 특징을 찾을 수 있다고 기대하지 말아야 한다. 호수의 개방수역은 성숙한 환경이 될 수 없다. 이 영역은 계속적으로 초기 천이 단계로 돌아가기 때문이다(단원 8.7.1). 온대지역에서 이런 교란은 계절과 수체의 순환으로 일어난다. 어떤 의미에서는, 호수의 천이가 그 자체에서 년 중 순환이 일어나기 때문에 생태계의 매년 일어나는 성숙의 특정 단계가 있다고 할 수 있다.

플랑크톤의 계절적 천이

호수에서 천이의 패턴은 플랑크톤의 생물량과 종 조성의 계절변화를 관찰할 수 있다. 단기 과정의 장점은 시·공간 대체의 문제점을 피할 수 있다는 것이다. 비록 기간이 짧더라도, 플랑크톤 천이는 육상 천이와 비교할 수 있다. 일차생산자의 단계가 약 30~100세대의 생물와 분명한 일련의 식물상 단계를 포함하기 때문이다.

플랑크톤이 실험 연구에 매우 적합하기 때문에, 플랑크톤의 계절적 천이는 가장 잘 이해되는 천이의 예시 중 하나이다. 하지만 자생적 구성요소와 타생적 구성요소를 구분하기 어려운데, 이는 계절의 물리적 변화와 자생적 천이가 겹치기 때문이다. 원래 식물플랑크톤의 계절적 주기는 거의 전적으로 타생 효과(온도, 성층화, 광)에 의해서만 일어났다. 반면에, 물리적 환경을 조작하거나(예를 들어 인위적 순환; Reynolds *et al.* 1984), 중요종에 대한 개체군 동태의 많은 구성 요소를 분류하고(Reynolds 1984, Sommer 1987), 종의 구성에서 계절적 변화의 증감을 비교(Sommer 1989)하는 등 많은 연구로부터 비교적 명확한 플랑크톤 천이의 우연한 메커니즘을 만들어 낼 수 있었다.

호수의 온도성층화는 플랑크톤의 계절적 천이를 조절하는 가장 중요한 요인이다. 천이는 얼음이 녹거나 얼음이 투명해지는 시기에 시작된다. 만약 이전 겨울 기간이 플랑크톤 현존량을 낮은 단계로 줄일 수 있을 만큼 충분히 길었다면, 천이는 일차 군집화가 시작되는 일차천이의 특징을 나타낸다. 성층화가 지속되거나 안정성이 증가하면, 자생적 천이를 발달 시킨다. 혼합 깊이가 일시적이고 단기간의 확대(예를 들어 태풍에 의해)되는 것은 원래 상태로 회귀된다. 결국, 가을에 수온약층의 파괴는 타생적 천이를 일으킨다. 식물플랑크톤과 동물플랑크톤의 계절적 천이의 PEG 모델은 국제 플랑크톤 생태 그룹(Plankton Ecology Group: PEG)에서 비교연구한 일반적인 그림을 개발하였다. 이것은 24차례의 순차적 사건으로 계절적 천이 과정을 요약한다(Sommer *et al.* 1986). Constance호와 다른 많은 부영양호들이 모델 시스템의 역할을 한다. 비록 다른 특정 조건을 가지고 있는 모든 호수들에 일련의 사건을 적용시킬 수는 없지만, 그럼에도 불구하고 인과설명은 적용될 것이다. 연수호, 얕은 호수, 열대지방 호수에 모델을 적용할 수 있을지는 확실하지 않은데, 이것은 충분하게 연구되지 않았기 때문이다.

그림 8.19는 PEG모델의 가장 중요한 예측을 요약하고 있다. 부영양호의 천이는 보통 2종류의 식물플랑크톤이 최대량을 나타내는 데, 첫 번째는 소형 조류가 봄에 최대량으로 증가하는 것이고 두 번째는 대형이고 섭식 저항성 형으로 여름에 최대량으로 증가하는 것이다. 이들 최대량들은 물이 깨끗한 상태의 단계로 나누어 진다. 투명한 물 단계는 대형 동물플랑크톤이 최대량으로 증가하면 발생하며, 그것은 나중에 소형 동물플랑크톤 종으로 대체된다. 빈영양호에서 계절적 패턴은 다르다. 모든 과정들이 전체적으로 더 느리게 진행된다. 그러므로 오직 천이의 첫 부분만 완료되고 투명한 물 단계에서 존재하지 않는다.

조절 요인의 강도는 그림 8.19의 검은 가로 막대의 두께로 나타내었다. 그들의 생물량 축적과 특정 종의 선택에 대한 효과는 단원 6에 나와있다. 생물학적 요인은 특정한 모습을 만들 때, 물리적 요인이 틀을 만드는 것은 명백하다. Constance호에서 식물플랑크톤의 계절적 천이는 PEG 모델의 예측과 비교하기 위해 그림 8.20에 제시되었다.

기후 조건은 계절적 천이에 영향을 미칠 수 있지만, 기본적인 패턴은 변하지 않는다. 생태계에서 성숙기 동안의 명백한 경향은 단원 8.7.1에 기술되어 있는 것과

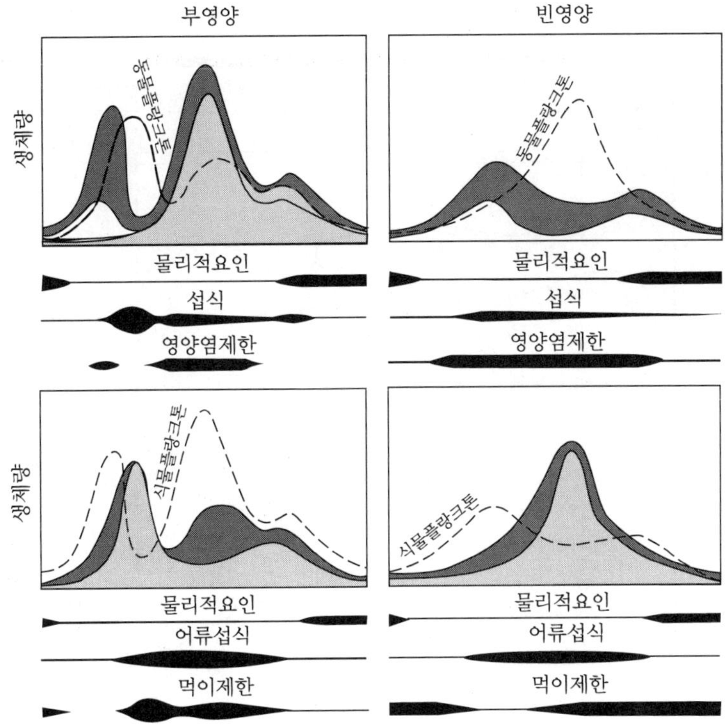

그림 8.19 계절적 천이를 PEG모델로 나타낸 그래프. 부영양호(왼쪽)와 빈영양호(오른쪽)에서 식물플랑크톤(위)과 동물플랑크톤(아래)의 계절적 천이. 식물플랑크톤: 검은색, 소형종: 회색, 대형 비규소성 종: 희색, 대형 돌말류. 동물플랑크톤: 검정색, 소형종; 회색, 대형종. 수평의 검정색은 선택요인의 상대적 중요성을 나타냄(Sommer *et al*. 1986).

같이 한 계절의 과정 동안 플랑크톤에서 볼 수 있다.

- **생물량의 축적**: 부영양 호수들은 여름 동안 그들의 계절적 최대 생물량을 가지고 있지만, 이것은 빈영양호에서는 사실이 아니다(그림 8.19). 하지만 영양염과 물질들은 표수층에서 계속해서 침전되는 것을 나타내었다.
- **상대 대사율의 감소**: 식물플랑크톤의 생산에 대한 생물량의 비율은 자생적 천이 과정 동안 감소한다. 이것은 연중 P:B비가 최대치에 도달하는 동안, 투명한 물 단계에 의해 중단된다(그림 8.21).
- **자원 제한과 경쟁의 증가**: 영양염 제한은 투명한 물 단계 이후 증가하는데 이것은 식물플랑크톤의 경쟁 증가 때문이다. 생물량이 증가하면 물의 투명도는 감소하고, 이것은 빛 경쟁으로 이어진다. 동물플랑크톤의 먹이제한은 투명한 물 단계에서 강도가 높아진다. 봄철 조류가 최대로 증가하는 동안 보다 먹을 수 있는 조류가 더 부족할 때, 동물플랑크톤은 여름 동안에 먹이가 제한되는 경향이 있다.
- **영양염 순환의 폐쇄**: 봄에 최대로 증가하는 동안과 투명한 물 단계 다음에, 영양

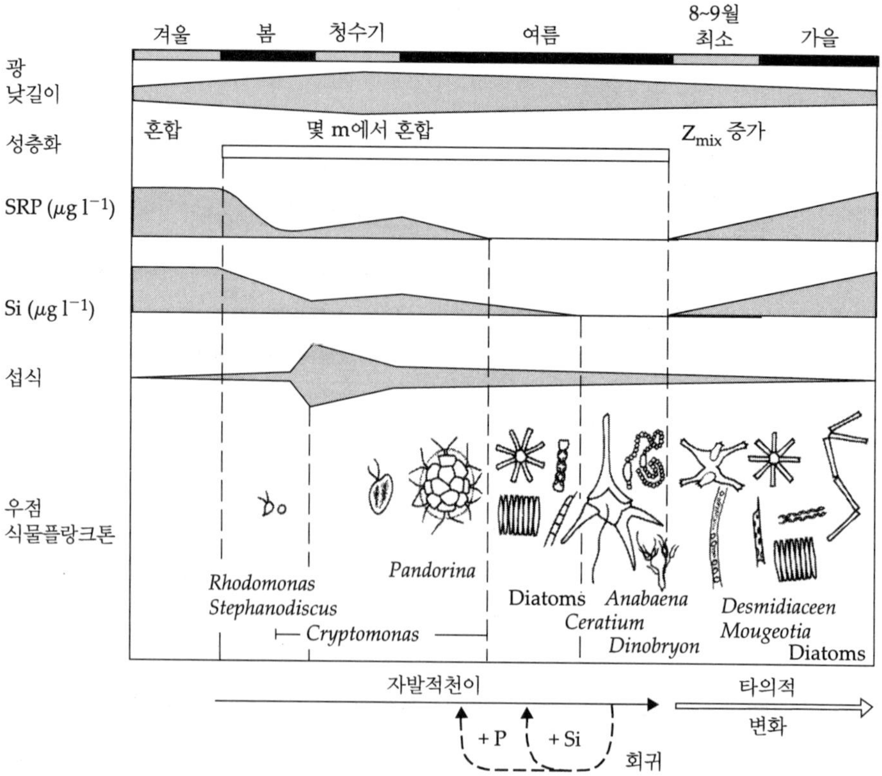

그림 8.20 Constance호수에서 식물플랑크톤의 계절적 천이와 연관된 환경조건(Sommer 1987).

염은 용해되어 통합 풀로 크게 이동한다. 돌말류가 사라진 후, 주로 운동성 종류(편모류, 가스포가 있는 남세균)만 남게 된다. 이것은 퇴적물에서 크게 줄고 표수층에서 영양염의 체류가 증가한 결과이다.

- **초식에서 유기잔사체식자로의 변화:** 투명한 물 단계 이후, 초식동물은 먹을 수 없는 조류 종으로 변화되기 때문에 일차생산의 작은 단편만 이용한다. 이 시기 동안, 크고 먹기에 불편한 조류는 주로 기생자(균류)와 유기잔사체식자에 의해 이용된다.

종속영양 천이로서 자정작용

만약 외부생성 유기물이 수체로 들어온다면, 이것은 분해되고 결국은 다시 무기물화 된다. 유기물이 변하고 생물체 또한 그들이 분해하면서 그들의 환경을 변화시키기 때문에, 천이의 일종은 유기 기질에서 일어난다. 이러한 종속영양천이는 호수에서 일어나지만, 각각의 단계는 자정작용 연속성이 있는 여러 수평 구간이 종속영양천이의 여러 단계와 일치하는 하천에서 더 쉽게 분석된다. 유기물 공급원으로부터 거리가 먼 하류는 오래 된 호수와 상응하는데(유동파), 즉 호수 천이의 시간적 과정

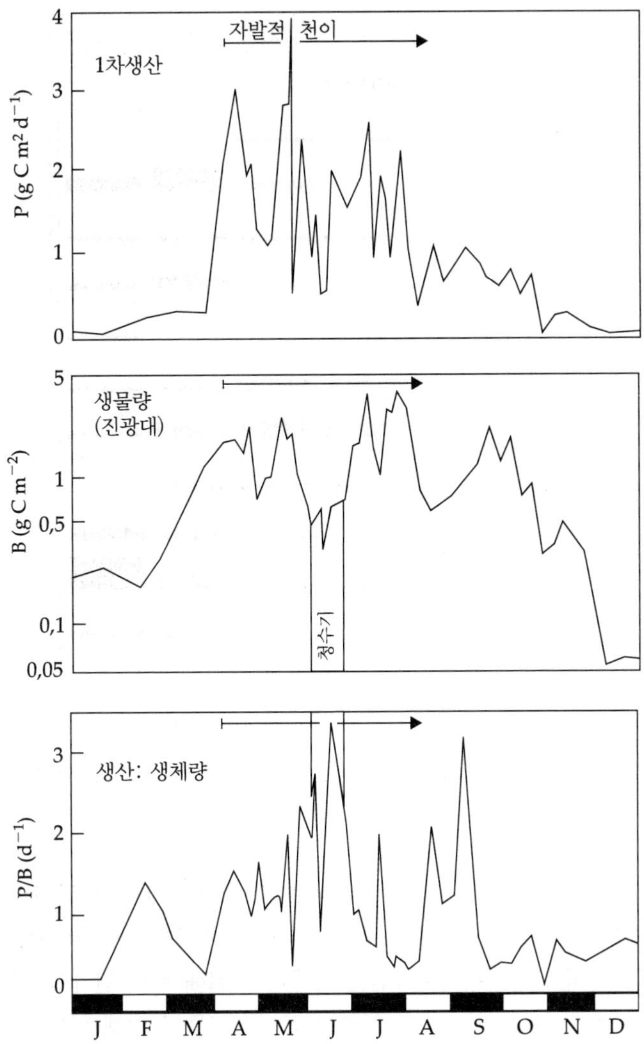

그림 8.21 1981년에 Constance호수에서 (a) 식물플랑크톤의 일차생산(g C $m^{-2}d^{-1}$), (b) 진광층에서 생물량(g C $m^{-2}d^{-1}$), (c) 식물플랑크톤의 생산-생물량의 비(Tilzer 1984b).

이 하천의 공간적 과정으로 해석될 수 있다.

유기물이 호수로 첨가되지 않고, 오랜기간 동안 유기물의 재무기물화는 생산량을 반영하는 것이다. 교란이 없는 수체에서 모든 분해 과정의 합은 모든 생산 과정의 합과 비슷해야 한다. 천이의 막바지 단계에서 일차생산-호흡(P:R) 비는 1에 도달한다. 만약 분해 가능한 유기물이 수체에 첨가되었다면, 그 비는 1 이하로 낮아질 것이다. 이들 물질의 분해에 의해 평형상태로 복귀하는 것은 자정작용이라고 한다. 영양조건과는 대조적으로 그것을 생산 과정이라고 하고(단원 8.5.4), 부수성(saproby)은 분해 과정의 강도를 나타내기 위해 사용된다.

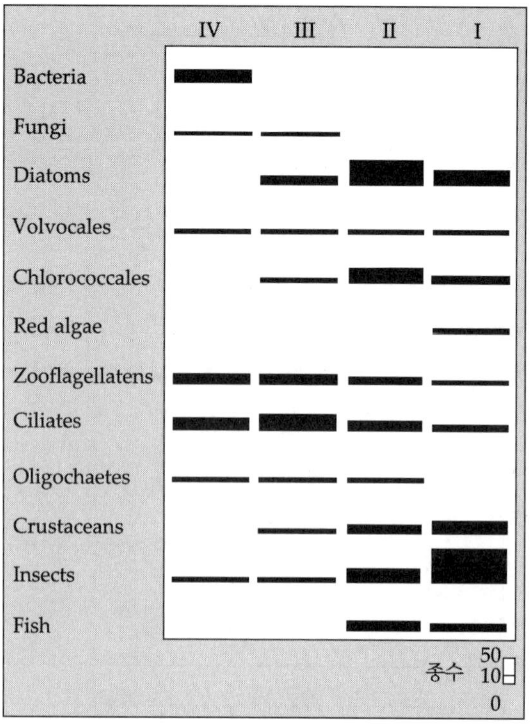

그림 8.22 다양한 수질을 가지는 부수성 시스템에서 지표종 분포(Uhlmann 1975).

외부생성 유기물의 부하는 교란이 없는 하천의 규칙이다(단원 8.4). 하지만, 자정작용의 개념은 보통 오직 인위적 교란(예, 폐수)을 제어하는 것을 나타낼 때만 사용된다. 응용 육수학에서, 수질은 하천을 분류하기 위해 천이 단계에 기반을 두고 있다. 하천의 나아진 구역은 화학적 기준이나 지표생물에 의해 나눠진다. 중부 유럽에서 널리 사용되는 시스템은 부수성 시스템(saprobic system)으로서, 부수성 4단계는 화학적 조건과 현재 생물의 형에 따라 구분한다. 생물의 분류는 특정 하천 유형에서 종 풍부성과 연관되는 기술연구에 기반을 두었다. 부수성 시스템은 박테리아부터 어류까지의 생물들에 대한 종 수준에서 광범위한 동정을 요구한다. 특정 범주에서 각 종의 위치에 대한 실험적 증거가 부족함에도 불구하고, 부수성 시스템은 하천을 특징화 하는데 유용한 수단이다. 자정작용이 작동하는 곳에서 여러 그룹의 생물들의 출현은 분명한 패턴이 있기 때문이다(그림 8.22). 북 아메리카와 비슷하지만, 상당히 단순화되어 있는 절지동물을 이용한 생물지수는 하천에서 유기물과 영양염 오염을 모니터하기 위한 유용한 도구임이 증명되었다(Hilsenhoff 1977; 글상자 8.3).

그러나 몇 가지 요점은 고려되어야 한다. 부수성 시스템에서 남세균, 조류와 고등식물의 분류와 관련하여 동의하지 않는다. 그것은 독립무기영양 생물과 같은 그들은 수체의 부수성 조건보다 오히려 영양 조건에 반응을 한다. 또한 지표생물로서

글상자 8.3 하천수질의 생물평가

하천의 수질을 특징짓는 것은 쉽지 않다. 화학적 분석은 정확한 측정할 수 있지만, 오염정도는 보통 연 중 시기에 따라 그리고 하루 중의 시간에 따라 다양하다. 화학분석을 위한 시료가 적절하지 않은 시기에 채수된다면, 전적으로 오류가 발생한다. 물 시료는 오랜 기간 채수할 수 있고 혼합시키지만, 그러나 이와 같은 평균은 단기간, 독성의 충격과 같은 치명적 사건을 과소평가하게 된다. 하천에서 대형무척추동물은 일년 또는 그 이상의 생활주기를 가진다. 그들은 오랜 시간 오염물질에 노출시키고 단기간 사건의 효과를 통합시킨다. 그러므로 하천에서 평균 수질을 지표하는 데 사용할 수 있는 생물을 발견하는 것에 대해 상당히 강조하고 있다.

곤충류, 단각류와 등각류의 군집을 기초로 한 생물지수는 Wisconsin(미국)에서 하천의 유기 및 영양염의 오염도를 평가하기 위해 Hilsenhoff(1977, 1987)에 의해 개발되었다. 고 농도의 유기물이 있는 하천은 여름 동안과 특히 밤 동안 산소농도가 낮다. 물에서 산소농도에 대한 종의 내성의 범위는 생존력이나 다른 종과의 경쟁력에 영향을 미친다. 깔따구 중간 유충과 같은 산소결핍에 대한 내성종은 유기 오염하천의 저서군집에서 우점하는 경향이 있는 반면에, 강도래와 날도래와 같은 내성이 없는 종들은 없거나 매우 적은 경향이 있다.

Hilsenhoff 생물지수(HBI)를 계산하기 위해, 100개체 또는 그 이상의 절지동물이 하천의 바위나 모래와 자갈이 있는 여울에서 먼저 채집되어야 한다. 이와 같은 하천 서식처는 얕고, 와류가 있으며, 가장 높은 산소농도를 제공한다. 다음, 생물들은 가능한 가장 낮은 분류단계로 동정되어야 한다. 종의 표는 유기오염 (낮은 산소농도)에 대한 내성을 0(최소 내성)에서 10(최대 내성)의 범위로 기록하였다. 내성 값은 2000개 이상의 하천 시료에서 절지동물의 출현과 수질조건을 비교하여 유도하였다. 생물지수는 특정 하천이나 하천에 위치하는 절지동물 군집의 평균내성을 나타낸다.

$$\text{HBI} = \frac{\sum tn}{\sum n}$$

n은 시료에서 계수된 특정종의 개체수이고 t는 이 종의 내성값이다.

예

종	*n*	*t*	*tn*
Clioperla clio	27	1	27
Heptagenia diabasia	58	3	174
Hydropsyche arinale	23	5	115
Total	108		316

HBI = 316/108 = 2.9 (유기오염원이 없는 최적의 수질; 아래의 평가표 참조)

Hilsenhoff 생물지수(Hlsenhoff 1987):

생물지수	수질	유기오염도
0.00~3.50	최적	아무것도 보이지 않음
3.51~4.50	매우좋음	경미함
4.51~5.50	좋음	일부
5.51~6.50	보통	보통유효
6.51~7.50	약간나쁨	유효
7.51~8.50	나쁨	매우 유효
8.51~10.00	매우나쁨	심각

HBI는 부수성 시스템보다 생물이나 좁은 범위에 초점이 맞추어져 있다. 그러나 종 동정은 전문가를 요구하고 시간을 소요한다. 이상적으로 모든 생물은 속과 종으로 동정되어야 하지만, 그것은 항상 실질적이고 유용한 것은 아니다; 다소 덜 민감한 수질은 과(family) 수준의 동정으로 생물지수를 산정하여 나타낼 수 있다. 이런 수질의 생물평가는 동정 키 없이 현장에서 23분 정도로 짧은 시간에 완성할 수 있다(Hilsenhoff 1988). 그러나 절지동물의 과 내에서 넓은 범위의 종 요구 때문에, 평균 과 수준의 내성 값을 사용하는 것은 부정확한 수질을 평가하게 된다.

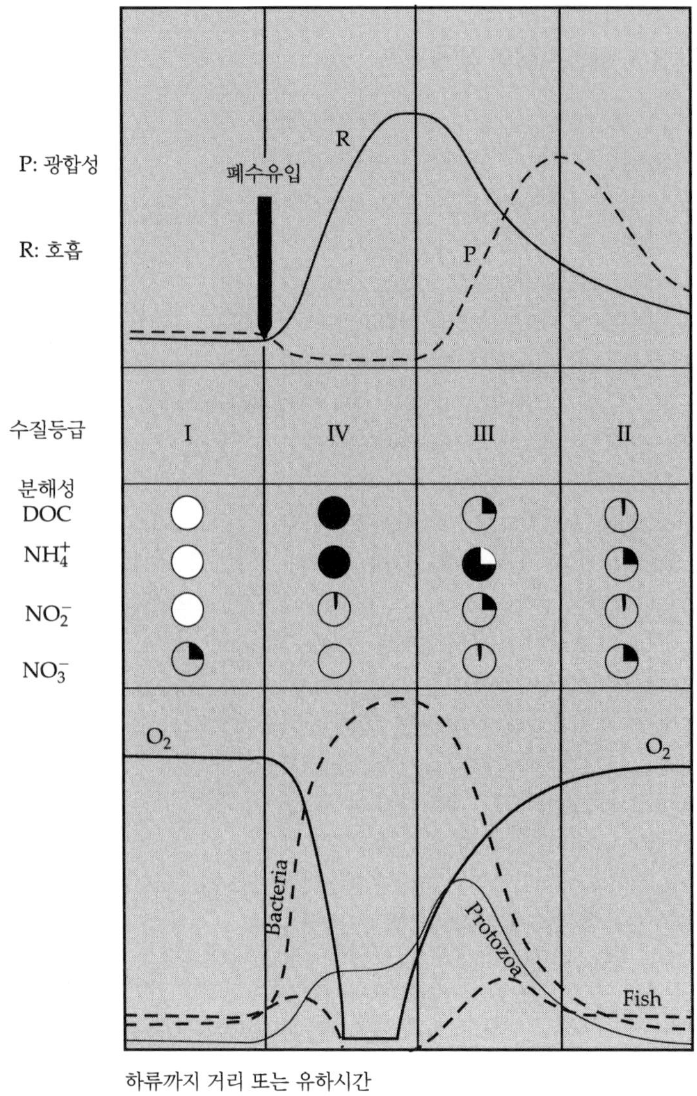

그림 8.23 하천에서 자정작용 연속성의 길이를 나타내는 모식도(Uhlmann 1975).

이용되는 동물의 정확한 동정이 필수적이다. 그것은 그들의 특이적 환경요구가 그들을 지표자로 이용 가능하게 하기 때문이다. 이런 이유 때문에, 날도래 유충과 같은 그룹화하는 것은 예측력이 거의 없기 때문이다. 제한환경요인은 오염원에 대한 간접적인 연관성이 있음을 나타낸다. 예를 들어 이것은 산소와 함께하는 경우이다. 공기의 높은 물리적 혼합이 되는 산간 계곡은 오염원량이 같은 저지대 하천보다 용존산소농도가 더 높다. 산소 제한을 받는 생물은 두 유형의 하천에서 매우 다른 지표값을 나타낸다.

자정작용이 이어지는 수로에서 환경조건의 변화는 그림 8.23에 표시하였다. 가장 강하게 오염된 지역은 **강부수역**(ploysaprobic zone)이다(물 등급 IV). 유기물질의 유입으로, 먼저 희석과 물리적 정화과정이 있다[예, 유기물질의 응집(flocculation): 콜로이드입자와 고분자물질의 응집화]. 유기물질의 호기적 분해는 빠르게 산소를 소비한다. 산소고갈은 유기물질이 유입되지 않더라도, 혐기지역의 발생을 유도한다. 유기물질의 혐기적 분해는 혐기적 최종 산물로서 이산화탄소뿐만 아니라 환원적 최종 산물인 알코올, 유기산, 수소, 메탄, 암모늄과 황화수소를 생성한다(단원 4.3.10). 혐기적 호흡은 질산염(질산염 암모니아화와 탈잘작용)뿐만 아니라 황산염(탈황작용)을 소모시킨다. 황화수소와 적절한 광의 이용은 황박테리아에 의해 혐기적 광합성을 촉진시킨다. 호기-혐기 경계에서 환원물질이 공급되기 때문에 화학무기영양 미생물이 출현한다(단원 4.3.8). 대기 산소가 용존산소농도를 약 3 mg l^{-1}로 유지할 수 있도록 충분히 공급될 때, 폐수 곰팡이류라고 하는 박테리아 *Spherotilus natans*가 대발생한다. 박테리아 섭식 동물은 공간지연이 나타난다. 용존산소가 낮거나 또는 부족하기 때문에, 종의 범위가 제한된다. 박테리아-섭식 원생동물이 우점한다. 그것은 낮은 산소농도에 적응한 후생동물(예, *Tubifex, Chironomus*)이 상대적으로 거의 없기 때문이다.

박테리아 섭식자에 의한 미량 영양염의 배출은 하류에 광합성을 증가시킨다. 이미 이용되었기 때문에, 이 지역에서 대기 유입은 산소농도를 증가시키고 산소소비는 더 낮아진다. 산소의 향상된 공급은 특히 암모늄의 질화작용과 같이 환원된 물질을 화학합성산화를 하도록 한다. 동물의 종 수는 산소조건이 향상되어 증가하며 남세균과 조류 등의 첨가로 먹이 이용을 증가시킨다. 먹이의 이런 큰 공급은 일부 동물의 대량발생을 유도한다. 이 지역은 α-중부수성 지역(등급 III)이다. 어류는 β-중부수성 지역(II)에서 대량으로 출현한다. 하천이 빈부수성 조건(등급 I)으로 회복되는 것은 매우 적다. 그것은 유기물질의 재무기물화에 의해 배출되는 영양염이 일차생산을 촉진하기 때문이고 그리고 그것은 하천에 유기물질의 이차 부하를 차례로 진행하기 때문이다. 영양염은 길게 뻗은 하천을 통해 이동한 후에 영양염 소용돌이(spiral)로 제거된다(단원 8.4). 그러나 인위적 영향을 받은 경관에서 나타나기 전에, 하천으로 들어오는 새로운 유기오염원은 종속영양천이를 다시 시작한다.

8.7.2 기후변화

물리적 조건 변화

천이 분석이 생태계 내부 동태에 집중되는 동안, 생태계가 발달하는 상태에서 외부 조건인 기후변화에 현재 직면하게 되었다. 그 동안에 대부분의 과학자는 온실효과 때문에 지구 표면이 더 따뜻해 졌고 이산화탄소와 메탄과 같은 온실가스의 증가가 인간에 의해 생성된 것이라는데 동의한다. 대기의 이산화탄소농도는 산업화 단계

이전에 약 280 ppm에서 1999년에 367 ppm으로 증가하였고 앞으로 더 증가할 것이라고 예측된다(McCarthy *et al.* 2001). 대기의 메탄농도는 산업단계 이전에 약 750 ppb에서 1998년에 1,745 ppb로 증가하였다. 두 종류의 가스는 원적외선을 흡수하고 대기의 열 손실을 감소시킨다(온실효과). 메탄은 같은 농도에서 약 20배 이상 강력하지만, 더 높은 이산화탄소농도는 더 중요한 온실가스로 된다.

미래의 계절적 지역적 온도패턴은 상당히 잘 예측된다(예, McCarthy *et al.* 2001). 21세기에 2배의 이산화탄소 배출(보통 시나리오로서 사업장)을 기반으로 한 대부분의 모델은 1960~90년대에 언급한 것과 비교해서 2070~2100년 동안 서부, 중부와 북유럽에서 다음과 같이 예측을 하였다.

- 평균 온도 증가: 3~5℃
- 겨울 온도 증가: 5~10℃
- **강우량**: 강우량은 일부 더 작은 지역적 범위로 나누어지며 동시에 다른 지역은 증가하거나 감소한다.
- 극단적인 사건들(폭풍, 가뭄, 홍수)의 빈도가 증가한다.

이들 대기조건의 변화는 강과 호수의 물리적 요인의 변화를 다음과 같이 해석하였다.

- 빙하의 감소: 결빙 시작은 더 늦어지며, 해빙은 빨라졌다.
- 성층화가 더 빨리 시작되고 가을 순환은 더 늦어진다.
- 깊은 호수에서 예외적으로 추운 겨울 동안 충분한 겨울 순환이 있으며(빈순환), 그것은 깊은 북 이탈리아 호수에서 오늘날 볼 수 있다.
- 강에서 더 높은 빈도로 강력한 홍수가 발생한다.
- 작은 강과 하천이 더 높은 빈도로 건조된다.

비록 최근 10년 동안(1997~2006)은 연속 기상기록을 한 이후에 가장 더웠다. 이것은 이미 예측된 기후변화 또는 기후변화의 자연적 범위 내에서 변동이 시작되었다. 유럽 기후변화의 가장 중요한 패턴 중의 하나는 북대서양 진동(North Atlantic oscillation; NAO)이다. 그것은 거친 10의 범위로 진동한다. NAO지수는 북극에 가까운 아이슬란드(subarctic Iceland)와 아열대 아조레제도(subtropical Azores) 사이의 대기압 차이로 정의된다. 중앙과 서유럽에서 NAO 지수의 양의 변칙성(positive anomaly)은 강한 서풍, 온화한 겨울과 서늘한 여름으로 특징화된다. 음의 변칙성은 약한 서풍, 추운 겨울과 더운 여름과 같이 더욱 대륙 기후로 특징화된다. 비슷한 진동 현상은 전 세계의 다른 지역에서 기록되었다. 즉, 엘리뇨 남방 진동(El Niňo southern oscillation: ENSO)은 태평양의 양쪽의 기후에 영향을 미친다.

생물반응

지난 10년 동안 온난화는 예측된 기후변화의 시작으로 볼 수 있다는 불확실함에도 불구하고, 오늘 날 온난화에 대한 생물반응은 이미 기록되어 있다(Walther *et al*. 2002). 대부분의 예시는 육상이며 지리적 종의 극지방으로 확장됨을 포함한다. 그리고 계절적 활동과 생장 패턴이 다음과 같이 변화된다. 봄의 사건이 더 빨리 시작되면, 가을의 사건(나무 종의 개화, 잎의 탈락, 새의 이주, 알품기 등)은 더 늦게 시작된다. Constance호에서 겨울 NAO지수로부터 늦봄/초여름에 투명한 물 단계(단원 6.4.1)로 되는 시기까지 영향의 사슬이 기술되었다(Straile *et al*. 2003). NAO 겨울 지수는 연중 1분기동안 평균 대기온도에 영향을 미친다. 이런 신호는 보통 식물플랑크톤의 봄 대발생이 되는 시기인 5월까지 Constance호수의 수온이 유지된다는 것이다. 물벼룩 *Daphnia* 생장은 봄 온도에 대해 강하게 반응을 하며, 5월 동안 물벼룩의 큰 차이가 유도되는 것은 높은 NAO인 겨울 이후에 투명한 물 단계를 유도하는 섭식이 훨씬 더 일찍 시작하는 반응을 하는 것이다. 연중 낮고 높은 겨울 NAO지수 사이에는 약 45d의 양적 차이를 나타낸다(그림 8.24).

Constance 호수에서 그 결과가 봄 사건의 가속이 일반적인 예측과 일치하면, 다

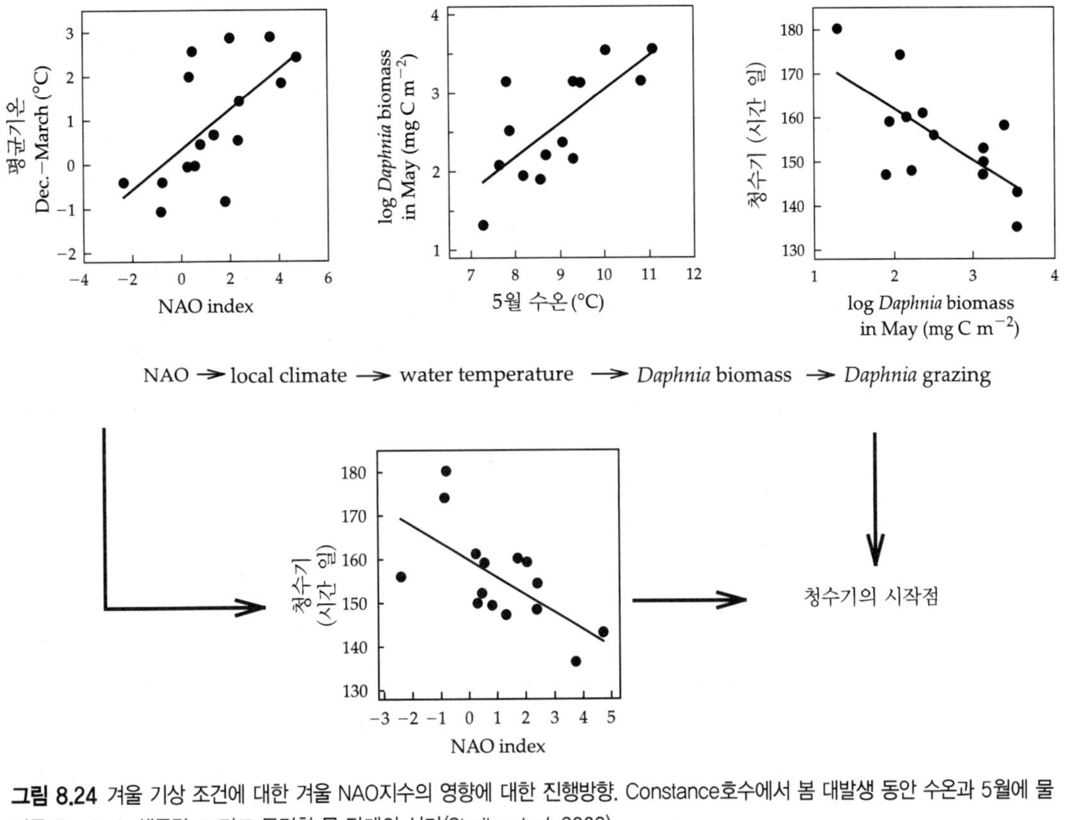

그림 8.24 겨울 기상 조건에 대한 겨울 NAO지수의 영향에 대한 진행방향. Constance호수에서 봄 대발생 동안 수온과 5월에 물벼룩 *Daphnia* 생물량, 그리고 투명한 물 단계의 시기(Straile *et al*. 2003).

른 현상은 생태계 내에서 다른 종 조성으로 출현한다. 예를 들면, 북해의 얕은 독일 Bight에서, 돌말류의 봄 대발생은 온난한 겨울 이후에 지연되어 나타난다. Wilshire and Mantly(2004)는 온난한 늦겨울/초봄 동안 겨울을 나는 요각류 개체군의 더 높은 섭식률에 의해 이것을 시험적으로 설명을 하였다. 이들 더 높은 섭식률은 더 높은 식물플랑크톤 생장률로 극복을 한다. 그것은 식물플랑크톤의 광 제한 생장률이 광이 있는 늦겨울/초봄 외에 추운 시기 동안 보다 더 낮다는 것을 의미한다. 광-제한 광합성은 생리학적 과정이며 온도의존적임을 나타낸다(단원 4.3.5). 이런 일시적으로 분리되는 광과 온도 조절과정은 깊은 Constance호수에서 나타나지 않았다. 그곳은 온도 성층화가 식물플랑크톤 생장에 대한 충분한 광을 제공하기 위해 요구된다.

미래 생태계 상태의 예측은 포식자와 피식자의 계절적 생장과 활동 패턴이 기후변화와 다르게 반응한다면, 더욱 복잡해질 것이다. 고갈에 민감한 유생 생활주기 단계의 계절적 시간이 자연선택에 의한 먹이 이용성의 계절 패턴과 일치한다면, 변화된 먹이 계절성에 대한 미세진화 적응은 지연된다. 수요와 공급간의 이런 불일치는 유생의 낮은 생존을 유도하고 먹이망을 통한 알려지지 않은 하향식(top-down)과 상향식(bottom-up) 전달 효과로, 성체 개체군의 회복이 부족해질 것이다. 이런 문제는 진행하고 있는 연구 프로젝트에 집중되고 있고, 다음 몇 년 내에 결과가 나올 것으로 예상된다. 먹이망에 대한 이런 효과의 예비지표는 발틱해의 초봄 플랑크톤에 관한 메조코즘 프로젝트로부터 추론될 수 있다(Sommer *et al.* 2007). 실내 메조코즘은 1992~2002년의 10년간 수행해온 늦겨울/초봄 온도 패턴과 3단계 온도구역으로 설정하였다. 식물플랑크톤의 봄 대발생은 약 1 d °C^{-1}로 약간씩 가속되었고, 투명한 물 단계는 약 4 d °C^{-1}로 지소적으로 가속되었다. 그리고 요각류 초기유생(copepod nauplii)은 약 9 d °C^{-1}로 극단적으로 가속되었다(그림 8.25). 가장 따뜻하게 처리된 실험구에서 식물플랑크톤의 봄 대발생 이전에 유충단계는 약 1개월간 최고점을 나타내었다. 더 높은 영양단계에 대한 큰 영향은 주요 어류 종(예, 청어, 작은 청어, 대구)의 첫 섭식 유충은 그들의 먹이로서 초기유생에 의존하며, 그들은 먹이가 부족하면 몇 일 생존할 수 없다는 사실을 뜻한다. 아사로 유도된 사망률 또는 유생집단의 좋지 않은 시기는 어류 치어의 사망률로 이어진다(Cushing 1975). 비록 이들 실험이 기수군집에서 획득된 것이지만, 호수에서 비슷한 상관관계를 예상하기에 적절하다.

일련의 장기 자료 분석은 호수에서 영양 불일치의 예시에서 이미 나타났다. 1962년 이후 점차 따뜻해지는 봄은 Washington호(USA)에서 영양 상호작용에 영향을 미쳤다(Winder and Schindler 2004). 초기 성층화는 20일간 돌말류의 봄 대발생을 유발시켰다. 이것은 봄 대발생과 확대되는 *Daphnia*의 시간적 불일치를 유도하였고 장기간 *Daphnia* 개체군 감소가 유도되었다. 주요 두 *Daphnia*종은 *D. pulicaria*와

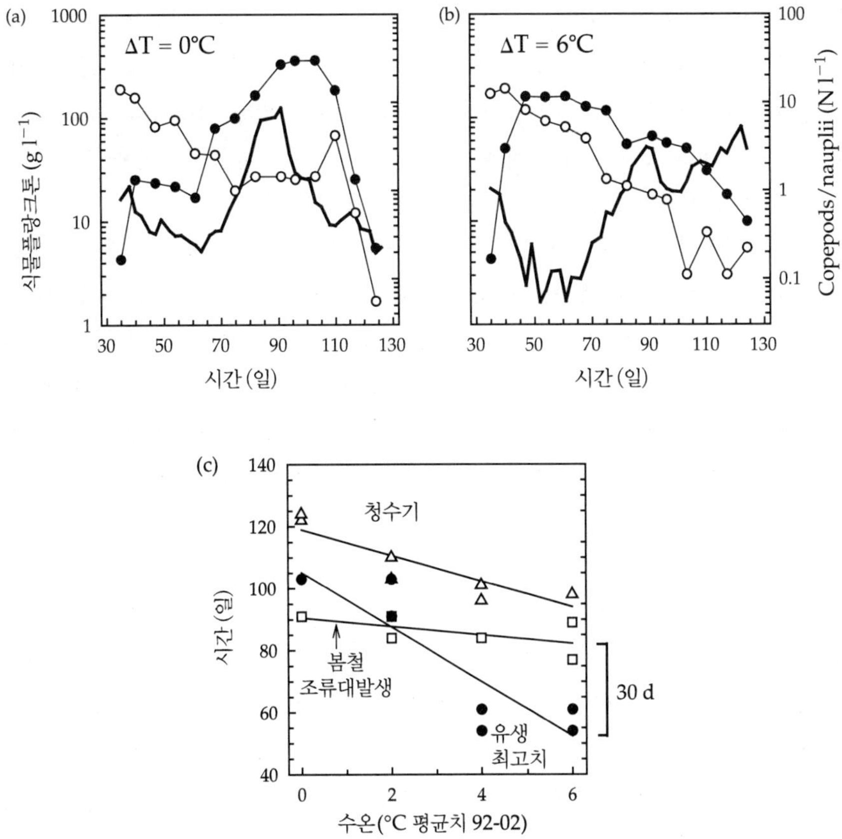

그림 8.25 식물플랑크톤과 요각류의 봄 생장 패턴의 일시적인 변동을 파악하기 위한 발틱해 플랑크톤을 이용한 메조코즘 실험. 1992~2002년까지 평균온도에 0, 2, 4와 6 ℃를 더한 상태에서 늦겨울/초봄 온도 패턴. (a) 0 ℃로 높인 메조코즘에서 식물플랑크톤 생물량(실선), 성체 요각류 풍부성(빈 원), 어린유생 풍부성(검정색 원). (b) 6 ℃ 높인 메조코즘에서 같은 표식. (c) 모든 메조코즘의 개관; 봄 대발생 시기(빈 사각형), 투명한 물 단계(빈 삼각형)와 요각류 어린 유충의 봄 최고점(검정색 원)(Sommer *et al*. 2007).

*D. thorata*이며, 그들의 다른 생활주기 때문에 온도변화에 다른 영향을 나타내고 있다. *D. pulicaria*의 봄 발생은 겨울을 나는 개체군에 크게 의존하는 반면에, *D. thorata*는 부화하는 내구란으로부터 결정된다. 연중 초기에 100개체/L 이상의 높은 봄 최고점은 봄에 *D. pulicaria*의 우점을 유도한다. 최근에 *D. pulicaria*의 더 적은 개체수는 *D. thorata*의 우점도를 증가시킨다. 붉은 연어 *Oncorhynchus nerka*의 치어가 봄에 호수로 유입될 때, 그들은 먹이로서 *Daphnia*를 섭식한다. *D. pulicaria*는 더 좋은 영양가를 가지고 있고 잡기가 쉽다. 그러므로 그들이 선호하는 먹이이다. 그러나 어류 치어는 *Daphnia*밀도가 0.4개체/L 이상이 되면, *Daphnia*로 일정하게 전환하는 유전적 전이된 행동을 한다. 호수에서 *D. pulicaria* 밀도의 감소는 연중 후반기에 교환점이 생긴다. 그러므로 어류는 다소 덜 선호하는 *D. thorata*를 섭식한다. 1992년과 2001년 사이에 Cedar강에서 호수에 유입된 야

생 연어 치어는 *Daphnia*밀도가 20~40일간 연속적으로 역치 이상으로 증가할 때까지 긴 시간을 기다리고 있었다. 이런 이유로 그들은 영양가가 다소 적은 피식자를 섭식하게 되었고, 그들의 생장에는 역효과를 나타내었다(Hampton *et al*. 2006). 결국 Constance호에서 초봄에 따뜻해 지는 것은 식물플랑크톤과 *Daphnia*, *Daphnia*와 연어치어 간의 두 가지의 불일치를 유도하였다.

호수의 지질적 위치(광), 생리적 구조와 영양상태에 따라 따뜻한 봄은 다른 효과를 나타낸다. 남-서 알레스카(미국)의 호수에서 봄의 빙하가 1962년보다 2002년에 7일 더 일찍 해빙이 되었다(5/26 대 6/2). 더 빠른 해빙은 여름에 더 높아지는 수온(평균 2°C)과 *Daphnia*의 더 높은 밀도와 연관된다. 이것은 연어들이 연중 호수에서 서식함으로써 어린 붉은 연어의 더 좋은 생장을 유도하였다(Schindler *et al*. 2005). 이런 이유로 같은 기후요인은 붉은 연어에 대해서 반대의 효과를 나타낸다.

증가한 이산화탄소 수준의 추후 영향

지구 기후에 대한 직접적인 효과 외에, 대기에 증가된 이산화탄소농도는 수서생태계에 간접적인 효과를 나타낸다. 많은 담수 중에 특히 하천은 순 종속영양적이다. 즉, 그들은 유역의 육상에서 생산된 유기물 유입에 의존한다(단원 8.4). 그러나 증가된 이산화탄소 농도는 육상식물의 생장과 생화학적 조절에 영향을 미치고 육상식물 군집의 종조성에 영양을 미친다(Körner 2003). 따라서 담수로 유입된 입자 및 용존탄소로 변할 것이고 수서군집에 영향을 미칠 것이다.

수서시스템에 풍부한 이산화탄소의 간접적인 결과가 복잡하고 예측하기 어렵지만, 예비실험은 가능한 기작을 제시해 주었다. 육상과 수서시스템을 가장 잘 결합시켜 주는 것 중의 하나는 가을에 산간 계곡으로 떨어진 잎 유기잔사체이다(단원 4.3.11). 이런 하천의 생물은 외부 에너지 유입 펄스를 사용하기 위해 그들의 생활주기를 적응시키고 있다. 대기 이산화탄소 농도의 더 높은 증가는 기후변화에 따른 많은 낙엽과 소비자 발생 간의 일시적 불일치를 일으킬 뿐만 아니라 먹이 질에도 영향을 미친다. Tuchman 등(2002, 2003)은 주변 이산화탄소농도(370 ppm)와 증가된 농도(720 ppm)상태에서 어린 사시나무 *Populus tremuloides*를 길렀으며, 4개월 동안 하천에 잎을 노출시켰다. 이산화탄소 농도를 증가시킨 조건에서 자란 잎 유기잔사체는 더 많은 구조 복합물, 페놀수지류와 목질소를 함유하고 있지만, 질소는 더 낮았다. 그리고 C:P비는 더 높았다. 이것은 수서 분해자와 잔유식자를 위한 영양가는 감소하였다. 주변 이산화탄소 농도에서 생장한 잎 유기잔사체보다 더 낮은 59%의 박테리아 생산을 유지하였다. 반면에 곰팡이류 생물량은 영향을 받지 않았다. 각다귀(cranefly) *Tipula*의 유충인 쌍시류는 미생물에 의해 뭉쳐진 잎 유기잔사체 위에 서식하며 섭식하고 다소 덜 동화되고 주변조건에서 자란 잎들을 섭식 조절한 것보다 증가된 이산화탄소 농도에서 자란 잎 위에서 12배정도 천천히 생장을 하였다. 다른 쇄설자인 갑각류 *Asellus*와 *Gammarus*는 증가된 이산화탄소 조건에서 자란 잎들을 섭식할 때 질소와 인산염의 분비율을 증가시켰다(Frost and Tuchman 2005). 이들 실험(분해, 소비, 생장, 영양배출)에서 연구된 과정들은 하천에서 영양관계에 기초를 하였다. 그러므로 예측된 것과 같이 대기의 이산화탄소 농도가 증가함으로써 전체 하천 군집에 대한 효과를 우리는 예상할 수 있다.

담수생태계: 온실가스의 원료와 침강?

이산화탄소: 비록 총 이산화탄소 배출량(약 6.3×10^{15} gy^{-1}, 1990년대 자료)의 약 50%가 농도를 증가시키는 것으로 평가되고 있지만, 화석연료의 연소는 이산화황의 주요 원천이다. 이산화탄소는 해양에서 $1.7 \pm 0.5 \times 10^{15}$ gy^{-1}을 흡수하고, 육상에서 $1.4 \pm 0.5 \times 10^{15}$ gy^{-1}을 흡수되는 것으로 평가된다 (McCarthy *et al.* 2001). 지구 표면에 대한 그들의 작은 기여 때문에, 이런 지구 예산에 호수와 강은 고려되지 않는다. 많은 호수의 순 종속영양적 특성(단원 8.2)은 이산화탄소의 순 전환자로 되었지만, 유역의 관점에서 볼 때 경관은 변화된다. 외부생성 유입 유기탄소는 육상 일차생산에 중요하며, 이런 생산에 필요한 이산화탄소는 대기로부터 먼저 격리된 적이 있다.

메탄: 전 세계에서 대기로 배출되는 메탄 배출량은 $500-600 \times 10^{12}$ gy^{-1}으로 추산된다(McCarthy *et al.* 2001). 습지는 메탄의 가장 중요한 공급원이며, $215-325 \times 10^{12}$ gy^{-1}으로 추산된다. 이들 추산량은 자연습지와 인공습지로 분류되는 논을 포함한다. 벼논의 기여량은 $25-100 \times 10^{12}$ gy^{-1}의 범위이다. 논에 배출되는 메탄의 량은 에너지 수송과 소 사육 등의 인위적 배출원 만큼의 규모를 높게 추정하였다. 폐수처리로부터 메탄 배출은 소량($14-25 \times 10^{12}$ gy^{-1})이며, 습지 다음으로 중요한 자연 공급원은 흰개미와 전 세계 바다이다. 호수는 총 자연 메탄 배출량의 6~16%를 차지하는 것으로 최근 추산하였다(Bastviken *et al.* 2004). 메탄은 혐기적인 메탄생성 고세균에 의해 유기물질의 발효에서 환원된 최종산물로서 생성된 것이다(단원 4.3.10). 메탄은 호수와 해양 퇴적물의 혐기적인 부분과 습지의 토양에서 생성된다. 호수에서 메탄생성반응에 의해 생성된 메탄은 혐기퇴적층과 수체위에 있는 메틸영양 박테리아에 의해 산화된다. 단지 매우 작은 부분은 성층화된 수체를 통해 확산에 의해 대기로 이동한다. 그러나 다른 가스와 함께 있는 메탄은 퇴적물 속에 거품으로 축적되고 분출과정에서 퇴적물 표면으로 터져나올 수 있다. 이것은 대기압이 빠르게 감소하는 시기에 관찰될 수 있다. 분출은 산화에 의해 영향을 거의 받지 않는 대기로 메탄이 직접적으로 이동하면서 나타나는 현상이다. Casper 등(2000)은 작은 호수에서 대기로 메탄이 이동할 때 96%가 분출되는 것으로 분석하였다.

수체 위에 있는 습지대의 토양은 완충효과가 거의 없다. 그것은 전 세계의 바다

보다 메탄공급원으로서 거의 10배 이상 차지한다. 북극 습지는 특히 시베리아의 매우 넓은 지역의 영구 동토층 밑에 있으며, 그 습지는 지구 온난화에 대한 양의 되먹임 작용을 하는 심각한 위험성을 가지고 있다. 그들이 결빙되어 있는 동안 메탄을 생산하지 않았지만, 지구 온도가 점차 높아짐으로써 그곳이 녹게 되면, 그곳에서 부가적인 메탄을 배출하게 되고, 온실효과를 높이게 된다. 이 과정의 첫 번째 신호는 이미 관찰되었다. Walter 등(2006)은 시베리아 영구 동토 지역에 있는 호수가 녹게 됨으로써 상당히 많은 량의 메탄이 배출되는 것을 발견하였다. 주변 토양이 여전히 영구적으로 결빙되어 있는 동안, 메탄은 더 따뜻한 호수의 퇴적물에서 생성된다. 호수 가장자리를 따라 영구동토가 녹으면 호수로부터 대부분의 메탄은 배출된다. 1970년과 2000년 사이에 호수의 해빙확대는 지역을 따뜻하게 하였으며, 메탄 배출량이 58%로 증가시켰다.

자외선의 증가

성층권에서 오존의 고갈은 인간에 의해 변화된 다른 여러 가지 사건들과 연관된다. 가스상의 오염물질(염화불화탄소, organobromides)에 의한 촉매적 파괴로 얇아지는 오존층은 극지역 특히 남극지역에서 규칙적으로 발생하는 굉장히 큰 오존구멍이며 지구현상이다. 오존은 자외선의 위험한 단파장을 흡수한다. 그러므로 성층권에서 그것의 손실은 지구표면에 UV량이 증가하게 된다. 지구에 도달하는 UV의 두 가지 유형은 UV-A(파장 315~400 nm)와 UV-B(파장 280~315 nm)가 있다. 더 짧은 파장인 UV-B가 대기에서 더 많이 흡수되지만 생물에 대해 더 큰 영향을 미친다.

자외선은 단백질과 지질 그리고 생물막과 같은 생물 분자를 파괴시킴으로써 생물에 악영향을 미친다. 그것은 세포기능과 필수 생화학적 과정을 방해한다. 아마도 가장 중요한 영향은 기능불량과 돌연변이를 유발하는 DNA를 손상시킨다(Häder and Sinha 2005). 비록 많은 세포들은 수선 메커니즘이 있지만, 증가된 자외선의 생물학적 효과는 육상과 수서생태계에 대한 생태학적 결과와의 연관성이 높아진다.

담수에서 자외선의 수직적 감소는 탁도와 자외선 흡수 물질에 따라 매우 크게 변활 수 있다. 표면 세기의 1% 수준은 부식호에서 수 cm 이내일 수 있지만 매우 깨끗한 호수에서 10m이상까지 도달할 수 있다. 용존유기탄소(DOC)는 점차적으로 자외선을 흡수하며, DOC 농도는 호수에서 자외선 감소의 좋은 예측변수가 된다. 알래스카 Glacier만에서 다른 연대의 이웃 호수들에 대해 설명된 적이 있다(Williamson *et al.* 2001). 이들 호수는 빙하가 녹아 후퇴함으로써 만들어진 것이다. 연구 동안 가장 젊은 호수는 10년 정도되었으며, 가장 오래된 호수는 90년 정도 되었다. 오래된 호수일수록, 유역에 식생이 발달할 수 있는 시간이 더 많았다. 그것은 물에 DOC축적으로 나타난 결과이다. DOC의 농도는 가장 오래된 호수에서 4.4 mg l^{-1}이고 가장 어린 호수에서 0.7 mg l^{-1}이였다. 그림 8.26은 DOC농도가 낮

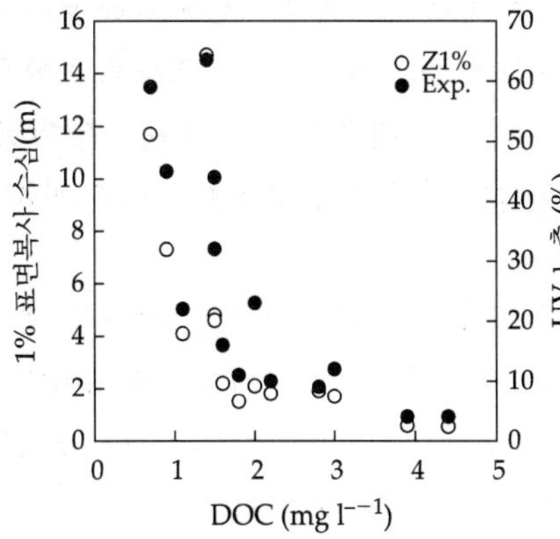

그림 8.26 DOC농도가 다른 알래스카의 7개 이웃 호수에서 자외선 감소를 나타낸 그래프(6월과 7월에 측정). 표면 입사량의 1%가 도달한 깊이(Z1%)와 만약 표수층에서 자유롭게 순환된다면, 생물(예, 조류)에 조사될 수 있는(Exp.) 표면 아래에 전달된 광의 비율(Williamson *et al*. 2001).

은 호수에서 자외선이 더 깊게 침투한 것을 보여주고 있다. 광 세기가 표면광도(Z1%)의 1%되는 깊이인 14.7 m와 0.6 m였다. 그림은 표면 근처에 머물고 있는 생물과 비교해서 표수층에서 자유로이 순환하는 동물에 노출된 량(퍼센트로서)을 계산하여 나타낸 것이다. DOC농도가 높은 호수의 생물은 잘 보호받지만, DOC가 낮은 호수의 생물은 자외선에 강하게 노출된다. 모든 호수에서 혼합 깊이(약 3 m)가 비슷할 때, 이것은 다른 호수 형태의 결과는 아니다.

모든 영양단계의 생물은 자외선에 영향을 받는다. 자외선이 조류에 미치는 효과는 Holzinger and Lütz(2006)에 의해 검토되었다. 또한 광합성에 대한 자외선의 강한 억제효과에 대해 실험실에서 분석되었다. 그러나 전반적인 효과는 큰 혼합 깊이를 가진 깊은 호수에서 작은 데 그것은 더 깊은 수심에서 시간을 보내는 개체들은 기능 회복을 위한 충분한 세포 수선메커니즘이 작동한다(Hiriart-Baer and Smith 2005). 방사선 스트레스를 받는 식물플랑크톤은 섭식을 위한 먹이의 질을 결정하는 특징을 변화시킨다. 방사형 세포는 두꺼운 세포벽을 만들고(Van Donk and Hessen 1993), 영양화학량과 지방산량을 변화시킬 수 있다(Leu *et al*. 2006). 그러나 이런 효과가 자연 먹이망에서 중요한지 아직 분명하지 않다.

동물플랑크톤에 대한 자외선의 직접적인 효과는 실험실과 야외에서 조사되었다. 예를 들어, Williamson *et al*.(2001)은 알래스카의 해빙된 호수에서 집단화 생활환을 나타내지 않은 동물플랑크톤 종 조성의 차이를 관찰하였다. 그것은 알래스카의 해빙된 호수에서 집단화 생활환을 나타내지 않았다. DOC가 높은 호수에서 사는 종은 젊은 호수의 표면 근처에서 생존하지 못한다. 대형 동물플랑크톤 종 (*Daphnia* 와 *Cyclops*)은 하루 동안 수직 이동을 하고 어류가 없더라도 낮 동안 표면층을 회피한다. 일반 광 조건상태와 자외선 흡수 플라스틱으로 된 자외선을 차단시킨 처리구에서 동물플랑크톤 행동을 비교하는 폐쇄 실험(Fischer *et al.* 2006)은 낮과 밤 동안에 *Daphnia catawba*가 다른 깊이에 분포하는 결과를 보여주었다. *Daphnia*는 낮 동안 더 깊은 층으로 이동하며, 그것은 단지 주변 광조건 때문이였다. 일간 수직 이동은 자외선 손상에 대한 효과적인 방어였지만, 그것은 비용과 연관되어 있다(단원 6.8.4).

은신처를 찾지못하고, 자외선을 피할 수 없는 생물은 색소를 만들어 보호한다. 칼라누스류 요각류는 자외선 흡수 카로티노이드 때문에 매우 색깔이 다양하다(붉은색, 청색). 북극의 얕은 연못에 서식하는 *Daphnia middentorffiana*는 그들의 껍질에 멜라닌 색소를 침적시킴으로써 거의 검정색으로 보인다. 그러나 그들은 실험실로 이동시키면 색소는 사라진다. 이들 갑각류의 색소는 눈에 띄게 상당히 증가한다. 그러므로 동물플랑크톤은 어류가 없으면 밝은 색을 나타낸다.

광 보호 복합물(mycosporine-like amino acid)을 축적시킨 다른 종류는 박테리아에서 어류까지 다양하다. 담수 플랑크톤의 MAAs 축적상태는 자외선에 따라 다양하다. 자외선량이 오히려 높은 고산호수에서 식물플랑크톤과 요각류 *Cyclops abyssorum tatricus*의 MAAs는 얼음으로 덮여있는 결빙시기보다 여름에 약 3배정도 더 높다. 깊은 수층의 식물플랑크톤은 표면 근처의 식물플랑크톤보다 MAAs가 더 높다. *Cyclops*의 알과 어린유생과 같은 민감단계는 더 높은 MAAs를 함유한다(Tartarotti and Sommaruga 2006).

DOC가 포함된 물에서 자외선의 강한 흡수로 인해, 수생생물은 손상 방사선을 피할 수 있는 좋은 기회를 가진다. 그들은 그것에 대처하기 위한 여러 전략을 개발한다. 결국 자외선이 증가하면 수서생태계에 복합적인 효과를 나타낸다.

8.8 생태계에 생물다양성의 효과

8.8.1 정의와 문제점

생태계에 대한 설명은 일반적으로 영양단계나 길드와 같이 고도의 집합단위를 사용한다. 이러한 집합단위는 그 안에 있는 종 동정과 수에 관계없이 블랙박스로 사용된다. 그러나 초창기 생태학부터 "매우 많은 종의 장점은 무엇인가?"라는 질문에 관심을 가지고 있었다. 앞에서 논의된 이 문제는 생태계 "안정성"과 관련되어 있다. "다양성-안정성 가설"을 지지하는 부족한 증거에 대한 Goodman(1976)의 영향력 있는 검토는 그것을 신화 창조의 일종으로 설명하였으며, "안정성"이라는 용어가 이 가설에 대한 임계실험이 실제로 불가능하다는 것을 너무 대략적으로 정의되어 있다고 제시하였다. Goodman의 조정 이후, 이 주제는 거의 20년 동안 거의 잊혀졌지만, 1990년대 중반에 부활을 하였고 그 범위가 확대되었다. 이 문제는 다양성-안정성 관계에서부터 전반적인 생태계 기능에 대한 생물 다양성의 중요성으로 확대되었다(현재 유행되고 있는 "생물다양성"이라는 용어는 원칙적으로 단원 7.4에서 정의된 "다양성" 이외의 의미는 없다).

주제의 부활은 더욱 엄격한 문제 정의와 실험설계에 부분적으로 도움이 되었지만, 중요하게도 최근 종의 멸종에 대한 관심이 급증하였다. 일부 연구자들에 따르면 최근 종의 멸종 속도는 산업화 이전의 것보다 약 100~1000배 이상 더 높다(Chapin *et al.* 2000, Pimm *et al.* 1995). 이러한 상황에서, 우리가 그들 기능을 알기 위해 사용했던 것과 같이 생태계 기능을 위해 얼마나 많은 종들이 필요한가가 당면한 중요한 문제가 되었다. 비록 이 주제에 대한 과학적 논쟁이 있지만, 일부 합의에 도달했다(Hooper *et al.* 2005에 요약되어 있음). 다양성과 관련된 생태계 기능은 안정성(지속성, 불변성, 저항성 또는 교란에 대한 탄력성)과 생물지화학적 특성(생산성, 영양염순환 및 유지력)으로 정의되거나 또는 생태계 상품 및 서비스와 같은 인간 중심적 방식으로 정의되고 있다(담수의 경우에 이는 식수공급, 어업, 레크리에이션 및 관광, 낚시 등을 위한 미적 및 위생적인 특성을 의미할 수 있음).

실험 디자인의 문제점

원칙적으로 생물 다양성이 생태계 기능에 미치는 영향에 대한 연구는 현장 자료의 관계 또는 실험을 기반으로 수행될 수 있다. 그러나 상관 연구는 한 가지 어려움이 있다: 국지적인 다양성의 차이는 대부분의 경우 생태계 기능에 영향을 미치는 다양한 환경 조건(예: 태양 에너지 유입, 양분 풍부성, 교란상황, 지역 종 풀과 분산)에 달려 있다. 생태계 기능에 대한 다양성의 추가 영향을 정량화하기 위한 적절한 통계 기법을 찾는 것이 매우 어렵거나 거의 불가능할 수 있다. 서로 다른 실험 단위 간의 다양성 차이가 환경요인을 통해 간접적으로 조작 된 실험에도 동일하게 적용되었다. 따라서 대부분의 신뢰할 수 있는 연구는 인위적으로 조성된 군집을 기반으로 하였지만, 그것도 방법론적 문제가 없는 것은 아니다.

- **종 동정과 풍부성**: 초기 연구는 다양한 종류에 풍부한 처리가 종의 풍부성에 기인한 것인지 또는 더 풍부한 처리에 추가 종의 특성에 의한 것인지 명확하지 않기 때문에 비판을 받아왔다(Huston 1997). 이 문제는 다음과 같은 복합적인 두 가지 단계를 반복함으로써 극복할 수 있다. 동일 종 수/동일 종과 동일 종수/다른 종(Downing and Leibold 2002). 분명히 이것은 매우 힘들고 시간을 요구하는 실험이며, 작고 쉽게 배양되는 유기체를 이용한 실험실 접근으로 제한되어 있다.
- **종과 기능적 다양성**: 다양성과 종 풍부성에 대한 고전적인 조사는(단원 7.4.1참조) 유사종으로 구성되어 있거나 또는 다른 종들로 구성된 종들의 혼합시료간 차이

를 구별하지 못한다. 한편, 동일한 크기의 3종의 돌말류의 혼합시료는 돌말류, 편모조류 및 질소고정 남세균의 혼합시료보다 뚜렷하지 않는 다양성 효과를 낸다는 것을 직관적으로 예상할 수 있다. 이 문제는 미리 정의 된(그러나 주관적인) 기능적 그룹으로 종을 함께 묶고, 다양성을 계산할 때 유사종으로 처리함으로써 해결할 수 있다. 더 정교한 방법은 수량 분류학으로부터 응용되고 있다. 종들은 *n*개의 관련성이 있고 정량 가능한 형질을 *n*차원 공간 내에서 정렬된다. 종들 사이의 거리가 계산되고 그 특성이 다양성 척도로 이용될 수 있는 클러스터 그림이 구축된다(Petchey and Gaston 2006).

- **계획된 종 감소:** 자연 군집은 경쟁 배제, 성공적인 침입 및 침입 시도를 실패하도록 하는 인위적으로 조절된 실험 군집과 다르다. 이것은 그들의 다양성과 관계없이 가능한 모든 종의 조합 중에서 가장 안정적인 부분 군집을 나타낸 것이다. 환경 스트레스에 의한 종의 예측된 감소는 결코 무작위적인 것이 아니다. 따라서 실험적 공동체의 통계적으로 바람직한 특성(무작위 조합)은 동시에 그들을 부자연스럽게 만든다. 문제는 인정되지만 과학계는 여전히 실험 디자인에 대한 확신을 기다리고 있다.

채집영향과 상보성

다양성 효과는 크게 채집영향과 상보성효과인 두 가지 범주로 나눌 수 있다. 표본효과는 종 풍부성이 더 높은 군집에서 특히 생산적이거나 또는 스트레스 저항성 종, 또는 환경변화에 보다 잘 적응할 수 있는 종을 발견 할 확률이 높음을 의미한다. 상보성 효과는 공존하는 종과/또는 양의 상호작용(공생, 촉진)간의 다른 지위에 따라 변한다. 지위의 차이는 예를 들어 자원 기반을 보다 완전하게 사용하게 하여 생산성을 높일 수 있다. 일부 저자(Doak *et al.* 1998)는 그 뒤에 생태적 메커니즘이 없는 통계 불가피성을 채집영향이라고 하지만, 그럼에도 불구하고 보존 문제에 잠재적으로 중요한 의미가 있는 생태학적 현실이 될 것이다. 실험 데이터에서 채집방식을 상보성 효과와 분리하려는 시도는 과생산 개념에 기반을 두고 있다(Hector *et al.* 2002). 이것은 종 혼합이 (i) 단일 배양에서 가장 잘 수행되는 종, (ii) 단일 종에서 우세한 종, 또는 (iii) 단일배양에서 단일 종 수행으로부터 계산 된 종 혼합의 가중 평균보다 관심 있는 매개 변수에서 더 잘 수행됨을 의미한다. 분명히, 각각의 비교기준은 다른 결과를 줄 수 있으며, 가장 적절한 선택에 관한 논쟁은 여전히 진행 중이다.

보험 가설(Yachi and Loreau 1999)은 채집영향과 밀접한 관련이 있다. 만약 교란이 한 종을 제거하거나, 또는 환경변화가 한 종에게는 불리하게 작용하고 다른 종에게 유리하게 작용한다면, 기능적으로 유사한 종은 다른 종으로 대체될 수 있다라는 것은 종간 중복성의 가정에 기초로 하고 있다. 직관적으로, 더 많은 종들이 있으면, 더 안전하다라는 보험을 기대한다.

국지적과 지역적 다양성

대부분의 생물 다양성-생태계 효과 실험은 폐쇄된 종의 집단에 의존하지만, 이주종들이 쉽게 전파할 수 있는 번식체를 제공하거나 또는 상류에서부터 교란된 하천 구간까지 재군집화하는 경우와 같이 강력한 전파 벡타가 존재하는 등 보험효과는 이주에 의해 이루어질 수 있다는 것이 분명하다(5.8절 참조).

지역종 풀의 중요성은 부착생물(Matthiessen and Hillebrand 2006)을 이용한 간단한 수족관 실험에서 증명되었다. 수족관은 바닥에 15종의 조류 종으로 구성된 생물막을 생성하였고, 이것은 지역종 풀(regional species pool)을 구성하였다. 각 수조에 2종, 4종과 8종의 초기 종 수로 구성된 플리스틱 튜브(국지적 군집: local communities)를 두었다. 플라스틱 튜브는 상단이 열려있고 나머지는 완전히 물에 잠겼으며, 따라서 기본 분산력 수준을 낮게 하였다. 이 기본 분산력은 28일간의 실험기간 동안 교반함으로써 바닥 생물막이 0, 1, 2, 7, 14, 28배 증가되었다. 현지역 군집(local communities)의 최종 종 풍부성은 지역 군집의 초기 종풍부성과 관련이 없었지만, 최대 7건의 교반 빈도를 따라 크게 증가했다. 그러나 교반 빈도의 더 증가시킨다고 해서 종 풍부성은 훨씬 더 이상 증가하지 않았다(그림 8.27).

8.8.2 다양성과 생산성

생산성에 대한 다양성의 영향을 연구하기 위해 전념한 실험은 육상모델 시스템(보통 초원군집)과 수서 마이크로코즘에서 자주 수행되었다. 그 결과는 가설을 보통 지지하지만 항상은 아니다. 그 가설은 만약 다른 요인들이(예, 풍부한 영양염, 물리적 조

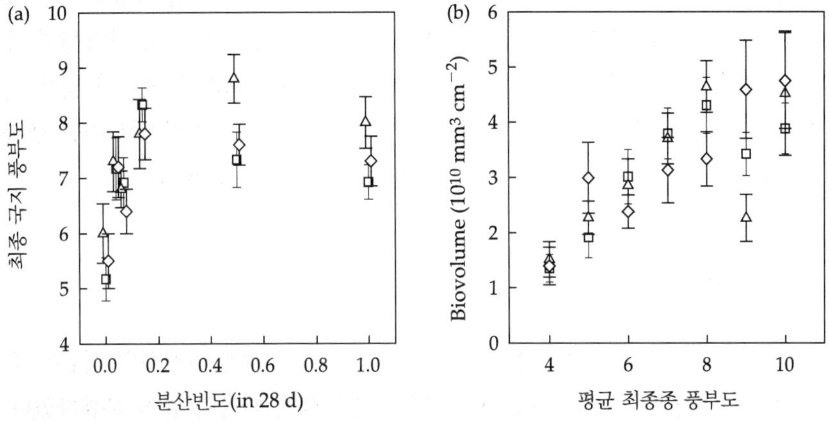

그림 8.27 부착생물을 이용한 지역종 풍부성과 생산성에 대한 분산력의 역할에 대한 실험. 초기종 풍부성(사각: 2종, 삼각: 4종, 다이아몬드: 8종). 에라 바는 ±1 SE를 나타낸다. (a) 최종종 풍부성은 분산의 빈도에 따라 변화되었다. (b) 부착생물 생물량은 최종종 풍부성과 연관성이 높은 체적으로 측정되었다(Matthiessen and Hillebrand 2006).

건들) 처리구들 사에서 동등하게 유지된다면 다양성은 생산성을 높인다는 것이다. 대부분 생산률은 집적 측정되지 않으나 실험 마지막에 생물량 축적은 대체인자로서 이용된 적이 있다. 그것은 더 높은 영양단계에 의해 소비되기 때문에 강한 회전이 된다면 문제가 된다. 그러나 대부분의 다양성-생산성 실험은 최소한의 문제가 있는 단일 영양수준에 있다.

이전 단원에서 다룬 부착식물 실험에서, 초기 종 풍부성이 영양을 미치지 않았으나, 최종 종 풍부성과 함께 부착식물 생물량은 분명히 증가하였다(그림 8.27). 여러 영양단계의 일부 연구 중에 하나로서, Downing and Leibold(2002)는 영양단계(대형식물, 저서 초식자와 동물성 섭식자) 당 1종, 3종과 5종으로 된 메조코즘을 설치하였다. 저저성 미생물과 플랑크톤은 조작되지 않았으나 모니터는 되었다. 일차생산과 군집호흡(둘 모두 산소법으로 측정)은 식물플랑크톤 생물량이 했던것과 같이 종 풍부성과 함께 증가하였으나, 동물플랑크톤 생물량은 감소하였다.

하양식(top-down) 효과에 대한 다양성의 영향을 연구하기 위해 직접 설계된 연구는 거의 없지만, Hillebrand and Cardinale(2004)는 87개 조류 섭식연구로부터 관련 자료를 뽑아낼 수 있다. 그들은 소비자 효과가 포식 다양성과 함께 감소한다는 메타 분석으로 보여주었다. 상반되는 경향은 단원 7.3.6에서 다룬 물벼룩 *Daphnia*-요각류 copepod 실험에서 제안된 것과 같이 소비자 다양성에 대한 것과 같다(Sommer *et al.* 2003). 즉, 물벼룩과 요각류의 혼합은 물벼룩과 요각류를 각각 처리한 것보다 식물플랑크톤 생물량을 감소시키는데 더 효과적이였다. Gamfeldt 등(2005)은 식물플랑크톤과 섬모류 종의 풍부성의 계승조합(1종, 2종 또는 3종)으로 한 2개의 영양단계 실험을 하였다. 식물플랑크톤 풍부성은 식물플랑크톤 생물량에 영향을 미치지 않지만, 소비자 생물량은 증가시킨다. 섬모류의 풍부성은 식물플랑크톤 생물량을 감소시키지만 섬모류 생물량은 증가시킨다. 혼합 채집과 보상효과의 가정을 기초로 한 불확실한 설명은 꽤 용이하게 제공된다. 포식 다양성의 증가는 포식 저항의 가능성을 의미한다. 반면에 포식자 다양성의 증가는 더 넓은 먹이 선호성의 스펙트럼을 의미한다. 만약 포식 다양성의 증가가 소비자를 위한 생화학적으로 더 균형 있는 섭식을 유도한다면, 첫 번째 효과는 상쇄된다.

8.8.3 다양성과 안정성

다양성과 안정성 간에 어떤 관계가 있는가를 조사하기 전에, 안정성의 개념은 적절하게 정의되어 있다. 우리는 최소한 3가지로 안정성을 다음과 같이 분류하였다(그림 8.28).

- **불변성**(constancy): 이것은 개체수, 생물량, 종수 등의 변화가 없다는 것이다. 불

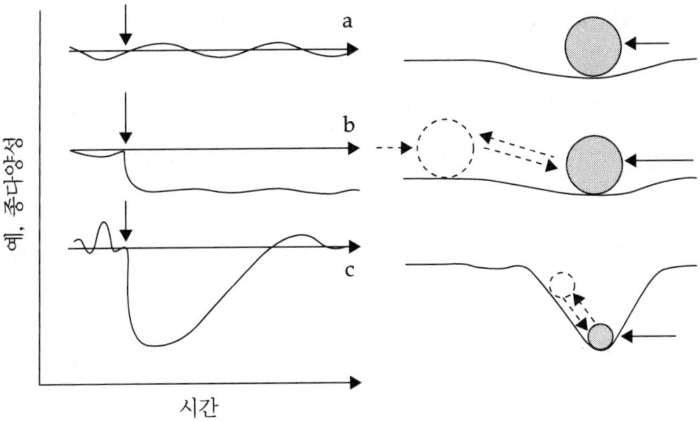

그림 8.28 여러 유형의 군집안정성을 나타낸 그림. 시스템 조건은 계곡 속의 볼로 나타내었다. 인접한 그래프에서 측정할 수 있는 매개변수(예, 다양성)는 다음과 같다. (a) 시스템은 높은 저항성이 있다. 작은 교란(화살표)은 이 과정을 변경할 수 없다. 군집은 장상적인 계절변화 내에서 변하지도 변화되지 않는다. (b) 더욱 강력한 교란은 시스템의 과정을 변화시킬 수 있고 새로운 안정단계로 된다. 새로운 교란이 이전의 조건으로 전환시킬 때까지 유지된다. (c) 작은 볼은 거의 저항성이 없는 시스템이지만, 높은 탄력성은 있다. 작은 교란이 큰 변화를 일으키지만, 시스템은 초기조건으로 빠르게 되돌아 온다(Lempart 1978c).

변성은 조건이 고정되어 있다는 것을 의미하지 않는다. 우리는 안정된 순환과 연속적인 경향으로 말할 수 있다. 예측할 수 없는 변화가 없다는 관찰은 불변성이 외적조건(교란이 없음)이나 또는 교란에 대한 개체군의 저항 능력으로 생성된다고 설명하지 않는다.

- **지속성**(persistence)은 불변성의 완화된 설명이다. 그것은 생태계의 특성(예, 대형식물 구역)이 유지된다는 것을 의미한다. 정량적 측정은 일정하지 않는다. 지속성은 주어진 생태 형의 생존시간으로 측정될 수 있다. 지속성이 실험 연구에서 중요한 개념은 아니지만, 자연보전 주제에 대한 가장 중요한 안정성 개념이다.
- **저항성(관성)**: 이것은 교란에 대한 일정한 조건, 순환 또는 경향을 유지하는 것이다. 저항을 일정한 상태로 유도하지만 유일한 원인은 아니다.
- **탄력성**(elasticity): 탄력성은 정상조건에서 이탈한 후에 정체상태, 순환 또는 경향으로 되돌아오는 능력이다. 탄력성은 장기간의 불변성으로 유도된다. 일부 저자는 회귀안정성(return stability)의 2가지 다른 양상을 구별한다. 그 2가지는 교란에 대한 회귀 후에 교란 범위에 대해 내성을 가지는 것(저항성)과 초기 조건들이 교란 후에 회복되는 속도(탄력성)이다.

대부분의 엄격한 실험연구는 시간을 통한 측정된 변이성의 역으로 표현된다(예, 표준편차, 변이 계수). 우리는 총 생물량과 같이 집합체의 특성보다 다르게 반응하는 개체군 수준(예, 개체의 종 풍부성)에서 측정된 특성을 예상할 수 있다. 채집영향과 보상효과는 동일한 예측을 유도한다(Tilman 1996). 개체군 수준은 다양성 증가와 함께 더 큰 변동이 있을 수 있다. 그것은 이들 이동이 무작위과정으로 유도되던지 또는 지위 차이로 유도되던 지간에 독립적으로 더 많은 종들은 종 대체를 위한 범위가 넓어지기 때문이다. 즉 다시 말해, 개체 종의 실적이 엄격히 동시에 이루어지지 않는다면, 종의 합계가 증가함으로서 개체 종의 생물양이나 생산율의 변이성은 감소할 것이다. 다시 말해, 만약 각 종에 따라 보상의 강도가 강하거나 약하다면, 이런 감소는 시간에 따른 임의의 차이이거나 또는 보상효과의 결과라 할 수 있다.

개체군과 생태계 불변성에 대한 다양성의 상반된 효과는 McGrady-Steed and Morin(2000)에 의해 플랑크톤(식물플랑크톤, 종속영양원생생물, 윤충류) 마이크로코즘 실험에서 설명되었다. 종 풀은 일차생산자, 초식동물, 박테리아 섭식자와 포식자를 포함한다. 마이크로코즘에서 초기 종 풍부성은 3~ 31종의 범위이다. 더 풍부한 마이크로코즘으로부터 일부 종은 손실이되는 동안, 종 풍부성의 전체 순위는 총 종 풍부성과 함께 감소하는 개체 종의 지속 시간인 42일간의 실험기간동안 지속된다. 즉 다시 말해, 박테리아 섭식자 총 풍부성, 초식자 총 풍부성, 포식자 총 풍부성 그리고 총 시스템 호흡의 변이 계수의 감소는 집단특성에 대한 다양성의 양의 효과를 나타낸 것이다. 일차생산자의 변이계수는 기대값으로부터 유도된다; 그것은 중간 종풍부성에서 가장 높다. 온대지역 호수와 특히 하천은 높은 탄력성이 있다(단원 5.8). 생물은 큰 변동과 교란에 적응을 한다. 그러므로 휴면단계를 가지거나 또는 착생하는 특별한 전략을 가진다. 이것은 단순한 교란 후에 매우 빠르게 재생할 수 있는 시스템을 이용할 수 있다. 만약 교란이 오래 동안 지속된다면 시스템이 다른 상태로 변경됨으로써 회복은 더욱 어렵게 된다. 이러한 좋은 예는 인산염(예, 비료 등)이 공급된 호수의 부영양화이다. 인산염을 한번 공급하면 호수에 대한 영향은 오래 지속되지 않는다. 인산염은 빠르게 생물량에 흡수되고 물에 가라앉는다. 깊은 물 속에 산소가 있는 한 인산염은 비용해성 제2철 복합체와 같이 퇴적물 속에 계속 머물게 된다(단원 8.3.5). 이런 교란은 너무 짧기 때문에 먹이망 구조는 변하지 않는다.

호수의 부영양화 문제는 오랜 기간 동안 연속적으로 발생되는 교란이다. 인산염은 하수, 토양의 침식과 대기로부터 공급된다. 이것은 연속적으로 생산성을 높이고 먹이망을 천천히 변화시킨다. 그림 8.28(b)에서 볼은 새로운 단계로 천천히 진행된다. 만약 교란이 멈춘다고 해서(예, 하수관을 전환시킴으로써), 호수는 즉시 더 개선되지 않는다. 동시에, 염양염 공급의 감소는 새로운 시스템에 대해 교란으로 작용한다. 혐기적 퇴적물로부터 인산염의 되먹임과 내부 인산염 순환은 생산성을 결정한다. 장수하는 핵심종(keystone species)은 변한다; 예를 들어 그 종은 잉어류(cryprinids)인 플랑크톤섭식자이다. 사상체 남조류는 크고 여과 섭식 동물플랑크톤의 재출현을 억제한다. 이것은 호수 회복이 시도될 때 극도로 분명하다(Sas 1989). 가끔 인위적 측정은 빈영양화 과정을 가속시킨다(단원 8.6.2). 그림 8.28의 그림 비교에서 하나는 그것의 이전 위치로 되돌아 가도록 하기 위해 볼을 민다.

얕은 부영양 호수는 두 가지 선택가능한 안정상태를 나타내는 데 그것은 수서 식생에 의해 투명한 물 상태이거나 또는 높은 조류 생물량에 의해 탁한 상태이다. 이것에는 중간상태가 없다. 이것 아니면 저것이다. 식물플랑크톤 생물량은 탁한 호수보다 투명하고 얕은 부영양 호수에서 2배 정도 더 많다. 밀집한 수서 대형식물층이 얼마나 투명한 물 상태로 안정화 시킬지는 분명하지 않다. 경쟁과 타감작용은 메커니즘으로 제시되었다. 그러나 시스템은 탁한 상태를 바꿔주게 되고 그것은 대형식물에 의해 재착생을 이루도록 상당한 영양염을 감소시킨다. 그것은 바닥에서 생장하는 유근식물에게 공급할 광을 너무 많이 흡수하기 때문이다. 하양식 조작은 이 경우에 더 효과적이다. 어류량의 감소로 섭식이 높아진 한 계절동안 대형식물은 충분히 회복할 수 있다. 그것은 나중에 조류에 의해 억제된다(단원 7.3.4). 2가지 다른 상태로 수년간 유지되고 있는 주변에 얕은 여러 개의 호수가 있다(Scheffer *et al.* 1993).

복습문제

1. 극미소식물플랑크톤-물벼룩 *Daphnia*-송어류(whitefish)와 미소식물플랑크톤-종속영양 극미소편모류-섬모류-물벼룩 *Daphnia*-송어류로 구성되는 간단한 영양 사슬을 추정하시오. 짧은 사슬 내에서 생태효율이 10%이고 긴 사슬은 짧은 사슬로서 같은 량의 어류 생산을 유지할 수 있다고 가정한다. (a) 긴 사슬 내에서 생태 효율이 짧은 사슬과 같다면, 극미소식물플랑크톤보다 미소식물플랑크톤이 얼마나 더 생산을 해야 하는가? (b) 만약 미소플랑크톤과 극미소플랑크톤의 생산이 같다면, 다음과 같이 연결된 생태효율은 얼마인가: 미소플랑크톤-HNF, HNF-섬모류 그리고 섬모류-물벼룩 *Daphnia*?

2. 인산염과 규산염 순환으로부터 호수에서 탄소와 질소순환의 특징을 무엇으로 구별하는가? 이 특징은 탄소와 질소순환에 어떻게 영향을 미치는가?

3. 호수의 풍부한 영양염이 잘 측정되는 여름 동안 표수층에서 용존 인산염, 질산염과 암모늄이 어떤 농도인지 설명하시오.

4. 영양 비는 식물플랑크톤 군집에서 경쟁적 상호작용에 중요하다. 성층기 동안 감소하거나 또는 증가하는 것에 대한 그 비(Si:N, Si:P, NH_4^+:NO_3^-)는 얼마인가?

5. 단원 8.5.2와 8.5.3에서 다음을 계산하기 위해 제시된 IBP형과 OECD형 공식을 이용하시오. (a) 빈영양 (10 μg P_{tot} l^{-1}), (b) 중영양(30 μg P_{tot} l^{-1}), (c) 부영양(100 μg P_{tot} l^{-1}) 호수의 특성 값: (i) 평균 연간 엽록소 농도; (ii) 연간 일차 생산, (iii) 연간 이차생산, (iv) 어류 생산.

6. 문제 5에서 각 호수에 대해, 각 호수의 광 기후에 대해 계산하시오. 수지소멸계수(엽록소 없는 상태에서 소멸계수)가 0.2 m^{-1}로 가정하고 각 엽록소 농도 Chl l^{-1}에 대한 소멸계수가 0.015 단위로 증가한다고 가정하고 계산하시오. (a) 연간 평균 소멸계수, (b) 연간 평균 진광

층 두께(단원 3.2.1에서 Lampert-Beer 식을 참조할 수 있다).

7. 반 세기동안 어류 학자는 빈영양호의 생산력이 없는 것에 대해 불평을 하였으며 그들이 생산적으로 될 수 있음을 제시하였다. 최근 10년 전에 호수의 부영양화가 확산된 후, 현재 호수 관리자는 호수 생산성이 증가함으로써 행복하지 않다. 그 이유는?

8. 특히 만약 처리장의 물이 해양으로 방류되어 먼 거리를 이동하게 된다면, 하수처리장에서 탈질작용은 해양 연안수의 질소부하를 감소시킨다고 제시하였다. 어떤 과정이 탈질작용을 심하게 제한하는가?

9. 부영양화 조절에서 효율적 측정이 되는 세제에서 인산염 감소가 왜 일어나는가?

10. 식물플랑크톤 중에 돌말류, 와편모조류와 남세균은 이떤 조건에서 우점을 하며, 얼마나 시간이 걸리는가?

11. 빈영양호수와 부영양호수에서 식물플랑크톤과 동물플랑크톤이 계절적으로 크기 변화의 경향을 설명하시오.

12. 기후변화가 봄의 온도를 증가시킨다면, 어류 유생기에 먹이 이용도가 왜 감소하는 지를 설명하시오.

13. 생물 다양성에서 시료채집과 보상 간의 차이를 설명하시오.

14. Hilsenhoff 지수는 여울서식처에 있는 저서 생물의 경쟁에 기반으로 한다. 그 이유는?

15. 살충제의 독성 유출은 호수와 하천에 있어 장기간의 영향이 왜 서로 다른가?

CHAPTER 9

결 론

9.1 생태학과 생물학

책의 서문에서 우리는 생물의 분포와 수도를 결정하는 상호작용 과학으로서 Krebs의 생태학을 정의하였다. 이 정의는 너무 좁은 범위를 가지고 있다. 개체들의 환경 요구를 분석하고, 개체군의 생장과 분포, 개체군 간의 상호작용을 분석하며, 군집의 기능을 분석하는 것을 포함하고 있다. 그러나 생태학의 매우 중요한 분야가 되는 생태계의 기능을 분석하는 분야는 제외되었다.

우리는 생태학의 용어를 다시 정의하기 위해 시도하지 않았지만, 우리 문헌에 기술한 예시는 생태학 연구의 폭과 제한을 설명하고 있다. 비록 일부 의문과 문제점들이 육상과 해양생태계에서 발견되었지만, 우리는 주제를 담수 생태학으로 한정하였다. 하나의 예외는 경관, 지역 및 전체 생물권 등과 같이 각각의 생태계이상의 공간적 범주에서 일어나는 생물지화학적 순환을 분석하는 것이다. 육상 또는 해양 생태학의 문헌은 지구적 전이에 관여하는 부분을 고려해야 한다. 그러나 지구표면의 일부를 구성하는 담수생태계는 지구물질 순환에서 무시될 수 있다.

우리는 생태계와 더 작은 단위에 접근을 제한하였으며, 단기 사건에 중점을 두었다. 경쟁과 포식과 같은 상호작용은 현존하는 종들과 유전자형들 간에 일어난다고 가정하였다. 즉, 새로운 유전자형들은 생태과정 동안 출현하지 않는다. 유기체의 생리적 조건을 기반으로 하는 상호작용의 결과를 예측할 수 없다. 새로운 유전자형의 출현은 유전학의 영역이지 생태학의 영역은 아니다. 그러나 진화는 역시 선택을 요구하며, 자연선택의 요인들에 대한 연구는 생태학의 대상이 된다(단원 1.1).

생태 극장과 진화적 역할이라는 그의 유명한 에세이에서, Hutchinson(1965)은 생태학 분야에서 수행되는 역할로서 진화를 강조하였다. 이 상황은 생태학과 관련되는 과학분야와의 구별을 분명하게 하기 위해 수정할 수 있다. 역할로서 생물과 환경과의 상호작용을 본다면, 다른 3가지 관점에서 그것을 설명할 수 있다. 하나는 배우, 무대 또는 그 자체의 역할로 나눌 수 있다. 여러 가지 생물적 규칙은 배우가 있으며 그 예는 분류학, 기능적 형태학, 생리학과 유전학이다. 무대 부분은 용어 중에 가장 넓은 의미를 가진 지형학이며, 지질학, 수리학, 호수물리학, 수(水)화학 등과 같은 많은 비생물과학을 포함한다. 역할 부분은 생태학이며, 생태학에서 사용하는 방법은 진화와 지질학적 시간척도를 적용할 수 없다는 것에 단서를 달아야만 한다.

생태학을 자연과학으로 간주하는 것이 명백하다. 몇 가지 관점에서 생태학적 개념이 과학적 방법의 엄격한 원칙 특히 왜곡 가능한 원칙라는 것에 동의하지 못한다는 것을 강조한다. 다양성-안정성 가설과 같은 일부 가설은 학문뿐만 아니라 일반 생태학에서 많은 반론들이 제기된다. 우리는 이것을 과학의 미성숙 지표이며, 결코 생태학이 비과학이라는 증거가 되지 못한다는 견해를 가지고 있다.

9.2 생태학과 사회

자연과학으로서 생태학을 강조하는 것은 사회학에서 일반적인 견해와 전적으로 일치하지 않는다. 많은 사람들은 새로운 정치 독트린을 위한 기초로서 생태학을 사용하고자 한다. 이 개념들은 생태학과 경제학의 조화, 생태학적 세계시장, 그리고 생태사회주의와 같이 표현될 수 있다. 이와 같은 자연과학의 사용은 과학의 의미뿐만 아니라 민주사회의 의미에 위배된다. 자연과학은 자연이 어떤 역할을 하는지를 기술하는 논리를 제공한다. 자연의 모든 면이 더 보존할 가치가 있는지, 또는 인간이 노력해야 하는 목표인지를 그들은 보여줄 수 없다. 가치와 목표를 결정하는 것은 민주적 과정이지 과학적 과정은 아니다. 생태학자와 다른 전문가는 이러한 것을 결정하기 위해 다른 사람들보다 더 많은 권리가 없다. 전문가의 역할은 목표를 성취할 수 있는 가능한 방법을 제시할 수 있고, 선택될 수 있는 목표들간의 갈등을 지적할 수 있다.

사회가 생태계의 건강과 보존이 가치가 있고 가장 높은 우선권을 주어지는 것에 동의하더라도, 생태학은 이와 같은 가치를 규정하는 것에 도움을 주지 못한다. 자연의 균형과 슈퍼생물 개념의 과학 발전 이전의 특성을 보여주는 것은 생태계 건강성에 대한 가치를 배치하는데 사용되는 과학적 기준이 없다. 이상적이거나 또는 목표 조건으로서 생태계의 특별한 역사적 조건을 선택하기 위한 과학적 근거가 없다. 환경정책에서 가장 잘 인식되고 동의할 수 있는 목표 조차 생태적 지식과 밀접한 관계가 없다. 부가적으로 빛의 감소는 인간 건강에 유해하고, 환경과 자연 보호에 대한 대부분의 다른 시도는 두 가지 주요 범주로 줄일 수 있다. 다양성의 유지와 생물지화학적 순환의 가장 큰 폐쇄를 지연시키거나 또는 복구하는 것이다. 두 가지 목표는 최근에 많은 사람에 의해 수락되었다; 그들은 비판할 가치가 있지만 그러나 과학적 원칙은 없다. 생태학은 물질순환의 인위적 개방이 바람직하지 않는 효과를 나타내는 것을 보여준다(즉, 더 많은 영양염의 토양으로 손실 → 더 많은 시비 요구 → 호수의 더 많은 부영양화). 어떻게 바람직하지 않은 이들 효과가 나타나는지를 보여주지 못한다.

9.3 생태학과 환경

이 교재는 응용생태학 분야를 거의 포함시키지 않았다. 생태학과 환경과학간의 분명한 구별이 부족함으로써, 생태학은 필요할 경우로서 의미를 충족할 수 있는 빈말이 되었다. 우리 시대에 가장 큰 도전은 세계 인구가 증가함으로써 우리 서식처와 자원의 보호라는 것은 의심의 여지가 없다. 상호연결 시스템이라는 용어를 생각하기 위한 훈련을 통해, 생태학은 환경문제를 더 잘 공감할 수 있도록 하였다. 수요는 인간 활동의 결과를 예측하는 생태학을 만들었다. 강한 자연과학 이론이 있다면 이와 같은 예측을 할 수 있을 것이다.

환경문제는 널리 인식되고 있다. 이것은 매우 긍정적인 징후지만 그러나 응용생태학 분야로 이동할 가능성이 크다. 응용 생태학의 목적은 일간 이론의 개발이 아니라 인간 생활조건의 최적화이며, 이것은 항상 과학 기준을 기반으로 할 수 없다. 이러한 문제를 혹평한 Fenchel(1987)은 생태학과 환경과의 관계는 물리학과 공학과의 관계를 비교하였다. 물리학은 엔지니어가 생산할 기본 자료를 제공한다. 물리학과 공학은 비교적 분명하게 구별할 수 있지만, 생태학과 환경과학은 그렇지 못하다. 일부의 생태 연구는 생태학의 기초연구가 된다. 가장 큰 부분은 심각한 환경문제를 해결하는데 사용되며, 모니터하는데 사용된다. 이 프로그램은 절실하게 필요로 하며, 강화되어야 한다. 그러나 그들을 개발하기보다 알려진 개념과 방법을 적용함으로써, 그들은 과학적 발전이 거의 없다. 이러한 이유 때문에, 연구 기금의 증가는 불행하게도 생태학적 이론의 발전과 일치하지 않았다.

이 책의 목적은 수계 분야의 생태적 이론의 가능성과 한계를 부각시킨 것이 희망적으로 분명하게 되었다. 다른 분야에서와 같이, 방법과 이론적 개념과 함께 생물학 분야로서, 과거에 한 때 다시 사용된 생태학의 개념을 알게 하고 싶었다. 그것은 통합과학도 아니며, 구원의 독트린도 아니다.

References

참고문헌

Abbot, M.R., Denman, K.L., Powell, T.M., Richerson, P.J., Richards, R.C., and Goldman, C.R. (1984). Mixing and the dynamics of the deep chlorophyll maximum in Lake Tahoe. *Limnol. Oceanogr.*, **29**, 862–878.

Ackerman, J.D. (2001). Benthic-pelagic coupling over a zebra mussel reef in western Lake Erie. *Limnol. Oceanogr.*, **46**, 892–904.

Adrian, R., and Frost, T.M. (1993). Omnivory in cyclopoid copepods: Comparisons of algae and invertebrates as food for three, differently sized species. *J. Plankton Res.*, **15**, 643–658.

Ahlgren, G. (1978). Growth of *Oscillatoria gardhii* in chemostat culture. II. Dependence of growth constants on temperature. *Mitt. Int. Ver. Limnol.*, **21**, 88–102.

Alcaraz, M., and Strickler, J.R. (1988). Locomotion in copepods: pattern of movements and energetics of *Cyclops*. *Hydrobiologia*, **167/168**, 409–414.

Allan, J.D., Flecker, A.S., and McClintock, N.L. (1987). Prey preference of stoneflies: sedentary vs mobile prey. *Oikos*, **49**, 323–331.

Almer, B., Dickson, W., Eckström, C., Hornström, E., and Miller, U. (1974). Effects of acidification on Swedish lakes. *Ambio*, **3**, 30–36.

Amann, R.I., Ludwig, W., and Schleifer, K-H (1995). Phylogenetic identification and *in situ* detection of individual microbial cells without cultivation. *Microbiological Reviews*, **59**, 43–169.

Ambühl, H. (1959). Die Bedeutung der Strömung als ökologischer Faktor. *Schweiz. Z. Hydrol.*, **21**, 133–264.

Andersen, T., and Hessen, D.O. (1991). Carbon, nitrogen, and phosphorus content of freshwater zooplankton. *Limnol. Oceanogr.*, **36**, 807–814.

Anderson, R.S. (1970). Effects of rotenone on zooplankton communities and a study of their recovery patterns in two mountain lakes in Alberta. *J. Fish. Res. Bd. Canada*, **27**, 1335–1365.

Anholt, B.R. (1995). Density dependence resolves the stream drift paradox. *Ecology*, **76**, 2235–2239.

Anning, T., Harris, G., and Geider, R.J. (2001). Thermal acclimation in the marine diatom *Chaetoceros calcitrans* (Bacillariophyceae). *Eur. J. Phycol.*, **36**, 233–241.

Apperson, C.S., Yows, D., and Madison, L. (1978). Resistance to methyl parathion in *Chaoborus astictopus* from Clear Lake, California. *J. Econ. Entomol.*, **71**, 772–773.

Arens, C.S. (1989). Comparative functional morphology of the mouth parts of stream animals feeding on epilithic algae. *Arch. Hydrobiol. Suppl.*, **83**, 253–354.

Arzet, K., Steinberg, C., Psenner, R., and Schulz, N. (1986). Diatom distribution and diatom inferred pH in the sediment of four alpine lakes. *Hydrobiologia*, **143**, 247–254.

Avise, J.C. (2004). *Molecular markers, natural history, and evolution*. Sinauer Associates, Sunderland, MA.

Azam, F., Fenchel, R., Field, J.G., Ray, J.S., Meyer-Reil, L.A., and Thingstad, F. (1983). The ecological role of water-column microbes in the sea. *Mar. Ecol. Progr. Ser.*, **10**, 257–263.

Bailey, PCE (1986). The feeding behaviour of a sit-and-wait predator, *Ranatra dispar* (Heteroptera: Nepidae): optimal foraging and feeding dynamics. *Oecologia*, **68**, 291–297.

Bannister, T.T. (1974). Production equations in terms of chlorophyll concentration, quantum yield, and upper limit to production. *Limnol. Oceanogr.*, **19**, 1–12.

Banse, K. (1982). Cell volumes, maximal growth rates of unicellular algae and ciliates, and the role of ciliates in the marine pelagial. *Limnol. Oceanogr.*, **27**, 1059–1071.

Barbosa, F.A.R., and Tundisi, J.G. (1989). Diel variations in a shallow tropical Brazilian lake. I. The influence of temperature variation on the distribution of dissolved oxygen and nutrients. *Arch. Hydrobiol.*, **116**, 333–350.

Barnhisel, D.R. (1991). The caudal appendage of the cladoceran *Bythotrephes cederstroemi* as defense against young fish. *J. Plankton Res.*, **13**, 529–537.

Barry, M.J. (1994). The costs of crest induction for *Daphnia carinata. Oecologia*, **97**, 278–288.

Bastviken, D., Cole, J.J., Pace, M., and Tranvik, L. (2004). Methane emissions from lakes: Dependence of lake characteristics, two regional assessments, and a global estimate. *Global Biogeochem. Cycles*, **18**, B4009.

Bauer, G. (1987). Reproductive strategy of the freshwater pearl mussel *Margaritifera margaritifera. J. Animal Ecol.*, **56**, 691–704.

Beadle, L.C. (1943). Osmotic regulation and the faunas of inland waters. *Biol. Rev.*, **18**, 172–183.

Bechara, J.A., Moreau, G., and Planas, D. (1992). Top-down effects of brook trout (*Salvelinus fontinalis*) in a boreal forest stream. *Can. J. Fish. Aquat. Sci.*, **49**, 2093–2103.

Bechara, J.A., Moreau, G., and Haré, L. (1993). The impact of brook trout (*Salvelinus fontinalis*) on an experimental stream benthic community: the role of spatial and size refugia. *J. Animal Ecol.*, **62**, 451–464.

Becker, C., and Boersma, M. (2005). Differential effects of phosphorus and fatty acids on *Daphnia magna* growth and reproduction. *Limnol. Oceanogr.*, **50**, 388–397.

Becks, L., Hilker, F.M., Malchow, H., Jürgens, K., and Arndt, H. (2005). Experimental demonstration of chaos in a microbial food web. *Nature*, 435, 1226-1229

Bell, G. (2005). The co-distribution of species in relation to the neutral theory of community ecology. *Ecology*, **86**, 1757–1770.

Benndorf, J., Schultz, H., Benndorf, A., Unger, R., Penz, E., Kneschke, H., Kossatz, K., Dumke, R., Hornig, V., Kruspe, R., and Reichel, S. (1988). Food-web manipulation by enhancement of piscivorous fish stocks: Long-term effects in the hypertrophic Bautzen Reservoir. *Limnologica (Berlin)*, **19**, 97–110.

Berendonk, T.U. (1999). Influence of fish kairomones on the ovipositioning behavior of *Chaoborus* imangines. *Limnol. Oceanogr.*, **44**, 454–458.

Berendonk, T.U., and Bonsall, M.B. (2002). The phantom midge and a comparison of metapopulation structures. *Ecology*, **83**, 116–128.

Bergh, O., Brosheim, K.Y., Bratbak, G., and Heldal, M. (1989). High abundance of viruses found in aquatic environments. *Nature*, **340**, 467–468.

Bird, D.F., and Kalff, J. (1993). Protozoan grazing and the size-activity structure of limnetic bacterial communities. *Can. J. Fish. Aquat. Sci.*, **50**, 370–380.

Birge, E.A. (1897). Plankton studies on Lake Mendota: II. The Crustacea from the plankton from July 1894, to December 1896. *Trans. Wisconsin Acad. Sci. Arts Lett.*, **11**, 274–448.

Black, R.W. (1980). The genetic component of cyclomorphosis in *Bosmina*. *In* W.C. Kerfoot (ed.) *Evolution and ecology of zooplankton communities.*, pp. 456–469. University Press of New England, Hanover, NH.

Black, R.W.I., and Slobodkin, L.B. (1987). What is cyclomorphosis? *Freshwat. Biol.*, **18**, 373–378.

Boeing, W.J., Wissel, B., and Ramcharan, C.W. (2005). Costs and benefits of *Daphnia* defense against *Chaoborus* in nature. *Can. J. Fish. Aquat. Sci.*, **62**, 1286–1294.

Bohl, E. (1980). Diel pattern of pelagic distribution and feeding in planktivorous fish. *Oecologia*, **44**, 368–375.

Bollens, S.M., and Frost, B.W. (1989). Predator-induced diel vertical migration in a planktonic copepod. *J. Plankton Res.*, **11**, 1047–1065.

Borgström, R., and Hendrey, G.R. (1976). pH tolerance of the first fish larval stages of *Lepidurus arcticus* and of adult *Gammarus lacustris*. SNSF-Projekt, IR 22/76

Bottrell, H.H. (1975). The relationship between temperature and duration of egg development in some epiphytic Cladocera and Copepoda from the river Thames, Reading, with a discussion of temperature functions. *Oecologia*, **18**, 63–84.

Bottrell, H.H., Duncan, A., Gliwicz, Z.M., Grygierek, E., Herzig, A., Hillbricht-Ilkowska, A., Kurasawa, H., Larsson, P., and Weglenska, T. (1976). A review of some problems in zooplankton production studies. *Norw. J. Zool.*, **24**, 419–456.

Bowers, G. (1987). Aquatic plant photosynthesis: strategies that enhance carbon gain. *In* Crawford, R.M. (ed.) *Plant life in aquatic and amphibian habitats.*, pp. 79–98. Blackwell, Oxford.

Boyero, L., and Pearson, R.G. (2006). Intraspecific interference in a tropical stream shredder guild. *Mar. Freshwat. Res.*, **57**, 201–206.

Braband, A., and Faafeng, B. (1993). Habitat shift in roach (*Rutilus rutilus*) induced by pikeperch (*Stizostedion lucioperca*) introduction: Predation risk versus pelagic behavior. *Oecologia*, **95**, 38–46.

Braunwarth, C., and Sommer, U. (1985). Analyses of the *in situ* growth rates of Cryptophyceae by use of the mitotic index technique. *Limnol. Oceanogr.*, **30**, 893–897.

Braunwarth, C. (1988). Populations dynamik natürlicher Phytoplankton-populationen: Analyse der *in situ* Wachstums-und Verlustraten. Ph.D. Thesis, Univ. Konstanz, Konstanz.

Brendelberger, H. (1991). Filter mesh size of cladocerans predicts retention efficiency for bacteria. *Limnol. Oceanogr.*, **36**, 884–894.

Brett, J.R. (1965). The relation of size to rate of oxygen consumption and sustained swimming speed of Sockeye Salmon (*Oncorhynchus nerka*). *J. Fish. Res. Bd. Canada*, **22**, 1491–1501.

Brett, M.T. (1989). Zooplankton communities and acidification processes (a review). *Water Air Soil Poll.*, **44**, 387–414.

Brodersen, J., and Madsen, H. (2003). The effect of calcium concentration on the crushing resistance, weight and size of *Biomphalaria sudanica* (Gastropoda: Planorbidae). *Hydrobiologia*, **490**, 181–186.

Brodin, T., Johansson, F., and Bergstein, J. (2006). Predator related oviposition site selection of aquatic beetles (*Hydroporus* spp.) and effects on offspring life-history. *Freshwat. Biol.*, **51**, 1277–1285.

Brönmark, C., and Malmqvist, B. (1986). Interactions between the leech *Glossiphonia complanata* and its gastropod prey. *Oecologia*, **69**, 268–276.

Brönmark, C. (1994). Effects of tench and perch on interactions in a freshwater, benthic food chain. *Ecology*, **75**, 1818–1828.

Brönmark, C., and Hansson, L.A. (2000). Chemical communication in aquatic systems: an introduction. *Oikos*, **88**, 103–109.

Brönmark, C., and Pettersson, L.B. (1994). Chemical cues from piscivores induce a change in morphology in crucian carp. *Oikos*, **70**, 396–404.

Brooks, J.L. (1968). The effects of prey size selection by lake planktivores. *Syst. Zool.*, **17**, 272–291.

Brooks, J.L., and Dodson, S.I. (1965). Predation, body-size and composition of plankton. *Science*, **150**, 28–35.

Bruning, K., and Ringelberg, J. (1987). The influence of phosphorus limitation of the diatom *Asterionella formosa* on the zoospore production of its fungal parasite *Rhizophydium planktonicum*. *Hydrobiol. Bull.*, **21**, 49–54.

Brylinsky, M. (1980). Estimating the productivity of lakes and reservoirs. *In* LeCren, E.D. and Lowe-McConnell, R.H. (ed.) *The functioning of freshwater ecosystems.*, pp. 411–453. Cambridge University Press, Cambridge.

Burns, C.W. (1968). The relationship between body size of filter-feeding cladocera and the maximum size of particles ingested. *Limnol. Oceanogr.*, **13**, 675–678.

Burton, R.S., and Swisher, S.G. (1985). Population structures of the intertidal copepod *Tigriopus californicus* as revealed by field manipulation of allele frequencies. *Oecologia*, **65**, 108–111.

Byron, E.R. (1982). The adaptive significance of calanoid copepod pigmentation: A comparative and experimental analysis. *Ecology*, **63**, 1871–1886.

Caceres, C.E., and Soluk, D.A. (2002). Blowing in the wind: a field test of overland dispersal and colonization by aquatic invertebrates. *Oecologia*, **131**, 402–408.

Calow, R.J.P. (1992). Can ecosystems be healthy? Critical consideration of concepts. *J. Aquat. Ecosyst. Health*, **1**, 1–15.

Caraco, N.F., Cole, J.J., and Strayer, D.L. (2006). Top-down control from the bottom: Regulation of eutrophication in a large river by benthic grazing. *Limnol. Oceanogr.*, **51**, 664–670.

Carmichael, W.W. (1992). Cyanobacteria secondary metabolites—the cyanotoxins. *J. Appl. Bact.*, **72**, 445–459.

Carpenter, S.R., Kitchell, J.F., and Hodgson, J.R. (1985). Cascading trophic interactions and lake productivity. *BioScience*, **35**, 634–639.

Carpenter, S.R., Lanthrop, R.C., and Munoz del Rio, A. (1993). Comparison of dynamic models for edible phytoplankton. *Can. J. Fish. Aquat. Sci.*, **50**, 1757–1767.

Casper, P., Maberly, S.C., Hall, G.H., and Finlay, B.J. (2000). Fluxes of methane and carbon dioxide from a small productive lake to the atmosphere. *Biogeochemistry*, **49**, 1–19.

Cattaneo, A. (1983). Grazing on epiphytes. *Limnol. Oceanogr.*, **28**, 124–132.

Chapin, S.F., Zavaleta, E.S., Eviner, V.T., Naylor, R.L., Vitousek, P.M., Reynolds, H.L., Hopper, D.U., Lavorel, S., Sala, O.E., Hobbie, S.E., Mack, M.C., and Díaz, S. (2000). Consequences of changing biodiversity. *Nature*, **405**, 234–242.

Chesson, J. (1978). Measuring preference in selective predation. *Ecology*, **9**, 923–947.

Chow-Fraser, P., and Sprules, W.G. (1992). Type-3 functional response in limnetic suspension-feeders, as demonstrated by *in situ* grazing rates. *Hydrobiologia*, **232**, 175–191.

Clements, F.E. (1936). Structure and nature of the climax. *J. Ecol.*, **24**, 252–284.

Cole, J.J., Carpenter, S.R., Kitchell, J.F., and Pace, M.L. (2002). Pathways of organic carbon utilization in small lakes: Results from whole lake ^{13}C addition and coupled model. *Limnol. Oceanogr.*, **47**, 1664–1675.

Coleman, J.R., and Coleman, B. (1981). Inorganic carbon accumulation and photosynthesis in a blue-green alga as a function of external pH. *Plant Physiol.*, **67**, 917–921.

Connell, J.H. (1980). Diversity and coevolution of competitors, or the ghost of competition past. *Oikos*, **35**, 131–138.

Cowan, C.A., and Peckarsky, B.L. (1994). Diel feeding and positioning periodicity of a grazing mayfly in a trout stream and fishless stream. *Can. J. Fish. Aquat. Sci.*, **51**, 450–459.

Cowgill, U.M., and Milazzo, D.P. (1990). The sensitivity of two cladocerans to water-quality variables: salinity and hardness. *Arch. Hydrobiol.*, 120, 185–196.

Crawford, D.W. (1992). Metabolic cost of motility in planktonic protists: Theoretical considerations on size scaling and swimming speed. *Microb. Ecol.*, **24**, 1–10.

Cronberg, G. (1982). Changes in the phytoplankton of Lake Trummen induced by restoration. *Hydrobiologia*, **86**, 185–193.

Cross, W.F., Johnson, B.R., Wallace, J.B., and Rosemond, A.D. (2005). Contrasting response of stream detritivores to long-term nutrient enrichment. *Limnol. Oceanogr.*, **50**, 1730–1739.

Crowl, T.A., and Covich, A.P. (1990). Predator-induced life history shifts in a freshwater snail. *Science*, **247**, 949–951.

Cushing, D.H. (1975). *Marine ecology and fisheries*. Cambridge University Press, Cambridge, UK.

Darwin, C.R. (1859). *On the origin of species by means of natural selection, or the preservation of favoured races in the struggle for life*. John Murray, London.

Dawidowicz, P., and Loose, C.J. (1992). Metabolic costs during predator-induced diel vertical migration of *Daphnia*. *Limnol. Oceanogr.*, **37**, 1589–1595.

Dawidowicz, P., Pijanowska, J., and Ciechomski, K. (1990). Vertical migration of *Chaoborus* larvae is induced by the presence of fish. *Limnol. Oceanogr.*, **35**, 1631–1637.

De Bruin, A., Ibelings, B.W., Rijkeboer, M., Brehm, M., and Van Donk, E. (2004). Genetic variation in *Asterionella formosa* (Bacillariophyceae): Is it linked to frequent epidemics of host-specific parasitic fungi? *J. Phycol.*, **40**, 823–830.

De Meester, L., and Dumont, H.J. (1988). The genetics of phototaxis in *Daphnia magna*: Existence of three phenotypes for vertical migration among parthenogenetic females. *Hydrobiologia*, **162**, 47–55.

De Meester, L., Weider, L.J., and Tollrian, R. (1995). Alternative antipredator defences and genetic polymorpism in a pelagic predator-prey system. *Nature*, **378**, 483–485.

De Meester, L., Gomez, A., Okamura, B., and Schwenk, K. (2002). The Monopolization Hypothesis and the dispersal-gene flow paradox in aquatic organisms. *Acta Oecol.*, **23**, 121–135.

De Roos, A.M., Persson, L., and McCauley, E. (2003). The influence of size-dependent life-history traits on the structure and dynamics of populations and communities. *Ecol. Lett.*, **6**, 473–487.

Decaestecker, E., Vergote, A., Ebert, D., and De Meester, L. (2003). Evidence for strong clone-parasite species interactions in the *Daphnia* microparasite system. *Evolution*, **57**, 784–792.

Decaestecker, E., Declerck, S., De Meeester, L., and Ebert, D. (2005). Ecological implications of parasites in natural *Daphnia* populations. *Oecologia*, **144**, 382–390.

Deines, P., and Grey, J. (2006). Site-specific methane production and subsequent midge mediation within Esthwaite Water, UK. *Arch. Hydrobiol.*, **167**, 317–334.

Dejours, P. (1975). *Principles of comparative respiratory physiology*. North Holland, Amsterdam.

DeMott, W.R. (1986). The role of taste in food selection by freshwater zooplankton. *Oecologia*, **69**, 334–340.

DeMott, W.R. (1988). Discrimination between algae and artificial particles by freshwater and marine copepodes. *Limnol. Oceanogr.*, **33**, 397–408.

DeMott, W.R. (1989). The role of competition in zooplankton succession. *In* U Sommer, ed. *Plankton ecology. Succession in plankton communities.*, pp. 195–252. Springer-Verlag, Heidelberg.

DeMott, W.R., and Moxter, F. (1991). Foraging on cyanobacteria by copepods: responses to chemical defenses and resource abundance. *Ecology*, **72**, 1820–1834.

DeMott, W.R., and Tessier, A.J. (2002). Stoichiometric constraints vs. algal defenses: Testing mechanisms of zooplankton food limitation. *Ecology*, **83**, 3426–3433.

DeWitt, T.J., Sih, A., and Wilson, D.S. (1998). Costs and limits of phenotypic plasticity. *Trends Ecol. Evolut.*, **13**, 77–81.

Dini, M.L., and Carpenter, S.R. (1988). Variability in *Daphnia* behavior following fish community manipulations. *J. Plankton Res.*, **10**, 621–635.

Doak, D.F., Bigger, D., Harding, E.K., Marvier, M.A., O'Malley, R.E., and Thomson, D. (1998). The statistical inevitability of stability-diversity relationships in community ecology. *Am. Nat.*, **151**, 264–276.

Dodds, W.K. (1991). Community interactions between the filamentous alga *Cladophora glomerata* (L) Kuetzing, its epiphytes, and epiphyte grazers. *Oecologia*, **85**, 572–580.

Dodds, W.K. (2006). Eutrophication and trophic state in rivers and streams. *Limnol. Oceanogr.*, **51**, 671–680.

Dodson, S.I. (1974a). Zooplankton competition and predation: an experimental test of the size-efficiency hypothesis. *Ecology*, **55**, 605–613.

Dodson, S.I. (1974b). Adaptive change in plankton morphology in response to size-selective predation: A new hypothesis of cyclomorphosis. *Limnol. Oceanogr.*, **19**, 721–729.

Douglas, M., and Lake, P.S. (1994). Species richness of stream stones: an investigation generating the species-area relationship. *Oikos*, **69**, 387–396.

Downing, A.J., and Leibold, M.A. (2002). Ecosystem consequences of species richness and composition in pond food webs. *Nature*, **416**, 837–841.

Downing, J.A., and Rigler, F.H. (ed.) (1984). *A manual on methods for the assessment of secondary production in fresh waters*. Blackwell, Oxford.

Drenner, R.W., De Noyelles, F., Jr., and Kettle, D. (1982). Selective impact of filter-feeding gizzard shad on zooplankton community structure. *Limnol. Oceanogr.*, **27**, 965–968.

Droop, M.R. (1983). 25 years of algal growth kinetics. *Bot. Mar.*, **26**, 99–112.

Dudgeon, D. (1989). Phoretic Diptera (Nematocera) on *Zygonyx iris* (Odonata: Anisoptera) from a Hong Kong river: incidence, composition and attachment sites. *Arch. Hydrobiol.*, **115**, 433–439.

Durham, K.A., Porta, D., McKay, R.M.L., and Bullerjahn, G.S. (2003). Expression of the iron-responsive *irp A* gene from the cyanobacterium *Synechococcus* sp. strain PCC 7942. *Arch. Microbiol.*, **179**, 131–134.

Ebert, D. (1994). Virulence and local adaptation of a horizontally transmitted parasite. *Science*, **265**, 1084–1086.

Ebert, D. (2005). *Ecology, epidemiology, and evolution of parasitism in Daphnia [Internet]*. Bethesda (MD): National Library of Medicine (US), National Center for Biotechnology Information. Available from: http:/www. ncbi.nlm.nih.gov./entrez/query.fcgi?db=Books,

Edmondson, W.T. (1968). A graphical method for evaluating the use of the egg ratio for measuring birth and death rates. *Oecologia*, **1**, 1–37.

Edmondson, W.T., and Winberg, G.G. (ed.) (1971). *A manual on methods for the assessment of secondary production in fresh waters*. Blackwell, Oxford.

Edmondson, W.T. (1991). *The uses of ecology. Lake Washington and beyond.* University of Washington

Press, Seattle.

Edmondson, W.T. (1993). Experiments and quasi-experiments in limnology. *Bull. Mar. Science*, **53**, 65–83.

Einsle, U. (1988). The long-term dynamics of crustacean communities in Lake Constance (Obersee, 1962–1986). *Schweiz. Z. Hydrol.*, **50**, 136–165.

Elser, J.J., and Urabe, J. (1999). The stoichiometry of consumer-driven nutrient recycling: Theory, observations and consequences. *Ecology*, **80**, 735–751.

Elser, J.J., Goff, N.C., MacKay, N.A., Amand, A.L.S., Elser, M.M., and Carpenter, S.R. (1987). Species-specific algal responses to zooplankton: experimental and field observations in three nutrient limited lakes. *J. Plankton Res.*, **9**, 699–718.

Elser, J.J., Elser, M.M., McKay, R.M.L., and Carpenter, S.R. (1988). Zooplankton-mediated transitions between N and P limited algal growth. *Limnol. Oceanogr.*, **33**, 1–14.

Elser, J.J., Achyara, K., Kyle, M., Cotner, J., Makino, W., Markov, T., Watts, T., Hobbie, S., Fagan, W., Schade, J., Hood, J., and Sterner, R.W. (2003). Growth rate-stoichiometry couplings in diverse biota. *Ecol. Lett.*, **6**, 936–943.

Elster, H-J (1974). History of limnology. *Mitt. Int. Verein. Limnol.*, **20**, 7–30.

Eriksson, M.O.G., Henrikson, L., Nilsson, B., I. , Nyman, G., Oscarson, H.G., Stenson, A.E., and Larsson, K. (1980). Predator-prey relations important for the biotic changes in acidified lakes. *Ambio*, **9**, 248–249.

Evans, C.D., Cullen, J.M., Alewell, C., Kopácek, J., Marchetto, A., Moldan, F., Prechtel, A., Rogora, M., Vesely, J., and Wright, R. (2001). Recovery from acidification in European surface waters. *Hydrol. Earth. Syst. Sci.*, **5**, 283–297.

Fee, E.J. (1976). The vertical and seasonal distribution of chlorophyll in lakes of the Experimental Lakes Area, northwestern Ontario: Implications for primary production estimates. *Limnol. Oceanogr.*, **21**, 767–783.

Feminella, J.W., Power, M.E., and Resh, V.H. (1989). Periphyton responses to invertebrate grazing and riparian canopy in three northern California coastal streams. *Freshwat. Biol.*, **22**, 445–457.

Fenchel, T. (1987). *Ecology—Potentials and limitations*. Ecology Institute, Oldendorf/Luhe.

Ferrier, R.C., Jenkins, A., Wright, R.F., Schöpp, W., and Barth, H. (2001). Assessment of recovery of European surface waters from acidification 1970–2000: An introduction to the Special Issue. *Hydrol. Earth. Syst. Sci.*, **5**, 274–282.

Feuchtmayr, H. (2004). Mesozooplankton impacts on lower trophic levels from freshwater, marine and brackish systems in spring—a comparative study. Ph.D. Thesis, C. A. University, Kiel

Figuerola, J., and Green, A.J. (2002). Dispersal of aquatic organisms by waterbirds: a review of past research and priorities for future studies. *Freshwat. Biol.*, **47**, 483–494.

Findenegg, I. (1943). Untersuchungen über die ökologie und die Produktionsverhältnisse des Planktons im Kärntner Seengebiet. *Int. Rev. ges. Hydrobiol.*, **43**, 368–429.

Fischer, J.M., Nicolai, J.L., Williamson, C.E., Persaud, A., and Lockwood, R.S. (2006). Effects of ultraviolet radiation on diel vertical migration of crustacean zooplankton: an in situ mesocosm experiment. *Hydrobiologia*, **563**, 217–224.

Flecker, A.S. (1992). Fish predation and the evolution of invertebrate drift periodicity: evidence from neotropical streams. *Ecology*, **73**, 438–448.

Flöder, S., and Sommer, U. (1999). Diversity in planktonic communities: An exprimental test of the intermediate disturbance hypothesis. *Limnol. Oceanogr.*, **44**, 1114–1119.

Folt, C., and Goldman, C.R. (1981). Allelopathy between zooplankton: A mechanism for interference competition. *Science*, **213**, 1133–1135.

Frost, B.W. (1988). Variability and possible adaptive significance of diel vertical migration in *Calanus pacificus*, a planktonic marine copepod. *Bull. Mar. Science*, **43**, 675–694.

Frost, P.C., and Tuchman, N.C. (2005). Nutrient release rates and ratios by two stream detritivores fed leaf litter grown under elevated atmospheric CO_2. *Arch. Hydrobiol.*, **163**, 463–477.

Fry, B. (2006). *Stable isotope ecology*. Springer, New York.

Fuhrman, J.A., and Azam, F. (1982). Thymidine incorporation as a measure of heterotrophic bacterioplankton production in marine surface waters: evaluation and field results. *Mar. Biol.*, **66**, 109–120.

Gabriel, W., Taylor, B.E., and Kirsch-Prokosch, S. (1987). Cladoceran birth and death rates estimates:

experimental comparisons of egg-ratio methods. *Freshwat. Biol.*, **18**, 361–372.

Gaedeke, A., and Sommer, U. (1986). The influence of the frequency of periodic disturbances on the maintenance of phytoplankton diversity. *Oecologia*, **71**, 25–28.

Gaedke, U. (1992). The size distribution of plankton biomass in a large lake and its seasonal variability. *Limnol. Oceanogr.*, **1992**, 1202–1220.

Gaedke, U., and Schweizer, A. (1993). The first decade of oligotrophication in Lake Constance. I. The response of phytoplankton biomass and cell size. *Oecologia*, **93**, 268–703.

Galbraith, M.G., Jr. (1967). Size-selective predation on *Daphnia* by rainbow trout and yellow perch. *Trans. Amer. Fish. Soc.*, **96**, 1–10.

Gamfeldt, L., Hillebrand, H., and Jonsson, P.R. (2005). Species richness changes across trophic levels simultaneously affect prey and consumer biomass. *Ecol. Lett.*, **8**, 696–703.

Gause, G.J. (1934). *The struggle for existence*. Williams & Wilkins, Baltimore, MD.

Geider, R.J., and McIntyre, H.L. (2002). Physiology and biochemistry of photosynthesis and algal carbon acquisition. In Williams, P.J., Thomas, D.N., and Reynolds, C.S. (ed.) *Phytoplankton productivity: Carbon assimilation in marine and freshwater ecosystems.*, pp. 44–77. Blackwell, Oxford.

Geider, R.J., McIntyre, H.L., and Kana, T.M. (1997). A dynamic model of phytoplankton growth and acclimation: responses of the balanced growth rate and chlorophyll:carbon ratio to light, nutrient-limitation and temperature. *Mar. Ecol. Progr. Ser.*, **148**, 187–200.

Geller, A. (1985). Degradation and formation of refractory DOM by bacteria during simultaneous growth on labile substrates and persistent lake water constituents. *Schweiz. Z. Hydrol.*, **47**, 27–44.

Geller, W. (1975). Die Nahrungsaufnahme von *Daphnia pulex* in Abhängigkeit von der Futterkonzentration, der Temperatur, der Körpergrösse und dem Hungerzustand der Tiere. *Arch. Hydrobiol. Suppl.*, **48**, 47–107.

Geller, W., and Müller, H. (1981). The filtration apparatus of cladocera: Filter mesh sizes and their implications on food selectivity. *Oecologia*, **49**, 316–321.

Gerdeaux, D., and Perga, M-E (2006). Changes in whitefish scales $\delta^{13}C$ during eutrophication and reoligotrophication of subalpine lakes. *Limnol. Oceanogr.*, **51**, 772–780.

Gerritsen, J., and Strickler, R. (1977). The filtration apparatus of cladocera: Filter mesh sizes and their implications on food selectivity. *J. Fish. Res. Board. Can.*, **34**, 73–82.

Gessner, M. (1999). A perspective on leaf litter breakdown in streams. *Oikos*, **85**, 377–384.

Gilbert, J.J. (1966). Rotifer ecology and embryological induction. *Science*, **151**, 1234–1237.

Gilbert, J.J. (1967). Asplanchna and postero-lateral spine production in *Brachionus calyciflorus*. *Arch. Hydrobiol.*, **64**, 1–62.

Gilbert, J.J. (1988). Suppression of rotifer populations by *Daphnia*: A review of the evidence, the mechanisms, and the effects on zooplankton community structure. *Limnol. Oceanogr.*, **33**, 1286–1313.

Giller, P.S. (1984). *Community structure and the niche*. Chapman & Hall, London.

Gleason, H.A. (1926). The individualistic concept of the plant association. *Torrey Bot. Club Bull.*, **53**, 1–10.

Gliwicz, Z.M. (1980). Filtering rates, food size selection, and feeding rates in cladocerans—another aspect of interspecific competition in filter-feeding zooplankton. *In* Kerfoot, W.C. (ed.) *Evolution and ecology of zooplankton communities.*, pp. 282–291. University Press of New England, Hanover, NH.

Gliwicz, Z.M. (1990a). Food thresholds and body size in cladocerans. *Nature*, **343**, 638–640.

Gliwicz, Z.M. (1990b). Why do cladocerans fail to control algal blooms? *Hydrobiologia*, **200/201**, 83–97.

Gliwicz, Z.M. (2003). *Between hazards of starvation and risk of predation: The ecology of offshore animals*. Inter Research, Oldendorf/Luhe.

Gliwicz, Z.M., and Pijanowska, J. (1988). Effect of predation and resource depth distribution on vertical migration of zooplankton. *Bull. Mar. Sci.*, **43**, 695–709.

Gliwicz, Z.M., and Siedlar, E. (1980). Food size limitation and algae interfering with the food collection in *Daphnia*. *Arch. Hydrobiol.*, **88**, 155–177.

Goldman, J.C., Mc Carthy, J.J., and Peavey, D.G. (1979). Growth rate influence on the chemical composition of phytoplankton in oceanic waters. *Nature*, **279**, 210–215.

Goldschmidt, T. (1996). *Darwin's dreampond*. MIT Press, Cambridge, MA.

Goodman, D. (1976). The theory of diversity-stability relationships in ecology. *Quart. Rev. Biol.*, **50**,

237–266.

Goser, B., and Ratte, H.T. (1994). Experimental evidence of negative interference in *Daphnia magna*. *Oecologia*, **98**, 354–361.

Grant, J.W.G., and Bayly, I.A.E. (1981). Predator induction of crests in morphs of the *Daphnia carinata* King complex. *Limnol. Oceanogr.*, **26**, 201–218.

Grey, J., Jones, R.I., and Sleep, D. (2001). Seasonal changes in the importance of the source of organic matter to the diet of zooplankton in Loch Ness, as indicated by stable isotope analysis. *Limnol. Oceanogr.*, **46**, 505–513.

Grey, J., Kelly, A., Ward, S., Sommerwerk, N., and Jones, R.I. (2004). Seasonal changes in the stable isotope values of lake-dwelling chironomid larvae in relation to feeding and life cycle variability. *Freshwat. Biol.*, **49**, 681–689.

Grinnell, J. (1917). The niche-relationships of the California trasher. *Auk*, **34**, 427–433.

Grodzinski, W., Klekowski, R.Z., and Duncan, A. (ed.) (1975). *Methods for ecological bioenergetics*. Blackwell, Oxford.

Gross, E.M. (1999). Allelopathy in benthic and littoral areas: Case studies on allelochemicals from benthic cyanobacteria and submerged macrophytes. *In* Dakshini, K. M. M. and Foy, C.L. (ed.) *Principles and practices in plant ecology: Allelochemical interactions*, 179–199. CRC Press, Boca Raton, FL.

Gross, E.M. (2003). Allelopathy of aquatic autotrophs. *Crit. Rev. Plant Sci.*, **22**, 313–339.

Gross, E.M., Wolk, C.P., and Jüttner, F. (1991). Fischerellin, a new allelochemical from the freshwater cyanobacterium *Fischerella muscicola*. *J. Phycol.*, **27**, 868–892.

Grossman, G.D., Rincon, P.A., Farr, M.D., and Ratajczak Jr., R.E. (2002). A new optimal foraging model predicts habitat use by drift-feeding stream minnows. *Ecol. Freshwat. Fish*, **11**, 2–10.

Guasch, H., and Sabater, S. (1998). Light history influences the sensitivity to atrazine in periphytic algae. *J. Phycol.*, **34**, 233–241.

Güde, H. (1986). Loss processes influencing growth of bacterial populations in Lake Constance. *J. Plankton Res.*, **8**, 795–810.

Gyllström, M., and Hansson, L.A. (2004). Dormancy in freshwater zooplankton: Induction, termination and the importance of benthic-pelagic coupling. *Aquat. Sci.*, **66**, 274–295.

Haag, W.R., Berg, D.J., Carton, D.W., and Farris, J.L. (1993). Reduced survival and fitness in native bivalves in response to fouling by the introduced zebra mussel (*Dreissena polymorpha*) in western Lake Erie. *Can. J. Fish. Aquat. Sci.*, **50**, 13–19.

Häder, D-P, and Sinha, R.P. (2005). Solar ultraviolet radiation-induced DNA damage in aquatic organisms: potential environmental impact. *Mut. Res.*, **571**, 221–233.

Hairston, N.G., Jr. (1981). The interaction of salinity, predators, light and copepod color. *Hydrobiologia*, **81**, 151–158.

Hairston, N.G., Jr., and DeStasio, B.T., Jr. (1988). Rate of evolution slowed by a dormant propagule pool. *Nature*, **336**, 239–242.

Hairston, N.G., Jr., and Olds, E.J. (1987). Population differences in the timing of diapause: a test of hypotheses. *Oecologia*, **1987**, 339–344.

Hairston, N.G., Jr., Van Brunt, R.A., Kearns, C.M., and Engstrom, D.R. (1995). Age and survivorship of diapausing eggs in a sediment egg bank. *Ecology*, **76**, 1706–1711.

Hairston, N.G., Jr., Lampert, W., Caceres, C.E., Weider, L.J., Gaedke, U., Fischer, J.M., A., F.J., and Post, D.M. (1999). Rapid evolution revealed by dormant eggs. *Nature*, **401**, 446.

Hairston, N.G., Jr., Holtmeier, C.L., Lampert, W., Weider, L.J., Post, D.M., Fischer, J.M., Caceres, C.E., Fox, J.A., and Gaedke, U. (2001). Natural selection for grazer resistance to toxic cyanobacteria: evolution of phenotypic plasticity? *Evolution*, **55**, 2203–2214.

Hairston, N.G., Jr., Kearns, C.M., Demma, L.P., and Effler, S.W. (2005). Species-specific *Daphnia* phenotypes: A history of industrial pollution and pelagic ecosystem response. *Ecology*, **86**, 1669–1678.

Halbach, U. (1969). Das Zusammenwirken von Konkurrenz und Räuber-Beute-Beziehungen bei Rädertieren. *Zool. Anz. Suppl.*, **33**, 72–79.

Hall, D., Threlkeld, S.T., Burns, C.W., and Crowley, P.H. (1976). The size-efficiency hypothesis and the size structure of zooplankton communities. *Ann. Rev. Ecol. Syst.*, **7**, 177–208.

Hamilton, D.J., Ankney, C.D., and Bailey, R.C. (1994). Predation of zebra mussels by diving ducks: an exclosure study. *Ecology*, **75**, 521–531.

Hampton, S.E., Romare, P., and Seiler, D.E. (2006). Environmentally controlled *Daphnia* spring increase with implications for sockeye salmon fry in Lake Washington, USA. *J. Plankton Res.*, **28**, 399–406.

Hamrin, S.F., and Persson, L. (1986). Asymmetrical competition between age classes as a factor causing population oscillations in an obligate planktivorous fish species. *Oikos*, **47**, 223–232.

Haney, J.F. (1973). An *in situ* examination of the grazing activities of natural zooplankton communities. *Arch. Hydrobiol.*, **72**, 87–132.

Haney, J.F. (1993). Environmental control of diel vertical migration behaviour. *Arch. Hydrobiol. Beih.*, **39**, 1–17.

Haney, J.F., Beaulieu, T.R., Berry, R.P., Mason, D.P., Miner, C.R., McLean, E.S., Price, K.L., Trout, M.A., Vinton, R.A., and Weiss, S.J. (1983). Light intensity and relative light change as factors regulating stream drift. *Arch. Hydrobiol.*, **97**, 73–88.

Haney, J.F., Sasner, J.J., and Ikawa, M. (1995). Effects of products released by *Aphanizomenon flos-aquae* and purified saxitoxin on the movements of *Daphnia carinata* feeding appendages. *Limnol. Oceanogr.*, **40**, 263–272.

Hanson, P.C., Pollard, A.I., Bade, D.L., Predick, K., Carpenter, S.R., and Foley, J.A. (2004). A model of carbon evasion and sedimentation in temperate lakes. *Global Change Biol.*, **10**, 1285–1298.

Hansson, L.-A. (2004). Plasticity in pigmentation induced by conflicting threats from predation and UV radiation. *Ecology*, **85**, 1005–1016.

Hargrave, B.T. (1971). An energy budget for a deposit-feeding amphipod. *Limnol. Oceanogr.*, **16**, 99–103.

Harper, J.L. (1967). A Darwinian approach to plant ecology. *J. Ecol.*, **55**, 247–270.

Harris, G.P. (1978). Photosynthesis, productivity and growth: the physiological ecology of phytoplankton. *Arch. Hydrobiol. Beih. Ergebn. Limnol*, **10**, 1–177.

Harris, G.P. (1986). *Phytoplankton ecology*. Chapman & Hall, London.

Harrison, S., and Taylor, A.D. (1997). Empirical evidence for metapopulation dynamics. *In* Hanski, I. and Simberloff, D. (ed.) *Metapopulation biology*, pp. 27–42. Academic Press, London.

Hart, D.D. (1983). The importance of competitive interactions within stream populations and communities. In Barnes, J.R. and Minshall, G.W. ed. *Stream ecology*, pp. 99–136. Plenum Press, New York.

Hart, D.D. (1985a). Causes and consequences of territoriality in a grazing stream insect. *Ecology*, **66**, 404–414.

Hart, D.D. (1985b). Grazing insects mediate algal interactions in a stream benthic community. *Oikos*, **44**, 40–46.

Hart, D.D. (1986). The adaptive significance of territoriality in filter-feeding larval blackflies (Diptera: Simuliidae). *Oikos*, **46**, 88–92.

Hartmann, O. (1920). Studien über den Polymorphismus der Rotatorien mit besonderer Berücksichtigung von *Anuraea aculeata*. *Arch. Hydrobiol.*, **12**, 209–310.

Havel, J.E., and Dodson, S.I. (1984). *Chaoborus* predation on typical and spined morphs of *Daphnia pulex*: Behavioral observations. *Limnol. Oceanogr.*, **29**, 487–494.

Healey, F.P. (1973). Characteristics of phosphorus deficiency in *Anabaena*. *J. Phycol.*, **9**, 383–394.

Hebert, P.D.N., and Beaton, M.J. (1989). *Methodologies for allozyme analysis using cellulose acetate electrophoresis*. Helena Laboratories, Beaumont, TX.

Hebert, P.D.N., Muncaster, B.W., and Mackie, G.L. (1989). Ecological and genetic studies on *Dreissena polymorpha* (Pallas): a new mollusk in the Great Lakes. *Can. J. Fish. Aquat. Sci.*, **46**, 1587–1591.

Hebert, P.D.N., Cywinska, A., Ball, S.L., and de Waard, J.R. (2003). Biological identifications through DNA barcodes. *Proceedings of the Royal Society of London Series B*, **270**, 313–321.

Hector, A., Bazeley-White, E., Loreau, M., Otway, S., and Schmid, B. (2002). Overyielding in grassland communities: testing the sampling effect with replicated biodiversity experiments. *Ecol. Lett.*, **5**, 502–511.

Henriksen, A., Lein, L., Rosseland, B.O., Traaen, T.S., and Sevaldrup, I.S. (1989). Lake acidification in Norway: present and predicted fish status. *Ambio*, **18**, 314–321.

Hessen, D.O., and Lyche, A. (1991). Interspecific variations in zooplankton element composition. *Arch. Hydrobiol.*, **121**, 343–353.

Hessen, D.O., and van Donk, E. (1993). Morphological changes in *Scenedesmus* induced by substances released from *Daphnia*. *Arch. Hydrobiol.*, **127**, 129–140.

Hieber, M., and Gessner, M. (2002). Contribution of stream detritivores, fungi, and bacteria to leaf breakdown based on biomass estimates. *Ecology*, **83**, 1026–1038.

Hildrew, A.G., and Townsend, C.R. (1982). Predators and prey in a patchy environment. A freshwater study. *J. Anim. Ecol.*, **51**, 797–815.

Hillebrand, H. (2002). Top-down versus bottom-up control of autotrophic biomass—a meta-analysis on experiments with periphyton. *J. North Am. Benthol. Soc.*, **21**, 349–369.

Hillebrand, H., and Cardinale, B. (2004). Consumer effects decline with prey diversity. *Ecol. Lett.*, **7**, 192–201.

Hillebrand, H., Kahlert, M., Haglund, A-L, Berninger, U.G., Nagel, S., and Wickham, S. (2002). Control of microbenthic communities by grazing and nutrient supply. *Ecology*, **83**,

Hilsenhoff, W.L. (1977). Use of arthropods to evaluate water quality of streams. *Tech. Bull. Wisconsin. Dept. Nat. Resour.*, **100**, 15 pp.

Hilsenhoff, W.L. (1987). An improved biotic index of organic stream pollution. *The Great Lakes Entomologist*, **20**, 31–39.

Hilsenhoff, W.L. (1988). Rapid field assessment of organic pollution with a family-level biotic index. *J. N. Am. Benthol. Soc*, **7**, 65–68.

Hiriart-Baer, V.P., and Smith, REH (2005). The effect of ultraviolet radiation on freshwater planktonic primary production: The role of recovery and mixing processes. *Limnol. Oceanogr.*, **50**, 1352–1361.

Hochachka, P.W., and Somero, G.N. (1984). *Biochemical adaptation*. Princeton University Press, Princeton, NJ.

Holeck, K.T., Mills, E.L., MacIsaac, H.J., Dochoda, M.R., Colauti, R.I., and Ricciardi, A. (2004). Bridging troubled waters: Biological invasions, transoceanic shipping, and the Laurentian Great Lakes. *BioScience*, **54**, 919–929.

Holfeld, H. (1998). Fungal infections of the phytoplankton: Seasonality, minimal host density, and specifity in a mesotrophic lake. *New Phytol.*, **138**, 507–517.

Holling, C.S. (1959). The components of predation as revealed by a study of small-mammal predation of the European pine sawfly. *Can. Entomol.*, **91**, 293–320.

Holzinger, A., and Lütz, C. (2006). Algae and UV irradiation: Effects on ultrastructure and related metabolic functions. *Micron*, **37**, 190–207.

Hooper, D.U., Chapin, F.S.I., Ewel, J.J., Hector, A., Inchausti, P., Lavorel, S., Lawton, J.H., Lodge, D.M., Loreau, M., Naeem, S., Schmid, B., Setälä, H., Symstad, A.J., Vandermeer, J., and Wardle, D.A. (2005). Effects of biodiversity on ecosystem functioning: a consensus of current knowledge. *Ecol. Monogr.*, **75**, 3–35.

Hrbáček, J. (1962). Species composition and the amount of zooplankton in relation to the fish stock. *Rozpr. Cesk. Akad. Ved. Rada. Mat. Prir.*, **72**, 1–116.

Hubbell, S.P. (2006). Neutral theory and the evolution of ecological equivalence. *Ecology*, **87**, 1387–1398.

Huey, R.B., and Kingsolver, J.G. (1989). Evolution of thermal sensitivity of ectoterm performance. *Trends Ecol. Evol.*, **4**, 131–135.

Huisman, J., and Weissing, F.J. (1994). Light-limited growth and competition for light in well-mixed aquatic environments: an elementary model. *Ecology*, **75**, 507–520.

Hurlbert, S.H., Mulla, M.S., and Willson, H.R. (1972). Effects of an organophosphorus insecticide on the phytoplankton, zooplankton, and insect populations of freshwater ponds. *Ecol. Monogr.*, **42**, 269–299.

Huston, M.A. (1997). Hidden treatments in ecological experiments: re-evaluating the ecosystem function of biodiversity. *Oecologia*, **110**, 449–460.

Hutchinson, G.E. (1957). *A treatise on limnology. Vol. 1. Geography, physics and chemistry*. Wiley, New York.

Hutchinson, G.E. (1958). Homage to Santa Rosalia, or why are there so many kinds of animals. *Amer. Nat.*, **93**, 145–159.

Hutchinson, G.E. (1961). The paradox of the plankton. *Am. Nat.*, **95**, 137–145.

Hutchinson, G.E. (1965). *The ecological theater and the evolutionary play*. Yale University Press, New Haven, CT.

Hutchinson, G.E. (1967). *A treatise on limnology. Vol. 2. Introduction to lake biology and the limno-*

plankton. Wiley, New York.

Hutchinson, G.E. (1978). *An introduction to population ecology*. Yale University Press, New Haven, CT.

Hyenstrand, P., Rydin, E., and Gunnerhed, M. (1999). Response of pelagic cyanobacteria to iron additions—enclosure experiments from Lake Erken. *J. Plankton Res.*, **22**, 1113–1126.

Hynes, H.B.N. (1970). *The ecology of running waters*. University of Toronto Press, Toronto.

Hynes, H.B.N. (1975). The stream and its valley. *Verh. Internat. Verein. Limnol.*, **19**, 1–15.

Ibelings, B.W., De Bruin, A., Kagami, M., Rijkeboer, M., Brehm, M., and Van Donk, E. (2004). Host parasite interactions between freshwater phytoplankton and chytrid fungi (Chytridiomycota). *J. Phycol.*, **40**, 437–453.

Illies, J. (1961). Versuch einer allgemeinen biozönotischen Gliederung der Fließgewässer. *Int. Rev. ges. Hydrobiol.*, **46**, 205–213.

Ivanov, V.K. (2004). Specific features of the functional response of a sluggish predator to mobile prey in an aquatic environment. *Russ. J. Ecol.*, **35**(5), 354–356.

Ivlev, V.S. (1961). *Experimental ecology of the feeding of fishes* (English translation). Yale University Press, New Haven, CT.

Jacobs, J. (1961). Cyclomorphosis in *Daphnia galeata mendotae*, a case of environmentally controlled allometry. *Arch. Hydrobiol.*, **58**, 7–71.

Jacobs, J. (1967). Untersuchungen zur Funktion und Evolution der Zyklomorphose bei *Daphnia*, mit besonderer Berücksichtigung der Selektion durch Fische. *Arch. Hydrobiol.*, **62**, 467–541.

Jacobs, J. (1974). Quantitative measurement of food selection. *Oecologia (Berlin)*, **14**, 413–417.

Jacobs, J. (1987). Cyclomorphosis in *Daphnia*. *In* Peters, R.H. and DeBernardi, R. (ed.) *Daphnia: Mem. Ist. Ital. Idrobiol.*, **45**, pp. 325–352. Istituto Italiano di Idrobiologia, Pallanza.

Jacobsen, D., and Johnsen, G.H. (1987). The influence of predation on horizontal distribution of zooplankton species. *Freshwat. Biol.*, **17**, 501–507.

Jacobsen, D., and Sand-Jensen, K. (1992). Herbivory of invertebrates on submerged macrophytes from Danish freshwaters. *Freshwat. Biol.*, **28**, 301–308.

Janssen, J. (1980). Alewives (*Alosa pseudoharengus*) and ciscoes (*Coregonus artedii*) as selective and non-selective planktivores. In Kerfoot, W.C. (ed.) *Evolution and ecology of zooplankton communities*., pp. 580–586. University Press of New England, Hanover, NH.

Jassby, A.D., and Platt, T. (1976). Mathematical formulation of the relationship between photosynthesis and light for phytoplankton. *Limnol. Oceanogr.*, **21**, 540–547.

Jeschke, J.M., Kopp, M., and Tollrian, R. (2004). Consumer-food systems: why type I functional responses are exclusive to filter feeders. *Biol. Rev.*, **79**, 337–349.

Jeziorski, A., and Yan, N.D. (2006). Species identity and aqueous calcium concentrations as determinants of calcium concentrations of freshwater crustacean zooplankton. *Can. J. Fish. Aquat. Sci.*, **63**, 1007–1013.

Jones, C.G., Lawton, J.H., and Shachak, M. (1994). Organisms as ecosystem engineers. *Oikos*, **69**, 373–386.

Jørgensen, E.G. (1969). The adaptation of plankton algae. IV. Light adaptation in different algal species. *Physiol. Plant.*, **22**, 1307–1315.

Jürgens, K. (1994). Impact of *Daphnia* on planktonic microbial food webs-A review. *Mar. Microb. Food Webs*, **8**, 295–324.

Jürgens, K., and Matz, C. (2002). Predation as a shaping force for the phenotypic and genotypic composition of planktonic bacteria. *Antonie van Leeuwenhoek*, **81**, 413–434.

Jüttner, F. (1999). Allelochemical control of natural phytoautotrophic biofilms. *In* Keevil, C.W., Godfree, C.W., Holt, D. and Dow, C. (ed.) *Biofilms in the aquatic environment*, pp. 43–50. Royal Society of Chemistry, Cambridge.

Kagami, M., Van Donk, E., De Bruin, A., and Rijkeboer, M. (2004). *Daphnia* can protect diatoms from fungal parasitism. *Limnol. Oceanogr.*, **49**, 680–685.

Kahara, S.N., and Vermaat, J.E. (2004). The effect of alkalinity on photosynthesis-light curves and inorganic carbon extraction capacity of freshwater macrophytes. *Aquat. Bot.*, **75**, 217–227.

Kasprzak, P., Benndorf, J., Mehner, T., and Koschel, R. (2002). Biomanipulation of lake ecosystems: an introduction. *Freshwat. Biol.*, **47**, 2277–2281.

Kerfoot, W.C. (1978). Combat between predatory copepods and their prey: *Cyclops*, *Epischura*, and

Bosmina. Limnol. Oceanogr., **23**, 1089–1102.

Kerfoot, W.C. (1982). A question of taste: Crypsis and warning coloration in freshwater zooplankton communities. *Ecology*, **63**, 538–554.

Kerfoot, W.C. (1985). Adaptive value of vertical migration: comments on the predation hypothesis and some alternatives. In MA Rankin, ed. *Migration: Mechanisms and adaptive significance.*, pp. 91–113.

Kerfoot, W.C., and Weider, L.J. (2004). Experimental paleoecology (resurrection ecology): Chasing Van Alen's Red Queen hypothesis. *Limnol. Oceanogr.*, **49**, 1300–1316.

Kerfoot, W.C., DeMott, W.R., and DeAngelis, D.L. (1985). Interactions among cladocerans: food limitation and exploitative competition. *Arch. Hydrobiol. Beih. Ergebn. Limnol.*, **21**, 431–451.

Kishida, O., and Nishimura, K. (2006). Flexible architecture of inducible morphological plasticity. *J. Anim. Ecol.*, **75**, 705–712.

Kishida, O., Mizuta, Y., and Nishimura, K. (2006). Reciprocal phenotypic plasticity in a predator-prey interaction between larval amphibians. *Ecology*, **87**, 1599–1604.

Klausmeier, C.A., and Litchman, E. (2001). Algal games: The vertical distribution of phytoplankton in poorly mixed water columns. *Limnol. Oceanogr.*, **46**, 1998–2007.

Klekowski, R.Z. (1973). Neue Ergebnisse auf dem Gebiet der Bioenergetik und der physiologischen ökologie der Tiere. *Verh. Internat. Verein. Limnol.*, **18**, 1594–1609.

Klekowski, R.Z., and Duncan, A. (1975). Physiological approach to ecological energetics. *In* Grodzinski, W. Klekowski, R.Z. and Duncan, A. (ed.) *Methods for ecological bioenergetics*, pp. 15–64. Blackwell, Oxford.

Klerks, P.L., and Weis, J.S. (1987). Genetic adaptation to heavy metals in aquatic organisms: a review. *Environ. Poll.*, **45**, 173–205.

Kling, G.W., Clark, M.A., Compton, H.R., Devine, J.D., Evans, W.C., Humphrey, A.M., Koenigsberg, E.J., Lockwood, J.P., Tuttle, M.L., and Wagner, G.N. (1987). The 1986 Lake Nyos gas disaster in Cameroon, West Africa. *Science*, **236**, 169–175.

Koch, F., and Wieser, W. (1983). Partitioning of energy in fish: Can reduction of swimming activity compensate for the cost of production? *J. Exp. Biol.*, **107**, 141–146.

Koehl, M.A.R., and Strickler, J.R. (1981). Copepod feeding currents: Food capture at low Reynolds numbers. *Limnol. Oceanogr.*, **26**, 1062–1073.

Köpke, V., Schultz, H., Hornig, V., and Peng, J. (1988). Analyse des Nahrungskonsums von Barschen (*Perca fluviatilis*) in der Talsperre Bautzen. *Limnologica (Berlin)*, **19**, 37–43.

Kopp, M., and Tollrian, R. (2003). Reciprocal phenotypic plasticity in a predator-prey system: inducible offences against inducible defences? *Ecol. Lett.*, **6**, 742–748.

Körner, C. (2003). Ecological impacts of atmosheric CO_2 enrichment on terrestrial ecosystems. *Phil. Trans. R. Soc. Lond. A*, **361**, 2023–2041.

Kozhov, M. (1963). *Lake Baikal and its life*. Junk, Den Haag.

Krebs, C.J. (1985). *Ecology*. Harper & Row, New York.

Kreutzer, C., and Lampert, W. (1999). Exploitative competition in differently sized *Daphnia* species: A mechanistic explanation. *Ecology*, **80**, 2348–2357.

Kuhlmann, H.W., and Heckmann, K. (1985). Interspecific morphogens regulating predator-prey relationships in protozoa. *Science*, **227**, 1347–1349.

Kümmerlin, R.E. (1998). Taxonomical response of the phytoplankton community of Upper Lake Constance (Bodensee-Obersee) to eutrophication and re-oligotrophication. *Arch. Hydrobiol. Spec. Issues Advanc. Limnol.*, **53**, 109–117.

Kusch, J., and Heckmann, K. (1992). Isolation of the Lembadion factor, a morphogenetically active signal, that induces *Euplotes* cells to change from their ovoid form into a larger lateral winged morph. *Develop. Genet.*, **13**, 241–246.

Laforsch, C., Beccara, L., and Tollrian, R. (2006). Inducible defences: The relevance of chemical alarm cues in *Daphnia. Limnol. Oceanogr.*, **51**, 1466–1472.

Lampert, W. (1971). Untersuchungen zur Biologie und Populationsdynamik der Coregonen im Schluchsee. *Arch. Hydrobiol. Suppl.*, **38**, 257–314.

Lampert, W. (1978a). Climatic conditions and planktonic interactions as factors controlling the regular succession of spring algal bloom and extremely clear water in Lake Constance. *Verh. Internat. Verein. Limnol.*, **20**, 969–974.

Lampert, W. (1978b). Release of dissolved organic carbon by grazing zooplankton. *Limnology and Oceanography*, **23**, 831–834.

Lampert, W. (1978c). Stabilität, Elastizität und Regeneration aquatischer ökosysteme. *Biologie in unserer Zeit*, **8**, 33–41.

Lampert, W. (1984). The measurement of respiration. *In* Downing, J.A. and Rigler, F.H. (ed.) *A manual on methods for the assessment of secondary production in fresh water*., pp. 413–468. Blackwell, Oxford.

Lampert, W. (1987a). Laboratory studies on zooplankton cyanobacteria interactions. *N. Z. J. Mar. Freshw. Res.*, **21**, 483–490.

Lampert, W. (1987b). Feeding and nutrition in *Daphnia*. *Mem. Ist. Ital. Idrobiol.*, **45**, 143–192.

Lampert, W. (1987c). Predictability in lake ecosystems: the role of biotic interactions. *In* Schulze, E.D. and Zwölfer, H. (ed.) *Potentials and limitations of ecosystem analysis*., pp. 333–346. Springer-Verlag, Heidelberg.

Lampert, W. (1988a). The relationship between zooplankton biomass and grazing: A review. *Limnologica*, **19**, 11–20.

Lampert, W. (1988b). The relative importance of food limitation and predation in the seasonal cycle of two *Daphnia* species. *Verh. Internat. Verein. Limnol.*, **23**, 713–718.

Lampert, W. (1992). Zooplankton vertical migrations: Implications for phytoplankton-zooplankton interactions. *Arch. Hydrobiol. Beih. Ergebn. Limnol.*, **35**, 69–78.

Lampert, W. (1993). Ultimate causes of diel vertical migration of zooplankton: New evidence for the predator-avoidance hypothesis. *Arch. Hydrobiol. Beih. Ergebn. Limnol.*, **39**, 79–88.

Lampert, W. (2005). Vertical distribution of zooplankton: density dependence and evidence for an ideal free distributions with costs. *BMC Biology*, **3**, 10.

Lampert, W., and Loose, C. (1992). Plankton Towers: Bridging the gap between laboratory and field experiments. *Arch. Hydrobiol.*, **126**, 53–66.

Lampert, W., and Wolf, H.G. (1986). Cyclomorphosis in *Daphnia cucullata*: morphometric and population genetic analyses. *J. Plankton Res.*, **8**, 289–303.

Lampert, W., McCauley, E., and Manly, B. (2003). Trade-offs in the vertical distribution of zooplankton: ideal free distribution with costs? *Proc. R. Soc. London B*, **270**, 765–773.

Lancaster, J. (1990). Predation and drift of lotic macroinvertebrates during colonization. *Oecologia*, **85**, 48–56.

Lancaster, J., and Hildrew, A.G. (1993). Characterizing in-stream flow refugia. *Can. J. Fish. Aquat. Sci.*, **50**, 1663–1675.

Larsson, P. (1978). The life cycle dynamics and production of zooplankton in Ovre Heimdalsvatn. *Holarctic Ecol.*, **1**, 162–218.

Larsson, P., and Dodson, S.I. (1993). Chemical communication in planktonic animals. *Arch. Hydrobiol.*, **129**, 129–155.

Leah, R.T., Moss, B., and Forrest, D.E. (1980). The role of predation in causing major changes in the limnology of a hyper-eutrophic lake. *Int. Rev. ges. Hydrobiol.*, **65**, 223–247.

Lean, D.R.S., and Nalewajko, C. (1976). Phosphate exchange and organic phosphorus excretion by algae. *J. Fish. Res. Board. Can.*, **33**, 1312–1323.

Lehman, J.T. (1987). Palearctic predator invades North American Great Lakes. *Oecologia*, **74**, 478–480.

Leu, E., Fæøvig, P.J., and Hessen, D.O. (2006). UV effects on stoichiometry and PUFAs of *Selenastrum capricornutum* and their consequences for the grazer *Daphnia magna*. *Freshwat. Biol.*, **51**, 2296–2308.

Lewis, W.M. (1987). Tropical limnology. *Ann. Rev. Ecol. Syst.*, **18**, 159–184.

Li, W.K.W., and Morris, I. (1982). Temperature adaptation in *Phaedactylum tricornutum* Bohlin: photosynthetic rate compensation and capacity. *J. exp. Mar. Biol. Ecol.*, **58**, 135–150.

Likens, G.E., Bormann, F.H., Pierce, R.S., Eaton, J.S., and Johnson, N.M. (1977). *Biogeochemistry of a forested ecosystem*. Springer, New York.

Limburg, P., and Weider, L.J. (2001). 'Ancient' DNA in the resting egg bank of a microcrustacean can serve as a palaeolimnological database. *Proc. R. Soc. London B*, **269**, 281–287.

Loose, C.J. (1993). *Daphnia* diel vertical migration behavior: Response to vertebrate predator abundance. *Arch. Hydrobiol. Beih. Ergebn. Limnol.*, **39**, 29–36.

Loose, C.J., and Dawidowicz, P. (1994). Trade-offs in diel vertical migration by zooplankton: the costs of predator avoidance. *Ecology*, **75**, 2255–2263.

Loose, C.J., Von Elert, E., and Dawidowicz, P. (1993). Chemically-induced diel vertical migration in *Daphnia*: a new bioassay for kairomones exuded by fish. *Arch. Hydrobiol.*, **126**, 329–337.

Lord, H., Lagergren, R., Svensson, J-E, and Lundqvist, N. (2006). Sexual dimorphism in *Bosmina*: the role of morphology, drag, and swimming. *Ecology*, **87**, 788–795.

Louette, G., and De Meester, L. (2005). High dispersal capacity of cladoceran zooplankton in newly founded communities. *Ecology*, **86**, 353–359.

Louette, G., Van der Elst, M., and De Meester, L. (2006). Establishment success in young cladoceran communities: An experimental test. *Limnol. Oceanogr.*, **51**, 1021–1030.

MacArthur, R.H., and Wilson, E.O. (1967). *The theory of island biogeography*. Princeton University Press, Princeton, NJ.

MacIsaac, H.J., and Gilbert, J.J. (1991). Discrimination between exploitative and interference competition between Cladocera and *Keratella cochlearis*. *Ecology*, **72**, 924–937.

MacNeale, K.H., Peckarsky, B.L., and Likens, G.E. (2005). Stable isotopes identify dispersal patterns of stonefly populations living along stream corridors. *Freshwat. Biol.*, **50**, 117–1130.

Maltby, L. (1991). Pollution as a probe of life-history adaptation in *Asellus aquaticus* (Isopoda). *Oikos*, **61**, 11–18.

Margalef, R. (1968). *Perspectives in ecological theory*. University of Chicago Press, Chicago.

Martens, K., Goodeeris, B., and Coulter, G. (1994). Speciation in ancient lakes. *Arch. Hydrobiol. Beih. Ergebn. Limnol.*, **44**, 75–96.

Matthews, D.A., Effler, S.W., and Matthews, C.M. (2006). Long-term trends in methane flux from the sediments of Onondaga Lake, NY: Sediment diagenesis and impacts on dissolved oxygen resources. *Arch. Hydrobiol.*, **163**, 435–462.

Matthews, P.G.D., and Seymour, R.S. (2006). Diving insects boost their buoyancy bubbles. *Nature*, **441**, 171.

Matthiessen, B., and Hillebrand, H. (2006). Dispersal frequency affects local biomass production by controlling local diversity. *Ecol. Lett.*, **9**, 652–662.

May, R.M. (1974). Biological populations with non-overlapping generations: Stable points, stable cycles and chaos. *Science*, **186**, 645–647.

McCarthy, J.J., Canzini, O.F., Leary, N.A., Dokken, D.J., and White, K.S. (ed.) (2001). *Climate changes 2001: Impacts, adaptation, and vulnerability*. Cambridge University Press, Cambridge, UK.

McCauley, E., and Murdoch, W.W. (1987). Cyclic and stable populations: plankton as paradigm. *Am. Nat.*, **129**, 97–121.

McCormick, P.V., Louie, D., and Cairns, C., Jr. (1994). Longitudinal effects of herbivory on lotic periphyton assemblages. *Freshwat. Biol.*, **31**, 201–212.

McGrady-Steed, J., and Morin, P.J. (2000). Biodiversity, density compensation, and the dynamics of functional groups. *Ecology*, **81**, 361–373.

McIntosh, A.R., and Townsend, C.R. (1994). Interpopulation variation in mayfly antipredator tactics: Differential effects of contrasting predatory fish. *Ecology*, **75**, 2078–2090.

McIntosh, A.R., Greig, H.S., McMurthy, S.A., Nyström, P., and Winterbourn, M.J. (2005). Top-down and bottom-up influences on populations of a stream detritivore. *Freshwat. Biol.*, **50**, 1206–1218.

McIntyre, P.B., Michel, E., and M., O. (2006). Top-down and bottom-up controls on periphyton biomass and productivity in Lake Tanganyika. *Limnol. Oceanogr.*, **51**, 1514–1523.

McQueen, D.J., Johannes, M.R.S., Post, J.R., Stewart, T.J., and Lean, D.R.S. (1989). Bottom-up and top-down impacts on freshwater pelagic community structure. *Ecol. Monogr.*, **59**, 289–309.

Menendez, M., and Sanchez, A. (1998). Seasonal variations in P-I responses of *Chara hispida* L. and *Potamogeton pectinatus* L. from stream Mediterranean ponds. *Aquat. Bot.*, **61**, 1–15.

Meyer, A. (1993). Phylogenetic relationships and evolutionary processesin East African cichlid fishes. *Trends in Ecology and Evolution*, **8**, 279–284.

Meyer, A., Kocher, T.D., Basasibwaki, P., and Wilson, A.C. (1990). Monophyletic origin of Lake Victoria cichlid fishes suggested by mitochondrial DNA sequences. *Nature*, **347**, 550–553.

Milinski, M. (1977). Do all members of a swarm suffer the same predation? *Z. Tierpsychol.*, **45**, 373–388.

Mills, E.L., and Breen, D.M. (1987). Use of zooplankton size to assess the community structure of fish populations in freshwater lakes. *N. A. J. Fish. Man.*, **7**, 369–378.

Mills, E.L., Gorman, R.O., DeGisi, J., Heberger, R.F., and House, R.A. (1992). Food of the alewife (*Alosa pseudoharengus*) in Lake Ontario before and after the establishment of *Bythotrephes cederstroemi*. *Can. J. Fish. Aquat. Sci.*, **49**, 2009–2019.

Mitchell, S.E., Halves, J., and Lampert, W. (2004). Coexistence of similar genotypes of *Daphnia magna* in intermittent populations: response to thermal stress. *Oikos*, **106**, 469–478.

Miyajima, T. (1992). Biological manganese oxidation in a lake. II: A thermodynamic consideration of the habitat utilization of *Metallogenium* sp. *Arch. Hydrobiol.*, **124**, 411–426.

Monod, J. (1950). La technique de culture continue: theorie et applications. *Ann. Inst. pasteur Lille*, **79**, 390–410.

Morel, F. (1983). *Principles of aquatic chemistry*. Wiley, New York.

Mort, M.H., and Wolf, H.G. (1986). The genetic structure of large-lake *Daphnia* populations. *Evolution*, **40**, 756–766.

Moya, A., and Font, E., ed. (2004). *Evolution. From molecules to ecosystems*. Oxford University Press, New York.

Muck, P., and Lampert, W. (1980). Feeding of freshwater filter-feeders at very low food concentrations: Poor evidence for "threshold feeding" and "optimal foraging" in *Daphnia longispina* and *Eudiaptomus gracilis*. *J. Plankton Res.*, **2**, 367–379.

Mulderij, G., Smolders, A.J.P., and Van Donk, E. (2006). Allelopathic effects of the aquatic macrophyte, *Stratiotes aloides*, on natural phytoplankton. *Freshwat. Biol.*, **51**, 554–561.

Müller, H. (2002). Lake Constance—a model for integrated lake restoration with international cooperation. *Wat. Sci. Technol.*, **46**,

Müller-Navarra, D. (1995). Evidence that a highly unsaturated fatty acid limits *Daphnia* growth in nature. *Arch. Hydrobiol.*, **132**, 297–307.

Mullin, M.M., Fuglister-Stewart, E., and Fuglister, F.J. (1975). Ingestion by planktonic grazers as a function of concentration of food. *Limnol. Oceanogr.*, **20**, 259–262.

Mur, L., and Bejsdorf, R.O. (1978). A model of the succession from green to blue-green algae based on light limitation. *Verh. Internat. Verein. Limnol.*, **20**, 2314–2321.

Muyzer, G., and Smalla, K. (1998). Application of denaturing gradient gel electrophoresis (DGGE) and temperature gradient gel electrophoresis (TGGE) in microbial ecology. *Antonie van Leeuwenhoek*, **73**, 127–141.

Necchi, O. (2004). Light-related photosynthetic characteristics of lotic microalgae. *Hydrobiologia*, **525**, 139–155.

Neill, W.E. (1990). Induced vertical migration in copepods as a defense against invertebrate predation. *Nature*, **345**, 524–526.

Neumann, D. (1961). Ernährungsbiologie einer rhipidoglossen Kiemenschnecke. *Hydrobiologia*, **7**, 133–151.

Nilssen, J.P. (1980). When and how to reproduce: A dilemma for limnetic cyclopoid copepods. *In* Kerfoot, W.C. (ed.) *Evolution and ecology of zooplankton communities*., pp. 418–426. University Press of New England, Hanover, NH.

O'Brien, W.J., Evans, B., and Luecke, C. (1985). Apparent size choice of zooplankton by planktivorous sunfish—Exceptions to the rule. *Biol. Fish.*, **13**, 225–233.

O'Brien, W.J. (1987). Planktivory by freshwater fish: Thrust and parry in the pelagia. *In* Kerfoot, W.C. and Sih, A. (ed.) *Predation: direct and indirect impacts on aquatic communities*., pp. 3–16. University Press of New England, Hanover, NH.

Odum, E.P. (1957). Trophic structure and productivity of Silver Springs, Florida. *Ecol. Monogr.*, **27**, 55–112.

Odum, E.P. (1959). *Fundamentals of ecology*. W.B. Saunders, Philadelphia.

Oksanen, L., Fretwell, S.D., Arruda, J., and Niemala, P. (1981). Exploitation ecosystems in gradients of primary productivity. *Am. Nat.*, **118**, 240–261.

Olsen, A.I., Attramadal, Y., Jensen, A., and Olsen, Y. (1999). Influence of size and nutritional value of *Artemia franciscana* on growth and quality of halibut larvae (*Hippoglossus hippoglossus*) during the live feed period. *Aquaculture*, **179**, 475–487.

Østbye, K., Bernatchez, L., Næsje, F., Himberg, K-JM, and Hindar, K. (2005). Evolutionary history of the European whitefish *Coregonus lavaretus* (L.) species complex as inferred from mtDNA phylogeography and gill-raker numbers. *Molecular Ecology*, **14**, 4371–4387.

Overbeck, J. (1975). Distribution pattern of uptake kinetic response in a stratified eutrophic lake. *Verh. Internat. Verein. Limnol.*, **19**, 2600–2615.

Overrein, N.L., Seip, H.M., and Tollan, A. (1980). *Acid precipitation-effects on forest and fish*. Final report of the SNFS-project 1972–1980 Norwegian Institute of Water Analysis, Oslo

Pace, M.L., Cole, J.J., Carpenter, S.R., Kitchell, J.F., Hodgson, J.R., Van de Bogert, M.C., Bade, D.L., Kritzberg, E.S., and Bastviken, D. (2004). Whole-lake carbon-13 additions reveal terrestrial support of aquatic food webs. *Nature*, **427**, 240–243.

Paerl, H.W. (1988). Growth and reproductive strategies of freshwater blue-green algae (cyanobacteria). In Sandgren, C.D. (ed.) *Growth and survival strategies of freshwater phytoplankton.*, pp. 261–315. Cambridge University Press, Cambridge, UK.

Paloheimo, J.E. (1974). Calculation of instantaneous birth rate. *Limnol. Oceanogr.*, **19**, 692–694.

Palsson, C., and Daniel, C. (2004). Effects of prey abundance and light intensity on nutrition of a mixotrophic flagellate and its competitive relationship with an obligate heterotroph. *Aquat. Microb. Ecol.*, **36**, 247–256.

Parent, S., and Cheetham, R.D. (1980). Effects of acid precipitation on *Daphnia magna*. *Bull. Environm. Toxicol.*, **25**, 298–304.

Parker, M.S. (1993). Size-selective predation on benthic macroinvertebrates by stream-dwelling salamander larvae. *Arch. Hydrobiol.*, **128**, 385–400.

Passarge, J., Hol, S., Escher, M., and Huisman, J. (2006). Competition for nutrients and light: stable coexistence, alternative stable states, or competitive exclusion? *Ecol. Monogr.*, **76**, 57–72.

Pastorok, R.A. (1981). Prey vulnerability and size selection by *Chaoborus* larvae. *Ecology*, **62**, 1311–1324.

Pechlaner, R. (1979). Response of a eutrophicated lake (Piburger See) to reduced nutrient load and selective water renewal. *Arch. Hydrobiol. Beih. Ergebn. Limnol.*, **13**, 293–305.

Peckarsky, B.L. (1991). A field test of resource depression by predatory stonefly larvae. *Oikos*, **61**, 3–10.

Peckarsky, B.L., and Penton, M.A. (1989). Mechanisms of prey selection by stream-dwelling stoneflies. *Ecology*, **70**, 1203–1218.

Peckarsky, B.L., Cowan, C.A., Penton, M.A., and Anderson, C. (1993). Sublethal consequences of stream-dwelling predatory stonflies on mayfly growth and fecundity. *Ecology*, **74**, 1836–1846.

Persson, L. (1987). Competition induced switch in young of the year perch, *Perca fluviatilis*: an experimental test of resource limitation. *Env. Biol. Fish.*, **19**, 235–239.

Persson, L., and De Roos, A.M. (2006). Size-structured interactions and the dynamics of aquatic systems. *Pol. J. Ecol.*, in press.

Persson, L., Andersson, G., Hamrin, S.F., and Johansson, L. (1988). Predator regulation and primary production along the productivity gradient of temperate lake ecosystems. *In* Carpenter, S.R. (ed.) *Complex interactions in lake communities.*, pp. 45–65. Springer, New York.

Petchey, O.L., and Gaston, K.J. (2006). Functional diversity: Back to basics and looking forward. *Ecol. Lett.*, **9**, 741–758.

Peters, R.H. (1983). *The ecological implications of body size*. Cambridge University Press, Cambridge, UK.

Peters, R.H. (1984). Methods for the study of feeding, grazing and assimilation by zooplankton. *In* Downing, J.A. and Rigler, F.H. (ed.) *A manual on methods for the assessment of secondary production in fresh waters.*, pp. 336–412. Blackwell, Oxford.

Peters, R.H. (1986). The role of prediction in limnology. *Limnol. Oceanogr.*, **31**, 1143–1159.

Pianka, E.R. (1970). On r-and K-selection. *Am. Nat.*, **104**, 592–597.

Pimm, S.L., Russell, G.J., Gittleman, J.L., and Brooks, T.M. (1995). The future of biodiversity. *Science*, **269**, 347–350.

Plath, K. (1998). Adaptive feeding behavior of Daphnia magna in response to short-term starvation. *Limnol. Oceanogr.*, **43**, 593–599.

Poff, N.L. (1997). Landscape filters and species traits: towards mechanistic understanding and prediction in stream ecology. *J. N. Am. Benthol. Soc.*, **16**, 391–409.

Polis, G.A., Sears, A.L.W., Huxel, G.R., Strong, D.R., and Maron, J. (2000). When is a trophic cascade a trophic cascade? *Trends Ecol. Evol.*, **15**, 639–647.

Porter, K.G. (1977). The plant-animal interface in freshwater ecosystems. *Am. Sci.*, **65**, 159–170.

Post, D. (2002). Using stable isotopes to estimate trophic positions: Models, methods and assumptions. *Ecology*, **83**, 703–718.

Post, D.M., Pace, M.L., and Hairston Jr., N.G. (2000). Ecosystem size determines food-chain length in lakes. *Nature*, **405**, 1047–1049.

Power, M.E. (1990). Effects of fish in river food webs. *Science*, **250**, 811–814.

Power, M.E., Matthews, W.J., and Stewart, A.J. (1985). Grazing minnows, piscivorous bass, and stream algae: dynamics of a strong interaction. *Ecology*, **66**, 1448–1456.

Power, M.E., Tilman, D., Estes, J.A., Menge, B.A., Bond, W.J., Mills, L.S., Daily, G., Castilla, J.C., Lubchenco, J., and Paine, R.T. (1996). Challenges in the quest for keystones. *BioScience*, **46**, 609–620.

Preijs, A., Lewandowski, K., and Stancyzkowska-Piotrowska, A. (1990). Size-selective predation by roach (*Rutilus rutilus*) on zebra mussel (*Dreissena polymorpha*): field studies. *Oecologia*, **83**, 378–384.

Probst, L. (1987). Sublitoral and profundal Oligochaeta fauna of Lake Constance (Bodensee-Obersee). *Hydrobiologia*, **155**, 277–282.

Prosser, C.L. (1986). *Adaptational biology: Molecules to organisms*. Wiley, New York.

Prus, T. (1971). The assimilation efficiency of *Asellus aquaticus* L. (Crustacea, Isopoda). *Freshwat. Biol.*, **1**, 287–305.

Pütter, A. (1911). Die Ernährung der Wassertiere durch gelöste organische Verbindungen. *Pflügers Arch. Physiol.*, **137**,

Pyke, G.H., Pulliam, H.R., and Charnov, E.L. (1977). Optimal foraging: a selective review of theory and tests. *Quart. Rev. Biol.*, **52**, 137–154.

Reichwaldt, E.S., and Stibor, H. (2005). The impact of diel vertical migration of *Daphnia* on phytoplankton dynamics. *Oecologia*, **146**, 50–56.

Reynolds, C.S. (1984). *The ecology of freshwater phytoplankton*. Cambridge University Press, Cambridge, UK.

Reynolds, C.S. (1988). Functional morphology and the adaptive strategies of freshwater phytoplankton. In Sandgren, C.D. (ed.) *Growth and reproductive strategies of freshwater phytoplankton*, pp. 388–433. Cambridge University Press, New York.

Reynolds, C.S. (1989). Physical determinants of seasonal change in the species composition of phytoplankton. In Sommer, U. (ed.) *Succession in plankton communities.*, pp. 9–56. Springer, Berlin.

Reynolds, C.S., Wiseman, S.W., and Clarke, M.J.O. (1984). Growth and loss rate responses of phytoplankton to intermittent artificial mixing and their potential application to the control of planktonic biomass. *J. Appl. Ecol.*, **21**, 11–39.

Reynolds, C.S., Walsby, A.E., and Oliver, R.L. (1987). The role of buoyancy in the distribution of *Anabaena* s. in Lake Rotongaio. *N. Z. J. Mar. Freshw. Res.*, **21**, 525–526.

Reynolds, C.S., Carling, P.A., and Beven, K.J. (1991). Flow in river channels: new insights into hydraulic retention. *Arch. Hydrobiol.*, **121**, 171–179.

Reynoldson, T.B. (1983). The population biology of Turbellaria with special reference to the triclads of the British Isles. *Adv. Ecol. Res.*, **13**, 235–326.

Ricciardi, A., and MacIsaac, H.J. (2000). Recent mass invasion of the North American Great Lakes by Ponto-Caspian species. *Trends Ecol. Evolut.*, **15**, 62–65.

Ricciardi, A., Neves, R.J., and Rasmussen, J.B. (1998). Impending extinctions of North American freshwater mussels (Unionoida) following the zebra mussel (*Dreissena polymorpha*) invasion. *J. Anim. Ecol.*, **67**, 613–619.

Richman, S. (1958). The transformation of energy by *Daphnia pulex*. *Ecol. Monogr.*, **28**, 273–291.

Riemann, B., and Christoffersen, K. (1993). Microbial trophodynamics in temperate lakes. *Mar. Microb. Food Webs*, **7**, 69–100.

Riessen, H.P. (1984). Why *Daphnia* lose their helmets. *Limnol. Oceanogr.*, **29**, 1123–1127.

Ringelberg, J., Van Kasteel, J., and Servaas, H. (1967). The sensitivity of *Daphnia magna* Straus to changes in light intensity of various adaptation levels and its implication in diurnal vertical migration. *Z. vergl. Physiol.*, **56**, 397–407.

Ringelberg, J., Flik, B.J.G., Lindenaar, D., and Royackers, K. (1991). Diel vertical migration of *Daphnia hyalina* (sensu latiori) in Lake Maarsseveen: Part 1. Aspects of seasonal and daily timing. *Arch.*

Hydrobiol., **121**, 129–145.
Rosemund, A.D., Mulholland, P.J., and Elwood, J.W. (1994). Top-down and bottom-up control of stream periphyton: Effects of nutrients and herbivores. *Ecology*, **74**, 1264–1280.
Rosenthal, S.K., Stevens, S.S., and Lodge, D.M. (2006). Whole-lake effects of invasive crayfish (*Orconectes* spp.) and the potential for restoration. *Can. J. Fish. Aquat. Sci.*, **63**, 1276–1285.
Rosenzweig, M.L., and MacArthur, R.H. (1963). Graphical representation and stability conditions of predator-prey interactions. *Am. Nat.*, **97**, 209–223.
Rothhaupt, K.O. (1988). Mechanistic resource competition theory applied to laboratory experiments with zooplankton. *Nature*, **333**, 660–662.
Rothhaupt, K.O. (1992). Stimulation of phosphorus limited phytoplankton by bacterivorous flagellates in laboratory experiments. *Limnol. Oceanogr.*, **37**, 750–759.
Routman, E. (1993). Population structure and genetic diversity of metamorphic and paedomorphic populations of the tiger salamander *Ambystoma tigrinum*. *J. Evol. Biol.*, **45**, 173–205.
Rubenstein, D.I., and Koehl, M.A.R. (1977). The mechanisms of filter feeding: some theoretical considerations. *Am. Nat.*, **111**, 981–994.
Rundle, S.D., and Brönmark, C. (2001). Inter- and intraspecific trait compensation of defence mechanisms in freshwater snails. *Proc. R. Soc. Lond. B*, **268**, 1463–1468.
Rundle, S.D., Spicer, J.I., Coleman, R.A., Vosper, J., and Soane, J. (2004). Environmental calcium modifies induced defences in snails. *Proc. R. Soc. London (Suppl.)*, **271**, S67-S70.
Sakwinska, O., and Dawidowicz, P. (2005). Life history strategy and depth selection behavior as alternative antipredator defenses among natural *Daphnia hyalina* populations. *Limnol. Oceanogr.*, **50**, 1284–1289.
Sand-Jensen, K. (1987). Environmental control of bicarbonate use among freshwater and marine macrophytes. In Crawford, R.M. ed. *Plant life in aquatic and amphibious habitats.*, pp. 99–112. Blackwell, Oxford.
Sanders, R.W., and Porter, K.G. (1988). Phagotrophic phytoflagellates. *Adv. Microb. Ecol.*, **10**, 167–192.
Santer, B., and Lampert, W. (1995). Summer diapause in cyclopoid copepods: Adaptive response to fish predation or food bottleneck. *J. Animal. Ecol.*, **64**, 600–613.
Sas, H., ed. (1989). *Lake restoration by reduction of nutrient loading*. Academia Verlag Richarz, St. Augustin.
Scheffer, M. (1991). Should we expect strange attractors behind plankton dynamics—and if so, should we bother? *J. Plankton Res.*, **13**, 1291–1305.
Scheffer, M., Hosper, S.H., Meijer, M-L, Moss, B., and Jeppesen, E. (1993). Alternative equilibria in shallow lakes. *TREE*, **8**, 275–279.
Schindler, D.E., Rogers, D.E., Scheuerell, M.D., and Abrey, C.A. (2005). Effects of changing climate on zooplankton and juvenile sockeye salmon growth in southwestern Alaska. *Ecology*, **86**, 198–209.
Schindler, D.W. (1980). The effect of fertilization with phosphorus and nitrogen versus phosphorus alone on eutrophication of experimental lakes. *Limnol. Oceanogr.*, **25**, 1149–1152.
Schindler, D.W. (2006). Recent advances in the understanding and management of eutrophication. *Limnol. Oceanogr.*, **51**, 356–363.
Schober, U. (1980). Kausalanalytische Untersuchungen der Abundanzschwankungen des Crustaceen-Planktons im Bodensee. Ph.D. thesis, University of Freiburg, Freiburg/Brsg.
Schwartz, S.S., and Cameron, G.N. (1993). How do parasites cost their hosts? Preliminary answers from trematodes and *Daphnia obtusa*. *Limnol. Oceanogr.*, **38**, 602–612.
Shannon, J.P., Blinn, D.W., and Stevens, L.E. (1994). Trophic interactions and benthic animal community structure in the Colorado River, Arizona, USA. *Freshwat. Biol.*, **31**, 213–220.
Shapiro, J. (1990). Biomanipulation: the next phase-making it stable. *Hydrobiologia*, **200/201**, 13–27.
Shapiro, J., and Wright, D.I. (1984). Lake restoration by biomanipulation: Round Lake, Minnesota, the first two years. *Freshwat. Biol.*, **14**, 371–383.
Sharley, D.J., Pettigrove, V., and Parsons, Y.M. (2004). Molecular identification of *Chironomus* spp. (Diptera) for biomonitoring of aquatic ecosystems. *Australian Journal of Entomology*, **43**, 359–365.
Sheldon, R.W., Prakash, A., and Sutcliffe, W.H. (1972). The size distribution of particles in the ocean. *Limnol. Oceanogr.*, **17**, 327–340.
Shurin, J.B. (2000). Dispersal limitation, invasion resistance, and the structure of pond zooplankton com-

munities. *Ecology*, **81**, 3074–3086.

Siebeck, H.O. (1980). Optical orientation of pelagic crustaceans and its consequences in the pelagic and littoral zone. In Kerfoot, WC (ed.) *Evolution and ecology of zooplankton communities*, pp. 28–38. University Press of New England, Hanover, NH.

Siebeck, O. (1982). *Eine limnologische Projektstudie. Nationalpark Berchtesgaden.* Forschungsberichte 5, Nationalpark, Berchtesgaden

Simon, M. (1985). Specific uptake rates of amino acids by attached and free-living bacteria in a mesotrophic lake. *Appl. Environ. Microbiol.*, **49**, 1254–1259.

Simpson, F.B., and Neilands, J.B. (1976). Siderochromes in cyanophyceae: isolation and characterization of schizokinen from *Anabaena* sp. *J. Phycol.*, **12**, 44–48.

Smith, R.J. (1992). Alarm signals in fish. *Rev. Fish Biol. Fish.*, **2**, 33–63.

Smith, V.H. (1979). Nutrient dependence of primary productivity in lakes. *Limnol. Oceanogr.*, **1979**, 1051–1064.

Sommer, U. (1982). Vertical niche separation between two closely related planktonic flagellate species (*Rhodomonas lens* and *Rhodomonas minuta* v. *nannoplanctica*). *J. Plankton Res.*, **4**, 137–142.

Sommer, U. (1984). Sedimentation of principal phytoplankton species in Lake Constance. *J. Plankton Res.*, **6**, 1–14.

Sommer, U. (1985). Comparison between steady state and non-steady state competition: experiments with natural phytoplankton. *Limnol. Oceanogr.*, **30**, 335.

Sommer, U. (1986). Phytoplankton competition along a gradient of dilution rates. *Oecologia*, **68**, 503–506.

Sommer, U. (1987). Factors controlling the seasonal variation in phytoplankton species composition.—A case study for a deep, nutrient rich lake. *Progr. Phycol. Res.*, **5**, 123–178.

Sommer, U. (1988a). Does nutrient competition among phytoplankton occur in situ? *Verh. Internat. Verein. Limnol.*, **23**, 707–712.

Sommer, U. (1988b). Phytoplankton succession in microcosm experiments under simultaneous grazing pressure and resource limitation. *Limnol. Oceanogr.*, **33**, 1037–1054.

Sommer, U. (1989). The role of competition for resources in phytoplankton succession. In U Sommer, ed. *Plankton ecology: succession in plankton communities.*, pp. 57–106. Springer, Berlin.

Sommer, U. (1990). Phytoplankton nutrient competition—from laboratory to lake. *In* JB Grace, and D Tilman, ed. *Perspectives on plant competition.*, pp. 193–213. Academic Press, San Diego.

Sommer, U. (1991). A comparison of the Droop and Monod models of nutrient limited growth applied to natural populations of phytoplankton. *Funct. Ecol.*, **5**, 535–544.

Sommer, U. (1992). Phosphorus-limited *Daphnia*: Intrapecific facilitation instead of competition. *Limnol. Oceanogr.*, **37**, 966–973.

Sommer, U., and Gliwicz, Z.M. (1986). Long range vertical migration of *Volvox* in tropical lake Cahora Bassa (Mozambique). *Limnol. Oceanogr.*, **31**, 650–653.

Sommer, U., and Sommer, F. (2006). Cladocerans versus copepods: the cause of contrasting top-down controls on freshwater and marine phytoplankton. *Oecologia*, **147**, 183–194.

Sommer, U., and Stibor, H. (2002). Copepoda—Cladocera—Tunicata: The role of three major mesozooplankton groups in the pelagic food web. *Ecol. Res.*, **17**, 161–174.

Sommer, U., Gliwicz, Z.M., Lampert, W., and Duncan, A. (1986). The PEG model of seasonal succession of planktonic events in fresh waters. *Arch. Hydrobiol.*, **106**, 433–471.

Sommer, U., Gaedke, U., and Schweizer, A. (1993). The first decade of oligotrophication of Lake Constance. II: The response of phytoplankton taxonomic composition. *Oecologia*, **93**, 276–284.

Sommer, U., Sommer, F., Santer, B., Zöllner, E., Jürgens, K., Jamieson, C., Boersma, M., and Gocke, K. (2003). *Daphnia* versus copepods: the cause of contrasting top-down controls on freshwater and marine phytoplankton. *Oecologia*, **135**, 639–647.

Sommer, U., Aberle, N., Engel, A., Hansen, T., Lengfellner, K., Sandow, M., Wohlers, J., Zöllner, E., and Riebesell, U. (2007). An indoor mesocosm system to study the effect of climate change on the late winter and spring succession of Baltic Sea phyto- and zooplankton. *Oecologia*,

Sone, S., Inoue, M., and Yanagisawa, Y. (2006). Competition between two congeneric stream gobies for habitat in southwestern Shikoku, Japan. *Ichthyol. Res.*, **53**, 19–23.

Sorokin, Y.I., and Kadota, H. (1972). *Microbial production and decomposition in fresh waters*. Blackwell,

Oxford.

Southwood, T.R.E. (1988). Tactics, strategies and templets. *Oikos*, **52**, 3–18.

Spence, D.H.N., and Chrystal, J. (1970). Photosynthesis and zonation of freshwater macrophytes. *New Phytol.*, **69**, 205–227.

Spindler, K.D. (1971). Untersuchungen über den Einfluß äuéerer Faktoren auf die Dauer der Embryonalentwicklung und den Häutungsrhythmus von *Cyclops vicinus*. *Oecologia*, **7**, 342–355.

Spitze, K. (1992). Predator-mediated plasticity of prey life-history and morphology: *Chaoborus americanus* predation on *Daphnia pulex*. *Am. Nat.*, **139**, 229–247.

Sprules, W.G., Riessen, H.P., and Jin, E.H. (1990). Dynamics of the *Bythotrephes* invasion of the St. Lawrence Great Lakes. *J. Great Lakes Res.*, **16**, 346–351.

Stadelmann, P. (1971). Stickstoffkreislauf und Primärproduktion im mesotrophen Vierwaldstätter See und im eutrophen Rotsee, mit besonderer Berücksichtigung des Nitrats als limitierendem Faktor. *Schweiz. Z. Hydrol.*, **33**, 1–65.

Statzner, B., and Holm, T.F. (1989). Morphological adaptation of shape to flow: Microcurrents around lotic macroinvertebrates with known Reynolds numbers at quasi-natural flow conditions. *Oecologia*, **78**, 145–157.

Stearns, S.C. (1989). The evolutionary significance of phenotypic plasticity. *BioScience*, **39**, 436–445.

Stearns, S.C. (1992). *The evolution of life histories*. Oxford University Press, New York.

Stemberger, R.S. (1988). Reproductive costs and hydrodynamics benefits of chemically induced defenses in *Keratella testudo*. *Limnol. Oceanogr.*, **33**, 593–606.

Stemberger, R.S., and Gilbert, J.J. (1987). Rotifer threshold food concentrations and the size-efficiency hypothesis. *Ecology*, **68**, 181–187.

Stenson, J.A. (1987). Variation in capsule size of *Holopedium gibberum* (Zaddach): a response to invertebrate predation. *Ecology*, **68**, 928–934.

Sterner, R.W. (1986). Herbivores' direct and indirect effects on algal populations. *Science*, **231**, 605–607.

Sterner, R.W. (1989). The role of grazers in phytoplankton succession. *In* U Sommer, ed. *Succession in plankton communities.*, pp. 107–170. Springer-Verlag, Heidelberg.

Sterner, R.W. (1993). *Daphnia* growth on varying quality of *Scenedesmus*: Mineral limitation of zooplankton. *Ecology*, **74**, 2351–2360.

Sterner, R.W., and Elser, J.J. (2002). *Ecological stoichiometry*. Princeton University Press, Princeton. NJ.

Sterner, R.W., Smutka, T.M., McKay, R.M.L., Xiaoming, Q., Brown, E.T., and Sherrell, R.M. (2004). Phosphorus and trace metal limitation of algae and bacteria in Lake Superior. *Limnol. Oceanogr.*, **49**, 495–507.

Stibor, H. (1992). Predator induced life-history shifts in a freshwater cladoceran. *Oecologia*, **92**, 162–165.

Stibor, H., and Lüning, J. (1994). Predator-induced phenotypic variation in the pattern of growth and reproduction in *Daphnia hyalina* (Crustacea, Cladocera). *Functional Ecol.*, **8**, 97–101.

Stibor, H., and Sommer, U. (2003). Mixotrophy of a photosynthetic flagellate viewed from an optimal foraging perspective. *Protist*, **154**, 91–98.

Stich, H.B., and Lampert, W. (1981). Predator evasion as an explanation of diurnal vertical migration by zooplankton. *Nature*, **293**, 396–398.

Straile, D., Livingstone, D.M., Weyhenmeyer, G.A., and George, D.G. (2003). The response of freshwater ecosystems to climate variability associated with the North Atlantic Oscillation. *In* Hurrell, J.W., Kushnir, Y., Ottersen, G., and Visbeck, M. (ed.) *The North Atlantic Oscillation: Climatic significance and environmental impact*, pp. 263–279. American Geophysical Union, Washington, DC.

Streit, B. (1977). Morphometric relationships and feeding habits of two species of *Chaetogaster*, *Ch. limnaei* and *Ch. diastrophus* (Oligochaeta). *Arch. Hydrobiol. Suppl.*, **48**, 424–437.

Strickland, J.D., and Parsons, T.R. (1968). A practical handbook of seawater analysis. *Bull. Fish. Res. Bd. Can.*, **169**, 1–203.

Strickler, J.R. (1977). Observation of swimming performances of planktonic copepods. *Limnol. Oceanogr.*, **22**, 165–170.

Strous, M., Kuencer, J.G., and Jetten, S.M. (1999). Key physiology of anaerobic ammonium oxidation. *Appl. Env. Microbiol.*, **65**, 3248–3250.

Swift, M.C., and Fedorenko, A.Y. (1975). Some aspects of prey capture by *Chaoborus* larvae. *Limnol.*

Oceanogr., **20**, 418–425.

Tall, L., Cloutier, L., and Cattaneo, A. (2006). Grazer-diatom size relationships in an epiphytic community. *Limnol. Oceanogr.*, **51**, 1211–1216.

Talling, J.F. (1957). The phytoplankton population as a compound photosynthetic system. *New Phytol.*, **56**, 133–149.

Tanner, C.J., and Branstrator, D.K. (2006). Generational and dual-species exposures to invertebrate predators influence relative head size in *Daphnia mendotae*. *J. Plankton Res.*, **28**, 793–802.

Tartarotti, B., and Sommaruga, R. (2006). Seasonal and ontogenetic changes of mycosporine-like amino acids in planktonic organisms from an alpine lake. *Limnol. Oceanogr.*, **51**, 1530–1541.

Taylor, B.E., and Gabriel, W. (1992). To grow or not to grow: optimal resource allocation for *Daphnia*. *Am Nat.*, **139**, 248–266.

Thomasson, K. (1963). Araucanian lakes. *Acta Phytogeogr. Suecica*, **47**, 1–55.

Thompson, J.N. (1998). Rapid evolution as an ecological process. *Trends Ecol. Evol.*, **13**, 329–332.

Threlkeld, S.T., Chiavelli, D.A., and Willey, R.L. (1993). The organization of zooplankton epibiont communities. *Trends Ecol. Evol.*, **8**, 317–321.

Tilman, D. (1977). Resource competition between planktonic algae: an experimental and theoretical approach. *Ecology*, **59**, 338–348.

Tilman, D. (1982). *Resource competition and community structure*. Princeton University Press, Princeton, NJ.

Tilman, D. (1996). Biodiversity: population and ecosystem stability. *Ecology*, **77**, 350–363.

Tilman, D., Kilham, S.S., and Kilham, P. (1982). Phytoplankton community ecology: the role of limiting nutrients. *Ann. Rev. Ecol. Syst.*, **13**, 349–372.

Tilzer, M.M. (1983). The importance of fractional light absorption by photosynthetic pigments for phytoplankton productivity in Lake Constance. *Limnol. Oceanogr.*, **28**, 833–846.

Tilzer, M.M. (1984a). The quantum yield as a fundamental parameter controlling vertical photosynthetic profiles of phytoplankton in Lake Constance. *Arch. Hydrobiol. Suppl.*, **69**, 169–198.

Tilzer, M.M. (1984b). Estimation of phytoplankton loss rates from daily photosynthetic rates and observed biomass changes in Lake Constance. *J. Plankton Res.*, **6**, 309–324.

Tilzer, M.M., Goldman, C.R., and de Amezaga, E. (1975). The efficiency of photosynthetic light energy utilization by lake phytoplankton. *Verh. Internat. Verein. Limnol.*, **19**, 800–807.

Tilzer, M.M., Geller, W., Sommer, U., and Stabel, H.H. (1982). Kohlenstoffkreislauf und Nahrungsketten in der Freiwasserzone des Bodensees. *Konstanzer Blätter für Hochschulfragen*, **73**, 51–76.

Tittel, J., Bissinger, V., Zippel, B., Gaedke, U., Bell, E., Lorke, A., and Kamjunke, N. (2003). Mixotrophs combine resource use to outcompete specialists: Implications for aquatic food webs. *Proc. Nat. Acad. Sci. USA*, **100**, 12776–12781.

Tollrian, R. (1990). Predator-induced helmet formation in *Daphnia cucullata* (Sars). *Arch. Hydrobiol.*, **119**, 191–196.

Tollrian, R. (1991). Some aspects in the costs of cyclomorphosis in *Daphnia cucullata*. *Proc. Int. Soc. Limnol.*, **24**, 2802–2803.

Tollrian, R. (1994). Fish-kairomone induced morphological changes in *Daphnia lumholtzi* (Sars). *Arch. Hydrobiol.*, **130**, 69–75.

Tollrian, R. (1995). *Chaoborus crystallinus* predation on *Daphnia pulex*: can induced morphological changes balance effects of body size on vulnerability. *Oecologia*, **101**, 151–155.

Tollrian, R., and Von Elert, E. (1994). Enrichment and purification of *Chaoborus* kairomone from water: Further steps towards its chemical characterization. *Limnol. Oceanogr.*, **39**, 788–796.

Tollrian, R., and Harvell, C.D. (ed.) (1999). *The ecology and evolution of inducible defences*. Princeton University Press, Princeton, NJ.

Townsend, C.R., and Hildrew, A.G. (1994). Species traits in relation to a habitat templet for river systems. *Freshwat. Biol.*, **31**, 265–275.

Townsend, C.R., and Risebrow, A.J. (1982). The influence of light level on the functional response of a zooplanktivorous fish. *Oecologia*, **53**, 293–295.

Tschumi, P-A (1977). Eutrophierung, Primärproduktion und Sauerstoffverhältnisse im Bielersee. *Gas-Wasser-Abwasser*, **57**, 245–252.

Turner, A.M., Bernot, R.J., and Boes, C.M. (2000). Chemical cues modify species interactions: the ecological consequences of predator avoidance by freshwater snails. *Oikos*, **88**, 148–158.

Twiss, M.R., Auclair, J-C, and Charlton, M.N. (2000). An investigation into iron-stimulated phytoplankton productivity in epipelagic Lake Erie during thermal stratification using trace metal clean techniques. *Can. J. Fish. Aquat. Sci.*, **57**, 86–95.

Uhlmann, D. (1975). *Hydrobiologie*. Fischer, Stuttgart.

Underwood, G.J.C., and Thomas, J.D. (1990). Grazing interactions between pulmonate snails and epiphytic algae and bacteria. *Freshwat. Biol.*, **23**, 502–522.

Utermöhl, H. (1958). Zur Vervollkommnung der quantitativen Phytoplankton-Methodik. *Mitt. Int. Ver. Limnol.*, **9**, 1–38.

Vadeboncoeur, Y., and Lodge, D.M. (2000). Periphyton production on wood and sediment. Substratum-specific response to laboratory and whole-lake manipulations. *J. N. Am. Benthol. Soc.*, **19**, 68–81.

Valentine, D.L. (2002). Biogeochemistry and microbial ecology of methane oxidation in anoxic environments: a review. *Antonie van Leeuwenhoek*, **81**, 271–282.

Van Buskirk, J. (2001). Specific induced responses to different predator species in anuran larvae. *J. Evol. Biol.*, **14**, 482–489.

Van de Bund, W.J., and Groenendijk, D. (1994). Seasonal dynamics and burrowing of littoral chironomid larvae in relation to competition and predation. *Arch. Hydrobiol.*, **132**, 213–225.

Van de Bund, W.J., and van Donk, E. (2002). Short-term and long-term effects of zooplanktivorous fish removal in a shallow lake: a synthesis of 15 years of data from Lake Zwemlust. *Freshwat. Biol.*, **47**, 2380–2387.

Van Donk, E. (1989). The role of fungal parasites in phytoplankton succession. In Sommer, U. (ed.) *Plankton ecology, succession in plankton communities.*, pp. 171–194. Springer, Berlin.

Van Donk, E., and Hessen, D.O. (1993). Grazing resistance in nutrient-stressed phytoplankton. *Oecologia*, **93**, 508–511.

Van Donk, E., and Van de Bund, W.J. (2002). Impact of submerged macrophytes including charophytes on phyto- and zooplankton communities: allelopathy versus other mechanisms. *Aquat. Bot.*, **72**, 261–274.

Van Donk, E., Lürling, M., and Lampert, W. (1999). Consumer-induced changes in phytoplankton: inducibility, costs, benefits, and the impact on grazers. *In* Tollrian, R. and Harvell, CD (ed.) *The ecology and evolution of inducible defenses*, pp. 89–103. Princeton University Press, Princeton, NJ.

Vander Zanden, M.J., and Rasmussen, J.B. (2001). Variation in? δ^{15}N and δ^{13}C trophic fractionation: implications for aquatic food web studies. *Limnol. Oceanogr.*, **46**, 2061–2066.

Vanni, M.J. (1987). Effects of food availability and fish predation on a zooplankton community. *Ecol. Monogr.*, **57**, 61–88.

Vanni, M.J., Luecke, C., Kitchell, J.F., Allen, Y., Temte, J., and Magnusson, J.J. (1990). Effects on lower trophic levels of massive fish mortality. *Nature*, **344**, 333–335.

Vannote, R.L., Minshall, G.W., Cumming, K.W., Sedell, J.R., and Cushing, C.E. (1980). The river continuum concept. *Can. J. Fish. Aquat. Sci.*, **37**, 130–137.

Vareschi, E. (1982). The ecology of Lake Nakuru (Kenya). III. Abiotic factors and primary production. *Oecologia*, **55**, 81–101.

Vaughn, C.C., Gelwick, F.P., and Matthews, W.J. (1993). Effects of algivorous minnows on production of grazing stream invertebrates. *Oikos*, **66**, 119–128.

Verschoor, A.M., Vos, M., and Van der Stap, I. (2004). Inducible defences prevent strong population fluctuations in bi- and tritrophic food chains. *Ecol. Lett.*, **7**, 1143–1148.

Vogel, S. (1994). *Life in moving fluids; the physical biology of flow*. Princeton University Press, Princeton, NJ.

Vogels, G.D., van der Drift, C., Stumm, C.K., Keltjens, J.T.M., and Zwart, K.B. (1984). Mathanogenesis: surprising molecules, microorganisms, and ecosystems. *J. Microbiol.*, **50**,

Vollenweider, R., and Kerekes, J. (1982). *Eutrophication of waters, monitoring, assessment and control*. OECD, Paris.

Von Elert, E. (2002). Determination of limiting polyunsaturated fatty acids in *Daphnia galeata* using a new method to enrich food algae with single fatty acids. *Limnol. Oceanogr.*, **47**, 1764–1773.

Von Elert, E., and Pohnert, G. (2000). Predator specificity of kairomones in diel vertical migration of *Daphnia*: a chemical approach. *Oikos*, **88**, 119–128.

Von Frisch, K. (1941). über einen Schreckstoff der Fischhaut und seine biologische Bedeutung. *Z. vergl. Physiol.*, **29**, 46–145.

Vos, M., Flik, B.J.G., Vijverberg, J., Ringelberg, J., and Mooij, W.M. (2002). From inducible defences to population dynamics: modelling refuge use and life history changes in *Daphnia*. *Oikos*, **99**, 386–396.

Wagner, G. (1976). Simulationsmodelle der Seeneutrophierung, dargestellt am Beispiel des Bodensee-Obersees. *Arch. Hydrobiol.*, **78**, 1–41.

Walls, M., Kortelainen, and Sarvala, J. (1990). Prey responses to fish predation in fresh-water communities. *Ann. Zool. Fenn.*, **27**, 183–199.

Walsby, A.E. (1994). Gas vesicles. *Microbiological Reviews*, **58**, 94–144.

Walter, K.M., Zimov, S.A., Chanton, J.P., Verbyla, D., and Chapin III, F.S. (2006). Methane bubbling from Siberian thaw lakes as a positive feedback to climate warming. *Nature*, **443**, 71–75.

Walther, G.R., Post, E., Convey, P., Menzel, A., Parmesan, C., Beebee, T.C., Fromentin, J.M., Hoegh-Guldberg, O., and Bairlein, F. (2002). Ecological responses to recent climate change. *Nature*, **416**, 389–395.

Washington, H.G. (1984). Diversity, biotic and similarity indices. *Wat. Res.*, **18**, 653–694.

Weider, L.J. (1992). Disturbance, competition and the maintenance of clonal diversity in *Daphnia pulex*. *J. Evol. Biol.*, **5**, 505–522.

Weider, L.J., and Hebert, P.D.N. (1987). Ecological and physiological differentiation among low-arctic clones of *Daphnia pulex*. *Ecology*, **68**, 188–198.

Weider, L.J., and Lampert, W. (1985). Differential response of *Daphnia* genotypes to oxygen stress: respiration rates, hemoglobin content and low oxygen tolerance. *Oecologia*, **65**, 487–491.

Weider, L.J., Lampert, W., Wessels, M., Colbourne, J.K., and Limburg, P. (1997). Long-term genetic shifts in a microcrustacean egg bank associated with anthropogenic changes in the Lake Constance ecosystem. *Proc. R. Soc. London B*, **264**, 1613–1618.

Weitere, M., Tautz, D., Neumann, D., and Steinfartz, S. (2004). Adaptive divergence vs. environmental plasticity: tracing local genetic adaptation of metamorphosis traits in salamanders. *Molecular Ecology*, **13**, 1665–1677.

Werner, E.E., and Hall, D.J. (1974). Optimal foraging and the size selection of prey by the bluegill sunfish (*Lepomis macrochirus*). *Ecology*, **55**, 1042–1052.

Werner, E.E., and Hall, D.J. (1988). Ontogenetic habitat shifts in Bluegill: the foraging rate-predation risk trade-off. *Ecology*, **69**, 1352–1366.

Wetzel, R.G. (1983). *Limnology*. W.B. Saunders, Philadelphia.

Wetzel, R.G. (2001). *Limnology—Lake and River Ecosystems*. Academic Press, San Diego.

Wetzel, R.G., and Likens, G.E. (2000). *Limnological analyses* (3rd edn). Springer, New York.

Wieser, W. (1986). Die ökophysiologie der Cyprinidenfauna österreichischer Gewässer. *österreichs Fischerei*, **39**, 88–93.

Williams, D.D., and Hynes, HBN (1977). Benthic community development in a new stream. *Can. J. Zool.*, **55**, 1071–1076.

Williamson, C.E., Olson, O.G., Lott, S.E., Walker, N.D., Engstrom, D.R., and Hargreaves, B.R. (2001). Ultraviolet radiation and zooplankton community structure following deglaciation in Glacier Bay, Alaska. *Ecology*, **82**, 1748–1760.

Wiltshire, K.H., and Manly, FBJ (2004). The warming trend at Helgoland Roads, North Sea: phytoplankton response. *Helgol. Mar. Res.*, **58**, 1463–1468.

Winberg, G.G. (1971). *Methods for the estimation of production in aquatic animals*. Academic Press, London.

Winder, M., and Schindler, D.E. (2004). Climate change uncouples trophic interactions in an aquatic ecosystem. *Ecology*, **85**, 2100–2106.

Wium-Andersen, S. (1987). Allelopathy among aquatic plants. *Arch. Hydrobiol. Beih. Ergebn. Limnol.*, **27**, 167–172.

Woese, C.R., Kandler, O., and Wheels, M.L. (1990). Towards a natural system of organisms: Proposal for the domains Archaea, Bacteria, and Eucarya. *Proc. Natl. Acad. Sci. USA*, **87**, 4576–4579.

Wright, R.F. (1983). Input–output budgets at Langtjern, a small acidified lake in southern Norway. *Hydrobiologia*, **101**, 1–12.

Wright, R.F., and Hobbie, J.E. (1966). Use of gluctose and acetate by algae and bacteria in aquatic systems. *Ecology*, **47**, 447–464.

Yachi, S., and Loreau, M. (1999). Biodiversity and ecosystem productivity in a fluctuating environment: the insurance hypothesis. *Proc. Natl. Acad. Sci. USA*, **96**, 1463–1468.

Yasumoto, K., Nishigami, A., Yasumoto, M., Kasai, F., Okada, Y., Kusumi, T., and Ooi, T. (2005). Aliphatic sulfates released from *Daphnia* induce morphological defense of phytoplankton: isolation and synthesis of kairomones. *Tetrahedron Letters*, **46**, 4765–4767.

Yoshida, T., Jones, L.E., Ellner, S.P., Fussmann, G.F., and Hairston, NGJ (2003). Rapid evolution drives ecological dynamics in a predator-prey system. *Nature*, **424**, 303–306.

Zaika, V.E. (1973). *Specific production of aquatic invertebrates*. Wiley, New York.

Zaret, T.M., and Rand, A.S. (1971). Competition in tropical stream fishes: support for the competitive exclusion principle. *Ecology*, **52**, 336–342.

Zeller, M., Reusch, T.B.H., and Lampert, W. (2006). A comparative population genetic study on freshwater calanoid copepods: Investigation of isolation-by-distance in two *Eudiaptomus* species with a different potential for dispersal. *Limnol. Oceanogr.*, **51**, 117–124.

Zevenboom, W. (1980). Growth and nutrient uptake kinetics of *Oscillatoria agardhii*. Acad. Proefschrift, Amsterdam

Zöllner, E., Santer, B., Boersma, M., Hoppe, H-G, and Jürgens, K. (2003). Cascading predation effects of *Daphnia* and copepods on microbial food webs components. *Freshwat. Biol.*, **48**, 2174–2193.

Glossary

용어설명

1차 생산(primary production) 무기성분으로부터 유기물질의 합성 (광합성 또는 화학합성을 통한)

2차 생산(secondary production) 타가영양체들에 의한 생산

^{14}C법(C-14 method) $^{14}CO_2$로 표식된 방사선 동위원소 흡수에 의한 광합성 측정

copepod유생(copepodite) 요각류(copepod)의 성체 직전의 유생 시기

DIC 용존무기탄소

DIN 용존무기질소

DOC 용존유기탄소

DOM 용존유기물

Droop 모델(Droop model) 제한된 양분의 내부 농도 (세포 할당량)와 조류성장율을 서로 관련시키는 수식

HNF(heterotrophic nanoflagellate) 타가영양 편모충: 2~30 nm의 무색소 편모충

IBP 유네스코 국제 생물학 프로그램

k_s값(k_s value) 최대 성장률의 절반에 도달하는 자원의 농도

M-M식(Michaelis-Menten equation) 자원의 제한에서 포화까지 전환되는 곡선을 이용하여 먹이 소비율과 자원 가용성의 관계를 설명하는 식

OECD 모델(OECD model) OECD가 후원하는 비교 부영양화 연구에 의해 개발된 호수에 대한 경험적 부영양화 모델

P/B 비(P/B ratio) 생산과 생물량간의 관계

PAR (광합성 유효 방사선) 광합성에 사용될 수 있는 방사선

P-I곡선(P-I curve) 광합성과 광 세기의 관계를 설명하는 포화도 곡선

POC 입자성유기탄소

POM 입자성유기물질

PON 입자성유기질소

Q_{10} 10°C의 온도상승으로 화학적 또는 생물학적 반응 속도가 증가하는 요인

R^*값(R^*value) 출생률과 사망률의 평형을 이루는 자원의 농도

r 개체군의 성장율을 표시하는 수학적 기호

Redfield ratio N 또는 P에 의해 제한되지 않는 식물플랑크톤의 화학양론적 C:N:P(106:16:1)비.

Secchi 수심(Secchi depth) 육안상 흰색(흑백) 표준 원반(Secchi 디스크)이 물 속으로 내려갈 때 보이는 최대 수심

ZNGI 라인(zero net growth isocline) (제로 순 생장 동등한 선), 경쟁의 그래픽 모델에서 성장이 없는 그래프의 모든 점들을 연결하는 선

가스액포(gas vacuoles) 남세균 세포에서 기체가 채워진 소낭

간섭경쟁(interference competition) 경쟁자의 직접적인 손상을 수반하는 경쟁

감소(attenuation) 수층을 통과하는 광도의 감소

경수(hard water) 칼슘과 마그네슘을 고농도로 함유한 담수

경쟁(competition) 공유한 자원을 갖는 종들간의 부정적인 상호작용

경쟁배타의 원리(competitive exclusion principle) 열등경쟁자의 최종적 배제를 예측하는 생태학적 이론

고유종(endemism) 단일장소에만 제한되어 존재하는 종

고육수학(paleolimnology) 퇴적물에 퇴적된 화학적 마커와 미세 화석 (즉, 생물체의 특징적인 잔재물)을 이용한 호수내 과거 개체군 연구

고장액(hypertonic) 환경에 비해 높은 삼투압을 일으키는 세포의 고농도 용액

공생(symbiosis) 종들간에 있어 서로 유익한 상호관계

공진화(coevolution) 몇몇 종들의 상호의존적 진화

공침전(coprecipitation) 불용성 염(예컨대, 수산화 제이철을 함유한 인)과의 착물로서 침전

과잉밀도(excess density) 부유입자 밀도와 매질 밀도간의 차이

광생태성(euryoecious) 다양한 생태적 요소에 견디는

광소멸(light extinction) 빛 감소 현상 참고

광영양성(phototrophic) 빛을 몸 구성물 생성에 에너지원으로 사용

광온성(eurythermic) 다양한 온도에 대해 견디는

광저해(light inhibition) 과도하게 높은 광도에 의한 광합성 감소

광적응(light adaptation) 광도에 대한 광합성 반응을 변화시키는 중요한 광 조건에 대한 생물의 생리적 적응

광제한(light limitation) 낮은 광 강도에 의한 광합성의 한계

광포화(light saturation) 최대광합성을 보이는 광 조건, 즉 광제한 또는 광저해가 없음

군집(community) 상호관련된 개체군의 모임

군체화(colonization) 새로운 서식처에서 한 종의 정착

궁극요인(ultimate factor) 형질의 진화를 대표할 수 있는 자연선택 요인

균등성(equitability) 하나의 군집에서 다양한 종들의 개체수가 균일한 정도. 최대치 e는 모든 종의 수가 거의 같은 비율로 나타남을 의미한다. 최소치 e는 하나의 종이 지배한다는 것을 의미한다.

극상(climax) 천이의 최종 단계

기능적 반응(functional response) 자원 밀도의 함수로서 생물의 성장이 자원의 소비율 변화와 밀접한 반응

길드(guild) 생태계에서 유사한 기능적 역할을 할 때 함께 할 수 있는 종 그룹 [예: 하천의 낙엽을 썰어먹는 종류(shredder)]

깃대종(핵심종)(keystone species) 낮은 영양단계에서 종 상호 작용을 통제함으로써 군집에서 중요한 역할을 하는 포식자

나노플랑크톤(nanoplankton) 2~20마이크로미터 크기의 플랑크톤

난각막(ephippium) 휴면기 알을 낳기 위해 많은 지각류에 의해 만들어지는 보호구조물

난류(turbulent flow) 불규칙한 하천 흐름

내부부하(internal loading) 호수내에 있는 자원으로부터 영양물질 이용, 예 퇴적물

내부생성의(autochthonous) 계 안에서 발생되는

넥톤(nekton) 활발한 수영능력을 갖는 개체군 군집

니질표재성(토양표면부착성)(epipelic) 진흙 표면에 부착생활

다순환호(polymictic lakes) 1년에 두 차례 이상 순환하는 호수. 열대지역에서 어떤 경우 매일 일어남

다양도(diversity) 종 다양성의 척도

다형성(polymorphism) 한 개체군의 한 유전자좌에 하나 이상의 대립유전자가 존재함

단순환호(monomictic lakes) 매년 한 차례 완전한 순환을 갖는 호수

대류(convection) 밀도차에 의한 수직혼합

대립인자(allele) 같은 위치에 있는 한 유전자의 다양한 형태중 하나.

대립효소(allozyme) 동일한 기능을 가지고 있지만 구조가 다른 효소의 여러 대립 유전자 중 하나의 유전자 산물로서, 전기 영동 분석에서 서로 다른 거리를 이동합니다. 그들은 유전자형을 확인하기 위한 유전자 마커로 사용된다.

대발생(bloom) 식물플랑크톤의 극심한 발생

대형수생식물(macrophytes) 고등 수생식물, 돌이끼 (Chara과)

독립영양(autotrophy) 생물체 자체의 형성을 위한 무기 탄소원 (CO_2, HCO_3)의 사용

독점가설(monopolization hypothesis) 빈 서식지를 처음 식민지화한 종들은 나중에 도착한 종을 억제할 수 있다고 보는 이론

돌부착(epilithic) 암석에 부착생활

동물플랑크톤(zooplankton) 동물플랑크톤

동소적분화(sympatric speciation) 같은 지리적 공간에서 개체군의 진화적 분화

동화(assimilation) 생물체의 바이오 매스에 물질을 통합

동화작용(anabolism) 에너지가 단순 분자에서 복합분자로 변형 시키는데 사용되는 합성 대사

등장액(isotonic) 주변 환경과 같은 삼투압을 가진 용액의 농도

레이놀드상수(Reynolds number) 유체에 대해 움직이는 신체에 영향을 주는 힘 (예: 침강조류)을 나타내는 무차원 숫자. Re는 관성력과 점도의 관계를 설명.

리비히의 법칙(Liebig's law) 성장속도 또는 생장율과 같은 생물학적 반응이 최소로 공급하는 단일 성장 인자에 의해서 제한되는 것을 말함(예: 인 또는 질소)

먹이망(food web) 서로 연결된 영양사슬의 네트워크

메로플랑크톤(meroplankton) 플랑크톤 군집에서 생활사의 일부만을 부유생활하는 플랑크톤

메조코즘(mesocosm) 실험에 사용하기 위해 인위적으로 만든 소형시스템

메탄생성(methanogenesis) 최종 생성물로 메탄을 생성하는 유기물의 혐기성 분해

메틸영양(methylotrophy) 탄소원으로 C_1 분자(메탄, 메탄올, 포름 알데히드 등)를 이용되는 영양형

모나드식(Monod equation) 제한에서 포화 상태로 점진적으로 전환되는 곡선 함수로서 먹이 농도와 조류 또는 세균의 번식율 사이의 관계를 설명하는 식

무광층(aphotic zone) 광합성을 수행하기 위한 빛이 충분하지 않는 어둡고 깊은 구역.

무기영양(lithotrophy) 세균에 의한 전자 공여체로서의 무기 물질의 사용

무산소성(anoxic) 산소가 없는

무산소증(anoxibiosis) 산소가 없이 생활. 예 발효사용

무순환호(amictic lakes) 완벽한 순환을 하지 않은 호수

물질환경조절장치(chemostat) 배지를 지속적으로 교환하는 배양장치(조류, 박테리아). 정치상태에서 성장률은 배지의 배양계 통과율과 동일하다.

미세위성(microsatellites) 유전적 지문의 표지로 사용될 수 있는 반복적이고 비암호화된 서열

미소먹이망(microbial loop) 식물플랑크톤에 의해 방출된 DOC가 박테리아에 의해 흡수되고, 차례로 세균 포식 원생동물에 의해 섭취되고 이후에 중형 동물플랑크톤으로 옮겨질 수 있는 심해의 물질순환 경로

밀도의존성(density dependence) 개체수 증가에 따른 성장율 감소

박테리아섭식(bacterivory) 박테리아를 섭취

박테리오플랑크톤(bacterioplankton) 박테리아로 구성된 플랑크톤

반사(albedo) 표면에서 빛의 반사

발효(fermentation) 유기화합물을 환원된 조각과 산화된 조각들로 분해하여 에너지를 얻는 혐기성 호흡

배설물(feces) 동물에 의해 배출된 입자성 물질

배출(excretion) 대사산물의 외부환경으로 배출

변동(fluctuation) 상태변수의 불규칙한 변화

변수층(metalimnion) 성층화된 호수에서 가장 큰 온도 변화가 일어나는 영역

보상수심(compensation depth) 광합성과 호흡이 균형을 이루는 깊이

봄철조류대발생(spring bloom) 봄철 동안 플랑크톤의 폭발적인 생장

복순환호(dimictic lake) 연중 2회의 완전한 순환기를 갖는 호수

부분순환호수(meromictic lakes) 표층수와 심층수가 결코 순환하지 않지만 표수층에서만 순환하는 호수

부식물질(humus) 내화성(난분해성) 용존유기성분

부식질(detritus) 죽은 유기물

부영양성(eutrophic) 풍부한 영양과 높은 생산성을 갖는

부착조류(periphyton) 침수된 기질 표면에서 자라는 미세조류 군집

분해(decomposition) 유기물의 분해

블랙만모델(Blackman model) 제한에서 포화로 갑작스럽게 전환되는 자원 가용성에 대한 생물학적 반응을 보여주는 포화모델

빈순환호(oligomictic lakes) 매년 완벽한 혼합이 일어나지 않은 호수

빈영양(oligotrophic) 생물의 생장에 필요한 영양분이 북족하고 생산성이 낮은 상태

산성화(acidification) 산업 배출물인 황산화물 같은 외부유입 산성물질로 인해 호수나 하천의 pH가 감소함

로지스틱 성장(logistic growth) 점진적으로 수용능력에 접근하는 개체군의 성장 곡선

수량적반응(numerical response) 자원 밀도에 대한 소비자 개체군의 성장률 (수)의 의존성

삼투조절(osmoregulation) 유기체의 내부 삼투 조건 조절

상향식 제어(bottom-up control) 자원의 양에 의한 군집의 구조와 변동의 조절

생활사전략(life history strategy) 생활환의 적응형 특징. 예, 출생률 및 사망률의 연령 분포, 성장률 및 자손의 크기

생물공동체(biocoenosis) 특정 서식처에 사는 공동체

생물교란(bioturbation) 유기체에 의해 퇴적물의 최상층의 성층파괴

생물다양성(biodiversity) 한 지역의 종과 유전자형의 수와 다양성

생물량(biomass) 주어진 부피 또는 주어진 표면적 내의 생물체의 질량. 개체군, 군집 또는 기능적 하위 그룹에 사용할 수 있다.

생물조작(조절)(biomanipulation) 먹이망 조절. 먹이망의 "하향식" 제어에 의한 복원 방법. 플랑크톤 섭식 어류의 제거는 섭식력을 증가하여 조류 밀도를 낮춘다.

생물지화학순환(biogeochemical cycles) 생물적 및 무생물적 요소를 포함한 생태계에서 일어나는 다양한 물질순환

생산(production) 관찰기간 동안 제거된 유기물(E)을 포함한 개체군 또는 영양 수준의 새로 형성된 생물량(B): $P = \Delta B + E$

생장율(growth rate) 생물학적 변수의 변화율 중요한 특성은 몸 성장율과 개체군 성장율, 상대성장률 대 절대성장률, 총 성장률과 순 성장률

생태학적 화학양론(ecological stoichiometry) 조직이나 먹이에서 생물요소의 비율에 대한 유기체의 성장과 배설에 관한 이론

생태학적 효율(ecological efficiency) 인접한 영양수준에 대한 생산속도의 비율

서식처(habitat) 한 종의 특징적인 거주지

선택(selection) (a) 진화생물학 측면 보다 잘 적응된 유전자형의 "자연선택"; (b) 생리학적으로 정의된 다양한 먹이 유형들 사이의 선택(활성 선택 또는 수동적으로 차등 유지를 통해, 예: 여과섭식)

선택계수(selectivity coefficient) 먹이의 상대적인 선택 및 거절의 척도

섭식(grazing) 섭식을 통한 전체 식물의 제거. 담수에서 초식성 동물플랑크톤에 의한 식물플랑크톤의 제거 또는 저서동물에 의한 부착조류의 제거.

섭식영양:(phagotrophy) 단세포의 세포 표면을 이용한 입자 섭식

섭식율(ingestion rate) 단위 시간당 동물에 의한 먹이 섭식량

세포외효소(exoenzyme) 세포외부로 배출된 효소

세포할당(cell quota) Droop 모델에서 중요한 생물 요소의 세포 내 농도

소비율(consumption rate) 단위시간당 소비한 자원의 양

소수성(hydrophobic) 수중 구조물과 물 분자 사이의 밀착을 방지하는 표면 특성(유기물이 젖지 않음)

소진화(microevolution) 소규모의 진화적 변화, 예를 들어 개체군의 유전자 빈도의 변화

수온약층(thermocline) 성층화된 수체에서 가장 큰 수직적 온도변화를 갖는 구간

수용능력(carrying capacity) 주어진 생태계에서 최대로 유지가능한 개체군 밀도(바이오매스)

수표생물(neuston) 물 표면에 사는 생물

순생산(net production) 대사손실을 제거한 생산

식물부착(epiphytic) 식물에 부착생활

식물플랑크톤(phytoplankton) 조류나 남세균을 포함하여 광합성하는 플랑크톤

심수층(hypolimnion) 성층화된 호수에서 차겹고 깊은 수층

싸이미딘법(thymidine method) 방사선 동위원소가 표식된 싸이미딘를 처리하여 박테리아 생산을 측정하는 방법

안정동위원소 분석(stable isotope analysis, SIA) 유기물질의 기원을 연구하기 위해 중성자수에 따라 다른 원자의 안정한(부패되지 않은) 형태의 상대적 존재량 측정

알저장(휴면기 저장)(egg bank) 부화되기 전에 호수 퇴적물속에 오랜 기간 생존하고 있는 휴면기의 알이 집합하고 있는 것

알카리성(alkalinity) 산성에 대하여 완충할 수 있는 물의 성질

암모니아화(ammonification) 질산염 호흡중 질산염으로부터 암모늄의 생성

에너지흐름(energy flow) 영양 연쇄 및 먹이망을 통한 에너지 전달

여과섭식(filter-feeding) 망 구조물에 의해 먹이입자를 섭취

여과율(filtering rate) 단위시간당 (제거율) "여과섭식자에 의해 제거된 입자의 수(또는 바이오매스)를 포함하는 물의 부피

연수(soft water) 칼슘과 마그네슘이 낮은 농도인 담수

연안지역(littoral) 호안의 바닥에 광이 전달되는 지역

엽록소(chlorophyll) 광합성의 녹색색소군

영양(trophy) 수체의 영양풍부도

영양단계(trophic level) 해당 위치에 대한 에너지 전달 단계의 수에 의해 정의되는 먹이 사슬의 위치

영양분해 층(tropholytic zone) (무광층) 양호한 순 광합성을 일으킬 수 없는 강이나 호수의 저층

영양생성층(trophogenic zone) (유광층) 양호한 순 광합성을 일으킬 수 있는 강이나 호수의 표층

영양연쇄반응(trophic cascade) 인접한 영양 수준에서 현존량의 양쪽성 변화를 일으켜 먹이연쇄 (하향식 조절)를 지속시키는 변화들의 효과

영양제한(nutrient limitation) 미네랄 영양소 부족으로 인한 성장률 또는 생물량 생산의 제한

옥사넨모델(Oksanen model) 군집에서 상향식 및 하향식 컨트롤을 번갈아 설명할 수 있는 모델

온실효과(greenhouse effect) 인간의 활동으로 발생된 "온실가스"(주로 이산화탄소와 메탄)가 대기에 농축됨에 따라 광에너지가 열에너지로 축적되어 나타나는 생물권의 온난화

외부생성(allochthonous) 시스템의 바깥으로부터 유입된 것

외부적재(external loading) 대기나 집수역으로부터 호수로의 영양물질의 유입

원양지역(pelagic region) 넓은 해양이나 대형 호수의 개방수역

유광층(euphotic zone) 광합성하는데 충분한 빛을 갖는 수층

유기물잔재먹이연쇄(detrital food chain) 부식질 섭식자로 출발하는 먹이연쇄

유기잔재물섭식(detritivory) 부식질을 먹이로 영양

유기영양성(organotrophy) 전자 제공자로서 유기물질을 사용

유생(nauplius) 일부 지각류의 유생단계. 예: 요각류

유전적 유동(genetic drift) 개체군 내의 유전자 빈도의 무작위적인 변화

유전자좌(locus) 염색체상의 유전자 위치(DNA 가닥)

육식(carnivory) 동물을 섭취하는 영양

이소적 분화(allopatric speciation) 개체군의 지리적 분리로 나타나는 진화적 분화
이용경쟁(exploitative competition) 경쟁자가 공유 자원을 제거함으로써 불이익을 받는 경쟁
이종간의(interspecific) 두 종사이에 생기는
이형세포(heterocysts) 남세균의 특수화된 질소고정세포
이화작용(catabolism) 큰 복합 분자를 간단한 분자(최종생성물: CO_2)로 변환하여 에너지를 얻는 분해대사
인접요소(proximate factor) 행동 또는 형태학적 반응을 일으키는 환경요인
자원(resources) 생물의 번식과 성장에 요구되는 소모품 (에너지, 물질, 먹이, 공간)
자원비율(resource ratio) 둘 또는 그 이상의 제한되는 자원의 농도비 Tilman의 이론에 따르면, 착취 경쟁의 결과를 예측하는 데 결정적인 역할을 한다.
자원제한(resource limitation) 자원에 의한 생리적 또는 생장율의 제한
잡식성(omnivore) 여러 영양단계(예: 식물플랑크톤, 박테리아 및 원생 동물)를 먹는 생물
저서성(benthos) 바닥에 사는 생물군집
저장액(hypotonic) 주변 환경에 비해 세포내에서 더 낮은 삼투압을 일으키는 용액의 농도
적응(adaptation) 한 종에 있어서 생존율과 발생율의 증가를 가져오는 진화적 변화 과정
적합성(fitness) 다음 세대에 대한 예상 유전자, 인자형, 표현형의 기여도 항상 개체군에 존재하는 다른 유전자나 개체와 관련되어 있음.
전기영동(electrophoresis) 다른 전하를 가진 분자를 분리하는 방법. 그것은 전기 충전이 적용된 후 겔에서 그러한 분자의 이동 속도의 차이로 구분한다.
전순환호(holomictic lake) 1년에 최소 1회씩 바닥층이 순환하는 호수
정상상태(steady state) 생산과 제거 과정이 균형을 이루는 동적 평형 또는 물질환경조절장치 (chemostat)평형
정진동(seiche) 바람이 유도한 호수의 표면과 수온약층의 운동
정체층(monimolimnion) 물이 밀도가 높고 정적이며 표수층 물과 섞이지 않는 부분순환호수의 수온약층의 아래 심수층
제한요인(limiting factor) 생물학적 반응을 제한하는 모든 요소(리비히 법칙 참조)
종내(intraspecific) 한 종안에서
주광성(phototaxis) 높거나 낮은 빛 강도에 대한 생물의 이동(양성 주광성, 음성주광성)
주류성(rheotaxis) 물의 흐름에 대한 생물의 이동방향
주화성(chemotaxis) 화학적 농도에 따라 이동하는 방향
중간교란가설(intermediate disturbance hypothesis) 중간 빈도와 교란 수준에서 종의 최대 다양성을 예측하는 가설
지수적성장(exponential growth) 일정 시간 기하급수적(지수적)으로 개체군 성장
진동(oscillation) 상태 변수의 규칙적이고 주기적인 변화 (예: 현존량)
질산염 호흡(nitrate respiration) 혐기조건에서 세균에 의한 질산염의 산화과정
질산화(nitrification) 암모니아를 아질산염 및 질산염으로 산화
질소고정(nitrogen fixation) 남세균에 의해 질소원으로 N_2 사용
집수역(catchment) 수자원(하천)을 수집하여 호수로 모일 수 있게 하는 지리적 영역
천이(succession) 서식지 내에서 장기간 종들의 시간적 변화(예: 호수 노화) 또는 교란에 따른 규칙적인 종의 변화(예: 플랑크톤의 계절적 천이). 한 가지 분명한 것은 어떤 종이 외부요인

(예: 기후변화)에 의해 일어나는 타생천이와 앞선 종들의 활성(예: 영양물질 소비)에 의존되어 일어나는 자생천이는 구분되어야 한다.

청수기(clear-water stage) 동물섭식으로 인한 생장기 동안 식물플랑크톤 생물량이 최소가 되어 투명도가 증가한 시기

초식동물(herbivory) 매우 엄격한 의미에서 식물을 섭취하는 동물. 담수 연구에서 살아있는 식물과 남세균에 대한 모든 종류를 섭취(예: 조류)

총생산량(gross production) 이화적 손실을 배제한 잠재 생산량

최적포식(optimal foraging) 순 에너지 이득을 최적화하는 방식으로 먹이를 찾거나 선택함.

출생률(birth rate) 단위 개체군 밀도와 시간당 출생 수

층류(laminar flow) 하천을 따라 평행하게 흐름

친수성(hydrophilic) 수중 구조물과 물 분자가 밀착되는 표면 특성(표면이 젖음)

침전(퇴적)(sedimentation) 물보다 더 무거운 입자가 가라앉는 현상

카이로몬(kairomone) 포식자에 의해 필연적으로 방출되는 물질로, 피식자의 배타적 반응(행동 또는 형태학적 변화)을 일으킨다.

코호트(cohort) 개체군내에서 식별될 수 있는 동일한 연령의 개체들 그룹

크기-효율성 가설(size-efficiency hypothesis) 먹이 개체군의 크기 분포에 대한 어류의 크기 선택적 포식의 영향을 예측한다. 큰 초식 동물플랑크톤이 더 나은 자원 경쟁자라고 가정하면 작은 동물플랑크톤은 어류의 육식으로부터 더 잘 보호받게 된다

타가영양(heterotrophy) 신체물질을 합성하기 위해 유기탄소원을 이용

타감작용(allelopathy) 화학물질을 분비하여 경쟁 생물을 억제하는 작용

탈석회(decalcification) 광합성에 의한 방해석(칼슘) 침전

탈질(denitrification) 질산염에서 N_2로의 전환, 무산소 조건에서 질산염 호흡을 통한 질산염 산화

탈황(desulfurication) 황화수소로 황의 미생물적 환원

틸만이론(Tilman's theory) 제한자원에 대한 경쟁자의 수량적 반응에 기초한 이용 경쟁이론

펨토플랑크톤(femtoplankton) 0.2마이크로 보다 작은 크기의 플랑크톤(바이러스, 파지)

포식자-먹이 순환(predator-prey cycles) 먹이 섭취와 포식자의 수치 반응 사이의 시간 지연으로 인해 생기는 포식자와 먹이 개체군의 주기적인 진동

포식자-먹이관계(predator-prey relationship) 초식동물과 기생을 포함하여 가장 넓은 의미로 사용되는 다른 유기체(포식자)의 먹이공급원(먹이) 역할을 하는 유기체와 육식동물사이의 관계

포자(cyst) 조류와 원생동물의 겨울나기 세포

포자형성(encystment) 포자형성

표면대발생(surface bloom) 부유성 남세균의 가시적인 집괴현상

표수층(epilimnion) 성층화된 호수의 따뜻한 표면층

풍부성(abundance) 단위 표면적이나 체적당 개체군의 수

플라스트론(plastron) 영구적인 "물리적 아가미"로 작용할 수 있는 수생 곤충의 미세한 털 사이의 비압축성 공기층.

플랑크톤(plankton) 물에서 부유하는 생물 군집

플랑크톤섭식어(planktivorous fish) 동물플랑크톤 섭식어류

플랑크톤 역설(paradox of the plankton) 식물플랑크톤 종의 풍부도와 경쟁배타의 원리간의

실질적인 역설

피코플랑크톤(picoplankton) 몸 크기가 2μm 이하의 식물플랑크톤

하천저층(hyporheal) 물의 흐름이 있는 하천 바닥에 느슨하게 포장된 물질 사이에 생긴 공간의 서식처처

하향식 제어(top-down control) 포식자에 의한 군집의 동태와 구조가 조절되는 것, 즉 가장 높은 영양 단계에서 가장 낮은 영양 단계로의 제어

할당(allocation) 상호 배타적인 목적을 위해 이용할 자원의 분배, 예, 성장 및 재생산

항생작용(antibiosis) 박테리아와 곰팡이간의 타감작용

헨리의 법칙(Henry's law) 가스의 용해도는 부분압에 의존함

혐기적(anaerobic) 산소가 없는 조건

협소생태(stenoecious) 좁은 범위의 생태적 요인으로 제한됨

협온성(stenotherm) 좁은 온도범위에 적응된 생물

형태순환(cyclomorphosis) 개체군내에서 형태의 계절적인 변화

형태저항(form resistance) 구형의 몸체가 변형되어 천천히 침강됨

호기적(aerobic) 산소가 있는 상태

혼돈(chaos) 반복, 평형점 또는 안정적 개체군 주기가 없는 상태에서 예상하지 못하는 개체군 변동의 행동을 설명하는 수학적 용어

혼합영양(mixotrophy) 자가영양과 타가영양을 모두 하는 영양타입

혼합층(mixed layer) 바람에 의해 혼합될 수 있는 수온 약층 위에 위치한 수층

혼합층(mixolimnion) 부분순환호수의 순환이 일어나는 지점

화학량론(stoichiometry) 화합물 내의 다른 원자들의 양적 비율

화학약층(chemocline) 물의 화학적 성질에 있어서 급격한 수직적 변화 영역. 일반적으로 호기 상태에서 무산소 상태로의 전환과 관련되어 있다.

화학영양(chemotrophy) 신체 물질의 합성을 위한 에너지 원으로서 발열적 화학반응의 사용

황호흡(sulfate respiration) 황산염을 산화제로 사용하는 혐기성 호흡

회분배양(비연속배양)(batch culture) 폐쇄된 공간에서 조류 또는 박테리아의 배양. 개체군 성장은 전형적으로 S자 성장곡선을 따른다

회전시간(turnover time) 주어진 유입 유량에서 특정 공간 크기를 대체하는 데 필요한 이론적인 시간

휴면기(diapause) 휴식기에 의한 개체 발생 발달의 중단시기

휴면포자(akinetes) 남세균의 휴면시기 (포자)

흡수율(uptake rate) 미생물이 용존물질을 흡수하는 비율

Index

국문 찾아보기

ㄱ

ㄴ

ㄷ

ㄹ

ㅁ

ㅂ

ㅇ

ㅈ

ㅎ

영문 찾아보기

A

B

C

D

E

F

G

H

I

K

L

M

N

O

P

R

S

T

U

V

W

X

Y

Z

기타